BIBLIOTHÈQUE ÉVOLUTIONISTE

PUBLIÉE SOUS LA DIRECTION DE

HENRY DE VARIGNY

I

LE DARWINISME

AVIS

La *Bibliothèque Évolutioniste* a pour but d'offrir au grand public, comme aux savants, un ensemble d'ouvrages strictement scientifiques dus aux auteurs les plus compétents, français et étrangers, et où seront exposés avec clarté les différents principes et les diverses applications de la théorie évolutioniste. Elle n'est inféodée à aucun principe en particulier d'entre ceux qui sont à la base de cette théorie : elle est évolutioniste au sens le plus large de ce terme. Nous nous adressons à tous les esprits réfléchis, à tous ceux qui comprennent la nécessité de posséder une base solide de croyances philosophiques, à tous ceux qui sentent la portée véritable de la doctrine évolutioniste au point de vue métaphysique. Par cette publication, nous espérons faire mieux connaître les faits et les doctrines qui ont captivé l'attention de tous dans les pays de Goethe et de Darwin, et qui devraient être plus répandus dans leur pays d'origine, dans la patrie des Buffon, des Lamarck, des Geoffroy St-Hilaire, des Bory de St-Vincent, des Duchesne, des Naudin.

POUR PARAITRE PROCHAINEMENT :

W. Platt Ball : *Les Effets de l'Usage et de la Désuétude sont-ils héréditaires ?* (sous presse).

P. Geddes et A. Thomson : *L'Evolution du Sexe* (sous presse).

J. Taylor : *L'Origine des Aryens.*

J. Bland-Sutton : *Évolution et Maladie.*

A. Sabatier : *Essai sur la Vie et sur la Mort.*

Plusieurs autres ouvrages, par des auteurs français et étrangers, sont en préparation.

Châteauroux. — Typ. et Stéréotyp. A. Majesté.

BIBLIOTHÈQUE ÉVOLUTIONISTE

I

LE DARWINISME

EXPOSÉ DE LA

THÉORIE DE LA SÉLECTION NATURELLE

AVEC QUELQUES-UNES DE SES APPLICATIONS

PAR

ALFRED RUSSEL WALLACE

Traduction française, avec figures,

PAR

HENRY DE VARIGNY

Docteur ès-Sciences,
Membre de la Société de Biologie

PARIS

LECROSNIER ET BABÉ, LIBRAIRES-ÉDITEURS

23, PLACE DE L'ÉCOLE-DE-MÉDECINE, 23

1891

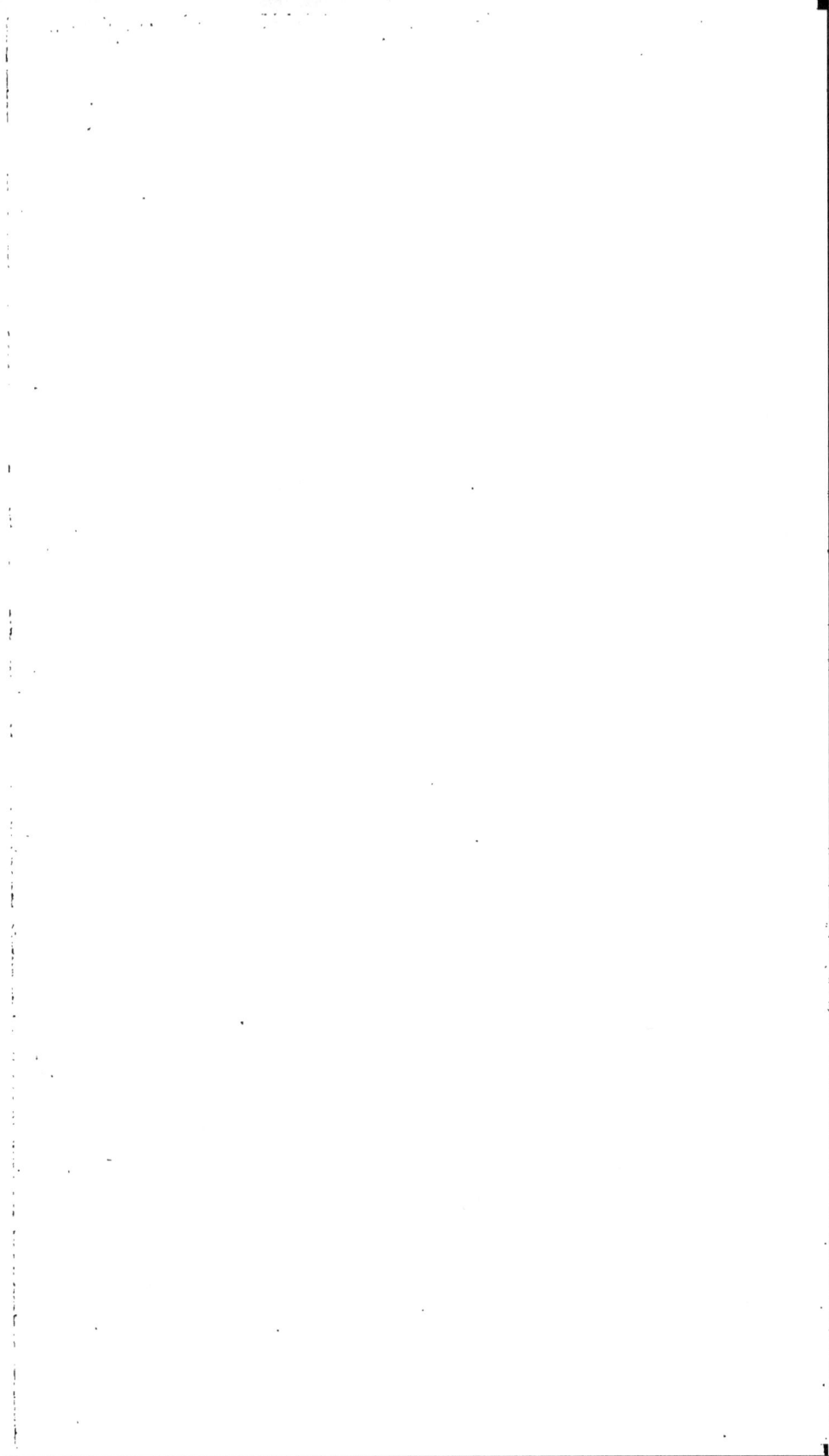

PRÉFACE

Le présent ouvrage discute le problème de l'origine des espèces d'après les points de vue généraux qui ont été adoptés par Darwin, mais il le fait en prenant pour base les faits nouveaux acquis au cours de trente années de controverse, et avec l'appui de beaucoup de théories anciennes ou modernes.

Sans essayer de tracer même une esquisse de la vaste question de l'évolution en général, j'ai essayé d'exposer la théorie de la sélection naturelle de façon que tout lecteur intelligent puisse se faire une idée claire de l'œuvre de Darwin, et comprendre quelque peu la puissance et l'extension du principe fondamental de celle-ci.

Darwin a écrit pour une génération qui n'avait point accepté l'évolution, et qui accabla de mépris ceux qui croyaient à la dérivation des espèces les unes des autres par quelque loi naturelle de descendance. Il fit son œuvre si bien que la « descendance avec modification » est maintenant universellement acceptée comme l'ordre de la nature dans le monde

organique ; et la génération montante de naturalistes peut à peine réaliser la nouveauté de cette
idée, ou s'imaginer que ses pères l'ont considérée
comme une hérésie scientifique plus digne d'être
condamnée que d'être sérieusement discutée.

Les objections maintenant faites à la théorie de
Darwin portent uniquement sur les moyens particuliers par lesquels les modifications d'espèces ont
été amenées : elles n'ont point trait au fait même
de ces modifications. Les contradicteurs cherchent
à diminuer l'influence de la sélection naturelle, et
à la subordonner aux lois de la variation, de l'usage
et de la désuétude, de l'intelligence et de l'hérédité.
Leurs opinions et leurs objections sont soutenues
avec beaucoup de force, et plus encore de confiance,
et le plus souvent par l'école moderne de naturalistes de laboratoire pour qui les particularités et les
distinctions d'espèces, en tant que telles, leur distribution et leurs affinités, présentent peu d'intérêt,
à côté des problèmes de l'histologie, de l'embryologie, de la physiologie et de la morphologie. Leurs
recherches, dans ces domaines, ont un grand intérêt et une grande importance, assurément, mais
elles ne sont point de nature, par elles-mêmes, à
permettre à ceux qui s'y adonnent, de se faire une
opinion saine sur les questions impliquées dans
l'action de la loi de la sélection naturelle. Celles-ci
reposent principalement sur les relations externes
et vitales d'espèce à espèce à l'état de nature, sur
ce que Semper a avec raison nommé « la physiologie

des organismes » et non sur l'anatomie ou la physiologie des organes.

On a toujours considéré comme une cause de faiblesse pour l'œuvre de Darwin, le fait qu'elle repose, originellement, sur la variation chez les animaux domestiqués, et les plantes cultivées. J'ai tenté de fournir à la théorie une base solide en montrant la variation des organismes à l'état de nature; et comme la valeur exacte et le caractère précis de ces variations présentent une importance fondamentale dans les nombreux problèmes qui surgissent quand nous appliquons la théorie à l'explication des faits de la nature, j'ai essayé, au moyen d'une série de diagrammes, de faire sentir à l'œil les variations réelles que l'on observe dans un nombre suffisant d'espèces. De la sorte, non seulement le lecteur se fait de la variation une idée meilleure et plus précise que celle qui lui peut être fournie par n'importe quelle quantité de statistiques ou de cas de variation individuelle extérieure, mais nous obtenons encore une pierre de touche positive avec laquelle nous pouvons mettre à l'épreuve les affirmations et les objections habituellement mises en avant au sujet de la variabilité des espèces, et on verra que dans tout cet ouvrage j'ai dû souvent faire appel à es diagrammes, et aux faits dont ils sont les résumés, tout comme Darwin avait coutume d'en appeler aux faits de la variation chez les chiens et les igeons.

J'ai encore opéré une modification qui me paraît

avoir quelque importance, dans la manière d'ordonner les matières. Au lieu de m'occuper d'abord des détails relativement ardus et peu connus de la variation, je commence par la lutte pour l'existence qui est en réalité le phénomène fondamental dont dépend la sélection naturelle, tandis que les faits particuliers qui servent d'exemples sont relativement familiers et très intéressants. Ceci me permet encore, après la discussion de la variation et des effets de la sélection artificielle, d'expliquer aussitôt le mode d'action de la sélection naturelle.

Parmi les points nouveaux ou intéressants discutés dans ce volume, ceux qui ont de l'importance pour la théorie de la sélection naturelle sont : 1° une preuve que tous les caractères *spécifiques* sont (ou ont été) utiles en eux-mêmes, ou en corrélation avec des caractères utiles (chap. VI); 2° une preuve que la sélection naturelle peut, dans certains cas, accroître la stérilité des croisements (chap. VII); 3° une discussion plus complète des relations de couleur des animaux, avec faits et arguments additionnels concernant l'origine des différences de couleur sexuelles (chap. VIII-X); 4° une tentative de solution de la difficulté que présente l'occurrence de modes très simples et de modes très complexes pour assurer la fécondation croisée des plantes (chap. XI); 5° quelques faits et arguments nouveaux concernant la dispersion des graines par le vent, et l'importance de celle-ci pour la dissémination étendue de beaucoup de plantes arctiques et alpines (chap. XII).

6° quelques preuves nouvelles de la non-hérédité des caractères acquis, et la preuve que les effets de l'usage et de la désuétude, même s'ils sont héréditaires, doivent être dominés par la sélection naturelle (chap. XIV) ; et, 7° un nouvel argument au sujet de la nature et de l'origine des facultés morales et intellectuelles de l'homme (chap. XV).

Bien que je maintienne et que je consolide même les points sur lesquels je diffère d'opinion d'avec Darwin, tout mon livre tend à montrer avec force l'importance de la sélection naturelle et son rôle prépondérant dans la production de nouvelles espèces. J'adopte donc la position première de Darwin, qu'il abandonna quelque peu dans les éditions plus récentes de ses œuvres, à cause de critiques et d'objections dont je me suis efforcé de démontrer la faiblesse. Même en rejetant la forme de sélection sexuelle qui repose sur le choix qui est fait par les femelles, j'insiste sur l'efficacité plus grande de la sélection naturelle. C'est ici, essentiellement, la doctrine Darwinienne, et j'ai le droit de présenter cette œuvre comme un plaidoyer en faveur du Darwinisme pur.

Je tiens à exprimer mes remerciements à M. Francis Darwin qui m'a prêté quelques-unes des notes non utilisées de son père, et à beaucoup d'autres amis pour nombre de faits ou de renseignements. D'ailleurs, dans le texte même ou dans les notes, je cite les auteurs à qui je dois les uns ou les autres. M. James Sime a bien voulu relire les épreuves de ce livre, et m'a donné nombre d'avis utiles ; et j'ai à remercier M. R. Meldola, M. Hemsley, et M. E. B. Poulton pour des notes importantes et des corrections dans les chapitres où je parle des sujets spéciaux de leurs études.

A. R. W.

Godalming, Mars 1889.

LE DARWINISME

CHAPITRE PREMIER

QU'EST-CE QUE LES « ESPÈCES », ET QU'ENTEND-ON PAR
L' « ORIGINE DES ESPÈCES » ?

Définition des Espèces. — Création spéciale. — Les premiers
transformistes. — L'opinion scientifique avant Darwin. — Le
problème avant Darwin. — Le changement d'opinion déterminé par Darwin. — La théorie darwinienne. — Comment on
traitera le sujet.

Le titre du grand ouvrage de Darwin est : *On the Origin of Species by means of Natural Selection, and the Pre-
servation of the Favoured Races in the Struggle for Life.*
Pour apprécier pleinement le but et l'objet de cet ouvrage, et le changement qu'il a effectué, non seulement
dans l'histoire naturelle, mais dans beaucoup d'autres
sciences, il est nécessaire de concevoir clairement la signification de ce mot « espèce », de savoir quelle était
la croyance généralement établie, au sujet des espèces,
quand parut le livre de Darwin, et de comprendre ce
que signifiait pour lui, ce que signifiait généralement,
la découverte de leur « origine ».
C'est faute de cette connaissance préliminaire que la
majorité des gens cultivés, sans être naturalistes, ont
été si prompts à accueillir les innombrables objections,

les critiques et les subtilités des adversaires de Darwin, et à en conclure que sa théorie manque de solidité ; par suite, aussi, ils ne peuvent apprécier, ni même comprendre l'immense changement qu'a produit cette théorie dans la pensée et l'opinion, à propos de la grande question de l'évolution.

Le terme « espèce » est ainsi défini par le célèbre botaniste de Candolle : « Une espèce est une collection de tous les individus qui se ressemblent entre eux plus qu'ils ne ressemblent à tout autre chose, produisant, par la fécondation mutuelle, des individus fertiles qui se reproduisent par génération, de telle façon que nous puissions, par analogie, les supposer tous descendus d'un seul individu. »

Le zoologiste Swainson donne une définition à peu près semblable. « Une espèce, dans l'acception ordinaire du terme, est un animal qui, à l'état de nature, se distingue par certaines particularités de forme, de stature, de couleur, ou d'autres circonstances, de tout autre animal. Il procrée, « suivant son espèce », des individus qui lui ressemblent parfaitement ; ses particularités, par conséquent, sont constantes [1]. »

Pour rendre plus claires ces définitions, nous choisirons deux oiseaux communs en Angleterre, le corbeau freux (*Corvus frugilegus*) et la corneille (*Corvus corone*). Ce sont deux espèces distinctes, parce que, premièrement, ils diffèrent toujours entre eux en quelques légères particularités de structure, de forme et d'habitudes, et, en second lieu, parce que les freux produisent toujours des freux et les corneilles produisent des corneilles, et qu'ils ne se reproduisent pas par croisement. On a conclu de là que tous les freux du monde descendaient d'un seul couple de freux, et que, de même, toutes les

---

1. *Geography and Classification of Animals*, p. 350.

corneilles provenaient d'un seul couple de corneilles, parce qu'il était impossible que les freux eussent été les ancêtres des corneilles, ou *vice versa.*

L' « origine » de chaque premier couple restait mystérieuse.

De même, pour deux de nos plantes les plus communes, la violette odorante *(Viola odorata)* et la *Viola canina* qui se reproduisent aussi, chacune selon son espèce, sans jamais se mêler, et qu'on a supposé provenir, chacune, d'un seul individu dont l' « origine » est inconnue.

Mais, outre les freux et les corneilles, il existe environ trente autres sortes d'oiseaux, dans diverses parties du monde, ressemblant tellement à nos espèces qu'on les désigne par les mêmes noms, quelques-unes différant moins entre elles que nos freux d'avec nos corneilles. Ce sont des espèces du genre *Corvus,* qu'on croyait toujours avoir été distinctes les unes des autres, et être descendues chacune d'un couple primitif, dont l' « origine » demeurait inconnue.

Il y a plus de cent sortes de violettes, dans les différentes parties du monde, différant légèrement les unes des autres, et formant des *espèces* distinctes du genre *Viola.* Ces plantes se reproduisant fidèlement sans se croiser, on croyait qu'elles avaient toujours été séparées par les mêmes traits distinctifs, que chaque sorte aurait hérité d'un premier ancêtre ; mais l' « origine » de cette centaine d'ancêtres différant légèrement entre eux, était inconnue.

Selon l'expression de Sir John Herschel, citée par M. Darwin, l'origine de telles espèces était le « mystère des mystères ».

LES PREMIERS TRANSFORMISTES

Quelques grands naturalistes, frappés des très légères

différences entre beaucoup de ces espèces, et des nombreux liens communs existant entre les plus différentes formes d'animaux et de plantes, remarquant de plus, à quel point beaucoup d'espèces varient dans leurs formes, leurs couleurs et leurs habitudes, conçurent l'idée que ces espèces pouvaient toutes descendre les unes des autres.

Le plus éminent de ces écrivains, Lamarck, grand naturaliste français, publia un ouvrage considérable, la *Philosophie Zoolojique*, où il essaya de démontrer que tout animal quelconque descend d'une autre espèce d'animal. Il attribuait principalement la modification de l'espèce à l'effet des changements dans les conditions de la vie — telles que le climat, la nourriture, etc., — et en particulier aux désirs et aux efforts des animaux pour améliorer leur sort, amenant par suite de ces efforts une modification de forme ou de dimension dans certaines de leurs parties, grâce à la loi physiologique bien connue que tout organe constamment exercé se fortifie, tandis que celui qu'on néglige s'affaiblit et finit par s'atrophier.

Les arguments de Lamarck ne satisfirent pourtant pas les naturalistes ; quelques-uns d'entre ceux-ci admirent bien que des espèces très rapprochées les unes des autres pouvaient avoir un ancêtre commun, mais le public instruit, en général, conserva l'opinion que chaque espèce était une « création spéciale » tout à fait indépendante de toutes les autres ; la grande masse des naturalistes maintint que la modification d'une espèce en une autre par aucune loi ou cause connue était impossible, et que l' « origine des espèces » demeurait un problème insoluble.

Un autre ouvrage important, traitant de cette question, fut publié d'abord sous le voile de l'anonyme : feu Robert Chambers est maintenant reconnu comme l'auteur des célèbres *Vestiges of Creation*.

Dans ce livre, l'action de lois générales, à travers l'univers, est représentée comme formant un système de croissance, de développement, et les diverses espèces d'animaux et de plantes se reproduiraient, en succession régulière, par l'action des lois inconnues, aidée par l'action des conditions extérieures. Bien que cette œuvre ait eu pour conséquence d'influencer considérablement l'opinion publique contre la doctrine si improbable de la « création spéciale » indépendante, de chaque espèce, elle ne fit que peu d'effet sur les naturalistes ; elle n'avait pas saisi le problème en détail, n'avait pas pu prouver dans un seul cas, comment les espèces alliées d'un même genre s'étaient formées, gardant entre elles leurs différences nombreuses, légères, et n'ayant apparemment pas de raison d'être. Point d'indice de loi réussissant à expliquer comment d'une seule espèce s'en seraient formées d'autres, peu différentes, mais cependant distinctes d'une façon permanente, point de raison justifiant l'existence de ces différence si légères, mais si constantes.

L'OPINION SCIENTIFIQUE AVANT DARWIN

Comme preuve du peu d'influence que ces écrivains ont exercée sur l'esprit du public, je citerai quelques passages des écrits de sir Charles Lyell, qui représentent bien l'opinion des penseurs les plus hardis dans la période précédant l'œuvre de Darwin.

Récapitulant les faits et les arguments en faveur de la non-variabilité et de la permanence des espèces, il dit : « Une très courte période de temps suffit pour produire, étant donné un changement quelconque, toute la variation que peut subir l'espèce par rapport à son type originel ; ce point dépassé, peu importe le changement des circonstances, même graduel. On n'obtiendra plus de déviation, parce que la divergence indéfinie (soit pour l'amélioration, soit pour la détérioration) au-delà de certaines limites, est fatale à l'existence de l'individu. »

Ailleurs, il soutient que « les variétés de quelques espèces peuvent différer plus que d'autres espèces ne le font entre elles, sans ébranler notre foi en la réalité de l'espèce ». Plus loin, il allègue certains faits géologiques comme étant, à son avis, « contraires à la théorie du développement progressif », et il explique comment, si souvent, on trouve des espèces distinctes dans des pays de climat et de végétation semblables, par le fait de « créations spéciales » pour chaque contrée ; il arrivait à ces conclusions après une étude approfondie de l'ouvrage de Lamarck, ouvrage dont un résumé complet est donné dans les premières éditions des *Principles of Geology* [1].

Le professeur Agassiz, un des plus grands naturalistes de la dernière génération, alla plus loin encore, et soutint que, non seulement chaque espèce a été créée d'une façon spéciale, mais qu'elle a été créée dans les proportions et dans les localités où nous la trouvons en existence maintenant. Nous extrayons de son livre si intéressant sur le Lac Supérieur l'explication suivante : « Il y a, chez les animaux, des adaptations particulières qui sont caractéristiques de leur espèce, et qu'on ne peut supposer provenir d'influences secondaires. Ceux qui vivent en société ne doivent pas avoir été créés par couple unique. Ceux qui sont destinés à servir de nourriture aux autres ne peuvent avoir été créés dans les mêmes proportions que ceux qui s'en nourrissent. Ceux que nous trouvons partout, en innombrables exemplaires, ont dû être, dès l'abord, en nombre suffi-

---

1. Ces mots se trouvent au chapitre IX des premières éditions (jusqu'à la neuvième), des *Principles of Geology*.

sant pour conserver leur proportion normale avec les isolés, comparativement et constamment moins nombreux. Car nous savons que l'harmonie, dans les proportions numériques entre animaux, est une des grandes lois de la nature. Le fait qu'une espèce se présente dans des limites définies, quand aucun obstacle ne s'opposerait à son extension, nous conduit à conclure que ces limites lui ont été assignées dès le commencement ; nous arriverons ainsi, finalement, à conclure que l'ordre qui règne dans la nature est voulu, qu'il est réglé par des limites qui furent marquées au premier jour de la création, et qu'il a été maintenu, à travers les siècles, sans autres modifications que celles que la puissance intellectuelle supérieure de l'homme lui permet d'imposer aux animaux les plus rapprochés de lui [1] ».

Les opinions de quelques-uns des écrivains les plus remarquables et des plus autorisés de l'époque antédarwinienne nous paraissent, à cette heure, ou surannées ou même positivement absurdes ; elles représentent, néanmoins, l'état d'esprit de la classe la plus avancée des hommes de science à l'égard du problème de la nature et de l'origine des espèces. On y voit clairement que, malgré les connaissances étendues et les ingénieux raisonnements de Lamarck, et l'exposition plus générale encore de ce sujet par l'auteur des *Vestiges of Creation*, on n'en était pas encore à donner la première explication satisfaisante de la dérivation des espèces. D'éminents naturalistes tels que Geoffroy Saint-Hilaire, le doyen Herbert, le professeur Grant, von Buch, et quelques autres, avaient déclaré croire que les espèces surgissent comme de simples variétés, et que les espèces de chaque genre descendent toutes d'un ancêtre commun ; mais aucun d'eux n'indiquait la loi

---

1. L. Agassiz, *Lake Superior*, p. 377.

ou le mode par lequel s'opérait le changement. C'était encore « le grand mystère ».

Quant à décider jusqu'où la descendance commune pouvait aller ; si des familles distinctes, telles que les freux et les corneilles, pouvaient descendre l'une de l'autre ; ou, si tous les oiseaux, même ceux dont les types diffèrent autant entre eux que l'aigle, le troglodyte, l'autruche et le canard, pouvaient tous être considérés comme descendants modifiés d'un commun ancêtre ; ou, pour remonter plus loin encore, si les mammifères, les oiseaux, les reptiles et les poissons pouvaient avoir eu une origine commune ; — ces questions n'avaient pas même été abordées, parce que tant que le premier pas n'avait pas été fait sur la route de la « transformation des espèces » (ainsi qu'on la nommait alors), on jugeait inutile de conjecturer jusqu'où l'on pourrait y voyager, ou à quel but final conduirait la route.

LE PROBLÈME AVANT DARWIN

Avant l'apparition de l'ouvrage de Darwin, il paraît clair que ce que l'on entendait par « l'origine » ou la « transformation » des espèces, était la question, relativement simple, de savoir si, oui ou non, les espèces alliées de chaque genre étaient dérivées l'une de l'autre, et primitivement d'un ancêtre commun, par le mode ordinaire de reproduction, et suivant les lois et conditions actuellement en action et soumises au contrôle de nos investigations.

Si l'on eut demandé à un des naturalistes de cette époque si, à supposer qu'il fût clairement démontré que toutes les espèces de chaque genre avaient été dérivées d'une seule espèce mère, et qu'une explication détaillée, complète, eût été donnée de l'origine de chaque petite différence de forme, de couleur, de structure, faisant voir comment s'étaient produites successivement les diverses particularités d'habitudes et de distribution géographique — si, tout cela étant fait, l' « origine des espèces » serait découverte, le grand mystère résolu, il eut, sans nul doute, répondu affirmativement.

Il eut probablement ajouté qu'il ne s'était jamais attendu à ce que si merveilleuse découverte fut faite de son temps.

Darwin a certainement fait tout cela, non seulement dans l'opinion de ses disciples et de ses admirateurs, mais de l'aveu de ceux qui doutent que ses explications soient complètes, car les objections et les difficultés s'adressent plutôt à ces plus grandes différences qui séparent les genres, les familles et les ordres les uns des autres, qu'à celles qui séparent une espèce de celle qui en est la plus rapprochée, et des autres espèces du même genre. Ils allèguent le premier développement de l'œil, ou les glandes mammaires des mammifères ; les instincts merveilleux des abeilles et des fourmis ; les arrangements compliqués qui président à la fécondation des orchidées, et nombre d'autres points de structure ou d'habitude, comme n'étant pas expliqués d'une façon satisfaisante.

Mais il est évident que ces particularités prirent naissance à une époque fort reculée de l'histoire de la terre, et que, si complète soit-elle, aucune théorie ne peut hasarder plus qu'une conjecture sur la façon dont elles se sont produites. Notre ignorance est grande sur l'état de la surface terrestre et des conditions de la vie en ces temps éloignés ; il a dû exister des milliers d'animaux et de plantes desquels aucun souvenir ne subsiste, tandis que, même pour ceux dont nous possédons quelques restes, il nous est impossible de reconstruire, par la pensée, l'histoire de leur vie et de leurs habitudes ; de sorte que, la plus vraie, la plus complète des théories

1.

resterait impuissante à nous aider à résoudre *tous* les problèmes difficiles que le cours du développement de la vie sur notre globe nous présente.

Tout ce qu'on doit attendre d'une théorie vraie, c'est qu'elle explique, en les suivant en détail, ces changements de forme, de structure et de relations chez les animaux et les plantes, qui ont eu lieu dans des périodes de temps, géologiquement parlant, courtes, changements s'effectuant encore autour de nous. A une pareille théorie, nous demanderons d'expliquer la plupart des différences moindres, superficielles, qui distinguent une espèce de l'autre. Nous en attendrons la lumière sur les relations mutuelles des animaux et des plantes vivant côte à côte dans un pays quelconque, et une justification raisonnée des phénomènes que présente leur répartition en différentes parties du monde. Enfin, nous compterons sur elle pour dissiper beaucoup de doutes et rétablir l'harmonie que troublent tant d'anomalies dans les affinités et relations si complexes des êtres animés.

Tout cela, la théorie darwinienne le fait. Elle nous montre comment, par quelques-unes des lois les plus générales et immuables de la nature, de nouvelles espèces se produisent nécessairement quand les anciennes s'éteignent; elle nous fait comprendre comment l'action incessante de ces lois, pendant les longues époques constatées par la géologie, est de nature à amener ces différences majeures que présentent les genres, familles, et ordres parmi lesquels toutes choses vivantes ont été classées par les naturalistes.

Les différences de ceux-ci sont de la même *nature* que celles qui sont présentées par les espèces de nombre de genres plus grands, mais elles sont supérieures en *quantité*, et elles peuvent toutes être expliquées par l'action des mêmes lois générales et par l'extinction d'un plus ou moins grand nombre d'espèces intermédiaires.

Il est beaucoup plus difficile de décider si les distinctions entre les groupes supérieurs appelés classes et subdivisions peuvent être interprétées de même. Les différences qui séparent les mammifères, les oiseaux, les reptiles et les poissons, les uns des autres, bien que grandes, semblent pourtant de même nature que celles qui distinguent une souris d'un éléphant ou une hirondelle d'une oie. Mais les animaux vertébrés, les mollusques et les insectes diffèrent si radicalement dans toute leur organisation et dans le plan même de leur structure, qu'il n'est pas déraisonnable de douter de pouvoir les ramener à un ancêtre commun au moyen de ces mêmes lois qui ont suffi pour la différenciation des diverses espèces d'oiseaux ou de reptiles.

LE CHANGEMENT D'OPINION OPÉRÉ PAR DARWIN

Je désire insister sur le point suivant. Quant parut le livre de Darwin, la grande majorité des naturalistes, et presque sans exception tout le monde littéraire et scientifique, croyaient fermement que les espèces étaient des réalités, et ne dérivaient point d'autres espèces par un procédé quelconque à notre portée ; les différentes espèces de corbeaux et de violettes étaient supposées avoir toujours été aussi distinctes et séparées qu'elles le sont maintenant, et avoir été créées par ce qu'on appelait « création spéciale » parce qu'elle ne se rattachait à aucun moyen connu de reproduction. On ne mettait pas, alors, en question, l'origine des familles, des ordres et des classes, puisque le premier pas n'était pas fait vers ce qu'on croyait un problème insoluble, l'origine des espèces.

Maintenant, tout cela est changé. Tout le monde scientifique et littéraire, et tout le grand public instruit, acceptent, comme une connaissance tombée dans le domaine public, l'origine des espèces provenant d'autres espèces voisines par le procédé ordinaire de la naissance naturelle.

L'idée d'une création spéciale, ou de tout autre mode exceptionnel de production est absolument abandonné. Il y a plus : on veut appliquer le même raisonnement à plusieurs des groupes supérieurs aussi bien qu'à l'espèce d'un genre, et les plus sévères critiques de Darwin eux-mêmes n'osent pas se hasarder à suggérer que l'oiseau ou le reptile ou le poisson primitifs ont du être « créés spécialement ».

Et ce changement immense, sans précédents, de l'opinion publique, a été le résultat de l'œuvre d'un seul homme, et il a été opéré dans le court espace de vingt années. C'est la réponse à ceux qui persistent à soutenir que « l'origine des espèces » n'est pas encore découverte ; qu'il subsiste encore des doutes et des difficultés; qu'il y a des divergences de structure si grandes que nous ne pouvons comprendre comment elles ont commencé. Nous admettons volontiers cela, de même que nous admettons qu'il y a d'énormes difficultés à concevoir complétement l'origine et la nature de toutes les parties du système solaire et de l'univers sidéral. Mais on nous accordera que Darwin est le Newton de l'histoire naturelle et que, de même que par la découverte et la démonstration de la loi de la gravitation Newton a établi l'ordre à la place du chaos, et posé les fondements solides de toutes les études que les générations futures feront des espaces célestes, de même Darwin, par sa découverte de la loi de la sélection naturelle et sa démonstration du grand principe de la conservation des variations utiles dans la lutte pour l'existence, n'a pas seulement jeté un flot de lumière sur le processus de développement de tout le monde organique, mais fondé la base inébranlable de toutes les études qui dans l'avenir auront pour objet la nature.

Pour montrer l'idée que Darwin se faisait de son œuvre et du progrès qu'il se glorifiait d'avoir accompli, nous citerons le passage suivant, qui termine l'introduction de l'*Origine des Espèces*.

« Bien qu'il reste et qu'il doive rester longtemps encore bien des obscurités, je ne puis douter, après avoir jugé le plus délibérément, le plus impartialement que je l'ai pu, que l'idée autrefois reçue parmi la plupart des naturalistes, adoptée autrefois par moi-même — c'est-à-dire, que chaque espèce a été créée indépendante, — est erronée. Je suis pleinement convaincu que les espèces ne sont pas immuables ; mais que celles qui appartiennent à ce qu'on appelle les mêmes genres descendent directement de quelques autres espèces, généralement éteintes, de la même façon que les variétés reconnues d'une espèce quelconque sont les descendants de cette espèce. De plus, je suis convaincu que la sélection naturelle a été, non l'exclusif, mais le plus important moyen de modification. »

Il faut remarquer que tout ceci est maintenant presqu'universellement admis, tandis que les critiques des œuvres de Darwin s'adressent presque exclusivement à ces nombreuses questions dont il dit lui-même qu'elles resteront « longtemps obscures. »

LA THÉORIE DARWINIENNE

Comme il deviendra nécessaire, dans les chapitres suivants, d'exposer un ensemble considérable de faits dans presque toutes les parties de l'histoire naturelle afin d'établir les propositions fondamentales sur lesquelles reposent la théorie de la sélection naturelle, je vais faire un exposé préliminaire de la théorie ; le lec-

teur en comprendra mieux la nécessité de discuter tant
de détails et leur accordera un intérêt plus éclairé.
Beaucoup des faits qui vont être avancés sont si nouveaux et si curieux qu'ils ne peuvent manquer d'être
appréciés par quiconque s'intéresse à la nature, mais
s'ils n'étaient indispensables, on penserait peut-être ris-
quer de perdre du temps à des minuties purement curieuses et à des faits étranges qui ne portent aucunement sur la question.

La théorie de la sélection naturelle repose sur deux
principales classes de faits qui s'appliquent à tous les
êtres organisés sans exception, et qui prennent ainsi
rang de lois ou de principes fondamentaux.

La première est : la puissance de multiplication rapide suivant une progression géométrique ; la seconde :
le fait que la progéniture diffère toujours légèrement
des parents, tout en leur ressemblant beaucoup en général.

De la première de ces lois, ou du premier de ces
faits, découle nécessairement une lutte continuelle pour
l'existence ; parce que, tandis que les enfants sont plus
nombreux que les parents, généralement dans une proportion énorme, cependant le nombre total des organismes vivants, dans le monde, n'augmente pas, ne
peut pas augmenter d'année en année.

Par conséquent, en moyenne, chaque année il meurt
autant de plantes et d'animaux qu'il en naît. La majorité meurt avant le terme naturel de la vie. Ils s'entre-
tuent de mille façons différentes ; les uns, mourant de
faim parce que d'autres consomment leur part de nourriture ; les puissances de la nature en détruisent : — le
froid et la chaleur, la pluie et la tempête, l'inondation
et le feu, font d'innombrables victimes. Il y a ainsi une
lutte perpétuelle entre ceux qui doivent vivre et ceux
qui doivent mourir ; et cette lutte est terrible, inexora-

ble, parce que très peu doivent survivre — un sur cinq, un sur dix, souvent un pour cent et même un sur mille !

Ici se pose la question : Pourquoi quelques-uns vivent-ils plutôt que les autres ?

Si tous les individus de chaque espèce étaient exactement semblables de tout point, nous pourrions dire que c'est une affaire de hasard, mais ils ne sont point semblables. Nous les voyons varier, se distinguer de beaucoup de différentes façons. Quelques-uns sont plus forts, quelques-uns plus rapides, quelques-uns plus robustes de constitution, quelques-uns plus rusés. Une couleur sombre permet aux uns de se cacher plus facilement, une vue plus perçante permet aux autres de découvrir une proie, ou d'échapper à un ennemi mieux que leurs compagnons. Parmi les plantes, les plus légères différences peuvent être utiles ou nuisibles.

Les premières pousses, plus vigoureuses, échappent aux atteintes de la limace ; leur vigueur supérieure leur fait porter fleurs et graines plus tôt, dans un automne humide ; les plantes défendues par des épines ou des poils sont moins souvent dévorées ; celles dont les fleurs sont le plus éclatantes seront de préférence fécondées par les insectes. Nous ne pouvons douter que, tout compte fait, toute variation bienfaisante donnera à ceux qui la posséderont une plus grande probabilité de survivre à la terrible épreuve qu'ils ont à subir. Quelque chose peut bien être laissé au hasard, mais en fin de compte, le *plus apte survivra*.

Ici nous avons un autre fait important à considérer : le principe de l'hérédité, ou transmission des variations. Si nous semons des plantes ou élevons des animaux quelconques, d'année en année, consommant ou donnant à mesure le surplus que nous ne voulons pas garder, nos plantes et nos animaux continueront à pousser et s'élever sans changement ; mais si, chaque année,

nous avons soin de mettre de côté la meilleure semence
pour la semer, et les plus beaux animaux pour les multiplier, nous nous apercevrons vite qu'ils s'améliorent,
et que la qualité moyenne de nos produits s'élève.

C'est ainsi que dans nos beaux jardins, les fruits, les
légumes et les fleurs ont été produits de même, ainsi que
nos splendides races d'animaux domestiques ; ils sont
devenus, en beaucoup de cas, si différents des races sauvages dont ils descendaient primitivement, que l'on
pourrait à peine les reconnaître. Il est donc démontré
que si une variation particulière du type est conservée
et propagée par l'élevage, cette variation elle-même
augmentera continuellement en quantité énorme ; la
portée de ceci pour la question de l'origine des espèces
est très grande. Car, si dans chaque génération d'un
animal quelconque, ou d'une plante, le plus fort, le plus
apte, survit pour continuer la race, quelle que soit la
singularité qui cause l' « aptitude » dans le cas particulier, cette singularité ira s'augmentant et se fortifiant
aussi longtemps qu'elle sera utile à l'espèce. Mais du moment où elle a atteint son maximum d'utilité, si quelque
autre qualité ou modification intervient dans la lutte,
les individus variant dans la nouvelle direction survivent ; ainsi, une espèce peut être graduellement modifiée, d'abord dans un sens, puis dans un autre, jusqu'à
ce qu'elle diffère de l'ancêtre primitif autant que le
lévrier diffère du chien sauvage, ou le chou-fleur d'un
chou sauvage.

Mais les animaux et les plantes qui sont différents
ainsi, à l'état de nature, sont toujours classés comme
étant des espèces distinctes, et nous voyons ainsi comment, par la survivance continuelle du plus apte, ou si
on l'aime mieux, par la conservation des races privilégiées dans la lutte pour l'existence, de nouvelles espèces
ont pris naissance.

Ce procédé auto-moteur qui, au moyen de quelques groupes de faits aidant à la démonstration, amène les transformations du monde organique et maintient chaque espèce en harmonie avec les conditions de son existence, paraîtra si clair et si simple que quelques personnes trouveront une démonstration ultérieure inutile. Mais d'interminables difficultés et doutes s'élèvent chez la majorité des naturalistes et des hommes de science, par suite de la merveilleuse variété des formes animales et végétales, et des relations compliquées, existant entre les diverses espèces et les groupes d'espèces. C'est pour répondre au plus grand nombre possible de ces objections et pour prouver que plus nous avançons dans la connaissance de la nature et plus nous la trouvons en harmonie avec l'hypothèse du développement, que Darwin a consacré sa vie entière à réunir des faits et à faire des expériences ; il nous a laissé une partie de ses travaux dans une série de douze volumes, écrits de main de maître.

MANIÈRE DONT LE SUJET SERA TRAITÉ

Il est évidemment de la plus haute importance pour toute théorie, que ses fondements soient inébranlables. Il faut donc prouver, au moyen d'un imposant déploiement de faits, que les animaux et les plantes *varient* perpétuellement de la manière et au point voulus ; et que ceci s'observe chez les animaux sauvages aussi bien que chez les espèces domestiquées. Il faudra prouver aussi que tous les organismes *tendent à se multiplier* dans la grande proportion indiquée, et que cette augmentation se produit dans des conditions favorables. Nous aurons, de plus, à prouver que les variations de toutes sortes peuvent être accrues et accumulées par la sélection ; et que la lutte pour l'existence, jusqu'aux limites

indiquées, se livre réellement dans la nature et conduit
à la conservation des variations favorables.

Ces sujets seront discutés dans les quatre chapitres
suivants, mais dans un ordre différent, la lutte pour
l'existence et la rapidité de la multiplication, qui en est
la cause, occupant la première place parce qu'elles
comprennent ce qui est le plus fondamental, et que les
faits qui s'y rapportent peuvent être parfaitement ap-
pliqués sans aucune référence aux faits beaucoup moins
généralement compris de variation. Ces chapitres seront suivis de la discussion de certaines difficultés, et
de la question irritante de l'hybridité.

Enfin viendra une exposition complète des plus importantes d'entre les relations complexes que les organismes ont entre eux et avec la terre elle-même, qui se
trouvent pleinement expliquées, ou grandement éclaircies par la théorie.

Le dernier chapitre traitera de l'origine de l'homme
et de ses rapports avec les animaux inférieurs.

CHAPITRE II

LA LUTTE POUR L'EXISTENCE

Son importance. — La lutte chez les plantes. — Chez les animaux. — Exemples à l'appui. — Succession d'arbres dans des forêts du Danemark. — La lutte pour l'existence dans les Pampas. — Augmentation des organismes dans une proportion géométrique. — Exemples d'augmentation rapide d'animaux. — Multiplication rapide et dispersion des plantes. — La grande fertilité n'est pas essentielle pour l'augmentation rapide. — La lutte est plus âpre entre les espèces intimement alliées. — L'aspect moral de la lutte pour l'existence.

Il n'est peut-être pas de phénomène naturel qui soit à la fois aussi important, aussi universel, et aussi peu compris que la lutte pour l'existence qui se livre continuellement chez les êtres organisés. Aux yeux du grand nombre, la nature apparaît calme, paisible, régulière. Ils voient les oiseaux qui chantent dans les arbres, les insectes voltigeant au-dessus des fleurs, l'écureuil grimpant au faîte des arbres, et toutes les choses vivantes, en possession de la santé et de la vigueur, jouissant d'une existence ensoleillée. Mais ils ne voient pas, et recherchent également peu, par quels moyens la beauté, l'harmonie et le bonheur de ce monde enchanté s'obtiennent. Ils ne voient pas la recherche quotidienne, incessante, de la nourriture, ni la faiblesse ou la mort des chercheurs qui n'ont pas trouvé ; l'effort constant pour échapper à l'ennemi ; la lutte toujours renouvelée contre les forces de la nature. Cette lutte de tous les jours, de toutes les heures, ce train de guerre incessant, est néanmoins précisément le moyen qui produit la plus grande part de la beauté, de l'harmonie et de la joie, répandues dans la nature. Elle est aussi un des plus importants éléments qui aient contribué à l'origine des espèces. Nous devons donc consacrer quelque temps à la considération des aspects divers et les phénomènes curieux, très nombreux, auxquels elle donne lieu.

Peu de gens ignorent que, si on laisse pousser les mauvaises herbes dans un jardin, les fleurs y sont bientôt détruites. Mais on ne sait pas aussi généralement que le jardin une fois abandonné, les mauvaises herbes qui l'ont d'abord envahi, couvrant souvent, de deux ou trois sortes, toute la surface, seront à leur tour supplantées par d'autres, en sorte que, en peu d'années, beaucoup des fleurs primitives et des premières mauvaises herbes auront également disparu. C'est un des plus simples cas de la lutte pour l'existence, résultant du déplacement successif d'une série d'espèces par une autre ; mais les causes précises de ce déplacement ne sont pas aussi simples. Toutes les plantes intéressées peuvent être parfaitement vigoureuses, toutes peuvent se ressemer librement, mais si elles sont livrées à elles-mêmes pendant un certain nombre d'années, chaque série sera, à son tour, chassée par une autre série, jusqu'à la fin d'une période considérable — un siècle, ou même plusieurs siècles, peut-être, — où l'on trouvera à peine une seule des plantes qui avaient accaparé le terrain en premier lieu.

Un phénomène d'une espèce analogue a été observé dans la manière d'être des plantes et animaux sauvages qu'on a introduits dans des pays en apparence aussi conformes que possible à ceux qu'ils habitaient. Dans son ouvrage sur le *Lac Supérieur*, Agassiz affirme que les mauvaises herbes du bord des routes des Etats-Unis du Nord-Est, au nombre de 130 espèces, sont toutes européennes, les mauvaises herbes indigènes ayant disparu dans la direction de l'Ouest ; en Nouvelle-Zélande, on ne compte pas moins de 250 plantes européennes naturalisées, dont plus de cent espèces se sont répandues sur le pays, déplaçant souvent la végétation indigène.

D'autre part, bien peu, parmi les centaines de plantes vigoureuses qui se ressèment librement dans nos jardins, deviennent sauvages, et quelques-unes à peine communes. On ne réussit d'ordinaire pas à acclimater des plantes qui semblent devoir s'y prêter ; A. de Candolle assure que divers botanistes, à Paris, à Genève et surtout à Montpellier, ont semé les graines de plusieurs centaines de plantes exotiques robustes dans les situations les plus favorables en apparence, mais que, si ce n'est à peine dans un cas isolé, aucune ne s'est acclimatée [1].

La pomme de terre elle-même, cultivée sur une si grande étendue, si robuste, si bien adaptée à se multiplier par les yeux nombreux de ses tubercules, la pomme de terre ne se trouve à l'état sauvage dans aucune partie de l'Europe.

On pourrait penser que les plantes australiennes deviendraient aisément sauvages en Nouvelle-Zélande. Mais nous tenons de sir Joseph Hooker que feu M. Bidwell disséminait, habituellement, des graines australiennes au cours de ses longs voyages en Nouvelle-Zélande, et que, cependant, deux ou trois espèces australiennes à peine semblent s'être établies dans le pays, et encore seulement dans un sol cultivé, ou nouvellement défriché.

Ces quelques exemples montrent suffisamment que

1. *Géographie botanique*, p. 798.

toutes les plantes d'un pays, ainsi que le dit de Candolle, sont en guerre les unes contre les autres, chacune d'elles luttant pour occuper le terrain aux dépens de ses voisines.

Mais, outre cette concurrence directe, il en est une, non moins puissante, le péril que courent presque toutes les plantes d'être détruites par les animaux. Les oiseaux détruisent les boutons, les chenilles les feuilles, les charançons la semence ; quelques insectes percent le tronc, d'autres nichent dans les branches et les feuilles ; les limaces dévorent les sauvageons et les pousses tendres, le iule terrestre ronge les racines. Les mammifères herbivores dévorent beaucoup d'espèces entières, tandis que d'autres déracinent, pour les manger, les tubercules enfouis.

Chez les animaux, ce sont les œufs et les tout petits qui souffrent le plus de leurs ennemis divers ; chez les plantes, ce sont les tendres rejetons, au moment où ils sortent de terre.

Darwin défricha et bêcha un terrain long de trois pieds sur deux de large, et prit soin d'y marquer tous les sauvageons de mauvaises herbes et d'autres plantes qui poussèrent, notant ce qu'il advenait de chacun d'eux. Leur nombre total s'éleva à 357. Il n'en compta pas moins de 295 détruits par les limaces et les insectes.

La lutte directe de plante à plante est presque aussi fatale lorsqu'on n'intervient pas pour empêcher la plus forte d'étouffer la plus faible.

Dans une pelouse, fauchée ou broutée par des animaux, nombre de plantes faibles subsistent auprès des fortes, parce qu'on ne permet à aucune de dépasser beaucoup les autres ; mais Darwin observa que la pelouse étant laissée à l'état libre, les plus fortes plantes tuaient les plus faibles.

Dans une bande de gazon de trois pieds sur quatre, on reconnut vingt espèces différentes, dont neuf périrent quand on permit aux autres espèces d'atteindre leur complet développement [1].

Mais, outre la nécessité de se protéger contre la concurrence des autres plantes et la destruction par les animaux, les plantes ont un ennemi plus mortel encore dans les forces de la nature inorganique. Chaque espèce peut endurer une certaine quantité de chaleur et de froid, chacune une certaine quantité d'humidité en temps convenable, chacune demande au soleil une quantité définie de lumière soit directe, soit diffuse, chacune réclame du sol certains éléments; le manque de juste proportion dans ces conditions inorganiques cause la faiblesse et entraîne bientôt la mort. La lutte pour la vie, chez les plantes, a donc un triple caractère et une complexité infinie, d'où résulte leur distribution curieusement irrégulière sur la surface du globe.

Non seulement chaque pays a ses plantes propres, mais chaque vallée, chaque coteau, presque chaque haie, ont une série de plantes différentes de celles de la vallée, du coteau ou de la haie voisines; elles diffèrent sinon toujours par les espèces, au moins par leur abondance relative, les unes étant rares dans l'une, et communes dans l'autre. Il résulte de là que de légers changements de conditions peuvent en amener de grands dans la flore d'un pays. Ainsi, en 1740 et pendant les deux années suivantes, la larve d'un papillon de nuit (*Characas graminis*), commit de tels ravages dans la plupart des prairies de la Suède, que l'herbe diminua beaucoup de quantité, et que nombre de plantes, autrefois étouffées par elle, s'élevèrent, diaprant les prés d'une multitude d'espèces florales différentes.

1. *Origine des Espèce*.

L'introduction des chèvres dans l'île de Sainte-Hélène amena la destruction complète des forêts contenant environ cent espèces d'arbres et arbustes, les jeunes plants étant dévorés, à mesure qu'ils poussaient, par les chèvres.

Le chameau est plus nuisible encore que la chèvre à la végétation sylvestre, et M. Marsh est d'avis que de considérables espaces, dans les déserts d'Arabie et d'Afrique seraient couverts de forêts si l'on en éloignait le chameau et la chèvre [1].

Même dans plus d'une partie de notre pays, l'existence des arbres dépend de l'absence de bétail.

Darwin put observer, dans des landes, près de Farnham, comté de Surrey, quelques groupes de sapins d'Écosse ; aucun arbre jeune n'existait, dans une étendue de plusieurs centaines d'acres. Cependant on avait plus loin, enclos quelques parties de la lande, depuis quelques années, et là, les jeunes sapins se pressaient trop près les uns des autres pour vivre tous ; ces arbres n'avaient été ni semés ni plantés ; on s'était borné à enclore le terrain pour le protéger contre le bétail. En apprenant cela, Darwin fut si surpris qu'il se mit à fouiller dans la bruyère des landes non encloses ; il y trouva des multitudes de petits arbres et sauvageons qui avaient été régulièrement broutés par la dent meurtrière du bétail. Dans un espace d'un *yard* carré, à environ 90 mètres des vieux troncs des sapins, il compta trente-deux petits arbres dont un avait vingt-six cercles de croissance indiquant ses efforts impuissants, pendant nombre d'années, pour élever sa tête au-dessus des tiges de la bruyère.

Et pourtant, remarque Darwin, cette lande était très étendue et très stérile, et nul n'eut imaginé que le bétail l'eût fouillée de si près et avec tant d'efficacité.

1. *The Earth as modified by Human Action,* p. 51.

Pour ce qui concerne les animaux, la concurrence et la lutte sont encore plus évidentes. La végétation d'un district quelconque ne peut nourrir qu'un certain nombre d'animaux dont les différentes espèces se disputeront la possession. Ils auront aussi des insectes comme concurrents ; ces insectes, à leur tour, seront réduits en nombre par les oiseaux qui deviendront ainsi les auxiliaires des mammifères. Mais, il y aura aussi des carnivores détruisant les herbivores ; tandis que de petits rongeurs, tels que le lemming et quelques-unes des souris des champs, détruisent souvent assez de végétaux pour influer d'une façon considérable sur la nourriture de tous les autres groupes d'animaux. Les sécheresses, les inondations, les hivers rigoureux, les orages, les ouragans, leur nuiront de plusieurs façons, mais aucune espèce ne subira de diminution sans que l'effet en soit ressenti, de manières diverses et complexes, par tout le reste. Quelques exemples de cette action réciproque sont nécessaires.

EXEMPLES DE LA LUTTE POUR L'EXISTENCE

Sir Charles Lyell a observé que si, par suite des attaques des veaux marins ou autres ennemis, les saumons décroissent en nombre, il s'ensuivra que les otaries vivant dans l'intérieur des terres se trouveront sans nourriture et détruiront pour la remplacer beaucoup de jeunes oiseaux ou quadrupèdes, de façon que l'accroissement d'un seul animal marin peut causer la destruction de beaucoup d'animaux terrestres à des centaines de milles de distance.

Darwin nota soigneusement les effets produits par une plantation de sapins d'Écosse dans quelques centaines d'acres, dans le Staffordshire, qui faisaient partie d'une lande très étendue qu' n'avait jamais encore été défrichée. Lorsque la partie plantée eut atteint vingt-cinq ans, il remarqua dans la végétation indigène un plus grand changement qu'on ne trouve d'ordinaire en passant d'un sol à un autre tout à fait différent. Outre un grand changement dans le nombre proportionnel des bruyères indigènes, douze espèces, inconnues à la lande, étaient florissantes dans la plantation. La modification dans la vie des insectes dut être encore plus grande, puisque six oiseaux insectivores qui étaient fort communs dans la plantation, n'existaient pas dans la lande, fréquentée cependant par deux ou trois espèces d'oiseaux insectivores. Il eut fallu des études s'étendant sur nombre d'années pour déterminer toutes les différences de la vie organique des deux espaces, mais les faits cités par Darwin suffisent à montrer quelle modification considérable peut causer l'introduction d'une seule espèce d'arbre et l'éloignement du bétail.

Je citerai le cas suivant dans les propres paroles de Darwin.

« Dans plusieurs parties du monde, les insectes décident de l'existence du bétail. Le Paraguay en offre peut-être l'exemple le plus frappant, car, ni le bétail, ni les chevaux, ni les chiens, n'y ont jamais été sauvages, bien qu'ils abondent, au sud et au nord, à l'état fauve. Azara et Rengger ont prouvé que cela provient de l'abondance au Paraguay, d'une certaine mouche qui dépose ses œufs dans le nombril de ces animaux à leur naissance. La multiplication de ces mouches, nombreuses comme elles le sont, doit être habituellement contrariée par un moyen quelconque, vraisemblablement par d'autres insectes parasites. Si donc, certains oiseaux insectivores décroissaient au Paraguay, les insectes parasites augmenteraient ; par suite, les mouches habitant les nombrils de mammifères décroîtraient, alors le bétail et les chevaux deviendraient sauvages, ce qui modifierait beaucoup la végétation (ainsi que j'ai pu l'observer en certaines parties de l'Amérique méridionale), puis, par suite, les insectes aussi, et, comme nous l'avons vu dans le Staffordshire, les oiseaux insectivores ; et la chose continuerait, devenant ainsi plus complexe. Ce n'est pas que les relations dans la nature soient toujours aussi simples. Des batailles compliquées se succèdent avec des résultats divers ; et pourtant, à la longue, les forces sont si bien équilibrées que la face de la nature reste longtemps uniforme, bien que la moindre bagatelle pût donner la victoire à un être sur l'autre [1]. »

Des cas pareils au précédent sembleront peut-être exceptionnels, mais nous avons de bonnes raisons de croire qu'ils ne sont pas rares ; ce sont des exemples de ce qui se passe dans le monde entier ; seulement il nous est très difficile de suivre ces réactions complexes qui se produisent partout. L'impression générale de l'observateur ordinaire paraît être que les bêtes et les plantes sauvages vivent d'une vie paisible, sans troubles, où chaque être exactement en rapport avec sa place et son entourage n'a aucune difficulté à s'y maintenir. Avant de démontrer que cette conception est, partout et toujours, évidemment fausse, nous examinerons un autre cas des rapports complexes d'organismes distincts qui a été avancé par Darwin et que l'on cite souvent, à cause de son caractère frappant et presque excentrique. Il est bien connu maintenant que beaucoup de fleurs demandent à être fécondées par les insectes pour produire de la graine, et qu'en quelques cas, cette fécondation ne peut être opérée que par une espèce particulière d'insecte à laquelle la fleur s'est adaptée. Deux de nos plantes communes, la pensée sauvage (*Viola tricolor*) et le

---

1. *Origine des Espèces.*

trèfle rouge (*Trifolium pratense*), sont ainsi, presque exclusivement, fécondées par les bourdons, et si l'on empêche ces insectes de visiter les fleurs, elles ne produisent que peu ou point de graines. Chacun sait que les mulots détruisent les rayons et les nids des bourdons, et le colonel Newman, qui s'est beaucoup occupé de ces insectes, croit que les deux tiers de tous les nids de bourdons en Angleterre, sont détruits de la sorte. Mais le nombre des souris dépend beaucoup de celui des chats, et le même observateur nous dit que près des villages et des villes, il a trouvé plus de nids qu'ailleurs, et attribue ce résultat au nombre des chats qui détruisent les souris. D'où il suit que l'abondance du trèfle rouge et de la pensée sauvage dans une région, dépendra d'un bon renfort de chats pour tuer les mulots qui, sans cela, détruiraient trop de bourdons, ce qui rendrait insuffisante la fécondation des fleurs. On a donc découvert une chaîne liant étroitement des organismes totalement différents, comme le mammifère carnivore et la fleur au doux parfum, faisant correspondre l'abondance ou la disette de l'un à celles de l'autre.

Le récit suivant de la lutte entre les arbres des forêts du Danemark, d'après les recherches de M. Hansten-Blangsted, est un exemple frappant à l'appui[1]. Les combattants principaux sont le hêtre et le bouleau, le premier toujours vainqueur dans ses invasions. On ne trouve plus de forêts entièrement composées de bouleaux que dans des espaces stériles, sablonneux ; partout ailleurs les deux essences sont mêlées, et quand le sol est bon, le hêtre expulse rapidement le bouleau. Ce dernier perd ses branches au contact du hêtre et reporte toutes ses forces sur sa cime qui domine le hêtre. Il peut vivre longtemps ainsi, mais succombe inévitable-

---

1. Voyez *Nature*, vol. XXXI, p. 63.

ment dans le combat, de vieillesse, si ce n'est d'autre chose, car la vie du bouleau, en Danemark, est plus courte que celle du hêtre.

Cet écrivain croit que la lumière (ou plutôt l'ombre), est cause de la supériorité de ce dernier, dont la structure permet mieux, par le plus grand développement de ses branches, aux rayons du soleil de traverser le sol, en dessous, tandis que la tête touffue, buissonneuse du bouleau, entretient une ombre profonde à ses pieds. Peu de jeunes plantes, sauf ses propres rejetons, vivent sous le hêtre, et tandis que celui-ci prospère sous l'ombre du bouleau, le bouleau meurt immédiatement sous le hêtre. Le bouleau n'a échappé à une extermination totale que par le fait de sa possession des forêts danoises avant que le hêtre n'y parût, et de l'impossibilité de faire prospérer ce dernier dans certains districts. Mais partout où le sol s'est enrichi par la décomposition des feuilles du bouleau, le combat commence. Le bouleau règne encore sur les bords des lacs et autres endroits marécageux où son ennemi ne peut exister. De la même manière, dans les bois de la Zélande, les sapins font place au hêtre. Livrés à eux-mêmes, les sapins sont bannis par le hêtre. La lutte entre ce dernier et le chêne est plus longue et plus acharnée, car les branches et le feuillage du chêne sont plus épais et offrent beaucoup de résistance au passage de la lumière.

Le chêne, aussi, a une longévité supérieure ; mais, tôt ou tard, il succombe à son tour, parce qu'il ne peut se développer à l'ombre du hêtre. Les forêts primitives du Danemark se composaient principalement de trembles, auxquels le bouleau était associé ; le sol s'éleva graduellement, le climat s'adoucit ; le sapin vint alors former de vastes forêts. Après avoir régné pendant des siècles, le sapin dut abdiquer devant l'yeuse, qui maintenant est en train de céder la place au hêtre. Le trem-

2.

ble, le bouleau, le sapin, le chêne et le hêtre marquent les étapes de la lutte pour la survivance du plus fort ou du plus apte entre les arbres forestiers du Danemark.

Il convient d'ajouter qu'au temps des Romains le hêtre était, comme il l'est aujourd'hui, le principal arbre forestier du Danemark; à l'âge, plus ancien, du bronze, que nous représentent les restes récemment trouvés dans des tourbières, il n'y avait que peu ou même point de hêtres, le chêne dominait partout; dans la période encore plus ancienne, de l'âge de pierre, le sapin était l'essence la plus abondante.

Le hêtre appartient essentiellement à la zone tempérée, sa limite septentrionale descendant au sud de celle du chêne, du sapin, du bouleau et du tremble, et son entrée au Danemark fut sans doute due à l'amélioration du climat quand la période glaciaire fut passée. Nous voyons ainsi comment des modifications de climat qui s'opèrent continuellement sous l'influence de causes cosmiques ou géographiques, peuvent donner lieu à une lutte, entre les plantes, qui peut se prolonger à travers des milliers d'années, et doit profondément modifier les rapports du monde animal, puisque l'existence même d'innombrables insectes, et celle des oiseaux et des mammifères dépend plus ou moins complétement de certaines espèces de plantes.

LA LUTTE POUR L'EXISTENCE DANS LES PAMPAS

Un autre exemple de la lutte pour l'existence, dans laquelle se trouvent impliqués et les plantes et les animaux, nous est offert par les pampas de la partie méridionale de l'Amérique du sud. Darwin a attribué l'absence d'arbres de ces vastes plaines à l'impossibilité supposée des essences tropicales ou sous-tropicales de l'Amérique du sud d'y prospérer, et à l'éloignement d'autres sources pour suppléer à celles-ci ; cette expli-cation est adoptée par d'éminents naturalistes tels que M. Ball et le professeur Asa Gray. Elle ne m'a jamais satisfait, parce qu'il y a de vastes forêts dans la région tempérée des Andes, et tout le long de la côte ouest jusqu'à la Terre de Feu, et qu'elle ne s'accorde pas avec ce que nous savons des variations des espèces et de leur adaptation rapide à de nouvelles conditions. Je trouve plus satisfaisante l'explication fournie par M. Edwin Clark, ingénieur civil, qui a résidé près de deux ans dans le pays, consacrant beaucoup d'attention à son histoire naturelle. Il dit à ce sujet :

« Ce qui caractérise particulièrement ces vastes plai-nes unies qui descendent des Andes au bassin du grand fleuve dans une monotonie ininterrompue, c'est l'ab-sence de rivières ou de réservoirs de rivières, et le re-tour périodique des sécheresses ou *siccos*, durant les mois d'été. Ces conditions déterminent le caractère sin-gulier de leur flore et de leur faune.

» Le sol est naturellement fertile, favorable à la croissance des arbres, et ils se développent d'une façon luxuriante partout où ils sont protégés. L'eucalyptus recouvre d'immenses espaces, dès qu'ils sont enclos, et les saules, les peupliers et les figuiers entourent toute *estancia* dont la clôture les protège.

» Les plaines sont couvertes de troupes de chevaux et de bétail, et infestées d'innombrables rongeurs sau-vages, premiers locataires des pampas.

» Pendant les longues périodes de sécheresse, qui sont le grand fléau du pays, des milliers de ces animaux souffrent de la famine et détruisent tout vestige de vé-gétation. Dans un de ces *siccos*, au moment de ma visite, il ne périt pas moins de 30.000 têtes de bœufs, moutons et chevaux, morts de soif et de faim, après avoir arraché des profondeurs du sol toute trace de végétation, jusqu'aux racines noueuses de l'herbe des pampas. En pareilles circonstances, l'existence d'un arbre non protégé est impossible. Les seules plantes qui résistent à côté des indestructibles chardons, des graminées, du trèfle, sont : une petite oseille herbacée produisant des bourgeons vivipares d'une vitalité extraordinaire, quelques espèces vénéneuses, telles que la ciguë, et quelques acacias nains, épineux et résistants, et des roseaux ligneux, dont un rat affamé même ne voudrait pas.

» Bien que le bétail soit d'introduction récente, les innombrables rongeurs indigènes ont toujours dû empêcher l'introduction de toute autre espèce de plantes ; de grands espaces sont encore creusés par le biscacho, lapin gigantesque qu'on retrouve à chaque pas, et d'autres rongeurs existent encore en nombre, comprenant des rats, des souris, des lièvres des pampas, et le grand *nutria*, et le carpincho (*capybara*), sur les bords de la rivière [1]. »

M. Clark fait d'autres remarques, au sujet de la lutte désespérée pour l'existence, qui caractérise les zônes avoisinantes fertiles où les rivières et les plaines marécageuses rendent plus luxuriantes et variées la vie végétale et la vie animale. Après avoir décrit comment la rivière montait, parfois, de trente pieds en huit heures, causant d'effroyables ravages, et parlé de l'abondance des grands carnassiers et des grands reptiles sur ses bords, il continue en ces termes. « Mais c'était parmi la flore que s'affirmait avec le plus d'évidence le principe de la sélection naturelle. Dans une région de ce genre, — parcourue en tous sens par des rongeurs et du bétail fugitif, sujet aux inondations qui emportaient des îlots de végétation entiers, et spécialement à des sécheresses

---

1. *A visit to South America*, 1878. Aussi, *Nature*, vol. XXXI, p. 263 et 339.

qui mettaient à sec les lacs et presque le fleuve lui-même,
— aucune plante ordinaire ne pouvait subsister, même
sur ce sol arrosé d'alluvions. Les seules plantes qui
échappassent au bétail étaient ou vénéneuses, ou épineuses, ou résineuses, ou d'une dureté indestructible.
De là, un grand développement de *solanum*, de *talas*,
d'acacias, d'euphorbes et de lauriers. Le bouton d'or
était remplacé par la petite *oxalis* jaune vénéneuse, aux
bourgeons vivipares ; les passiflores, les asclépiadées, les
bignonias, les convolvulus et les légumineuses grimpantes échappent à la fois aux inondations et au bétail, en
grimpant aux arbres les plus hauts, qu'ils dominent, les
inondant de leurs inflorescences. Les habitants du sol
sont les pourpiers, les turneras et les œnothères, amères
et éphémères, sur la roche nue, ne recevant guère
d'autre humidité que celle des fortes rosées. Les ponté-
dérias, les *alisma* et les *plantago*, avec les herbes et les
carex, sont protégés par les mares profondes, étincelantes ; et, bien qu'à première vue le *monte* donne sans
aucun doute au voyageur l'impression d'une scène de
ruine et de sauvage confusion, à la regarder de plus
près, nous la trouvons plutôt une manifestation remarquable de l'harmonie des lois naturelles, un exemple du
merveilleux pouvoir que les plantes, comme les animaux,
possèdent, de s'adapter aux particularités locales de leur
habitat, qu'il se trouve sous les ombrages fertiles du
monte luxuriant, ou sur les plaines arides, desséchées
des pampas privés d'arbres. »

Un curieux exemple de la lutte entre plantes m'a été
communiqué par M. John Enys, habitant la Nouvelle-
Zélande. Le cresson d'eau anglais croît avec une telle
vigueur dans ce pays, que les rivières en sont complètement obstruées, d'où, parfois, proviennent des inondations désastreuses, nécessitant des dépenses considérables pour entretenir le courant libre. Mais un remède

naturel vient d'être découvert : la plantation e saules,
le long des bords. Les racines de ces arbres sillonnent
le lit du cours d'eau dans toutes les directions, et le cresson ne pouvant plus obtenir la somme de nourriture
qu'il lui faut, disparaît peu à peu.

ACCROISSEMENT DES ORGANISMES EN PROGRESSION GÉOMÉTRIQUE

Les faits que nous venons d'exposer prouvent suffisamment qu'il y a dans la nature une concurrence, une
lutte, une guerre continuelles, et que chaque espèce,
animale ou végétale, réagit sur beaucoup d'autres, par
des modes complexes et souvent inattendus. Nous allons
maintenant montrer la cause fondamentale de cette lutte,
prouver qu'elle se poursuit dans toute l'étendue de la
nature, et qu'aucune espèce d'animal ou de plante ne
peut s'y soustraire. Ceci résulte du fait de l'augmentation rapide, dans une proportion géométrique, de toutes
les espèces, animales ou végétales. Cette augmentation
est surtout rapide dans les ordres inférieurs, où une seule
mouche à viande (*Musca carnaria*) produit 20.000 larves
qui grandissent si vite qu'elles atteignent leur taille
adulte en cinq jours. Les grand naturaliste suédois,
Linné, en concluait que trois de ces mouches pourraient
bien dévorer un cheval mort aussi vite que le ferait un
lion. Chacune des larves reste à l'état de chrysalide durant cinq ou six jours environ, de sorte que chaque
mouche mère en peut produire dix mille en une quin-
zaine de jours. En supposant même qu'elles n'augmentent dans cette proportion que durant trois mois d'été,
il en résulterait cent millions de millions de millions
pour chaque mouche au commencement de l'été, nombre plus grand, probablement, qu'il n'en existe à la fois
dans le monde entier. Et ceci n'est qu'une espèce, à côté

de laquelle des milliers d'autres espèces augmentent aussi dans une progression énorme ; de telle sorte que si rien n'amenait un arrêt, toute l'atmosphère serait obscurcie par les mouches, et que toute nourriture animale et beaucoup d'animaux en seraient détruits. C'est pour empêcher cette effrayante multiplication que règne une guerre incessante contre ces insectes, menée par des oiseaux insectivores, des reptiles, aussi bien que par d'autres insectes (soit larvaires ou à l'état parfait), par l'action des éléments, sous forme de pluie, grêle ou sécheresse, et par d'autres causes inconnues ; pourtant, nous ne voyons rien de cette guerre sans trêve, quoique seule, peut-être, elle nous préserve de la famine et de la peste.

Examinons maintenant un cas moins extrême, plus familier. Nous gardons, l'hiver, dans nos climats, un nombre considérable d'oiseaux, tels que le rouge-gorge, le moineau, les quatre mésanges communes, la grive et le merle. Ces oiseaux pondent en moyenne six œufs, mais comme plusieurs d'entre eux ont deux ou même trois couvées par an, nous serons au-dessous de la vérité en leur attribuant une augmentation moyenne de dix. Ces oiseaux vivent souvent de quinze à vingt ans, en cage, et nous ne pouvons supposer que leur vie soit plus courte à l'état de nature, si rien ne les trouble. Mais pour éviter d'exagérer, nous prendrons dix ans comme durée moyenne de leur vie.

Si, maintenant, nous prenons comme point de départ un seul couple, vivant et couvant, sans être molesté, pendant dix ans, — comme ils pourraient le faire sur une île amplement fournie de nourriture végétale et animale, mais sans concurrents, sans oiseaux ni quadrupèdes destructeurs, — leur nombre, au bout de ces dix ans, s'élèverait à plus de vingt millions. Pourtant nous savons très bien que le peuple des airs n'est pas

plus nombreux, en moyenne, qu'il y a dix ans. D'une
année à l'autre, le chiffre en peut varier, suivant le plus
ou moins de rigueur des hivers ou d'autres causes, mais,
à tout prendre, il n'augmente pas. Qu'est donc devenu
l'énorme surplus de population qui se produit annuellement ? Il est évident que ceux qui sont de trop doivent
mourir ou être tués, d'une façon quelconque ; comme
l'augmentation moyenne est de cinq pour un, il s'ensuit
que si l'on prend pour chiffre moyen des oiseaux de
toutes les espèces, dans nos îles, le chiffre de dix millions, — qui est probablement au-dessous de la vérité,
— alors cinquante millions d'oiseaux (ou d'œufs figurant
comme oiseaux possibles), doivent, chaque année, mourir
ou être détruits. Pourtant, nous ne voyons rien ou presque rien de ce massacre des innocents qui se passe à
nos portes. Au cours des hivers rigoureux, nous trouvons quelques oiseaux morts, des plumes, des restes
sanglants, nous apprenant qu'un pigeon des bois ou
quelque autre oiseau a été tué par un faucon, mais nul
n'imaginerait qu'il périt cinq fois autant d'oiseaux qu'en
comptait le pays, au début du printemps.

Sans doute, il en est, en grand nombre, qui ne meurent
pas chez nous, mais pendant ou après leur migration
vers d'autres contrées ; mais, d'autre part, ceux qui sont
nés en pays lointains nous arrivent et rétablissent ainsi
l'équilibre. Puis, comme le nombre moyen des jeunes
oiseaux quadruple ou quintuple celui de leurs parents,
nous devrions avoir au moins cinq fois plus d'oiseaux à
la fin de l'été qu'au commencement, et certainement on
ne remarque pas une disproportion aussi énorme. Cela
prouve que l'œuvre de destruction doit commencer et
s'exercer avec le plus de rigueur sur les petits dans le
nid, où les pluies les tuent, d'où les ouragans les enlè-
vent, où ils périssent de faim, si leurs parents sont tués ;
où ils offrent, d'ailleurs, une proie sans défense aux

choucas, aux geais, aux pies, sans compter ceux qu'expulsent du nid maternel leurs frères de lait, les coucous. Dès qu'ils ont toutes leurs plumes et commencent à quitter le nid, beaucoup sont détruits par les buses, les éperviers et les pies-grièches. De ceux qui émigrent en automne, beaucoup sont perdus, en mer ou autrement, avant d'avoir atteint un refuge ; tandis que ceux qui nous restent sont décimés par le froid et la famine des hivers rigoureux. Il en va de même pour toutes les espèces d'animaux ou plantes à l'état sauvage, inférieures ou supérieures. Toutes se reproduisent dans une proportion qui, si rien ne venait la contrarier, donnerait le monopole du pays à la descendance d'une seule ; mais toutes sont également resserrées dans leurs limites par divers agents destructeurs, de telle façon que tout en éprouvant quelques fluctuations, leur nombre n'augmente jamais qu'aux dépens de celui d'autres espèces qui décroissent dans la même proportion.

EXEMPLES DE LA GRANDE PUISSANCE DE MULTIPLICATION DES ANIMAUX

Les faits que nous affirmons maintenant étant la pierre fondamentale de la théorie que nous examinons, pour conserver toujours présentes à l'esprit l'énorme augmentation et la destruction perpétuelle qui règnent simultanément autour de nous, il nous faut citer le témoignage direct de cas effectifs d'augmentation. La rapide multiplication du bétail et des chevaux, en Amérique, a démontré que les animaux supérieurs, quoiqu'ils ne se reproduisent qu'avec une lenteur relative, augmentent énormément quand ils sont placés dans des conditions favorables, en pays nouveaux. Christophe Colomb, à son second voyage, laissa quelques têtes de gros bétail à Saint-Domingue, et, livrés à eux-mêmes, ces animaux augmentèrent à tel point que, vingt-sept ans plus tard, des troupeaux comptant de 4.000 à 8.000 têtes n'étaient pas rares. On transporta, plus tard, du bétail de cette île au Mexique et en d'autres parties parties de l'Amérique, et en 1587, soixante-cinq ans après la conquête du Mexique, les Espagnols exportaient 64.350 peaux de ce pays, et 35.444 de Saint-Domingue, ce qui indique l'immense nombre des animaux qui devaient y exister, puisque ceux qu'on avait capturés et tués ne représentaient qu'une faible part du tout. A la fin du siècle dernier, les pampas de Buenos-Ayres nourrissaient environ douze millions de vaches et trois millions de chevaux, outre les troupeaux nombreux qu'en contenaient d'autres lieux, en Amérique, qui offraient des conditions favorables au pâturage. Les ânes, cinquante ans après leur acclimatation, étaient si nombreux à l'état sauvage que, dans la ville même de Quito, le voyageur Ulloa les décrit comme étant une véritable peste. Il paissaient en grands troupeaux, se défendant à coups de gueule, et quand un cheval s'égarait parmi eux, lui courant sus et n'ayant de cesse, qu'à force de morsures et de ruades, ils eussent réussi à le tuer. Des cochons aussi furent lâchés à Saint-Domingue, par Colomb, en 1493, et les Espagnols en acclimatèrent dans d'autres endroits, ce qui eut pour résultat, qu'au bout d'un demi-siècle, ils étaient répandus en grand nombre sur une partie de l'Amérique, du 25ᵉ nord au 40° de lattitude sud. Plus récemment, en Nouvelle-Zélande, les cochons sauvages se sont multipliés au point de causer un dommage sérieux pour l'agriculture et de devenir un vrai fléau. Pour donner une idée de leur nombre, on assure que dans la province de Nelson on n'en tua pas moins de 25.000 dans l'espace de vingt mois [1]. Nous

---

[1]. La multiplication des lapins dans la Nouvelle-Zélande et en Australie est encore plus remarquable. On n'a pas exporté moins

savons pourtant que ces animaux, dans nos contrées et même en Amérique, maintenant, n'augmentent pas en nombre, d'où il faut conclure que la production normale est abaissée, chaque année, par des causes, soit naturelles, soit artificielles, de destruction.

AUGMENTATION RAPIDE ET EXTENSION DES PLANTES

Lorsqu'il s'agit des plantes, plus grande encore est leur puissance d'accroissement, et les effets en sont plus distinctement visibles. Des centaines de milles carrés, dans les plaines de la Plata, sont maintenant recouvertes par deux ou trois espèces du chardon européen, souvent à l'exclusion de presque toute autre plante ; mais dans leur pays natal, ces chardons, excepté en terrains cultivés ou en friche, n'ont qu'un rôle très secondaire dans la végétation.

Quelques plantes américaines, telles que le *gnaphale* ou pied de chat (*Ascelepias curassavica*) sont devenues maintenant communes sur une grande étendue des régions tropicales. Le trèfle blanc (*Trifolium repens*) envahit toutes les régions tempérées du monde, et il est en train d'exterminer dans la Nouvelle-Zélande beaucoup d'espèces indigènes, entre autre le chanvre indigène, (*Phormium tenax*) grande plante de 5 ou 6 pieds de haut, à feuilles ressemblant à celles de l'iris. M. W.-L. Travers qui a beaucoup étudié les plantes acclimatées en Nouvelle-Zélande note les espèces suivantes comme dignes d'une attention spéciale. La renouée commune (*Polygonum aviculare*) s'y étale, splendide, luxuriante, une seule plante

de 7 millions de peaux de lapin de ce dernier pays, dans une seule année, valant £ 67.000. Dans ces deux pays, les fermes de moutons ont beaucoup perdu de leur valeur, par suite de l'abondance de ces animaux, qui détruisent l'herbe ; on a dû abandonner entièrement quelques-unes de ces fermes.

couvrant un espace de quatre ou cinq pieds de diamètre, envoyant des racines à trois ou quatre pieds de profondeur. Un grand rumex qui vit sous l'eau (*Rumex obtusifolius*) abonde dans le lit de tous les cours d'eau, même parmi les montagnes. Le laiteron commun (*Sonchus oleraceus*) pousse dans tout le pays, jusqu'à 6.000 pieds d'altitude. Le cresson de fontaine (*Nasturtium officinale*) croît avec une vigueur étonnante dans la plupart des rivières, allongeant jusqu'à douze pieds ses tiges de trois quarts de pouce de diamètre, et finissant par les obstruer. Il en coûte £ 300 par an pour empêcher l'Avon, à Christchurch, d'en être encombrée. L'oseille (*Rumex acetosella*) étend un drap rouge sur des centaines d'acres, formant une sorte de tapis épais, exterminant les autres plantes, et arrêtant la culture. Elle peut, cependant, être elle-même exterminée, à condition d'ensemencer le terrain avec du trèfle rouge, qui vaincra aussi le *Polygonum aviculare*. La plus nuisible des mauvaises herbes de la Nouvelle-Zélande paraît, cependant, être l'*Hypochæris radicata*, une robuste composée à fleur jaune, qui n'est pas rare dans nos prairies et lieux déserts. Elle a été introduite, mêlée à des graines de gazon venant d'Angleterre, et l'on assure que d'excellents pâturages ont été, en trois ans, détruits par cette herbe qui a littéralement chassé toute autre plante du terrain. Elle réussit en toute espèce de sol ; on assure même qu'elle évince le trèfle blanc qui, d'ordinaire, prend si impérieuse possession de la terre.

En Australie, une autre composée, qu'on appelle herbe du cap (*Cryptostemma calendulaceum*) causa de grands dommages, et a été stigmatisée par le baron von Hugel, en 1833, comme « une mauvaise herbe impossible à exterminer » ; mais, après une occupation de quarante années, elle céda aux efforts combinés de la luzerne et d'autres gazons de choix.

M. Thwaites, dans son *Enumeration of Ceylon Plants*, nous dit qu'à Ceylan, une plante introduite dans l'île depuis moins de cinquante ans, contribue à changer le caractère de la végétation jusqu'à 3.000 pieds d'altitude. C'est le *Lantana mixta*, plante verbénacée importée des Indes Occidentales, et qui paraît avoir trouvé, à Ceylan, le sol et le climat qui lui conviennent. Elle couvre, maintenant, des milliers d'acres de l'épaisse masse de son feuillage, prenant complète possession de la terre négligée ou abandonnée, y empêchant la croissance de toute autre plante, détruisant même de petits arbres que ses tiges grimpantes parviennent à atteindre. Le fruit de cette plante a tant d'attrait pour les oiseaux frugivores que, par leur intervention, elle se propage rapidement, à l'exclusion complète de la végétation indigène, aussitôt qu'elle s'est établie.

UNE GRANDE FERTILITÉ N'EST PAS ESSENTIELLE A L'ACCROISSEMENT RAPIDE

Le fait, nullement rare, de trouver un grand nombre d'animaux chez qui la reproduction est lente, démontre que ce n'est pas tant la rapidité de l'accroissement qui en détermine la quantité, que la source de destruction à laquelle l'animal ou la plante est en butte, en tous pays. Le pigeon voyageur (*Ectopistes migratorius*) est, ou plutôt était excessivement abondant dans une certaine partie de l'Amérique du Nord, et l'on a souvent décrit ses énormes vols, au moment de leur migration, obscurcissant le soleil pendant des heures entières ; pourtant cet oiseau ne pond que deux œufs. Le petrel fulmar existe, en myriades, à St-Kilda et en d'autres lieux de ce genre ; pourtant il ne pond qu'un œuf. D'autre part, la grande pie-grièche, le grimpereau, le hoche-queue, la huppe, et beaucoup d'autres oiseaux, pondent de quatre à six ou sept œufs, et ne sont jamais abondants.

De même, chez les plantes, l'abondance d'une espèce n'a que peu ou point de rapports avec le nombre de ses graines. Quelques gazons et carex, la jacinthe sauvage, et beaucoup de boutons d'or se trouvent à profusion dans des régions étendues, bien que chaque plante ne produise relativement que peu de graines ; tandis que plusieurs espèces de campanules, de gentianes, d'œillets et de bouillon blanc, et même quelques composées produisant en abondance des semences très fines que le vent disperse aisément, sont pourtant des espèces très rares qui ne s'étendent jamais au delà d'une région très limitée.

Le pigeon voyageur que nous avons cité nous offre un si excellent exemple d'une population ailée énorme qui se soutient à un taux d'accroissement relativement lent, malgré sa faiblesse et la destruction qu'elle subit de la part de nombreux ennemis, qu'on lira avec intérêt le récit suivant, où le célèbre naturaliste américain, Alexander Wilson, décrit une colonie et les migrations de ses oiseaux.

« Non loin de Shelbyville, dans l'Etat du Kentucky, il y a cinq ans, il y avait une de ces sortes de colonies, s'étendant à travers les bois, à peu près du nord au sud, sur une largeur de plusieurs milles et, disait-on, une longueur de plus de quarante milles. Chaque arbre, dans cet espace, était garni d'autant de nids que ses branches pouvaient en porter. Les pigeons y apparaissaient vers le 10 avril, et le quittaient, avec leurs petits, avant le 25 mai. Dès que les petits avaient grandi, et avant qu'ils n'eussent quitté les nids, de nombreuses bandes des habitants de la région adjacente venaient avec des charrettes, des haches, des lits, des ustensiles de cuisine, beaucoup d'entre eux accompagnés de leur famille, et campaient, pendant plusieurs jours, dans cette immense *nursery*.

« On m'a dit que le bruit y était assez grand pour effrayer leurs chevaux, et qu'on ne s'entendait qu'en se criant réciproquement dans l'oreille. Sur la terre gissaient des branches cassées, des œufs, de jeunes pigeons qui avaient été précipités d'en haut, et que dévoraient des troupes de cochons. Des faucons, des buses et des aigles planaient en l'air, et fondaient sur les jeunes dans les nids, tandis que, au-dessous, à partir de la hauteur de vingt pieds jusqu'au sommet des arbres, on apercevait des multitudes de pigeons voletants, effarés, dont le bruissement d'ailes mêlé aux craquements répétés du bois qu'on abattait rappelait le grondement du tonnerre; car les bûcherons s'étaient mis à l'œuvre, coupant les arbres qui semblaient le plus chargés de nids, et s'arrangeant de façon à ce que leur chûte en entraînât d'autres; de manière qu'un seul gros arbre en tombant put fournir jusqu'à 200 jeunes pigeons de très peu inférieurs, pour les dimensions, à leurs parents, et tout bourrés de graisse. Sur quelques-uns de ces arbres on trouva jusqu'à cent nids, chacun ne contenant qu'un petit, circonstance qui n'était pas généralement connue des naturalistes[1]. Il était dangereux de passer sous ces millions d'ailes tendues ou voletantes, à cause des écroulements de branches sous le poids des multitudes, victimes souvent elles-mêmes de cette surcharge; quant aux vêtements de ceux qui traversaient le bois, les excréments des pigeons en faisaient un dépôt ambulant de guano.

« Je tiens ces détails de plusieurs personnes dignes de foi, et ce que j'ai vu moi-même les a en partie confirmés. Je traversai, sur un espace de plusieurs milles, cette sorte de couvoir, où chaque arbre était moucheté de nids, ou plutôt des restes des nids dont on m'avait parlé.

1. De plus récents observateurs ont prouvé qu'il y a, habituellement, deux œufs qui produisent deux jeunes. Mais il est possible que, dans la plupart des cas, un seul parvienne à la maturité.

J'en ai pu compter jusqu'à 90 sur un seul arbre. Mais les
pigeons avaient abandonné le gîte pour un autre, 60 ou
80 milles plus loin, vers Green River, où on les disait
tout aussi nombreux. Je ne doute point de l'exactitude
de cette assertion, dont les masses nombreuses qui passaient au-dessus de nos têtes dans cette direction, étaient
une preuve vivante. Tout le fruit avait été consommé
dans le Kentucky ; les pigeons, chaque matin avant le
lever du soleil, partaient pour le territoire d'Indiana,
dont le point le plus rapproché était à soixante milles.
Beaucoup d'entre eux revenaient à dix heures, et le principal corps d'armée peu après midi. J'avais quitté la
grande route pour visiter les restes de la colonie de Shelbyville et, me dirigeant vers Frankfort, je traversais les
bois, le fusil sur l'épaule quand, vers dix heures, les pigeons que j'avais remarqué, le matin, volant vers le nord,
commencèrent à revenir en nombres tellement immenses
que rien encore n'avait pu m'en donner l'idée. En arrivant à une clairière, à un détour de la route, où la vue
n'était plus interrompue, je fus étonné de leur apparition. Ils volaient avec une rapidité et une régularité
extraordinaires, hors de portée de fusil, en plusieurs
rangées de profondeur, et si serrés les uns contre les
autres que si l'on eut pu les atteindre, un seul coup en
eût fait tomber plusieurs. A droite, à gauche, aussi loin
que l'œil pouvait les apercevoir, la largeur de cette vaste
procession s'étendait, partout aussi serrée en apparence.
Curieux de déterminer la durée de ce passage, je pris
ma montre, et m'assis à les observer. Il était une heure
et demie ; pendant plus d'une heure, au lieu de constater une diminution dans cette prodigieuse procession, il
me sembla qu'elle augmentait, en nombre et en rapidité ; désireux de gagner Frankfort avant la nuit, je me
levai et continuai ma route. A quatre heures de l'après-
midi je traversai la rivière de Kentucky, dans la ville de

Frankfort, et à ce moment le torrent vivant au-dessus de ma tête paraissait aussi fourni, aussi abondant que jamais. Longtemps après, j'observai de grandes bandes qui passaient et qui duraient six ou huit minutes, suivies ensuite d'autres détachements, tous dirigés vers le même point sud-est, jusqu'à six heures du soir. La grande largeur de l'ordre de bataille que maintenaient ces puissantes multitudes semblaient indiquer des dimensions correspondantes dans leur couvoir, qu'en effet quelques personnes qui l'ont récemment traversé, estiment large de plusieurs milles. »

De ces diverses observations, Wilson conclut que le nombre d'oiseaux contenus dans la masse de pigeons qu'il vit en cette occasion, était au moins de deux milliards, et que ce n'était qu'une seule de plusieurs colonies semblables existant en diverses parties des États-Unis.

Le tableau qu'il nous retrace de ces oiseaux sans défense, et de leurs petits encore plus faibles, exposés aux attaques d'ennemis rapaces, met sous nos yeux de la façon la plus vive une des phases de cette incessante lutte pour l'existence qui se poursuit auprès de nous. En considérant l'énorme population qu'atteignent ces oiseaux, en dépit de leur accroissement lent, nous devons être convaincus que dans le cas de la plupart des oiseaux à multiplication plus rapide, qui ne parviennent pas à ces chiffres, la lutte contre leurs innombrables ennemis et contre les forces hostiles de la nature doit être encore plus rigoureuse et plus continuelle.

LA LUTTE POUR LA VIE ENTRE LES ANIMAUX ET LES PLANTES LES PLUS PROCHES, EST SOUVENT LA PLUS RUDE

La lutte que nous avons jusqu'ici étudiée a été, principalement, celle qui a lieu entre un animal, ou une plante, et ses ennemis directs, que ces ennemis soient d'autres animaux qui les dévorent, ou les forces de la nature qui les détruisent. Mais il existe une autre sorte de lutte qui se poursuit en même temps entre les espèces étroitement alliées entre elles, et se termine presque toujours par la destruction d'une d'elles. Ainsi, par exemple, Darwin dit que l'accroissement récent de la draine, dans certaines régions de l'Écosse, a amené la diminution de la grive chanteuse [1]. Le rat noir (*Mus rattus)* a été le rat commun d'Europe, jusqu'à ce que, au commencement du dix-huitième siècle, le grand rat brun (*Mus decumanus*) apparut sur le Volga inférieur, et de là, se propageant plus ou moins rapidement, envahit toute l'Europe, en chassant généralement le rat noir qui, presque partout, est relativement rare ou tout à fait éteint. Ce rat envahisseur a été, à cette heure, exporté par le commerce autour du monde entier ; dans la Nouvelle-Zélande, il a entièrement dépossédé un rat indigène que les Maoris se vantaient d'avoir amené avec eux de leur patrie du Pacifique ; et la mouche européenne est en train, dans le même pays, de supplanter la mouche indigène. En Russie, le petit cancrelat, ou blatte asiatique, a détrôné une espèce indigène plus grande, et en Australie, l'abeille domestique est en train d'exterminer la petite abeille indigène dépourvue de dard.

La justification de cette lutte est apparente pour qui considère que les espèces alliées occupent presque la même place dans l'économie universelle. Elles réclament le même genre de nourriture, ou à peu près, et sont exposées aux mêmes ennemis et aux mêmes dangers. Il s'ensuit que celle qui aura l'avantage, même le plus léger, sur l'autre, dans la façon de se procurer la nourriture

---

1. *Origine des Espèces.* Le professeur Newton m'affirme pourtant qu'il ne croit pas que ces deux espèces se nuisent réciproquement.

ou d'échapper au danger, dans la rapidité à se multiplier, ou la ténacité à conserver la vie, augmentera plus rapidement, et par ce seul fait fera que l'autre diminuera, et souvent disparaîtra tout à fait. Sans doute, en quelques cas, il y a une véritable guerre entre les deux, le plus fort tuant le plus faible ; mais ceci n'est pas du tout inévitable, il peut y avoir des cas où l'espèce la plus faible, physiquement, l'emporte par sa puissance supérieure de multiplication rapide, son endurance merveilleuse des vicissitudes de climat, ou sa plus grande adresse à déjouer les attaques de l'ennemi commun. Le même principe est en jeu dans le fait que certaines variétés de moutons de montagne réduiront à la famine d'autres variétés de montagne aussi, de telle façon qu'on ne pourra les garder ensemble. Chez les plantes, il en est de même. Si l'on sème plusieurs variétés distinctes de blé ensemble, et qu'on ressème leurs graines mêlées, celles des variétés auxquelles le climat et le sol conviennent le mieux, ou qui sont, naturellement, plus fertiles, l'emporteront sur les autres, et par suite donneront plus de semence, et par conséquent, en peu d'années, supplanteront les autres variétés.

Un effet de ce principe est que nous trouvons rarement des espèces, étroitement alliées, soit d'animaux, soit de plantes, vivant côte à côte, mais nous les trouvons souvent dans des districts distincts, quoique adjacents, où les conditions de la vie sont quelque peu différentes. Ainsi nous pouvons trouver des *Primula veris* poussant dans un pré, et des *Primula vulgaris* dans un bois tout auprès, chacune en abondance, mais rarement entremêlées. Et par la même raison, le vieux gazon d'un pâturage ou d'une lande se compose d'une grande variété de plantes en quelque sorte tissées ensemble, si bien que dans un morceau de moins d'un mètre carré, M. Darwin a pu compter vingt espèces distinctes, appartenant à dix-huit genres différents, et à huit ordres naturels, montrant ainsi leur extrême diversité d'organisation.

C'est pour la même raison que nous semons un mélange de gazons et de trèfles différents, pour obtenir une belle pelouse, au lieu de n'en semer qu'une seule espèce ; on a constaté que la quantité de foin produite par une collection de graminées très distinctes les unes des autres était supérieure à celle que produisait une seule espèce d'herbe.

On pourrait penser que les forêts font exception à cette règle, puisque, dans les régions tempérées du Nord, et dans les régions arctiques, nous trouvons des forêts étendues de sapins et de chênes. Mais ces forêts ne sont, après tout, que des exceptions, et ne caractérisent ces régions que là où le climat est peu favorable à la végétation sous bois. Sous les tropiques, et dans toutes les contrées chaudes de la zone tempérée, partout où se trouve une provision suffisante d'humidité, les forêts offrent les mêmes variétés d'espèces que le gazon de nos vieux pâturages, et les forêts vierges de l'équateur présentent une si merveilleuse variété de formes, qui s'entremêlent si complètement, que le voyageur est souvent embarrassé pour découvrir un second échantillon de l'espèce particulière qu'il a remarquée. Les forêts de la zone tempérée, elles-mêmes, dans des situations toutes favorables, montrent une variété considérable d'arbres de genres et de familles distincts ; ce n'est qu'en approchant de la lisière du bois, où la sécheresse, les vents ou le froid de l'hiver sont hostiles à l'existence de la plupart des arbres, que nous rencontrons de grands espaces exclusivement occupés par une ou deux espèces. Le Canada lui-même a plus de soixante espèces d'arbres forestiers différents, et les États-Unis de l'Est, cent cinquante ; l'Europe est relativement pauvre, ne contenant que quatre-vingts espèces, tandis que les forêts de l'Asie

Orientale, le Japon, la Mandchourie, sont extrêmement riches, cent soixante-dix espèces étant déjà connues.

Dans tous les pays, les arbres s'entremêlent, de façon que chaque forêt étendue offre une variété considérable, ainsi qu'on le peut voir dans les quelques restes de nos bois primitifs, représentés par certains points d'*Epping Forest* et de la *New Forest*.

Chez les animaux règne la même loi, bien que, par suite de leurs mouvements continuels, et de leur aptitude à se dissimuler, elle ne soit pas aussi facile à observer. Nous citerons, comme exemples, le loup, errant en Europe et en Asie Septentrionale, tandis que le chacal habite l'Asie Méridionale et l'Afrique Septentrionale; les porc-épics des arbres, dont une espèce habite la moitié orientale, et l'autre la moitié occidentale de l'Amérique du Nord ; le lièvre commun (*Lepus timidus*) en Europe, au centre et au midi, tandis que toute l'Europe du Nord est habitée par le lièvre variable (*Lepus variabilis*) ; le geai commun (*Garrulus glandarius*) habitant toute l'Europe, pendant qu'une autre espèce (*Garrulus Brandti*) se trouve à travers toute l'Asie, des Monts Ourals au Japon ; et beaucoup d'espèces d'oiseaux dans les États-Unis de l'Est, sont remplacés, dans ceux de l'Ouest, par des espèces étroitement alliées.

Nul doute qu'il n'y ait aussi nombre d'espèces ainsi étroitement alliées entre elles dans les mêmes pays, mais, en ce cas, presque toujours, il se trouvera qu'elles fréquentent des stations différentes, et ont des habitudes quelque peu différentes, et qu'ainsi elles ne sont pas en concurrence directe les unes avec les autres ; de même des plantes très voisines d'espèce peuvent habiter les mêmes districts, si l'une préfère la prairie, l'autre les bois, l'une un terrain crayeux, et l'autre un sol sablonneux, l'une un habitat humide, tandis que l'autre demande une lieu sec.

Chez les plantes, fixées comme elles le sont, à la terre, il nous est aisé de noter ces particularités de position ; mais avec les animaux sauvages, que nous ne voyons qu'en de rares occasions, il faut une observation attentive, soutenue longuement, pour découvrir les particularités de leur mode d'existence qui peuvent empêcher toute concurrence directe entre espèces étroitement alliées, demeurant dans le même espace.

ASPECT MORAL DE LA LUTTE POUR L'EXISTENCE

Il convient de terminer notre exposé des phénomènes de la lutte pour l'existence par quelques remarques sur son aspect moral. Depuis que la guerre de la nature est mieux connue, beaucoup d'écrivains se sont attachés à l'accuser de nous représenter comme nécessaire une somme de cruauté et de souffrances qui révolte nos instincts d'humanité, tout en étant une pierre d'achoppement pour ceux qui voudraient continuer à croire que l'univers est gouverné par une sagesse et une bienveillance infinies. Un brillant écrivain s'exprime ainsi : « La souffrance, la douleur, la maladie, la mort, sont-elles donc les inventions d'un Dieu qui nous aime ? La loi par laquelle aucun animal ne peut s'élever à la perfection sans attenter à la vie des autres, est-elle la loi d'un Créateur bienfaisant ? Il ne sert de rien de dire qu'il y a de la charité dans la souffrance, de la miséricorde dans le massacre. Pourquoi les choses sont-elles arrangées de façon que le mal soit la matière brute d'où se tire le bien ? La souffrance, pour être utile, n'en est pas moins souffrance ; le crime, pour conduire au développement, n'en reste pas moins crime. Le sang souille encore la main, et tous les parfums de l'Arabie ne l'effaceront point [1]. »

1. *Martyrdom of Man,* par Winwood Reade, p. 520.

Un écrivain des plus réfléchis, le professeur Huxley lui-même, expose des vues analogues. Dans un article récemment paru sur « la Lutte pour l'Existence », il parle des myriades de générations d'animaux herbivores qui « ont été tourmentés et dévorés par les carnivores » ; et des carnivores et herbivores également « sujets à toutes les misères attachées à la vieillesse, à la multiplication excessive » ; et de « la souffrance plus ou moins persistante » qui récompense vainqueurs et vaincus. Et il en conclut que, puisque s'il est vrai que des milliers de fois par minute, si notre ouïe était assez fine, nous entendrions des soupirs et des gémissements douloureux, comme ceux que Dante entendit aux portes de l'enfer, le monde ne peut être gouverné par une loi d'amour [1].

Je pense qu'il y a lieu de croire que tout ceci a été fort exagéré ; que les « tourments » et les « misères » supposés des animaux n'ont que peu de réalité, mais reflètent les sensations imaginaires d'hommes et de femmes de culture intellectuelle s'ils se trouvaient en pareilles circonstances ; et que la somme positive de souffrance causée par la lutte pour l'existence entre animaux est tout à fait insignifiante. Essayons donc de nous assurer de l'exactitude des faits sur lesquels se basent ces formidables accusations.

En premier lieu, rappelons-nous que les animaux sont entièrement exempts de la souffrance que nous cause l'appréhension de la mort — souffrance qui, dans la plupart des cas, dépasse de beaucoup la réalité. — D'où il paraît probable qu'ils jouissent presque constamment de la vie, puisque leur vigilance continuelle à l'égard du danger, et même leur fuite devant l'ennemi, n'est que le joyeux exercice de leurs facultés, que n'at-

1. *Nineteenth Century*, février 1888, p. 162, 163.

triste aucune crainte sérieuse. En second lieu, selon de nombreux témoignages, les morts violentes, quand elles ne sont pas trop lentes, sont douces, sans souffrance, même quand il s'agit de l'homme, que son système nerveux rend plus sensible à la douleur que la plupart des bêtes. Dans tous les cas de personnes échappant à la mort après avoir été saisies par un lion ou un tigre, on a constaté qu'elles n'avaient éprouvé que peu ou point de souffrance, soit physiquement, soit moralement. On connaît l'aventure de Livingstone, qui décrit en ces termes ses sensations au moment où il fut saisi par un lion : « Tressaillant et regardant autour de moi, j'aperçus le lion en train de s'élancer sur moi. J'étais sur une petite éminence ; il me saisit l'épaule dans son bond et nous roulâmes ensemble sur le terrain au-dessous. Grognant horriblement près de mon oreille, il me secoua comme un chien terrier secoue un rat. Le choc me causa une stupeur pareille à celle que paraît éprouver une souris après la première secousse du chat. C'était une sorte d'engourdissement, *dans lequel n'entraient ni sensation douloureuse, ni sentiment de terreur*, bien que j'eusse entièrement conscience de ce qui se passait. Cela ressemblait à ce que disent éprouver les patients soumis en partie à l'action du chloroforme, qui suivent toute l'opération, mais ne sentent pas le bistouri. Ce singulier état n'était le résultat d'aucun processus mental. La secousse avait supprimé la peur, et ne laissait subsister aucune impression d'horreur en présence du fauve. »

Cette absence de douleur n'est pas le privilège exclusif de ceux que les bêtes féroces attaquent, mais peut être également le résultat de tout accident causant un ébranlement général à l'organisme. M. Whymper raconte un accident qui lui est arrivé au cours d'une exploration préliminaire du Matterhorn ; il tomba de plusieurs centaines de pieds, rebondissant de roche en roche, jusqu'à un amas de neige qui le retint, heureusement, près du bord d'un effroyable précipice. Il assure que tout en tombant et recevant l'une après l'autre ces contusions, il n'avait ni senti la douleur, ni perdu sa connaissance, mais seulement réfléchi, avec calme, que quelques coups de plus l'achèveraient. Nous sommes donc en droit de conclure que, lorsque la mort succède vite à des secousses violentes, elle est aussi douce et dépourvue de souffrance que possible ; et sans nul doute, c'est ainsi que les choses se passent lorsqu'un animal est saisi par une bête de proie. Car l'ennemi ne chasse point pour se désennuyer, pour s'amuser, mais pour se rassasier ; il est douteux qu'à l'état de nature, aucun animal commence à chercher une proie avant d'y être poussé par la faim.

Lors donc que l'animal est pris, il est très promptement dévoré, et le premier choc se trouve ainsi suivi d'une mort presque sans souffrance.

Ceux qui meurent de froid ou de faim ne souffrent pas davantage. Le froid, généralement plus rigoureux la nuit, tend à produire le sommeil et un anéantissement exempt de souffrances. La faim s'oublie durant l'excitation causée par la recherche de la nourriture, excitation d'autant plus grande que la nourriture est plus rare. Il est probable, aussi, que, lorsqu'ils sont pressés par la faim, la plupart des animaux dévorent n'importe quoi, et meurent ainsi de faiblesse, et d'un épuisement graduel que n'accompagne pas nécessairement la souffrance, si toutefois ils ne succombent pas auparavant au froid ou à un ennemi quelconque [1].

Passons maintenant en revue les jouissances de la vie de la plupart des animaux. En règle générale, ils viennent au monde à une saison où la nourriture est abon-

1. Le *Kestrel*, qui se nourrit d'ordinaire de souris, d'oiseaux et

dante le climat le plus clément, c'est-à-dire au printemps de la zone tempérée, et au commencement de la saison sèche sous les tropiques. Ils croissent vigoureusement, pourvus qu'ils sont d'une abondante nourriture; et quand ils ont atteint leur maturité, leur vie est un cercle continuel d'excitation et d'exercices salutaires, alternant avec un complet repos. La quête quotidienne des repas journaliers emploie toutes leurs facultés, exerce tous les organes de leurs corps, pendant que cet exercice conduit à la satisfaction de tous leurs besoins.

Pour nous-mêmes, nous ne pouvons donner une meilleure définition du bonheur que ce même exercice et cette même satisfaction; nous pouvons donc conclure que les animaux, en général, jouissent de tout le bonheur dont ils sont capables. Et cet état normal de bonheur n'est pas altéré, comme chez nous, par de longues périodes — souvent de longues vies — passées dans la pauvreté ou la mauvaise santé, ou dans le désir ardent, inassouvi, des plaisirs dont jouissent les autres, et auxquels nous ne pouvons atteindre. La maladie, et ce qui, chez eux, répond à la pauvreté — la faim prolongée — sont rapidement suivies d'une mort inattendue et presque sans souffrance. Notre erreur consiste à attribuer à des animaux des sentiments et des émotions qu'ils n'ont point. La vue seule du sang, et de membres déchirés ou broyés, nous est pénible, et la pensée des souffrances qu'ils impliquent est navrante pour nos cœurs. Nous avons horreur de toute mort violente et soudaine, parce que nous songeons à l'existence pleine de promesses qui

de grenouilles, apaise parfois sa faim avec des vers de terre, comme le font quelques-unes des buses d'Amérique. La buse boudrée ne mange pas seulement des lombrics terrestres et des limaces, mais du blé; et le *Buteo borealis* de l'Amérique Septentrionale, dont la nourriture habituelle consiste en petits mammifères et oiseaux, mange parfois des écrevisses.

est tranchée, à l'attente et aux espérances qui ne sont point réalisées, et au chagrin, au deuil de ceux qui nous aiment. Mais tout ceci n'existe point, et serait tout à fait déplacé quand il s'agit d'animaux, pour qui la mort la plus violente et la plus soudaine est aussi la meilleure. Ainsi l'image du poète :

La nature aux griffes et aux dents ensanglantées

est une image dont la tristesse n'a d'existence que dans notre imagination, la réalité étant toute faite de vies pleines et heureuses, terminées d'ordinaire par les plus promptes et les moins pénibles de toutes les morts.

Tout compte fait, alors, nous concluerons que l'idée populaire supposant que la lutte pour l'existence inflige la misère et la douleur à tout le monde animal, est exactement le contre-pied de la vérité. Ce que la lutte produit réellement, c'est le maximum de la vie, et de sa jouissance avec le minimum de souffrance et de douleur. Étant données la nécessité de souffrir, et celle de se reproduire — sans lesquelles il n'y aurait pu avoir aucun développement progressif dans le monde organique — il est difficile d'imaginer un système qui eût réussi à assurer une plus grande proportion de bonheur. Cette opinion était évidemment celle de Darwin lui-même, qui termine ainsi son chapitre sur la lutte pour l'existence : « En réfléchissant à cette lutte, nous pouvons nous réconforter par la pleine assurance que la guerre de la nature n'est point sans trève, que la crainte est inconnue, la mort généralement prompte, et que ceux qui sont vigoureux, en bonne santé, et heureux, survivent et se multiplient. »

CHAPITRE III

LA VARIABILITÉ DES ESPÈCES A L'ÉTAT DE NATURE

Importance de la variabilité. — Préjugés populaires la concernant. — Variabilité des animaux inférieurs. — Variabilité des insectes. — Variation chez les lézards. — Variation chez les oiseaux. — Diagrammes de la variation des oiseaux. — Nombre des individus qui varient. — Variation chez les mammifères. — Variation des organes internes. — Variations du crâne. — Variations dans les habitudes des animaux. — La variabilité des plantes. — Espèces qui varient peu. — Conclusions.

Toute la théorie de Darwin a pour base la variabilité des espèces, et il serait absolument inutile d'essayer même de la comprendre, encore moins d'apprécier le caractère de la preuve qui en a été faite, si l'on ne se fait pas d'abord une conception claire de la nature et de l'étendue de la variabilité. Les objections les plus fréquentes et les plus propres à égarer l'esprit au sujet de l'efficacité de la sélection naturelle proviennent de l'ignorance de ce sujet ; ignorance partagée par beaucoup de naturalistes, car ce n'est que depuis que Darwin nous en a révélé l'importance, que les variétés ont été systématiquement réunies et enregistrées ; il s'en faut encore que les collectionneurs et les savants leur accordent toute l'attention qu'elles méritent. Chez les anciens naturalistes, les variétés, surtout quand elles étaient nombreuses, petites et fréquentes, étaient considérées comme de vraies pestes, parce qu'elles rendaient presque impos-

sible la définition de l'espèce, définition considérée, à
cette époque, comme le but principal de l'histoire naturelle réduite en système. De là venait la coutume de
décrire ce qu'on supposait être la « forme typique » de
l'espèce, et la plupart des collectionneurs se contentaient
de posséder cette forme typique dans leur cabinet.
Maintenant, au contraire, on estime une collection d'a-
près la plus grande proportion d'exemplaires des variétés de chaque espèce, et, dans quelques cas, on en a
fait une description précise, de telle sorte que nous possédons quantité de renseignements sur ce sujet. Nous
puiserons dans ce riche fonds, afin de donner quelque
idée de la nature et de l'étendue de la variation parmi
les espèces des animaux et des plantes.

Il a été souvent objecté que la variabilité constante et
répandue qu'on admet comme caractérisant les animaux
domestiques et les plantes cultivées doit être attribuée
aux conditions factices de leur existence, et que nous
n'avons aucune preuve d'une somme correspondante de
variation se produisant à l'état de nature. Les animaux
et les plantes sauvages, dit-on, sont habituellement
constants, et, lorsque des variations se produisent, elles
sont en quantité minime, et ne modifient que des caractères superficiels ; ou, si elles sont plus grandes et plus
importantes, se produisent si rarement qu'elles n'aident
en rien à la formation supposée des nouvelles espèces.

On va montrer que cette objection ne repose sur aucun
fondement, mais comme elle s'attaque aux bases même
du problème, il est nécessaire de discuter en détail les
preuves diverses de la variation à l'état de nature. Cela
est d'autant plus nécessaire que les matériaux relatifs à
cette question qu'avait recueillis Darwin n'ont jamais
été publiés, et qu'il n'en a cité qu'un nombre relativement petit dans l'*Origine des Espèces*, sans compter

qu'une multitude de faits a été connue depuis la publication de la dernière édition de cet ouvrage.

VARIABILITÉ DES ANIMAUX INFÉRIEURS

Parmi les organismes marins les plus anciens et les
plus élémentaires se trouvent de petites masses de gelée
vivante, sans structure apparente, mais sécrétant d'ad-
mirables coquilles, souvent de forme parfaitement symétrique, qui varient entre elles autant que celles des
mollusques, et sont bien plus compliquées. Ce sont les
foraminifères. D'éminents naturalistes les ont étudiées
avec soin, et feu W. B. Carpenter, dans son grand ouvrage — *Introduction to the Study of the Foraminifera*,
— fait l'allusion suivante à leur variabilité : « Il n'existe
pas une seule espèce de plante ou d'animal dont le
champ de variation ait été fixé par la réunion et la comparaison d'un aussi grand nombre d'exemplaires, que
nous en avons passé en revue, MM. Williamson, Parker,
Rupert Jones et moi, dans nos études des types de ce
groupe. » Il dit encore, comme résultat de cette vaste
comparaison d'exemplaires : « L'étendue de la variation
est si grande chez les foraminifères, qu'elle ne comprend
pas seulement ces caractères différentiels, qu'on a habituellement comptés comme *spécifiques*, mais ceux sur lesquels s'appuient la plupart des *genres* de ce groupe, et
même, dans certains cas, ceux de ses *ordres* [1]. »

Passant à un groupe plus élevé — les Actinies, —
P.-H. Gosse et d'autres écrivains qui ont fait l'histoire
de ces animaux, citent souvent des variations de grosseur dans l'épaisseur et la longueur des tentacules, la
forme du disque et de la bouche, et le caractère de la
surface de la colonne, tandis que la couleur varie énormément chez un grand nombre d'espèces. Des variations

1. *Foraminifera*, préface, p. x.

pareilles se produisent dans les divers groupes d'invertébrés marins, et sont particulièrement nombreuses dans la grande subdivision des mollusques. Ainsi, S.-P. Woodward affirme que beaucoup de variations très embarrassantes paraissent résulter, à son avis, de la quantité, de la profondeur diverse de la mer, ou de la proportion de sel qu'elle contient; mais nous savons que beaucoup de variations sont totalement indépendantes de pareilles causes, et nous passerons maintenant à l'étude de quelques exemples de mollusques terrestres qui ont été observés de plus près.

Dans la petite région boisée d'Oahu, une des îles Hawaii, on a trouvé environ 175 espèces de coquillages terrestres, représentés par 700 ou 800 variétés ; et le révérend J.-T. Guliek, qui les a soigneusement étudiées, assure que « l'on trouve fréquemment un genre représenté dans plusieurs vallées qui se suivent par des espèces étroitement alliées, se nourrissant tantôt de plantes différentes, tantôt des mêmes plantes. Dans chaque cas de ce genre, ce sont les vallées les plus voisines l'une de l'autre qui fournissent les formes les plus étroitement alliées ; et *toute une série des variétés de chaque espèce présente une gradation minutieuse de formes entre les types les plus divergents trouvés dans les localités les plus éloignées les unes des autres* ».

La plupart des coquillages terrestres varient considérablement en couleur, en dimensions, en forme, en tachetures, et aussi en texture ou striation de la surface, même quand il s'agit d'exemplaires recueillis dans la même localité. Ainsi, un auteur français n'a pas énuméré moins de 198 variétés de l'escargot commun des bois (*Helix nemoralis*), tandis que 90 variétés ont été décrites de l'escargot des jardins, également commun (*Helix hortensis*). Les coquillages d'eau douce sont sujets aussi à une grande variabilité, d'où résulte beaucoup d'incertititude sur le nombre de leurs espèces ; les variations abondent particulièrement chez les Lymnées, qui diffèrent souvent beaucoup de la forme ordinaire de l'espèce, et ces divergences doivent souvent affecter la forme de l'animal vivant. Dans le rapport de M. Ingersoll, sur les mollusques récents du Colorado, il est beaucoup parlé de ces variations extraordinaires, et on assure qu'une coquille (*Helisonia trivolvis*), abondante dans nos petits étangs et nos lacs, présente à peine deux exemplaires semblables, tandis que beaucoup d'autres ressemblent à d'autres espèces entièrement différentes [1].

LA VARIABILITÉ DES INSECTES

Il y a beaucoup de variation chez les insectes, bien que très peu d'entomologistes s'appliquent à l'étudier. Nos premiers exemples seront empruntés au livre de feu M. T. Vernon Wollaston, *On the Variation of Species*, et devront être considérés comme des indications de phénomènes aussi généralement répandus que peu observés. Il parle des petits carabiques du genre *Notiophilus* comme étant « extrêmement changeants comme structure et comme couleur » ; du *Calathus mollis*, comme ayant « les ailes postérieures parfois grandes, une autre fois rudimentaires, ou encore très différentes » ; et de beaucoup d'Orthoptères et de Fulgorides (Homoptères), caractérisés par cette même irrégularité des ailes. M. Westwood, dans sa *Modern Classification of Insects*, affirme que « les espèces de *Gerris*, *Hydrometra*, et *Velia* se trouvent le plus souvent absolument aptères, bien qu'accidentellement on en puisse voir avec des ailes de taille ordinaire ».

Toutefois, c'est parmi les Lépidoptères (papillons et phalènes) que l'on a observé les cas de variation les plus

1. *United States Geological Survey of the Territories,* 1874.

nombreux, et toute bonne collection de ces insectes en offrira des exemples frappants. Je citerai d'abord le témoignage de M. Bates, qui parle des papillons de la vallée de l'Amazone comme présentant d'innombrables variétés et races locales, et des espèces remarquables par leur grande variation individuelle. Il dit, de la splendide *Mechanitis polymnia*, que, à Ega, sur l'Amazone supérieure, « elle ne varie pas seulement pour la couleur générale et les dessins, mais considérablement dans la forme des ailes, surtout chez le mâle ». De même à Saint Paul, l'*Ithomia orolina* présente quatre variétés différentes, subsistant simultanément, et différant non seulement de couleur, mais de formes, une d'elles étant décrite comme ayant les ailes de devant fort allongées chez le mâle, tandis qu'une autre est beaucoup plus grande, et a les ailes de derrière de forme différente, chez le mâle. M. Bates dit de l'*Heliconius numata*, que « cette espèce est si variable qu'il est difficile d'en trouver deux individus exactement pareils », parce que « elle varie de structure comme de couleur. Les ailes sont parfois plus larges, parfois plus étroites ; et leurs bords, simples en quelques cas, sont festonnés dans d'autres ». On a décrit, d'une autre espèce du même genre, *H. Melpomene*, dix variétés qui se rattachent plus ou moins les unes aux autres par des formes intermédiaires ; quatre de ces variétés se trouvent dans une même localité, nommée Serpa, sur la rive nord de l'Amazone. La *Ceratina ninonia* est encore une de ces espèces flottantes, présentant beaucoup de variétés locales, qui demeurent toutefois incomplètes, reliées entre elles par des formes intermédiaires ; tandis que les es-espèces du genre *Lycorea* varient toutes, au point de se réunir presque entre elles, de telle sorte que M. Bates juge qu'elles pourraient bien être considérées comme étant des variétés d'une seule et même espèce.

Dans l'hémisphère oriental, nous avons, chez le *Papilio severus*, une espèce qui présente un haut degré de variation simple, par la présence ou l'absence d'une tache pâle sur les ailes antérieures, dans les marques brunes submarginales des ailes postérieures, la forme et l'étendue de la bande jaune, et dans les dimensions des exemplaires. Les formes les plus divergentes les unes des autres, aussi bien que celles qui sont intermédiaires, se trouvent souvent dans la même localité, et de compagnie. Un petit papillon (*Terias hecabe*) voltige à travers toutes les régions de l'Inde, de la Malaisie et de l'Australie, et offre partout de grandes variations, qu'on a décrites comme autant de variétés. Mais, en Australie, un observateur en a élevé deux, de forme distincte (*T. Hecabe* et *T. Æsiope*), sans compter quelques intermédiaires, d'un même lot de chenilles qu'il avait trouvées sur les feuilles d'une même plante[1]. Il est fort probable qu'une très grande partie d'espèces supposées distinctes ne doivent être comptées que comme variétés individuelles.

On pourrait citer, indéfiniment, des cas de variation semblables à ceux que nous venons de relater, mais il ne faut pas oublier que des caractères aussi importants que la nervation des ailes, sur lesquels s'établissent souvent les distinctions de genre et de famille, sont aussi sujets à varier.

Le Révérend R.-P. Murray, en 1872, présenta à la Société Entomologique des exemples de semblables variations chez six espèces de papillons ; depuis on en a décrit d'autres. Les larves des papillons et des phalènes sont aussi très variables ; un seul observateur n'a pas enregistré, dans les *Proceedings of the Entomological Society*, 1870, moins de seize variétés de la chenille du *Deilephela galii*.

1. *Proceld. Entom. Soc. London*, 1875, p. 7.

VARIATION CHEZ LES LÉZARDS

En passant des animaux inférieurs aux vertébrés, nous trouverons chez ceux-ci des preuves encore plus abondantes, et mieux définies, de l'étendue et de la somme de la variation individuelle. J'emprunterai d'abord aux manuscrits inédits de Darwin, que M. Francis Darwin a eu la bonté de me prêter, un cas observé chez les reptiles.

« M. Milne-Edwards (*Annales des Sciences Naturelles*, 1re série, tome XVI, p. 50) a donné une table curieuse des mensurations de quatorze exemplaires de *Lacerta muralis*, et, prenant la tête comme type, il trouve d'étonnantes variations dans le cou, le tronc, la queue, les jambes de devant, et celles de derrière, la couleur, et les pores fémoraux, et c'est toujours, plus ou moins, le cas chez d'autres espèces. Les seuls caractères constants paraissent être ceux qui semblent insignifiants, tels que les écailles de la tête. »

La table citée ci-dessus, ne pouvant donner une idée claire de la nature et de la quantité des variations, sans une étude et une comparaison laborieuse de ses chiffres, j'ai cherché un moyen susceptible de présenter les faits, de telle sorte que l'œil les saisisse aisément, et que l'esprit les apprécie.

Dans le diagramme qui suit, les variations comparatives des différents organes de cette espèce sont reproduites par des lignes diversement inclinées. La tête est représentée par une ligne droite, parce que (en apparence) elle n'offre pas de variation. Le corps vient ensuite, les exemplaires étant disposés dans l'ordre de leur grandeur, depuis le n° 1, le plus petit, jusqu'au n° 14, le plus grand, les longueurs véritables étant inscrites d'après une ligne tracée au bas de la page ; la moyenne de longueur des quatorze exemplaires étant de deux pouces.

Les longueurs respectives du cou, des jambes et de l'orteil de chaque exemplaire sont alors inscrites de la même façon, à distances commodes pour les comparer, et nous voyons que leurs variations n'ont pas de relation définie avec celles du corps, ni même avec les autres variations. A l'exception du n° 5, où toutes les parties sont uniformément grandes, il y a une indépendance marquée de chacune des parties qui s'affirme dans les lignes souvent dirigées dans des directions opposées ; ce qui prouve que, dans ces exemplaires, une partie est grande et l'autre petite. Le total réel de la variation est très grand, variant d'un sixième de la longueur moyenne du cou jusqu'à beaucoup plus d'un quart dans la patte de derrière, et cela dans quatorze exemplaires seulement se trouvant dans un seul musée.

Pour prouver que ceci n'est point un cas isolé, le professeur Milne-Edwards donne une autre table montrant les degrés de variation, dans les exemplaires du Musée, de six espèces communes de lézards, prenant toujours comme type la tête, afin de donner la variation comparative de chaque partie. Le diagramme suivant (fig. 2) montre ces variations au moyen de lignes d'inégale longueur. Il ne faut pas oublier que, quelles que fussent les différences de taille, de *grandeur* des exemplaires, si leurs *proportions* demeuraient les mêmes, la ligne de variation aurait été en chaque cas réduite à un point, comme dans le cou du *L.velox*, qui ne présente pas de variation. Les proportions différentes des lignes de variation pour chaque espèce peuvent indiquer un mode distinct de variation, ou être dues seulement au nombre petit et variable des exemplaires ; car il est certain que tout degré de variation observé parmi peu d'exemplaires sera grandement augmenté lorsqu'on en comparera un beaucoup plus grand nombre. On peut

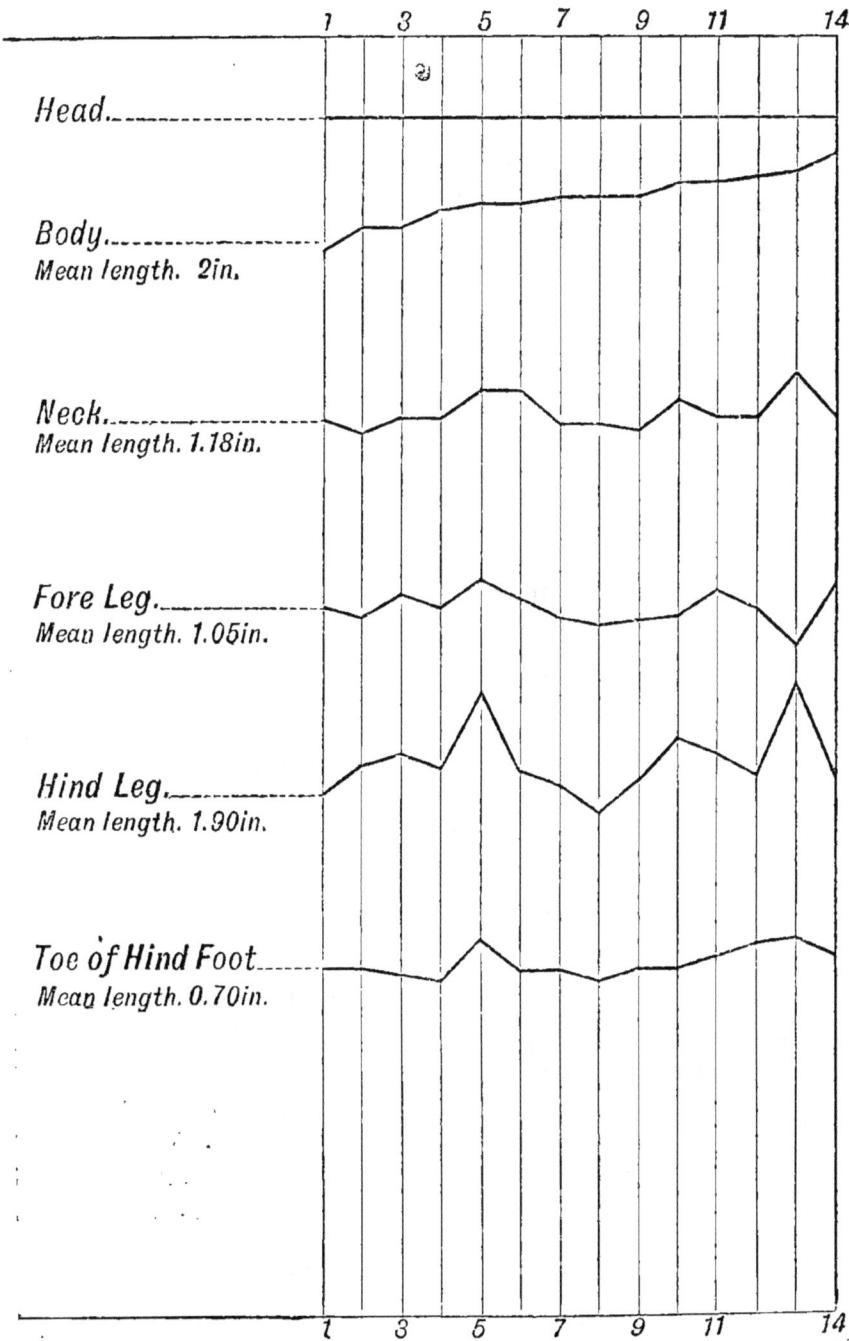

Fig. 1. — Variations du *Lacerta muralis*. En allant de haut en bas, les lignes représentent les variations de la tête, du corps, du cou, de la patte antérieure, de la patte postérieure et de l'orteil du pied postérieur. Les longeurs moyennes (*Mean length*) sont converties en pouces (*inclus*) de 25 millimètres.

juger que la somme de variation est grande, par la comparaison de la longueur réelle de la tête (donnée au-dessous du diagramme), qui est prise pour type dans la détermination des variations, mais qui ne semble pas avoir varié elle-même [1].

LA VARIATION CHEZ LES OISEAUX

En arrivant à la classe des oiseaux, nous avons des preuves plus abondantes de la variation. Cela tient, en partie, à ce que l'ornithologie a peut-être une plus grande armée de disciples qu'aucune autre branche de l'histoire naturelle (sauf l'entomologie); aux dimensions moyennes de la plupart des oiseaux; et au fait que la forme et les dimensions des ailes, de la queue, du bec, et des pieds, offrent les meilleurs caractères génériques et spécifiques, et peuvent tous être aisément mesurés et comparés. C'est M. J.-A. Allen qui a fait les observations les plus systématiques sur la variation individuelle des oiseaux, dans son remarquable mémoire : *On the Mammals and Winter Birds of East Florida, with an Examination of certain assumed specific Characters in Birds and a Sketch of the Bird Fauna of Eastern North America*, publié dans le *Bulletin of the Museum of Comparative Zoology*, du *Harvard College* de Cambridge (Massachusetts) 1871. On donne dans cet ouvrage les mesures exactes des principales parties extérieures d'un grand nombre d'espèces des oiseaux américains les plus communs, de vingt à soixante (et plus) exemplaires de chaque espèce étant mesurés, de façon à permettre de déterminer avec précision la nature et l'étendue de la variation qui se produit habituellement.

M. Allen dit : « Les faits prouvent qu'une variation de 15 à 20 pour cent dans les dimensions générales, et

1. *Annales des Sciences naturelles*, t. XVI, p. 50.

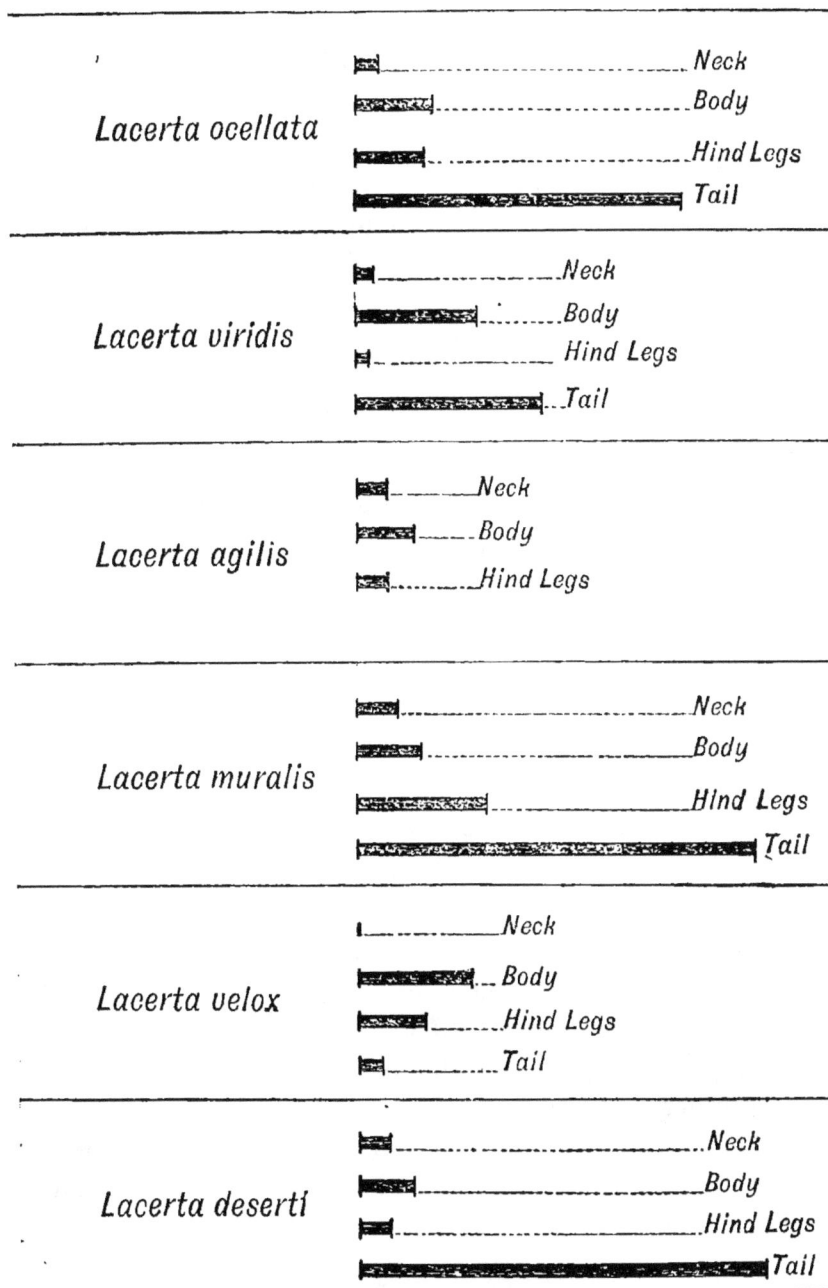

Fig. 2. — Variation chez le Lézard. — Variation du cou *(Neck)*, du corps *(Body)*, des pattes postérieures *(Hind Leg)* et de la queue *(Tail)*. L'étalon est la longueur de la tête, représentée ci-dessus, en dehors du tableau.

autant dans la grandeur relative des différentes parties, est chose à laquelle on doit s'attendre chez les exemplaires de la même espèce et du même sexe, pris dans la même localité, et que la variation, dans quelques cas, est plus grande encore. » Il démontre ensuite que chaque partie varie à un degré considérable, indépendamment des autres parties ; de sorte que, la grandeur variant, les proportions de toutes les parties varient de même, et souvent dans une beaucoup plus forte mesure. Par exemple, l'aile et la queue ne varient pas seulement en longueur, mais aussi dans la longueur relative de chaque plume : ce qui cause une variation considérable dans la forme et les contours de ces parties. Le bec, aussi, varie en longueur, en largeur, en profondeur, en courbure. Le tarse varie en longueur, de même que le fait chaque doigt du pied, séparément, indépendamment, et cela non point à un degré minime que ne puissent découvrir que des mensurations faites avec grand soin, mais à un degré facile à voir sans mensurations, puisqu'en moyenne il est d'un sixième, et atteint souvent le quart de la longueur totale. Dans douze espèces d'oiseaux percheurs communs, l'aile variait (dans de 25 à 30 exemplaires) de 14 à 21 pour 100 de la longueur moyenne, et la queue de 13,8 à 23,4 0/0. La variation de la forme de l'aile est très aisément reconnue quand on note quelle est la plume la plus longue, celle qui vient après comme longueur, et ainsi de suite, les plumes respectives étant indiquées par les nombres 1, 2, 3, etc., en commençant par celle qui est extérieure. Nous citerons comme exemple de la variation irrégulière qu'on rencontre constamment le suivant : il a trait à vingt-cinq exemplaires de *Dendrœca coronata*. Les nombres réunis par un accolade signifient que les plumes correspondantes sont d'égale longueur [1].

1. Voyez *Winter Birds of Florida*, p. 206. Tableau F.

LONGUEURS RELATIVES DES PLUMES PRIMAIRES DE L'AILE DE
LA DENDRŒCA CORONATA

La plus longue	La seconde en longueur	La troisième en longueur	La quatrième en longueur	La cinquième en longueur	La sixième eu longueur
2	3	1	4	5	6
3	2	4	1	5	6
3	2 4	1	5	6	7
2 3 2	4	1	5	6	7
1 3 4	5	6	7	8	9

Nous avons ici cinq longueurs proportionnelles, très distinctes, des plumes de l'aile, dont une seule paraît souvent devoir suffire à caractériser une espèce d'oiseau différente ; et bien que ce cas soit plutôt un cas extrême, M. Allen nous assure que « la comparaison établie dans la table actuelle pour quelques espèces seulement, a été appliquée à un grand nombre d'autres avec des résultats semblables ».

A côté de cette variation de grandeur et de proportions, il s'en produit une très considérable dans la couleur et les taches. « La différence d'intensité de couleur entre les extrêmes d'une série de cinquante ou cent exemplaires de n'importe quelle espèce, recueillis dans une seule localité, et à peu près à la même saison de l'année, est souvent tout aussi grande que celles qui se produisent entre des espèces réellement distinctes. »

Il y a, aussi, une très grande variabilité individuelle dans les dessins de la même espèce. Les oiseaux dont le plumage est bigarré et tacheté diffèrent excessivement, dans la même espèce, quant à la grandeur, la forme et le nombre de ces mouchetures, et dans l'aspect général du plumage résultant de ces variations. « On trouve souvent de grandes différences dans la grandeur des rayures chez la *Melospiza melodia*, la *Passerella iliaca*, la fauvette des marais (*Melospiza palustris*), le grimpereau, noir et blanc (*Mniotilta varia*), le hoche-queue (*Seiurus novæboracensis*) dans le merle (*Turdus fucescens*) et ses alliés. Chez le chardonneret, ces rayures varient à tel point qu'en certains cas elles se réduisent à d'étroites lignes ; dans d'autres, elles s'agrandissent assez pour couvrir la plus grande partie de la poitrine, et des côtés du corps, s'unissant parfois au milieu de la poitrine pour y former une sorte de plaque. »

M. Allen décrit ensuite plusieurs espèces où se produisent des variations de ce genre, citant des cas dans lesquels deux exemplaires pris au même lieu, le même jour, ont présenté les deux extrêmes de la coloration. Voici comment il s'exprime à l'égard d'une autre série de variations : « Les marques blanches si communes sur les ailes et les queues des oiseaux, tels que les barres formées par les extrémités blanches des plus grandes plumes de l'aile, le plastron blanc souvent placé à la base des premières pennes, ou la bande blanche qui les traverse, et la tache blanche près de l'extrémité des plumes extérieures de la queue, sont, de même, très sujettes à varier quant à leur étendue et quant au nombre des plumes auxquelles, dans la même espèce, ces marques s'étendent. » Il est bon de noter que toutes ces variations sont distinctes de celles qui dépendent de la saison, de l'âge ou du sexe, et qu'elles sont pareilles à celles qui, dans beaucoup d'autres espèces, ont paru avoir une valeur spécifique incontestée.

Ces variations de la couleur ne pourraient être figurées sans l'aide d'une série de planches soigneusement gravées, mais afin de rendre plus claires, pour le lec-

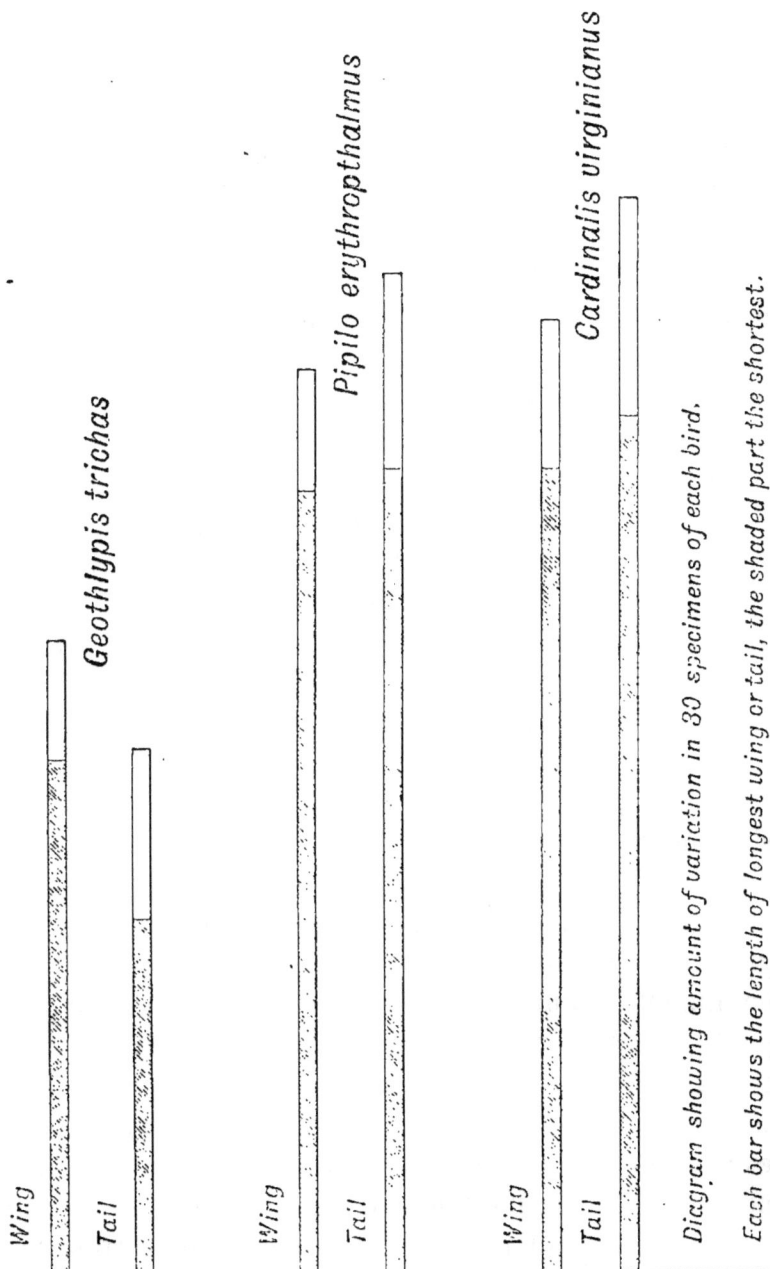

Fig. 3. — Variation des ailes (*Wing*) et de la queue (*Tail*). Pour chaque
espèce, 30 exemplaires ont été mesurés. La partie non ombrée représente la différence entre la plus longue et la plus courte des parties
dont il s'agit.

teur, les *mensurations* de M. Allen qui montrent les variations de grandeur et de proportion, j'ai fait une série de diagrammes expliquant les faits les plus importants, et leurs rapports avec la théorie darwinienne.

Le premier de ces diagrammes a pour but de montrer le degré véritable de la variation, donnant la longueur exacte de l'aile et de la queue chez trente exemplaires de chacune de trois espèces. La partie ombrée marque le minimum de longueur ; la partie restée blanche, le maximum de longueur additionnelle. Il faut noter, d'une manière spéciale, que le même degré de variation existe dans chacune de ces espèces communes, à tel point qu'il est visible au premier coup d'œil. Il ne s'agit point ici de variations de « détail », ou variations « infinitésimales » que beaucoup de gens prétendent être la seule variation existante. On ne saurait même appeler cela une faible variation ; et, cependant, tout ce que nous savons maintenant nous autorise à la considérer comme correspondant en étendue à celles qui caractérisent la plupart des espèces communes d'oiseaux.

On dira peut-être que ce sont ici des exemples de variations extrêmes qui ne se produisent que dans un ou deux individus, tandis que le plus grand nombre ne présente que peu ou point de différences. D'autres diagrammes démontreront qu'il n'en va point ainsi ; mais, en admettant que cela fût, l'objection ne suffirait pas, puisque ces extrêmes sont ceux de trente exemplaires seulement. Nous pouvons hardiment affirmer que ces trente exemplaires, pris au hasard, ne sont pas des cas exceptionnels dans toutes leurs espèces, et que, par conséquent, nous pourrions compter au moins sur deux exemples variant pareillement dans chaque trentaine que nous ajouterions. Mais le nombre d'individus, même dans une espèce très rare, s'élève probablement à trente mille, ou plus, et, dans une des espèces communes, à trente, ou même trois cent millions.

Un seul individu, sur trente, qui varierait au degré indiqué par le diagramme, donnerait au moins un million de la population totale d'un oiseau d'une espèce commune quelconque, et, dans ce million, beaucoup varieraient infiniment plus que les extrêmes parmi les trente. Nous aurions ainsi une vaste armée d'individus variant à un haut degré quant à la longueur des ailes et de la queue, et offrant d'amples matériaux à la modification de ces organes par la sélection naturelle. Nous allons maintenant démontrer que d'autres parties du corps varient simultanément, mais indépendamment, à un égal degré.

Le premier oiseau choisi est le *Bob-o-link*, oiseau de riz (*Dolichonyx oryzivorus*), et le diagramme de la figure 4 montre les variations de sept caractères importants dans vingt exemplaires d'adultes mâles [1]. Les caractères dont il s'agit sont les longueurs du corps, des ailes, de la queue, du tarse, de l'orteil médian, de l'orteil extérieur, de l'orteil de derrière : on n'en saurait guère représenter plus dans un diagramme. La longueur du corps n'est pas donnée par M. Allen, mais, comme elle constitue un type commode de comparaison, on l'a obtenue en déduisant la longueur de la queue de la longueur totale de l'oiseau telle qu'il l'a donnée.

Le diagramme a été construit comme suit : les vingt exemplaires sont d'abord arrangés en séries, suivant la longueur du corps (qu'on peut considérer comme donnant la taille de l'oiseau), depuis le plus petit jusqu'au plus grand, et l'on tire un nombre égal de lignes verticales numérotées de 1 à 20.

Dans ce cas (et dans tout autre où cela peut se faire),

1. Voyez Tableau I, p. 211, de *Winter Birds of Florida*, par Allen.

on mesure la longueur du corps depuis la ligne inférieure du diagramme, de façon que la longueur réelle
de l'oiseau est représentée, tout comme les variations
réelles de longueur. On peut estimer ces dernières au
moyen de la ligne horizontale tirée à distance égale des
deux extrêmes, et l'on verra qu'un cinquième du nombre total des exemplaires pris dans l'une et l'autre catégories, présente un très grand nombre de variations
qui serait bien plus grand, cela s'entend, si l'on comparait entre eux cent, ou plus de cent exemplaires. Les
longueurs d'aile, de queue, et d'autres parties sont alors
nscrites, et le diagramme présente ainsi, synoptique-
ment, la variation comparative de ces parties, dans
chaque exemplaire, aussi bien que la somme réelle de
variation dans les vingt individus ; et nous arrivons par
là à d'importantes conclusions.

Nous remarquons, en premier lieu, que les variations d'aucune des parties ne suivent celles du corps,
mais sont souvent presque inverses. Ainsi l'aile la plus
longue se trouvera chez un corps plutôt petit, la
plus longue queue chez un corps moyen, tandis que les
pattes et les orteils les plus longs appartiendront à un
corps de moyenne grandeur. Puis, même les parties
voisines ne varient pas constamment ensemble, mais
présentent beaucoup d'exemples de variation indépendante, ainsi que le montre l'absence de parallélisme
dans leurs lignes respectives de variation. Dans le n° 5
(voyez figure 4), l'aile est très longue, la queue ne l'est
que modérément ; tandis que, dans le n° 6, l'aile est
beaucoup plus courte, et la queue considérablement
plus longue. Le tarse présente relativement peu de variation, et bien que les trois orteils varient, en général,
à la fois, il existe beaucoup de divergences ; ainsi, en
passant du n° 9 au n° 10, nous voyons s'allonger l'orteil
extérieur, tandis que le postérieur se raccourcit consi-

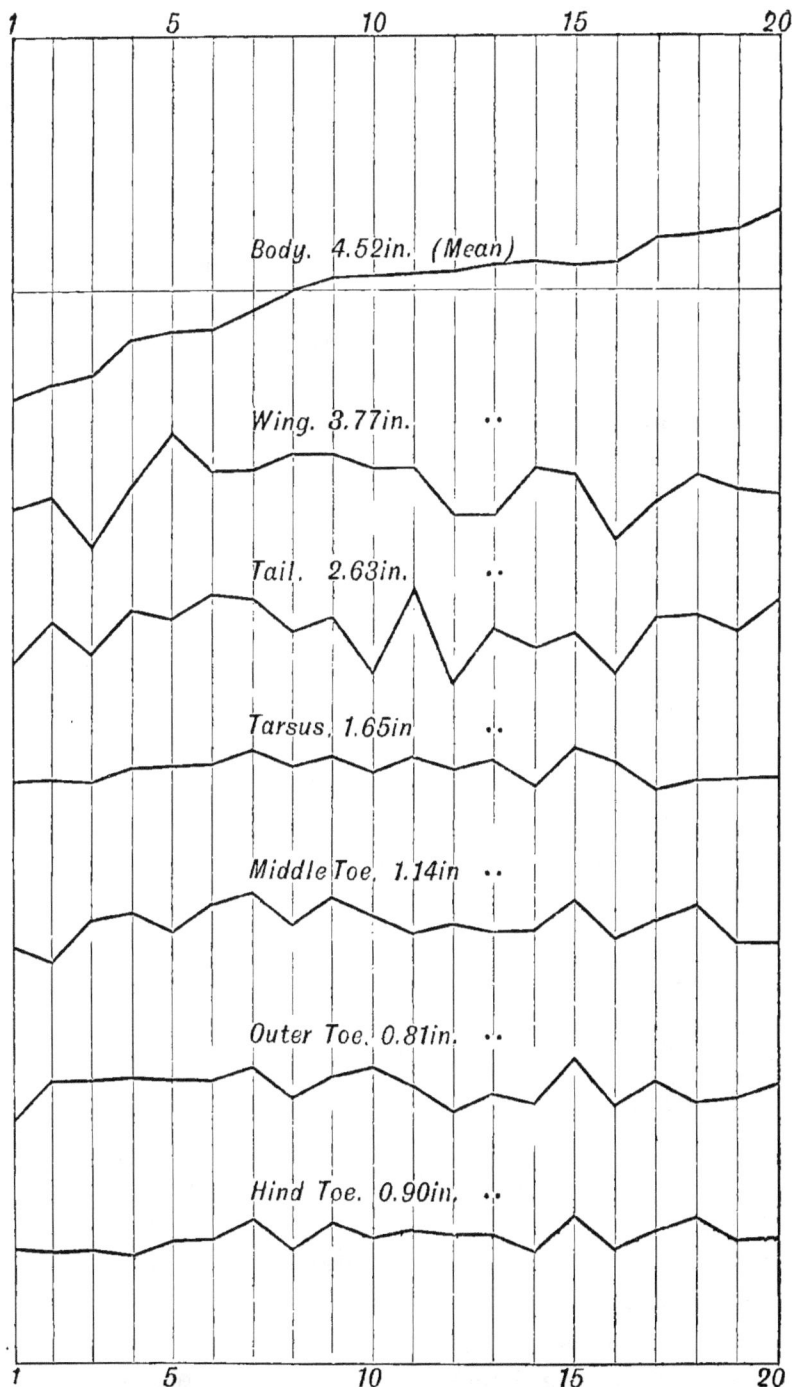

Fig. 4. — Variation chez le *Dolichonyx oryzivorus (20 mâles)*. Les chiffres sont en pouces *(Inches)*, de 25 millimètres, et se rapportent au corps *(Body)*, à l'aile *(Wing)*, à la queue *(Tail)*, au tarse ; aux orteils *(Toe)*, médian *(Middle)*, extérieur *(Outer)*, et postérieur *(Hind)*.

dérablement, et que dans les numéros 3 et 4 l'orteil du milieu varie en sens inverse de celui où varient les orteils extérieur et postérieur.

Dans le diagramme suivant (fig. 5), nous avons les variations de quarante mâles d'*Agelæus phœniceus* (le merle à ailes rouges), et nous y retrouvons les mêmes traits généraux. Un cinquième du nombre total des exemplaires offre une grande quantité de variation soit au dessous, soit au dessus du terme moyen, tandis que ailes, queue et tête varient tout à fait indépendamment du corps. L'aile et la queue, aussi, bien que manifestant quelque simultanéité dans leurs variations, varient cependant, dans neuf cas, dans une direction opposée, si on les compare aux précédentes espèces.

Le diagramme qui vient ensuite (fig. 6), montrant les variations de trente et un mâles du cardinal (*Cardinalis virginianus*), présente ces traits encore plus fortement accusés. Le degré de la variation, en proportion de la grandeur de l'oiseau, est beaucoup plus élevé; tandis que les variations de l'aile et de la queue, non seulement ne répondent aucunement à celles du corps, mais ne s'accordent que bien peu entre elles. Dans dix ou douze cas, elles varient en direction opposée, tandis que même lorsqu'elle restent en conformité de direction, la quantité de variation est souvent très disproportionnée.

Comme la proportion des tarses et des orteils des oiseaux a une grande influence sur leur mode de vie, et leurs habitudes, et est souvent employée comme caractère spécifique, ou même générique, j'ai préparé un diagramme (fig. 7) montrant la variation de ces parties, seulement chez vingt exemplaires de quatre espèces d'oiseaux, dont on ne donne que quatre ou cinq des plus variables. L'extrême divergence de chacune des lignes dans une direction verticale montre la quantité réelle de variation ; en considérant la longueur mi-

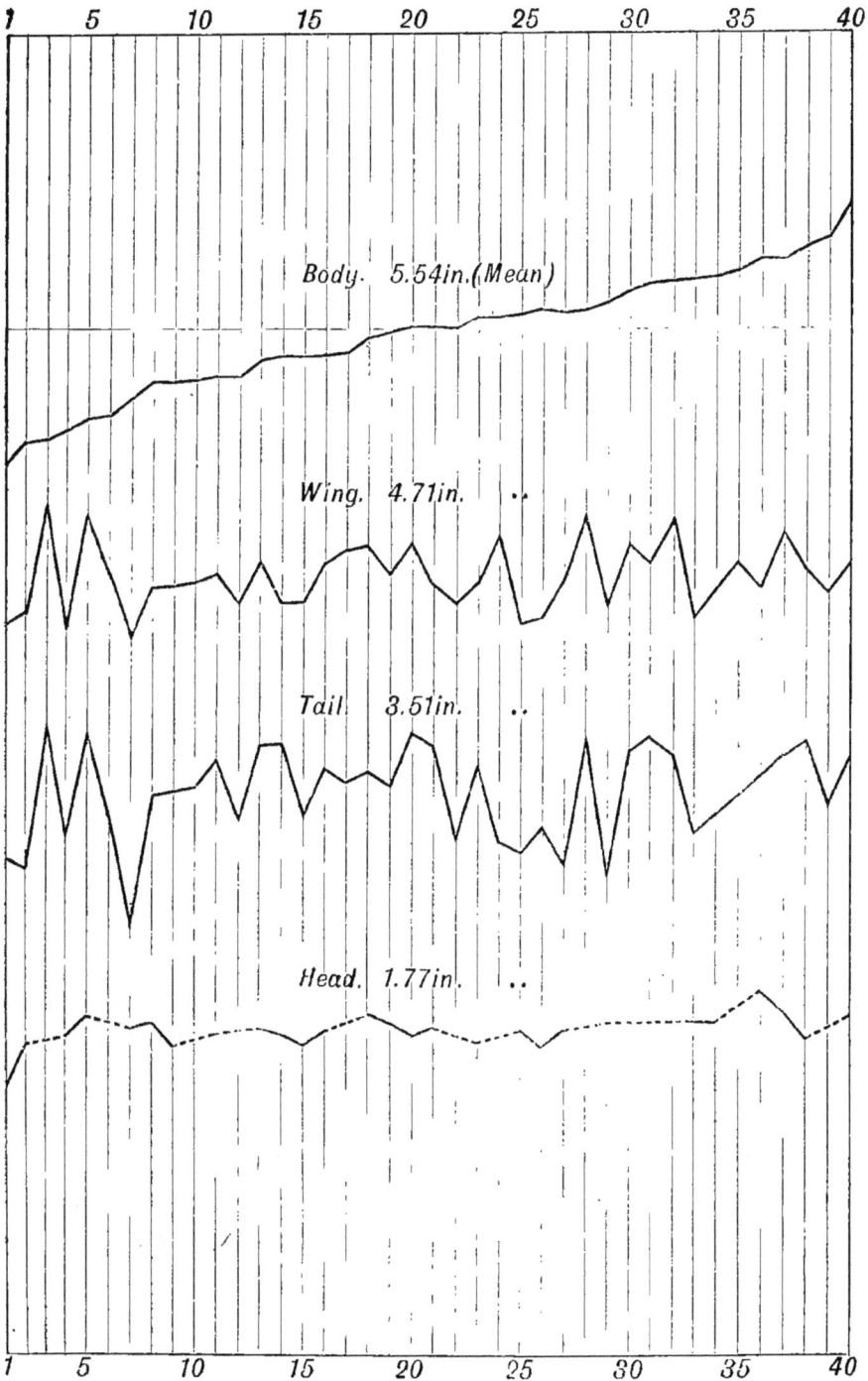

Fig. 5. — Variations de 40 mâles d'*Agelæus Phœniceus*. (Corps : *body* ; aile : *Wing* ; queue : *Tail* ; tête : *Head* ; les moyennes en pouces de 25 mill.)

nime des orteils de ces petits oiseaux, mesurant en
moyenne trois quarts de pouce, nous constaterons que
la variation est réellement très grande, tandis que les
courbes et angles divergents montrent que chaque partie varie à un haut degré, d'une façon indépendante. Il
est évident que si nous comparions ensemble quelques
milliers d'individus, au lieu de vingt, nous obtiendrions
une somme de variation indépendante annuelle, suffisante pour modifier rapidement ces organes importants.

Prévoyant qu'on m'objectera que la grande variation
démontrée ci-dessus dépend principalement des observations d'une seule personne, sur les oiseaux d'un seul
pays, j'ai examiné le *Catalogue des oiseaux du musée de
Leyde*, par le professeur Schlegel, dans lequel il donne
l'étendue de la variation des exemplaires existant au
Muséum (qui sont communément moins de douze, et rarement plus de vingt) en ce qui concerne leurs plus
importantes dimensions.

J'y trouve la confirmation complète de l'assertion de
M. Allen, car on rencontre une quantité égale de variabilité lorsque les individus comparés sont en nombre suffisant, ce qui, néanmoins, n'est pas toujours le cas. Le
diagramme (fig. 8) montre les différences réelles de
grandeur de cinq organes, que présentent cinq espèces
prises presque au hasard dans ce catalogue. Ici, encore,
nous voyons que la variation est décidément grande,
même au sein d'un très petit nombre d'exemplaires ; et
les faits démontrent qu'il n'y a aucun fondement à la
commune présomption que les espèces naturelles consistent en individus presque tous semblables, ou que
les variations existant entre eux sont « infinitésimales »
ou même « petites ».

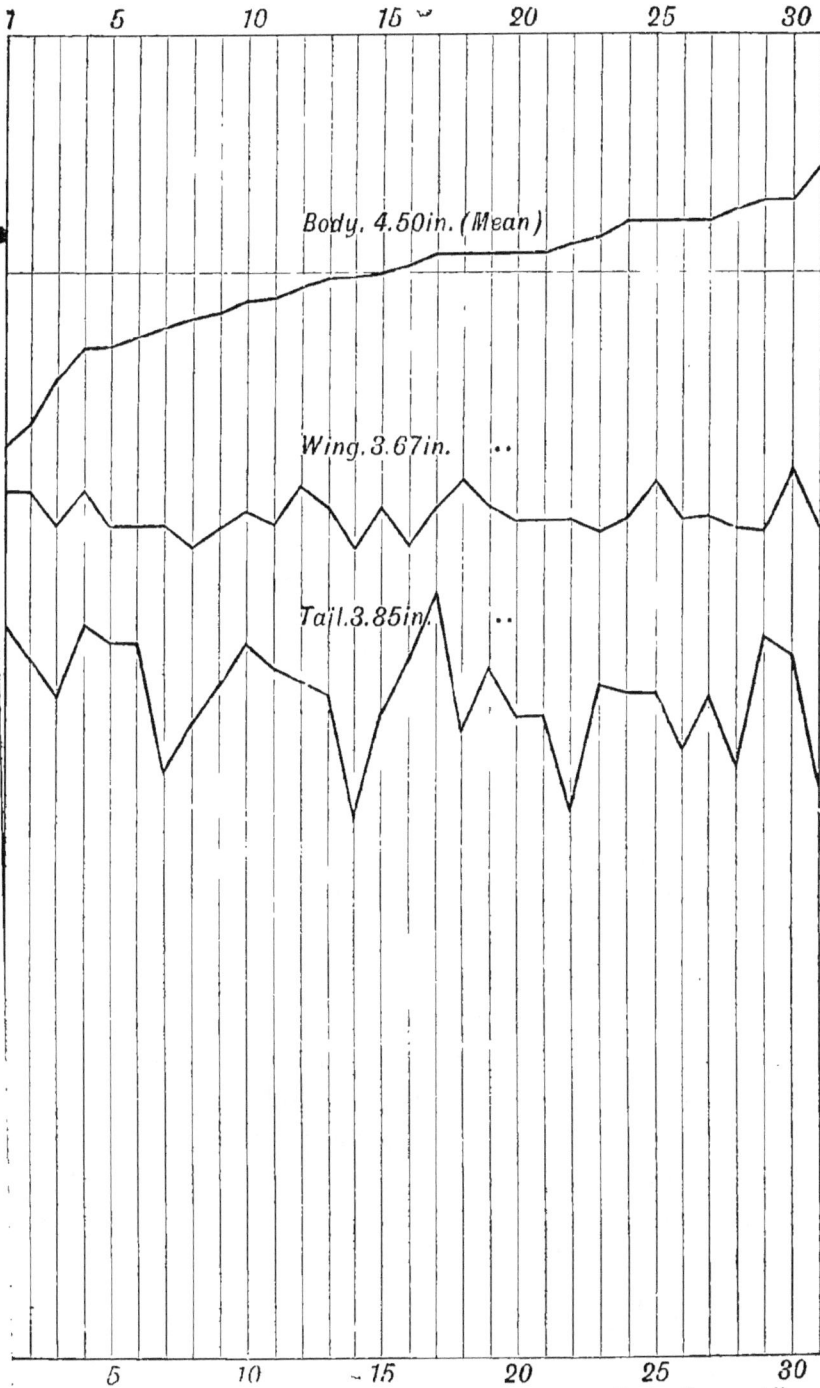

Fig. 6. — Variations du *Cardinalis virginianus* (31 mâles). Corps, aile, et queue. Moyennes en pouces

NOMBRE PROPORTIONNEL D'INDIVIDUS PRÉSENTANT UNE VARIATION CONSIDÉRABLE.

La notion que la variation est un phénomène relativement exceptionnel, et qu'en tout cas il est très rare que des variations considérables se produisent proportionnellement au nombre des individus qui ne varient pas, est si profondément enracinée dans les esprits qu'il est nécessaire de démontrer par toutes les méthodes explicatives combien elle est complètement démentie par les faits naturels. J'ai donc préparé quelques diagrammes où chacun des oiseaux mesurés est individuellement représenté par un point, placé à une distance proportionnelle, à droite et à gauche de la ligne médiane, suivant que celui-ci varie par excès ou par défaut, par rapport à la longueur moyenne de la partie spéciale qui est comparée. L'objet de cette série de diagrammes étant de montrer le nombre des individus qui varient considérablement en proportion de ceux qui ne varient que peu ou point du tout, on a pris une échelle plus grande afin de permettre aux points de ne pas se confondre.

Dans ce diagramme (fig. 9) vingt mâles de l'*Icterus Baltimore* sont analysés, de façon à présenter à l'œil le nombre proportionnel d'exemplaires qui varient, à un plus ou moins grand degré, en longueurs de queue, d'aile, de tarse, d'orteil médian, d'orteil postérieur, et de bec. On remarquera qu'il n'y a, habituellement, pas de très grandes accumulations de points sur la ligne médiane indiquant les proportions moyennes, mais qu'un nombre considérable de points s'étend à des distances qui varient de chaque côté de cette ligne.

Dans le diagramme suivant (fig. 10) qui montre la variation existant chez quarante mâles de l'*Agelæus phœniceus*, cette tendance vers une répartition égale

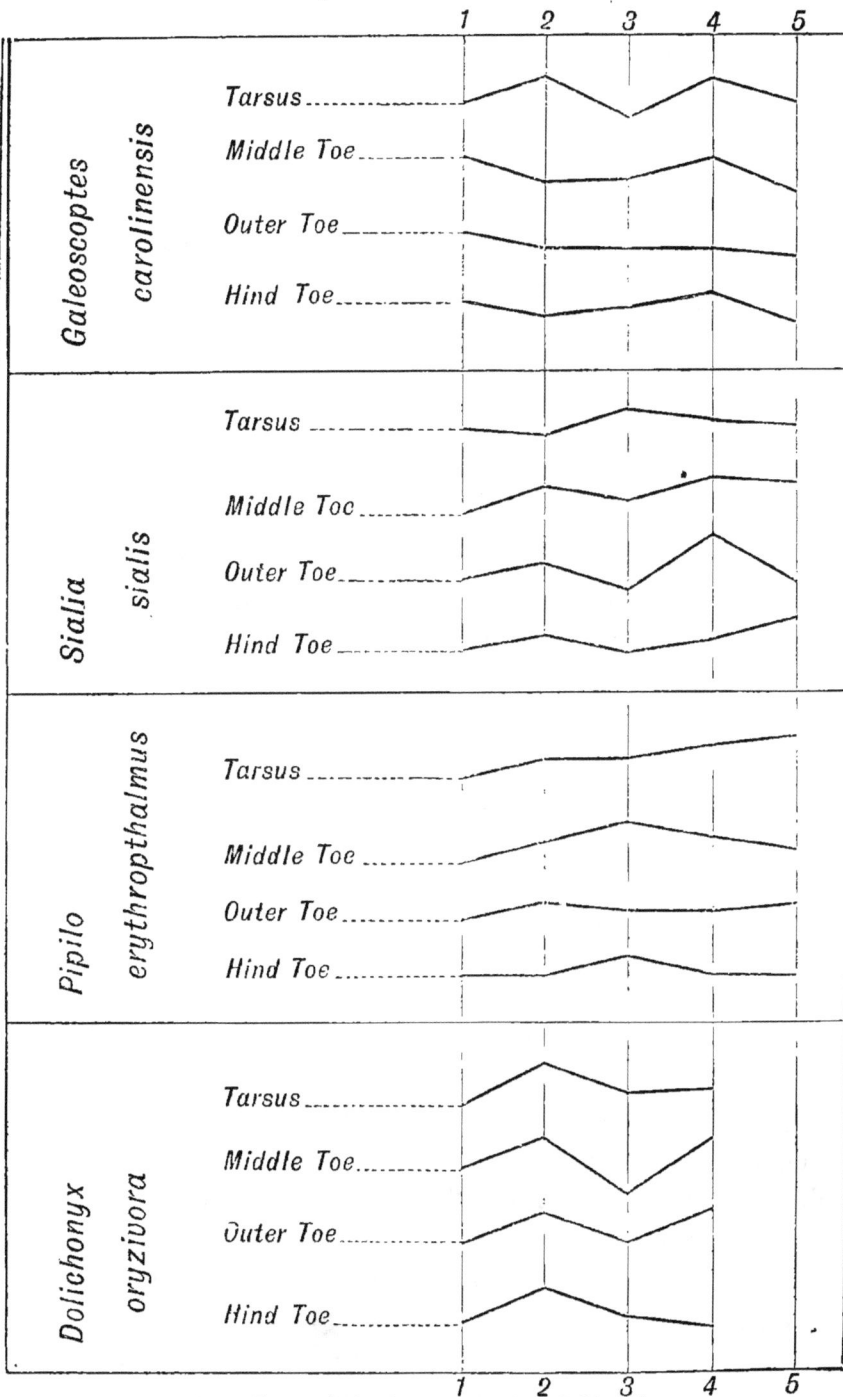

From Table G. in Allen's Birds of Florida.

Fig. 7. — Variations du tarse, et des orteils médian, extérieur et posterieur de diverses espèces de la Floride (d'après Allen).

5.

des variations devient encore plus apparente; tandis que dans la figure 12, où cinquante-huit exemplaires de *Cardinalis virginianus* sont inscrits, nous voyons une extension remarquable des points indiquant dans quelques-uns des caractères une tendance à s'isoler en deux groupes d'individus, ou même plus, chacun s'écartant considérablement du type moyen.

Pour apprécier pleinement l'enseignement que nous donnent ces diagrammes, il faut nous rappeler que, quelles que soient la nature et la quantité des variations que présentent les exemplaires ici comparés, l'étendue et la symétrie gagneraient beaucoup si de grands nombres — des milliers ou des millions — étaient soumis au même processus de mensuration et de notation. Nous savons, par la loi générale gouvernant les variations d'une valeur moyenne donnée, qu'avec la multiplication du nombre se multiplierait aussi la variation de chacune des parties, d'abord plutôt rapidement, et ensuite plus lentement, tandis que les lacunes et les irrégularités se combleraient vite, et qu'à la fin la distribution des points suivrait deux courbes assez régulières comme celles qu'indique la fig. 11. La grande divergence des points, même lorsque peu d'exemplaires sont comparés entre eux, montre que la ligne, avec des nombres élevés, serait droite, comme la courbe inférieure dans l'exemple ici donné. Cela prouvé, il s'ensuivrait qu'une très grande proportion du nombre total des individus constituant une espèce divergerait considérablement de sa condition moyenne, en ce qui regarde chaque partie et chaque organe, et comme nous savons, par les diagrammes précédents (fig. 1 à 7) que chaque partie varie considérablement, *indépendamment*, les matériaux bruts, toujours prêts à subir l'action de la sélection naturelle, seraient abondants et très variés. **On aura sous la main presque toutes les combinaisons**

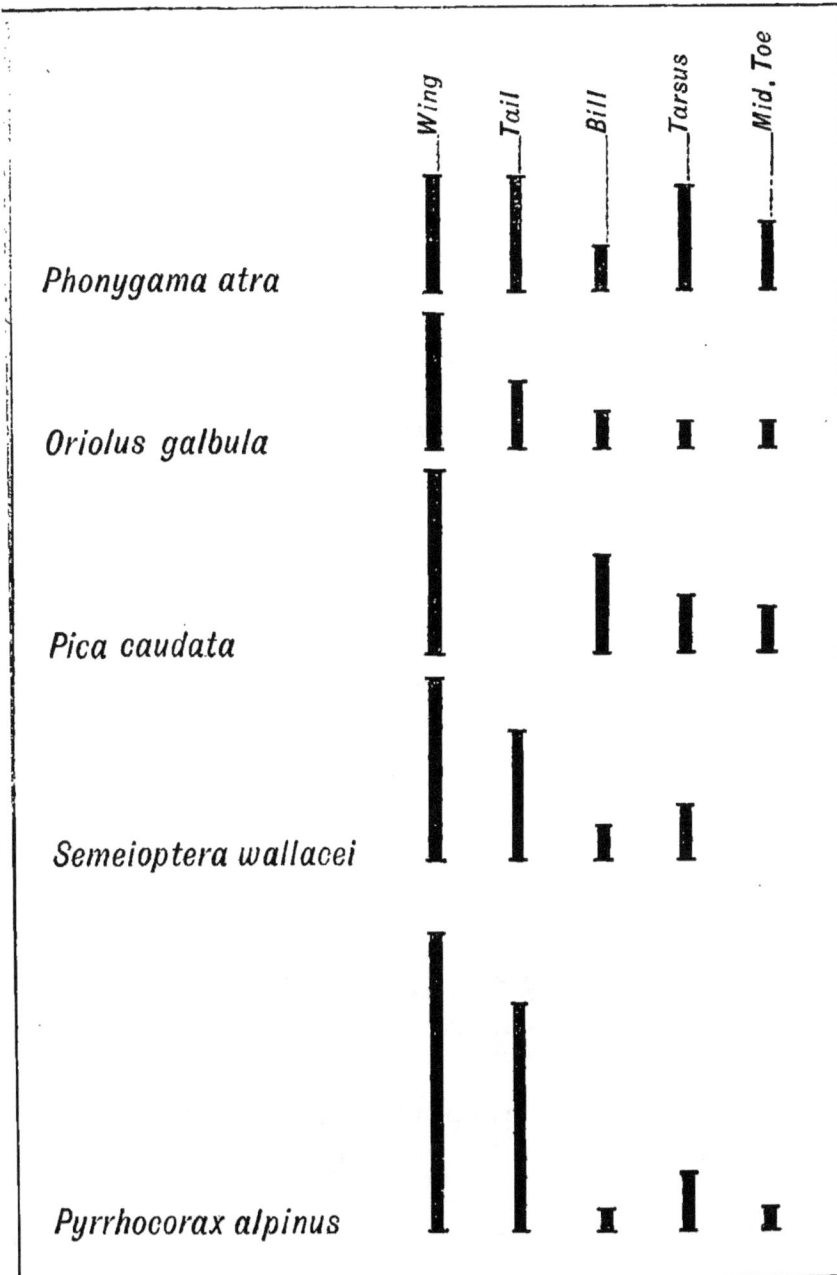

Fig. 8. — Variations de l'aile (Wing), de la queue (Tail), du bec (Bill), du tarse et de l'orteil médian (Middle Toe) chez différentes espèces d'oiseaux du musée de Leyde.

des variations des parties différentes; et ceci, comme nous le verrons plus loin, prévient les objections les plus sérieuses qui aient été opposées à l'efficacité de la

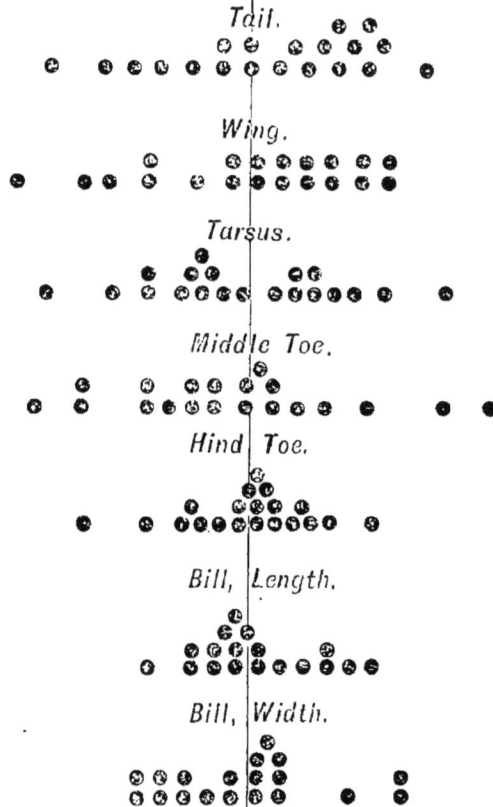

Fig. 9. — Variations de l'*Icterus Baltimore* : queue, aile, tarse, orteils médian et postérieur, et bec (longueur et largeur).

sélection naturelle pour la production de nouvelles espèces, de nouveaux genres, et de groupes supérieurs.

VARIATIONS CHEZ LES MAMMIFÈRES.

Par suite de la taille généralement élevée de cette classe d'animaux, et du nombre relativement restreint de naturalistes qui s'en occupent, on n'examine que rarement de grandes séries d'exemplaires, et ainsi les ma-

VARIATION

OF *40 MALES* OF

AGELÆUS PHŒNICEUS.

Length of Bill.

Total Length of Bird.

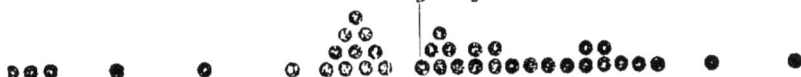

Length of Tail.

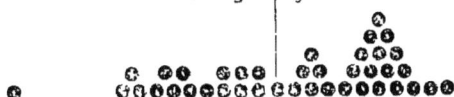

Length of Wing.

Amount of Variation.

BILL.	$\frac{1}{6}$	LENGTH	$\frac{1}{9}$
TAIL.	$\frac{1}{4}$	WING	$\frac{1}{8}$

Fig. 10. — Variations de 40 mâles d'*Agelæus Phœniceus* : longueur du bec ; longueur totale de l'oiseau ; de la queue, de l'aile ; et résumé des degrés de variation pour ces parties.

tériaux nécessaires pour déterminer la question de leur variabilité à l'état de nature, sont peu abondants.

Le fait que nos animaux domestiques appartenant à ce groupe, les chiens en particulier, présentent des variétés extrêmes que ne surpassent même pas celles de pigeons et des oiseaux de basse-cour, rend à peu près certain qu'une somme égale de variabilité existe à l'état de nature ; cela est confirmé par l'exemple d'une espèce d'écureuil (*Sciurus carolinensis*) dont seize exemplaires, tous mâles, recueillis en Floride, ont été mesurés et classés par M. Allen. Le diagramme donné (fig. 13) montre que, et la somme totale de la variation, et la variabilité indépendante des membres du corps concordent complètement avec les variations si communes dans la classe des oiseaux ; tandis que leur quantité et

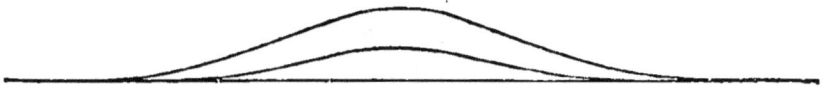

Curves of Variation

Fig. 11. — Courbes de variation.

leur indépendance réciproque sont encore plus grandes que d'ordinaire.

VARIATIONS DES ORGANES INTERNES DES ANIMAUX.

Pour répondre à l'objection qu'on pourrait nous faire, en prétendant que les cas de variation allégués jusqu'ici n'affectent que les parties extérieures, et que rien ne prouve que les organes internes varient de la même manière, il nous faut prouver que ces variétés se présentent. Toutefois, il est impossible de réunir la même quantité de témoignages dans cette classe de variation, parce qu'on entreprend rarement le travail ardu de disséquer un grand nombre d'exemplaires de la même espèce, et que nous devons nous en rapporter aux observations fortuites d'anatomistes, signalées par eux au cours de leurs études.

Il est bon de noter, cependant, qu'une très grande proportion des variations déjà relevées dans les parties externes des animaux implique nécessairement des variations internes correspondantes. Quand la taille des pieds et des pattes varie, c'est parce que les os varient ; quand la tête, le corps, les membres, et la queue changent leurs proportions, il faut que le squelette osseux change aussi ; et même quand les ailes et la queue de l'oiseau prennent des plumes plus longues, en plus grand nombre, il y a sûrement un changement simul-

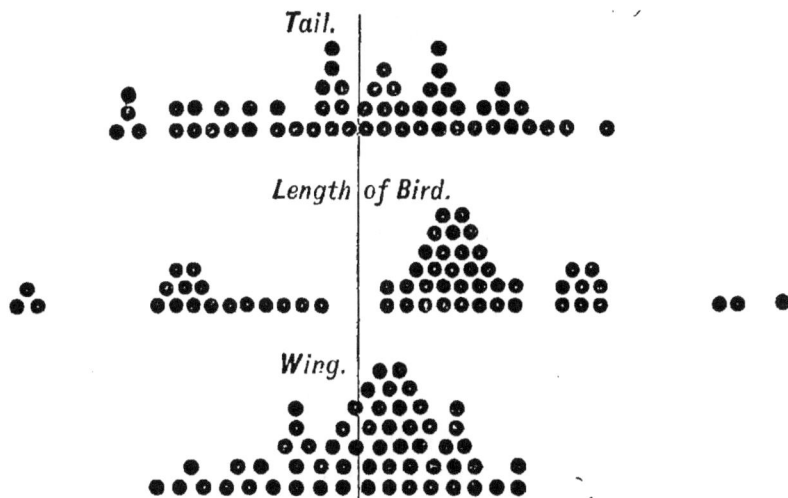

CARDINALIS VIRGINIANUS. *58 specimens. Florida.*

Tail.

Length of Bird.

Wing.

(From Allen's Birds of Florida. p.281)

Fig. 12. — Variation du *Cardinalis Virginianus* (Queue ; longueur totale ; et aile) d'après Allen.

tané dans les os qui soutiennent ces plumes et les muscles qui les font mouvoir. Je veux toutefois donner quelques exemples de variation qui ont été observés directement.

M. Frank E. Beddard a bien voulu me communiquer quelques remarquables variations qu'il a étudiées dans les organes internes d'une espèce de lombric de terre (*Perionyx excavatus*). Les caractères normaux de l'espèce sont :

Des soies formant un cercle complet autour de chaque segment.

Deux paires de spermathèques — poches sphériques sans diverticules — dans les segments 8 et 9.

Deux paires de testicules dans les segments 11 et 12.

Des ovaires, une seule paire, dans le segment 13.

Des oviductes ouverts par un pore commun au milieu du segment 14.

Des conduits déférents s'ouvrant séparément, dans le segment 18, chacun étant pourvu à son extrémité d'une grande glande prostatique.

Il fut examiné de deux à trois cents exemplaires, et treize de ceux-ci présentèrent les variations marquées que voici :

1° Le nombre des spermathèques variait de deux à trois ou quatre paires, dont la position variait aussi.

2 Il y avait quelquefois deux paires d'ovaires, chacune étant pourvue de son oviducte ; les orifices extérieurs de ces derniers variaient de position, siégeant sur les segments 13 et 14, ou 14 et 15, ou 15 et 16. Parfois, lorsqu'il n'existait que l'oviducte normal, celui-ci variait de position, se trouvant tantôt dans le dixième segment, tantôt dans le onzième.

3. Les pores générateurs mâles variaient en position du segment 14 au segment 20. Dans un cas il y en avait deux paires au lieu de la seule paire normale, et chacun des quatre orifices avait sa glande prostatique spéciale.

M. Beddard remarque que toutes ou presque toutes les variations ci-dessus énumérées se rencontrent, d'une façon normale, dans d'autres genres et espèces.

Si nous tenons compte du nombre énorme des vers de terre, et du nombre relativement très petit des individus examinés, nous pouvons être assurés, que, non seulement des variations pareilles se produisent très fréquemment, mais encore que des déviations bien plus extraordinai-

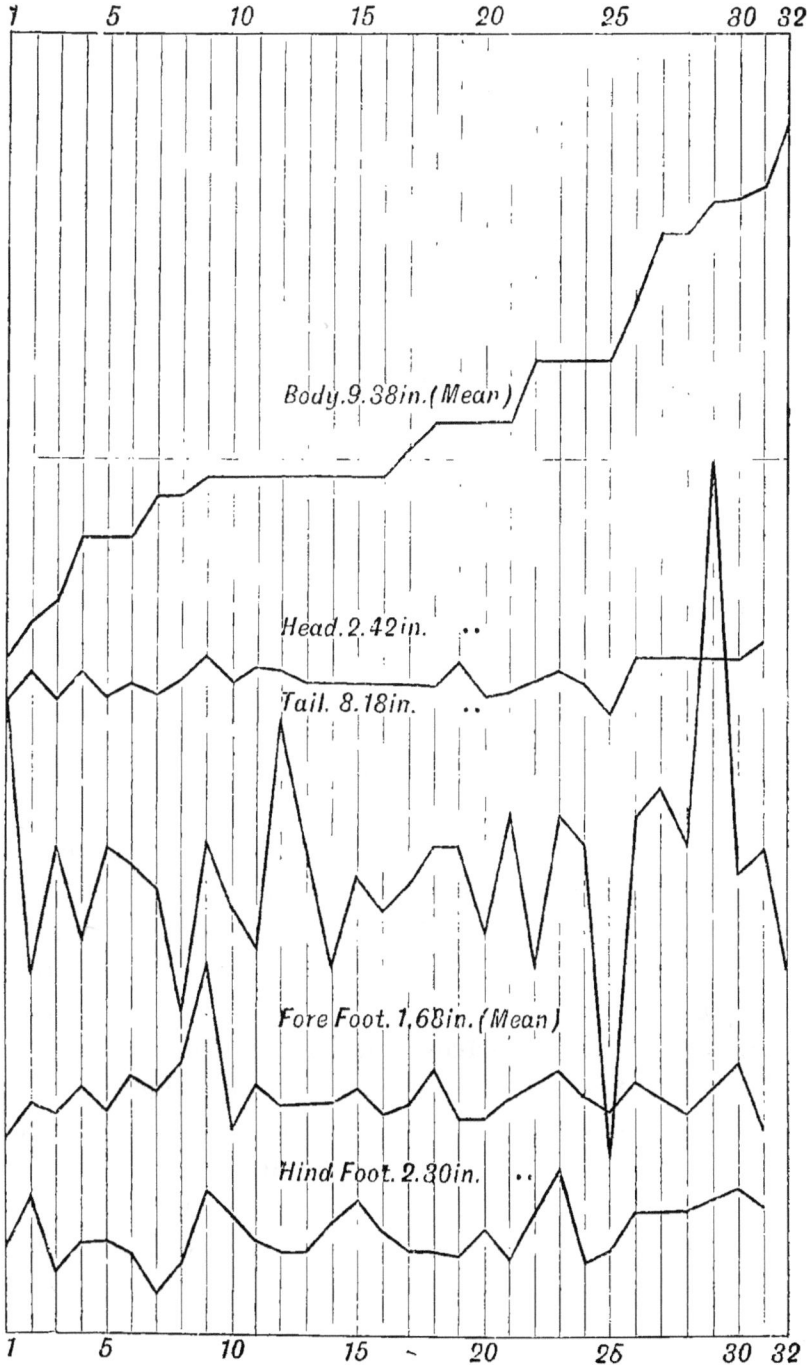

Fig. 13. — Variations des longueurs du corps, de la tête, de la queue, des pieds de devant *(Fore)*, et de derrière *(Hind)*, du *Sciurus Carolinensis*. 32 exemplaires. Floride. Chiffres en pouces.

res de la structure normale peuvent souvent exister.

L'exemple suivant est tiré des manuscrits inédits de Darwin.

« Chez quelques espèces de musaraignes (*Sorex*) et chez quelques mulots (*Arvicola*), le Révérend L. Jenyns (*Ann. Nat. Hist.*, vol. VII, p. 267 et 272) a vu que la longueur proportionnelle du canal intestinal varie considérablement. Il a trouvé la même variabilité dans le nombre des vertèbres caudales. Chez trois mulots il a vu la vésicule biliaire à des degrés très différents de développement, et il y a lieu de croire qu'elle manque quelquefois. C'est ce que le professeur Owen a démontré au sujet de la vésicule biliaire de la girafe. »

Le docteur Crisp (*Proc. Zool. Soc.*, 1862, p. 137) trouva la vésicule biliaire dans quelques exemplaires de *Cervus superciliaris*, tandis que d'autres en étaient dépourvus ; il en constata l'absence dans trois girafes qu'il disséqua. Elle fut trouvée double chez un mouton, et, chez un petit mammifère conservé au musée de Hunter, il y a trois vésicules biliaires distinctes.

La longueur du canal alimentaire diffère beaucoup. Dans trois girafes adultes, décrites par le professeur Owen, elle varie de 124 à 136 pieds ; chez une girafe disséquée en France, le canal a 211 pieds de longueur, tandis que le docteur Crisp en a mesuré un de la longueur extraordinaire de 254 pieds ; et des variations semblables sont rapportées chez d'autres animaux [1].

Le nombre des côtes varie chez beaucoup d'animaux. M. Saint-Georges Mivart dit : « Dans les formes supérieures de Primates, le véritable nombre des côtes est de sept, mais chez les *Hylobates*, il y a quelquefois huit paires. Chez le *Semnopithecus* et le *Colobus* il y en a généralement sept, mais souvent huit paires. Chez les

---

1. *Proc. Zool. Soc.*, 1864, p. 64.

Cebidæ on compte, généralement, sept ou huit paires, mais chez les *Ateles* quelquefois neuf. » (*Proc. Zool. Soc.* 1865, p. 568.) Dans le même travail il est dit que le nombre normal des vertèbres du dos, chez l'homme, est de douze, très rarement de treize. Le Chimpanzé a normalement treize vertèbres dorsales, mais parfois quatorze, ou seulement douze.

VARIATIONS DU CRANE.

Chez les neuf Orangs-Outang mâles adultes que je pus récolter à Bornéo, les crânes différaient en grandeur et en proportion, d'une façon remarquable. Les orbites variaient de largeur et de hauteur, la crête du crâne était simple ou double, beaucoup ou peu développée, et l'ouverture zygomatique variait considérablement en grandeur. Je notai particulièrement que ces variations n'avaient aucun rapport nécessaire entre elles, de sorte qu'un grand temporal et une grande ouverture zygomatique pouvaient exister également avec un grand crâne et avec un petit ; et ainsi s'expliquait la curieuse différence entre les crânes à double crête, et ceux à simple crête, qu'on avait supposé devoir caractériser des espèces distinctes. Je dirai, comme exemple du degré de variation dans les crânes d'orangs mâles parvenus à l'état d'adulte, que je trouvai seulement quatre pouces de largeur antérieure entre les orbites dans un exemplaire, et cinq pouces dans un autre.

Il n'est pas aisé de se procurer les mensurations exactes d'une grande série de crânes de mammifères susceptibles d'être comparés entre eux, mais avec celles que j'ai pu rencontrer, j'ai pu dresser trois diagrammes (figures 14, 15 et 16), afin de montrer les faits de variation dans cet organe si important. Le premier montre la variation de dix exemplaires du loup commun (*Canis lupus*) venant d'un même district de l'Amérique du nord, et nous voyons qu'elle n'est pas seulement grande en quantité, mais que chaque partie présente une variabilité indépendante considérable [1].

Dans le diagramme 15 sont enregistrées les variations de huit crânes de l'ours indien, mellivore (*Ursus labiatus*), ainsi qu'elles ont été notées par feu le docteur J. E. Gray du *British Museum*. La quantité de variation est très grande, vu le petit nombre des exemplaires — d'un huitième à un cinquième de la moyenne — tandis qu'il y a un nombre extraordinaire d'exemples de variabilité indépendante. Nous trouvons dans le diagramme 16 la longueur et la largeur de douze crânes de mâles adultes du sanglier sauvage indien (*Sus cristatus*) données par le docteur Gray, montrant dans ces deux séries de mensuration une variation de plus du sixième, combinée avec une très grande somme de variabilité indépendante.

Les quelques faits qui viennent d'être cités au sujet des variations des parties internes des animaux, pourraient être multipliés à l'infini, si l'on fouillait les volumineuses annales de l'anatomie comparée. Mais les faits déjà relatés, conjointement avec le témoignage beaucoup plus complet de la variation dans tous les organes extérieurs, nous font conclure que l'on ne manquera jamais de trouver des variations quand on les cherchera dans un nombre considérable d'individus des espèces les plus communes ; que, partout, on les trouvera en quantité considérable, atteignant quelquefois vingt pour cent de la taille de la partie dont il s'agit ; et qu'elles sont, en grande partie, indépendantes les unes des autres, et présentent ainsi presque toutes les combinaisons de variation qu'on pourrait demander.

1. J. A. Allen : *Geographical Variation among North American Mammals. Bull. U. S. Geol. and Geog. Survey.* Vol. II, p. 314 (1876) 2 *Proc. Zool. Soc. Lond.* 1864, p. 700, et 1868, p. 28.

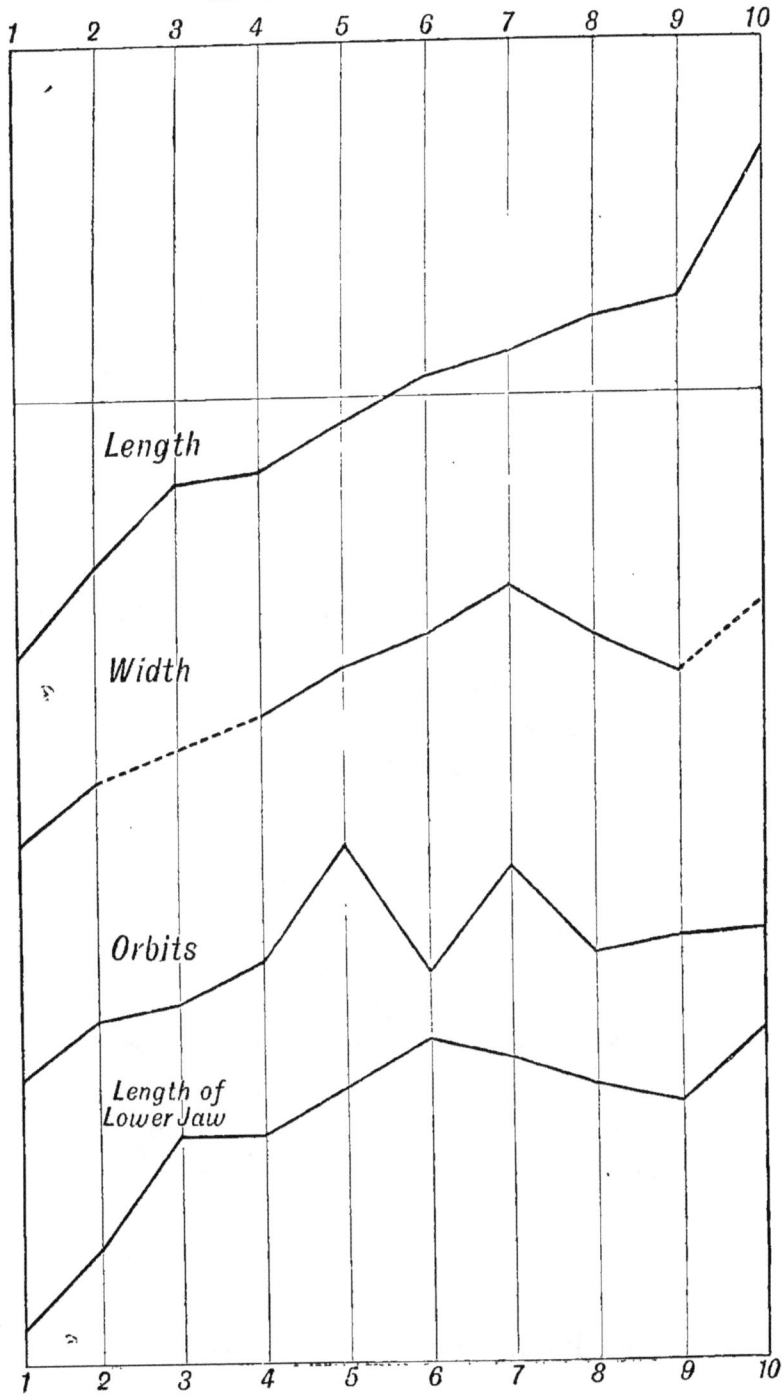

Fig. 14. — Variation du crâne du loup (10 exemplaires). Longueur largeur; orbites ; longueur de la mâchoire inférieure.

Il faut, en particulier, noter que toute la série des diagrammes de variation (excepté les trois qui donnent le nombre des individus qui varient) représente, dans chaque cas, la quantité réelle de variation, non point sur une échelle réduite ou augmentée, mais pour ainsi dire en grandeur naturelle. Quel que soit le nombre de pouces ou de dixièmes de pouces dont l'espèce varie, dans n'importe laquelle de ses parties, cette variation est marquée sur les diagrammes de telle sorte qu'avec une règle ordinaire, et un compas, la variation des différentes parties peut être mesurée et comparée comme si les exemplaires eux-mêmes se trouvaient devant le lecteur, mais d'une façon bien plus facile.

Dans mes conférences sur la doctrine darwinienne, en Amérique et ici même, j'ai employé des diagrammes établis sur un principe différent, représentant aussi la grande quantité de la variabilité indépendante, mais d'une façon moins simple et moins intelligible. La méthode présente est une modification de celle qu'employait M. Francis Galton dans ses recherches sur la théorie de la variabilité, la ligne du haut (indiquant la variabilité du corps) dans les diagrammes 4, 5, 6 et 13, étant tracée d'après la méthode de ses expériences sur les pois de senteur, et sur les éducations successives de phalènes [1]. Je crois, tout bien considéré, et après avoir essayé, non sans beaucoup d'ennui, de diverses manières de dresser les diagrammes, qu'aucune méthode meilleure ne saurait être adoptée pour mettre sous les yeux du lecteur la quantité et les traits distinctifs de la variabilité individuelle.

LA VARIATION DANS LES HABITUDES DES ANIMAUX

En relation intime avec les variations de structure

[1]. Voyez *Trans. Entomological Society of London*, 1887, p. 24.

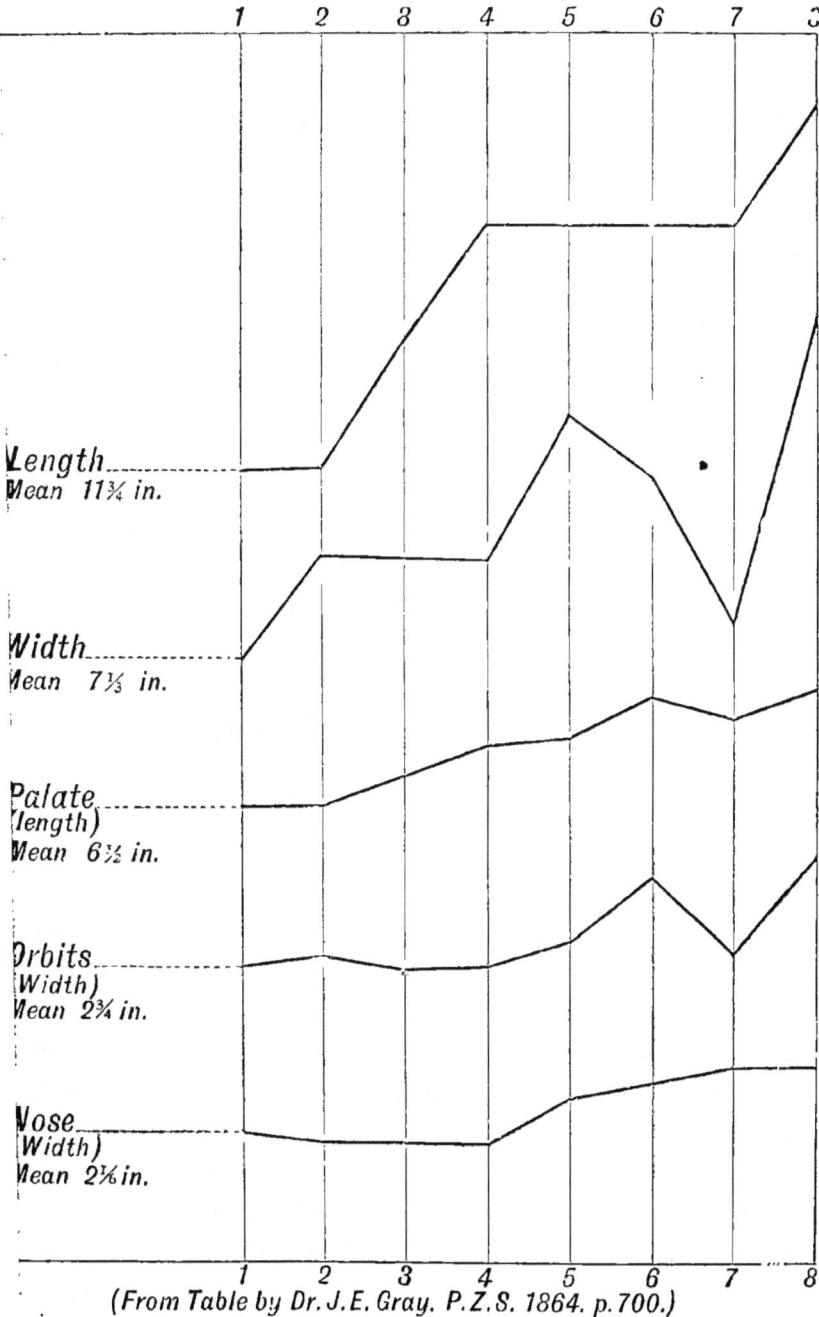

Length
Mean 11¾ in.

Width
Mean 7⅓ in.

Palate
(length)
Mean 6½ in.

Orbits
(Width)
Mean 2¾ in.

Nose
(Width)
Mean 2⅛ in.

(From Table by Dr. J. E. Gray. P. Z. S. 1864. p. 700.)

Fig. 15. — Variations de 8 crânes d'*Ursus labiatus :* longueur (*Length*),
largeur (*Width*) ; palais, orbites, nez. Moyennes en pouces.

interne et externe qui viennent d'être décrites, se trouvent les changements d'habitudes qui se produisent souvent chez certains individus, ou dans des espèces entières, car il va de soi que ces changements dépendent nécessairement d'une modification correspondante dans le cerveau, ou d'autres parties de l'organisme, et comme ces changements sont d'une grande importance au point de vue de la théorie de l'instinct, nous allons en citer quelques exemples.

Le Kéa (*Nestor notabilis*) est un curieux perroquet, habitant les chaînes montagneuses de l'Ile centrale de la Nouvelle-Zélande. Il appartient à la famille des perroquets à langue en brosse, et se nourrit naturellement du miel des fleurs, et des insectes qui les visitent, en même temps que des fruits ou petites baies qui se trouvent dans la région. Jusqu'à un temps fort rapproché de nous c'était là tout son régime ; mais depuis que tout le pays qu'il habite est occupé par des Européens, il a contracté le goût de la viande, et les résultats en sont alarmants. Il commença d'abord par picoter les peaux de mouton en train de sécher, ou la viande exposée à l'air. C'est vers 1868 qu'on l'a vu, pour la première fois, attaquer des moutons vivants, trouvés souvent le dos labouré de plaies vives et saignantes. On a constaté, depuis, que cet oiseau se fait un véritable terrier du mouton vivant, se frayant avec son bec une route sanglante jusqu'aux reins qui sont sa friandise préférée. Par une conséquence naturelle, on détruit cet oiseau le plus rapidement possible, et bientôt un des membres les plus rares et les plus curieux de la faune de la Nouvelle-Zélande aura sans doute disparu. Ce cas montre d'une façon remarquable comment des pieds grimpeurs et un bec crochu puissamment développés pour un but donné, peuvent s'adapter à un autre but entièrement différent ; il nous prouve aussi combien peu réelle est la stabilité de ce que nous croyons être les habitudes les plus fixes de la vie.

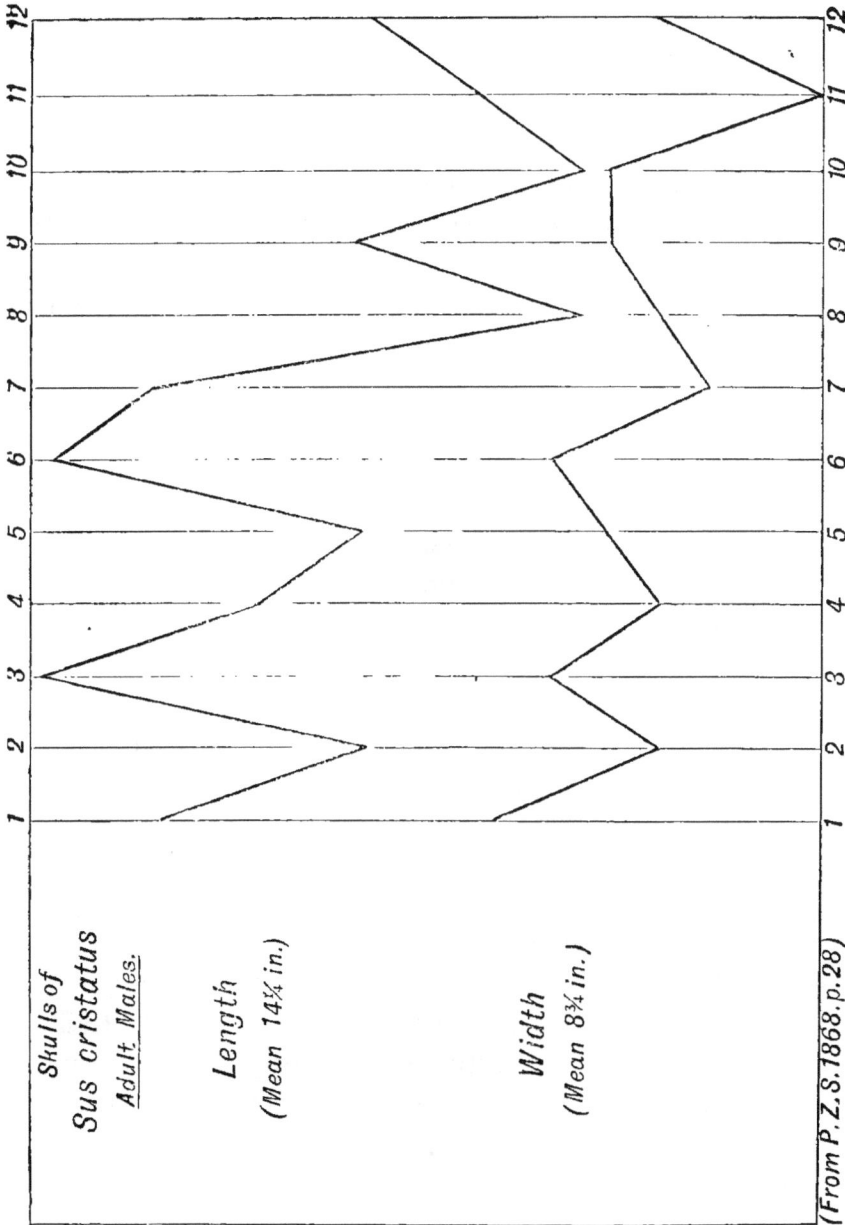

Fig. 16. — Variations du crâne du *Sus cristatus* (Mâles adultes) : longueur et largeur.

Le duc d'Argyll a raconté un changement semblable de
régime survenu chez une oie qui, élevée par un aigle

doré, apprit si bien de ses parents d'adoption à manger de la viande, qu'elle continue à ce faire, régulièrement, et apparemment avec une grande satisfaction.

Le changement des habitudes est souvent le résultat de l'imitation ; M. Tegetmeier nous en offre quelques bons exemples. Il constate que lorsque les pigeons sont élevés exclusivement avec du petit grain, comme le blé et l'orge, ils se laisseront mourir de faim plutôt que de manger des fèves. Mais si, pendant qu'ils sont ainsi affamés, on introduit auprès d'eux un pigeon mangeant des fèves, ils suivent son exemple, et adopteront l'habitude. De même les volailles quelquefois refusent le maïs, mais en en voyant manger à d'autres, elles s'y mettent, et y prennent un goût extrême. Quelques personnes ont remarqué que leurs crocus jaunes étaient dévorés par les moineaux qui respectaient d'ailleurs les variétés bleues, rouges et blanches ; mais M. Tegetmeier qui ne cultivait que ces dernières couleurs découvrit au bout de deux ans que les moineaux commençaient à les attaquer, et dès lors les détruisirent tout aussi bien que les jaunes ; il suppose qu'un moineau plus hardi que les autres leur avait donné l'exemple. A ce sujet, M. Charles C. Abbott dit très justement : « En étudiant les habitudes de nos oiseaux américains — et je suppose que cela est exact des oiseaux en général — il faut toujours se rappeler qu'il y a moins de stabilité qu'on ne le croit dans les habitudes de ces animaux ; et aucune description des habitudes d'une espèce quelconque ne détaillera exactement les traits divers de celle-ci telles qu'elles sont réellement, dans chaque partie du territoire qu'elle habite [2]. »

M. Charles Dixon a rapporté le changement remarquable du mode de construction du nid qui fut observé

1. *Nature*, vol. XIX, p. 554.
2. *Nature*, Vol. XVI, p. 163, et vol. XI, p. 227.

chez des pinsons apportés en Nouvelle-Zélande, et mis en liberté. Il dit à ce sujet : « Le fond du nid est petit, construit négligemment, apparemment doublé de plumes, et les parois en sont prolongées d'environ 18 pouces, et pendent librement le long de la branche qui le soutient. Le tout a quelque ressemblance avec le nid des baltimores vulgaires (*Icteridæ*), sauf pourtant que la cavité se trouve en haut. Il est évident que ces pinsons de la Nouvelle-Zélande étaient embarrassés pour trouver un modèle de nid. Ils n'avaient aucun type, aucun oiseau de leur espèce pour les renseigner, et le résultat de leur ignorance est la construction étrange que je viens de décrire [1]. »

Ces quelques exemples suffisent à prouver que les habitudes et les instincts des animaux sont également sujets à varier, et que si nous possédions un nombre suffisant d'observations détaillées, nous verrions que ces variations sont aussi nombreuses, aussi diverses de caractère, et aussi grandes en quantité, et aussi indépendantes entre elles, que celles qui caractérisent la structure de leur corps.

LA VARIABILITÉ DES PLANTES

La variabilité des plantes est connue, n'étant pas seulement prouvée par les variations infinies qui se présentent lorsqu'une espèce est cultivée en grandes quantités par les horticulteurs, mais aussi par la difficulté qu'éprouvent les botanistes à déterminer les limites des espèces dans beaucoup de grands genres. Les roses, les ronces et les saules nous serviront d'excellents exemples de ce fait. Nous trouvons, dans la *Revision of the British Roses* de M. Baker (publiée par la Société Linnéenne en 1863) sous le nom de la seule espèce, *Rosa canina* —

1. *Nature,* Vol. XXXI (1885), p. 533

l'églantier commun — vingt-huit *variétés* nommées, se distinguant par des caractères plus ou moins constants, et souvent circonscrites à des localités spéciales ; et les botanistes de l'Angleterre et du continent y rattachent environ soixante-dix *espèces.* Quant à la ronce, Bentham, dans son *Handbook of the British Flora,* en donne cinq espèces anglaises, tandis que Babington dans son *Manual of British Botany,* publié à peu près à la même époque, n'en décrit pas moins de *quarante-cinq* espèces. Ces deux mêmes ouvrages énumèrent, l'un *quinze,* et l'autre *trente-et-une* espèces de saule (*Salix*). Les épervières (*Hieracium*) sont tout aussi embarrassantes, car, tandis que M. Bentham n'en admet que sept espèces britanniques, le professeur Babington n'en décrit pas moins de trente-deux, outre plusieurs variétés nommées.

Un botaniste français, M. A. Jordan, a recueilli nombre de formes d'une petite plante commune, la drave ou herbe au panaris (*Draba verna*); il les a cultivées plusieurs années de suite, et déclare qu'elles conservent toutes leurs particularités ; il dit aussi qu'elles se reproduisent constamment de graines, possédant ainsi tous les traits caractéristiques de la véritable espèce. Il n'en a pas décrit moins de cinquante-deux, soit espèces, soit variétés permanentes, toutes recueillies dans le midi de la France ; et il presse les botanistes de suivre son exemple en recueillant, décrivant et cultivant toutes les variétés que présentent leurs districts respectifs. Si cet appel était entendu, comme cette plante est très commune dans presque toute l'Europe, et s'étend de l'Amérique du nord aux Himalaya, il est probable que le nombre de formes diverses devrait être compté par centaines, si ce n'est par milliers.

La classe de faits que nous venons de citer peut certainement fournir la preuve que, dans beaucoup de grands genres, et dans quelques espèces isolées, il y a une très grande quantité de variation, ce qui rend tout à fait impossible aux plus experts de s'entendre sur les limites de l'espèce. Nous ajouterons maintenant quelques exemples frappants de variation individuelle.

Le botaniste distingué, Alphonse de Candolle, s'est appliqué spécialement à l'étude des chênes, dans le monde entier, et a énoncé des faits remarquables au sujet de leur variabilité. Il déclare avoir, sur la même branche de chêne, noté les variations qui suivent : 1° la longueur du pétiole varie dans la proportion de 1 à 3 ; 2° la feuille est tantôt elliptique, tantôt obovoïde ; 3° le bord de feuille est entier ou crénelé, ou même pinnatifide ; 4° l'extrémité est pointue ou obtuse ; 5° la base est pointue, obtuse ou cordiforme ; 6° la surface est pubescente ou lisse ; 7° le périanthe varie en profondeur, et en lobation ; 8° il y a une variation numérique indépendante des étamines ; 9° les anthères sont mucronées ou obtuses ; 10° les pédoncules du fruit varient beaucoup de longueur, dans la proportion d'un à trois ; 11° le nombre des fruits varie ; 12° la forme de la base du calice varie ; 13° les écailles du calice varient de forme ; 14° les proportions des glands varient ; 15° la saison de la maturité et de la chûte des glands varie.

En outre, beaucoup d'espèces présentent des variétés bien caractérisées qui ont été décrites et nommées, et elles sont plus nombreuses dans les espèces qui sont le mieux connues. Le chêne anglais *(Quercus robur)* a vingt-huit variétés ; le *Quercus lusitanica* en a onze ; le *Quercus calliprinos*, dix, et le *Quercus coccifera*, huit.

Hermann Müller a fait connaître un exemple des plus remarquables de variation dans les parties d'une fleur commune. Il examina deux cents fleurs de *Myosurus minimus*, parmi lesquelles il trouva *trente-cinq* proportions différentes des sépales, des pétales et des anthères, les premières variant de quatre à sept, les secondes de deux à cinq, et les troisièmes de deux à dix. Il y avait cinq sépales dans cent quatre-vingt-neuf des deux cents fleurs, mais de celles-là, 105 avaient trois pétales, 46 en avaient quatre, et 26, cinq ; mais dans chacune de ces séries les anthères variaient en nombre de trois à huit, ou de deux à neuf. Nous avons là un exemple du même degré de « variabilité indépendante » que nous avons déjà vu se produire dans les dimensions variées des oiseaux et des mammifères, et on peut l'accepter comme mettant en lumière la sorte et le degré de variabilité qu'on peut s'attendre à trouver chez les petites fleurs peu spécialisées [1].

Chez la petite fleur commune, vulgairement appelée gentiane des marais (*Anemone nemorosa*), il se produit un degré égal de variation ; j'ai cueilli moi-même, dans la même localité, des fleurs dont le diamètre variait de 7/8 de pouces à un pouce 3/4 ; les bractées variant de 1 1/2 pouces à 4 pouces, et les sépales pétaloïdes, soit larges, soit étroits, variant en nombre de cinq à dix. Bien que généralement d'un blanc pur à leur surface supérieure, quelques-unes de ces fleurs sont roses, tandis que d'autres affectent une teinte bleuâtre.

Darwin assure avoir examiné soigneusement un grand nombre de plantes de *Geranium phæum* et de *Geranium pyrenaicum* (qui n'appartiennent peut-être pas réellement aux Iles Britanniques, mais y sont fréquemment trouvées à l'état sauvage) ; ces plantes, ayant échappé à la culture, s'étaient propagées, de graines, dans un lieu découvert ; et il déclare que « le produit des semences ariait dans presque tous les caractères de fleur et de feuillage, à un degré que je n'ai jamais vu dépasser ; ce-

---

1. *Nature*. Vol. XXVI, p. 81.

pendant, il n'y avait pas eu de grands changements dans leurs conditions d'existence [1] ».

Nous empruntons aux manuscrits inédits de Darwin les exemples suivants de variations de parties importantes, chez les plantes :

« De Candolle (*Mém. Soc. Phys. de Genève*, t. II, part. II, p. 217) affirme que le *Papaver bracteatum* et le *Papaver orientale* présentent indifféremment deux sépales et quatre pétales, ou trois sépales et six pétales, ce qui est assez rare parmi les autres espèces de ce genre.

« Chez les Primulacées, et dans la grande classe à laquelle cette famille appartient, l'ovaire uniloculaire est libre, mais M. Dubury (*Mém. Soc. de Phys. de Genève* tome II, p. 406) a souvent trouvé, chez des individus du *Cyclamen hederæfolium* la base de l'ovaire réunie, sur le tiers de sa longueur, à la partie inférieure du calice.

» M. Auguste Saint-Hilaire (*Sur le Gynobase; Mém du Mus. d'Hist. Nat.*, t. X, p. 134) parlant de quelques buissons de *Gomphia oleæfolia*, qu'il avait cru d'abord devoir former une espèce tout à fait distincte, dit : « Voilà donc dans un même individu des loges et un style qui se rattachent tantôt à un axe vertical, et tantôt à un gynobase; donc celui-ci n'st qu'un axe véritable; mais cet axe est déprimé au lieu d'être vertical. » Il ajoute (p. 151) : « Cela n'indique-t-il point que la nature a essayé, en quelque sorte, dans la famille des Rutacées, de produire, d'un seul ovaire multiloculaire, monostyle et symétrique, plusieurs ovaires uniloculaires, possédant chacun son propre style ? » Et il montre, plus loin, que, chez le *Xanthoxylum monogynum*, « il arrive souvent que sur la même plante, sur le même panicule, nous trouvons des fleurs ayant tantôt un, tantôt

---

1. *Variation*, etc., Vol. II.

deux ovaires » et cependant l'importance de ce caractère ressort du fait que les Rutacées (auxquelles appartient le *Xanthoxylum*) ont été placées dans un groupe d'ordres naturels caractérisé par le fait de ne posséder qu'un seul ovaire.

» De Candolle a divisé les Crucifères en cinq sous-ordres, déterminés par la position de la radicule et des cotylédons ; pourtant M. T. Gay (*Ann. des Scien. Nat.*, série 1, t. VII, p. 389), trouva chez seize graines de *Petrocallis pyrenaïca* la forme de l'embryon si incertaine qu'il ne pouvait décider s'il convenait de les classer dans les sous-ordres des Pleurorhizées ou des Notorhizées ; ainsi, de même (p. 400) M. Gay examina vingt-huit embryons de *Cochlearia saxatilis*, dont seize étaient nettement Pleurorhizées, neuf avaient des caractères intermédiaires entre les pleurorhizées et les notorhizées, et quatre étaient de pures notorhizées. »

» M. Raspail affirme (*Ann. des Scien. Nat.*, série 1, tome V, p. 440) qu'une graminée (*Nostus Borbonicus*) est si remarquablement variable dans son organisation florale que les variétés en pourraient suffire à former une famille avec genres et tribus nombreux — remarque prouvant que des organes importants doivent y varier. »

ESPÈCES QUI VARIENT PEU

Les faits précédents, relatifs à la somme considérable de variation existant chez les animaux et les plantes, ne prouvent pas que toutes les espèces varient au même degré, ni même qu'elles varient toutes en quelque chose, mais, uniquement, qu'il y a un nombre considérable d'espèces, dans chaque classe, chaque ordre, chaque famille, qui varient ainsi. On aura observé que les exemples de grande variabilité ont tous été tirés d'espèces communes, ou d'espèces s'étendant sur de grands espaces, et abondantes en individus. Darwin a conclu, d'un examen approfondi des flores et des faunes de plusieurs régions distinctes, que, en règle générale, les espèces communes, à distribution étendue, sont celles qui varient le plus, tandis que celles qui sont renfermées dans des districts spéciaux, et par conséquent sont limitées, comparativement, comme nombre d'individus, varient le moins. Une comparaison semblable démontrera que les espèces de grands genres varient plus que celles de petits genres. Ces faits expliquent, en quelque mesure, comment a prévalu l'opinion que la variation est très limitée, en quantité, et très exceptionnelle de caractère. Les naturalistes de la vieille école, et tous les collectionneurs amateurs, s'intéressaient aux espèces en proportion de leur rareté, et réunissaient, souvent, dans leurs collections, un plus grand nombre d'exemplaires d'une espèce rare que d'une espèce très commune. Comme ces espèces rares varient réellement beaucoup moins que les espèces communes, et dans nombre de cas ne varient pas du tout, ou à peu près, il était fort naturel que l'on crût à la fixité des espèces. Cependant, ainsi que nous l'allons voir, ce ne sont pas les espèces rares, mais les espèces communes, à distribution étendue, qui deviennent les ancêtres de nouvelles formes, et par suite la non-variabilité d'un nombre quelconque d'espèces rares ou locales ne met aucun obstacle sur la route de la théorie de l'évolution.

CONCLUSIONS

Nous avons maintenant, au risque d'ennuyer le lecteur, montré en détail que la variabilité individuelle est le caractère général de toute espèce commune et répandue d'animaux ou de plantes, et, de plus, que cette variabilité, autant que nous pouvons le savoir, s'étend à chaque partie, à chaque organe, interne ou externe, aussi bien qu'à chaque faculté mentale. Fait plus important encore, chaque partie ou chaque organe varie à un degré considérable, indépendamment des autres parties. Puis, de nombreux témoignages nous ont prouvé que la variation qui se produit est très abondante — atteignant habituellement 10 ou 20 pour cent de la grandeur moyenne de la partie qui varie, et parfois jusqu'à vingt-cinq pour cent; tandis que, non seulement un ou deux, mais de 5 à 10 pour cent des individus examinés présentent un degré presque aussi élevé de variation. Ces faits ont été mis sous les yeux du lecteur au moyen de nombreux diagrammes, montrant les variations réelles en pouces, de façon telle qu'on ne peut nier ni leur généralité, ni leur quantité. On verra, dans les chapitres suivants, l'importance de cette exposition complète du sujet; nous aurons fréquemment à faire allusion aux faits cités, surtout quand nous aurons affaire aux théories diverses d'écrivains récents, et aux critiques qui ont été faites de la théorie Darwinienne.

Un exposé complet des faits de la variation chez les animaux et les plantes sauvages est d'autant plus nécessaire qu'il en a été publié relativement peu dans les œuvres de Darwin, et que les plus importants de ces faits n'ont été connus qu'après la publication de la dernière édition de l'*Origine des espèces.*

Il est clair que Darwin lui-même ne connaissait pas la fréquence énorme de la variabilité existante. On s'en aperçoit par ses allusions fréquentes à l'extrême lenteur des changements dont la variation fournit les matériaux, et par des expressions telles que les suivantes : « Une variété, une fois formée, doit encore, *peut-être après un long intervalle de temps,* varier, ou présenter des différences individuelles de la même nature favorable qu'auparavant. » (*Origine des Espèces*, p. 66.) Et, plus loin, après avoir parlé de conditions changées « présentant une meilleure chance pour la production de variations favorables » il ajoute : « la *sélection naturelle ne peut rien faire sans ce changement.* » *(Origine,* p. 64.) Ces expressions sont à peine compatibles avec le fait de la somme constante et considérable de variation, de chaque partie, dans toutes les directions, qui se produit évidemment à chaque génération de toutes les espèces les plus abondantes, et qui doit donner lieu à une ample provision de variations favorables; on s'en est emparé, pour les exagérer, et en faire la preuve des difficultés que rencontre la théorie. Ce chapitre a été écrit dans le but de montrer que ces difficultés n'en sont pas, et avec la pleine conviction qu'une connaissance adéquate des faits de la variation présente les seuls fondements solides de la théorie darwinienne de l'origine des espèces.

CHAPITRE IV

DE LA VARIATION DES ANIMAUX DOMESTIQUÉS ET DES PLANTES CULTIVÉES

Les faits de variation et de sélection artificielle. — Preuves de la généralité de la variation. — Variations des pommes et des melons. — Variations des fleurs. — Variations des animaux domestiques. — Pigeons domestiques. — Acclimatation. — Circonstances favorables à la sélection par l'homme. — Conditions favorables à la variation. — Conclusions.

Ayant discuté, d'une façon si complète, la variation à l'état de nature, nous n'aurons pas besoin de consacrer autant d'espace à celle des animaux domestiqués et des plantes cultivées, étant donné surtout que Darwin a publié deux volumes remarquables où tous ceux qui le voudront pourront s'éclairer sur ce sujet.

Nous donnerons cependant une esquisse générale des faits les plus importants, afin de montrer leur étroite correspondance avec ceux que nous avons décrits dans le chapitre précédent, et pour indiquer les principes généraux qu'ils mettent en lumière. Il sera nécessaire aussi d'expliquer comment ces variations se sont accrues, accumulées, par la sélection artificielle, ce qui nous mettra mieux en état de comprendre l'action de la sélection naturelle dont il sera question au chapitre suivant.

LES FAITS DE VARIATION ET DE SÉLECTION ARTIFICIELLE

Nul n'ignore que, dans toute portée de chats ou de chiens, il n'est pas deux petits qui se ressemblent. Même, au cas où quelques-uns seraient de couleurs exactement pareilles, d'autres différences seront toujours perceptibles pour ceux qui les observent de près. Ils différeront, soit de taille, soit dans les proportions de leur corps ou de leurs membres, dans la longueur ou la texture de leur fourrure, et notablement dans leur caractère naturel. Chacun possède aussi une physionomie individuelle, presque aussi variée, quand on l'étudie de près, que celle d'un être humain ; non seulement le berger distingue chaque mouton de son troupeau, mais nous savons tous que chaque petit minet des portées successives de notre vieille chatte favorite a son visage à lui, son expression et son individualité, distinctes de celles de ses frères et sœurs. Cette variabilité individuelle se retrouve chez toutes les créatures qu'il nous est donné d'observer de près, même là où les deux parents se ressemblent extrêmement, et ont été assortis afin de conserver une race particulière.

Il en va de même dans le règne végétal. Toutes les plantes venues de graines diffèrent, plus ou moins, les unes des autres. Dans chaque plate-bande de fruits ou de légumes, nous trouvons, en y regardant de près, qu'il y a d'innombrables petites différences, dans la taille, le mode de croissance, la forme ou la couleur des feuilles, la forme, le coloris ou les tachetures des fleurs, ou dans la taille, la grosseur, la couleur et la saveur du fruit. Ces différences sont habituellement minimes, mais cependant faciles à voir, et dans leurs extrêmes sont très considérables ; elles ont, de plus, cette importante qualité d'avoir une tendance à se reproduire, de façon que, par un élevage attentif, une variation particulière, ou même un groupe de variations peuvent être accrus à un degré considérable, énorme, à tout degré, semble-t-il, qui ne sera pas incompatible avec la vie, le développement, et la reproduction de la plante ou de l'animal.

Cela est l'œuvre de la sélection artificielle, et il est fort important de comprendre ce processus et ses résultats.

Supposons qu'ayant une plante qui produit une petite graine comestible nous désirions augmenter le volume de cette graine. Nous en ferons pousser la plus grande quantité que nous pourrons, et, quand la moisson sera mûre, nous choisirons avec soin les plus belles semences, peut-être même, au moyen d'un tamis, garderons-nous les plus grosses. L'année suivante, nous ne sèmerons que ces graines de choix, ayant soin de leur donner le terrain et la fumure qui leur conviennent, et le résultat sera que le volume *moyen* de nos semences sera plus élevé que dans la première récolte, et que les plus grosses graines seront maintenant un peu plus grosses et plus nombreuses. Semant, de nouveau, exclusivement les graines de choix, nous obtiendrons encore une légère augmentation de grosseur, et dans peu d'années, nous aurons une race grandement améliorée, qui produira toujours de plus grosses graines que celle qu'on n'a point améliorée, même si on la cultive sans soins particuliers. C'est par ce procédé que toutes nos meilleures sortes de légumes, de fruits, de fleurs, ont été produites, ainsi que nos races d'élite de bétail, de volaille, nos merveilleux chevaux de course, et nos variétés sans nombre de chiens. Une opinion très fausse s'est répandue, attribuant ce perfectionnement au croisement et à la nourriture, dans le cas des animaux, et à une culture améliorée dans le cas des plantes.

On peut, à l'occasion, employer les croisements pour obtenir la combinaison de qualités trouvées dans deux races distinctes, et aussi parce qu'on a découvert qu'ils augmentaient la vigueur constitutionnelle; mais toute race possédant une qualité exceptionnelle quelconque est le résultat de sélections qui se produisent d'année en année, et s'accumulent ainsi que nous venons de le dire. La pureté de la race, avec la sélection répétée des meilleures variétés de cette race, voilà les fondements de toute amélioration chez nos animaux domestiques et nos plantes cultivées.

PREUVES DE LA GÉNÉRALITÉ DE LA VARIATION

Une autre erreur fort commune consiste à s'imaginer que la variation n'est qu'une exception, et une exception plutôt rare, et qu'elle ne se produit que dans une seule direction à la fois, c'est-à-dire selon un ou deux seulement des modes nombreux possibles de variation en même temps.

L'expérience des éleveurs et des cultivateurs montre que cette variation est la règle et non l'exception, et qu'elle se produit, plus ou moins, dans presque toutes les directions. Cela est démontré par le fait que ces différentes espèces de plantes et d'animaux ont eu besoin de différentes *sortes* de modifications pour s'adapter à l'usage que nous voulions en faire, et que nous n'avons jamais manqué de rencontrer la variation *dans cette direction particulière*, ce qui nous a permis de l'accumuler de façon à produire un changement considérable dans la direction désirée. Nos jardins nous fournissent d'innombrables exemples de cette propriété des plantes. Chez le chou et la laitue, nous avons trouvé une variation dans la grosseur et le mode de croissance de la feuille qui nous a permis de produire, par la sélection, des variétés presque innombrables, les unes avec de solides têtes feuillées, ne ressemblant à aucune autre plante à l'état de nature, d'autres avec des feuilles curieusement gaufrées, comme le chou frisé, d'autres d'une couleur violet foncé, dont on se sert pour faire des conserves au vinaigre. De la même espèce que le chou (*Brassica oleracea*), descendent le broccoli et le chou-fleur, dans lequel les feuilles n'ont pas subi beaucoup d'altérations, tandis que les têtes des fleurs ont poussé en masse compacte pour former un de nos légumes les plus délicats. Le chou de Bruxelles est une autre forme de la même plante, où tout le mode de croissance a été changé, de nombreuses et minuscules touffes de feuilles se produisant le long de la tige. Dans d'autres variétés, les côtes des feuilles se sont épaissies pour former un légume comestible, tandis que dans le chou-rave la tige forme une masse semblable au navet, affleurant la terre.

Toutes ces plantes, différant extraordinairement entre elles, sont provenues d'une seule espèce primitive qui se trouve encore, à l'état sauvage, sur nos côtes ; et elles doivent avoir varié dans ces directions, sans quoi on n'eût pu accumuler les variations au degré où nous les voyons. Les fleurs et les semences de toutes ces plantes sont demeurées presque stationnaires parce qu'on n'a pas essayé d'accumuler les variations légères qui doivent se produire chez elles.

Si maintenant nous considérons une autre série de plantes, les navets, les radis, les carottes et les pommes de terre, nous voyons que les racines ou les tubercules ont été merveilleusement grossis et améliorés, et ont changé aussi de forme et de couleur, tandis que les tiges, les feuilles, les fleurs, les fruits restaient presque les mêmes. Dans diverses espèces de pois et de haricots, ce sont la cosse ou le fruit et la graine qui ont été soumis à la sélection, et, par suite, grandement modifiés ; il est

rès important de remarquer ici que, bien que ces plantes aient été cultivées dans un grand nombre de sols et
de climats, avec des engrais et des méthodes de culture
différents, les fleurs sont pourtant restées peu modifiées,
celles de la fève, du haricot d'Espagne et du petit pois,
étant presque toujours les mêmes dans toutes les variétés. Ceci montre combien la simple culture, ou même la
variété de sols et de climats, pro luisent peu de changement, lorsqu'il n'y a pas de sélection pour conserver et
accumuler les petites variations qui se présentent continuellement. Lorsque, cependant, une grande somme de
modification s'est opérée dans un pays, le déplacement
dans un autre pays produit un effet positif. On a ainsi
remarqué que quelques-unes des variétés nombreuses de
maïs cultivées aux États-Unis changent considérablement,
non seulement en grosseur et couleur, mais même dans
la forme de leur semence, quand elles ont été cultivées quelques années de suite en Allemagne [1]. Chez tous
nos arbres fruitiers cultivés, les fruits varient énormément en forme, en grosseur, en couleur, en saveur, en
époque de maturation et autres qualités, tandis que les
feuilles et les fleurs diffèrent si peu qu'elles ne peuvent
être distinguées entre elles que par un observateur des
plus attentifs.

LA VARIATION CHEZ LES POMMES ET LES MELONS

La pomme et le melon offrent les plus remarquables
variétés, et nous nous en servirons pour mettre en lumière les effets de variations légères accumulées par la
sélection. On sait que toutes nos pommes descendent du
commun pommier sauvage de nos haies (*Pyrus malus*),
d'où un millier au moins de variétés distinctes ont été
produites. Ces variétés diffèrent grandement par la gros-

1. Darwin, *Variation*.

seur et la forme du fruit, sa couleur et la texture de sa peau. Elles diffèrent, en outre, par l'époque de la maturation, la saveur, l'aptitude à la conservation ; mais les pommiers diffèrent encore de beaucoup de manières. On peut souvent distinguer le feuillage des différentes variétés par leurs particularités de formes et de couleur, et surtout par le temps où il fait son apparition ; chez quelques-uns, il apparaît à peine une feuille avant que l'arbre ne soit en pleine floraison, tandis que chez d'autres la feuille pousse assez tôt pour cacher presque la fleur. Les fleurs diffèrent de grandeur et de couleur, et, dans un cas spécial, de structure : celle de la pomme de Saint-Valéry présentant un double calice à dix divisions, et quatorze styles à stigmates obliques, mais sans étamines ni corolle. Les fleurs de cette variété, par conséquent, veulent être fécondées par le pollen d'autres variétés pour produire du fruit. Les pépins ou graines diffèrent aussi en forme, en grosseur, en couleur ; quelques variétés sont plus exposées au chancre que d'autres, tandis que la Majetin d'hiver et une ou deux autres ont l'étrange prérogative de n'être jamais attaquées par certains parasites, même quand tous les autres arbres du même verger en sont infestés.

Les concombres et les courges varient immensément ; mais le melon (*Cucumis melo*) les dépasse tous en variabilité. Un botaniste français, M. Naudin, a consacré six ans à les étudier. Il a vu que les botanistes avaient décrit trente espèces distinctes, qui ne sont, selon lui, que des variétés. C'est par les fruits surtout qu'elles diffèrent, mais beaucoup aussi par le feuillage et par le mode de croissance. Quelques melons ne sont guère plus gros que des prunes, et d'autres pèsent jusqu'à soixante-six livres. Une variété a des fruits rouges. Une autre n'a pas plus d'un pouce de diamètre, mais a souvent plus d'un mètre de longueur, se tordant dans toutes les directions comme un serpent. Quelques melons sont exactement comme des concombres ; et une variété algérienne, quand elle est mûre, éclate et se fend en morceaux, précisément comme cela a lieu chez une courge sauvage. (*C. momordica*) [1].

LA VARIATION DES FLEURS

Si nous considérons les fleurs, nous trouvons dans le même genre que notre groseille rouge et notre groseille à maquereau, que nous cultivons pour leurs fruits, quelques espèces d'ornement, telles que le *Ribes sanguinea*, et, parmi celles-ci, on a choisi celles qui produisaient des fleurs rouge-foncé, rose, ou des variétés blanches. Aussitôt qu'une fleur devient à la mode, et qu'on la cultive en grande quantité, on rencontre des variations qui suffisent à créer de grandes variétés dans la teinte ou les dessins, ainsi que le montrent nos roses, nos oreilles d'ours et nos géraniums. Lorsqu'on demande des feuilles variées, on trouve aussi assez de plantes variant dans la direction désirée ; nous avons le géranium zonal, les lierres bigarrés, les houx marqués d'or et d'argent, et beaucoup d'autres.

LES VARIATIONS DES ANIMAUX DOMESTIQUÉS

En arrivant maintenant à nos animaux domestiques, nous trouvons des cas bien plus extraordinaires, et il semble que nous pouvons obtenir n'importe quelle qualité spéciale ou n'importe quelle modification, si seulement nous élevons l'animal en quantité suffisante, guettant soigneusement les variations requises, et exerçant la sélection avec patience et habileté pendant une période suffisamment longue. Ainsi, nous avons énormément

1. Ces faits sont empruntés au livre de Darwin sur la *Variation*.

accru la quantité de laine produite par le mouton, et obtenu le pouvoir de former la chair et la graisse rapidement; chez les vaches, nous avons augmenté la production du lait; chez les chevaux, nous avons obtenu la force, l'endurance, la vitesse, et nous avons grandement modifié la taille, la forme, la couleur ; chez la volaille, nous avons fixé des couleurs variées de plumage, l'augmentation de la grosseur, et obtenu une ponte presque perpétuelle. Mais c'est chez les chiens et les pigeons que les changements les plus merveilleux se sont accomplis, et ils appellent notre attention spéciale.

On croit que nos chiens domestiques ont pour origine plusieurs espèces sauvages différentes, parce que dans toutes les parties du monde les chiens indigènes ressemblent à quelque chien sauvage, ou loup, du même pays. Il se pourrait que plusieurs espèces de loups et de chacals eussent été domestiquées, dans des temps très primitifs, et que nos chiens actuels descendissent de ces animaux, croisés et améliorés par la sélection. Mais ce mélange d'espèces distinctes croisées n'expliquerait pas d'une façon satisfaisante les particularités des différentes races de chiens, dont beaucoup diffèrent totalement de tout animal sauvage. C'est le cas des lévriers, des limiers, des bouledogues, des épagneuls, des terriers, des carlins, des tourne-broches, des chiens d'arrêt et de beaucoup d'autres; et ces animaux diffèrent si grandement de grosseur, de forme, de couleur et d'habitudes, aussi bien que dans la structure et les proportions des différentes parties de leur corps, qu'il semble impossible qu'ils aient pu descendre d'aucun des chiens sauvages, ou loups, ou animaux alliés que l'on connaît, et dont aucun ne diffère, à beaucoup près, autant en grosseur, forme et proportions. Nous avons ici une preuve remarquable que la variation n'est pas limitée à des caractères superficiels — la couleur, le poil ou les accessoires extérieurs

— quand nous voyons comment les squelettes entiers de certains types, comme le lévrier et le bouledogue, ont été graduellement modifiés en directions opposées, au point de ne ressembler à aucun animal sauvage connu, récent ou éteint. Ces changements résultent de quelques milliers d'années de domestication et de sélection, pendants lesquels ces différentes races ont été utilisées et conservées pour des buts différents ; mais quelques-unes des meilleures races ont été améliorées et perfectionnées dans les temps modernes. Vers le milieu du siècle dernier, se produisit une espèce nouvelle, améliorée, de chien courant ; le lévrier aussi s'est beaucoup amélioré à la fin du siècle dernier, et le vrai bouledogue arriva, vers cette époque aussi, à la perfection. Le Terre-Neuve a tellement changé depuis les premiers temps de son acclimatation qu'il diffère absolument de tout chien indigène de l'île de Terre-Neuve [1].

LES PIGEONS DOMESTIQUES

L'exemple le plus remarquable et le plus instructif de variation produite par la sélection de l'homme nous est présenté par les races variées de pigeons domestiques, et cela, non seulement parce que les variations produites sont souvent très extraordinaires en quantité, et diverses de caractère, mais parce que dans ce cas, il n'y a aucun doute qu'elles ne descendent toutes d'une espèce sauvage, le pigeon de roche commun, le biset (*Columba livia*) ; ce point étant très important, il est utile d'exposer sur quels témoignages repose cette assertion.

Le biset, ou pigeon de roche, est couleur bleu d'ardoise, le bout de la queue est traversé par une bande sombre, les ailes ont deux bandes noires, et les plumes extérieures de la queue sont bordées de blanc à leur

1. Voyez *Variation*.

7

base. Aucun autre pigeon sauvage dans le monde n'offre ces caractères combinés.

Dans chacune des variétés domestiques, même chez les plus extrêmes, toutes les marques sus-énoncées, jusqu'à la bordure blanche des plumes extérieures de la queue, se trouvent quelquefois parfaitement développées.

Lorsqu'on opère un ou même plusieurs croisements entre deux races dont aucune n'est bleue, ou n'est marquée comme nous venons de le décrire, le produit métis de ces croisements est très sujet à acquérir quelques-uns de ces caractères. Darwin en donne des exemples observés par lui-même. Il croisa des pigeons paons blancs avec des pigeons de Barbarie noirs, et les métis furent blancs, bruns ou pies. Il croisa aussi un pigeon de Barbarie avec un *Spot*, pigeon blanc avec une queue rouge, et une tache rouge sur le front, et la progéniture métisse fut sombre et pie.

En croisant ces deux séries de métis, il obtint un individu d'une belle couleur bleue, avec la queue barrée et frangée de blanc, des ailes à bande double, ressemblant presque exactement au biset. Cet oiseau descendait, à la seconde génération, d'un oiseau d'un blanc pur, et d'un oiseau entièrement noir, qui tous deux, quand on ne les croise pas, sont d'une constance remarquable à leur espèce.

Ces faits, bien connus de tous les amateurs de pigeons expérimentés, et les habitudes de ces oiseaux, qui nichent tous, de préférence, dans des trous ou des pigeonniers, et non sur des arbres comme la majorité des bisets, ont donné lieu à croire à l'origine unique de toutes leurs différentes sortes.

Pour donner quelque idée des grandes différences existant entre les pigeons domestiques, nous ne pouvons mieux faire que d'analyser, brièvement, la description qu'en donne Darwin. Il les divise en onze races distinctes, dont la plupart ont plusieurs *sous-races*.

Race I. Pigeons grosse-gorge. Ils se distinguent par l'énorme accroissement de leur jabot qui, chez quelques individus, est enflé au point de cacher presque leur bec. Ils sont très hauts sur pattes et longs de corps, et se tiennent presque droits, ce qui fait ressortir distinctement leurs caractéristiques. Leur squelette a été modifié, les côtes s'y trouvant plus larges, et les vertèbres plus nombreuses que chez d'autres pigeons.

Race II. Les voyageurs. Ce sont de gros oiseaux, au cou long, au bec long et pointu, dont les yeux sont entourés d'une sorte de caroncule de chair nue, qui existe aussi, largement développée, à la base du bec. La bouche a une largeur inaccoutumée. Il y a plusieurs sous-races, dont une s'appelle *Drayons*.

Race III. Les Runts. Ces pigeons ont le corps très gros, le bec long, avec de la peau nue entourant l'œil. Les ailes sont d'ordinaire très longues, les jambes longues, les pattes grandes et la peau du cou souvent rouge. Il y a plusieurs sous-races, qui diffèrent beaucoup, formant une série d'anneaux entre le biset sauvage et le pigeon voyageur.

Race IV. Les pigeons de Barbarie. Ceux-ci sont remarquables par leur bec très court et très dur, si différent de celui de la plupart des pigeons que les amateurs le comparent à celui d'un bouvreuil. Ils ont aussi la caroncule de peau autour des yeux, et la peau gonflée au-dessus des narines.

Race V. Les Pigeons Paons. Pigeons au corps court, au bec relativement petit, à la queue énormément développée, consistant d'ordinaire en de quatorze à quarante plumes, au lieu des douze qui sont le nombre normal de tous les autres pigeons, soit sauvages, soit domestiques. Cette queue se déploie comme un éventail, et

se tient habituellement droite, et l'oiseau renverse en
arrière son cou mince, de telle façon que dans les variétés d'élite la tête touche la queue. Les pattes sont petites, et la démarche raide.

Race VI. Turbits et Hiboux. Ceux-ci sont caractérisés
par une sorte de ruche que forment les plumes du milieu du cou et de la poitrine s'étendant irrégulièrement
en frange. Les *Hiboux* ont aussi une crête sur la tête, et
tous deux ont le bec excessivement court.

Race VII. Les Culbutants. Ces pigeons ont un petit
corps et le bec court, mais sont particulièrement distin-
gués par l'habitude singulière qu'ils ont de culbuter
pendant le vol. Une des sous-races, le *Lotan* indien ou
culbutant de terre, quand on le secoue légèrement, et
qu'on le replace à terre, commence immédiatement à
faire la culbute jusqu'à ce qu'on le ramasse pour le cal-
mer. Faute de ce soin, il en est qui continueraient à
faire la culbute jusqu'à en mourir d'épuisement. Quelques culbutants anglais sont presque aussi persistants.
Un écrivain, cité par Darwin, dit que ces oiseaux commencent à culbuter presque aussitôt qu'ils sont en état
de voler : « A l'âge de trois mois, ils font bien la culbute,
mais volent encore vigoureusement ; à cinq ou six mois,
ils culbutent d'une façon excessive, et dans leur seconde
année ils renoncent à peu près à voler, à cause de leurs
culbutes continuelles et si rapprochées de terre. Quelques-uns volent à l'entour de la troupe, faisant une ca-
briole aérienne, tous les deux ou trois mètres, jusqu'à ce
qu'ils soient forcés de se poser, par l'étourdissement et
la fatigue. Ceux-ci sont nommés culbutants aériens, et
on compte, chez eux, de vingt à trente sauts périlleux,
parfaitement distincts, en une minute. J'en ai un, mâle,
rouge, que j'ai observé, montre en main, à deux ou
trois reprises, et qui n'en faisait pas moins de quarante par minute. D'abord ils font une culbute simple,

puis ils la doublent, jusqu'à ce que cela devienne une sorte de roulement continu, qui met fin à l'action de voler, car s'ils essaient de voler, ils culbutent et roulent jusqu'à terre. J'en ai vu un se tuer ainsi, et un autre se casser la patte. Beaucoup d'entre eux culbutent à quelques pouces de terre seulement, et font ainsi deux ou trois cabrioles en volant dans leur volière. On les appelle culbutants de maison, parce qu'ils font leurs sauts dans leur pigeonnier. Il semble que l'action de culbuter soit chez eux une tendance irrésistible, un mouvement involontaire qu'ils paraissent essayer de réprimer. J'ai vu parfois, dans ses efforts, un oiseau voler vers le haut pendant un mètre ou deux, une impulsion contraire le forçant à descendre en arrière, malgré ses efforts pour avancer [1] ».

Les culbutants courte-face constituent une sous-race qui a presque perdu la faculté de culbuter, mais qu'on estime pour d'autres traits caractéristiques qu'elle possède à un haut degré. Ils sont fort petits, avec des têtes presque rondes, un bec très menu, qui a fait dire aux amateurs que la tête d'un individu parfait doit ressembler à une cerise où l'on aurait piqué un grain d'orge. Quelques-uns pèsent moins de sept onces, tandis que le biset pèse environ quatorze onces. Les pattes, aussi, sont très courtes et petites, l'orteil du milieu a douze ou treize écailles au lieu de quatorze ou quinze. Ils n'ont, souvent, que neuf plumes primaires de l'aile, au lieu de dix, comme tous les autres pigeons.

Race VIII. Indian Frill-Back. Chez ces oiseaux, le bec est très court, et les plumes de tout le corps se retroussent en arrière.

Race IX. Les Jacobins. Ces curieux oiseaux ont un capuchon de plumes, enveloppant presque leur tête, et

1. M. Brent: *Journal of Horticulture*, 1861, p. 76, cité par Darwin, *Variation*, etc., vol. I.

se rejoignant sur le devant du cou. Leurs ailes et leur queue sont d'une longueur anormale.

Race X. Trompette. Cette race se distingue par une houppe de plumes frisées en avant sur le bec, tandis que les pattes sont très emplumées. Elle tire son nom de sa voix particulière, qui ne ressemble en rien à celle des autres pigeons. Le roucoulement est répété rapidement, et continué durant plusieurs minutes. Les pattes sont couvertes de plumes si grandes que parfois elles paraissent de petites ailes.

Race XI, comprenant *les Rieurs, les Frisés, les Nonnes, les Spots, les Hirondelles.*

Ils ressemblent tous beaucoup au biset, mais conservent chacun quelque léger trait distinctif. Les Rieurs ont une voix particulière qu'on suppose ressembler au rire. Les Nonnes sont de couleur blanche, avec la tête, la queue, et les premières plumes de l'aile, noires ou rouges. Les Spots sont blancs, avec la queue rouge, et une tâche de même couleur sur le front. Les Hirondelles sont minces, de couleur blanche, sauf la tête et les ailes qui ont une couleur plus foncée.

On a décrit, outre ces races et sous-races, nombre d'autres sortes, et l'on peut distinguer cent cinquante variétés environ. Il est intéressant de noter que presque chaque partie de l'oiseau, dont les variations peuvent être signalées et choisies, a été le point de départ de variations d'une étendue considérable dont beaucoup ont nécessité dans le plumage et le squelette des changements tout aussi importants qu'aucun de ceux qui se présentent dans les nombreuses espèces distinctes des grands genres. La forme du crâne et du bec varie énormément, de telle sorte que les crânes des culbutants courte-face et quelques-uns de ceux des voyageurs diffèrent plus entre eux que cela n'a lieu entre bisets ou pigeons sauvages, même ceux qui sont classés en des genres séparés.

La largeur et le nombre des côtes varient aussi bien que leurs appendices ; le nombre des vertèbres et la longueur du sternum varient aussi ; et les perforations dans le sternum varient aussi de grosseur et de forme. La glande à huile est plus ou moins développée, et quelquefois absente.

Le nombre des plumes de l'aile varie, et, aussi à un degré considérable, celui des plumes de la queue. Les proportions de la jambe et de la patte, et le nombre des écailles varient aussi. Les œufs varient, semblablement, comme grosseur et comme forme, et la quantité de duvet sur le poussin, à son arrivée à la vie, varie aussi d'une manière considérable. Enfin, l'attitude du corps, la démarche, le vol et la voix, présentent tous les plus remarquables modifications.

L'ACCLIMATATION

C'est une très importante sorte de variation que ce changement constitutionnel qui a reçu le nom d'acclimatation, qui permet à chaque organisme de s'adapter graduellement à un climat différent de celui de ses ancêtres. Des espèces intimement alliées habitant souvent des pays divers, possédant des climats différents, nous pouvons nous attendre à rencontrer des cas de modification chez nos animaux domestiqués et nos plantes cultivées. Je citerai donc quelques exemples prouvant cette variation constitutionnelle.

Les cas n'en sont pas nombreux chez les animaux, par la raison que l'on n'a pas cherché, d'une façon systématique, à choisir des variétés en vue de cette aptitude spéciale. Il a été cependant observé que, tandis qu'aucun chien européen ne réussit aux Indes, le chien de Terre-Neuve, originaire d'un climat rigoureux, peut à peine y vivre. Un cas, plus probant, nous est fourni par les moutons mérinos, qui ne prospèrent pas quand ils sont directement importés d'Angleterre, tandis que ceux qu'on a élevés dans le climat intermédiaire du Cap de Bonne-Espérance réussissent beaucoup mieux. Lorsque les oies furent introduites à Bogota, elles pondirent d'abord peu d'œufs, à de longs intervalles, et peu de jeunes survécurent. Cependant, par degrés, leur fécondité augmenta, et en vingt ans égala celle de leur espèce en Europe. Suivant Garcilaso, la volaille, lorsqu'on l'introduisit au Pérou, ne fut pas tout d'abord fertile, bien qu'elle le soit maintenant tout autant qu'en Europe.

Les plantes nous offrent un témoignage beaucoup plus important. Nos pépiniéristes distinguent, dans leurs catalogues, des variétés d'arbres fruitiers qui sont plus ou moins robustes, et c'est surtout le cas en Amérique, où certaines variétés peuvent seules résister au climat rigoureux du Canada. Une variété de poire, la Forelle, a enduré, en Angleterre et en France, des gelées qui tuaient les fleurs et les boutons à fruit de toutes les autres espèces de poires. Le blé, que l'on cultive sur de si vastes étendues. s'est adapté à chaque climat spécial. Du blé importé de l'Inde, et semé en bonne terre à céréales, en Angleterre, produisit de maigres épis; du blé importé de France produisit aux îles des Indes Orientales ou des épis entièrement stériles, ou des épis contenant deux ou trois misérables graines, tandis que la graine des Indes Orientales produisit, à côté, une énorme moisson. L'oranger était fort délicat lors de sa première introduction en Italie, et le resta aussi longtemps qu'on le multiplia de greffe, mais quand on l'éleva par semis, on créa une race plus rustique, qui est maintenant parfaitement acclimatée en Italie.

Les pois fleurs (*Lathyrus odoratus*) importés d'Angleterre au jardin botanique de Calcutta produisaient peu de fleurs et point de graines ; les plants venant de France

fleurirent un peu mieux, mais ne produisirent pas plus
de semences ; enfin des plantes provenant de semences
apportées de Darjeeling dans l'Himalaya où elles avaient
été importées d'Angleterre, ont fini par fleurir et porter
graine, en abondance, à Calcutta [1].

Voici une observation, encore plus instructive peut-
être, de Darwin lui-même.

« Le 24 mai 1864, nous eûmes une forte gelée dans le
comté de Kent, et deux rangs de haricots rouges (*Phaseolus multiflorus* dans mon jardin, contenant 390 plantes de même âge, à la même exposition, furent gelées
et tuées, à l'exception d'une douzaine. Dans une rangée
adjacente de haricots nains de Fulmer (*Phaseolus vulgaris*) un seul plant échappa. Une gelée encore plus forte
survint quatre jours plus tard, et il ne survécut que trois
des douze plantes qui avaient été précédemment épar-
gnées ; elles n'étaient pas plus grandes ni plus vigou-
ses que les autres, et pourtant elles furent absolument
indemnes, n'ayant pas eu même l'extrémité de leurs
feuilles roussie. Il était impossible de contempler ces trois
plantes, avec leurs sœurs noircies, flétries et mortes tout
autour d'elles, et de ne pas comprendre d'un seul coup
d'œil qu'elles différaient largement dans leur force de
résistance à la gelée. »

L'esquisse précédente sur la variation que présentent
les animaux domestiqués et les plantes cultivées montre
combien celle-ci est étendue et considérable ; nous avons
de bonnes raisons de croire qu'une variation similaire
s'étend à tous les êtres organisés. Dans la classe des poissons, par exemple, nous avons une espèce depuis longtemps domestiquée, dans l'Est : la carpe dorée et la carpe
argentée ; elles présentent une grande variation, non
seulement de couleur, mais dans la forme et la structure
des nageoires, et d'autres organes externes.

1. *Variation*, t. II

De la même manière, les seuls insectes domestiqués, les abeilles et les vers-à-soie, présentent nombre de variétés remarquables qui ont été obtenues par la sélection de variations accidentelles, précisément comme nous l'avons vu chez les plantes et les animaux supérieurs.

CIRCONSTANCES QUI FAVORISENT LA SÉLECTION PAR L'HOMME

On pourrait supposer que la sélection systématique employée dans le but d'améliorer les races d'animaux ou de plantes qui sont utiles à l'homme est d'origine relativement récente, bien que l'on sache que plusieurs des différentes races existaient en des temps très anciens. Mais Darwin a fait remarquer que la sélection inconsciente a dû s'exercer à partir du moment où l'homme a cultivé des plantes, et apprivoisé, ou domestiqué, des animaux. On a dû, selon lui, observer très vite que les animaux et les plantes reproduisaient leurs semblables, que la semence de blé précoce produisait du blé précoce, que la progéniture de chiens courant rapidement était aussi rapide, et comme chacun aimait mieux avoir une bonne espèce qu'une mauvaise, on a été conduit bien vite à l'amélioration lente, mais graduelle, de toutes les plantes et de tous les animaux utiles qui reçoivent les soins de l'homme. Des races distinctes ont dû, bientôt, se former, suivant les usages variés auxquels on employait les plantes et les animaux. Suivant qu'on avait besoin de chiens pour chasser une sorte de gibier dans un pays, et une autre ailleurs, on désirait développer chez l'un l'odorat, ou la vitesse, chez un autre la force, le courage, chez un autre encore, la vigilance et l'intelligence, et de là résultait à bref délai la formation de races très distinctes. Quant aux légumes et aux fruits, on remarquait ceux qui réussissaient le mieux dans certains sols et climats ; on préférait les uns à cause de la quantité de nourriture qu'ils produisaient, d'autres pour leur douceur ou leur délicatesse, tandis que d'autres étaient utiles à cause de la saison de leur maturation, et ainsi encore s'établissaient des variétés distinctes. Nous trouvons un exemple de sélection inconsciente conduisant à des résultats distincts dans les temps modernes, dans ces deux troupeaux de moutons de Leicester, tous deux originaires du même troupeau, qui furent élevés, de race entièrement pure, pendant plus de cinquante ans par deux propriétaires, M. Buckley et M. Burgess. M. Youatt, une des plus grandes autorités en matière d'élevage d'animaux domestiques, dit : « Il n'existe pas l'ombre d'un soupçon dans l'esprit de quiconque a étudié ce sujet, sur l'intégrité de conservation de la pureté de la race du troupeau originel appartenant à M. Bakewell, et cependant la différence entre les moutons possédés par ces deux messieurs est si grande qu'ils ont l'air d'appartenir à des variétés entièrement différentes. » Dans ce cas, il n'y avait aucun désir de dévier de la race primitive, et la divergence a dû résulter de quelque différence légère de goût ou de jugement lors de la sélection, chaque année, des parents de la génération suivante, se combinant peut-être avec quelque effet direct des différences de climat et de sol des deux fermes.

La plupart de nos animaux domestiqués et de nos plantes cultivées nous sont venus des premiers foyers de la civilisation dans l'Asie Orientale ou l'Egypte, et, par conséquent, ont été les objets des soins et de la sélection de l'homme pendant quelques milliers d'années, d'où il résulte, qu'en beaucoup de cas, nous ignorons leur lignée sauvage originelle. Le cheval, le chameau, le taureau commun et la vache ne se trouvent nulle part à l'état sauvage, et ont été domestiqués dès l'antiquité la plus reculée. Le type primitif de la volaille domestique est encore sauvage aux Indes, et dans les Iles de la Malaisie, et a été domestiquée aux Indes et en Chine 1400 ans avant notre ère. Il fut introduit en Europe 600 ans avant l'ère chrétienne. Les Romains en connaissaient plusieurs races distinctes vers le commencement de l'ère chrétienne, et depuis, celles-ci se sont répandues dans tout le monde civilisé, et ont été l'objet d'une sélection, soit voulue, soit inconsciente : elles ont été soumises à des climats variés, à des différences de nourriture ; le résultat en est visible dans la diversité surprenante de races qui diffèrent entre elles d'une façon tout aussi remarquable que le font les races, déjà décrites, des pigeons.

Dans le règne végétal, la plupart des céréales — blé, orge, etc., — sont inconnues à l'état sauvage ; il en est de même pour beaucoup de légumes, car de Candolle affirme que sur 157 plantes cultivées utiles, il y en a 32 qui sont totalement inconnues à l'état sauvage, et que quarante autres ont une origine incertaine.

Il est à croire que la plupart de ces dernières existent en effet à l'état sauvage, mais elles ont été si profondément changées par des milliers d'années de culture qu'elles en sont devenues méconnaissables. La pêche est inconnue à l'état sauvage, à moins qu'elle ne dérive de l'amande commune, point sur lequel nombre de botanistes et d'horticulteurs sont en discussion.

La haute antiquité de la plupart de nos plantes culti-vées explique amplement l'absence apparente de pro-ductions semblables en Australie et au cap de Bonne-Espérance, bien que ces deux pays possèdent une flore ex-trêmement riche et variée. Ces contrées ont été, jusqu'à une époque relativement récente, habitées uniquement par des êtres non civilisés, et ni la culture, ni la sélection n'ont pu s'y exercer durant un temps assez long. Dans l'Amérique du Nord, cependant, où se révèle une forme très ancienne, bien qu'inférieure, de civilisation, par les remarquables remblais, terrassements et autres restes préhistoriques, le maïs était cultivé, bien que probablement originaire du Pérou ; et l'ancienne civilisation de ce pays et du Mexique a donné naissance à trente-trois plantes cultivées utiles.

CONDITIONS FAVORABLES A LA PRODUCTION DES VARIATIONS

Pour que les plantes et les animaux s'améliorent et se modifient à un degré considérable, il est essentiel, naturellement, que des variations convenables soient assez fréquemment répétées. Il paraîtrait que trois conditions sont particulièrement favorables à la production des variations.

I. L'espèce ou la variété, en question, doit être très riche en individus.

II. Elle doit être répandue sur un grand espace, et soumise, par là, à une diversité considérable de conditions physiques.

III. Il faut qu'elle se croise, quelquefois, avec une race distincte, mais étroitement alliée.

La première de ces conditions est peut-être la plus importante, les chances de variations d'une espèce particulière étant multipliées dans la proportion de la quantité de la population primitive et de sa progéniture annuelle. On a remarqué que les éleveurs de grands troupeaux peuvent seuls réaliser une amélioration sensible ; et c'est par cette même raison que les pigeons et la volaille, qui peuvent se multiplier si aisément et si rapidement, et sont élevés, en grand nombre, par beaucoup de gens, ont produit des variétés si étranges et si nombreuses. De même, les pépiniéristes qui cultivent des fruits et des fleurs en grandes quantités ont l'avantage sur les simples amateurs dans la production de variétés nouvelles.

Bien que je croie, pour des raisons que je donnerai

plus loin, qu'un certain degré de variabilité est une propriété constante et nécessaire de tout organisme, il paraît cependant, d'après des témoignages valables, que les changements des conditions d'existence tendent à l'augmenter, à la fois, par une action directe sur l'organisme, et en affectant indirectement l'appareil reproducteur. Il s'ensuit que le développement de la civilisation, en favorisant la domestication sous des conditions modifiées, facilite le travail de transformation. Cependant ce changement ne paraît pas être une condition essentielle, puisque nulle part la production de variétés extrêmes de plantes et de fleurs n'a été poussée aussi loin qu'au Japon, où une sélection soigneuse, poursuivie par plusieurs générations, à dû être le facteur principal. L'effet des croisements occasionnels a souvent pour résultat un grand degré de variation, mais il conduit aussi à l'instabilité des caractères, et par conséquent ne s'emploie pas à produire des races fixes et bien marquées. Pour obtenir ce but, on doit même l'éviter avec soin, car ce n'est que par l'isolement et la pureté de la race qu'une qualité spécialement désirée peut être fixée par la sélection. Par cette même raison, chez les peuples non civilisés, dont les animaux sont à moitié sauvages, il y a peu d'amélioration ; et la difficulté d'assurer l'isolement explique aussi pourquoi on rencontre si rarement des espèces distinctes et pures de chats. La distribution étendue des plantes et animaux utiles, depuis l'époque la plus reculée, a été, sans nul doute, une cause puissante de modification, parce que la race particulière primitivement introduite dans chaque pays s'est souvent conservée pure pendant beaucoup d'années, et a été aussi soumise à de légères différences de conditions. De plus, cette race aura été souvent choisie pour un but quelque peu différent dans chaque localité, et de la sorte des races très distinctes devaient bientôt surgir.

Les effets physiologiques importants du croisement, et le rôle que joue celui-ci dans l'économie de la nature, seront expliqués dans un prochain chapitre.

CONCLUSIONS

Les exemples de variation que nous venons de relater — et qu'on eût pu multiplier presque indéfiniment — suffiront à montrer qu'il y a, à peine, un organe ou une qualité des plantes ou des animaux dont on n'ait pu observer la variation ; ils établissent, en outre, que toutes les fois qu'une de ces variations a été utile à l'homme, celui-ci a été à même de la multiplier à un degré merveilleux par le simple procédé consistant à conserver toujours les meilleures variétés pour la reproduction.

A côté de ces plus grandes variations en apparaissent de temps en temps, de plus petites, quelquefois dans les caractères externes, quelquefois dans les caractères internes, les os mêmes du squelette changeant souvent, légèrement, de forme, de grosseur, ou de nombre ; mais comme ces caractères secondaires étaient inutiles à l'homme, et que par suite il ne les a pas choisis, ils n'ont pas été, en général, développés à un haut degré, sauf quand ils ont été dans une dépendance intime par rapport aux caractères externes que l'homme a largement modifiés.

L'homme ne considérant que son utilité personnelle, ou la satisfaction de son goût pour le beau, ou pour la nouveauté, ou simplement la recherche d'une étrangeté, d'un amusement, les variations ainsi produites par lui ont un peu le caractère de monstruosités. Les variations ne sont pas seulement inutiles, mais elles sont fréquemment nuisibles aux plantes et aux animaux eux-mêmes. Chez les pigeons culbutants, par exemple, l'habitude de la culbute est souvent poussée à l'excès, au point de faire du mal à l'oiseau, ou même de le tuer ; beaucoup de nos animaux de races d'élite ont des tempéraments si délicats qu'ils sont très sujets à la maladie, et leurs particularités exagérées de forme et de structure les rendraient souvent impropres à la vie sauvage. Chez les plantes, beaucoup de nos fleurs doubles, et quelques fruits, ont perdu le pouvoir de produire de la graine, et la race, par suite, ne peut se continuer que par des boutures et des greffes. Ce caractère particulier des productions domestiques les distingue profondément des espèces et variétés sauvages, qui, ainsi qu'on le verra tout à l'heure, sont nécessairement adaptées, dans chaque partie de leur organisation, aux conditions dans lesquelles elles ont à vivre.

Ce qui les rend importantes, pour notre présente enquête, vient de ce qu'elles fournissent la démonstration d'incessantes variations légères se produisant dans toutes les parties d'un organisme, avec la transmission à leur progéniture des caractères spéciaux des parents ; et aussi, du fait que toutes ces légères variations peuvent, étant accumulées par la sélection, présenter des divergences très grandes et importantes par rapport à la souche primitive.

Nous voyons ainsi que le témoignage relatif à la variation que nous offrent les animaux et plantes sous l'influence de la domestication s'accorde d'une manière frappante avec les preuves relatives à la variation que nous avons montré exister à l'état de nature. Il ne faut pas s'en étonner, puisque toutes les espèces ont été, à l'état de nature, avant d'être domestiquées, ou cultivées par l'homme, et que toute variation qui se présente doit être due à des causes purement naturelles. De plus, en comparant les variations se produisant dans une génération quelconque d'animaux domestiqués, avec celles que nous savons se produire chez les animaux sauvages,

nous ne trouvons pas d'exemple de plus grande varia.
t on individuelle chez les uns que chez les autres. Les
résultats de la sélection de l'homme nous frappent davantage, parce que nous avons toujours considéré comme
essentiellement identiques les variétés de chacun de nos
animaux domestiques, tandis que celles que nous observons à l'état de nature, sont tenues pour différer essentiellement. Le lévrier et l'épagneul semblent étonnants, comme variétés d'un seul animal produites par
la sélection humaine ; nous nous préoccupons peu des
différences du renard et du loup, ou de celles du cheval
et du zèbre, parce que nous avons coutume de les considérer comme des animaux radicalement distincts, et non
comme les résultats de la sélection naturelle des variétés
d'un ancêtre commun.

CHAPITRE V

LA SÉLECTION NATURELLE PAR LA VARIATION ET LA SURVIVANCE DU PLUS APTE

Effets de la lutte pour l'existence dans des conditions qui ne changent pas. — Effets lors d'un changement des conditions. — Divergence de caractères chez les insectes, — chez les oiseaux, — chez les mammifères. — La divergence produit le maximum de la vie dans un espace donné. — Les espèces étroitement alliées habitent des régions distinctes. — Adaptation aux conditions, à diverses périodes de la vie. — L'existence continue des formes inférieures de la vie. — Extinction des types inférieurs parmi les animaux supérieurs. — Circonstances qui favorisent l'origine de nouvelles espèces. — Origine probable des Cincles plongeurs. — L'importance de l'isolation sur les progrès de l'organisation par la sélection naturelle. — Résumé des cinq premiers chapitres.

Nous avons, dans les chapitres qui précèdent, accumulé une masse de faits et d'arguments qui nous permettront maintenant d'arriver au cœur même du sujet, à la formation des espèces au moyen de la sélection naturelle. Nous avons vu combien est effroyable la lutte pour l'existence qui se poursuit sans cesse dans la nature, par suite des grandes puissances de multiplication des organismes ; nous avons constaté que la variabilité s'étend à chaque partie et à chaque organe, chacun variant simultanément, et, pour la plupart, indépendamment ; et nous avons reconnu que cette variabilité est

grande en quantité, en proportion de la grosseur de
chaque partie, et qu'elle affecte encore une proportion
considérable d'individus dans les espèces étendues et
dominantes. Enfin, nous avons vu comment des variations semblables, se produisant chez des plantes cultivées ou des animaux domestiqués, sont susceptibles
d'être perpétuées et accumulées par la sélection artificielle, au point d'avoir pour résultats les étonnantes variétés de nos fruits, de nos fleurs, de nos légumes, de
nos animaux domestiques et favoris, variétés différant,
pour beaucoup d'entre elles, bien plus les unes des autres en caractères externes, en habitudes, et en instincts,
que ne le font les espèces à l'état de nature. Nous avons
maintenant à rechercher si la nature use d'un procédé
analogue, par lequel les plantes et les animaux sauvages seraient modifiés, et de nouvelles races ou de nouvelles espèces seraient produites.

EFFET DE LA LUTTE POUR L'EXISTENCE QUAND LES CONDI-
TIONS NE CHANGENT PAS

Considérons d'abord quel sera l'effet de la lutte pour
l'existence sur les animaux et les plantes qui nous entourent, dans des conditions qui ne varient pas, d'une manière perceptible, d'année en année, ou de siècle en
siècle.

Nous avons vu que chaque espèce, au cours de son
existence, est exposée à des dangers multiples et divers,
et que ce n'est qu'au moyen de l'adaptation exacte de
l'organisation de l'individu — y compris ses instincts et
ses habitudes, — à son entourage, qu'il parvient à exister
jusqu'au moment où il produit une progéniture capable
de le remplacer lorsqu'il mourra lui-même. Nous avons
vu, de même, qu'une très petite fraction du total de
la progéniture annuelle des individus survit ; et, bien

que, en plus d'un cas individuel, cette survivance soit plutôt due à un accident qu'à une supériorité réelle, nous ne pouvons cependant douter qu'en fin de compte, les survivants sont ceux que leur organisation plus parfaite a rendus plus aptes à échapper aux dangers qui les environnent. Darwin a nommé « Sélection Naturelle » cette « Survivance du plus Apte » parce qu'elle amène dans la nature les mêmes résultats que ceux qui sont le produit de la sélection de l'homme parmi les animaux domestiques et les plantes cultivées. Il est clair que son premier effet sera de maintenir la vigueur et la santé les plus parfaites chez chaque espèce, chaque partie de l'organisme étant en harmonie complète avec les conditions de son existence. Cette sélection naturelle empêchera les détériorations possibles du monde organique, et produira ces apparences de vie exubérante, de jouissance, de santé et de beauté, qui nous procurent tant de plaisir, et d'après lesquelles un observateur superficiel serait enclin à supposer que la paix et le calme règnent partout dans la nature.

EFFET DE LA LUTTE POUR L'EXISTENCE DANS DES CONDITIONS MODIFIÉES

Mais, le même procédé qui, aussi longtemps que les conditions restent essentiellement les mêmes, assure la perpétuité de chaque espèce d'animal ou de plante, en sa perfection entière, amènera, avec des modifications de conditions, tout changement quelconque de structure, ou d'habitudes, dont la nécessité s'imposera. Ces changements de conditions, nous savons qu'ils se sont produits à travers toutes les époques géologiques, et dans chaque partie du monde. L'eau et la terre ont constamment changé de place ; quelques régions s'affaissant, en diminuant d'étendue, d'autres s'exhaussant, en augmentant

de superficie ; la terre ferme étant convertie en marécage,
tandis que les marais se sont désséchés, ou se sont élevés
en plateaux. Le climat aussi a changé, à plusieurs reprises, soit par l'élévation des montagnes, dans les latitudes hautes, causant l'accumulation de la neige, et de la
glace, soit par un changement de direction des vents et
des courants océaniques, causé par l'affaissement ou
l'exhaussement de terres qui reliaient les continents, et
séparaient les mers. Ensuite, à côté de ces changements,
d'autres non moins importants se sont produits dans la
distribution des espèces. La végétation a été grandement
modifiée par les changements de climat et d'altitude ;
tandis que chaque réunion de terres autrefois séparées
a donné lieu à des migrations étendues d'animaux dans
les nouveaux territoires, dérangeant ainsi l'équilibre
existant auparavant chez les formes de la vie, conduisant
à l'extermination de quelques espèces, et à la multiplication d'autres espèces.

Il est évident que, en présence de tels changements,
beaucoup d'espèces doivent, ou se modifier, ou cesser
d'exister. Lorsque le caractère de la végétation a changé,
les animaux herbivores sont obligés de vivre d'une
nourriture nouvelle, et peut-être moins nourrissante,
tandis que le changement d'un climat humide à un climat sec peut rendre nécessaire la migration à certaines
époques, en vue d'échapper à la destruction, par suite du
manque d'eau. Ceci expose l'espèce à de nouveaux dangers, et réclame des modifications spéciales de structure,
pour la mettre à même d'y échapper.

Pour se mettre en harmonie avec les nouvelles conditions de leur existence, les espèces auront donc besoin,
soit d'une plus grande rapidité de mouvements, soit d'une
finesse plus grande, soit d'habitudes nocturnes, de changements de couleur, soit encore de la facilité de grimper
aux arbres et d'y vivre quelque temps en se nourrissant

de leur feuillage ou de leurs fruits. Les modifications nécessaires de structure ou de fonctions viendraient naturellement à la suite, par la survivance continue des seuls
individus qui auraient varié suffisamment dans la direction voulue, avec tout autant de certitude que l'homme a
su élever le lévrier à chasser par la vue, et le chien courant par l'odorat, ou produit de la même plante sauvage
deux formes végétales aussi distinctes que le chou-fleur
et le chou de Bruxelles.

Nous allons examiner maintenant les traits caractéristiques spéciaux des changements probables des espèces, et voir s'ils concordent avec ce que nous observons
dans la nature.

DIVERGENCE DE CARACTÈRES

Dans les espèces répandues sur de grands espaces, la
lutte pour l'existence oblige souvent des individus, ou
même des groupes d'individus, à adopter de nouvelles
habitudes pour saisir les places vacantes où la lutte paraît moins dure. Quelques-uns d'entre eux, habitant des
marécages étendus, adopteront un mode de vie plus aquatique ; d'autres, entourés de forêts, deviendront plus
sylvestres. Dans chacun de ces cas, il paraît certain
que les changements de structure nécessaires à leur
adaptation à leurs nouvelles habitudes ne tarderont pas
à s'effectuer, puisque nous savons que des variations
dans tous les organes extérieurs, et chacune de leurs
parties séparées, sont très abondantes et importantes.
Nous avons un témoignage direct de pareille divergence de caractères. Darwin nous dit qu'aux Etats-Unis,
dans les Monts Catskill, il y a deux variétés de loups,
l'une ressemblant au lévrier, qui poursuit le daim, l'autre plus grosse, avec des jambes plus courtes, qui attaque le plus souvent les moutons [1]. L'île de Madère nous

1. *Origine des Espèces.*

offre un autre excellent exemple ; beaucoup de ses insectes ont perdu leurs ailes, ou n'en ont plus qu'une partie insuffisante pour leur servir à voler loin, tandis que les espèces identiques, sur le continent européen, possèdent des ailes complètement développées. Dans d'autres espèces aptères de Madère, on reconnaît une alliance étroite avec les espèces ailées d'Europe, bien distinctes cependant. L'explication de cette modification est simple : Madère, comme beaucoup d'îles de l'Océan, sous la zône tempérée, est très exposée à des ouragans subits, et comme la terre la plus fertile se trouve sur les côtes, les insectes qui pourraient voler loin risqueraient d'être emportés à la mer et perdus. Ainsi, d'année en année, les individus à ailes courtes, ou qui se servaient le moins de leurs ailes, se trouvèrent conservés, et, par suite, une espèce terrestre, aptère, ou du moins pourvue d'ailes imparfaites, se trouva produite.

C'est là la véritable explication de ce phénomène curieux, et elle est corroborée d'ailleurs par de nombreuses preuves. Il y a quelques insectes floricoles à Madère, et qui ont un besoin absolu d'ailes, et chez eux celles-ci sont un peu plus grandes que chez les insectes du continent. Cela prouve qu'il n'y a pas tendance générale à l'avortement des ailes, à Madère, mais que chaque espèce s'adapte à ses nouvelles conditions. Les insectes à qui les ailes n'étaient pas indispensables échappaient à un danger par la privation ou l'atrophie de ces parties, tandis que chez l'espèce où elles étaient essentielles, elles se trouvaient agrandies et fortifiées, de façon à ce que l'insecte put combattre le vent, et se sauver de la mer. Beaucoup d'insectes volants, qui ne varient pas assez vite, ont dû être détruits avant de s'établir, et cela explique l'absence totale, à Madère, de plusieurs familles d'insectes ailés qui ont dû avoir l'occasion de parvenir aux îles. Tels sont les grands grou-

pes des *Cicindelidæ*, des *Melolonthidæ*, des Elaterides, et
beaucoup d'autres.

Mais c'est à l'île de Kerguelen que nous trouvons la
confirmation la plus curieuse et la plus frappante de
cette partie de la théorie de Darwin. Cett île fut visitée
par l'expédition du passage de Vénus. C'est un des endroits du globe les plus exposés aux tempêtes ; les ouragans y règnent presque toujours, et en l'absence de
forêts, on y est presque sans abri. Le Révérend A. E.
Eaton, entomologiste distingué, était le naturaliste de
l'expédition, et collectionnait assidûment le peu d'insectes qu'il trouva. On constata qu'ils étaient tous incapables
de voler, et beaucoup d'entre eux étaient entièrement
dépourvus d'ailes. C'étaient un phalène, quelques mouches, et de nombreux coléoptères. Comme on ne peut
admettre que ces insectes fussent parvenus aux îles dans
leur état aptère, même s'il en existait dans quelque autre contrée connue, — ce qui n'est pas, — il nous faut bien
supposer que, de même que les insectes de Madère, ils
avaient primitivement des ailes, et ne les ont perdues
que parce que la possession de celles-ci constituait pour
eux un danger.

C'est, sans nul doute, pour la même raison que quelques papillons, sur des îles petites et exposées, ont des
ailes réduites, ainsi que le montre, d'une façon frappante, le petit papillon écaille de tortue (*Vanessa urticæ)*
qui habite l'île de Man : il n'a que la moitié des dimensions de la même espèce en Angleterre et en Irlande.
M. Wollaston fait remarquer que la *Vanessa callirhoe* —
espèce étroitement alliée à l'une de celles qui habitent
le sud de l'Europe, — est toujours plus petite dans la
petite île dénudée de Porto-Santo, que dans l'île de
Madère, adjacente, mais plus grande et plus boisée.

Notre tétras, ou coq de bruyère rouge, nous fournit un
très bon exemple de divergence de caractère relative-

ment récente, en concordance avec de nouvelles conditions de vie. Cet oiseau, le *Lagopus scoticus* d s naturalistes, est absolument spécial aux îles britanniques. Il est
cependant allié de près au *Lagopus a bus*, oiseau qui s'é-
tend pa tout en Europe, dans l'Asie septentrionale, et en
Amérique septentrionale, mais qui devient blanc en hiver, ce que ne fait point notre espèce. On ne découvre
aucune différence de forme ni de structure entre les deux
oiseaux, mais comme ils diffèrent de couleur d'une façon
si marquée, — notre espèce étant d'ordinaire plutôt plus
sombre en hiver qu'en été, sans compter de légères différences dans le cri d'appel et les habitudes, — les deux
espèces sont généralement considérées comme étant distinctes. Leurs différences, cependant, sont si évidemment des adaptations à des conditions différentes que
nous ne pouvons guère douter que, durant la première
partie de l'époque glaciaire, quand nos îles étaient unies
au continent, nos coqs de bruyère étaient identiques à
ceux du reste de l'Europe.

Mais quand le froid fut passé, et que nos îles restè-
rent séparées, d'une façon permanente, de la terre
ferme, avec un climat doux, égal, et peu de neige en
hiver, le changement du sombre au blanc, dans cette
saison, devint nuisible, trahissant les pauvres oiseaux
au lieu de leur servir de moyen de se cacher. La couleur
changea, donc, par le processus de la variation et de
la sélection naturelle ; et comme ces oiseaux obtenaient
un ample abri parmi les bruyères qui recouvrent nos
landes, ils comprirent l utilité de se mêler à leurs tiges
brunes, et à leurs fleurs fanées. plutôt qu'à la neige des
montagnes. On trouve une confirmation intéressante de
cette métamorphose dans le fait qu'on rencontre, de
temps en temps. chez ces oiseaux, en Ecosse. une quantité assez considérable de blanc dans leur plumage hivernal. Ce fait peut être jugé comme un retour au type an-

cestral, de même que les couleurs ardoisées et les ailes
striées du biset reparaissent chez nos pigeons domestiques de fantaisie [1].

Le principe de la « divergence des caractères » règne
dans la nature, du haut en bas de l'échelle des organismes, comme on peut le voir dans la classe des oiseaux.
Chez nos espèces indigènes, il est très marqué dans les
différentes espèces de mésanges, de *pipits* et de traquets.
La grande mésange (*Parus major*), par sa grosseur et
son bec dur, est destinée à se nourrir de grands insectes,
et l'on assure même qu'elle tue des oiseaux plus petits
et plus faibles qu'elle. La mésange charbonnière
(*Parus ater*), plus petite et plus faible, s'est mise à un
régime végétarien, se nourrissant de graines tout autant
que d'insectes, et à terre tout comme sur les arbres. La
délicate petite mésange bleue (*Parus palustris*), tient
son nom des localités basses et marécageuses qu'elle fréquente ; tandis que la mésange huppée (*Parus cristatus*)
est un oiseau du Nord qui fréquente particulièrement les
forêts de pins, dont les graines forment sa principale
nourriture. Nos trois *pipits* communs, — le *pipit* des arbres, ou bec-figue (*Antheus arboreus*) celui des prés
ou alouette des prés (*Anthus pratensis*) et le *pipit* des arche ou alouette de mer (*Anthus obscurus*) ont chacun
pris dans la nature la place pour laquelle ils avaient été
préparés, ainsi que l'indiquent la forme et les dimensions
différentes des pattes et griffes postérieures en chacune
de ses espèces. De même, le traquet tarier, (*Saxicola rubicola*), le *Saxicola rubetra* et le *Saxicola œnanthe* sont des
formes plus ou moins divergentes du même type, avec
des modifications dans la forme de l'aile, de la patte,
et du bec, les adaptant à des modes d'existence qui différent légèrement entre eux. Le *Saxicola rubetra* est le
plus petit, et fréquente les endroits vagues où croissent

1. Yarrell, *British Birds*, 4e édition, vol. III, p. 77.

lles genêts, les champs, les terrains bas, où il mange des vers, des insectes, de petits mollusques et des baies.

Le *Saxicola rubicola*, ou tarier, est un peu plus gros, et remarquablement vif et actif, fréquentant les hauteurs et les landes, demeurant d'ailleurs toujours auprès de nous, tandis que les deux autres espèces émigrent l'hiver. Le *Saxicola œnanthe*, le plus gros de tous, outre les scarabées et les larves, etc., dévore des insectes qu'il prend au vol, un peu comme en usent les gobe-mouches.

Ces exemples indiquent suffisamment l'action de la divergence de caractères, et montrent comment elle a causé l'adaptation de nombreuses espèces alliées à un mode spécial de vie, avec la variété de nourriture, d'habitudes, et d'ennemis qui accompagnent nécessairement une semblable diversité. En étendant nos recherches à des groupes supérieurs nous trouverons les mêmes indications de divergence et d'adaptation spéciale, parfois même à un degré plus marqué. Ainsi, il y a les faucons les plus grands, qui se nourrissent d'oiseaux ; tandis que quelques-unes des plus petites espèces, comme le hobereau (*Faleo subbuteo*), vivent principalement d'insectes. Les vrais faucons saisissent leur proie en l'air, tandis que les gerfauts la prennent près de terre, ou même sur terre, dévorant les lapins, les écureuils, les coqs de bruyère, les pigeons et la volaille. Les milans et les buses, d'autre part, saisissent leur proie à terre, les derniers surtout se repaissant de reptiles et de toute sorte de détritus, aussi bien que d'oiseaux et de quadrupèdes. D'autres ont adopté comme nourriture habituelle le poisson, et l'orfraie enlève sa proie de l'eau avec autant de facilité qu'un goéland ou un pétrel ; tandis que le Caracaras de l'Amérique du Sud (*Polyborus*), a adopté les habitudes des vautours, et se repaît entièrement de charogne. Dans chaque grand groupe se retrouvent les mêmes divergences d'habitudes. Il y a les pigeons de terre, les pigeons de roche, les pigeons de bois, granivores et frugivores ; il y a des corbeaux mangeant les cadavres, et d'autres vivent d'insectes ou de fruits.

Les martin pêcheurs, eux-mêmes, ont, les uns, des habitudes aquatiques, et les autres, des habitudes terrestres : quelques uns se nourrissent de poisson, d'autres de reptiles. Enfin, parmi les premières divisions des oiseaux, nous trouvons un groupe purement terrestre, les *Ratitæ*, comprenant les autruches, les casoars, etc., d'autres grands groupes comprenant les canards, les cormorans, les goëlands, les pingouins, etc , qui sont aquatiques ; tandis que la masse des passereaux est aérienne et sylvestre. Les mêmes faits généraux peuvent être découverts, dans d'autres classes d'animaux.

Chez les mammifères, par exemple, notre rat commun est à la fois ichthyophage, carnivore et granivore, ce qui a dû, sans doute, contribuer à lui donner l'aptitude à se propager sur toute la surface du monde, chassant partout les rats indigènes des autres pays. A travers toute la tribu des rongeurs, nous trouvons des formes aquatiques, terrestres et sylvestres. On trouve, dans les tribus de la belette et du chat, des variétés qui vivent sur terre, tandis que d'autres grimpent aux arbres ; les écureuils ont fini par être divisés en variétés terrestres, arboricoles et volantes ; enfin, dans les chauve-souris, nous avons des mammifères réellement aériens, et dans les baleines un ordre vraiment aquatique de mammifères.

Nous voyons donc que, en commençant avec les différentes variétés de la même espèce, nous avons des espèces alliées, des genres, des familles et des ordres, dont les habitudes divergent de même, qui s'adaptent à des modes différents d'existence, indiquant un grand principe général de la nature, à l'œuvre pour développer le monde organique. Mais, pour agir de la sorte, ce principe doit être d'utilité générale, et Darwin a montré, très clairement en quoi consiste son utilité.

LA DIVERGENCE PRODUIT LE MAXIMUM DE FORMES ORGANIQUES DANS UN ESPACE DONNÉ

La divergence des caractères a un double but, une double utilité. En premier lieu, elle permet à une espèce que des rivales essaient de supplanter, ou que des ennemis sont près de détruire, de se sauver, en adoptant des habitudes nouvelles, ou en occupant dans la nature une place qui se trouve vide. C'est là l'effet immédiat, évident, des nombreux exemples de divergence de caractères que nous venons d'indiquer. Mais il y a plus ; il est moins évident, mais tout aussi certain, que plus grande sera la diversité chez les organismes habitant une région, ou un pays, et plus grande sera la somme totale de vie que nourrira la terre. L'action continue de la lutte pour l'existence tendra donc à amener de plus en plus de diversité dans chaque région, et c'est ce que prouvent plusieurs sortes de témoignages. Par exemple, Darwin, dans une bande de gazon de trois pieds sur quatre, a trouvé vingt espèces de plantes, et ces vingt espèces appartenaient à dix-huit genres, et huit ordres, ce qui montre à quel point elles différaient entre elles. Les fermiers savent qu'ils obtiennent une plus grande quantité de foin en semant un mélange de graminées, de trèfle, etc., que s'ils ne semaient qu'une ou deux espèces dans le même terrain. Le même principe est appliqué dans la rotation des cultures, où les semis de plantes très différentes les unes des autres donnent les meilleurs résultats. De même, dans les îles petites, uniformes, et les petits étangs d'eau douce, on trouve une merveilleuse variété chez les plantes et les insectes, bien qu'ils ne soient qu'en petit nombre.

Le même principe se retrouve dans la naturalisation
des plantes et des animaux par l'homme dans des contrées éloignées ; car les espèces qui réussissent le mieux
à s'acclimater, et à s'établir d'une façon permanente, ne
sont pas seulement très variées entre elles, mais diffèrent
grandement des espèces indigènes. Suivant Asa Gray, il
y a, dans les États-Unis du Nord, 260 espèces de plantes
naturalisées qui n'appartiennent pas à moins de 162
genres; et de ces 162, il y en a 100 qui ne sont pas indigènes aux États-Unis. De même, en Australie, le lapin,
bien que différant totalement de tout animal indigène,
s'est multiplié à un tel point qu'il dépasse probablement,
en nombre, tous les mammifères indigènes de ce pays ;
dans la Nouvelle-Zélande, le lapin et le cochon se sont
également multipliés.

Darwin remarque, à de sujet, que « l'avantage de la
diversification de structure, chez les habitants d'une
même région est, dans le fait, identique à la division
physiologique des fonctions dans les organes du même
corps. Aucun physiologiste ne doute qu'un estomac
adapté à digérer, soit des matières végétales seules, soit
de la viande seulement, ne tire plus de nourriture de ces
substances. De même, dans l'économie générale d'un
pays quelconque, plus les animaux et les plantes seront
parfaitement et généralement diversifiées en ce qui concerne les habitudes de la vie, et plus augmentera le
nombre des individus capables de s'y nourrir [1] ».

LES ESPÈCES LES PLUS RAPPROCHÉES HABITENT DES TERRITOIRES DISTINCTS

Un des curieux résultats de l'action générale de ce
principe dans la nature est que les espèces les plus

---

1. *Origine des Espèces*, chap. IV.

étroitement alliées — c'est-à-dire celles dont les différences, tout en étant souvent réelles et importantes, sont
à peine perceptibles à d'autres qu'à un naturaliste — ne
se trouvent habituellement pas dans les mêmes pays,
mais dans des contrées fort éloignées les unes des autres.
Ainsi, les plus proches parents de notre pluvier doré
Européen se trouvent dans l'Amérique du Nord et l'Asie
orientale ; le cousin germain de notre geai européen
habite le Japon, bien qu'il y ait plusieurs autres espèces
de geais dans l'Asie occidentale, et l'Afrique du Nord ;
et bien que nous ayions plusieurs espèces de mésanges
en Angleterre, celles-ci ne sont pas très étroitement alliées. La forme qui se rapproche le plus de notre mésange bleue est celle de l'Asie centrale (*Parus azureus*) ;
le *Parus ledouci* d'Algérie se rapproche beaucoup de
notre mésange charbonnière, et le *Parus lugubris* du
sud-est de l'Europe et de l'Asie-Mineure est très voisin
de notre mésange des marais. De même, nos quatre espèces de pigeons sauvages — le ramier, la colombe, le
biset, la tourterelle — ne sont pas étroitement alliées
ensemble, mais chacune d'elles appartient, suivant quelques ornithologues, à un genre ou sous-genre distinct,
et a ses plus proches parents dans des parties éloignées
de l'Asie et de l'Afrique. Chez les mammifères, il en va
de même. Chaque région montagneuse de l'Europe et de
l'Asie a, d'ordinaire, des espèces de moutons et chèvres
sauvages, et quelquefois d'antilopes et de daims, qui lui
sont propres ; de façon que dans chaque région règne la
plus grande diversité dans cette classe, tandis que les
alliés les plus rapprochés habitent des territoires tout à
fait distincts, et souvent éloignés. Le même phénomène
se présente, chez les plantes. On trouve plusieurs espèces
d'ancolies (*Aquilegia vulgaris*) dans le centre de l'Europe,
et dans l'est de l'Europe et la Sibérie (*Aquilegia glandu-
losa*), dans les Alpes *Aquilegia Alpina*), dans les Pyré-

nées (*A. Pyrenaïca*) dans les montagnes de la Grèce (*A. Ottonis*), et dans la Corse (*A. Bernardi*); mais presque jamais on ne trouve deux espèces dans la même région. De même, chaque partie du monde a ses formes particulières de pins, de sapins et de cèdres, mais les espèces ou variétés très alliées sont, dans presque tous les cas, fixées dans des régions fort distinctes. Le Deodar de l'Himalaya, le cèdre du Liban, et celui du nord de l'Afrique sont des exemples d'espèces très voisines qui sont limitées à des régions distinctes ; de même, les nombreuses espèces étroitement alliées du pin véritable (genre *Pinus*) habitent presque toujours des pays différents, ou occupent des stations différentes. Nous allons maintenant examiner quelques autres modes par lesquels s'exerce la sélection naturelle pour adapter les organismes à des modifications de conditions.

L'ADAPTATION AUX CONDITIONS, A DIVERSES ÉPOQUES DE LA VIE

On a remarqué que, chez les animaux domestiques et les plantes cultivées, les variations qui se produisent à une période quelconque de leur existence, apparaissent pareillement chez leurs descendants à la période correspondante, et peuvent être perpétuées et augmentées par la sélection sans entraîner de modifications dans les autres parties de leur organisation. Ainsi, des variations dans la chenille ou le cocon du ver à soie, dans les œufs de la volaille, et dans les graines ou les jeunes pousses de beaucoup de légumes comestibles, ont été accumulées jusqu'à ce que ces parties se fussent modifiées considérablement, et améliorées, au bénéfice de l'homme. Il en résulte que les organismes peuvent facilement être modifiés dans le sens voulu pour leur faire éviter les dangers se produisant à une période quelconque de la vie. C'est ainsi que tant de graines ont été adaptées à des modes divers de dissémination ou de protection. Les unes ont des ailes, du duvet ou des poils qui leur sont attachés, et grâce auxquels elles peuvent franchir de longues distances à travers les airs ; d'autres ont d'étranges crochets et piquants qui leur permettent de se fixer sur la fourrure des mammifères ou les plumes des oiseaux ; tandis que d'autres sont ensevelies dans des fruits doux, juteux et d'un coloris éclatant que voient et dévorent les oiseaux, les noyaux durs et lisses traversant leurs corps comme pour se préparer à germer. Dans la lutte pour l'existence, c'est un bienfait pour la plante que de disposer de moyens multiples de disperser sa graine, et de produire ainsi de jeunes plants dans une plus grande variété de sols, d'expositions, de milieux, avec une plus grande chance pour que quelques-uns d'entre eux puissent échapper à leurs nombreux ennemis, et arriver à maturité. Ces différences variées seraient, par conséquent, amenées par la variation et la survivance du plus apte, tout aussi sûrement que la longueur et la qualité du coton ont été augmentées par la sélection de l'homme.

Les larves des insectes ont aussi été merveilleusement modifiées, pour les soustraire aux ennemis nombreux aux attaques desquels elles sont exposées à cette époque de leur existence. Leur couleur, leur tachetage, se sont merveilleusement adaptés pour les cacher parmi le feuillage de la plante dont elles se nourrissent, et cette couleur, souvent, change complètement après la dernière mue, quand l'animal descend à terre pour sa métamorphose en chrysalide, période où une coloration brune le protège mieux que la verte.

D'autres larves ont acquis de curieuses attitudes, et de grandes facettes qui leur donnent une ressemblance avec la tête d'un reptile, ou bien ils ont de curieuses cornes, ou des appendices colorés qui mettent en fuite

leurs ennemis, tandis que beaucoup d'autres ont des sé-
crétions qui leur donnent une saveur désagréable, au
goût de leurs ennemis ; il est à remarquer que ces derniers sont toujours ornés de marques très visibles ou de
couleurs brillantes, qui leur servent à être signalés
comme non comestibles, et empêchent qu'ils ne soient
inutilement attaqués. Toutefois, cette question fait partie
du très vaste sujet de la couleur et des dessins de l'organisme, et nous la discuterons amplement en un chapitre
séparé.

Il peut donc être amené, par ces procédés, toutes les
modifications possibles d'un animal ou d'une plante,
en couleur, en forme, en structure, ou en habitudes, qui
peuvent lui être utiles, à lui ou à ses descendants, à
quelque période que ce soit de leur existence.

Quelques curieux organes ne sont employés qu'à une
seule époque de la vie de la créature, mais n'en sont pas
moins essentiels à son existence, et semblent être le des-
sein d'une volonté intelligente.

De ce nombre sont les mandibules que possèdent certains insectes, dont ils se servent exclusivement pour ou-
vrir leur cocon, et le bout dur du bec des oiseaux non
éclos encore, qui leur sert à percer leur coquille. L'augmentation d'épaisseur et de dureté des cocons et des
œufs étant utile pour les protéger contre leurs ennemis
ou éviter les accidents, il est probable que le changement a dû être très graduel, se mesurant constamment
à la nécessité d'un changement correspondant chez les
jeunes insectes ou oiseaux pour les mettre en état de
vaincre l'obstacle additionnel du cocon plus épais, ou
de la coquille d'œuf plus dure. Comme nous avons remarqué, cependant, que chaque partie de l'organisme
paraît varier d'une façon indépendante, pendant le même
temps, bien qu'en des quantités différentes, il ne semble
pas raisonnable de croire que la nécessité de deux ou

plusieurs variations coïncidentes serait un obstacle au changement désiré.

LA PERSISTANCE DES FORMES INFÉRIEURES DE LA VIE.

Puisque les espèces subissent continuellement des modifications qui leur donnent quelque supériorité sur d'autres espèces, ou les mettent à même d'occuper de nouvelles places dans la nature, on se demandera peut-être : Pourquoi existe-t-elle encore des formes inférieures? Pourquoi, depuis longtemps, ne se sont-elles pas améliorées, développées en des formes supérieures?

On peut répondre que ces formes inférieures occupent dans la nature des places qui ne peuvent être remplies par les formes supérieures, et qu'elles n'ont que peu ou point de concurrents ; elles continuent, par conséquent, d'exister. Les lombrics de terre sont adaptés à leur mode d'existence mieux que s'ils étaient organisés d'une façon supérieure. Dans l'Océan, les minuscules Foraminifères et les Infusoires, les Éponges et les Coraux, occupent des habitats que ne rempliraient pas des créatures hautement développées. Ils forment, pour ainsi dire, la base du grand édifice de la vie animale, sur lequel reposent les formes supérieures ; et bien que, au cours des siècles, ils puissent subir quelques changements, quelques altérations de forme et de structure, pour s'adapter à des modifications de conditions, leur nature est restée essentiellement la même depuis la première aurore de la vie sur notre globe. Les Diatomacées et Conferves aquatiques, avec les Champignons et Lichens inférieurs, occupent une position analogue dans le règne végétal, remplissant, dans la nature, des places qui resteraient vides si les plantes d'une organisation supérieure seules existaient. Aucune puissance ne s'est occupée de les détruire ou de les modifier sérieusement ; et il y a tout lieu de croire qu'elles ont ainsi persisté, sous des formes variant légèrement, à travers tout le cycle géologique.

EXTINCTION DES TYPES INFÉRIEURS CHEZ LES ANIMAUX SUPÉRIEURS.

Pourtant dès que nous abordons les groupes supérieurs et plus complètement développés, nous voyons des indices de l'extinction fréquemment répétée des formes inférieures absorbées par les formes supérieures. Cela est démontré par les grandes lacunes qui séparent les mammifères, les oiseaux, les reptiles et les poissons les uns des autres; tandis que les formes inférieures de chacun d'eux sont peu nombreuses, et sont limitées à des territoires restreints. Tels sont les mammifères inférieurs, l'Echidné et l'Ornithorhynque d'Australie; les oiseaux inférieurs, l'Aptéryx de la Nouvelle-Zélande, et les Casoars de la région de la Nouvelle-Guinée; tandis que le poisson le plus bas placé dans l'échelle — l'Amphioxus — est entièrement isolé, et n'a, suivant tout apparence, survécu qu'en raison de son habitude de se terrer dans le sable. Les distinctions si marquées des carnivores, des ruminants, des rongeurs, des baleines, des chauve-souris et autres ordres de mammifères; des accipitres, des pigeons et des perroquets, chez les oiseaux; et des coléoptères, des abeilles, des mouches et des phalènes, chez les insectes, indiquent toutes une énorme quantité d'extinctions parmi les formes relativement inférieures par lesquelles, suivant la théorie de l'évolution, ces groupes supérieurs, plus spécialisés, ont dû être précédés.

CIRCONSTANCES FAVORISANT L'ORIGINE DE NOUVELLES ESPÈCES PAR LA SÉLECTION NATURELLE.

Nous avons déjà vu que, là où ne se produit aucun changement dans les conditions physiques ou organiques d'un pays, l'effet de la sélection naturelle est de garder toutes les espèces qui l'habitent dans un état de santé parfaite et de complet développement, et de maintenir l'équilibre existant entre les différents groupes d'organismes. Mais, du moment que les conditions physiques ou organiques changent, si peu que ce soit, un changement correspondant s'effectuera dans la flore et la faune de ce pays, puisque, en raison de la lutte acharnée pour l'existence, et des relations complexes des organismes divers, il est impossible que les changements ne soient pas avantageux à quelques espèces, et nuisibles à d'autres. L'effet produit le plus communément consistera donc en ce que quelques espèces augmenteront, et que d'autres diminueront; et là où une espèce se trouvait déjà en petit nombre, la diminution conduira à son extinction. Ceci donnerait lieu à l'accroissement d'une ou de plusieurs autres espèces, et le rétablissement des proportions des différentes espèces s'opérerait naturellement. Lorsque, cependant, le changement a été plus important, qu'il a affecté d'une manière directe l'existence de beaucoup d'espèces de telle façon qu'il leur est devenu difficile de subsister sans un changement considérable dans leur structure ou leurs habitudes, ce changement a été, en quelque cas, amené par la variation et la sélection naturelle, et, de la sorte, des variétés ou même des espèces nouvelles se sont formées. Il nous faut donc considérer, parmi les espèces, quelles sont celles qui se prêteraient mieux à la modification, tandis que d'autres, se montrant réfractaires, succomberaient aux modifications de conditions, et s'éteindraient.

La condition la plus importante de toutes, sans contredit, c'est que les variations se présentent à un degré suffisant, et soient d'un caractère suffisamment divers, et se manifestent chez un grand nombre d'individus, de

9.

façon à offrir à la sélection naturelle d'amples matériaux pour qu'elle exerce son action ; cette condition, nous l'avons vu, se trouve chez la plupart des grandes espèces dominantes et étendues, si ce n'est chez toutes. La nouvelle espèce adaptée à des conditions nouvelles dériverait donc d'une de ces grandes espèces, et ce serait surtout le cas lorsque le changement de conditions serait rapide, et qu'une modification d'une rapidité correspondante pourrait seule sauver l'espèce de l'extinction. Si, d'autre part, le changement s'opérait lentement, des espèces moins abondantes, et d'une distribution moins étendue, se modifieraient à leur tour, surtout si l'extinction de beaucoup des espèces plus rares leur laissait des places vides dans l'économie universelle.

ORIGINE PROBABLE DES CINCLES PLONGEURS

Un curieux petit oiseau, nommé Cincle plongeur, formant le genre *Cinclus*, et la famille des *Cinclidæ* des naturalistes, nous offre un excellent exemple de la manière dont un groupe limité d'espèces a réussi à se maintenir en s'adaptant à une de ces « places vides » dans la nature. Ces oiseaux ressemblent un peu à de petites grives, avec des ailes et une queue très courtes, et un plumage très fourni. Ils fréquentent les torrents de montagne de l'hémisphère nord, s'étendant, au sud, jusqu'aux Andes de l'Amérique méridionale, et tirent exclusivement de l'eau leur nourriture, qui consiste en dytiques, en larves de phrygane, et autres larves d'insectes, ainsi que de nombreux coquillages d'eau douce. Ces oiseaux, bien que peu différents en structure des grives et des roitelets ou troglodytes, ont la faculté extraordinaire de voler sous l'eau ; car c'est ainsi que les meilleurs observateurs décrivent leur manière de plonger à la recherche de leur proie ; leur plumage épais, un peu fibreux, retient tant d'air que l'eau ne parvient pas à toucher leur corps, ni même à mouiller beaucoup leurs plumes. Leur tarse puissant et leurs pattes longuement recourbées leur permettent de se fixer sur les pierres du fond de l'eau, et de s'y maintenir pendant qu'ils ramassent les insectes, les coquillages, etc. Fréquentant surtout les torrents les plus rapides et les plus impétueux, parmi les pierres, les cascades, les rochers, ils peuvent traverser les plus rigoureux hivers, ces eaux-là ne gelant jamais. On ne compte que très peu d'espèces de cincles plongeurs; tout ceux de l'ancien monde étant si étroitement alliés à l'espèce anglaise que les ornithologistes les considèrent comme des races localisées d'une seule espèce; tandis que dans l'Amérique du nord et les Andes du nord, il en existe deux autres.

Nous avons donc là un oiseau, qui, dans toute sa structure, trahit une affinité étroite avec les petits oiseaux percheurs typiques, mais qui s'est éloigné de tous ses alliés par ses habitudes et sa manière de vivre, et s'est assuré, dans la nature, une place où il a peu de concurrents et peu d'ennemis. Il est permis de supposer, qu'à quelque époque reculée, un oiseau qui était peut-être l'ancêtre commun et le plus général de nos grives, de nos fauvettes, de nos roitelets, etc., s'était répandu largement sur tout le grand continent septentrional, donnant lieu à de nombreuses variétés adaptées aux conditions spéciales de la vie. Quelques-unes de ces dernières commencèrent à se nourrir au bord des torrents transparents, ramassant les larves et les mollusques qu'elles pouvaient saisir dans l'eau moins profonde de la rive. Lorsque cette nourriture se faisait rare, ces oiseaux essayaient de la poursuivre dans l'eau de plus en plus profonde, et ceux qui le faisaient, par le temps froid, y étaient gelés ou affamés. Mais ceux qui possédaient un plumage plus épais, plus fourni, que celui des autres, et qui les préservait de

l'eau, survécurent ; et de la sorte dut s'établir une race
qui, pour sa nourriture, dépendait de plus en plus de ces
localités. Remontant le cours de ces torrents gelés jusque
dans les montagnes, cette race put s'y maintenir l'hiver ;
et comme ces endroits leur offraient d'amples abris pour
les nids et pour les petits, et une protection contre leurs
ennemis, des adaptations successives se produisirent,
résultant finalement en cette faculté merveilleuse de
plonger et voler sous l'eau, acquise par un véritable oiseau terrestre.

Le naturaliste américain bien connu, Abbott, cite des
faits montrant qu'il est très probable que de semblables
habitudes sont contractées sous l'empire de la nécessité.
Il dit que « les grives d'eau (*Seiurus* sp.) marchent toutes dans l'eau, et souvent, en apercevant des mollusques
minuscules au fond du ruisseau, plongent leur tête et
leur cou au dessous de la surface, de façon que, durant
quelques secondes, une grande partie de leur corps est
submergée. Ces oiseaux n'ont pourtant pas le plumage
imperméable à l'eau, et sont exposés à être mouillés,
mais ils ont aussi la faculté de secouer si fortement ces
plumes trempées que le vol est possible dès qu'ils ont
quitté l'eau. Il est certain que les grives aquatiques
(*Seiurus ludovicianus, S. auricapillus* et *S. novebora-
censis*) ont franchi bien des degrés préliminaires les pré-
parant à devenir aussi aquatiques que les cincles plongeurs ; et le troglodyte d'hiver, et même les loriots du
Maryland ne le leur cèdent guère [1] ».

Un autre curieux exemple de la façon dont les espèces
se sont modifiées pour occuper de nouvelles places dans
la nature nous est fourni par les animaux divers qui habitent les réservoirs d'eau que forment les feuilles de
beaucoup d'espèces épiphytes de Bromélia. Fritz Müller a

---

1. *Nature*, vol. XXX, p. 30.

décrit une **larve** de phrygane qui vit dans ces feuilles, et
qui a été modifiée dans sa phase larvaire pour s'accommoder à son entourage. Les larves de phryganes qui habitent les ruisseaux ont des franges de poils sur les tarses afin d'être en état de s'élever à la surface lorsqu'elles
abandonnent leurs enveloppes. Mais l'espèce qui habite
les feuilles de *Bromelia* n'a nul besoin de nager, et par
suite leurs pattes sont entièrement glabres. On trouve,
dans les mêmes plantes, de curieux petits Entomostracés,
qui y abondent, mais ne se trouvent en nulle autre part.
Ils forment un genre nouveau, mais sont étroitement
alliées aux *Cytherea* maritimes. On croit que la dispersion de cette espèce, d'un arbre à un autre, doit s'o-
pérer de la façon suivante : les jeunes crustacés minuscules s'accrochent aux coléoptères, soit terrestres, soit
aquatiques, dont beaucoup habitent aussi les feuilles de
Bromélia ; et comme on sait que beaucoup de dytiques
fréquentent la mer, il est probable que c'est par eux que
les premiers émigrants se sont établis dans cet étrange
habitat nouveau. Les Bromélias sont souvent très abondants sur les arbres croissant au bord de l'eau, ce qui
faciliterait la transition d'un habitat maritime à un habitat arboricole. Fritz Müller a aussi trouvé, parmi les
feuilles de Bromélia, une petite grenouille portant ses
œufs sur son dos, et présentant quelques autres particularités de structure. Quelques jolies petites plantes aquatiques, du genre *Utricularia*, habitent aussi ces feuilles,
envoyant des coulants jusqu'aux plantes voisines, et se
propageant ainsi avec une rapidité extraordinaire.

IMPORTANCE DE L'ISOLATION

Il n'est point douteux que l'isolation ne soit un auxiliaire
important de la sélection naturelle ; le fait est démontré
par la circonstance que les îles présentent, si souvent,

nombre d'espèces particulières; on observe le même phénomène sur les deux versants d'une chaîne de montagne, ou les côtes opposées d'un même continent. L'importance de l'isolation est de deux sortes. En premier lieu, elle offre l'avantage de présenter un corps d'individus de chaque espèce, limités dans leur territoire, et sujets, pendant de longs espaces de temps, à des conditions uniformes. L'action directe de l'entourage ou milieu, et la sélection naturelle des variétés qui s'adaptent aux conditions, produira donc un effet visible, et qui ne sera point contrarié. En second lieu, le processus de changement ne sera pas entravé par des croisements avec d'autres individus en train de s'adapter à des conditions quelque peu différentes dans des territoires adjacents. Mais cette question de l'effet submersif des croisements sera traitée dans un autre chapitre.

Darwin était d'avis que, tout compte fait, la grandeur du territoire occupé par une espèce importait plus que son isolation, comme facteur dans la production de nouvelles espèces, et je suis tout à fait d'accord avec lui en cela. Il faut, aussi, se rappeler que l'isolation est souvent produite dans un territoire continu toutes les fois qu'une espèce se modifie en conformité avec des conditions qui varient ou des habitudes qui divergent. Par exemple, une espèce répandue sur un grand espace peut, dans la partie nord de son territoire qui est plus froide, se modifier dans une direction, tandis qu'elle se modifie dans une autre, dans la partie méridionale, plus chaude; et bien que, durant un assez long temps, une forme intermédiaire puisse continuer à exister dans l'espace intermédiaire, cette forme, selon toute probabilité, disparaîtra bientôt, parce qu'elle sera en petit nombre, et parce que ce petit nombre lui-même sera plus ou moins détruit dans des saisons changeantes par les variétés modifiées, mieux en état, les unes et les autres, d'endurer les extrêmes de climat. De même, quand une partie d'une espèce terrestre prend un mode de vie à tendance plus arboricole ou plus aquatique, le changement d'habitudes lui-même entraîne l'isolation de chaque partie de l'espèce. Il y a plus ; comme nous l'expliquerons dans un prochain chapitre, toute différence d'habitudes ou de demeure conduit à quelque modification de couleur ou de dessin destinée à protéger l'animal contre ses ennemis ; et il y a lieu de croire que cette différence s'intensifiera par la sélection naturelle pour servir à l'identification des membres d'une même variété ou espèce naissante, et leur permettre de se reconnaître plus aisément entre eux. On a observé aussi que chaque espèce d'animaux sauvages d'une variété particulière de couleur, ou même d'animaux domestiques redevenus sauvages, se tiennent isolés, se refusant à s'accoupler avec les individus d'autres couleurs ; et ceci, en soi, peut agir avec autant de puissance que l'isolation physique, pour maintenir la séparation entre les races.

DU PERFECTIONNEMENT DE L'ORGANISATION PAR LA SÉLECTION NATURELLE

La sélection naturelle agissant uniquement par la conservation des variations utiles, ou de celles qui sont bonnes pour l'organisme, dans les conditions auxquelles il se trouve exposé, son résultat nécessaire sera que chaque espèce ou groupe d'espèces tendra à devenir de plus en plus perfectionné, en rapport avec ses conditions. Nous devons nous attendre à trouver chez les grands groupes de chaque classe d'animaux ou de plantes, — ceux qui ont persisté, et en abondance, à travers les époques géologiques — un degré élevé d'organisation, soit physique, soit mentale. On en voit, partout, des exemples. Chez les mammifères nous avons les carnivores, qui depuis la période éocène, se sont spécialisés de plus en plus, jusqu'à parvenir aux tribus du chat et du chien, lesquelles ont atteint un degré de perfection, en structure et en intelligence, qui égale celui de tout autre animal. Chez d'autres, les herbivores, un autre développement s'est produit, par la nourriture exclusivement végétale, atteignant l'apogée chez le mouton, le bétail, le cerf et les antilopes. La tribu du cheval, qui avait débuté, à l'époque éocène, par un ancêtre dont le pied n'avait que quatre doigts, a progressé, par la taille, et par la parfaite adaptation des pieds et des dents, à une vie dans les plaines, et atteint son plus haut degré de perfectionnement chez le cheval, l'âne et le zèbre. Nous voyons aussi un perfectionnement chez les oiseaux, depuis les oiseaux à becs imparfaits, dentés, et à queue de reptile, de l'époque secondaire, jusqu'à nos faucons merveilleusement dressés, nos corbeaux et nos hirondelles. De même les fougères, les lycopodes, les conifères et les monocotylédones des roches paléozoïques et mésozoïques se sont élevés jusqu'à la merveilleuse richesse de forme des dicotylédones supérieures qui ornent maintenant la terre.

Mais ce perfectionnement remarquable des grands groupes supérieurs n'implique pas une loi universelle de progrès dans l'organisation, puisque nous avons en même temps (ainsi qu'on l'a déjà indiqué), de nombreux exemples de la persistance de formes inférieures, et aussi de dégradation absolue ou de dégénérescence. Les serpents, par exemple, se sont développés hors de quelque type ressemblant au lézard qui aura perdu des membres; et, bien que cette perte lui ait permis d'occuper de nouvelles places dans la nature, et d'augmenter et de prospérer à un point merveilleux, cependant il faut convenir que c'est un pas en arrière, et non un pas en avant. La même remarque peut s'appliquer à la tribu des baleines chez les mammifères, aux amphibiens et insectes aveugles des grandes cavernes, et, chez les plantes, à ces cas nombreux où des fleurs, autrefois spécialement adaptées à la fécondation par les insectes, ont perdu leurs brillantes corolles et leurs adaptations spéciales, et ont été dégradées jusqu'au rang de formes que le vent féconde à son caprice. Tels sont nos plantains, notre pimprenelle des prés, et même, comme le soutiennent quelques botanistes, nos joncs, nos carex et nos graminées. Les causes qui ont amené cette dégénérescence seront discutées dans un chapitre prochain ; mais les faits ne sont pas contestés, et nous montrent que, bien que la variation et la lutte pour l'existence conduisent, après tout, à un perfectionnement continuel d'organisation, ils peuvent pourtant, par moments, en beaucoup de cas, amener une rétrogradation, quand une régression peut aider à conserver une forme quelconque sous des conditions nouvelles. Elles contribuent aussi à la persistance, avec des modifications légères, de nombreuses formes inférieures qui sont adaptées à des places que des formes supérieures ne rempliraient pas complètement, ou à des conditions sous lesquelles elles ne pourraient exister. De cette nature sont les profondeurs de l'Océan, le sol de la terre, le limon des rivières, les cavernes profondes, les eaux souterraines etc., et c'est dans de telles localités, aussi bien que dans des îles de l'Océan, que des formes concurrentes supérieures n'ont pu atteindre, que nous trouvons plus d'un reste curieux d'un monde plus ancien, restes, qui à l'air libre et à la lumière du soleil, et dans les grands continents, ont depuis longtemps été chassés ou exterminés par des types supérieurs.

RÉSUMÉ DES CINQ PREMIERS CHAPITRES

Nous venons de passer en revue, d'une manière plus ou moins détaillée, les faits principaux sur lesquels se fonde la théorie de « l'Origine des Espèces au moyen de la Sélection Naturelle ». Dans les chapitres suivants nous aurons à rechercher principalement comment l'application de cette théorie explique les phénomènes variés et complexes que présente le monde organique, et aussi, à discuter quelques-unes des théories que des écrivains modernes avancent, comme étant plus propres à servir de base ou de supplément à celle de Darwin.

Il sera bon, cependant, avant de ce faire, de résumer brièvement les faits et les arguments déjà exposés, parce que ce n'est que par une compréhension claire de ces derniers que l'on appréciera toute l'importance de la théorie, et que l'on comprendra les applications qui en seront faites.

La théorie, en elle-même, est extrèmement simple, et les faits sur lesquels elle repose — quoique très nombreux individuellement, et aussi étendus que le monde organique tout entier — rentrent cependant dans quelques classes simples et faciles à comprendre. Ces faits sont, d'abord : l'énorme puissance de multiplication, en progression géométrique, que possèdent tous les organismes, et l'inévitable lutte pour l'existence parmi eux ; et secondement : la production de beaucoup de variations individuelles se transmettant par l'hérédité. De ces deux grandes classes de faits, qui sont universels et ne sauraient être contestés, il suit nécessairement ce que Darwin a nommé « la conservation des races privilégiées dans la lutte pour la vie » dont l'action continue, à travers les conditions incessamment modifiées de l'univers inorganique et organique, conduit nécessairement à la formation, ou au développement, d'espèces nouvelles.

Mais bien que cet exposé général paraisse complet, et ne suscite point d'objections, à voir ses applications dans les conditions complexes qui se présentent dans la nature, on est obligé de se rappeler souvent la redoutable puissance, et l'universalité des forces qui sont à l'œuvre. Nous

ne devons pas perdre, un seul instant, de vue, le fait de
l'énorme et rapide multiplication de tous les organismes
dont les exemples ont été donnés sous forme de cas individuels, cités au second chapitre, et les calculs des résultats
qu'aurait, en peu d'années, une augmentation que rien
n'arrêterait. Puis, sans oublier que la population animale
ou végétale d'un pays, est, tout compte fait, stationnaire,
nous devons toujours essayer de nous représenter la
destruction sans cesse renouvelée de l'énorme augmentation annuelle, et nous demander ce qui a déterminé,
en chaque cas particulier, la mort du plus grand nombre, la survivance de la petite élite. Nous devons réfléchir à toutes les causes de destruction pour chaque organisme — pour la graine, la jeune pousse, la plante
qui grandit, l'arbre adulte, ou le buisson, ou l'herbe, et
plus tard pour le fruit et la semence ; chez les animaux,
pour l'œuf, le petit à peine éclos ou nouveau-né, chez les
jeunes, chez les adultes. Il nous faut ne pas oublier que
ce qui se passe dans le cas de l'individu, ou du groupe
que nous observons, ou auquel nous pensons, se passe
aussi chez les millions et les milliards d'individus qui
se trouvent compris dans presque chaque espèce, et il
faut nous débarrasser de l'idée que c'est le hasard qui
décide de la vie ou de la mort de chacun.

Car bien que dans plus d'un cas individuel le hasard
puisse causer la mort plutôt qu'aucune infériorité de ceux
qui meurent les premiers, nous ne pouvons cependant
croire qu'il en aille de même sur la grande échelle où tra-
vaille la nature. Une plante, par exemple, ne peut être
multipliée que si sa graine trouve des places vides convenables pour y pousser, ou des stations où elle puisse l'emporter sur d'autres plantes moins saines et moins vigoureuses. Par leurs modes divers de dispersion, on pourrait
dire que les graines de toutes les plantes cherchent un
endroit propice à leur développement, et nous ne pouvons

douter qu'à la longue, les individus dont les semences
sont les plus nombreuses, qui ont les plus grandes facilités de dispersion, et la croissance la plus vigoureuse, laisseront plus de descendants que les individus de même espèce qui leur sont inférieurs sous ces différents rapports,
quand bien même *il adviendrait que* quelque semence
d'un individu inférieur parvint à un endroit où elle put
pousser et survivre. La même règle s'applique à toutes
les périodes de leur vie, et à tout danger auquel les plantes et les animaux sont exposés. Les mieux organisés,
ou les plus sains, ou les plus actifs, ou les mieux protégés,
ou les plus intelligents, gagneront, à la longue, un avantage sur ceux qui ne possèdent pas ces qualités ; c'est-à-
dire, que les *plus aptes survivront*, les plus aptes étant,
dans chaque cas particulier, ceux qui excellent dans les
qualités spéciales d'où dépend leur sûreté. A certain
temps de la vie, pour échapper à un danger, il leur faut
se cacher ; à un autre moment, pour fuir un autre danger,
il leur faut une course rapide ; à un autre encore, l'intelligence et la ruse ; à un autre le pouvoir d'endurer la
pluie, le froid, la faim ; et ceux qui possèdent ces facultés dans la perfection la plus complète survivront généralement.

Maîtres de ces faits dans tout leur ensemble, avec leurs
résultats complexes et infinis, nous avons à considérer
maintenant les phénomènes de la variation, discutés
dans le troisième et le quatrième chapitres ; et c'est peut-
être ici que se fera sentir la plus grande difficulté pour
apprécier toute l'importance du témoignage qui a été
exposé. On a depuis si longtemps coutume de parler de
la variation comme d'une chose exceptionnelle et comparativement rare — comme d'une déviation anormale
de l'uniformité et de la stabilité des caractères d'une espèce — et parmi les naturalistes eux-mêmes, il s'en est
si peu trouvé qui aient jamais comparé, avec soin, des

nombres d'individus considérables, que la conception
de la variabilité comme caractéristique générale de toutes
les espèces prédominantes et répandues, variabilité considérable, et affectant, non un petit nombre, mais de
grandes masses des individus qui forment les espèces,
sera une conception entièrement nouvelle pour beaucoup d'esprits. Non moins important est le fait que la
variabilité s'étend à tous les organes, à toutes les parties,
externes et internes ; tandis que le fait le plus important
de tous est peut-être celui de la variabilité indépendante
de ces parties séparées, chacune variant sans dépendre
constamment ni même habituellement d'autres parties,
ou de relations avec celles-ci. Nul doute qu'il n'y ait
quelques rapports réciproques dans les différences existant entre espèces — des ailes plus développées accompagnant généralement de plus petits tarses, et *vice-versa*
— mais alors, en général, il s'agit d'une adaptation utile
produite par la sélection naturelle, et il ne s'agit pas
de la variabilité individuelle se produisant dans l'espèce.

C'est parce que ces faits sont importants et si peu
compris, que nous les avons traités avec des détails que
quelques-uns de nos lecteurs ont pu juger fastidieux et
superflus. Nombre de naturalistes, cependant, estimeront
qu'il faudrait encore plus de témoignages ; on en aurait
pû donner aisément davantage, presque à l'infini. Je
crois, toutefois, que le caractère et la variété des exemples que nous avons cités, convaincront la plupart de
nos lecteurs de la vérité de nos affirmations; ils ont été
choisis dans un champ assez vaste pour pouvoir indiquer
un principe général à travers la nature.

Si, maintenant, nous nous représentons exactement
ces faits de variation, à côté de ceux de multiplication
rapide et de lutte pour l'existence, du même coup dis-
paraîtront la plupart des difficultés qui empêchèrent de

comprendre comment les espèces sont nées de la sélection naturelle. Car lorsque, n'importe où, par des changements de climat, ou de la nature du sol, ou de la superficie du pays, une espèce quelconque est exposée à de nouveaux dangers, et est obligée de se maintenir en pourvoyant aux besoins de sa progéniture dans des conditions nouvelles plus difficiles, alors, dans la variabilité de toutes ses parties, et organes, non moins que dans celle de ses habitudes et de son intelligence, nous avons le moyen de produire des modifications qui mettront certainement l'espèce en rapport harmonieux avec ses nouvelles conditions. Si nous avons soin de nous rappeler combien lentement et graduellement s'opèrent tous les changements physiques de ce genre, nous reconnaîtrons que la quantité de variation qui a lieu à chaque nouvelle génération suffit parfaitement à permettre à la modification et à l'adaptation de marcher du même pas. Darwin était plutôt enclin à exagérer la lenteur nécessaire aux processus de la sélection naturelle ; mais avec la connaissance que nous possédons aujourd'hui de la grande quantité et de l'étendue de la variation individuelle, il ne semble plus difficile d'admettre qu'une somme de changement, tout à fait équivalente à celle qui d'ordinaire distingue des espèces étroitement alliées, puissse se produire en moins d'un siècle, si un changement rapide des conditions nécessitait une adaptation également rapide. Ceci a pu souvent se présenter, soit chez des émigrants dans un nouveau pays, soit chez les habitants d'un pays devenu isolé par un affaissement qui l'a séparé du territoire plus grand et plus varié qui était leur ancien habitat. Lorsqu'aucun changement de conditions ne se produit, les espèces peuvent rester constantes pendant de longues périodes, et produire ainsi cette apparence de stabilité de l'espèce que l'on nous oppose souvent encore comme un argument contre l'évolution par la sélection naturelle, mais qui, au fond, est réellement en harmonie avec elle.

D'après ces principes, et à la lumière des faits que nous venons de résumer brièvement, nous avons pu indiquer, dans ce chapitre, comment procède la sélection naturelle, comment s'établit la divergence des caractères, comment s'effectue l'adaptation aux conditions, à des périodes différentes de la vie, comment et pourquoi les formes inférieures de la vie continuent d'exister, quelles sortes de circonstances favorisent le mieux la formation de nouvelles espèces, et enfin, jusqu'à quel point le perfectionnement de l'organisation atteint par les types supérieurs est dû à la sélection naturelle.

Nous allons maintenant examiner la valeur des plus importantes objections et difficultés qui ont été mises en avant par d'éminents naturalistes.

CHAPITRE VI

DIFFICULTÉS ET OBJECTIONS

La petitesse des variations. — De l'occurrence opportune des variations nécessaires. — Les commencements des organes importants. — Les glandes mammaires.— Les yeux des poissons plats.
— Origine de l'œil. — Caractères inutiles, ou non adaptifs. —
Extension récente de la région de l'utilité chez les plantes. —
Chez les animaux. — Usages de la queue. — Des cornes du cerf.
— Des écailles ornementales des reptiles. — Instabilité des caractères non adaptifs. — Loi de Delbœuf. — Aucun caractère
spécifique n'est inutile. — Les effets submersifs des croisements. — L'isolation, comme préventif des croisements. —
Gulick, sur les effets de l'isolation. — Cas dans lesquels l'iso-
lation est impuissante.

Je me propose, dans ce chapitre, de discuter les objections les plus évidentes et les plus souvent répétées qui
aient été faites à la théorie de Darwin, et de montrer en
quelle mesure elles intéressent sa validité en tant
qu'explication véritable et suffisante de l'origine des
espèces. Les difficultés plus abstraites touchant à des
questions fondamentales telles que les causes et les lois
de la variabilité seront renvoyées à un chapitre prochain, après que nous nous serons familiarisés avec les
applications de la théorie aux adaptations et rapports
réciproques les plus importants des vies animale et
végétale.

Une ancienne objection, qu'on a bien des fois répétée, est qu'il est difficile « d'imaginer pourquoi des variations tendant, à un degré infinitésimal, vers une direction spéciale, devraient être conservées », ou de croire que l'adaptation complexe des organismes vivants a pu être produite « par des commencements infinitésimaux ». Et d'abord, ce mot « infinitésimal » employé par un critique bien connu de l'*Origine des Espèces*, n'a jamais été employé par Darwin lui-même, qui ne parlait jamais que de « légères » variations, et de la « petite quantité » des variations qui pouvaient être choisies. Sans doute, même en employant ces termes, il laissait prise à l'objection précédente, à savoir que des variations si légères et si petites ne pouvaient être réellement utiles, et ne pouvaient déterminer la survivance des individus qui les possédaient. Nous avons vu, néanmoins, dans notre chapitre III, que Darwin demeurait en deçà de la vérité, et que la variabilité de beaucoup d'espèces importantes est en quantité considérable, et peut souvent être décrite comme grande. Ceci étant vrai à la fois chez les animaux et chez les plantes, et dans tous leurs groupes principaux et leurs subdivisions, et s'appliquant à toutes les parties et organes comparés séparément, nous pouvons tenir pour faite la preuve que la moyenne *somme* de variabilité ne présente aucune difficulté à l'action de la sélection naturelle.

Il n'est pas inutile de mentionner ici qu'au moment de la préparation de la dernière édition de *l'Origine des Espèces*, Darwin n'avait pas vu l'ouvrage de M. J. A. Allen, de l'Université d'Harvard (publié précisément à ce moment) qui nous a donné le premier assemblage de comparaisons et mensurations démontrant cette grande quantité de variabilité. Depuis lors, des témoignages de même nature se sont accumulés, et nous nous trouvons, à cet égard, dans une bien meilleure position pour apprécier les facilités que rencontre la sélection naturelle, que ne le pouvait Darwin lui-même.

Une autre objection du même genre consiste à dire
qu'il y a immensément de chances pour que la, ou les,
variations nécessaires ne se présentent pas juste au moment où elles sont nécessaires, et, en outre, on peut
objecter qu'aucune variation ne peut se perpétuer qui
n'est pas accompagnée de plusieurs variations simultanées, accessoires, des parties qui en dépendent : la plus
grande longueur de l'aile chez un oiseau, par exemple,
serait de peu d'utilité si elle ne se trouvait accompagnée d'une augmentation de son volume ou de la
contractilité des muscles qui la font mouvoir. Cette
objection parut très forte, aussi longtemps que l'on
supposa que les variations se présentaient isolées, et à
des intervalles considérables ; mais elle cesse d'avoir le
moindre poids depuis que nous savons que ces variations
se produisent simultanément en diverses parties de l'organisme, et aussi chez une grande proportion des individus formant l'espèce. Par conséquent, chaque année,
un nombre considérable d'individus possèdera la combinaison voulue de caractères, et on peut admettre comme
probable que lorsque les deux caractères sont tels que
leur *action* soit toujours simultanée, il y aura une corrélation telle, entre eux, que fréquemment ils *varieront*
ensemble.

Mais il y a une autre considération qui semble indiquer que cette coïncidence de variation n'est pas essentielle. Tous les animaux, à l'état de nature, sont tenus,
par la lutte constante pour l'existence et la survivance
du plus apte, dans un état de parfaite santé et de vigueur
surabondante, tel que, dans toutes les circonstances
ordinaires, ils possèdent dans chaque organe important
un excédant de vigueur — excédant sur lequel ils ne
font traite que dans des cas de la plus cruelle nécessité ;

quand leur existence même est en jeu. Il suit de là, par
conséquent, que *tout* pouvoir ajouté à une de ces parties
constituantes d'un organe, doit être utile — un accroissement, par exemple, des muscles de l'aile, ou de la
forme ou de la longueur de cette aile, pourrait donner
quelque augmentation de vitesse du vol — et ainsi des variations alternées — à une génération dans les muscles,
à l'autre dans l'aile même — pourraient être tout aussi
efficaces pour perfectionner d'une façon permanente la
rapidité du vol, que des variations coïncidentes à des
intervalles plus éloignés. Dans les deux cas, cependant,
cette objection paraît de peu de poids si nous prenons
en considération la grande quantité de variabilité coïn-
cidente dont on a prouvé l'existence.

LES COMMENCEMENTS DES ORGANES IMPORTANTS

Nous arrivons maintenant à une objection qui a peut-
être été plus souvent posée qu'aucune autre, et dont
Darwin lui-même sentait le poids, celle qui a trait
aux commencements des organes importants, tels, par
exemple, que les ailes, les yeux, les glandes mammaires
et nombre d'autres organes. On a avancé qu'il est presque impossible de concevoir comment les premiers
rudiments de ces organes ont pu être utiles, et, s'ils ne
l'étaient pas, ils ne pouvaient être conservés et développés subséquemment par la sélection naturelle.

La première réponse qu'on pourrait faire à des objections de cette nature serait qu'elles sont réellement en
dehors de la question véritable, c'est-à-dire la genèse
de toutes les espèces existantes hors d'autres espèces
alliées qui n'en sont pas très éloignées, ce qui est tout
ce que Darwin a entrepris de prouver au moyen de sa
théorie. Les organes dont il est question plus haut
datent tous d'un passé très reculé, où le monde et ses

habitants étaient fort différents de ce qu'ils sont aujour-
d'hui. Il serait déraisonnable de demander à une théorie
nouvelle de nous révéler exactement ce qui s'est passé
à des époques géologiques éloignées, et comment cela
s'est passé. Le plus qu'on puisse exiger est une conjecture sur le mode probable ou possible de l'origine de
quelques-uns de ces cas difficiles, et Darwin l'a fournie.
Nous donnerons ici une ou deux de ses explications,
mais la série complète en devrait être lue avec soin par
quiconque désire savoir combien de faits curieux et
d'observations ont été nécessaires pour arriver à faire
la lumière ; nous en concluerons qu'un complément d'informations achèvera probablement d'éclaircir les difficultés qui subsistent encore.

Dans le cas des glandes mammaires, Darwin fait remarquer qu'il est admis que les mammifères étaient alliés aux marsupiaux. Chez les premiers mammifères,
presque avant qu'ils n'eussent mérité ce nom, les jeunes
ont dû être nourris par un fluide que secrétait la surface
interne du sac marsupial, comme on croit encore que
cela se fait chez l'hippocampe qui pond ses œufs dans
une espèce de sac. Cela étant donné, les individus sécrétant un fluide plus nourrissant, et ceux dont les petits réussissaient à obtenir et avaler une provision plus
constante par la succion, devaient, selon toute probabilité, vivre jusqu'à une vigoureuse maturité, et être conservés par la sélection naturelle.

Pour un autre cas, cité comme étant particulièrement
difficile, une explication plus complète a été donnée.
Les soles, les turbots et carrelets, sont, ainsi que chacun
sait, dépourvus de symétrie. Ils vivent et se meuvent sur
le côté, le côté inférieur ayant d'ordinaire une couleur
autre de celle du côté supérieur. Les yeux de ces poissons
ont étrangement dévié, de façon à ce que les deux yeux
puissent être sur le côté supérieur où seuls ils peuvent

être utiles. M. Mivart a objecté qu'un soudain transfert de l'œil d'un côté à l'autre était inconcevable, tandis que, en admettant que le changement fût graduel, le premier pas ne servirait à rien, puisqu'il ne déplacerait pas l'œil du côté inférieur. Mais Darwin montre, à propos des recherches faites par Malm et d'autres, que les jeunes poissons sont parfaitement symétriques, et qu'ils montrent durant leur croissance tout leur processus de transformation. D'abord, le poisson (à cause de l'épaisseur croissante de son corps) incapable de conserver la position verticale, commence à tomber sur un côté. Alors il contourne son œil inférieur autant que possible vers le côté supérieur, et, comme à cette époque, toute la partie osseuse de sa tête est tendre et flexible, la répétition constante de cet effort est cause que l'œil se déplace graduellement autour de la tête jusqu'à ce qu'il arrive au côté supérieur. Si nous supposons maintenant que ce travail qui, chez les jeunes poissons se complète en quelques jours ou semaines, s'est étendu à des milliers de générations durant le développement de cette espèce, les poissons dont les yeux gardaient de plus en plus la position vers laquelle les jeunes les tournaient étant ceux qui survivaient habituellement, le changement deviendra intelligible ; tout en restant un des cas les plus extraordinaires de la dégénérescence, par laquelle la symétrie — trait caractéristique universel des animaux supérieurs — se perd, afin que la créature s'adapte à un nouveau mode de vie, et soit mise en état d'échapper au danger, et de continuer à exister.

Le cas le plus difficile de tous est celui de l'œil, dont Darwin, jusqu'au bout, assurait qu'il « lui donnait le frisson » ; on peut démontrer, néanmoins, qu'il n'est pas impossible à comprendre, étant donnée, naturellement, la susceptibilité à l'action de la lumière de quelques formes du tissu nerveux. Car Darwin montre qu'il existe chez quelques-uns des animaux inférieurs des rudiments d'yeux, consistant uniquement en cellules pigmentaires, couvertes d'une peau transparente, qui peuvent à la rigueur servir à distinguer la lumière des ténèbres, mais rien de plus. Puis nous trouvons un nerf optique et des cellules pigmentaires, puis nous trouvons un creux, rempli de substance gélatineuse, d'une forme convexe, le premier rudiment du cristallin. Nous perdons un grand nombre des échelons qui suivent, ce qui devait être nécessairement, grâce au fait qu'en raison du grand avantage de chaque modification donnant une plus distincte augmentation de vision, les créatures qui la possédaient survivaient nécessairement, et celles qui ne l'avaient point s'éteignaient. Mais nous pouvons imaginer, dès le premier progrès, comment chaque variation tendant à une vision plus parfaite a été conservée jusqu'à atteindre son apogée dans l'œil parfait des oiseaux et des mammifères. Cet œil même, nous le savons, est relativement, mais non absolument parfait. On n'a pas encore corrigé l'aberration chromatique, ni l'aberration de sphéricité, la presbytie, ou la myopie, et les diverses maladies et imperfections auxquelles l'œil est sujet peuvent être considérées comme des restes de la condition imparfaite d'où il a été élevé par la variation et la sélection naturelle.

Ces quelques exemples de difficultés soulevées quant à l'origine d'organes remarquables ou complexes doivent suffire ici, mais le lecteur désireux d'autres renseignements peut étudier avec soin et profit les sixième et septième chapitres de la dernière édition de l'*Origine des Espèces*, dans lesquels ces cas, et beaucoup d'autres, sont traités dans le plus grand détail.

CARACTÈRES INUTILES OU NON-ADAPTIFS

Beaucoup de naturalistes s'accordent à croire qu'un

nombre considérable des caractères qui distinguent les espèces ne sont d'aucune utilité pour leurs possesseurs, et par conséquent n'ont pu être produits ni augmentés par la sélection naturelle. Ce sont les professeurs Bronn et Broca, qui, sur le continent, ont formulé cette objection. En Amérique, Cope, paléontologiste bien connu, avait depuis longtemps énoncé la même objection, déclarant qu'il y a tout autant de caractères non adaptifs que de caractères adaptifs; mais il s'écarte complètement de ceux qui professent la même opinion d'une façon générale, en ce qu'il les considère comme se produisant surtout « dans les caractères des classes, ordres, familles et autres groupes élevés » et cette objection, par conséquent, est tout à fait distincte de celle dans laquelle on affirme que les « caractères spécifiques » sont le plus souvent inutiles. Plus récemment encore, le professeur G. J. Romanes a soulevé cette difficulté dans son article sur la *Sélection Physiologique* (*Journ. Linn. Soc.*, vol. XIX, p. 338-344). Il dit que les caractères « qui servent à distinguer des espèces alliées sont fréquemment, si ce n'est habituellement, tels, que la sélection naturelle ne peut rien avoir à faire avec eux » étant sans signification utilitaire. Il parle du « nombre énorme », et plus loin encore, de « l'innombrable multitude » des particularités spécifiques qui sont inutiles ; et finalement, il déclare qu'il est inutile d'argumenter davantage sur cette question « parce que dans les dernières éditions de ses ouvrages, Darwin n'a fait aucune difficulté pour reconnaître que l'on est obligé d'avouer qu'une grande proportion de caractères distinctifs spécifiques est inutile aux espèces chez qui ils se présentent ».

J'ai vainement cherché dans les œuvres de Darwin l'aveu en question, et je pense que M. Romanes n'a pas suffisamment distingué les « caractères inutiles » des

« différences spécifiques inutiles ». En me référant aux passages qu'il a indiqués, je trouve que, quant aux caractères spécifiques, Darwin n'a admis l'inutilité qu'avec de grandes précautions. Ses « aveux » les plus décisifs sur la question sont les suivants : « Mais lorsque, par la nature de l'organisme et de ses conditions, se sont produites des modifications sans importance pour le bien de l'espèce, elles peuvent être, et apparemment, ont été, transmises dans à peu près le même état, à de *nombreux descendants, modifiés d'autres manières.* » (*Origine*, Trad. Barbier, 237-8.) Les mots soulignés par moi indiquent assez que de tels caractères ne sont pas d'ordinaire « spécifiques » dans ce sens qu'ils sont bien ceux qui distinguent une espèce de l'autre, mais qu'ils se retrouvent chez beaucoup d'espèces alliées. Puis, ailleurs : « On peut donner ainsi, en toute sécurité, une grande extension, encore indéfinie, aux résultats directs et indirects de la sélection naturelle ; mais je conviens maintenant, après avoir lu l'essai de Naegeli sur les plantes, et les remarques de beaucoup d'auteurs en ce qui concerne les animaux, en particulier les plus récentes recherches émanant du professeur Broca, que, dans les premières éditions de mon *Origine des Espèces*, j'ai peut-être trop attribué d'influence à l'action de la sélection naturelle, ou de la survivance du plus apte. J'ai modifié la cinquième édition de l'*Origine* de façon à limiter mes remarques aux changements adaptifs de structure, *mais je suis convaincu, d'après la lumière qui s'est faite durant les quelques dernières années, qu'on découvrira plus tard l'utilité d'un très grand nombre de parties qui nous semblent maintenant inutiles, mais qui rentreront alors dans le domaine de la sélection naturelle.* Néanmoins, je n'ai pas pris suffisamment en considération l'existence de parties qui, *autant que nous pouvons en juger aujourd'hui,* ne sont ni bienfaisantes, ni nuisibles ; et je crois que c'est là une des plus grandes lacunes que l'on ait encore découvert dans mon ouvrage. »

Il est bon de remarquer que, ni dans les passages que nous venons de citer, ni dans aucun autre de ceux où il se prononce à ce sujet, Darwin n'admet que les « caractères spécifiques », c'est-à-dire les caractères servant à distinguer une espèce d'une autre — soient jamais inutiles, encore moins qu'une « grande proportion d'entre eux » le soit, ainsi que M. Romanes le lui fait « librement reconnaître ». D'autre part, dans le passage que j'ai souligné, il exprime fortement l'opinion que notre ignorance seule nous fait attribuer un manque d'utilité à ce qui nous entoure, et je tiens pour certain que c'est bien là l'explication vraie de beaucoup des prétendus caractères inutiles. Il sera peut-être bon d'examiner brièvement les progrès de la science dans le transfert des caractères d'une catégorie à l'autre.

Si nous nous reportons en arrière, fût-ce d'une seule génération, nous verrons que le botaniste le plus fin n'eut pu suggérer, pour chaque espèce de plantes, un usage rationnel des formes infiniment variées, en dimension et couleur, des fleurs, des formes et des arrangements des feuilles, et de tous les autres caractères externes de toute la plante. Mais depuis que Darwin a montré que les plantes gagnent en vigueur et en fertilité par le croisement avec d'autres individus de la même espèce, et que ce croisement s'effectue habituellement par l'intermédiaire d'insectes en quête de nectar ou de pollen, qui transportent le pollen des fleurs d'une plante à celles d'une autre, on a reconnu que chaque détail a son but et son utilité. La forme, la dimension et la couleur des pétales, et même les raies et les taches dont elles sont ornées, la position qu'elles occupent, les mouvements des étamines et des pistils à divers moments, surtout pendant la fécondation, et immédiatement après,

tout cela a été reconnu comme étant strictement adap-
tif, dans un si grand nombre de cas, qu'aujourd'hui les
botanistes croient que tous les caractères externes des
fleurs sont, ou ont été, utiles à leur espèce.

Kerner et d'autres botanistes ont aussi fait voir qu'une
autre série de traits caractéristiques a pour objet d'empêcher les fourmis, les limaces, et d'autres animaux d'atteindre les fleurs, parce que ces animaux pourraient les
dévorer, ou tout au moins leur nuire, sans opérer la fécondation. On a montré le rôle d'armes défensives à l'é-
gard de ces « pique-assiette » [1] que jouent les épines, les poils, ou les glandes visqueuses qui entourent la
tige ou le pédoncule de la fleur, les poils et les curieux
moyens d'occlusion de la fleur, ou quelquefois même le
poli extrême, l'absence de rugosités à l'extérieur des
pétales, qui font que peu d'insectes réussissent à s'accro-
cher aux parties ainsi protégées. Plus récemment encore,
Grant Allen et Sir John Lubbock ont essayé d'expliquer
les innombrables formes, textures, modes de groupement des feuilles, et des plantes, par leurs rapports avec
les besoins de celles-ci mêmes ; il est peu douteux que
cette entreprise ne soit couronnée de succès. Puis,
de même que les fleurs ont subi une adaptation pour
assurer leur fécondation soit directe, soit croisée, les
fruits ont été développés en vue d'aider à la dissémination des graines, et l'on pourrait démontrer que leurs
formes, leurs dimensions, leurs sucs, et leurs couleurs
sont spécialement adaptées pour assurer cette dissémination par l'entremise des oiseaux et des mammifères ;
tandis que le même but est atteint par les graines plu-
meuses qu'emportent les vents, ou les graines munies
de coques gluantes, ou de crochets, qui les fixent à la

1. Voyez *Flowers and their Unbidden Guests* de Kerner, pour de
nombreuses autres structures et particularités des plantes, démontrées adaptives et utiles.

peau, à la toison, ou aux plumes d'animaux divers.

Nous trouvons donc ici une extension énorme de l'utilitarisme dans le règne végétal, et cette extension comprend presque tous les caractères spécifiques des plantes. Car les espèces des plantes sont généralement caractérisées ou bien par des différences de forme, de dimensions, de couleur, des fleurs ou des fruits ; ou par des particularités des formes, des dimensions, des dentelures, ou de l'arrangement des feuilles ; ou par des particularités des épines, des poils, ou du duvet dont diverses parties de la plante se revêtent. Il faut certainement admettre, dans le cas des plantes, que les caractères « spécifiques » sont éminemment adaptifs ; et bien que quelques-uns puissent faire exception, ceux que Darwin a cités comme ayant été accusés d'inutilité par plusieurs botanistes, appartiennent soit à des genres ou groupes supérieurs, ou se trouvent seulement dans quelques plantes d'une espèce, et sont, par conséquent, des variations individuelles, et non des caractères spécifiques.

Chez les animaux, c'est au sujet de leur couleur et de leurs dessins que s'est opérée la plus grande extension récente de leur utilité. On savait depuis longtemps que certains animaux sont protégés par leur ressemblance avec leur entourage normal, témoins les animaux arctiques, blancs à cause de la neige où ils se meuvent, les teintes jaunes ou brunes des habitants du désert, les couleurs vertes des oiseaux et des insectes entourés d'une végétation tropicale. Mais au cours des dernières années ces cas ont beaucoup augmenté, en nombre et en variété, surtout en ce qui concerne les animaux qui imitent de très près les objets particuliers parmi lesquels ils habitent ; et on a compris la raison d'être de quelques colorations qui avaient longtemps paru inutiles. Un grand nombre d'animaux, et plus spécialement d'insectes, ont un aspect éclatant, par leurs couleurs vives, ou par leurs dessins remarquables, de telle sorte qu'ils sont très facilement aperçus. On a découvert maintenant que, dans presque tous les cas, ces animaux possèdent une qualité particulière qui, dès qu'elle est connue, empêche les ennemis de leur espèce de les attaquer ; les couleurs brillantes et les dessins voyants servent donc d'avertissement ou de signal empêchant l'attaque. Nombre d'insectes ainsi colorés sont répugnants au goût, et non comestibles ; d'autres, tels que les guêpes et les abeilles, ont des dards ; d'autres sont trop coriaces pour être mangés par de petits oiseaux ; les serpents aux crochets venimeux ont souvent quelque trait caractéristique, une sonnette, un capuchon, ou quelque couleur inusitée, indiquant qu'il vaut mieux ne rien avoir à démêler avec eux.

Mais il existe encore une autre forme de coloration, consistant en marques particulières — des bandes, des taches, ou des plaques de blanc, ou de couleur brillante, variant chez chaque espèce, qui sont souvent cachées lorsque l'animal est au repos, mais qui se révèlent dès qu'il est en mouvement — ainsi qu'on le remarque pour les bandes et les taches si fréquentes sur les ailes et la queue des oiseaux. On croit, non sans raison, que toutes ces marques spécifiques servent à faire reconnaître promptement entre eux les individus de chaque espèce, même à distance, et surtout à faciliter la reconnaissance des jeunes par leurs parents, et des deux sexes l'un par l'autre, ce qui doit être souvent un facteur important pour assurer le salut des individus, et, par suite, le bien-être et la perpétuation de l'espèce. Ces particularités intéressantes seront décrites en détail dans un prochain chapitre ; nous ne les citons ici, en passant, que pour montrer comment les plus communs de tous les caractères par lesquels les espèces se distinguent les unes des autres — leur couleur et leurs marques — peuvent être classés comme adaptifs, ou de nature utilitaire.

Mais, outre la couleur, il existe presque toujours quelques caractères de structure qui distinguent une espèce de l'autre, et, là aussi, pour beaucoup d'espèces, on peut discerner souvent l'adaptation. Chez les oiseaux, par exemple, nous avons les différences de la dimension ou de la forme du bec ou du tarse, de la longueur de l'aile ou de la queue, et des proportions des différentes plumes dont quelques-uns de ces organes se composent. Toutes ces différences dans les organes d'où dépend la vie même des oiseaux, qui déterminent le caractère de leur vol, leur facilité à courir ou grimper, à choisir pour habitat la terre ou les arbres, et l'espèce de nourriture qu'il leur sera plus facile de se procurer pour eux-mêmes et pour leurs petits, tout cela, sûrement, doit avoir, au suprême degré, le caractère de l'utilité, quand bien même nous ne l'apercevrions aucunement, dans chaque cas individuel, par suite de notre ignorance des détails de l'histoire de leur vie. Les différences spécifiques des mammifères consistent, en dehors des différences de couleur, en variations dans la longueur ou la forme des oreilles et de la queue, dans les proportions des membres, ou la longueur et la qualité des poils sur les différentes parties du corps. Une des objections du professeur Bronn a précisément trait aux différences des oreilles et de la queue. Il expose que la longueur de ces organes varie chez les espèces diverses des lièvres et des souris, et il considère cette différence comme dépourvue d'utilité quelconque pour ceux qui la possèdent. Mais Darwin a répondu à cette objection, que le docteur Schöbl a démontré que les oreilles des souris « sont extraordinairement riches en nerfs, ce qui, sans nul doute, en fait des organes tactiles ». De là, si l'on considère que la vie des souris s'écoule dans l'obscurité, ou, durant le jour, en des lieux sombres où elles cherchent leur nourriture, on comprendra que la longueur de leurs oreilles peut être une adaptation aux habitudes particulières et à l'entourage de l'espèce. De même, chez les plus grands mammifères, la queue sert souvent à chasser les mouches ou d'autres insectes qui s'attaquent à leurs corps ; et quand on pense combien, dans beaucoup d'endroits du globe, les mouches peuvent être nuisibles et même meurtrières pour les grands mammifères, on s'aperçoit que les traits caractéristiques de cet organe ont pu être en chaque cas, adaptés aux exigences du milieu particulier où s'est développée l'espèce. On attribue aussi à la queue le rôle d'un organe d'équilibration, qui aiderait l'animal à se tourner facilement et rapidement, comme nos bras nous aident à courir ; tandis que dans des groupes entiers c'est un organe préhensile, qui s'est modifié d'accord avec les habitudes et les besoins de chaque espèce. C'est de cette façon qu'en usent les jeunes, chez les souris. Darwin nous apprend que feu le professeur Henslow gardait captifs quelques rats nains, et remarqua qu'ils enroulaient souvent leur queue autour des branches d'un buisson placé dans leur cage, s'aidant ainsi pour grimper ; et Günther a vu de ses propres yeux une souris se suspendre par la queue. (*Origine des Espèces*, trad. Barbier, p. 255.)

D'autre part, M. Lawson Tait a éveillé l'attention au sujet de l'usage que les chats, les écureuils, et les yaks, sans compter nombre d'autres animaux, font de leur queue comme moyen de conserver la chaleur de leur corps durant le sommeil nocturne et hivernal. Il dit que, par des temps froids, on trouve les animaux munis d'une queue longue ou touffue couchés en rond, leur queue soigneusement posée sur leurs pattes en guise de couverture, et leur nez enseveli dans la fourrure dont ils usent à peu près comme nous le faisons de respirateurs [1].

1. *Nature*, vol. XX, p. 603.

Un autre exemple nous est fourni par les cornes du cerf, dont on avait cru longtemps que, lorsqu'elles étaient fort grandes, elles étaient dangereuses pour l'animal, quand il court rapidement au travers d'épais bocages. Mais Sir James Hector affirme que le *wapiti*, (cerf du Canada), dans l'Amérique du Nord, porte la tête rejetée en arrière, plaçant ainsi ses cornes aux côtés de son dos, et se trouve à même alors de se lancer au travers de la plus épaisse forêt avec une grande rapidité. Les premiers andouillers protègent la face et les yeux, tandis que les bois empêchent toute blessure au cou et au flancs. De la sorte, un organe qui avait été développé comme arme sexuelle, s'est trouvé conduit et modifié pendant sa croissance de façon à être utile en diverses manières. On a observé une utilisation semblable des bois du cerf aux Indes [1].

Les classes diverses de faits que nous venons d'énoncer montrent assez que, chez les deux groupes supérieurs, les mammifères et les oiseaux, presque tous les caractères par lesquels les espèces se distinguent l'une de l'autre, sont, ou peuvent être, de nature adaptive. Ces deux classes d'animaux sont celles qu'on a le plus étudiées, et dont l'histoire est le plus complètement connue, et pourtant, même chez elles, l'affirmation de l'inutilité de deux organes importants par un éminent naturaliste a pu être suffisamment contredite, par l'anatomie ou par l'étude des habitudes des groupes en question.

Ce fait, rapproché de la série étendue de caractères déjà énumérés que l'on a, au courant des dernières années, fait passer de la classe des « inutiles » à celle des « utiles » devrait nous convaincre que l'affirmation de l'inutilité d'un organe ou d'une singularité qui n'est pas un rudiment ou une corrélation, n'est pas, et

1. *Nature*, vol. XXXVIII, p. 328,

ne peut jamais être l'énoncé d'un fait, mais seulement une expression de notre ignorance, quant à son objet et à son origine [1].

INSTABILITÉ DES CARACTÈRES NON ADAPTIFS

Il me semble qu'on ait entièrement négligé une objec-

[1]. Semper nous donne une exemple très remarquable de la fonction d'un ornement en apparence inutile. Voici ce qu'il dit : « Chacun sait que la peau des reptiles enferme leur corps dans des écailles. Ces écailles se distinguent par des ornementations très variées, caractérisant d'une façon très marquée les diverses espèces. En dehors de leur signification systématique, elles ne paraissent pas avoir de valeur dans l'existence de l'animal ; en réalité, on les considère comme ornementales, sans réfléchir qu'elles sont microscopiques, et beaucoup trop fines pour être visibles pour d'autres animaux de même espèce. Il semblait, par conséquent, qu'on dût renoncer à l'espoir de justifier la nécessité de leur existence d'après les principes darwiniens, et de prouver qu'elles sont des organes physiologiquement actifs. Néanmoins, de récentes recherches sur ce point nous ont fourni la preuve qu'on peut garder cet espoir. On sait que tandis que les hommes changent leur peau par degrés presque insensibles, beaucoup de reptiles, et surtout les serpents, se dépouillent de la leur d'un seul coup. Si, par quelque accident, ils en sont empêchés, ils meurent infailliblement, la vieille peau étant devenue si coriace et si dure qu'elle s'oppose à l'augmentation de volume indispensable à la croissance de l'animal.

» Le changement de la peau est amené par la formation, à la surface de l'épiderme intérieur, d'une couche de poils très fins et très également distribués qui servent évidemment à soulever mécaniquement, par leur rigidité et leur position, la vieille peau, et peuvent être désignés comme *poils de mue.*

» Il est évident pour moi que ces poils sont destinés à ce but, et calculés de façon à le remplir, d'autant plus que le docteur Braun a établi le fait que la mue de la coquille de l'écrevisse de rivière est amenée de la même façon, par la formation d'une enveloppe de poils qui, par une action mécanique, détache la peau ou carapace ancienne de la nouvelle. Les recherches de Braun et Cartier ont montré que ces *poils de mue,* — servant au même but

tion de très grand poids, qu'on peut faire à la théorie
d'après laquelle les caractères *spécifiques* ne peuvent
jamais être entièrement inutiles (ou entièrement dépourvus de rapport avec des organes utiles, par une corrélation

chez deux groupes d'animaux si séparés dans l'échelle du système
des êtres, — après avoir servi à la mue, se transforment en partie en les bandes concentriques, les pointes barbelées, les épines,
et les excroissances qui ornent les bords extérieurs de la peau
écailleuse des reptiles, ou de la carapace des crabes [1]. »

Le professeur Semper ajoute que cet exemple, avec beaucoup
d'autres qui pourraient être cités, prouve que nous ne devons
pas renoncer à l'espoir d'expliquer les caractères morphologi-
ques par les théories darwiniennes, bien que leur nature soit
difficile à comprendre.

Durant une discussion récente de cette question dans les pages
de *Nature*, M. St-Georges Mivart cite plusieurs exemples de ce
qu'il estime être des caractères spécifiques inutiles. Parmi
ceux-ci figure l'index avorté du *Potto* lémurien, et les mains
privées de pouces du *Colobus* et de l'*Atèle*, dont le rôle, dans
« la lutte pour la vie » lui paraît inadmissible. Ces cas suggèrent
deux observations. En premier lieu, ils impliquent des caractères
génériques et non *spécifiques* ; et les trois genres cités sont
quelque peu isolés, ce qui implique une antiquité considérable, et
l'extinction de beaucoup de formes alliées. Ce dernier point est
important, parce qu'il accorde un temps suffisant pour les grands
changements de conditions qui ont dû s'opérer, depuis l'origine
des parties dont il s'agit ; et sans une connaissance de ces changements, nous ne pouvons affirmer d'aucun détail de structure
qu'il était sans utilité. En second lieu, tous les trois sont des
cas d'organes avortés ou vestigiaires : et on admettra que
ceux-ci s'expliquent par la désuétude conduisant à la diminution
de la taille, une autre réduction étant amenée par l'action du
principe de l'économie de croissance. Puis, quand il s'est trouvé
ainsi réduit, le rudiment est devenu gênant ou même nuisible,
et alors, la sélection naturelle a achevé de le faire avorter : en
d'autres mots, l'avortement de la partie est devenu *utile*, il
tombe sous le coup de la loi de la survivance du plus apte. Les
genres *Ateles* et *Colobus* sont les deux types les plus purement
arboricoles des singes, et il n'est point difficile de concevoir que

[1]. *The Natural Conditions of Existence as they affect Animal Life*, p. 19.

de croissance), et ceux mêmes qui appuyent sur la fréquence de ces caractères inutiles, ont dédaigné cette arme.
Cette objection se tire de leur instabilité presque nécessaire. Darwin, en remarquant l'extrême variété des caractères sexuels secondaires — tels que les cornes, les crê-

l'usage constant des doigts allongés, en grimpant d'un arbre à
l'autre, et se raccrochant aux branches pendant leurs grands
sauts, aient obligé toute la force musculaire et l'énergie nerveuse à se concentrer dans les doigts, le petit pouce demeurant
inutile. Le cas du *Potto* est plus embarrassant, parce qu'il est,
selon toute présomption, un type plus ancien, et aussi parce
que sa vie et ses habitudes actuelles sont complètement inconnues. Ces cas ne sont, par conséquent, aucunement propres à
démontrer que les caractères spécifiques positifs — non de
simples rudiments caractérisant des genres entiers, — sont inutiles en aucun cas.

M. Mivart proteste, plus loin, contre la rigueur de l'action de la
sélection naturelle, parce que des animaux blessés ou mal confor-
més ont été trouvés qui avaient évidemment vécu longtemps
dans leur condition imparfaite. Mais cela prouve simplement
qu'ils vivaient dans un entourage temporairement favorable, et
que la vraie lutte pour l'existence n'avait pas encore commencé
chez eux. On admettra sûrement, que lorsque la disette fut
venue, et que les hermines d'été adultes mouraient, faute de
nourriture, l'animal imparfait n'ayant qu'une patte, cité par
M. Mivart, aurait été des premiers à succomber ; et la même observation s'applique à ses lièvres à dentition anormale, et à ses
singes rhumatisants, lesquels, cependant, pouvaient se tirer d'affaire très bien dans des conditions favorables. La lutte pour
l'existence, sous l'influence de laquelle tous les animaux et toutes
les plantes se sont développés, est intermittente, et très irrégulière, dans son incidence et sa rigueur. Elle est surtout sévère et
fatale pour les jeunes ; mais quand un animal a atteint sa maturité, et surtout qu'il a acquis de l'expérience, au cours d'une
vie aventureuse, il peut réussir à se maintenir dans des conditions qui seraient fatales à un animal jeune et inexpérimenté de
son espèce. Les exemples cités par M. Mivart ne changent donc
rien à la dureté de la nature et des lois qu'elle impose, à l'extrême
sévérité de la lutte sans cesse renaissante pour l'existence [1].

1. Voyez *Nature*, vol. XXXIX, p. 127.

tes, les plumes, etc., qui ne se trouvent que chez les mâles,
— en a donné pour raison que, bien que d'une certaine
utilité, ces caractères ne sont pas d'une importance aussi
directe et aussi vitale que les caractères adaptifs d'où
dépendent le bien-être et l'existence même des animaux.
Mais, dans le cas d'organes complètement inutiles, qui
ne sont pas des rudiments d'organes autrefois utiles,
nous ne voyons pas ce qui pourrait garantir un degré
quelconque de constance ou de stabilité. Un des cas sur
lesquels M. Romanes insiste le plus, dans son article sur
la *Sélection Physiologique* (*Journ. Linn. Soc.* vol. XIX,
p. 384) est celui des appendices charnus à l'angle de la
mâchoire des cochons de Normandie et de quelques autres
races. Mais on constate expressément que ces accidents
ne sont pas constants ; ils se présentent « fréquemment »
ou « quelquefois » ; ils « ne sont pas strictement héréditaires, car ils se produisent ou manquent chez les animaux d'une même portée, » et ils ne sont pas toujours
symétriques, car ils apparaissent parfois sur un seul côté
de la face. Quelles que puissent être les causes expliquant la présence des appendices anormaux, on ne peut
les classer comme « caractères spécifiques » puisque les
traits essentiels de ces derniers sont d'être symétriques,
transmissibles par l'hérédité, et constants. En admettant
que ces singuliers appendices soient (M. Romanes dit
avec une certaine assurance : « Nous savons qu'ils sont »)
entièrement dépourvus d'utilité et de signification, le fait
prouverait plutôt en faveur de l'utilité des caractères
spécifiques, qui ne présentent jamais les traits caractéristiques de cette variation particulière.

Ces caractères inutiles, non adaptifs, sont apparemment de même nature que les *sports* qui surgissent dans
nos productions domestiques, mais qui, ainsi que le dit
Darwin, sans l'aide de la sélection, disparaîtraient bien
vite, tandis que quelques-uns peuvent être en corréla-

tions avec d'autres caractères qui sont, ou ont été utiles.
Quelques-unes de ces corrélations sont très curieuses.
M. Tegetmeier a appris à Darwin que les petits des pigeons
blancs, jaunes ou brun foncé naissent presque nus, tandis
que les pigeons d'autres couleurs naissent bien fournis
de duvet. Si cette différence se produisait entre des espèces sauvages de couleurs différentes, on pourrait en conclure que la nudité des jeunes n'a aucune utilité. Mais la
couleur avec laquelle elle est en corrélation est utile en
bien des manières, ainsi qu'on l'a montré. La peau et ses
accessoires variés, tels que les cornes, les sabots, le poil,
la plume et les dents, sont des parties homologues, et
sont sujettes à de très étranges corrélations de croissance. Au Paraguay, il y a des chevaux dont le poil
frise, et leurs sabots sont exactement pareils à ceux des
mules, tandis que les poils de la crinière et de la queue
sont beaucoup plus courts que d'ordinaire. Si l'un de ces
caractères était utile, les autres en corrélation avec lui
pourraient être sans utilité propre, mais seraient encore
assez constants, parce qu'ils dépendraient d'un organe
utile. De même les défenses et les soies du sanglier sont
en corrélation, et varient ensemble dans leur développement, et les premières seulement, ou les deux à la
fois, peuvent être utiles à des degrés inégaux.

La difficulté de savoir comment se fixent et se perpétuent les différences individuelles ou les traits de fantaisie, quand ils sont entièrement inutiles, est éludée par
ceux qui prétendent que de tels caractères sont extrêmement communs. M. Romanes dit, à propos de sa
théorie de la sélection physiologique. « Il est tout à fait
compréhensible que, quand une forme variante est différenciée de sa forme mère par la barrière de la stérilité,
il faut admettre que toutes les petites particularités. même
insignifiantes, de structure ou d'instinct, *pourraient se
produire*, et ensuite *se perpétuer* par l'hérédité » jusqu'à

ce qu'elles fussent finalement éliminées par la désuétude. Mais ceci n'est qu'une pétition de principes. Est-il vrai que des particularités insignifiantes, comme nous admettons qu'il s'en produit, sous forme de variations spontanées, se perpétuent jamais dans tous les individus constituant une variété ou une race, sans l'aide d'une sélection soit naturelle soit artificielle ? De tels caractères se présentent sous forme de variations inconstantes, et demeurent tels, à moins qu'ils ne soient conservés et accumulés par la sélection, et, par conséquent, ils ne peuvent jamais devenir des caractères spécifiques, à moins d'une stricte corrélation avec quelques particularités utiles et importantes.

A l'égard de cette question, nous renverrons à ce qu'on a appellé la loi de Delbœuf, qui se trouve sommairement exposée par M. Murphy, dans son ouvrage intitulé *Habit and Intelligence*, p. 241, en ces termes :

« Si, dans une espèce quelconque, un nombre d'individus, dans une proportion qui ne soit pas infiniment petite par rapport au nombre total des naissances, nait à chaque génération, avec une variation particulière qui ne soit ni bienfaisante ni nuisible, et si cette action n'est pas contrariée par la réversion, alors la proportion de la nouvelle variété au type originel augmentera jusqu'à s'approcher d'une façon indéfinie de l'égalité »

Il n'est pas impossible que quelques variétés définies, telles que la forme mélanique du jaguar, et la variété bridée du guillemot (*Cepphus*) soient dues à cette cause ; mais, par leur nature même, de telles variétés sont inconstantes, et se reproduisent continuellement en proportions variables, par rapport à la forme mère. Elles ne peuvent, par conséquent, constituer une espèce, à moins que la variation en question ne devienne bienfaisante, auquel cas la sélection naturelle se chargera de la fixer. Darwin dit, à la vérité : « Il y a peu de doute que la tendance à

varier de la même manière n'ait été souvent si forte que
tous les individus d'une même espèce ont été modifiés de
même, sans l'aide d'aucune forme de sélection [1]. » Mais
il ne fournit aucune preuve à l'appui de son assertion, et
elle est si entièrement en opposition avec ce que nous
savons, par Darwin lui-même, des faits de variation, que
le mot si important « tous » est probablement une inad-
vertance.

Au bout du compte, alors, il me semble que, non
seulement il n'a pas été prouvé que « un nombre énorme
de particularités spécifiques » n'a aucune utilité, et que,
par une conclusion logique, la sélection naturelle n'est
« pas la théorie de l'origine des espèces » mais, seulement celle de l'origine des adaptations qui sont généralement communes à beaucoup d'espèces, ou plus habituellement, aux genres et aux familles ; mais, de plus,
j'affirme qu'il n'a pas été seulement prouvé qu'aucun
caractère vraiment « spécifique » — de ceux qui, soit
seuls, soit combinés avec d'autres, distinguent chaque
espèce de ses alliés les plus rapprochés, -- soit entièrement non-adaptif, inutile, et sans signification ; tandis
que, d'une part, une grande masse de faits, et, de l'autre,
quelques arguments de poids prouvent également que
les caractères spécifiques ont été développés et fixés, et
ne pouvaient l'être autrement, par la sélection naturelle, à cause de leur utilité. Nous ne faisons pas difficulté pour admettre que parmi le grand nombre de variations et de races de fantaisie qui surgissent continuellement, il en est qui sont inutiles, sans devenir nuisibles ;
mais on n'a fait connaître aucune cause ni aucune influence capable de rendre ces caractères fixes et constants, dans le vaste nombre d'individus qui constituent
l'une quelconque de nos espèces dominantes [2].

1. *Origine des Espèces*, chap. IV.
2. La dernière opinion exprimée par Darwin sur cette question

EFFETS SUBMERSIFS DES CROISEMENTS RÉPÉTÉS

Cette difficulté qu'on a supposée insurmontable a été mise en lumière, pour la première fois, dans un article de la *North British Review*, en 1867, et elle attira l'attention générale par la réponse qu'y fit Darwin qui convint qu'elle lui avait prouvé que les *variations isolées*, ou ce qu'on appelle les *sports*, pouvaient très rarement, si toutefois ils le pouvaient jamais, se perpétuer à l'état de nature, comme il avait d'abord pensé que cela pouvait se passer à l'occasion.

Mais il avait toujours considéré que la partie principale, et, plus tard, que la totalité de la masse des matériaux sur laquelle agit la sélection naturelle, était fournie par des variations individuelles, ou cette somme de variabilité flottante qui existe chez tous les organismes, dans toutes leurs parties. D'autres écrivains ont insisté sur cette objection, de même qu'ils se sont élevés contre la variabilité individuelle, ignorants qu'ils étaient, selon toute apparence, de sa quantité et de son étendue ; tout

est intéressante, parce qu'elle montre qu'il était enclin à revenir à sa première théorie de l'utilité générale ou universelle des caractères spécifiques. Il écrit, dans une lettre adressée à Semper : (le 30 novembre 1878) : « A mesure que nous avançons en connaissances, nous découvrons continuellement que de très légères différences, considérées par les classificateurs comme n'ayant aucune importance en structure, sont fonctionnellement très importantes. J'en ai été particulièrement frappé, dans le cas des plantes que j'observe, depuis quelques années, à l'exclusion de tous les autres objets. Par conséquent, il me semble téméraire de considérer les légères différences entre des espèces typiques représentatives, par exemple celles qui habitent différentes îles du même archipel, comme si elles n'avaient aucune importance fonctionnelle, et n'étaient pas dues, de quelque manière, à la sélection naturelle. »
Vie et Correspondances de Ch. Darwin, trad. H. de Varigny, t. II, p. 492.

récemment encore, le professeur G. J. Romanes l'a alléguée comme une des difficultés qui ne peuvent être sur-
montées que par sa théorie de la sélection physiologique.
Il avance que la même variation ne se produit pas d'une
façon simultanée chez un nombre d'individus habitant
le même territoire, et que c'est une pure hypothèse que
d'assurer qu'elle se produit ainsi : il admet pourtant que
« si cette hypothèse était admise, ce serait la fin de la
difficulté en question ; car si un nombre suffisant d'individus se trouvait ainsi simultanément et pareillement
modifié, il n'y aurait plus à se préoccuper du danger
que la variété courrait d'être submergée par les croisements répétés. » Je dois encore renvoyer mes lecteurs à
mon troisième chapitre, pour la preuve que cette variabilité simultanée est non une hypothèse, mais bien un
fait ; mais, même en admettant que tout cela soit prouvé,
le problème n'est pas entièrement résolu, et il y a tant
de malentendus, en ce qui concerne la variation et le
processus véritable de l'origine des espèces nouvelles est
si obscur qu'il est désirable de discuter et d'élucider ce
sujet.

M. Seebohm, dans un des chapitres préliminaires de
son récent ouvrage sur les *Charadriidæ*, discute la différenciation des espèces, et il exprime une opinion assez
généralement répandue chez les naturalistes quand,
parlant des effets submersifs des croisements répétés, il
ajoute : « C'est, sans contredit, une très grave difficulté,
c'est même, à mon avis, une difficulté absolument fatale
à la théorie de la variation accidentelle. » Et, dans un
autre passage, il dit : « L'apparition simultanée d'une
variation avantageuse, et sa répétition chez des générations successives, dans un grand nombre d'individus
habitant la même localité, ne peut pas être attribuée au
hasard. » Ces observations me paraissent témoigner
d'une notion entièrement fausse des faits de la variation,

tels qu'ils se produisent réellement, et tels qu'ils ont été utilisés, pour la modification des espèces, par la sélection naturelle. J'ai déjà montré que chaque partie de l'organisme, dans les espèces communes, varie considérablement, chez un grand nombre d'individus de la même localité ; le seul point qu'il reste à régler, c'est de savoir si quelques-unès, si la plupart de ces variations, sont « avantageuses ».

Mais chacune de ces variations consiste soit en une augmentation, soit en une diminution de dimensions ou de puissance de l'organe ou de la faculté qui varie ; elles peuvent être divisées en deux groupes, le groupe plus avantageux, plus bienfaisant, et le groupe qui le serait moins. Si une moindre grosseur du corps était avantageuse, alors, comme la moitié des variations de grosseur sont au dessus, et l'autre moitié au-dessous du type moyen qui sert de modèle à l'espèce, il y aurait abondance de variations avantageuses ; si une couleur plus foncée, ou un bec et des ailes plus longs étaient nécessaires, il y a toujours un nombre considérable d'individus de couleurs plus sombre ou plus claire que la moyenne, avec des ailes et des becs plus longs ou plus courts, et ainsi la variation avantageuse serait toujours présente. Il en irait de même pour chaque autre partie, organe, fonction, ou habitude ; parce que la variation étant et devant toujours être, autant que nous le savons, dans le sens de l'excès où du défaut, relativement à la quantité moyenne, quelle que soit la sorte de variation exigée, on ne peut manquer de la trouver à un degré quelconque ; ainsi tombe l'objection relative aux variations « bienfaisantes » ou « avantageuses » qu'on voudrait traiter comme si elles formaient une classe spéciale et rare. Nul doute que quelques organes ne puissent varier en trois directions et même plus, telles que la longueur, la largeur, l'épaisseur et la courbure du bec. Mais on ne peut les compter comme des va-

riations séparées, chacune desquelles se produit « plus »
ou « moins » ; et ainsi la variation « bonne » ou « avantageuse » ou « utile » sera toujours présente, toutes les
fois qu'il y a variation quelconque ; il n'a pas encore été
prouvé que la variation fait défaut chez les grandes espèces dominantes, ou dans quelque partie, ou organe,
ou faculté de ces espèces. Et même, quand cela serait
prouvé, la preuve ne suffirait pas, tant qu'on constaterait
la variation chez de nombreuses autres espèces ; parce
que nous savons qu'eJ un gnd nombre d'espèces et de
groupes des temps géologiques ont péri, sans laisser de
descendants ; et l'explication évidente et satisfaisante du
fait de leur disparition est qu'ils n'ont pas *varié* suffisamment, au moment où la variation était nécessaire
pour les mettre en harmonie avec des conditions changées. L'objection relative à la variation « bonne » ou
« bienfaisante » se présentant au moment voulu, ne paraît donc d'aucun poids, en regard des faits réels de la
variation.

L'ISOLATION EMPÊCHE LES CROISEMENTS RÉPÉTÉS

Beaucoup d'écrivains traitant ce sujet considèrent
l'isolation d'une partie d'une espèce comme étant un
facteur très important dans la formation d'une espèce
nouvelle, tandis que d'autres vont plus loin, et procla-
ment qu'elle est absolument essentielle. Cette dernière
vue est née de l'opinion exagérée qu'on a du pouvoir des
croisements répétés pour submerger toute variété ou
espèce naissante, et les faire rentrer au giron paternel.
Mais il est évident que cela ne doit arriver que pour des
variétés qui ne sont pas utiles, ou qui, tout en étant utiles, ne se produisent qu'en très petit nombre ; il est clair
qu'aucune espèce nouvelle ne peut surgir de cette sorte
de variations. Nul doute que l'isolation complète, comme,

par exemple, dans une île de l'Océan, ne permette à la
sélection naturelle d'agir plus rapidement, pour plusieurs raisons. En premier lieu, l'absence de concurrence permettra, pendant quelque temps, aux immigrants
nouveaux de se multiplier rapidement jusqu'à ce qu'ils
aient atteint les limites de la subsistance. Alors commencera, entre eux, la lutte, et par la survivance du plus
apte, ils s'adapteront promptement aux nouvelles conditions de leur entourage. Des organes dont ils avaient
autrefois besoin pour se défendre contre leur ennemis,
ou échapper à leur poursuite, n'étant plus nécessaires,
deviendront des charges dont ils se débarrasseront,
tandis que l'importance de se procurer et de digérer une
nourriture nouvelle et variée augmentera. Ainsi peut
s'expliquer l'origine de tant d'oiseaux volumineux, privés de la faculté de voler, tels que le dodo, le casoar, et
les moas disparus. De plus, pendant que cela se passait,
l'isolation complète empêchait que cette transformation
ne fut troublée par l'immigration de nouveaux concurrents ou ennemis, ce qu'il eut été difficile d'éviter dans
un territoire étendu ; et, naturellement, tout croisement
avec la souche primitive non modifiée était absolument
empêché. Si, ensuite, avant que ce changement n'ait été
très avancé, la variété se répand dans des îles adjacentes
mais déjà assez éloignées, la légère différence des conditions dans chacune d'elles peut amener le développement
de formes distinctes, constituant ce qu'on appelle des
espèces représentatives ; c'est ce que nous trouvons dans
les îles diverses des Galapagos, des Indes Occidentales,
et d'autres anciens groupes d'îles.

Mais des cas semblables conduiront, au plus, à la production de quelques espèces particulières, descendants
de colons primitifs arrivés dans ces îles ; tandis que, dans
des territoires étendus et dans les continents, nous avons
la variation et l'adaptation sur une beaucoup plus grande

échelle, et, toutes les fois que des modifications physiques importantes l'exigent, avec une rapidité plus grande
encore. La complexité bien plus grande du milieu, unie
à la production des variations dans la constitution et les
habitudes, permet quelquefois une isolation effective,
produisant même tous les résultats de l'isolation physique. Ainsi que nous l'avons déjà expliqué, un des plus
fréquents modes d'action de la sélection naturelle consiste en l'adaptation de quelques individus d'une espèce
à un mode de vie quelque peu différent, qui les met ainsi
à même de s'emparer de places vides dans la nature, et
en ce faisant, de se trouver, en réalité, isolés de leur
forme primitive.

Nous supposerons, par exemple, qu'une partie d'une
espèce habituée à vivre en forêt fasse une excursion dans
une plaine ouverte, et, y trouvant une abondante nourriture, s'y fixe d'une façon permanente. Tant que la lutte
pour l'existence ne sera pas trop dure, ces deux parties
de l'espèce pourront demeurer presque semblables ; mais
si nous supposons des ennemis nouveaux attirés dans les
plaines par la présence de ces nouveaux immigrants, il
faudra que la variation et la sélection naturelle conservent les individus qui seront le mieux en état de tenir
tête à l'invasion, et ainsi la forme des habitants de la
plaine se transformera pour produire une variété marquée, ou une espèce distincte ; et il y aurait, évidemment,
peu de chances pour que cette modification fût contrariée par des croisements avec la forme des ancêtres restée
dans la forêt.

Il est un autre mode d'isolation, qu'amène la légère
différence entre les époques de reproduction de la variété
et celles de l'espèce mère, différence due soit aux habitudes, soit au climat, soit à des changements de constitution. On sait que l'isolation est complète, dans le cas
de beaucoup de variétés de plantes. Une autre sorte

d'isolation résulte de changements de couleur, et du fait que, à l'état sauvage, les animaux de couleur semblable se tiennent ensemble, et refusent de s'accoupler avec des individus d'autres couleurs. La raison et l'utilité probables de cette habitude seront expliquées dans un autre chapitre, mais le fait a été mis en lumière par le bétail sauvage aux îles Falkland. Les animaux sont de plusieurs couleurs, mais chaque couleur forme un troupeau séparé, limité parfois à une partie de l'île ; chez une de de ces variétés — celle à couleur de souris — les petits viennent un mois plus tôt que chez les autres ; de sorte que si cette variété habitait un territoire plus grand, elle pourrait très vite s'établir comme race distincte ou espèce [1].

Naturellement, le changement des habitudes ou de la station peut être encore plus grand, comme, par exemple, quand un animal terrestre devient sub-aquatique, ou que des animaux aquatiques deviennent arboricoles, comme cela arrive pour les grenouilles et les crustacés décrits précédemment ; et, dans ce cas, le danger des croisements répétés est réduit au minimum.

Quelques écrivains, cependant, non contents des effets indirects de l'isolation qu'on vient d'indiquer, soutiennent qu'elle est, en elle-même, une cause de modification, et finalement, de création de nouvelles espèces. C'était la note dominante de l'essai de M. Vernon Wollaston, sur la *Variation of Species* publié en 1856, et elle est adoptée par le Révérend J. G. Gulick, dans son article sur la *Diversity of Evolution under one Set of External Conditions* (*Journ. Linn. Soc. Zool.* vol. XI, p. 496). Il semble exister l'idée qu'il y a une tendance inhérente à varier dans le sens de certaines lignes divergentes, et que lorsqu'une portion de l'espèce est isolée, même tout en étant dans des conditions identiques, cette tendance favo-

[1]. Voyez *Variation des Animaux et Plantes*, vol. I, p. 94.

rise une divergence qui éloigne cette portion de plus en plus de l'espèce originelle. On considère que cette théorie est appuyée par les coquilles terrestres des îles Hawaii, qui certainement présentent de très remarquables phénomènes [1]. On ne compte pas moins de 300 espèces de coquilles terrestres, dans ce territoire relativement restreint, et presque toutes appartiennent à la famille (ou sous-famille) des Achatinellides, qu'on ne trouve nulle part ailleurs. Le point intéressant est la limitation extrême des espèces et des variétés. Le domaine moyen de chaque espèce est seulement de cinq ou six milles, tandis que d'autres sont limitées à un ou deux milles carrés, et il n'en est que peu qui s'étendent sur toute une île. La région boisée qui s'étend sur la partie montueuse de l'île d'Oahu est de quarante milles de long sur cinq ou six de large; et pourtant ce petit territoire fournit 175 espèces, représentées par de 7 à 800 variétés. M. Gulick assure que la végétation des vallées différentes du même versant de cette chaine est la même, ou a peu près, et cependant chacune de ces vallées a une faune de mollusques qui diffère en quelque degré de celle des autres. « Nous rencontrons souvent un genre représenté dans plusieurs vallées successives par des espèces alliées, se nourrissant parfois sur la même plante, parfois sur des plantes différentes. Dans chaque cas de ce genre, les vallées les plus rapprochées fournissent les formes les plus étroitement alliées; une série complète des variétés de chaque espèce présente une gradation détaillée de formes entre les types les plus divergents trouvés dans les localités les plus séparées. » M. Gulick soutient que ces différences constantes ne peuvent être attribuées à

1. Voyez, Henry de Varigny : *Note sur les mollusques terrestres, et en particulier sur les Achatinelles des îles Hawaii*. Compte rendu du Congrès International de Zoologie de 1889, à Paris, p. 65-75.

la sélection naturelle, puisqu'elles se produisent en des vallées différentes sur le même versant de la montagne, où la nourriture, le climat et les ennemis sont les mêmes; et aussi, parce qu'il n'y a pas de différence plus grande quand on passe du versant pluvieux de la montagne au versant qui ne reçoit pas les pluies, qu'en passant d'une vallée à l'autre, au même versant, qui serait à égale distance. Dans un article très long, présenté l'année dernière à la Société Linnéenne, sur *Divergent Evolution through Cumulative Segregation*, M. Gulick essaie de dégager une théorie complète dont le point principal pourrait, peut-être, se formuler dans le passage suivant : « Il n'existe pas deux parties d'une espèce possédant exactement les mêmes caractères moyens, et les différences initiales vont, perpétuellement, réagissant sur leur milieu et l'une sur l'autre de telle façon qu'une divergence croissante est assurée, dans chaque génération nouvelle, aussi longtemps que l'on empêche les croisements entre les deux groupes [1]. »

Il est presque inutile de dire que les opinions de Darwin et les miennes ne peuvent s'accorder avec la notion que, si le milieu des deux portions isolées de l'espèce était absolument semblable pour toutes deux, une divergence nécessaire et constante se produirait. C'est une erreur d'avancer que des conditions qui nous paraissent identiques le soient réellement pour des organismes aussi petits et délicats que ces coquilles terrestres, dont nous ignorons profondément les besoins et les difficultés, à chaque étape successive de leur existence, depuis l'œuf frais pondu, jusqu'à l'animal adulte. Les proportions exactes des diverses espèces de plantes, le nombre de chaque espèce d'insecte ou d'oiseau, les particularités de l'exposition plus ou moins ensoleillée ou battue du vent, à certaines époques critiques, et d'autres légères

1. *Journal of the Linnean Society (Zool.,) vol. XX, p.* 215.

différences qui sont pour nous sans valeur et presque impossibles à reconnaître, tout cela peut être de la plus haute importance pour ces humbles créatures, et suffire entièrement à exiger les adaptations légères de dimensions, de formes, de couleurs, qu'opère la sélection naturelle. Tout ce que nous savons des faits de la variation nous amène à croire que, sans cette action de la sélection naturelle, il se produirait dans tout l'espace une série de variétés inconstantes se mélangeant entre elles, et non une séparation de formes limitées chacune à son territoire distinct.

Darwin a prouvé que, dans la distribution et la transformation des espèces, l'entourage biologique a plus d'importance que l'entourage ou milieu physique, parce que la lutte contre d'autres organismes est souvent plus dure que la lutte contre les forces de la nature. Ceci est tout particulièrement évident pour les plantes, dont on voit un grand nombre, lorsqu'elles sont protégées contre la concurrence, prospérer dans un sol, un climat, et une atmosphère différant grandement de ceux de leur habitat natal. Ainsi, plus d'une plante alpine trouvée près des neiges perpétuelles, réussit bien dans nos jardins, au niveau de la mer ; ainsi font les *Tritoma* qui viennent des plaines brûlantes du Sud de l'Afrique, les yuccas des montagnes arides du Texas et du Mexique, et les fuchsias des rives humides et désolées de détroit de Magellan. Il a été dit avec raison que les plantes vivent où elles peuvent, et non où elles veulent, et la même observation s'applique au monde animal. Les chevaux et le bétail courent et prospèrent, à l'état sauvage, dans les deux Amériques ; les lapins, autrefois limités par le Sud de l'Europe, se sont établis chez nous et en Australie, tandis que la poule domestique, originaire de l'Inde tropicale, prospère dans toutes les parties de la zône tempérée.

Si donc, nous admettons que lorsqu'une partie d'une espèce est séparée du reste, il y aura nécessairement une légère différence dans les caractères moyens des deux parties, il ne s'ensuit pas que cette différence ait un effet quelconque sur les traits caractéristiques qu'une longue période d'isolation a développés.

En premier lieu, la différence elle-même sera nécessairement très légère, à moins qu'il n'y ait une somme exceptionnelle de variabilité dans l'espèce ; et en second lieu, si les caractères moyens de l'espèce sont l'expression de son adaptation exacte à son milieu, alors, étant donné un milieu précisément semblable, la partie isolée sera inévitablement ramenée à la même moyenne de caractères. Mais, c'est un fait positif qu'il est impossible que le milieu de la portion isolée soit exactement pareil à celui de masse de l'espèce. Cela ne peut être physiquement, puisque deux territoires séparés ne sont jamais absolument semblables de climat et de sol ; et, quand bien même ils le seraient, leurs reliefs géographiques, leurs dimensions, leurs contours, leurs rapports avec les vents, les mers, les rivières, différeraient certainement.

Les différences biologiques seraient sûrement considérables. La partie isolée d'une espèce sera presque toujours dans un beaucoup plus petit territoire que celui qu'occupait l'espèce entière, d'où résulte qu'elle est, du coup, dans une position différente, en ce qui la concerne elle-même. Il est à peu près sûr que les proportions de toutes les autres espèces d'animaux et de plantes diffèrent aussi dans les deux territoires, et quelques espèces de celles du plus grand pays seront presque toujours absentes du plus petit territoire. Ces différences agiront sur la portion isolée de l'espèce. La lutte pour l'existence différera dans la rigueur, et en incidence, de celle qui affecte le gros de l'espèce.

L'absence de quelque insecte ou autre animal ennemi du jeune animal ou de la jeune plante, peut causer une grande différence dans les conditions de son existence, et nécessiter une modification de ses caractères externes ou internes dans une direction diamétralement opposée à celle que présentait la moyenne des individus quand ils furent primitivement isolés.

Tout compte fait, alors, nous conclurons que l'isolation est un important facteur de la transformation des espèces, non à cause de l'effet qu'elle exerce, *per se*, mais parce qu'elle est toujours, nécessairement, accompagnée d'un changement de milieu, à la fois physique et biologique. La sélection naturelle se met alors à l'œuvre, adaptant la portion isolée à ses nouvelles conditions, et elle le fera mieux et plus vite, par suite de l'isolation. Nous avons cependant eu des raisons de croire que l'isolation géographique ou locale n'est nullement essentielle à la différenciation des espèces, parce que le même résultat peut être amené par le fait que l'espèce commençante contracte des habitudes différentes, ou fréquente une autre station ; et aussi par le fait de la préférence que les différentes variétés d'une même espèce conservent toujours pour leurs propres individus, assurant ainsi une isolation physiologique d'une suprême efficacité. On reviendra sur cette partie du sujet quand on discutera les problèmes très difficiles que présente l'hybridité [1].

---

1. Dans son dernier article, M. Gulick (*Journ. of. Linn. Soc. Zool.* vol. XX, p. 189-274) discute les formes variées de l'isolation citées ci-dessus, qu'il ne range pas sous moins de trente-huit différentes divisions et subdivisions, accompagnées d'une nomenclature laborieuse, assurant que ces formes d'isolation amènent souvent des évolutions divergentes, sans aucun changement de milieu, ni aucune action de sélection naturelle. La discussion du problème donnée ci-dessus, suffira, je crois, à exposer l'erreur de sa théorie ; mais les exemples donnés par lui des

CAS DANS LESQUELS L'ISOLATION EST IMPUISSANTE

Il y a une objection aux théories de ceux qui, à l'exemple de M. Gulick, croient que l'isolation par elle-même est une cause de modification : c'est une objection qui mérite l'attention, et qui se tire de l'absence complète de changement là où, si elle était une *vera causa*, nous nous attendrions à en trouver. Nous avons, en Irlande, la meilleure des pierre de touche, car nous savons que cette île a été séparée de la Grande-Bretagne depuis la fin de l'époque glaciaire, certainement depuis des milliers d'années. Cependant, c'est à peine si un des mammifères, reptiles, ou mollusques terrestres, a subi le plus léger changement, bien qu'il y ait certainement une différence distincte dans le milieu, soit inorganique, soit organique. L'absence de changement par la sélection naturelle est peut-être due à ce que la lutte pour l'existence a été moins dure, par suite du nombre moins grand d'espèces concurrentes ; mais, si l'isolation seule était une cause effective, agissant d'une façon continue et cumulative, il est incroyable qu'un changement décisif n'ait pas été produit par ces milliers d'années. Le fait que rien de semblable ne s'est produit dans ce cas, ni dans beaucoup d'autres cas d'isolation, semble prouver qu'elle n'est pas, en soi, une cause de modification.

Il reste encore nombre de difficultés et d'objections relatives à la question de l'hybridité ; elles sont si importantes que ce ne sera pas trop d'un chapitre spécial pour les discuter d'une façon adéquate.

lodes variés, souvent occultes, par lesquels s'opère pratiquement l'isolation, peuvent servir à lever une des difficultés les us répandues contre l'action de la sélection naturelle dans la éation de nouvelles espèces.

CHAPITRE VII

L'INFERTILITÉ DES CROISEMENTS ENTRE ESPÈCES DISTINCTES ET LA STÉRILITÉ HABITUELLE DE LEUR PROGÉNITURE HYBRIDE

Énoncé du problème. — Extrême susceptibilité des fonctions reproductrices. — Croisements réciproques. — Différences individuelles en ce qui concerne la fertilisation croisée. — Le Dimorphisme et le Trimorphisme chez les plantes. — Cas de la fertilité des hybrides et de l'infertilité des métis. — Les effets de croisements répétés. — Les objections de M. Huth. — Hybrides fertiles chez les animaux. — Hybrides fertiles parmi les plantes. — Cas de stérilité des métis. — Parallélisme entre le croisement et le changement des conditions. — Remarques sur les faits de l'hybridité. — Infertilité des croisements. — Stérilité due aux changements de conditions, et en corrélation habituelle avec d'autres caractères. — Corrélation de la couleur avec d'autres particularités constitutionnelles. — L'isolation des variétés par l'association sélective. — L'influence de la sélection naturelle sur la stérilité et la fertilité. — Sélection physiologique. — Conclusions

Une des plus grandes — si ce n'est la plus grande — difficultés qui empêchent d'accepter la théorie de la sélection naturelle comme expliquant complètement l'origine des espèces, a toujours été la différence remarquable existant entre les variétés et les espèces, quant à leur fertilité, lors de croisements. Généralement parlant, on peut dire que les variétés d'une espèce quelconque, si différentes qu'elles soient d'apparence extérieure, sont parfaitement fertiles dans leurs croisements, et que leur progéniture métisse est également fertile entre elle ; tandis que les espèces distinctes, d'autre part, quelle que soit leur ressemblance externe, sont d'ordinaire infertiles quand elles se croisent, et que leur progéniture hybride reste absolument stérile.

On a considéré ceci comme une loi fixe de la nature, constituant la pierre de touche, le *criterium* distinguant l'*espèce* de la *variété* ; et aussi longtemps qu'on a cru que les espèces étaient des créations séparées, ou, en tous cas, avaient une origine tout à fait distincte de celle des variétés, cette loi ne pouvait avoir d'exceptions, parce que, si deux espèces avaient été reconnues fertiles dans leurs croisements, et leur progéniture hybride, fertile de même, le fait aurait été tenu comme prouvant qu'elles étaient, non des *espèces*, mais des *variétés*. D'autre part, si l'on avait trouvé deux variétés infertiles, et leur progéniture métisse stérile, on eût dit : ce ne sont pas des *variétés*, mais de vraies *espèces*. Ainsi, la vieille théorie conduisait inévitablement à un cercle vicieux, et ce qui pouvait n'être qu'un fait assez commun était élevé à la hauteur d'une loi sans exceptions.

L'examen attentif et minutieux de tout ce sujet par Darwin, qui a recueilli une masse énorme de témoignages auprès des agriculteurs, horticulteurs et expérimentateurs scientifiques, a démontré qu'il n'existe pas dans la nature de loi fixe telle qu'on l'avait supposé. Il montre que les croisements entre quelques variétés sont infertiles ou même stériles, tandis que les croisements entre quelques espèces sont tout à fait fertiles ; et, qu'en outre, nombre de phénomènes concernant ce sujet font qu'il est impossible de croire que la stérilité soit autre chose qu'une propriété incidente de l'espèce, due à l'extrême délicatesse, à la susceptibilité des forces reproductrices, et dépendant de causes physiologiques dont nous n'avons pas encore pu remonter le cours jusqu'à leur source.

Néanmoins, un fait subsiste; c'est que la plupart des espèces croisées jusqu'ici produisent des hybrides stériles, comme dans le cas très connu du mulet; tandis que presque toutes les variétés domestiques, quand elles se croisent, produisent une progéniture qui, elle, est parfaitement fertile. Je vais essayer maintenant d'esquisser le sujet de façon à ce que le lecteur se rende compte de la complexité du problème, le renvoyant aux ouvrages de Darwin pour des détails plus complets.

EXTRÊME SUSCEPTIBILITÉ DES FONCTIONS REPRODUCTRICES

Un des faits les plus intéressants, parce qu'il montre combien l'appareil reproducteur des animaux est susceptible aux changements de conditions, ou aux changements constitutionnels, est la difficulté très générale qu'il y a à faire se reproduire les êtres en captivité; c'est même fréquemment la seule barrière qui s'oppose à la domestication d'espèces sauvages. Ainsi, les éléphants, les ours, les renards, et beaucoup d'espèces de rongeurs, se multiplient rarement quand ils sont captifs, tandis que d'autres espèces le font plus ou moins.

Les éperviers, les vautours et les hiboux se multiplient rarement en captivité; les faucons qu'on dressait pour la chasse, pas davantage. Un petit nombre des petits oiseaux granivores que nous gardons dans les volières se décident à couver; il en de même pour les perroquets. Les gallinacés se reproduisent bien dans ces conditions, mais pas tous, et même les Guans et les Alectors, qu'apprivoisent les Indiens de l'Amérique du sud, ne se reproduisent pas. Ceci prouve que le changement de climat n'a rien à voir dans ce phénomène; et dans le fait, les mêmes espèces qui refusent de se reproduire en Europe, font de même dans presque tous les cas, quand ils sont apprivoisés et confinés dans leur pays natal. Cette inaptitude à se multiplier n'est pas due au manque de santé, puisque beaucoup de ces êtres sont parfaitement vigoureux, et vivent très longtemps.

Chez nos animaux vraiment domestiques, d'autre part, la fertilité est parfaite, et n'est que très peu modifiée par le changement des conditions. Ainsi, nous voyons la poule commune, originaire de l'Inde tropicale, prospérer et multiplier dans presque toutes les parties du monde ; et il en est de même pour notre bétail, nos moutons, nos chèvres, nos chiens et nos chevaux, et surtout nos pigeons domestiques. Il semble, par conséquent, probable que cette facilité de reproduction dans des conditions changées soit une propriété originelle des espèces que l'homme a domestiquées — propriété qui, plus que toute autre, lui a permis de les domestiquer. — Cependant, même chez celles-là, on trouve la preuve que de grands changements de conditions affectent la fertilité. Dans les chaudes vallées des Andes, les moutons sont moins fertiles ; tandis que des oies transportées sur les hauts plateaux de Bogota ont été d'abord presque stériles, mais, après quelques générations, ont recouvré leur fertilité. Ces faits, et beaucoup d'autres, semblent indiquer que, pour la plupart des animaux, un changement, même léger, dans les conditions de la vie peut produire l'infertilité ou la stérilité ; et aussi que, plus tard, quand l'animal s'est complètement acclimaté, pour ainsi dire, à ses nouvelles conditions, l'infertilité a diminué ou disparu. Bechstein fait remarquer que pendant longtemps le serin a été infertile, et que ce n'est que tout récemment que les bonnes couveuses sont devenues communes chez cette espèce ; mais dans ce cas, nul doute que la sélection, ait collaboré au changement.

Pour montrer à quel point ces phénomènes dépendent

de causes profondément situées, et sont d'une nature
très générale, il est intéressant de noter qu'elles se
produisent aussi dans le règne végétal. Tout en faisant
la part des circonstances qu'on sait empêcher la production de la semence, telles que la trop grande exubérance
du feuillage, trop ou trop peu de chaleur. ou l'absence
d'insectes chargés de la fécondation des fleurs, Darwin
fait remarquer combien nous avons, autour de nous,
d'espèces croissant, fleurissant, et apparemment en
parfaite santé, et qui pourtant ne portent jamais graine.
D'autres plantes sont influencées par de très légers changements de conditions, produisant leur semence abondamment dans un sol, et pas du tout dans un autre,
quoique se développant, apparemment, également bien
dans les deux, tandis qu'une différence de situation dans
le même jardin produit un résultat semblable [1].

CROISEMENTS RÉCIPROQUES

Nous trouvons encore une indication de l'extrême
délicatesse de l'adaptation entre les sexes qui est nécessaire pour produire la fertilité, dans la manière d'être de
beaucoup d'espèces et de variétés, quand elles se sont
croisées réciproquement. Nous en trouverons les meilleurs exemples parmi ceux que nous offre Darwin. Les
deux espèces distinctes des plantes, *Mirabilis jalapa*, et
Mirabilis longiflora, peuvent aisément se croiser, et produisent des hybrides sains et fertiles, quand le pollen de
la dernière est appliqué aux stigmates de la première.
Mais le même expérimentateur, Kôlreuter, essaya vainement, plus de deux cents fois pendant huit ans, de les
croiser en portant le pollen du *Mirabilis jalapa* sur les
stigmates du *Mirabilis longiflora*.

Dans d'autres cas, deux plantes sont si étroitement

1. Darwin, *Variation*, vol. II, p. 154, *seq.*

alliées que quelques botanistes les classent comme des variétés, (comme la *Matthiola annua* et la *Matthiola glabra*) et pourtant il y a la même grande différence, quant au résultat, lorsqu'elles sont croisées réciproquement.

DIFFÉRENCES INDIVIDUELLES RELATIVES A LA FERTILISATION CROISÉE

Nous trouvons un exemple encore plus remarquable du délicat équilibre d'organisation qu'exige la reproduction dans les différences individuelles des animaux et des plantes, en ce qui concerne leur aptitude au croisement avec d'autres individus ou d'autres espèces, et la fertilité de leur descendance. Chez les animaux domestiques, Darwin constate qu'il n'est point rare de rencontrer des mâles ou des femelles se refusant à reproduire ensemble, mais qui tous deux sont fertiles avec d'autres mâles et femelles. Des cas pareils se sont produits parmi les chevaux, le bétail, les cochons, les chiens et les pigeons : et l'expérience en a été recommencée si souvent, qu'il ne peut rester aucun doute. Le professeur G. J. Romanes assure pouvoir ajouter nombre de cas de cette incompatibilité individuelle, ou de stérilité absolue, entre deux individus, chacun desquels était parfaitement fertile avec d'autres.

Au cours des nombreuses expériences qui ont été faites sur l'hybridation des plantes, on a remarqué chez celles-ci de semblables particularités, quelques individus se montrant capables, et d'autres incapables de se croiser avec une espèce distincte. Les mêmes particularités individuelles se retrouvent dans les variétés, les espèces et les genres. Kölreuter croisa cinq variétés du tabac commun (*Nicotiana tabacum*) avec une espèce distincte (*Nicotiana glutinosa*), et toutes donnèrent des hybrides très stériles ; mais ceux qui provinrent d'une de ces variétés furent moins stériles, dans toutes les expériences, que ceux des quatre autres. D'autre part, la plupart des espèces du genre *Nicotiana* ont été croisées, et produisent librement des hybrides ; mais une espèce, *Nicotiana acuminata*, qui ne se distinguait pas particulièrement des autres, ne pût être fécondée par aucune des huit autres espèces sur lesquelles on expérimentait, et ne put non plus les féconder.

Parmi les genres, nous en trouvons — tels que l'*Hippeastrum*, le *Crinum*, le *Calceolaria*, le *Dianthus* — dont presque toutes les espèces sont aptes à en féconder d'autres, et produiront une descendance hybride ; tandis que des genres alliés, tels que le *Zephyranthes* et le *Silene*, malgré les efforts les plus persévérants, n'ont jamais produit un seul hybride, même entre les espèces le plus étroitement alliées.

LE DIMORPHISME ET LE TRIMORPHISME

Les particularités du système reproducteur affectant les individus d'une même espèce atteignent leur maximum dans ce qu'on a appelé des fleurs hétérostylées, ou dimorphes, ou trimorphes ; les phénomènes que présentent ces fleurs sont une des plus remarquables des nombreuses découvertes de Darwin.

Nos primevères et coucous communs, aussi bien que beaucoup d'autres espèces du genre *Primula*, ont deux sortes de fleurs en proportions à peu près égales. Dans une sorte, les étamines sont courtes, disposées vers le milieu du tube de la corolle, tandis que le style est long, et que les stigmates globuleux apparaissent juste au centre de la fleur ouverte. Dans l'autre variété, les étamines sont longues, apparaissant au centre ou gorge de la fleur, tandis que le style est court, les stigmates étant placés à mi-chemin du tube, au même niveau que les étamines de l'autre forme. Il y a longtemps que ces deux formes sont connues des fleuristes qui les désignent comme la « *pin-eyed* » et la « *thrum-eyed* » mais que Darwin nomme les formes à long style, et à style court (voyez figure 17).

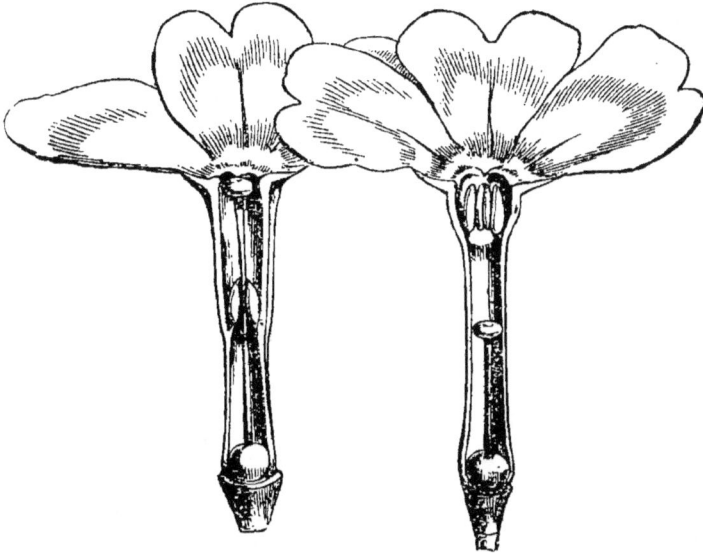

Fig. 17. — *Primula veris*. A gauche la forme longi-stylée, et à droite, la forme brevi-stylée.

On ignorait entièrement la signification et l'utilité de ces formes différentes; Darwin, le premier, découvrit que les primevères et les coucous étaient absolument stériles quand on empêchait les insectes de les visiter, et il a vu — chose bien plus extraordinaire, — que chacune de ces formes est presque stérile quand elle n'est fécondée que par son propre pollen, et relativement infertile quand elle est croisée avec une autre plante semblable à elle, mais parfaitement fertile lorsque le pollen d'une plante à long style est portée aux stigmates d'une plante à style court, et *vice-versa*. La gravure fait voir que tout est arrangé de façon à ce que l'abeille visitant la fleur puisse porter le pollen des longues anthères de la forme à style court aux stigmates de la forme à long style, tandis qu'elle n'aurait jamais pu atteindre les stigmates d'une autre plante à style court. Mais un insecte visitant d'abord une plante à long style, en déposerait le pollen sur une autre plante de même sorte qu'il visiterait ensuite ; c'est probablement pour cette raison que les plantes sauvages à style court produisent généralement plus de graines, puisqu'elles doivent être toutes fécondées par l'autre forme, tandis que les plantes à long style seraient souvent fécondées par leurs congénères. Tout cet arrangement, en tous cas, assure la fécondation croisée, condition qui ajoute beaucoup à la vigueur et à la fertilité de presque toutes les plantes, ainsi que des animaux, comme Darwin l'a démontré par d'abondantes expériences.

En dehors de la famille des primevères, beaucoup d'autres plantes de plusieurs ordres naturels distincts présentent des phénomènes semblables, dont il nous faut citer un ou deux exemples parmi les plus curieux. Le beau lin rouge (*Linum grandiflorum*) présente aussi deux formes, où les styles seuls diffèrent de longueur ; dans ce cas, Darwin découvrit par de nombreuses expériences, qui ont été depuis répétées et confirmées par d'autres observateurs, que chaque forme reste absolument stérile quand elle est fécondée par le pollen de sa propre variété, mais abondamment fertile lorsqu'elle est croisée avec une plante de l'autre forme. Il est impossible, dans ce cas, de distinguer les pollens des deux formes l'un de l'autre, même au microscope (tandis que ceux des *Primula* diffèrent de dimensions, et de forme) et cependant ils n'ont aucun effet sur les stigmates de la moitié des plantes de leur propre espèce. Les croisements entre les formes opposées, qui sont fer-

tiles, ont été nommés « légitimes » par Darwin, tandis
que ceux qui s'opèrent entre les formes similaires, et sont
stériles, sont nommés « illégitimes ». Il remarque, à ce
sujet, que, dans les limites d'une même espèce, nous
trouvons là un degré de stérilité qui se produit rarement,
excepté entre des plantes ou des animaux différant non
seulement d'espèce, mais aussi de genre.

Une autre série de plantes, appelées trimorphes, parce
que leurs styles et leurs étamines ont chacun trois formes — la longue, la moyenne et la courte, — peuvent se
croiser de dix-huit manières différentes. On a constaté,
par une laborieuse série d'expériences, que les six unions
légitimes — c'est-à-dire, le cas où la plante est fécondée par le pollen des étamines dont la longueur correspond à celle du style chez les deux autres formes
— sont abondamment fertiles ; tandis que les douze
unions illégitimes, où la plante est fécondée par le pollen
d'étamines d'une longueur différant de celle de son propre style, dans chacune des trois formes, sont relativement, ou complètement stériles [1].

Nous avons donc ici une étonnante somme de différence constitutionnelle dans les organes reproducteurs
dans une seule espèce, somme plus grande qu'il ne s'en
produit habituellement entre les nombreuses espèces
distinctes d'un genre, ou d'un groupe de genres ; et
toute cette diversité semble se produire pour l'accom-
plissement d'un but qui a été atteint par beaucoup d'autres changements de structure ou de fonction, chez
d'autres plantes infiniment plus simples en apparence.

Ceci paraîtrait indiquer, en premier lieu, que les variations dans les rapports mutuels des organes de la reproduction de différents individus doivent être aussi fré-

---

1. Pour le récit de ces faits intéressants, et des problèmes variés
auxquels ils donnent lieu, le lecteur consultera le volume de Darwin, *Des différentes formes des Fleurs*, chap. I-IV.

quentes que celles qu'on a constatées dans leur structure ; et, en second lieu, que la stérilité, par elle-même, ne peut être un *criterium* pour distinguer les espèces. Mais il vaudra mieux examiner ce dernier point, quand nous aurons achevé de discuter les phénomènes complexes de l'hybridité.

CAS DE FERTILITÉ DES HYBRIDES, ET DE STÉRILITÉ DES MÉTIS

Je citerai maintenant quelques cas où l'expérience a prouvé que les hybrides entre deux espèces distinctes sont fertiles *inter se* ; nous rechercherons ensuite pourquoi ces cas sont si rares.

L'oie commune domestique (*Anser ferus*) et l'oie chinoise (*Anser cygnoides*) sont des espèces très distinctes, si distinctes que plusieurs naturalistes les ont placées dans des genres différents; cependant, on les a croisées avec succès, et M. Eyton a élevé, d'un couple de ces hybrides, une couvée de huit oisons. Ce fait est confirmé par Darwin lui-même, qui éleva plusieurs beaux exemplaires d'un couple d'hybrides qu'on lui avait envoyé[1]. Dans l'Inde, suivant M. Blyth et le capitaine Hutton, on garde des troupeaux entiers de ces oies hybrides, dans des régions où aucune des espèces mères n'existent, et, comme on les élève dans un but de spéculation, elles doivent assurément être fertiles.

Un autre cas frappant est celui du bétail commun, et de l'espèce indienne à bosse, espèces qui diffèrent ostéologiquement, et aussi par leurs habitudes, leur forme, leur voix et leur constitution, de telle sorte qu'elles ne sont aucunement alliées de près; cependant Darwin nous affirme avoir reçu un témoignage irrécusable d'après lequel les hybrides de ces deux espèces sont parfaitement fertiles, *inter se*.

On croise fréquemment le chien avec le loup et le

1. Voyez *Nature*, vol. XXI, p. 207.

chacal, et on a découvert que leur progéniture hybride est fertile *inter se* jusqu'à la troisième ou quatrième génération, après quoi elle donne d'ordinaire quelques signes de stérilité ou de dégénérescence. Le loup et le chien peuvent être, originellement, de la même espèce, mais le chacal est certainement distinct ; et l'apparence d'infertilité ou de faiblesse tient probablement à ce fait que, dans presque toutes ces expériences, la progéniture d'un seul couple — faisant généralement partie de la même portée — se croise d'une façon répétée, ce qui suffit à produire les effets les plus nuisibles. C'est ainsi que s'exprime M. Low, dans son grand ouvrage sur les *Domesticated Animals of Great Britain.* « Si nous élevons une paire de chiens d'une même portée, et faisons se reproduire les descendants de cette paire, nous produirons infailliblement une race faible ; et si cette opération se répète pendant une ou deux générations de plus, la famille périra, ou sera incapable de continuer sa race. Un propriétaire d'Ecosse en fit l'expérience sur une vaste échelle, avec une certaine race de chiens courants qui devint bientôt monstrueuse, et finit par s'éteindre entièrement. »

Le même écrivain raconte que des cochons ont été soumis à de semblables expériences : « Au bout de quelques générations, les victimes manifestent le changement qu'on a amené dans leur organisme. Ils deviennent petits ; les soies se changent en poils ; les membres deviennent courts et faibles ; les portées sont moins fréquentes et moins abondantes ; la mère ne peut plus allaiter ses petits, et si l'on pousse l'expérience jusqu'au bout, la progéniture faible, et souvent monstrueuse, ne peut plus atteindre sa maturité, et la misérable race périt entièrement. [1]»

1. *Domesticated Animals of Great Britain,* par Low. Introduction, p. 64.

Ces assertions positives d'une de nos plus grandes autorités, en fait d'animaux domestiqués, suffisent à prouver que le fait de l'infertilité ou de la dégénérescence dont paraissent frappés les descendants d'hybrides, après quelques générations, ne saurait être attribué à ce que leurs premiers parents appartenaient à des espèces distinctes, puisque le même phénomène reparaît quand les individus de la même espèce sont élevés dans des conditions également adverses. Mais, jusqu'ici, dans les expériences qui ont été faites, on ne s'est pas préoccupé d'éviter le croisement rapproché en s'assurant plusieurs hybrides provenant de souches entièrement distinctes pour commencer, et en faisant plusieurs séries d'expériences simultanément, de façon à pouvoir faire à l'occasion des croisements entre les hybrides qui seraient produits. Tant que cela ne sera pas fait, les expériences passées ne sauraient être considérées comme prouvant que les hybrides sont, dans tous les cas, infertiles *inter se*.

Pourtant, M. A. H. Huth, dans son intéressant ouvrage sur *The Marriage of Near Kin*, a nié qu'aucune somme de croisements répétés puisse être nuisible en elle-même; il cite le témoignage de nombreux éleveurs dont les troupeaux de choix ont été ainsi élevés, aussi bien que les cas des lapins de Porto-Santo, des chèvres de Juan Fernandez, et d'autres cas, où des animaux laissés en liberté se sont multipliés prodigieusement, et se sont maintenus en vigueur et santé parfaites, bien que tous descendissent d'un seul et même couple. Mais, dans tous ces cas, il y a eu une sévère sélection par laquelle les faibles et les infertiles ont été éliminés, et par une sélection de ce genre, nul doute que les mauvais effets d'un croisement trop continu ne puissent être empêchés durant longtemps. Mais cela ne prouve pas qu'il ne se produise pas de mauvais effets. M. Huth lui-même cite M. Allié, M. Aubé, Stephens, Giblett, Sir John Sebright,

Youatt, Druce, Lord Weston, et d'autres éleveurs éminents, comme ayant *fait l'expérience* des effets fâcheux
de croisements répétés. On ne peut supposer qu'il y eût
un tel *consensus* d'opinion sur ce point, si le mal n'était
qu'imaginaire. M. Huth soutient que les effets fâcheux,
résultant des croisements répétés, ne dépendent pas de
ce croisement en lui-même, mais de la tendance par laquelle il perpétue toute faiblesse constitutionnelle, ou
tare héréditaire ; et il essaie de le prouver par cet argument : « Si les croisements agissent parce qu'ils sont des
croisements, et non parce qu'ils effacent une tare héréditaire, plus grande sera la différence entre les deux
animaux, et plus ils seront avantageux. » Il montre ensuite que, plus la différence est grande, moindre est
l'avantage, d'où il conclut que le croisement, en soi, n'a
aucun effet avantageux. On pourrait lui opposer l'argument parallèle suivant : le changement d'air, comme
par exemple de l'intérieur, au bord de la mer, ou d'une
région basse à un site élevé, n'est pas avantageux en soi,
parce que s'il l'était, un changement vers les tropiques,
ou vers les régions polaires, serait encore plus avantageux. Dans ces deux cas, il se pourrait bien qu'aucun
avantage ne revînt à une personne en parfaite santé,
mais il n'y a pas de « parfaite santé » chez l'homme,
et il est, très probablement, peu d'animaux qui soient
absolument exempts de tares ou d'imperfections héréditaires. On ne peut contester les expériences de Darwin,
montrant les bons effets immédiats du croisement entre
plusieurs races de plantes, non plus que les innombrables dispositions prises pour assurer la fécondation croisée par les insectes, dont les véritables utilité et signification seront discutées dans notre onzième chapitre.
Tout compte fait, donc, le témoignage dont nous disposons prouve que, quelle qu'en soit d'ailleurs la cause
définitive, les croisements répétés produisent des effets

fâcheux, et que c'est uniquement par la sélection la plus
sévère, soit naturelle, soit artificielle, que le danger
peut être évité.

HYBRIDES FERTILES CHEZ LES ANIMAUX

Nous donnerons encore un ou deux cas d'hybrides fertiles avant de passer aux expériences parallèles chez les
plantes. Le professeur Alfred Newton reçut d'un ami un
couple de canards hybrides, provenant d'un canard ordinaire (*Anas boschas*) et d'un *Dafila acuta*.

Il eut quatre petits canards d'une couvée, mais ces
derniers, quand ils furent grands, parurent être infertiles,
et ne furent pas conservés. Dans ce cas, nous voyons les
résultats d'un croisement rapproché, avec une trop
grande différence entre les espèces originelles, se combinant pour produire l'infertilité ; et cependant, le fait
seul d'un couple hybride provenant de telles espèces,
et produisant une progéniture saine, est en lui-même
digne de remarque.

L'assertion suivante de M. Low est encore plus
extraordinaire : « Les bergers savent depuis longtemps,
bien que les naturalistes le révoquent en doute, que la
progéniture de croisements entre le mouton et la chèvre est fertile. Cette race mélangée abonde dans le nord
de l'Europe [1]. »

Il ne paraît pas qu'on ait jamais entendu parler de
ces hybrides en Scandinavie, ni en Italie ; mais le professeur Giglioli de Florence a eu la bonté de me donner
l'indication de quelques ouvrages où ils sont décrits.
L'extrait suivant de sa lettre est très intéressant : « Je n'ai
pas besoin de vous dire que le fait de l'existence d'hybrides de ce genre est généralement reconnu. Buffon
(*Supplément*, t. III, p. 7, 1756) en obtint un en 1751,

---

1. *Domesticated animals*, de Low, p. 28.

et huit en 1752. Sanson (*La Culture*, vol. VI, p. 372, 1865) mentionne un cas qui fut observé dans les Vosges, en France. Geoffroy Saint-Hilaire (*Hist. Nat. Gén. des Règ. Org.*, vol. III, p. 163) fut le premier à remarquer, je crois, qu'en différents pays de l'Amérique du sud, le bélier est plus souvent croisé avec la chèvre, que la brebis avec le bouc. Les *Pellones* bien connus du Chili, se produisent à la seconde ou troisième génération de ces hybrides (Gay, *Hist. de Chile*, vol. I, p. 466, *Agriculture*, 1862). Les hybrides provenant du bouc et de la brebis sont nommés « chabin » en français, « cabruno » en espagnol. Au Chili, des hybrides de cette sorte se nomment « carneros lanudos » ; leurs croisements *inter se* ne paraissent pas toujours réussir, et souvent il faut recommencer le croisement initial pour obtenir la proportion de trois huitièmes de bouc et cinq huitièmes de brebis, ou trois-huitièmes de bélier et cinq huitièmes de chèvre, ce qui paraît constituer les meilleurs hybrides. »

En regard des faits nombreux qu'ont relaté des observateurs compétents, il n'est plus permis de douter que ces races hybrides, entre ces espèces très distinctes, aient été produites, et qu'elles ne soient passablement fertiles, *inter se* ; les faits analogues déjà donnés conduisent à croire que, quelle que soit la somme d'infertilité qui existe d'abord, elle pourrait être éliminée par une sélection attentive, si les races croisées étaient élevées en grand nombre, et sur un espace considérable. Ce cas est précieux en ce sens qu'il nous montre avec quelle prudence nous devons nous prononcer sur l'infertilité des hybrides, en regard d'expériences faites sur les descendants d'un seul couple, et continuées seulement pendant une ou deux générations.

Chez les insectes, on n'a constaté qu'un seul cas. Les hybrides de deux phalènes (*Bombyx cynthia* et *Bombyx arrindia*) ont été déclarés fertiles *inter se* pendant huit générations, à Paris, par M. de Quatrefages.

FERTILITÉ DES HYBRIDES CHEZ LES PLANTES

Chez les plantes, les cas d'hybrides fertiles sont plus nombreux, en partie, probablement, parce que les jardiniers et les pépiniéristes les élèvent sur une grande échelle, et aussi à cause de la plus grande facilité qu'on a pour expérimenter.

Darwin nous dit que Kölreuter trouva dix cas, dans lesquels deux plantes, que les botanistes considéraient comme des espèces distinctes, furent très fertiles dans leurs croisements, et qu'en conséquence, il les rangea comme des variétés les unes des autres. Dans quelques cas, la fertilité se maintint pendant de six à dix générations, puis elle décrût, comme nous avons vu que cela se passe chez les animaux, et probablement pour la même raison, à cause de croisements trop rapprochés.

Le doyen Herbert qui, durant de longues années, a fait des expériences avec beaucoup de soin et d'habileté, trouva de nombreux cas d'hybrides parfaitement fertiles *inter se*. Le *Crinum capense*, fécondé par trois autres espèces — *Crinum pedunculatum*, *C. canaliculatum*, ou *C. defixum*, — toutes fort distinctes de la première, produisit des hybrides parfaitement fertiles ; tandis que d'autres espèces moins différentes en apparence étaient tout à fait stériles avec ce même *Crinum capense*.

Toutes les espèces du genre *Hippeastrum* produisent des descendants hybrides invariablement fertiles. Le *Lobelia syphilitica* et le *Lobelia fulgens*, deux espèces très distinctes, ont produit un hybride qu'on a nommé *Lobelia speciosa*, et qui se reproduit abondamment. Nombre de pélargoniums de nos serres sont hybrides, tels que le *P. ignescens* provenant du croisement entre le *P. citrinodorum* et le *P. fulgidum*, qui est tout à fait fertile, et est devenu la souche d'innombrables variétés de belles plantes. Toutes les espèces variées de Calcéolaire, bien que différant en apparence, s'entrecroisent avec la plus grande facilité, et leurs hybrides sont plus ou moins fertiles. Mais le cas le plus remarquable est celui de deux espèces de Pétunia, dont le doyen Herbert dit : « Il est très remarquable que, quoiqu'il y ait une grande différence dans la forme de la fleur, surtout dans le tube, du *Petunia nyctaniginæflora* et du *Petunia phænicea*, leurs hybrides non seulement sont fertiles, mais même produisent beaucoup plus de graines qu'aucun de leurs parents..... J'ai obtenu d'une cosse d'hybride, auquel aucun autre pollen que le sien n'avait eu d'accès, une grande quantité de jeunes plantes dans lesquelles il n'existait aucune variabilité, et il est évident que planté seul, dans un climat favorable, cet hybride se reproduirait comme une espèce ; du moins mériterait-il d'être considéré comme tel, tout autant que les Calcéolaires variées de différents districts de l'Amérique du sud [1]. »

Darwin apprit de M. C. Noble que celui-ci avait réussi à greffer un hybride entre le *Rhododendron Ponticum* et le *R. catawbiense*, et que cet hybride porte des graines avec toute l'abondance imaginable. Les horticulteurs, ajoute-t-il, cultivent de grandes plate-bandes de cet hybride qui, là seulement, peut se donner libre carrière ; car, par l'intermédiaire des insectes, les individus sont croisés réciproquement, et l'influence des croisements trop rapprochés est empêchée. Si les hybrides, avec la culture qu'ils nécessitent, avaient été décroissant en fertilité à chaque génération successive, comme Gärtner le croyait, le fait serait notoire parmi les horticulteurs [2].

---

1. *Amaryllidaceæ*, par l'Hon. et Rév. William Herbert, p 3.9.
2. *Origine des Espèces*, trad. Barbier, p. 320.

CAS DE STÉRILITÉ DES MÉTIS

Le phénomène inverse de la fertilité des hybrides, la stérilité des métis ou des croisements entre les *variétés* de la même espèce, est comparativement rare ; pourtant, il en est des cas qu'on ne peut mettre en doute. Gärtner, qui croyait absolument au caractère distinctif des espèces et des variétés, avait deux variétés de maïs ; — l'une, naine, à grains jaunes, l'autre, plus grande, à grains rouges ; pourtant elles ne se croisaient jamais naturellement, et quand on les féconda artificiellement, un seul épi produisit des graines, et ces graines furent au nombre de cinq. Pourtant ces graines furent fertiles, de telle façon qu'en ce cas, le premier croisement était presque stérile, quoique l'hybride, après qu'il fut produit, devînt fertile. D'une manière analogue, des variétés différemment colorées de *Verbascum* ont été reconnues, par deux observateurs différents, comme étant relativement infertiles. Les deux pimprenelles (*Anagallis arvensis* et *A. cærulea*) classées par beaucoup de botanistes comme variétés d'une seule espèce, ont été trouvées, à la suite de plusieurs essais, parfaitement stériles dans leurs croisements.

Aucun cas de ce genre n'a été constaté chez les animaux ; mais on ne saurait s'en étonner quand on réfléchit au très petit nombre d'expériences qu'on a pu faire sur les variétés naturelles, tandis qu'il y a lieu de croire que les variétés domestiques sont exceptionnellement fertiles, en partie parce que la fertilité sous des conditions changées était une des raisons de leur domestication, et aussi parce que cette même domestication longtemps continuée a l'effet d'augmenter la fertilité et d'éliminer les sujets stériles. Cela est prouvé par le fait que, en beaucoup de cas, les animaux domestiques descendent de deux ou trois espèces distinctes. C'est

certainement vrai pour le chien, et probablement pour
le cochon, le bœuf et le mouton ; cependant leurs races
variées sont maintenant toutes parfaitement fertiles, bien
que l'on puisse supposer qu'il se présenterait un certain
degré d'infertilité si les diverses espèces originelles
étaient croisées entre elles pour la première fois.

PARALLÉLISME ENTRE LE CROISEMENT ET LE CHANGEMENT DES CONDITIONS

Dans toute la série de ces phénomènes, depuis les
effets utiles du croisement de différentes souches, et les
effets nuisibles de croisements entre les mêmes races,
jusqu'à la stérilité partielle ou complète qu'amènent les
croisements entre espèces appartenant à des genres
différents, nous avons, ainsi que le fait remarquer
Darwin, un curieux parallélisme avec les effets que produit le changement des conditions. Il est bien connu que
de légers changements dans les conditions de la vie sont
avantageux à tout ce qui vit. Les plantes, si on les
cultive constamment dans le même sol et la même localité, en les ressemant, gagneront beaucoup lorsqu'on
importera une autre semence d'autres localités. Il en est
de même pour les animaux ; nous n'avons pas besoin
d'insister sur le bien que nous éprouvons, nous-mêmes,
d'un « changement d'air ». Mais il y a une limite dans laquelle ce changement est bienfaisant ; au delà, il devient
nuisible. Un changement d'un climat plus chaud ou plus
froid de quelques degrés peut être bon, tandis que le
changement vers les tropiques, ou aux régions arctiques,
serait nuisible.

Nous voyons ainsi que les changements légers de
conditions, et un degré léger de croisement sont utiles,
bienfaisants, mais que les changements extrêmes, et les
croisements entre individus trop séparés par leur structure

ou leur constitution, sont nuisibles. Et il n'y a pas seulement un parallélisme, mais bien une relation réelle entre ces deux classes de faits, car, ainsi que nous l'avons déjà fait voir, beaucoup d'espèces d'animaux et de plantes sont rendues infertiles, ou entièrement stériles, par le changement des conditions naturelles qui se présente dans la captivité ou la culture; tandis que, d'autre part, l'accroissement de vigueur et de fertilité que produisent invariablement les croisements judicieux peut être produit aussi par un changement judicieux de climat et d'entourage. Nous verrons, dans un chapitre subséquent, que cette interchangeabilité des effets bienfaisants des croisements et des modifications de conditions servira d'explication à quelques phénomènes très embarrassants concernant la forme et l'économie des fleurs.

REMARQUE SUR LES FAITS D'HYBRIDITÉ.

Les faits que nous avons cités, bien que peu nombreux, sont suffisamment concluants pour prouver que la vieille croyance en l'universelle stérilité des hybrides et fertilité des métis est erronée. L'idée d'une telle loi universelle n'était qu'une généralisation plausible, fondée sur quelques faits peu concluants observés chez les animaux domestiques et les plantes cultivées. Les faits étaient. et sont encore peu concluants, pour diverses raisons. Ils reposent, en premier lieu, sur ce qui se passe entre animaux domestiques; et l'on a vu que la domestication tend à la fois à augmenter la fertilité, et n'est elle-même possible que parce que la fertilité de ces espèces particulières n'est pas altérée par les changements de conditions. La fertilité exceptionnelle de toutes les variétés d'animaux domestiques ne prouve aucunement qu'une fertilité semblable existe chez les variétés à l'état de nature. En second lieu, cette généralisation est fondée sur des croisements trop éloignés, comme dans le cas du cheval et de l'âne, les deux espèces les plus distinctes et les plus profondément séparées du genre *Equus*, si distinctes que plusieurs naturalistes en ont fait des genres séparés. Des croisements entre les deux espèces du zèbre, ou même entre le zèbre et le couagga, ou le couagga et l'âne, auraient pu conduire à un résultat très différent. D'ailleurs, à l'époque précédant Darwin, il était si habituel de tourner dans le même cercle, déclarant que la fertilité de la progéniture d'un croisement prouvait que les espèces des parents étaient identiques, que l'on faisait d'ordinaire les expériences d'hybridité entre des espèces très éloignées, ou même entre des espèces de genres différents, pour éviter la possibilité de s'attirer cette réponse : « ils sont réellement tous deux de la même espèce » et la stérilité de la progéniture hybride de ces croisements éloignés servait, naturellement, à fortifier l'opinion courante.

Maintenant que nous sommes arrivés à un point de vue différent, que nous regardons l'espèce non comme une entité distincte, due à une création spéciale, mais comme un assemblage d'individus qui ont tous été quelque peu modifiés en structure, en forme et en constitution, de façon à s'adapter à des conditions de vie légèrement différentes ; qui peuvent être différenciés d'autres assemblages alliés ; qui reproduisent leurs semblables, et qui, habituellement, s'accouplent ensemble, nous avons à demander une nouvelle série d'expériences pour nous apprendre si de telles espèces croisées avec leurs alliés rapprochés, produisent toujours une progéniture qui est plus ou moins stérile, *inter se*. Il existe d'amples matériaux pour de telles expériences dans les nombreuses « espèces typiques » habitant des territoires distincts sur un continent, ou différentes îles du même groupe ; ou même dans celles qui se trouvent dans le même territoire, mais fréquentent des stations quelque peu différentes.

Pour achever ces expériences d'une façon satisfaisante, il sera nécessaire d'éviter les effets fâcheux de la captivité et des croisements trop rapprochés. Si l'on expérimente sur les oiseaux, il leur faudra laisser autant de liberté que faire se peut, dans un grand terrain planté d'arbres et de buissons que l'on entourera de treillage, de façon à former une grande volière. L'expérience devrait se faire sur un nombre considérable, et être conduite par deux personnes séparées, qui opéreraient chacune le croisement réciproque opposé, comme il a été expliqué p. 208. A la seconde génération, ces deux souches pourraient elles-mêmes être croisées pour éviter les effets fâcheux du croisement trop rapproché.

De telles expériences, poursuivies avec soin à travers différents groupes d'animaux et de plantes, finiraient par nous fournir une masse de faits d'un caractère dont le besoin se fait tristement sentir en ce moment, et sans lesquels il est inutile d'espérer arriver à une solution complète de ce problème difficile. Il y a, cependant, quelques autres aspects de la question que nous avons à examiner, quelques opinions théoriques qui demandent une discussion attentive ; cela fait, nous serons à même d'énoncer les conclusions générales que semblent indiquer les faits et les arguments dont nous disposons.

STÉRILITÉ DUE AU CHANGEMENT DES CONDITIONS ORDINAIREMENT, EN CORRÉLATION AVEC D'AUTRES CARACTÈRES ET SPÉCIALEMENT AVEC LA COULEUR

Les témoignages déjà cités, au sujet de l'extrême susceptibilité du système reproducteur, et la curieuse irrégularité avec laquelle l'infertilité, ou la stérilité, apparaît

dans les croisements entre quelques variétés ou quelques
espèces, tandis qu'elle manque dans les croisements qui
ont lieu entre d'autres, sembleraient indiquer que la stérilité est un trait caractéristique qui a une tendance constante à se montrer, soit seule, soit en corrélation avec
d'autres caractères. On sait qu'elle est particulièrement
favorisée par un changement de conditions, et comme un
changement de conditions est d'ordinaire le point de départ et la cause du développement d'espèces nouvelles,
nous avons déjà trouvé une raison justifiant son apparition fréquente quand les espèces se différencient complètement.

Dans presque tous les cas d'infertilité ou de stérilité
entre des variétés ou des espèces, nous trouvons quelques différences extérieures en corrélation avec elle ; et
bien que ces deux différences soient parfois légères, et
que le degré d'infertilité ne soit pas toujours, ni même
habituellement, proportionné aux différences extérieures entre les deux formes qui se sont croisées, nous sommes obligés de croire qu'il y a quelque rapport entre
ces deux classes de faits. C'est plus spécialement le cas,
en ce qui concerne la couleur ; Darwin a réuni une
masse de faits qui sembleraient prouver que la couleur,
loin d'être un caractère tout à fait insignifiant et
dépourvu d'importance, ainsi que le supposaient les anciens naturalistes, est au contraire d'une importance
majeure, puisqu'elle est souvent, sans aucun doute, en
corrélation avec des différences constitutionnelles importantes. La couleur est un des caractères qui distinguent
le plus habituellement des espèces étroitement alliées ;
et quand on nous dit que les espèces de plantes les plus
étroitement alliées sont infertiles dans leurs croisements, tandis que les croisements de celles qui sont
plus séparées sont fertiles, cela veut dire, d'ordinaire,
que les premières diffèrent surtout par la couleur de

leurs fleurs, tandis que les dernières diffèrent par la forme des fleurs ou du feuillage, leurs habitudes, ou d'autres caractères de structure.

C'est donc un cas fort curieux et donnant matière à réflexion que le fait, dans tous les cas qu'on a cités, où une infertilité positive se produit entre variétés de la même espèce, que ces variétés sont distinguées par une différence de couleur. Les variétés infertiles de *Verbascum* sont à fleur blanche et à fleur jaune; les variétés infertiles de maïs ont, l'une des graines jaunes, et l'autre des graines rouges, tandis que les variétés infertiles des pimprenelles ont la fleur blanche, ou bleue. De même, les différentes variétés des roses trémières, bien que semées côte à côte, reproduiront chacune sa propre couleur par sa propre graine, montrant qu'elles sont incapables de se croiser librement. Cependant Darwin assure que l'entremise des abeilles est nécessaire pour transporter le pollen d'une plante à l'autre, parce que, dans chaque fleur, il se trouve expulsé avant que les stigmates ne soient prêts à le recevoir. Nous notons ici, par conséquent, soit une stérilité presque complète entre des variétés de couleurs différentes, soit un effet prépondérant du pollen d'une fleur de la même couleur, amenant à peu près le même résultat.

On n'a pas constaté de phénomènes pareils chez les animaux; il n'y a pas lieu de nous en étonner si nous prenons en considération le fait que la plupart de nos races domestiques pures et estimées sont caractérisées par des couleurs définies qui constituent une de leurs marques distinctives, et que, par suite, on ne les croise que rarement avec celles d'une autre couleur; et même, lorsque ce dernier cas se présente, on ne remarquerait pas beaucoup une légère diminution de fertilité qui serait sujette à provenir de beaucoup de causes. Nous avons aussi lieu de croire qu'une longue domestication augmente la fertilité, ce qui vient s'ajouter au fait que l'on avait choisi les premières souches à cause de leur fertilité exceptionnelle. On n'a point fait d'expériences sur les variétés diversement colorées des animaux à l'état sauvage. Il y a cependant nombre de faits très curieux prouvant que la couleur, chez les animaux comme chez les plantes, est souvent en corrélation avec des différences constitutionnelles remarquables, et comme ces dernières sont en rapport intime avec le sujet que nous traitons, nous allons en donner un court résumé.

CORRÉLATION DE LA COULEUR AVEC LES PARTICULARITÉS CONSTITUTIONNELLES

La corrélation existant entre la couleur blanche de la fourrure et les yeux bleus, et la surdité chez les chats mâles, et entre la coloration écaille de tortue et le sexe femelle chez le même animal, sont deux cas bien connus, mais non moins extraordinaires.

Tout aussi remarquable est le fait, communiqué à Darwin par M. Tegetmeier, que les pigeons de toutes races qui sont blancs, jaunes, bleu pâle ou bruns, naissent tout nus, tandis que, sous les autres couleurs, ils sont couverts de duvet. Voilà donc un cas dans lequel la couleur prend une importance physiologique supérieure à celle de toutes les différences variées de structure entre les variétés et races des pigeons. En Virginie, il existe une plante, la *Lachnanthes tinctoria* qui, lorsqu'elle est mangée par les porcs, colore leurs os en rose, et fait tomber les sabots de toutes les variétés, sauf de celles qui sont noires ; de telle façon qu'on ne peut élever que des cochons noirs dans cet État [1]. On assure que le sarrasin en fleur est nuisible aux cochons blancs, mais non aux noirs.

1. *Origine des Espèces*, trad. Barbier, p. 13.

Dans la Tarentine, les moutons noirs mangent impunément l'*Hypericum crispum* qui tue les moutons blancs. Les chiens terriers blancs sont plus sujets aux maladies ; les poulets blancs à la pépie. Les chevaux et le bétail, de couleur blanche, sont sujets à des maladies de peau dont sont exempts les animaux de robe différente ; il a été remarqué, en Thuringe et aux Indes occidentales, que les mouches tourmentent plus le bétail blanc, ou de couleur pâle, que le bétail brun ou noir. La même loi s'étend aux insectes, car on trouve que les vers à soie produisant des cocons blancs résistent mieux à la maladie que ceux qui produisent des cocons jaunes [1].

Chez les plantes, nous avons dans l'Amérique du nord des pruniers à fruits verts et jaunes qui n'ont pas la maladie qui attaque les variétés violettes. Les pêches à chair

---

1. Dans les *Medico-Chirurgical Transactions* (vol. LIII, 1870), le docteur Ogle a cité de curieux cas physiologiques ayant trait à la présence ou l'absence de la couleur blanche chez les animaux supérieurs. Il affirme qu'un pigment sombre dans la région olfactrice des narines est essentiel à un odorat parfait, et que ce pigment manque rarement, excepté dans le cas où l'animal est entièrement blanc, et alors, celui-ci est à peu près privé de goût et d'odorat. Il fait observer qu'on n'a aucune preuve, dans aucun des cas cités ci-dessus, montrant que les animaux noirs aient reellement mangé la plante ou la racine vénéneuses, et que les faits s'expliquent aisément si les sens de l'odorat et du goût dépendent d'un pigment qui est absent chez les animaux blancs qui, par suite, mangent des herbes que les animaux avertis par leur sens normaux évitent. Cependant cette explication n'est pas absolument satisfaisante. Nous ne saurions admettre que presque tous les moutons du monde (qui sont généralement blancs) sont privés de goût et d'odorat On n'expliquerait pas ainsi les maladies cutanées sur les parties blanches des chevaux, la prédisposition des terriers blancs à l'épizootie, des poulets blancs à la pépie, des vers à soie produisant de la soie jaune aux maladies cryptogamiques. Les faits analogues chez les plantes indiquent une véritable relation constitutionnelle avec la couleur, et non une affection des sens de l'odorat et du goût seulement.

jaune sont plus sujettes aux maladies que les pêches à
chair blanche. A l'île Maurice, les cannes à sucre blanches avaient une maladie dont l'espèce rouge était
exempte. Les verveines à oignons blancs sont plus
sujets au mildew, et les fleurs de jacinthe rouge ont plus
souffert du froid durant un hiver rigoureux en Hollande
que tout autre espèce [1].

Les curieuses et inexplicables corrélations de couleur
avec des particularités constitutionnelles, soit chez des
animaux, soit chez des plantes, font qu'il est probable
que la corrélation de couleur avec l'infertilité, qui a été
observée en plusieurs cas, chez les plantes, peut aussi
s'étendre aux animaux à l'état sauvage ; s'il en est ainsi,
le fait serait de la plus haute importance pour éclaircir
l'origine de l'infertilité de beaucoup d'espèces alliées.
Ceci sera mieux compris, lorsque nous aurons examiné
les faits que nous allons rapporter.

L'ISOLATION DES VARIÉTÉS PAR L'ASSOCIATION SÉLECTIVE

J'ai montré dans le dernier chapitre, que l'importance
de l'isolation géographique pour la formation de nouvelles espèces, au moyen de la sélection naturelle, a été
grandement exagérée, parce que le changement des conditions, en lui-même, étant la puissance initiatrice de
nouvelles formes conduit aussi à une ségrégation de localité ou de station des formes sur lesquelles il est agi. Mais
il existe aussi une toute-puissante cause d'isolation dans
la nature mentale — les sympathies et les antipathies —
des animaux ; et c'est probablement à ce fait qu'est due
la rareté des hybrides à l'état de nature. On a déjà cité
les troupeaux de bétail de différentes couleurs, aux îles
Falkland, dont chacun vit séparé des autres ; et on peut
ajouter que la variété gris de souris paraît déjà avoir

1. Pour tous ces faits, voyez *Variation*, etc., vol. II, chap. XXIV.

acquis une particularité physiologique, en mettant bas
un mois plus tôt que les autres. Des faits semblables,
cependant, se présentent chez nos animaux domestiques,
et sont bien connus des éleveurs. Le professeur Low,
notre grande autorité en fait d'animaux domestiques, dit :
« La femelle du chien, lorsqu'on ne l'en empêche pas,
choisira son compagnon chez les mâtins si elle est de cette
race, chez les terriers, si elle en est, et ainsi de suite. »
Et plus loin : « Le mouton mérinos et le mouton de
bruyère, en Ecosse, si l'on confond leurs troupeaux, ne
s'accoupleront jamais que dans leur variété propre. » Darwin a recueilli beaucoup d'exemples de ce fait. Un des
principaux éleveurs de pigeons de fantaisie d'Angleterre
lui affirma que, si la liberté du choix leur était laissée,
chaque race s'accouplerait de préférence avec elle-même.
Chez les chevaux sauvages du Paraguay, tous ceux de
même couleur et de même grandeur s'associent ensemble ; en Circassie, trois races de chevaux qui ont reçu des
noms spéciaux, quand elles vivent en liberté, refusent
presque toujours de se mêler ou de se croiser, et en
viennent parfois jusqu'à s'attaquer réciproquement. Sur
l'une des îles Feröe qui n'a pas plus d'un demi-mille de
diamètre, les moutons noirs à demi-sauvages ne se
mêlent pas volontiers aux moutons blancs qu'on importe.
Dans la forêt de Dean, et dans la *New Forest*, les bandes
de daims de couleur sombre et de couleur claire ne se
mêlent jamais ; et même les curieux moutons Ancon,
d'origine toute moderne, se tiennent réunis, se séparant
du reste du troupeau quand on le renferme dans un
enclos avec d'autres moutons. La même règle s'applique
aux oiseaux, car Darwin apprit du Révérend W. D. Fox
que ses bandes d'oies blanches, et d'oies de Chine se
tenaient toujours à part [1].

Cette préférence constante des animaux pour leurs

1. *Variation*, etc., vol. II, chap. XVI.

semblables, même dans le cas de variétés de la même espèce différant légèrement entre elles, est évidemment un fait d'une grande importance en regard de l'origine des espèces par la sélection naturelle, puisqu'elle nous montre qu'aussitôt qu'une différenciation légère de forme ou de couleur s'est opérée, l'isolation surgit du même coup par l'association sélective des animaux eux-mêmes ; et, de la sorte, la grande pierre d'achoppement des « effets submersifs des croisements répétés » que beaucoup de naturalistes ont mis en avant avec tant d'insistance, est complètement écartée.

Si nous rapprochons de ce fait la corrélation de la couleur avec d'importantes particularités constitutionnelles, et, dans quelques cas, l'infertilité ; si, de plus, nous considérons l'étrange parallélisme existant entre les effets des changements de conditions, et les croisements de variétés produisant une augmentation ou une diminution de fertilité, nous obtiendrons, à tout événement, un bon point de départ pour la production de l'infertilité qui est un trait si caractéristique des espèces distinctes se croisant entre elles. Il ne nous faudra plus, maintenant, qu'un moyen d'augmenter ou d'accumuler cette tendance initiale, et nous allons nous attacher à résoudre ce problème.

INFLUENCE DE LA SÉLECTION NATURELLE SUR LA STÉRILITÉ ET LA FERTILITÉ

Beaucoup de gens penseront que, comme l'infertilité ou la stérilité d'espèces naissantes leur seraient utiles pendant qu'elles occuperaient les mêmes territoires ou des territoires voisins, en neutralisant les effets de croisements repétés, cette infertilité aurait pu être augmentée par l'action de la sélection naturelle ; et cela paraîtra d'autant plus probable, si nous admettons, ainsi que nous avons eu des raisons de le faire, que les variations de fertilité se présentent peut-être aussi fréquemment que d'autres variations.

Darwin dit que, pendant un certain temps, cela lui parut probable, mais qu'il trouva le problème d'une complexité extrême; il fut aussi influencé contre cette théorie par beaucoup de considérations qui semblaient rendre très improbable une telle origine de la stérilité ou de l'infertilité des espèces croisées entre elles. Une de ces difficultés consiste dans le fait que les espèces qui occupent des territoires distincts, sans jamais être en contact l'une avec l'autre, sont souvent stériles quand on les croise. Encore pourrait-on surmonter l'objection en considérant que, bien qu'isolées maintenant, elles peuvent, et souvent elles doivent, avoir été en contact à leur origine. Mais l'objection la plus importante est que la sélection naturelle n'aurait pas pu produire la différence qui se produit souvent entre les croisements réciproques, dont l'un est quelquefois fertile, tandis que l'autre est stérile. On peut objecter aussi les quantités extrêmement différentes d'infertilité ou de stérilité entre différentes espèces d'un même genre, l'infertilité étant souvent hors de proportion avec la différence entre les espèces croisées. Mais aucune de ces objections n'aurait beaucoup de poids si l'on pouvait démontrer clairement que la sélection naturelle *peut* augmenter les variations d'infertilité d'une espèce naissante, comme elle peut certainement augmenter et développer toutes les variations utiles de forme, de structure, d'instinct ou d'habitude. On a montré qu'il existe d'amples causes d'infertilité dans la nature de l'organisme et les lois de corrélation; l'action de la sélection naturelle n'est nécessaire que pour accumuler les effets produits par ces causes, et pour rendre leur résultat final plus uniforme, et mieux en accord avec les faits qui existent.

Il y a vingt ans, j'eus une longue correspondance avec Darwin, pour discuter cette question. Je croyais alors être en état de lui prouver comment l'action de la sélection naturelle accumule l'infertilité ; mais je ne réussis pas à le convaincre, à cause de l'extrême complexité du processus dans les conditions qu'il supposait le plus probables. Je suis revenu, dernièrement, à cette question, avec la connaissance plus entière des faits de variation que nous possédons maintenant, et je pense pouvoir montrer que la sélection naturelle *peut*, du moins dans quelques cas probables, accumuler des variations d'infertilité entre espèces commençantes.

Le cas le plus simple à examiner sera celui où deux formes ou variétés d'une espèce, occupant un vaste territoire, sont en train de s'adapter à des modes de vie quelque peu différents, dans le même territoire. Si ces deux formes se croisent librement, et produisent des métis fertiles *inter se*, la différenciation ultérieure des formes en deux espèces distinctes sera retardée, ou peut-être entièrement empêchée ; car la progéniture des unions croisées sera, peut-être, plus vigoureuse, par suite du croisement, quoique moins parfaitement adaptée aux conditions de l'existence que les deux races pures ; et de là s'établirait une influence puissante, opposée à la différenciation ultérieure des deux formes.

Maintenant, supposons qu'il se produise une stérilité partielle des hybrides issus des deux formes, en corrélation avec les modes de vie différents et les légères particularités externes ou internes qui existent entre eux, que nous avons reconnus précédemment être des causes d'infertilité. Il en résultera que, même si les deux formes produisent encore librement des hybrides, ces hybrides eux-mêmes ne se reproduiront pas aussi rapidement que les deux formes pures ; et comme ces dernières sont, par les termes du problème, mieux adaptées à leurs conditions de vie que les hybrides issus d'elles, non seulement elles multiplieront plus rapidement, mais elles tendront à supplanter entièrement les hybrides, toutes les fois que la lutte pour l'existence deviendra exceptionnellement dure. Ainsi, plus complète sera la stérilité des hybrides, et plus rapidement disparaîtront-ils, laissant en possession du champ de bataille les deux formes mères primitives. D'où il suivra que, s'il existe dans une partie du territoire une plus grande infertilité entre les deux formes que dans l'autre, ces formes se maintiendront plus pures là où domine cette plus grande infertilité ; elles auront par conséquent l'avantage sur les autres à chaque période renouvelée de lutte rigoureuse pour l'existence, et, finalement, elles supplanteront les formes moins infertiles, ou les formes complètement fertiles qui peuvent exister dans les autres parties du territoire. Il semble donc apparent que, dans un cas tel que celui que nous venons de supposer, la sélection naturelle conserverait ces portions des deux races qui étaient le plus infertiles ensemble, ou dont la progéniture hybride était le plus infertile ; et s'il se produisait de nouvelles variations de fertilité, elles tendraient à augmenter l'infertilité.

Il faut noter particulièrement que cet effet résulterait, non de la conservation des variations infertiles à cause de leur infertilité, mais de l'infériorité de la progéniture hybride, celle-ci étant à la fois moins nombreuse, moins apte à propager la race, et moins adaptée aux conditions de l'existence qu'aucune des formes pures. C'est cette infériorité des descendants hybrides qui est le point essentiel ; et comme le nombre de ces hybrides diminuera de plus en plus là où est la plus grande infertilité, ces deux portions des deux formes où l'infertilité est la plus grande auront l'avantage, et survivront finalement, dans la lutte pour l'existence.

La différenciation des deux formes en espèces distinctes, avec l'augmentation d'infertilité entre elles, serait grandement aidée par deux autres facteurs importants du problème. On a déjà montré que, avec chaque modification de forme et d'habitude, et surtout avec la modification de la couleur, surgit une répugnance des deux formes à se croiser ; et cela produirait un degré d'isolation qui aiderait puissamment à la spécialisation des formes dans leur adaptation à leurs conditions de vie différentes. En outre, il a été montré par des exemples que le changement des conditions ou du mode de vie est une cause puissante de perturbation de l'appareil reproducteur et, par suite, d'infertilité. Nous pouvons donc admettre qu'à mesure que les deux formes adoptaient des modes de vie de plus en plus différents, et acquéraient peut-être aussi des particularités marquées de forme et de coloration, l'infertilité entre elles devait augmenter, et se généraliser ; et comme nous avons vu que chaque augmentation pareille d'infertilité donnerait à la portion de l'espèce où elle se produirait un avantage sur les autres portions dans lesquelles les deux variétés étaient plus fertiles ensemble, toute cette infertilité qu'on aurait amenée se maintiendrait, et augmenterait d'autant plus l'infertilité générale entre les deux formes de l'espèce.

Il s'ensuit donc que la spécialisation à des conditions de vie différentes, la différenciation des caractères externes, la répugnance aux croisements, et l'infertilité des produits hybrides de ces unions, marcheraient toutes *pari passu*, et aboutiraient, en dernier lieu, à la production de deux formes distinctes ayant tous les traits caractéristiques, soit physiologiques, soit anatomiques, des véritables espèces.

Dans le cas que nous traitons, il a été supposé qu'un certain degré d'infertilité générale peut surgir en corrélation avec les modes de vie différents de deux variétés ou espèces qui débutent. Une masse de faits, déjà cités, montre que c'est probablement par ce mode qu'une infertilité généralement répandue se produirait; s'il en était ainsi, on a vu que, par l'influence de la sélection naturelle et des lois connues régissant les variétés, cette infertilité s'accroîtrait graduellement. Mais si nous supposons que l'infertilité règne sporadiquement chez les deux formes, et qu'elle n'agit que sur une petite proportion des individus de chaque territoire, il sera difficile, si ce n'est impossible, de montrer qu'une telle infertilité aurait une tendance à augmenter, ou produirait autre chose qu'un effet nuisible. Si, par exemple, cinq pour cent de chacune des formes variait de façon à être infertile avec l'autre, le résultat serait à peine perceptible, parce que les individus qui formeraient ces unions et produiraient ces hybrides constitueraient une très petite portion de l'espèce entière ; et la progéniture hybride, se trouvant dans un état d'infériorité dans la lutte pour l'existence, et étant elle-même infertile, s'éteindrait bientôt, tandis que les beaucoup plus nombreuses portions fertiles des deux formes se multiplieraient rapidement, et fourniraient un nombre suffisant de descendants de race pure de chacune des formes pour prendre la place des hybrides quelque peu inférieurs, toutes les fois que la lutte pour l'existence deviendrait plus âpre. Nous devons supposer que les formes normales fertiles transmettraient leur fertilité à leur progéniture, et les quelques formes infertiles leur infertilité à la leur ; mais ces dernières perdraient nécessairement la moitié de leur multiplication normale par la stérilité de leur progéniture hybride dans ses croisements avec l'autre forme, et quand elles se croiseraient avec leur propre forme la tendance à la stérilité s'éteindrait, sauf dans la très petite proportion des cinq pour cent (un vingtième) que le hasard pourrait conduire à s'accoupler. Dans de telles circonstances, la stérilité commençante entre les deux formes serait promptement éliminée, et ne saurait jamais s'élever beaucoup au-dessus des nombres produits chaque année par la variation sporadique.

C'est probablement par l'observation de quelque cas de ce genre que Darwin parvint à conclure que l'infertilité se produisant entre des espèces qui débutent ne pouvait pas être augmentée par la sélection naturelle ; et c'est d'autant plus probable, qu'il était toujours porté à réduire au minimum la fréquence et la quantité même des variations de structure.

Nous avons encore à nous occuper d'un autre mode par lequel la sélection naturelle favorise et perpétue toute infertilité qui peut se manifester entre deux espèces en voie de production. Si plusieurs espèces distinctes subissaient une modification en même temps, et dans le même territoire, pour s'adapter à de nouvelles conditions qui y ont apparu, il se trouverait que toute espèce où les différences de structure ou de couleur, ayant surgi entre elles et ses variétés ou proches alliées, seraient en corrélation avec l'infertilité des croisements entre elles, aurait l'avantage sur les variétés correspondantes d'autres espèces qui ne présenteraient pas cette particularité physiologique. Ainsi, les espèces débutantes infertiles entre elles auraient l'avantage sur d'autres espèces débutantes qui seraient fertiles, et toutes les fois que la lutte pour l'existence serait plus dure, prévaudraient sur elles, et en occuperaient la place. Cette infertilité, étant en corrélation avec des différences constitutionnelles ou structurales, irait s'augmentant en même temps que ces différences ; ainsi, il arriverait qu'au moment où la nouvelle espèce serait entièrement différenciée de son espèce mère (ou de ses sœurs, les variétés) l'infertilité serait devenue aussi marquée que nous la trouvons d'ordinaire entre espèces distinctes.

Cette discussion nous a conduits à des conclusions de la plus grande importance relativement au problème difficile de la cause de la stérilité des hybrides entre espèces distinctes. En acceptant comme très probable le fait de la variation de la fertilité se produisant en corrélation avec des variations d'habitudes, de couleur, ou de structure, nous voyons que, tant que ces variations ne se produiraient que sporadiquement, et n'influenceraient qu'une petite proportion des individus d'un territoire quelconque, l'infertilité ne pourrait être accrue par la sélection naturelle, mais tendrait à s'éteindre presqu'aussitôt qu'elle se produirait. Si, toutefois, l'infertilité était en corrélation assez intime avec les variations physiques ou les modes de vie divers, pour affecter, même dans un degré restreint, une partie considérable des individus des deux formes, dans leurs territoires définis, elle serait conservée par la sélection naturelle, et la partie de l'espèce variante qui serait influencée de la sorte s'accroîtrait aux dépens des portions qui étaient plus fertiles dans les croisements. Chaque variation ultérieure dans la direction de l'infertilité entre les deux formes serait de nouveau conservée, et ainsi l'infertilité commençante de la progéniture hybride pourrait s'accroître à tel point qu'elle équivaudrait presque à la stérilité. Cependant, nous avons vu que si plusieurs espèces en concurrence dans le même territoire sont modifiées simultanément, les espèces entre les variétés desquelles se produirait l'infertilité auraient l'avantage sur celles dont les variétés resteraient fertiles *inter se*, et les supplanteraient finalement.

L'argument qui précède repose entièrement, ainsi qu'on le verra, sur la présomption qu'un degré d'infertilité caractérise les variétés distinctes qui sont en train de se différencier en espèces ; et on peut objecter qu'i n'existe aucune preuve de cette infertilité. Cela est vrai, mais remarquez que des faits allégués rendent probable cette infertilité, du moins en quelques cas, et c'est tout ce qu'il nous faut. Il n'est aucunement nécessaire que *toutes* les variétés présentent un commencement d'infertilité ; quelques variétés suffisent à cela ; car nous savons que, de toutes les innombrables variétés qui se produisent, quelques-unes seulement se développent en espèces distinctes, et il se peut que l'absence d'infertilité pour obvier aux effets des croisements répétés, soit une des causes habituelles des échecs du plus grand nombre. J'ai seulement entrepris de montrer que, *lorsque* l'infertilité commençante se produit en corrélation avec d'autres différences de variétés, cette infertilité peut être, et, dans le fait, doit être augmentée par la sélection naturelle ; et cela me semble un pas décisif dans la solution du problème [1].

1. Comme cet argument est assez difficile à suivre, alors que son importance théorique est très grande, j'en ajoute ici un exposé sommaire, sous forme d'une série de propositions ; je ne fais que copier, avec quelques changements de mots, ce que j'écrivais il y a vingt ans environ. Quelques lecteurs trouveront peut-être l'argument plus facile à comprendre ainsi que dans la discussion plus complète du texte.

LA STÉRILITÉ DES HYBRIDES A-T-ELLE PU ÊTRE PRODUITE PAR LA SÉLECTION NATURELLE ?

1. Considérons une espèce ayant varié en *deux formes*, chacune s'adaptant mieux que la forme mère à certaines conditions, et supplantant bientôt la mère.

2. Si ces deux formes qu'on suppose coexister dans le même territoire ne se croisent point entre elles, la sélection naturelle accumulera toutes les variations favorables jusqu'à ce qu'elles se trouvent bien adaptées à leurs conditions de vie, et forment deux espèces différant légèrement l'une de l'autre.

3. Mais si ces *deux formes* se croisent librement entre elles et produisent des hybrides qui seront aussi fertiles, *inter se*, la formation des deux races ou espèces distinctes, sera retardée, ou

LA SÉLECTION PHYSIOLOGIQUE

Le professeur G. J. Romanes a suggéré qu'une autre forme d'infertilité a pu contribuer à produire l'infertilité

peut-être entièrement empêchée ; car la progéniture issue des croisements sera *plus vigoureuse* à cause du croisement, quoique *moins adaptée* à ses conditions de vie que les deux espèces pures.

4. Si nous supposons maintenant une stérilité partielle chez les hybrides d'une proportion considérable de ces deux formes ; comme elle serait due, probablement, à quelques conditions spéciales d'existence, nous pouvons, avec justesse, supposer qu'elle se produit dans une partie circonscrite du territoire occupé par les deux formes.

5. Le résultat en sera que, dans cette région, les hybrides (tout en se produisant continuellement par les premiers croisements aussi librement qu'auparavant) ne se multiplieront pas aussi rapidement que les deux formes pures : et comme ces formes pures sont, aux termes du problème, mieux adaptées à leurs diverses conditions de vie que les hybrides, elles se multiplieront inévitablement plus vite, et tendront continuellement à supplanter entièrement les hybrides, à chaque recrudescence de la lutte pour l'existence.

6. Nous avons le droit de supposer, aussi, qu'aussitôt qu'un degré de stérilité quelconque se produit, il se produira aussi une répugnance aux *unions croisées*, et ceci tendra encore plus à diminuer la production des hybrides.

7. Cependant, dans l'autre partie du territoire, où l'hybridation se produit en parfaite liberté, les hybrides à divers degrés peuvent se multiplier jusqu'à égaler ou même dépasser en nombre les espèces pures — c'est-à-dire que les espèces commençantes courront le risque d'être submergées par l'effet du croisement.

8. Donc, le premier résultat d'une stérilité partielle des croisements, se produisant dans un partie du territoire qu'occupent les deux formes, sera que la grande majorité des individus de ce territoire consistera en ceux des deux formes pures seulement, tandis que dans le reste du territoire ces formes seront en minorité, ce qui revient à dire que la nouvelle *variété physiologique* des deux formes sera mieux adaptée aux conditions de l'existence que le reste qui n'a point varié physiologiquement.

9. Mais, quand la lutte pour l'existence devient plus âpre, la variété qui est le mieux adaptée aux conditions de l'existence

ou stérilité qui caractérise les hybrides. Il appuie sur le
fait, déjà noté, que certains individus de quelques
espèces possèdent ce que nous appellerons la stérilité
sélective, c'est-à-dire que, fertiles avec quelques individus de l'espèce, ils sont stériles avec d'autres, et ceci
tout à fait indépendamment de toute différence quelconque de forme, de couleur ou de structure. Le phénomène,
dans la seule forme où on l'ait observé, est celui de « l'infertilité ou de la stérilité absolue entre deux individus,
dont chacun est parfaitement fertile avec d'autres ; »
mais M. Romanes pense qu' « il ne serait pas, à beaucoup
près, aussi étonnant, ou improbable, au point de vue
physiologique, qu'une incompatibilité semblable s'éten-
dît à toute une race, ou à toute une descendance [1] ».

supplante toujours celle qui n'y est qu'imparfaitement adaptée ;
par conséquent, *par la sélection naturelle*, les *variétés* restant *stériles* dans les croisements sont établies comme étant seules des
variétés.

10. Maintenant, s'il continue à se présenter des variations dans
a *quantité de la stérilité*, et dans la *répugnance aux unions croisées*, toujours dans certaines parties du territoire, le même résultat
se produira, et la progéniture de cette nouvelle variété physiologique occupera, avec le temps, tout le territoire.

11. Une autre considération encore faciliterait ce processus.
l semble probable que les *variations* de *stérilité* se produiraient
usqu'à un certain point simultanément avec les *variations spécifiques* dont peut-être même elles dépendraient ; de telle sorte que,
précisément dans la proportion où les *deux formes* divergeraient
t s'adapteraient mieux à leurs conditions d'existence, elles deviendraient plus stériles en se croisant. Si tel était le cas, la sélec-
ion naturelle agirait avec une double force, et les individus qui
eraient le mieux préparés à survivre par leur structure et par
eur physiologie, l'emporteraient assurément sur les autres.

1. On a cité des cas de ce genre, p. 208. Il faut, cependant,
emarquer qu'une stérilité pareille, dans les premiers croisements, paraît être aussi rare entre les différentes espèces du
même genre qu'entre les individus de la même espèce. Les mulets
t d'autres hybrides se produisent librement entre des espèces

En admettant qu'il en soit ainsi, quoique nous n'ayions à présent aucun témoignage quelconque qui le prouve, il reste à examiner si de pareilles variétés physiologiques peuvent se maintenir, ou si, comme dans les cas sporadiques d'infertilité déjà discutés, elles s'éteindraient nécessairement, à moins d'être en corrélation avec des caractères utiles. M. Romanes est d'avis qu'elles persisteraient, et insiste sur ce que « toutes les fois que cette sorte de variation se produit, *elle ne peut échapper à l'action préservatrice* de la sélection physiologique. De là, même en accordant que la variation affectant de cette manière particulière l'appareil reproducteur est une variation qui ne se produit que rarement, pourtant, comme *elle doit être toujours conservée,* toutes les fois qu'elle se présente, il appert que son influence sur la fabrication de types spécifiques *doit être cumulative* ».

La plupart des lecteurs, sur les affirmations très positives que j'ai soulignées, seraient induits à croire que le fait avancé a été démontré par une étude soigneusement poursuivie de quelques cas qu'on suppose définis. Toutefois, cela ne paraît avoir été fait nulle part dans l'article de M. Romanes ; et comme c'est là *le* point vital théorique sur lequel repose toute valeur possible quel-

très distinctes, mais restent eux-mêmes infertiles, ou tout à fait stériles ; et c'est cette même infertilité, ou stérilité des hybrides qui est la caractéristique — et dont on faisait autrefois le critérium — de l'espèce, et non la stérilité de leurs premiers croisements. Il s'ensuit que nous ne devrions pas nous attendre à trouver une infertilité constante dans les premiers croisements entre les souches ou variétés distinctes formant le point de départ de nouvelles espèces, mais seulement un léger degré d'infertilité dans leur progéniture métisse. D'où l'on peut conclure que la théorie de la *Sélection physiologique* de Romanes — adoptant la stérilité ou l'infertilité entre les premiers individus croisés comme le fait fondamental de l'origine des espèces — ne s'accorde pas avec les phénomènes généraux de l'hybridité dans la nature.

conque de la nouvelle théorie, et comme il paraît si opposé aux effets meurtriers de l'infertilité simple, que nous avons déjà exposés, quand celle-ci se produit chez les portions entremêlées de deux variétés, il nous faut l'examiner avec soin. En ce faisant, je supposerai que la variation demandée n'est pas « rare à se produire » mais qu'elle se présente en quantité considérable, et chaque année, à peu près au même degré, ce qui accorde à la théorie de M. Romanes tous les avantages possibles.

Supposons donc qu'une espèce donnée comprend 100.000 individus de chaque sexe, avec le degré ordinaire flottant de variabilité externe. Qu'une variation physiologique se produise ensuite, de façon à ce que 10 pour cent du nombre entier — 10.000 individus de chaque sexe — tout en demeurant fertiles *inter se*, deviennent entièrement stériles avec les 90.000 qui restent. Cette particularité ne sera en corrélation avec aucune différence externe de forme ou de couleur, ni avec aucune des particularités inhérentes de sympathie ou d'antipathie influençant les deux séries d'individus dans leur accouplement. Et maintenant, quel sera le résultat?

Prenant d'abord les 10.000 couples de la variété physiologique ou anormale, nous trouvons que chacun de ses mâles pourrait s'accoupler avec une des cent mille femelles. Si, par conséquent, rien ne limitait leur choix à des individus particuliers d'une des deux variétés, il est probable qu'il y en aurait 9000 s'accouplant avec la variété opposée, et seulement 1000 avec la leur, c'est-à-dire que 9000 formeraient des unions stériles, *un millier* seulement des unions fertiles.

Prenant, ensuite, les 90.000 individus normaux de chaque sexe, nous trouvons que chacun des mâles peut s'accoupler, à son choix, avec 100.000 femelles. Les probabilités sont donc que les neuf dixièmes — c'est-à-dire, 81.000 — s'accoupleront avec leurs compagnes normales, tandis que 9000 s'uniront à la variété anormale, formant les unions stériles déjà citées.

Si, maintenant, le nombre des individus formant une espèce demeure invariable, en thèse générale, d'une année à l'autre, nous aurons l'année suivante encore 100.000 couples, où les deux variétés physiologiques seront dans la proportion de quatre-vingt à un, soit 98.780 couples de la variété normale pour 1220 [1] de la variété anormale, telle étant la proportion des unions fertiles de chaque groupe. Au cours de cette année, nous trouvons, suivant la même règle de probabilités, seulement quinze mâles de la variété anormale s'accouplant et fertiles avec leurs pareilles, tandis que les 1205 autres s'accoupleront stérilement avec la variété normale.

L'année suivante, le total des 100.000 couples sera réduit à 99.984 de la variété normale, et seulement 16 de la variété anormale ; et les probabilités étant que ce reste s'accouplera avec l'énorme masse des individus normaux, et que leur union demeurera stérile, la variété physiologique sera éteinte la troisième année.

Si, d'autre part, dans la seconde année et les suivantes, une proportion égale à la proportion primitive (10 pour cent) de la variété physiologique se produit, à nouveau, dans les rangs de la variété normale, le même taux de diminution continuera, et l'on trouvera que l'évaluation la plus favorable ne donnera pas plus de 12.000 de la variété physiologique pour 88.000 de la forme normale de l'espèce, ainsi que le montre la table suivante :

---

1. Le chiffre exact est 1219,51 ; on a omis les fractions pour simplifier.

1re Année, 10.000, variété physiologique, 90.000, variété normale.

2e — 1.220 + 10.000 produits à nouveau.

3e — 16 + 1.220 + 10.000 *id.* = 11.236

4e — 0 + 16 + 1.220 + 10.000 *id.* = 11.236

5e — 0 + 16 + 1.220 + 10.000

= 11.236

et ainsi de suite, pendant un nombre quelconque de générations.

Nous avons, dans la discussion qui précède, donné à la théorie l'avantage de la production de la grande proportion de dix pour cent de cette variété exceptionnelle d'année en année, et nous avons vu qu'en dépit de ces conditions favorables, elle s'est trouvée hors d'état de dépasser de beaucoup son point de départ, et qu'elle reste totalement dépendante du renouvellement continu de la variété pour exister au-delà de quelques années. Il paraît donc que cette forme de stérilité inter-spécifique ne peut être accrue ni par la sélection naturelle, ni par aucune autre forme connue de sélection, mais qu'elle contient en elle-même ses propres principes de destruction. Si l'on se propose d'éluder la difficulté en attribuant à la production annuelle de la variété un taux plus élevé, rien ne sera changé à la loi de décroissance, tant qu'il n'y aura pas équilibre dans le chiffre des deux variétés.

Mais, avec une pareille augmentation de la variété physiologique, l'espèce elle-même souffrirait inévitablement de la grande proportion d'unions stériles dans son sein, et se trouverait ainsi très distancée dans la lutte avec d'autres espèces entièrement fertiles. Ainsi, la sélection naturelle tend toujours à éliminer chaque espèce qui a une trop grande tendance à la stérilité *inter se*, et empêchera, par conséquent, cette stérilité de devenir la caractéristique générale d'espèces qui varient, ce qui serait nécessaire à cette théorie.

Au bout du compte, donc, il paraît évident qu'aucune

forme d'infertilité ou de stérilité entre les individus d'une autre espèce ne peut être accrue par la sélection naturelle à moins d'être en corrélation avec quelque variation utile, tandis que toute infertilité privée de cette corrélation a une tendance constante à effectuer sa propre élimination.

Mais la propriété opposée, la fertilité, est d'une importance vitale pour chaque espèce, et donne aux descendants des individus qui la possèdent, en conséquence de leur nombre supérieur, une plus grande chance de survivre dans la bataille de la vie. Elle est, par conséquent, sous le contrôle direct de la sélection naturelle qui agit à la fois pour faire se conserver elles-mêmes les souches fertiles, et se détruire elles-mêmes celles qui sont infertiles, sauf toutefois dans les cas où il y a corrélation, comme nous l'avons dit ci-dessus, avec une variation utile, ce qui permet une action multiplicatrice de la sélection naturelle.

RÉSUMÉ ET CONCLUSIONS AU SUJET DE L'HYBRIDITÉ

Les faits qui sont d'une importance majeure pour la compréhension de ce très difficile sujet sont ceux qui mettent en lumière l'extrême susceptibilité de l'appareil reproducteur chez les plantes et les animaux. Nous avons vu comment ces deux classes d'organismes peuvent être rendues infertiles, par un changement de conditions n'altérant pas leur santé générale, par la captivité, ou par des croisements trop répétés.

Nous avons vu, aussi, que l'infertilité est souvent en corrélation avec une différence de couleurs, ou d'autres caractères ; qu'elle ne se proportionne pas aux divergences de structure ; qu'elle varie dans les croisements différents entre couples de la même espèce ; que dans le cas des plantes dimorphes ou trimorphes, les croisements différents entre le même couple d'individus peuvent être fertiles ou stériles en même temps.

Il semblerait que la fertilité dépendît uniquement d'un accord si délicat entre les éléments mâle et femelle que la stérilité serait prompte à survenir, si la fertilité n'était constamment conservée par la préservation des individus les plus fertiles.

Cette préservation s'effectue toujours, dans les limites de chaque espèce, à la fois parce que la fertilité est de la plus haute importance pour la continuation de la race, et aussi parce que la stérilité (et, à un moindre degré, l'infertilité) est non seulement la ruine, mais le suicide de l'espèce.

Aussi longtemps, par conséquent, qu'une espèce ne se sépare pas, et occupe un territoire continu, sa fertilité est entretenue par la sélection naturelle ; mais du moment où elle se fractionne, soit par l'isolation géographique ou sélective, soit par la diversité d'habitat ou d'habitudes, alors, tandis que chaque portion doit être gardée fertile *inter se*, rien n'empêche l'infertilité de se glisser entre les deux portions séparées. Comme ces deux portions existeront nécessairement dans des conditions de vie quelque peu différentes, et auront acquis quelque diversité de forme ou de couleur — toutes circonstances que nous savons être la cause de l'infertilité, ou en corrélation avec elle, — le fait de quelque degré d'infertilité apparaissant habituellement entre des espèces alliées étroitement, ou isolées localement ou physiologiquement, ne nous étonnera en rien.

Il n'est pas difficile d'expliquer pourquoi les variétés ne présentent pas d'ordinaire un degré semblable d'infertilité. Les idées courantes sur cette question ont été tirées de ce qui se voit généralement chez les animaux domestiques, et nous avons vu que la première condition essentielle de leur domestication était qu'ils continuassent à demeurer fertiles dans des conditions d'existence modifiées. Durant le lent processus qui a présidé à la formation de nouvelles variétés, à l'aide de la sélection plus ou moins consciente, la fertilité a toujours paru être un caractère indispensable, et s'est trouvée de la sorte conservée et encouragée ; et il y a quelques témoignages en faveur de la tendance de la domestication à accroître la fertilité.

Chez les plantes, on a expérimenté davantage sur les espèces et variétés sauvages qu'on n'a pu le faire parmi les animaux, et nous trouvons, par suite, chez elles, nombre de cas où des espèces distinctes de plantes sont parfaitement fertiles dans leurs croisements, et leurs descendantes hybrides, fertiles aussi, *inter se*. Nous y trouvons aussi des exemples du fait inverse de variétés de la même espèce demeurant, dans leurs croisements, infertiles, ou même stériles.

On a montré combien était illusoire l'idée que l'infertilité, ou l'isolation géographique, est indispensable à la formation d'espèces nouvelles, pour empêcher les effets submersifs des croisements répétés, parce que les variétés ou espèces débutantes sont, dans la plupart des cas, suffisamment isolées par le fait de leur adoption d'habitudes différentes, ou la fréquentation d'habitats différents ; tandis que l'association sélective, qu'on sait être générale parmi les variétés ou races distinctes de la même espèce, produira une isolation effective, même lorsque les deux formes se trouveront occuper le même territoire.

Des considérations variées que nous venons d'exposer, Darwin conclut que la stérilité ou l'infertilité des espèces entre elles, qu'elles se manifestent par la difficulté du premier croisement, ou par la stérilité des hybrides ainsi obtenus, sont, non le résultat nécessaire de différences spécifiques, mais la conséquence fortuite de particularités inconnues de l'appareil reproducteur. Ces particularités tendent constamment à se produire, grâce à la susceptibilité extrême de cet appareil, dès que les conditions de la vie changent, et sont d'ordinaire en corrélation avec des variations de forme et de couleur. Il s'ensuit que, les espèces distinctes étant essentiellement caractérisées par des différences fixes de forme et de couleur que la sélection naturelle a lentement conquises en adaptation à des conditions de vie nouvelles, un certain degré d'infertilité se produit habituellement entre les espèces.

C'est à ce point que Darwin avait laissé le problème, mais nous avons montré que nous pouvons avancer plus loin vers la solution. Si nous acceptons la production de quelque degré d'infertilité, si léger soit-il, comme accompagnant, fréquemment, les différences externes qui se produisent toujours à l'état de nature entre les variétés et les espèces débutantes, il a été prouvé que la sélection naturelle *peut* augmenter cette infertilité, tout comme elle peut augmenter d'autres variations favorables. Cette augmentation d'infertilité sera utile, toutes les fois qu'une espèce nouvelle se produira dans le même territoire que la forme mère ; et nous voyons ici comment des sommes flottantes et très inégales d'infertilité, en corrélation avec des variations physiques, ont pu produire cette somme plus grande et plus constante d'infertilité qui paraît caractériser, habituellement, les espèces bien tranchées.

La grande masse des faits qui ont été résumés dans ce chapitre, bien que très insuffisante, au point de vue expérimental, indique pourtant, d'une façon générale, la conclusion que nous venons d'en tirer, et nous donne une solution du grand problème de l'hybridité en rapport avec l'origine des espèces, au moyen de la sélection naturelle, et cette solution ne laisse pas d'être satisfaisante. Des recherches expérimentales ultérieures sont nécessaires, pour achever d'élucider la question ; mais, jusqu'à la production de ces nouveaux faits, il ne semble pas nécessaire de chercher une autre théorie pour expliquer ces phénomènes.

CHAPITRE VIII

L'ORIGINE DE L'UTILITÉ DE LA COULEUR CHEZ LES ANIMAUX

La théorie darwinienne a jeté un jour nouveau sur la couleur organique. — Le problème à résoudre. — La constance de la couleur animale en indique l'utilité. — La couleur et le milieu. — Animaux arctiques blancs. — Les exceptions prouvent la règle. — Animaux du désert, de la forêt, de la nuit et de la mer. — Théories générales sur la couleur des animaux. — Coloration variable protectrice. — Les expériences de M. Poulton. — Adaptations de couleurs spéciales ou locales. — Imitation d'objets particuliers. — Comment elles sont produites. — Coloration spéciale protectrice des papillons. — Ressemblances protectrices chez les animaux marins. — Protection conférée par un aspect de nature à effrayer les ennemis. — Coloration décevante. — La coloration des œufs d'oiseaux. — La couleur, comme moyen de reconnaissance. — Résumé. — Influence de la localité ou du climat sur la couleur. — Conclusions.

Entre toutes les applications qui ont été faites de la théorie darwinienne à l'interprétation, des phénomènes complexes que nous offre le monde organique, il n'en est point qui aient mieux réussi, ou qui soient plus intéressantes, que celles qui traitent des couleurs des animaux et des plantes. Pour l'ancienne école de naturalistes, la couleur était un caractère trivial, éminemment capricieux, et indigne de foi, quand on voulait déterminer les espèces ; et il semblait, dans la plupart des cas, qu'elle n'eût

ni utilité ni signification pour les objets qui la présentaient. On considérait la coloration brillante, parfois
splendide, des insectes, des oiseaux, des fleurs, comme
ayant été créée pour réjouir les yeux de l'homme, ou
comme étant due à des lois naturelles inconnues, peut-
être inconnaissables.

Mais les recherches de Darwin changèrent complètement notre point de vue à cet égard. Il démontra clairement que quelques-unes des couleurs des animaux
leur sont utiles ou nuisibles; il crut que beaucoup de
leurs couleurs les plus brillantes étaient développées par
la sélection sexuelle, tandis que son grand principe
général, que tous les caractères fixes des êtres organiques ont été développés sous l'action de la loi de l'utilité,
le conduisait à l'inévitable conclusion qu'un caractère
aussi évident et remarquable que celui de la couleur,
qui si souvent constitue la distinction la plus visible d'espèce à espèce, ou de groupe à groupe, doit aussi s'être
produit par la survivance du plus apte, et doit, conséquemment, le plus souvent, avoir quelque rapport avec
le bien-être de ceux qui le possèdent. Ses recherches et
les observations continuelles auxquelles des multitudes
d'observateurs se sont livrés pendant les trente dernières années, ont prouvé que les choses se passent bien
ainsi ; mais on a trouvé le problème plus complexe
qu'on ne l'avait cru d'abord. Les modes par lesquels la
couleur est utile aux différentes classes des organismes
sont très variés, et sont loin, probablement, d'avoir tous
été découverts. La variété infinie, la beauté merveilleuse de
celle-ci dans quelques cas, sont telles que l'on désespère
d'arriver à une explication complète et satisfaisante de
chaque circonstance individuelle. On y a pourtant réussi
dans une mesure telle que beaucoup de faits curieux ont
été expliqués, et qu'un jour très vif a été jeté sur quelques-uns des phénomènes naturels les plus obscurs, et

ce sujet a droit à une place d'honneur dans tout exposé de la théorie darwinienne.

LE PROBLÈME A RÉSOUDRE

Avant d'entrer dans le détail des modifications variées de la couleur dans le monde animal, il convient de dire quelques mots de la couleur en général, de sa fréquence dans la nature, et de la nécessité d'expliquer spécialement la coloration des animaux et des plantes. Ce que nous appelons couleur est un phénomène subjectif, dû à la constitution de notre esprit et de notre système nerveux ; tandis que d'une façon objective, elle consiste en des vibrations de lumière de longueurs d'onde inégales, émises par divers objets, ou réfléchies par eux. Chaque objet visible doit être coloré, parce que, pour être visible, il doit envoyer des rayons de lumière à notre œil. L'espèce de lumière qu'il envoie est modifiée par la constitution moléculaire, ou la texture de la surface de l'objet. Les pigments absorbent certains rayons et réfléchissent le reste, et cette portion réfléchie a, à nos yeux, une couleur définie, suivant la quantité de rayons constituant la lumière blanche qui se trouve absorbée. Les couleurs d'interférence sont produites soit par de minces couches, soit par des stries très fines sur la surface des corps, qui font que les rayons de certaines ondulations se neutralisent réciproquement, laissant les autres produire les effets de la couleur. Telles sont les couleurs des bulles de savon, ou de l'acier et du verre sur lesquels on a tracé des raies extrêmement fines ; et ces couleurs produisent souvent une sorte de lustre métallique, et sont les facteurs de la plupart des teintes métalliques des oiseaux et des insectes.

La couleur dépendant ainsi d'une constitution moléulaire ou chimique, ou de la texture intérieure de la superficie des corps, et la matière dont ces êtres organisés sont faits, consistant en mélanges chimiques d'une grande complexité et d'une extrême instabilité, étant d'ailleurs sujette à d'innombrables transformations pendant leur croissance et leur développement, nous devons naturellement nous attendre à ce que les phénomènes de la couleur soient plus variés ici que dans des composés plus stables et moins complexes. Dans le monde inorganique lui-même, nous avons abondance et variété de couleur ; sur la terre et sur l'eau ; dans les métaux, les pierres précieuses, les minéraux ; dans le ciel et dans l'océan ; dans les nuages du soleil couchant et dans l'arc-en-ciel. Ici, il n'est pas question d'une *utilité* pour l'objet coloré, et peut-être en est-il de même pour le rouge vif du sang, pour les couleurs éclatantes de la neige rouge, et pour d'autres algues et champignons inférieurs, ou même pour le grand manteau de verdure qui revêt une si grande portion de la surface terrestre.

La présence d'une couleur, ou même de plusieurs couleurs brillantes, chez les animaux et les plantes, ne demanderait pas plus d'explication que ne le fait celle du ciel ou de l'océan, du rubis ou de l'émeraude, c'est-à-dire, elle ne demanderait qu'une explication purement physique. C'est l'étonnante individualité des couleurs des animaux et des plantes qui attire notre attention — le fait que ces couleurs sont localisées en dessins définis, quelquefois en harmonie avec des caractères anatomiques, quelquefois entièrement indépendants de ces caractères ; tandis que, souvent, ils diffèrent dans des espèces alliées, de la façon la plus frappante et la plus fantastique.

Nous sommes donc obligés de considérer la couleur comme n'étant pas uniquement un trait d'ordre physique, mais aussi comme une caractéristique biologique qui a été différenciée et spécialisée par la sélection naturelle, et qui doit, par conséquent, trouver son explication dans le principe de l'adaptation et de l'utilité.

LA CONSTANCE DE LA COULEUR ANIMALE INDIQUE SON UTILITÉ

Un fait général, qui a peu attiré l'attention, semble indiquer que les couleurs et les marques des animaux rentrent sous la loi fondamentale de l'utilité. En règle générale, la couleur et les dessins sont constants dans chaque espèce d'animal sauvage, tandis que, chez presque tous les animaux domestiqués, il se produit une grande variabilité. Nous voyons cela chez nos chevaux, notre bétail, nos chiens, nos chats, nos pigeons et notre volaille. Maintenant, la différence essentielle dans les conditions de la vie des animaux domestiqués et de ceux qui sont sauvages, consiste en ceci : les uns sont protégés par l'homme, tandis que les autres ont à se protéger eux-mêmes.

Les variations extrêmes de la couleur qui se produisent à l'état de domestication indiquent une tendance à varier dans ce sens, et la production, accidentelle, d'animaux blancs, pie, ou de couleur exceptionnelle, chez les individus de beaucoup d'espèces fauves, montre que cette tendance existe aussi chez eux ; mais comme ces individus à couleur exceptionnelle ne se multiplient que rarement ou ne se propagent point, il doit y avoir quelque puissance agissant constamment pour arrêter leur production. Cette puissance ne saurait être que la sélection naturelle ou la survivance du plus apte, ce qui suppose, de nouveau, que certaines couleurs sont utiles, d'autres nuisibles, selon chaque cas particulier. En nous guidant sur ce principe, nous allons voir comment nous pourrons expliquer les couleurs, générales et spéciales, du monde animal.

LA COULEUR ET LE MILIEU

Le fait qui nous frappe, au premier abord, dans notre examen des couleurs des animaux considérés dans leur ensemble, c'est le rapport intime qui existe entre ces couleurs et l'entourage général. Ainsi, le blanc prévaut chez les animaux arctiques ; le jaune et le brun chez les espèces du désert, tandis que le vert domine dans les forêts tropicales toujours vertes.

Si nous considérons ces faits avec quelque soin, nous y trouverons d'excellents matériaux pour nous faire une opinion sur les théories diverses qu'on a émises pour expliquer les couleurs du monde animal.

Les régions arctiques sont riches en animaux qui sont blancs toute l'année, ou deviennent blancs seulement en hiver. Parmi les premiers, sont l'ours polaire et le lièvre polaire d'Amérique, le hibou de neige et le faucon du Groëland ; parmi les derniers on compte le renard arctique, le lièvre arctique, l'hermine et le ptarmigan. Ceux qui sont toujours blancs vivent sur la neige presque toute l'année, tandis que ceux qui changent de couleur habitent des régions libres de neige en été. L'explication évidente de ce genre de coloration est qu'il est protecteur, servant à cacher à leurs ennemis les espèces herbivores, et permettant aux animaux carnivores d'approcher leur proie sans être aperçus.

On a pourtant donné deux autres raisons. L'une est que le blanc, dominant dans les régions arctiques, a un effet direct sur la production du blanc chez les animaux, par quelque action photographique ou chimique sur la peau, ou par une action reflexe par la vision. L'autre est que la couleur blanche est particulièrement utile comme moyen d'empêcher le rayonnement, et de conserver la chaleur animale durant la rigueur d'un hiver arctique. La première fait partie de la théorie générale que la

couleur est l'effet de lumière colorée sur les objets,
pure hypothèse qui n'est, je crois, soutenue par aucun
fait. La seconde suggestion n'est aussi qu'une hypothèse,
puisqu'on n'a pas prouvé par l'expérience que la couleur
blanche, *per se*, indépendamment de la fourrure ou des
plumes qui la reçoivent, ait aucun effet quelconque
pour empêcher le rayonnement d'une chaleur aussi peu
élevée que celle du corps animal. Mais les deux objections sont suffisamment contredites par les exceptions
intéressantes à la règle de la coloration blanche dans
les régions arctiques, exceptions qui sont, néanmoins,
tout à fait en harmonie avec la théorie de la protection.

Toutes les fois que nous rencontrons des animaux
arctiques qui, pour une raison quelconque, n'ont pas
besoin d'être protégés par la couleur blanche, ni le
froid ni le rayonnement de la neige n'ont aucune influence sur leur coloration. La martre zibeline conserve
son riche pelage brun durant tout l'hiver sibérien ; mais
elle fréquente, dans cette saison, des arbres dont elle
mange les fruits et les graines, et, de plus, parvient à
attraper des oiseaux dans les branches du sapin, avec
l'écorce desquels sa fourrure se confond. Puis, nous
avons cet animal essentiellement arctique, le mouton
musqué, qui est brun et très facile à voir ; mais c'est
un animal sociable, dont le salut est assuré par son
association en petits troupeaux. Il est, par cela même,
plus intéressé à reconnaître son semblable à distance
qu'à se cacher de ses ennemis, contre lesquels il se protège très bien aussi longtemps qu'il se réunit en masse
compacte. L'exemple le plus frappant de tous est celui
du corbeau, qui est un véritable oiseau des régions arctiques, et se trouve, au milieu de l'hiver, aussi loin dans
le nord, qu'aucun oiseau ou mammifère qu'on connaisse.
Cependant il conserve toujours son habit noir, et à

notre point de vue, pour une raison évidente. Le corbeau est fort et ne craint aucun ennemi, et, se nourrissant de chair morte, il n'a besoin d'aucun déguisement pour s'approcher de sa proie. La couleur du corbeau et celle du mouton musqué sont, par conséquent, toutes deux inconciliables avec toute autre théorie que celle d'après laquelle la couleur blanche des animaux arctiques leur a été donnée comme moyen de déguisement, et apportent à cette théorie la plus ferme corroboration. C'est là un exemple frappant du fait que l'exception prouve la règle.

Nous trouvons dans les régions désertes de la terre un accord encore plus général entre la couleur et le milieu. Le lion, le chameau, et toutes les antilopes du désert ont plus ou moins la couleur du sable et des rochers parmi lesquels ils vivent. Le chat égyptien et celui des pampas sont couleur de sable ou de terre. Les kangourous australiens ont les mêmes teintes, et on a raison de croire que le cheval sauvage, à l'origine, a du être couleur de sable ou d'argile. Les oiseaux sont également protégés par des teintes simulatrices ; les alouettes, les cailles, les engoulevents, et les coqs de bruyère qui abondent dans les déserts du nord de l'Afrique et de l'Asie sont tous nuancés et bigarrés de façon à ressembler beaucoup à la couleur moyenne du sol de la région qu'ils habitent.

Le chanoine Tristram, qui connaît si bien ces régions et leur histoire naturelle dit, dans un passage souvent cité : « Dans le désert, où ni les arbres, ni les buissons, ni même des ondulations de la surface ne viennent présenter la moindre protection contre les ennemis, une modification de couleur amenant une assimilation avec celle du pays environnant est absolument nécessaire. De là vient que, sans exception, toutes les plumes extérieures de chaque oiseau, qu'il soit alouette, traquet, sylvain ou tétras, et aussi la fourrure de tous les petits mammifères, et la peau de tous les serpents et lézards, sont d'une couleur uniforme, isabelle ou sable. »

En passant aux régions tropicales, c'est seulement dans leurs verdoyantes forêts que nous trouvons des groupes entiers d'oiseaux dont la couleur fondamentale est le vert. Les perroquets sont généralements verts, et en Orient nous avons un groupe considérable de pigeons verts frugivores ; tandis que les barbus, les guêpiers, les turacos grives, *Phyllornis*, *Zosterops*, et beaucoup d'autres groupes ont tant de plumes vertes que cela les aide grandement à se cacher dans le feuillage épais. Il n'est point douteux que ces colorations n'aient été acquises dans un but de protection, quand nous voyons que dans toutes les régions tempérées où les feuilles sont caduques le fond de la couleur des oiseaux, surtout à la surface supérieure, est d'un brun rouillé de diverses nuances, correspondant à merveille avec l'écorce, les feuilles mortes, les fougères sèches et les taillis dénudés qui sont leur habitat en automne et en hiver, et surtout au premier printemps, époque où la plupart construisent leurs nids.

Les animaux nocturnes nous fournissent un autre exemple de la même règle, par les couleurs sombres des souris, des rats et des taupes, et par le plumage légèrement pommelé des hibous et des engoulevents qui, bien qu'ils soient presque également invisibles dans le demi-jour du crépuscule, les aide à se cacher dans la journée.

Les habitants des profonds océans nous offrent un exemple de plus de l'assimilation générale de la couleur des animaux à celle de leur entourage. Le professeur Moseley, de l'expédition du *Challenger*, dans sa conférence à ce sujet, à la *British Association*, dit : « La transparence presque cristalline des corps des animaux pélagiques est un de leurs traits les plus caractéristiques. Cette

15.

transparence est si parfaite que beaucoup d'entre eux en
deviennent presque entièrement invisibles quand ils flottent dans l'eau, tandis que d'autres, lorsqu'on les prend et
les garde dans des bocaux de verre, peuvent à peine être
aperçus. La peau, les nerfs, les muscles et d'autres organes sont absolument hyalins et transparents, mais le
foie et l'appareil digestif demeurent souvent opaques et
d'une couleur brune ou jaune qui les fait ressembler
exactement, vus dans l'eau, à de petits fragments d'algue
marine flottante. » Cependant, les organismes marins qui
sont de plus grandes dimensions, et flottent, soit habituellement, soit occasionnellement à la surface, sont teintés
de bleu d'une façon splendide, qui les fait s'harmoniser
avec le bleu de la mer, et les dérobe à la poursuite des
oiseaux voltigeant au dessus d'eux, tandis que leur surface inférieure est blanche, rendue ainsi invisible par
l'écume des vagues et les nuages aux ennemis qui les
guettent au-dessous de la surface des eaux. Telles sont
les teintes du beau mollusque nudibranche, le *Glaucus
atlanticus*, et de beaucoup d'autres.

THÉORIES GÉNÉRALES DE LA COULEUR DES ANIMAUX

Nous sommes maintenant à même de juger les théories
générales, ou, pour parler plus correctement, les notions
populaires qui ont cours sur l'origine de la coloration
animale, avant de procéder à l'application du principe
de l'utilité à l'explication de quelques-unes des nombreuses manifestations extraordinaires de la couleur dans le
monde animal. La théorie la plus généralement reçue
est indubitablement celle d'après laquelle le brillant et
la variété de la couleur sont dues à l'action directe de la
lumière et de la chaleur, théorie provenant sans doute
de l'abondance de fleurs, d'insectes et d'oiseaux à couleurs vives qu'on importe des régions tropicales. Il y a

cependant deux arguments puissants qui la combattent.

Nous avons déja vu combien la coloration brillante fait défaut chez les animaux du désert, où pourtant la lumière et la chaleur sont au maximum, et qui devraient être les plus brillants de tous, si la chaleur et la lumière étaient les seuls facteurs de la couleur. Tous les naturalistes ayant habité les tropiques savent combien la proportion des espèces brillantes à celles qui sont de teinte sombre est de peu supérieure à celle qui existe dans les zônes tempérées, plusieurs groupes tropicaux étant dépourvus de coloration brillante. Aucune partie du monde n'offre d'oiseaux de plus éclatant plumage que l'Amérique du sud, où se trouvent pourtant des familles vastes, contenant plusieurs centaines d'espèces, qui sont aussi modestement colorées que la moyenne de nos oiseaux de zône tempérée. Telles sont les familles des pies-grièches de buisson, et des *Formicariidæ*, des *Tyrannidæ*, des grimpereaux américains (*Dendrocolaptidæ*) avec beaucoup de chanteurs des bois (*Mniotiltidæ*), les pinsons, les roitelets, et quelques autres groupes. Dans l'hémisphère Est aussi, nous avons les grives babillardes (*Timaliidæ*), les coucous (*Campephagidæ*), les *Meliphagidæ*, et plusieurs autres groupes plus petits qui ne sont certainement pas plus colorés que la moyenne de nos oiseaux de zône tempérée.

De plus, beaucoup de familles d'oiseaux sont répandues dans tout le monde tropical et tempéré, et il est rare que les espèces tropicales présentent un éclat exceptionnel. Telles sont les grives, les engoulevents, les faucons, les pluviers et les canards ; et, dans ce dernier groupe, ce sont précisément les zônes tempérées et arctiques qui offrent la plus riche coloration.

Les mêmes faits généraux se rencontrent chez les insectes. Bien que des insectes tropicaux présentent les plus éclatants coloris de tout le règne naturel, il existe des milliers, et des dizaines de milliers d'espèces de couleurs aussi ternes que dans notre région nuageuse. La famille si étendue des coléoptères carnivores (*Carabidæ*) est a l'apogée de sa beauté dans les zônes tempérées ; tandis que la plus grande proportion des grandes familles des longicornes et des charançons possède des couleurs obscures même sous les tropiques. Nul doute, pourtant, que les papillons ne soient plus brillants, toute proportion gardée, sous les tropiques ; mais si nous comparons entre elles les familles presque également réparties sur tout le globe, — comme les Pièrides et les *Satyridæ* — nous ne trouvons pas de grandes disproportions de couleur entre les zônes différentes.

Les faits que nous venons d'indiquer suffisent à prouver que la lumière et la chaleur ne sont pas les causes directes des couleurs des animaux, bien qu'elles puissent en favoriser la production, en tant que, dans les régions tropicales, la persistance de la haute température favorise le développement du maximum de la vie.

Nous allons maintenant examiner la seconde hypothèse d'après laquelle la lumière reflétée par les objets colorés de l'entourage tendrait à produire des colorations correspondantes dans le monde animal. Cette théorie est fondée sur nombre de faits très curieux qui prouvent qu'un pareil changement se produit parfois, et dépend directement des couleurs des objets environnants ; mais ces faits sont relativement rares et d'une nature exceptionnelle, et la même théorie ne s'appliquera certainement pas aux couleurs infiniment variées des animaux supérieurs, dont beaucoup sont exposés à un degré constamment variable de lumière et de couleur pendant leur existence active. Il sera, toutefois, bon d'esquisser rapidement ces transformations de couleur qui sont sous la dépendance de l'entourage.

COLORATION PROTECTRICE VARIABLE

Il y a deux sortes distinctes de changements de couleur chez les animaux, dus à la coloration du milieu. Dans un des cas, le changement est produit par une action reflexe qui se produit dans l'animal qui voit la couleur à imiter, et le changement produit peut se modifier, ou se répéter, quand l'animal change d'emplacement. Dans le second cas, le changement ne se produit qu'une fois, et ne doit probablement être attribué à aucune action consciente ou sensitive, mais à quelque influence directe sur les tissus superficiels, pendant que l'animal subit une mue ou une transformation en chrysalide.

L'exemple le plus frappant de la première classe est celui du caméléon, qui devient blanc, brun, jaunâtre ou vert, suivant la couleur de l'objet sur lequel il repose. Ce changement s'opère au moyen de deux couches de cellules pigmentaires, profondément situées dans la peau, et de couleur bleuâtre ou jaunâtre. A l'aide de muscles appropriés à cet usage, ces cellules peuvent être rapprochées de la superficie de façon à modifier la couleur de la peau qui est d'un blanc sale, lorsqu'elles sont au repos. Ces animaux sont extrèmement apathiques et peu aptes à se défendre, et la faculté qu'ils ont de transformer leur couleur suivant celle de leur entourage immédiat doit leur rendre de grands services. Beaucoup de poissons plats sont aussi en état de changer de couleur suivant celle du fond sur lequel ils reposent ; les grenouilles, jusqu'à un certain point, jouissent de la même faculté. Quelques crustacés changent aussi de couleur ; la crevette (*Mysis chamæleon*) grise sur le sable, devient brune ou verte quand elle vit au milieu des algues brunes ou vertes. On a prouvé par des expériences que lorsque cet animal est rendu aveugle, il ne change plus ainsi de couleur. Dans tous ces cas, par conséquent, nous retrouvons quelque forme d'action reflexe ou sensitive, par laquelle le changement se produit, vraisemblablement au moyen de cellules pigmentaires situées sous la peau, comme dans le cas du caméléon.

La seconde classe comprend certaines larves et nymphes, qui subissent des changements de couleur quand elles sont exposées à des milieux différemment colorés. Ce sujet a été l'objet de recherches attentives de la part de M. E. B. Poulton qui a communiqué à la *Royal Society* le résultat de ses expériences [1]. On avait remarqué que plusieurs espèces de larves se nourrissant de différentes plantes ont des couleurs correspondant plus ou moins à celles de la plante particulière sur laquelle vit l'individu. De nombreux cas en sont donnés dans l'article du professeur Meldola, dans son *Variable Protective Colouring* (*Proc. Zool. Soc.* 1873, p. 153), et tandis que la coloration verte qui est générale était attribuée à la présence de la chlorophylle sous la peau, la modification particulière correspondant à chaque plante nourricière était attribuée à une fonction spéciale qu'aurait développée la sélection naturelle. Plus tard, dans une note de sa traduction de Weismann, le professeur Meldola parut disposé à croire que les variations de couleur de quelques espèces pouvaient être d'ordre phytophagique, c'est-à-dire dues à l'action directe des feuilles différemment colorées dont l'insecte se nourrissait. Les expériences de M. Poulton ont jeté beaucoup de jour sur cette question : il a prouvé d'une façon concluante que, dans le cas de la chenille du *Smerinthus ocellatus*, le changement de couleur n'est pas dû à la nourriture mais à la couleur reflétée par les feuilles. Ceci se démontre en nourrissant deux séries de larves sur la même plante, mais exposées à des milieux colorés différents obtenus en

---

1. *Proceedings of the Royal Society*, n° 243, 1886 ; et *Transactions of the Royal Society*, vol. CLXXVIII, p. 311-441.

cousant ensemble les feuilles, de façon que, dans un cas, la surface sombre supérieure, et, dans l'autre, la surface inférieure blanchâtre sont seules visibles. Dans les deux cas, il y eut un changement correspondant de couleur chez la larve, ce qui confirma les expériences faites sur différents individus de la même série de larves qui avaient été nourries de différentes plantes, ou exposées à de différentes lumières colorées.

Une série peut-être plus intéressante encore d'expériences a été faite sur les couleurs des pupes, que l'on sait être, dans beaucoup de cas, influencées par les matériaux sur lesquels s'opèrent leurs transformations. Feu M. T. H. Wood a prouvé, en 1867, que les nymphes des papillons de chou commun (*Pieris brassicæ* et *P. rapæ*) sont claires, ou sombres, ou vertes, suivant la couleur des boîtes où on les enferme, ou la couleur des treillages, des murs, etc., contre lesquels elles sont fixées.

Mme Barber, dans le sud de l'Afrique, a vu que les nymphes du *Papilio nireus* subissent pareille modification, étant vert sombre quand on les attache à des feuilles d'oranger de même teinte, d'un vert jaunâtre pâle sur la branche du *Callistemon*, dont les feuilles à demi séchées affectent cette couleur, et jaunâtres quand on les fixe au bois d'une caisse. Quelques autres observateurs ont noté des phénomènes semblables, mais rien de plus n'avait été fait, lorsque les laborieuses séries d'expériences de M. Poulton sur les larves de plusieurs de nos papillons communs servirent à éclaircir divers points importants.

Il a montré que l'action de la lumière colorée n'influence pas la nymphe elle-même mais la larve, et ceci pour un temps limité seulement. Quand une chenille a fini de se nourrir, elle erre d'ordinaire, cherchant un lieu propice pour y opérer sa transformation. Quand elle a trouvé un emplacement à sa convenance, elle se repose

un jour ou deux, tissant la toile par laquelle elle se sus-
pendra ; et c'est durant cette période de repos, et peut-
être pendant la première heure ou deux après qu'elle
s'est suspendue, que l'action des surfaces colorées qui
l'entourent détermine, dans un degré considérable, la
couleur de la nymphe. M. Poulton a réussi à faire passer
la nymphe de la vanesse de l'ortie commune du noir
presque complet, au clair, et à un or brillant, par l'application de couleurs variées à l'entourage, pendant cette
période. La nymphe de *Pieris rapæ* varie du sombre au
rose, et au vert-pâle. Il est intéressant de noter que les
couleurs produites dans tous ces cas ne sont que celles
qui correspondent à celles de l'entourage habituel de
l'espèce, et aussi, que les couleurs qui ne sont pas habituelles à cet entourage, telles que le bleu ou le rouge
foncé, ne produisent que les effets produits par le sombre
ou le noir [1].

Des expériences attentives furent faites dans le but
de s'assurer si l'effet se produisait par les organes vi-
suels de la chenille. On couvrit les yeux de vernis noir,
mais ni ceci, ni l'ablation des soies des larves de la
vanesse, pour s'assurer si elles n'étaient point des
organes sensitifs, ne produisirent le moindre effet sur
la couleur résultante. M. Poulton en conclut, par conséquent, que l'action colorante se produit sur toute la surface du corps, établissant des processus physiologiques
d'où résulte le changement de couleur correspondant
de la nymphe. Ces transformations ne sont, pourtant,
aucunement universelles, ni même communes, dans les
nymphes à couleur protectrice, car le *Papilio machaon* et
quelques autres sur lesquels on a fait des expériences,
soit ici, soit ailleurs, ne subissent aucune modification à
l'état larvaire, quel que soit le degré auquel on les expo-

1. Voir le résumé que j'ai donné des expériences de M. Poulton,
dans la *Revue Scientifique* du 13 décembre 1890 (H. de V.).

se à des milieux diversement colorés. Il est curieux de noter que, chez la petite larve de la *Vanessa urticæ*, l'exposition à des surfaces dorées a produit des pupes d'un beau doré brillant ; on suppose que ceci s'expliquerait par le fait que le mica est abondant dans l'habitat originel de l'espèce, et que les nymphes étaient ainsi protégées lorsqu'elles étaient fixées à des roches micacées. Si l'on tient compte, pourtant, de la grande distribution de l'espèce, et de l'étendue comparativement restreinte du terrain à roches micacées, cette explication paraît peu probable, et on reste embarrassé devant la production de cette apparence métallique. Elle ne se produit pas, communément toutefois, à l'état naturel, dans notre pays.

Les deux classes de coloration variable que nous venons de discuter sont évidemment exceptionnelles, et ne peuvent avoir que peu ou même point de rapport avec les couleurs de ces créatures plus actives qui changent continuellement leur position, par rapport aux objets environnants, et dont les couleurs et les dessins sont presque constants à travers toute l'existence de l'animal, et (à l'exception des différences sexuelles) chez tous les individus de l'espèce. Nous passerons rapidement en revue les diverses caractéristiques et les usages des couleurs qui sont le plus répandues dans la nature. Ayant déjà traité des colorations protectrices qui servent à mettre l'animal en harmonie avec son entourage général, nous n'aurons à examiner que les cas où la ressemblance de couleur est plus locale ou spéciale dans son caractère.

ADAPTATIONS SPÉCIALES OU LOCALES DE LA COULEUR

Cette forme d'adaptation de la couleur se manifeste généralement plus par les desseins que par la couleur

seule, et domine surtout chez les insectes et les vertébrés, et nous ne pourrons en donner que quelques
exemples. Parmi nos oiseaux indigènes, tels sont la
bécassine et le coq de bruyère, dont les dessins et les
teintes sont en accord frappant avec la végétation palustre morte où on les rencontre ; dans sa robe d'été, le
ptarmigan est nuancé et tacheté exactement comme les
lichens qui recouvrent les roches des hautes montagnes;
les jeunes pluviers, avant leur mue, sont tachetés de
façon à ressembler aux galets de la plage parmi lesquels
ils se blottissent, ainsi que le représente admirablement
une des vitrines d'échantillons d'oiseaux anglais au
musée d'histoire naturelle de Kensington.

Chez les mammifères, nous remarquons la fréquence de
taches rondes sur les animaux de grande taille qui hantent les forêts, tels que le cerf de forêt et les chats sauvages ; tandis que ceux qui fréquentent les lieux où
règne l'herbe, ou le jonc, sont rayés dans le sens vertical, comme les antilopes des marais et le tigre. J'ai cru
depuis longtemps que les brillantes rayures jaunes et
noires du tigre ont un caractère d'adaptation, mais j'en
ai obtenu récemment la preuve. Le major Walford, chas-
seur de tigres expérimenté, affirme, dans une lettre, que
les jungles où l'on trouve le tigre sont invariablement
pleines de longues herbes sèches et jaune-pâle, durant
au moins neuf mois de l'année, mais qui verdissent
aussitôt que l'eau arrive à la saison pluvieuse, et il
ajoute:«Il m'est arrivé une fois, en suivant un tigre blessé,
de rester au moins une minute sans l'apercevoir, sous
un arbre, dans l'herbe, à 15 mètres seulement de distance, — dans la jungle ouverte ; — mais les indigènes
le virent, et je réussis à le voir suffisamment pour tirer
sur lui, mais, alors même, sans me rendre un compte
exact de la partie de son corps que je visais. Il est certain que la couleur du tigre et celle de la panthère les

rendent presque invisibles, surtout à l'éclat du grand jour, quand ils se trouvent dans l'herbe, et il semble qu'on ne remarque leurs taches et leurs rayures que lorsqu'ils sont morts. » Ce sont les ombres portées par la végétation qui s'assimilent avec les rayures noires du tigre ; et, de la même manière, les taches d'ombre des feuilles de la forêt s'harmonisent avec les tachetures des ocelots, des jaguars, des chats-tigres, et des daims tachetés, de façon à les cacher complètement.

En quelques cas, ce but est atteint par des couleurs et des dessins si particulièrement frappants que nul, sans avoir vu l'animal dans son habitat, ne saurait imaginer qu'elles fussent protectrices. Nous en avons pour exemple le pigeon à bande de Timor, dont la tête d'un blanc pur, le cou, les ailes, et le dos noirs, le ventre jaune, et la bande noire profondément incurvée du jabot, font un oiseau fort beau et très voyant. Voici pourtant ce qu'en dit M. H. O. Forbes : « Sur les arbres, le pigeon à tête blanche (*Ptilopus cinctus*) perchait, immobile, en nombres considérables, sur les branches bien exposées, durant la chaleur du jour ; mais c'est avec la plus grande difficulté que mon domestique indigène aux yeux exercés, ou moi, nous pouvions arriver à les découvrir même sur les arbres où nous les savions perchés [1]. »

Les arbres auxquels il fait allusion sont une espèce d'*Eucalyptus* qui abonde à Timor. Ils ont une écorce blanchâtre ou jaunâtre, et un feuillage très clair, et c'est la lumière intense du soleil, portant des ombres noires d'une branche sur l'autre, qui produit cette combinaison de couleurs et d'ombres à laquelle les couleurs et les dessins de l'oiseau se sont si étroitement assimilés.

Les oiseaux de l'Afrique eux-mêmes, colorés d'une

1. *A Naturalist's Wanderings in the Eastern Archipelago*, p. 460.

façon si brillante, si éclatante par le soleil, sont, s'il faut en croire un excellent observateur, munis aussi de teintes protectrices. Mme E. Barber dit à ce sujet : « Un observateur superficiel n'imaginerait guère que le plumage brillant et si magnifiquement coloré des espèces diverses des *Nectarinea* puisse leur rendre des services. C'est pourtant le cas. C'est lorsqu'ils se trouvent au milieu des fleurs que ces oiseaux oublient de se garder de leurs ennemis, entraînés qu'ils sont par la poursuite de leur nourriture. Les différentes espèces de l'aloès qui fleurissent successivement, sont la source principale de la provision d'hiver ; et une légion d'autres plantes éclatantes, au printemps et en été, aussi brillantes que l'aloès, s'harmonisent admirablement avec le plumage resplendissant des *Nectarinea*. L'épervier lui-même, malgré son œil perçant, ne les découvre pas, tant ils ressemblent aux fleurs qu'ils fréquentent. Ces oiseaux connaissent bien ce fait, car ils n'ont pas plus tôt quitté la fleur qu'ils deviennent prudents et prennent la fuite, se lançant comme des flèches à travers l'air, et ne demeurant que rarement dans une situation exposée.

« Le *Nectarinea amethystina* ne s'absente jamais de ce magnifique arbre de la forêt, l'*Erytrina caffra*, et on peut entendre, tout le jour, les notes joyeuses de cet oiseau parmi ses branches ; cependant l'aspect général de l'arbre, qui se compose d'une masse énorme de fleurs rouges et violet-foncé, sans une seule feuille verte, se mélange et s'harmonise avec les couleurs de l'oiseau à tel point qu'il en peut percher une douzaine au milieu de ses fleurs sans qu'ils frappent l'œil, sans même être visibles [1]. »

Quelques autres cas achèveront de faire voir com-

---

1. *Trans. Phil. Soc.* (de l'Afrique du Sud ?) 1878, part. IV, p. 27.

ment les couleurs, même d'animaux très voyants, peuvent s'adapter à un habitat particulier.

Feu M. Swinhoe parle en ces termes de la *Kerivoula picta* qu'il a étudiée à Formose : « Le corps de cette chauve-souris est couleur orange, mais les ailes sont jaune-orange et noir. Elle fut prise, pendue la tête en bas, sur une grappe de fruit du *Nephelium longanum*. Cet arbre est toujours vert, et durant toute l'année il perd quelque partie de son feuillage, les feuilles qui tombent étant, à ce moment, mi-partie oranges et mi-partie noires. Cette souris peut, en conséquence, se suspendre en toute saison aux branches de cet arbre, et échappe ainsi à ses ennemis par sa ressemblance avec les feuilles qui se préparent à tomber [1]. »

Plus curieux encore est le cas du Paresseux, animal incapable de se défendre, qui se nourrit de feuilles, et se suspend, le dos en bas, aux branches des arbres. La plupart des espèces ont une étrange tache, couleur de rouille ou chamois, sur le dos, de forme ronde ou ovale, souvent accompagnée d'une bordure plus sombre, qui semble être placée là exprès pour attirer l'attention sur l'individu ; et longtemps, cette tache a été une énigme pour les naturalistes, parce que le poil long, grossier, de couleur grisâtre ou verdâtre, ressemble à la mousse des arbres, et, par suite, doit être un agent protecteur. Mais déjà, un écrivain d'autrefois, le baron Von Slack, dans son voyage à Surinam (1810) avait expliqué ce fait, en ces termes : « La couleur, et même la forme du poil, ressemblent beaucoup à la mousse flétrie, et servent à cacher l'animal dans l'arbre, surtout quand il a cette tache couleur orange entre les épaules, et se couche tout près de l'arbre ; on dirait absolument alors la base d'une branche dont une partie a été cassée, et les chasseurs s'y trompent souvent. » On assure que même

1. *Proc. Zool. Soc.* 1862, p. 357.

la grande taille de la girafe se dissimule parfaitement, grâce à sa couleur, lorsqu'elle se trouve parmi les troncs d'arbres morts ou brisés, qu'on rencontre si fréquemment dans les environs des bocages qu'elle habite. Les grosses taches d'apparence pustuleuse de sa peau, et la forme étrange de sa tête et de ses cornes en imitation de rameaux, contribuent si bien à la cacher que les indigènes eux-mêmes, à la vue si perçante, ont souvent pris des arbres pour des girafes, ou des girafes pour des arbres.

Il existe d'innombrables exemples de coloration protectrice chez les insectes : des coléoptères tachetés comme l'écorce des arbres, ou le sable, ou la mousse du rocher qu'ils habitent, des chenilles exactement du vert général du feuillage dont elles se nourrissent. Mais, en outre, il y a beaucoup de cas d'imitation d'objets particuliers, par les insectes, qui veulent être brièvement décrits [1].

1. Voici quelques observations très instructives de M. Poulton à propos de cette ressemblance générale des insectes avec leur entourage. « Quand nous tenons d'une main la larve du *Sphinx ligustri,* et de l'autre une tige de la plante dont elle se nourrit, nous ne nous étonnons pas de leur ressemblance, mais plutôt de leur différence ; nous sommes surpris de la difficulté qu'on a à découvrir un objet tellement apparent. Et pourtant une protection très réelle s'exerce, car ceux qui ne connaissent pas cette larve passeront à côté d'elle sans la voir, bien qu'on les ait avertis de la présence d'une grosse chenille. Un entomologiste expérimenté, lui-même, pourrait manquer les larves à moins de recherches très prolongées. C'est là une ressemblance protectrice générale, dépendant de l'harmonie générale entre l'extérieur de l'organisme et tout son milieu. Il est impossible de sentir la force de cette protection pour les larves à moins d'avoir observé celles-ci sur leur plante nourricière, et dans une condition entièrement normale. L'effet artistique du feuillage vert est plus complexe que nous ne l'imaginons souvent. D'innombrables modifications sont exercées par les lumières et les ombres alternées sur des couleurs qui ne sont elles-mêmes rien moins qu'uniformes. Chez la

IMITATION PROTECTRICE D'OBJETS PARTICULIERS

Les insectes qui présentent avec le plus de perfection ce genre d'imitation sont les *Phasmes*. Les *Phyllium* de Ceylan et de Java sont si merveilleusement colorés et veinés, avec des excroissances foliacées sur les pattes et le thorax, qu'il n'est pas une personne sur dix qui soit en état de les distinguer, au repos, de la plante qui les nourrit, sous leurs yeux mêmes. D'autres ressemblent à des morceaux de bois, avec tous les détails de nœuds et de branches, formés par les pattes des insectes qui font des saillies raides et sans symétrie. J'ai souvent été dans l'impossibilité de distinguer un de ces insectes d'un morceau de bois, avant d'avoir pu le toucher et le sentir vivant sous mes doigts. Une espèce qui me fut apportée de Bornéo était recouverte de délicates foliations vertes à demi transparentes, ressemblant exactement à l'hépatique qui recouvre les morceaux de bois pourri dans les forêts humides. D'autres ressemblent à des feuilles mortes dans toutes leurs variétés de couleur et de forme ; et, pour montrer combien la protection obtenue est à la fois parfaite et importante pour ceux qui en profitent, le fait suivant, que M. Belt a observé au Nicaragua, est éminemment instructif. Après avoir décrit les armées de fourmies pillardes qui dévorent tous les insectes qu'elles peuvent saisir dans la forêt, il ajoute : « Je fus très surpris de la conduite d'une sauterelle qui ressemblait à une feuille verte. Cet insecte demeura immobile au milieu de l'armée des fourmis, dont beau-

---

larve du *Papilio machaon* la protection est très évidente quand la larve se trouve sur la plante nourricière, et ne saurait être appréciée lorsque les deux sont séparées. »

D'autres exemples nombreux sont donnés au chapitre du *Mimétisme et autres ressemblances protectrices chez les animaux*, dans mon ouvrage sur la *Théorie de la Sélection Naturelle*.

coup couraient le long de ses pattes sans jamais s'aviser de la présence de cette proie à leur portée. Sa conviction instinctive que le salut pour elle n'était que dans l'immobilité était si inébranlable qu'elle me laissa la prendre et la replacer parmi les fourmis, sans faire le moindre effort pour s'échapper. Cette espèce ressemble beaucoup à une feuille verte [1]. »

Les chenilles aussi offrent beaucoup de ressemblance, et une ressemblance minutieuse, avec les plantes sur lesquelles elles vivent. Celles qui se nourrissent d'herbes sont rayées longitudinalement, tandis que celles qui mangent des feuilles ordinaires sont toujours rayées obliquement.

Il y a de très belles ressemblances protectrices représentées dans les planches des chenilles, dans *Lepidopterous Insects of Georgia*, de Smith et Abbott, ouvrage publié au commencement de ce siècle, avant qu'on n'eût énoncé la théorie protectrice. Les planches en sont superbement exécutées d'après les dessins de M. Abbott, et représentent les insectes, toujours avec les plantes qu'ils fréquentent, et aucune allusion n'est faite, dans leur description, aux remarquables détails de protection qui ressortent des planches. Nous y trouvons, d'abord, la larve du *Sphinx fuciformis* qui vit sur une plante à feuilles linéaires ressemblant au gazon, et portant des fleurs bleues ; et nous voyons que l'insecte parfait est du même vert que les feuilles, rayé longitudinalement en correspondance avec les feuilles linéaires, et la tête bleue correspondant, pour la forme et la couleur, avec les fleurs. Une autre espèce (*Sphinx tersa*) est représentée sur une plante à fleurs rouges axillaires ; et la larve a une rangée de sept points rouges, de grandeurs différentes, qui répondent très exactement à la couleur et à la dimension des fleurs. Deux autres représentations de

---

1. *The Naturalist in Nicaragua*, p. 19.

chenilles de sphinx sont très curieuses. Celle du *Sphinx pampinatrix* se nourrit d'une vigne sauvage (*Vitis indivisa*) à vrilles vertes, et dans cette espèce la corne recourbée de la queue est verte, et imite de très près, dans sa courbe, l'extrémité de la vrille.

Mais chez une autre espèce (*Sphinx cranta*) qui vit de lambrusques (*Vitis vulpina*), la corne est très longue et rouge, correspondant avec les longues vrilles à extrémité rouge de la plante. Ces deux larves sont vertes avec des rayures obliques, s'harmonisant avec les feuilles veinées de la vigne ; mais on donne aussi une figure de cette dernière espèce quand elle cesse de se nourrir, étant alors d'une couleur décidément brune, et ayant perdu sa corne. La raison de ce changement est que lorsqu'elle descend vers la terre pour s'y enfouir, la couleur verte et la corne rouge la trahiraient ; elle les perd donc toutes deux à la dernière mue. De tels changements de couleur s'opèrent chez beaucoup d'espèces de chenilles. Parfois le changement se produit selon les saisons, et chez celles qui hivernent chez nous, la couleur de quelques espèces, brunâtre en automne pour s'adapter aux teintes des feuilles mortes, devient verte au printemps pour s'harmoniser avec les feuilles nouvellement ouvertes de cette saison [1].

Quelques-uns des exemples les plus curieux d'imitation minutieuse nous sont fournis par les chenilles arpenteuses qui sont toujours brunes ou rougeâtres, et ressemblent par leur forme à de petites tiges de la plante qui les nourrit. Elles ont pour habitude, quand elles sont au repos, de se détacher obliquement de la branche à laquelle leur paire postérieure d'appendices les retiennent fixées, et de demeurer immobiles pendant des heures entières. M. Jenner Weir dit, au sujet de ces ressemblances protectrices : « Après m'être occupé trente ans

1. *R. Meldola*: *Proc. Zool. Soc.* 1873, p. 155

d'entomologie, je fus moi-même trompé, et je pris mon
sécateur pour couper, sur un prunier, un éperon que je
crus avoir oublié. Le soi-disant éperon se trouva être une
chenille arpenteuse, longue de deux pouces. Je la mon-
trai à plusieurs membres de ma famille, et je marquai
un espace de quatre pouces tout autour pour circons-
crire les recherches, mais aucun d'eux ne put s'apercevoir que c'était une chenille [1]. »

Il nous faut donner encore un exemple de chenille
protégée. M. A. Everett écrit de Sarawak, Bornéo : « On
m'apporta une chenille, qui, mêlée par mon *boy* avec
d'autres objets, me parut d'abord être un brin de mousse
avec deux ravissantes urnes d'un rose pâle ; mais je
m'aperçus bientôt que cela bougeait, et, en l'examinant
de plus près, j'en constatai le caractère véritable : c'était
couvert de poils, avec deux petits points roses sur la surface supérieure, la couleur verte faisant le fond. Ses
mouvements étaient très lents, et, pour manger, la tête
se retirait sous un capuchon charnu mobile, de façon
que l'action de manger ne produisait aucun mouvement
extérieur. Cette chenille venait des collines calcaires
de Busan, endroit entre beaucoup d'autres le plus riche
en mousses délicates, dont les masses rocheuses saillan-
tes sont en partie revêtues. »

COMMENT CES IMITATIONS SE SONT PRODUITES

Il semblera peut-être à beaucoup qu'il est impossible
que des ressemblances aussi parfaites et complètes que
celles que nous venons de décrire — et qui ne sont que
des échantillons de milliers d'autres qui se produisent
dans toutes les parties du monde — aient pu être amenées par la conservation de variations utiles accidentel-

1. *Nature*, vol. III, p. 166.

les. Mais cela ne nous paraîtra point aussi surprenant si
nous nous rappelons les faits exposés dans nos chapitres
précédents : la multiplication rapide, la dure lutte pour
l'existence, et la variabilité constante de ces organismes, et de tous les autres. Et, en outre, nous devrons
nous rappeler que toutes ces adaptations délicates sont
le résultat d'une suite d'opérations qui se sont exécutées
au cours de millions d'années, et que nous aperçe-
vons maintenant une petite proportion des succès, sur
des myriades d'insuccès. Dès la première apparition des
insectes et de leurs diverses sortes d'ennemis, le besoin
de protection dut prendre naissance, et dut, le plus habituellement, être satisfait par des modifications de couleur. D'où nous pouvons être assurés que les premiers
insectes phytophages acquirent la couleur verte comme
étant une des nécessités de leur existence ; et à mesure
que les espèces se modifièrent et se spécialisèrent,
celles qui se nourrissaient de plantes particulières acquirent vite les teintes et les marques les plus propres
à les cacher sur ces plantes. Puis, chaque légère variation qui, peut-être une seule fois par siècle, favorisait
la conservation de quelque larve en la cachant mieux
que ses pareilles, devint le point de départ d'un développement ultérieur, qui aboutissait finalement à cette perfection d'imitation minutieuse qui nous étonne aujour-
d'hui. Les recherches de Weismann mettent en lumière
cette adaptation progressive. Les larves de quelques
espèces, quand elles sont très jeunes, sont vertes ou jaunâtres, sans aucunes marques : dans leurs mues subséquentes, elles présentent quelques marques, dont quelques-unes disparaissent de nouveau avant que la larve ne
soit devenue insecte parfait. Les premières phases d'existence des espèces qui, comme les *Chærocampa*, ont leurs segments antérieurs allongés et rétractiles, avec de grandes
taches simulant des yeux pour imiter la tête d'un vertébré,

ressemblent d'abord à celles des espèces non rétractiles,
les segments antérieurs étant aussi grands que le reste du
corps. Après la première mue, elles deviennent plus petites, comparativement; mais ce n'est qu'après la seconde
mue que les ocelles commencent à apparaître, et ceux-
ci ne sont complètement définis qu'après la troisième
mue. Le développement progressif de l'individu — son
ontogénie — nous donne la clef du développement de
tous ses ancêtres — la phylogénie — et nous sommes
ainsi à même de nous représenter la marche très lente
et très graduelle au moyen de laquelle la parfaite adaptation qui existe aujourd'hui a été amenée. Beaucoup
de larves présentent encore une grande variabilité, et,
chez quelques-unes, il y a deux ou trois formes diversement colorées — d'ordinaire une forme sombre et une
claire, ou une brune et une verte. La larve du *Macro-
glossa stellatarum* varie de cette façon, et M. Weismann
en a élevé cinq variétés d'une ponte. Cette larve se
nourrit de *Galium verum* et *G. mollugo*, et les formes
vertes sont moins abondantes que les brunes, ce qui
semble indiquer qu'elle a probablement subi, récemment, un changement de nourriture ou d'habitudes qui
a fait du brun une couleur plus protectrice.

COLORATION PROTECTRICE SPÉCIALE DES PAPILLONS

Nous allons maintenant examiner quelques cas de coloration spéciale protectrice chez les papillons, à l'état
parfait. M. Mansel Weale raconte que, dans le sud de
l'Afrique, il y a une grande abondance de feuillages et
d'écorces de couleur blanche ou argentée, qui sont parfois d'un éclat éblouissant, et que beaucoup d'insectes et
leurs larves ont les mêmes teintes brillantes et argen-
tées qui les protègent; parmi eux, sont trois espèces de
papillons dont la surface inférieure est ainsi argentée,

et qui, au repos, sont protégés efficacement de la sorte [1].

Un papillon, commun en Afrique, l'*Aterica meleagris*, se pose toujours à terre, les ailes repliées, et celles-ci ressemblent tellement au sol qu'on peut difficilement les en distinguer ; et leur couleur change avec celle de la terre en différentes localités. Quelques exemplaires de la Sénégambie sont d'un brun terne, le sol étant composé de sable rougeâtre et d'argile ferrugineuse ; ceux de Calabar et du Cameroun sont brun clair avec de nombreux points blancs, le sol du pays étant d'argile brun clair avec des cailloux de quartz ; tandis que, dans d'autres localités où les couleurs du sol sont plus variées, celles des papillons varient aussi. Nous avons là une variation dans une même espèce qui s'est spécialisée dans certains territoires pour se mettre en harmonie avec la couleur du sol [2].

Beaucoup de papillons, dans toutes les parties du monde, ressemblent, par leur côté inférieur, à des feuilles mortes, mais ceux chez qui cette forme de protection est portée au plus grand point de perfection sont les espèces du genre oriental *Kallima*. Aux Indes, le *Kallima, inachis*, et, dans les îles les plus grandes de la Malaisie le *Kallima paralekta*, sont très communs. Ce sont des papillons très voyants, plutôt grands, de couleur orange et bleue en dessus, qui volent très vite, et fréquentent les forêts sèches. Ils ont pour habitude de se poser partout où se trouve du feuillage en décomposition, et la forme et la couleur de leurs ailes, en dessous, produisent une imitation absolument parfaite d'une feuille morte. Cette imitation est ainsi produite : le papillon se pose toujours sur une tige, avec la queue de ses ailes postérieures appuyées dessus, et formant le pédoncule de la feuille. De là, une ligne courbe court à

---

1. *Trans. Ent. Soc. London*, 1878, p. 185.
2. *Trans. Ent. Soc. London. Proceedings*, p. XLII.

travers l'extrémité allongée des ailes supérieures, imitant la nervure médiane, d'où partent, des deux côtés, des lignes obliques, formées en partie par des nervures, et en partie par des marques, qui lui donnent l'apparence de la nervation ordinaire d'une feuille. La tête et les antennes entrent exactement entre les ailes supérieures repliées de façon à ne pas déranger la silhouette qui présente ce degré de courbure irrégulière qu'on trouve chez les feuilles sèches et flétries. Leur couleur est très remarquable par son extrême degré de variabilité, passant du brun rouge foncé à l'olive ou au jaune pâle, sans que deux exemplaires soient absolument pareils, mais elle est toujours comprise dans la gamme des couleurs du feuillage. C'est un fait encore plus curieux à noter que les ailes les plus pâles, imitant les feuilles les plus décomposées, sont généralement couvertes de petits points noirs, souvent réunis par groupes circulaires, et qui ressemblent si exactement à de minuscules champignons, ou aux feuilles à demi pourries, que l'on a peine à croire tout d'abord que les insectes eux-mêmes ne sont pas attaqués par des cryptogames.

Le déguisement que produit cette merveilleuse imitation est si complet qu'à Sumatra, où j'en ai souvent été témoin, il m'était difficile de ne pas attribuer à de la magie la disparition de l'insecte que j'avais vu entrer dans un buisson. Une fois, je fus assez heureux pour voir le point exact sur lequel l'insecte se posa ; mais, même dans ces conditions, il m'arriva de le perdre de vue pendant quelque temps, et ce ne fut qu'après une recherche prolongée que je le découvris, tout près de moi [1].

Nous avons là une sorte d'imitation, très commune sous une forme moins développée, qui est portée à un haut

1. *Malay Archipelago*, de Wallace. Vol. I, p. 204 (5e édition, p. 130, avec planches).

point de perfection, et d'où résulte que l'espèce est très abondante sur un espace considérable de pays.

RESSEMBLANCE PROTECTRICE CHEZ LES ANIMAUX MARINS

Cette forme de protection est très commune chez les animaux de la mer. Le professeur Moseley nous apprend que tous les habitants de la mer des Sargasses sont colorés d'une façon remarquable, dans un but de protection et de dissimulation, qui les fait ressembler exactement aux algues. « Les crevettes et les crabes qui foisonnent dans les algues sont exactement de la même teinte jaune que ces dernières, et sont marqués de blanc sur leur corps pour représenter les ilots de *Membranipora*. Le petit poisson, l'*Antennarius*, est de même, couleur d'algue avec des taches blanches. Il n'est pas jusqu'à une planaire, vivant dans l'algue, qui ne soit jaune comme elle, comme aussi, un mollusque, le *Scyllea pelagica*. » Le même écrivain nous dit « qu'on trouva une foule de petits crabes flottant accrochés à ce mollusque à coquille bleue, la Janthine, et qu'ils étaient tous d'un bleu correspondant, qui leur servait d'abri [1]. »

Le professeur E. S. Morse, de Salem (Massachusetts) a remarqué que la plupart des mollusques marins de la Nouvelle Angleterre ont une coloration protectrice ; il cite entre autres un petit Chiton rouge sur les rochers revêtus d'algues calcaires rouges, et des *Crepidula plana*, vivant dans la bouche des coquilles des plus grandes espèces de Gastéropodes, d'une couleur blanc pur comme leur habitat, tandis que leurs espèces alliées vivant sur les algues ou sur l'extérieur de coquillages de couleur sombre sont brun foncé [2]. Un cas plus intéressant

1. *Notes by a Naturalist on the Challenger*, par Moseley.
2. *Proceedings of the Boston Soc. of Nat. Hist*, vol. XIV, 1871.

encore a été constaté par M. Georges Brady, en ces termes : « Parmi les *Nullipores* qui tapissaient les racines de Laminaire de l'embouchure de la Clyde, vivaient de nombreuses petites astéries (*Ophiocoma bellis*) qui, sauf au moment où leurs contorsions les trahissaient, ne pouvaient aucunement se distinguer des branches calcaires des algues ; leurs rayons, rigidement anguleux, avaient l'apparence du Coralliaire, et s'y assimilaient complètement par leur couleur violet foncé, de telle sorte qu'en tenant en main une racine sur laquelle posaient une demi-douzaine d'astéries, je ne parvenais à distinguer ces dernières que lorsqu'elles étaient en mouvement [1]. »

Ces quelques exemples suffisent à montrer que le principe de la coloration protectrice s'étend à l'océan aussi bien qu'à toute la terre ferme, et, étant donnée notre ignorance des habitudes et de l'entourage de la plupart des animaux de mer, il se peut bien que la coloration de nombre de poissons des tropiques, qui nous semble si étrange et si voyante, ne soit réellement que protectrice, à cause du nombre des formes également étranges et brillantes des coraux, des anémones de mer, des éponges et des algues parmi lesquels ils vivent.

PROTECTION PAR LA TERREUR INSPIRÉE AUX ENNEMIS

Un nombre considérable d'insectes sans moyens de défense se protègent contre quelques-uns de leurs ennemis par une ressemblance acquise avec des animaux dangereux, ou par quelque aspect inusité ou menaçant. Cet aspect peut s'obtenir par une modification de forme, d'habitudes, ou de couleur, ou de tout cela ensemble. La forme la plus simple de ce genre de protection est l'attitude agressive des chenilles des *Sphingidæ*, qui

[1]. *Nature*, 1870, p. 376.

dressent la partie antérieure de leur corps de façon à produire une ressemblance grossière de la figure d'un sphinx, d'où la famille a été nommée. La protection va plus loin chez les espèces qui ont la faculté de rétracter leurs trois premiers segments, et ont de gros ocelles de chaque côté du quatrième segment, donnant ainsi à la chenille, quand elle a dressé la partie antérieure de son corps, l'apparence d'un serpent qui menace.

Le tentacule fourchu, rouge de sang, qui se projette du cou de la larve du genre *Papilio*, quand l'individu est alarmé, est, sans aucun doute, une protection contre les attaques des ichneumons, et peut même, peut-être, effrayer de petits oiseaux ; l'habitude de recroqueviller la queue que possèdent les inoffensifs Staphylins, qui donne l'impression qu'ils peuvent piquer, a sans doute une utilité pareille. Une forme insolite, anguleuse même, rappelant une branche crochue ou un corps inorganique peut conférer encore la protection. M. Poulton pense que tel est le cas pour la chenille singulière du *Notodonta zigzag*, lequel, au moyen de quelques légères protubérances sur son corps, réussit à prendre une apparence anguleuse l'assimilant à un corps inorganique. Mais l'exemple le plus parfait de ce genre de protection nous est peut être offert par la grosse chenille du *Bombyx regia*, indigène aux États méridionaux de l'Amérique du nord. C'est une grande chenille verte, souvent longue de six pouces, ruée d'une immense couronne de tubercules rouge-rangé que, si on la dérange, elle dresse et secoue d'un côté à l'autre d'une façon très menaçante. Dans son pays natal, les nègres la tiennent pour aussi venimeuse qu'un serpent à sonnettes, tandis qu'elle est absolument inoffensive. La couleur verte de son corps fait supposer que ses ancêtres étaient colorés d'une façon protectrice ; mais, en devenant trop grosse pour rester cachée, elle a

dû contracter l'habitude de secouer sa tête pour effrayer
ses ennemis, et développer ainsi sa couronne de tentacules pour compléter son appareil terrifiant. Cette
espèce est admirablement représentée dans les *Lepidopterous Insects of Georgia*, d'Abbott et Smith.

COLORATION ATTIRANTE

Outre les nombreux insectes que protège leur ressemblance avec les objets naturels parmi lesquels ils vivent,
il en est dont le déguisement n'est point employé à les
cacher, mais à qui il sert de moyen direct pour s'emparer de leur proie en l'attirant à leur portée. On n'a observé encore que quelques cas de ce genre de coloration,
surtout chez les araignées et les *Mantidæ* ; mais il paraît
certain que si l'attention était plus tournée de ce côté
dans les régions tropicales, on en découvrirait beaucoup
plus. M. H. O. Forbes a décrit un exemple des plus intéressants de cette simulation, qu'il a observé à Java. Pendant qu'il poursuivait un grand papillon à travers la
jungle, il fut arrêté par un buisson épais, sur une feuille
duquel il remarqua un papillon posé sur une fiente
d'oiseau. « J'avais souvent, dit-il, observé de petits
papillons bleus posés sur de semblables endroits à terre,
et m'étais étonné qu'une famille aussi belle et distinguée
que celle des Lycaenides put trouver goût à une nourriture en apparence si incongrue pour un papillon. Je
m'approchai à pas lents, avec un filet tout prêt, pour
voir à quoi s'occupait l'espèce présente. Je pus m'approcher très près, et même saisir entre mes doigts
l'objet de ma curiosité. A ma grande surprise, cependant, une partie du corps resta en arrière, adhé-
rant à ce que je croyais être des excréments. Je regar-
dai de près, et finalement risquai mon doigt sur la fiente
pour tâter si elle était glutineuse. Je découvris, à mon

ravissement, que mes yeux avaient été admirablement trompés, et que ce qui m'avait paru être une fiente n'était qu'une araignée admirablement colorée qui reposait sur son dos, avec ses pattes croisées les unes sur les autres, serrant de près le corps. » M. Forbes décrit ensuite l'apparence exacte de ces pseudo-fientes, et indique comment les parties diverses de l'araignée sont colorées de façon à produire l'imitation, jusqu'à la portion liquide qui d'ordinaire court le long de la feuille. Celle-ci est imitée par un fragment de toile mince que l'araignée file d'abord pour s'attacher fortement à la feuille ; produisant ainsi, comme le fait remarquer M. Forbes, un piège vivant pour les papillons et autres insectes, piège qui est exécuté avec un art si parfait qu'il peut tromper une paire d'yeux humains, même quand ils l'examinent de la manière la plus attentive [1].

Une espèce indigène d'araignée (*Thomisus citreus*) présente une coloration attirante semblable, dans sa ressemblance extrême avec les boutons du *Viburnum lantana*. Elle est d'un blanc crème, l'abdomen ressemblant exactement, pour la forme et la couleur, aux boutons de leur encore fermés parmi lesquels l'animal se tient et, on l'a vu capturer des mouches qui venaient aux fleurs.

Mais le cas le plus curieux et le plus beau de coloration attirante est celui d'une Mante aptère, aux Indes, qui est formée et colorée de façon à ressembler à une Orchidée rose, ou à quelque autre fleur fantastique. L'insecte entier est d'un rose vif, et le grand abdomen ovale ressemble au labelle d'une orchidée. De chaque côté, les pattes postérieures ont des cuisses fort dilatées et aplaties qui représentent les pétales d'une fleur, tandis que le cou et les pattes de devant imitent les sépales supérieurs et la colonne d'une orchidée. L'insecte repose

1. *A Naturalist's Wanderings in the Eastern Archipelago*, p. 63.

ainsi, immobile, dans cette attitude symétrique, dans le feuillage d'un vert vif, très visible à coup sûr, mais ressemblant si exactement à une fleur que les papillons et autres insectes s'y posent et sont immédiatement capturés. C'est un vrai piège vivant, amorcé de la manière la plus séduisante pour attraper les imprudents insectes qui hantent les fleurs [1].

COLORATION DES ŒUFS D'OISEAU

Les couleurs des œufs d'oiseau ont été longtemps une difficulté pour la théorie de la coloration adaptive, parce que, dans beaucoup de cas, il n'était pas aisé de voir quelle était l'utilité des couleurs particulières, qui sont souvent si brillantes et voyantes qu'elles semblent destinées plutôt à attirer qu'à tromper l'attention. Un examen plus attentif du sujet, sous toutes ses faces, nous montre pourtant qu'ici, en nombre de cas, nous sommes en présence d'exemples de coloration protectrice. Quand, cependant, nous n'arrivons pas à découvrir la signification de la couleur, nous pouvons supposer qu'elle a dû être protectrice chez quelque forme mère, et, n'étant pas nuisible, a persisté sous des modifications de conditions qui ont rendu cette protection inutile.

Nous pouvons diviser les œufs, pour notre but actuel, en deux grandes divisions : ceux qui sont blancs, ou

---

1. M. Wood Mason, curateur du Musée Indien de Calcutta, m'a envoyé un beau dessin de ce rare insecte, l'*Hymenopus bicornis* (dans son état de nymphe ou pupe active). Une espèce, très semblable, habite Java, où on la dit ressembler à une orchidée rose. D'autres *Mantidae*, du genre *Gongylus*, ont la partie antérieure du thorax dilatée et colorée en blanc, rose, ou pourpre ; et elles ressemblent tellement à des fleurs que, d'après M. Wood Mason, l'une d'elles, pourvue d'un bouclier prothoracique bleu violet brillant, fut trouvée à Pégu par un botaniste, qui pendant un moment crut que c'était une fleur. Voyez *Proc. Ent. Soc. Lond.* 1878, p. LIII.

presque blancs, et ceux qui sont colorés et tachetés d'une façon distincte. Les coquilles d'œufs étant principalement composées de carbonate de chaux, nous pouvons présumer que le blanc a été la couleur primitive des œufs d'oiseau, couleur qui prédomine maintenant chez les autres vertébrés ovipares, les lézards, les crocodiles, les tortues et les serpents ; et nous pouvons, par conséquent, être en droit de nous attendre à ce que cette couleur persiste là où sa présence n'a pas d'inconvénients. Il est de fait que, dans tous les groupes d'oiseaux qui pondent dans des endroits cachés, dans les trous d'arbres ou dans la terre, ou dans des nids surbaissés ou couverts, les œufs sont ou d'un blanc pur, ou d'une coloration uniforme très claire. C'est le cas pour les martins pêcheurs, les guêpiers, les pingouins, les *Fratercula*, qui nichent dans des trous dans la terre ; de même pour la grande famille des trogons, les pics, les huppes, les couroucous, les hiboux et quelques autres, qui font leur nid dans des trous du tronc des arbres, ou en d'autres endroits cachés ; tandis que les martinets, les roitelets, les mésanges bleues, et les pinsons d'Australie bâtissent des nids en forme de dôme ou couverts, et pondent d'ordinaire des œufs blancs.

Il y a, cependant, beaucoup d'autres oiseaux pondant des œufs blancs dans des nids ouverts ; et ces derniers offrent des exemples fort intéressants des modes variés par lesquels ils les mettent à l'abri. Toute la tribu des canards, les grèbes, et les faisans appartiennent à cette classe ; mais ces oiseaux ont tous pour habitude de couvrir leurs œufs avec des feuilles mortes ou d'autres matériaux toutes les fois qu'ils quittent le nid, de façon à les cacher entièrement. D'autres oiseaux, tels que le hibou à oreilles courtes, l'engoulevent, la perdrix, et quelques-unes des pigeons de terre d'Australie déposent leurs œufs blancs, ou d'une couleur pâle, sur le sol nu ; mais, dans ces cas, les oiseaux eux-mêmes ont une coloration protectrice, de façon à être presque invisibles quand ils couvent ; et ils ont pour habitude de couver presque sans interruptions, cachant ainsi leurs œufs de la façon la plus efficace.

Les pigeons et les tourterelles présentent un cas très curieux de protection des œufs exposés. Ils construisent, d'ordinaire, des nids très légers avec des brindilles et des tiges de bois, qui sont si ouverts qu'on peut, d'en dessous, voir le jour au travers tandis qu'ils sont généralement bien cachés par le feuillage en dessus. Leurs œufs sont blancs et luisants ; cependant, il est difficile d'en constater la présence, d'en dessous, tandis qu'en dessus le feuillage épais les cache entièrement. Les *Podargi* Australiens — d'énormes engoulevents — construisent des nids très semblables, et leurs œufs blancs sont protégés de la même façon. De gros et puissants oiseaux tels que les cygnes, les hérons, les pélicans, les cormorans et les autruches, pondent des œufs blancs dans des nids ouverts ; mais ils les gardent soigneusement, et sont de force à chasser les indiscrets. Tout compte fait, donc, nous voyons que si d'une part les œufs blancs sont plus en évidence, et, par suite, plus sujets à devenir la proie d'animaux ovivores, d'autre part ils sont soustraits à l'attention de diverses manières. Il nous est permis, par suite, d'assumer que dans les cas où ne paraît pas se présenter un mode de dissimulation, cela ne vient que de ce que nous sommes trop ignorants de toutes les conditions pour juger correctement de la chose.

Nous arrivons maintenant à la grande classe des œufs colorés, ou abondamment tachetés, et ici notre tâche es plus difficile, quoique beaucoup d'entre eux présenten des teintes et des marques décidément protectrices Deux oiseaux qui nichent sur les plages sablonneuse — le petit sterne et le grand pluvier à collier — pon-

dent tous les deux des œufs couleur de sable, ceux du
premier étant tachetés de façon à s'harmoniser avec le
galet grossier, ceux du dernier étant tigrés comme du
sable fin, ces deux habitats respectifs étant choisis par
les deux espèces pour y couver. Les œufs du *Tringa*
commun ressemblent de si près aux teintes de leur
entourage que ce n'est pas chose facile de les découvrir, ainsi qu'en peut témoigner tout oologiste qui en
a cherché. Les œufs du vanneau huppé, d'une couleur foncée avec des marques bien accentuées, sont en
harmonie parfaite avec les teintes sobres des landes et
des jachères, et c'est à cette circonstance seule qu'ils doivent leur salut. Les œufs des plongeons fournissent un
autre exemple de couleur protectrice ; ils sont pondus,
en général, tout près du bord de l'eau, parmi des débris
et des galets, où leurs teintes sombres et leurs taches
noires les cachent en les mettant en harmonie avec leur
entourage. Les bécassines, et la grande armée des bécas-
seaux, nous fournissent d'innombrables exemples d'œufs
protégés par leur couleur. Dans tous les exemples
qu'on vient de donner, l'oiseau laisse ses œufs à découvert quand il les quitte, et, par conséquent, leur sûreté
dépend uniquement des couleurs qui les ornent [1]. La variété considérable des couleurs et des taches de l'œuf du
Cepphus peut être attribuée aux roches inaccessibles où
il couve, qui lui donnent une protection complète contre ses ennemis. De même la teinte pâle, bleuâtre qui
fait le fond des œufs de ses alliés, les pingouins et les *Fratercula*, s'est intensifiée, barbouillée, bigarrée, en de merveilleuses variétés de dessins, parce qu'il n'y a pas eu
d'action sélective pour empêcher la variation individuelle de s'étendre.

1. Voyez L. Dixon, dans *History of British Birds*, de Seebohm.
Vol. II, Introduction, p. XXVI. Beaucoup des exemples cités ici
sont tirés de ce même ouvrage estimable.

La foulque noire commune (*Fulica atra*) a ses œufs colorés d'une façon particulièrement protectrice. W. Marshall assure qu'elle ne couve que dans certaines localités où abonde un grand jonc aquatique, (*Phragmites arundinacea*). Les œufs de la foulque sont tachés, bigarrés de noir sur un fond gris jaunâtre, et les feuilles mortes du roseau sont de la même couleur, tachées de noir par de petits champignons parasitaires de la famille des *Uredo* ; ces feuilles forment le lit sur lequel les œufs sont pondus. Les œufs et les feuilles se rapprochent tellement par leur teinte et leurs taches qu'il est difficile de distinguer les œufs à quelque distance. Il faut noter que la foulque ne recouvre jamais ses œufs, à l'inverse de ce que fait la gallinule, son alliée.

Les beaux œufs bleus ou verdâtres de la fauvette d'hiver, de la grive chanteuse, et quelquefois ceux du merle, semblent, à première vue, disposés particulièrement pour attirer l'attention, mais il est très douteux qu'ils soient autant en évidence, quand on les voit, à quelque distance, au milieu de leur entourage habituel. Car les nids de ces oiseaux se trouvent dans des arbres toujours verts, comme le houx ou le lierre, ou entourés des teintes vertes délicates de notre précoce végétation printanière, et les œufs peuvent s'harmoniser très bien avec les couleurs environnantes. La plus grande partie de nos œufs de petits oiseaux sont tellement marqués et rayés de brun ou de noir sur des fonds de teintes variées que, lorsqu'ils sont dans l'ombre du nid, entourés par les teintes et les couleurs multiples de l'écorce et de la mousse, des bourgeons violacés, et du feuillage vert tendre ou jaune, avec tous les scintillements complexes de lumière, et les ombres parsemées du soleil printanier, et des gouttes de pluie étincelantes, ils doivent avoir un aspect différant de beaucoup de celui que nous leur trouvons quand ils sont attachés à leur milieu naturel.

Nous avons là, probablement, un exemple d'harmonie protectrice générale semblable à celui des chenilles vertes aux belles bigarrures blanches et violettes, qui, bien que fastueusement voyantes quand on les considère isolément, deviennent positivement invisibles dans les jeux complexes de lumière et d'ombre du feuillage qui les nourrit.

Dans le cas du coucou, qui pond dans les nids de divers autres oiseaux, les œufs sont sujets à de considérables variations de couleur ; le type le plus commun, cependant, ressemble à ceux des Anthus, becfigues, hochequeues, dans les nids desquels le coucou les dépose. Il pond aussi, souvent, dans le nid de la fauvette d'hiver, dont les œufs d'un bleu brillant diffèrent certainement entre eux, bien qu'on assure qu'ils sont quelquefois pareils sur le continent. Beaucoup d'ornithologistes croient que chaque femelle de coucou pond des œufs de même couleur, et qu'elle choisit le nid dont les propriétaires pondent des œufs semblables aux siens, bien que ce ne soit pas toujours le cas. Bien que les oiseaux auxquels sont imposés des œufs de coucou ne paraissent pas les négliger à cause de leur couleur, il est probable que cela doit arriver quelquefois ; et si, comme on peut le supposer, les œufs de chaque oiseau sont protégés jusqu'à un certain point par leur harmonie de couleur avec leur entourage, la présence d'un œuf plus gros et diversement coloré pourrait être dangereuse, et causer la destruction de toute la couvée. Les coucous qui ont eu l'esprit de placer leurs œufs le plus souvent chez des espèces leur ressemblant, ont dû, à la longue, avoir une plus nombreuse progéniture, et ainsi l'accord très fréquent de la couleur a pu être amené.

Quelques écrivains ont émis la supposition que les couleurs variées des œufs ont été dues, originellement, à l'effet des objets colorés de l'entourage sur la femelle durant la période précédant l'incubation ; ils ont dépensé beaucoup d'ingéniosité à rechercher quels objets ont pu rendre les œufs des uns bleus, ceux des autres bruns, d'autres encore roses [1]. Mais aucun des témoignages invoqués n'a prouvé que des effets quelconques résultent de cette cause, tandis qu'on ne saurait trouver difficile de les expliquer par les faits de la variabilité individuelle, et l'action de la sélection naturelle. Les changements qui se produisent dans l'existence des oiseaux peuvent rendre la sécurité moins parfaite qu'elle n'a été autrefois ; et quand un danger quelconque leur vient par cette cause, il peut être évité par quelque modification dans la couleur des œufs, ou la structure ou la position du nid, ou par une sollicitude plus grande des parents pour leurs œufs. Les divergences variées qui nous ont si souvent intrigués, peuvent avoir cette origine.

LA COULEUR COMME MOYEN DE RECONNAISSANCE

Si nous prenons en considération les habitudes et l'histoire de la vie des animaux qui sont plus ou moins sociables, comprenant un grand nombre d'herbivores, quelques carnivores, et un nombre considérable d'oiseaux de tous les ordres, nous verrons qu'un moyen de reconnaître facilement sa propre espèce, à distance, ou pendant un mouvement rapide, au crépuscule ou à l'ombre d'un abri, doit être du plus grand intérêt pour eux, et souvent contribuer à conserver leur existence. Les animaux de cette sorte ne reçoivent pas, d'ordinaire, d'étrangers parmi eux. Tant qu'ils restent réunis, ils sont, en général, à l'abri des attaques, mais un traînard solitaire devient une proie facile pour l'ennemi ; il est

---

1. Voyez A. H. S. Lucas. *Proccedings of the Royal Society of Victoria*, 1887, p. 56.

donc de la plus haute importance, dans un cas pareil, que le vagabond ait toute facilité pour découvrir ses compagnons avec certitude, à toute distance en vue.

Un moyen aisé de se reconnaître est aussi d'une importance vitale pour les jeunes et pour les inexpérimentés de chaque troupeau, et il permet aussi aux sexes de se rencontrer et d'éviter les inconvénients des croisements infertiles ; et j'incline à croire que cette nécessité a eu une influence plus généralement répandue que toute autre cause quelconque dans la détermination des diversités de la coloration chez les animaux. On peut probablement lui attribuer le fait singulier que, tandis que la symétrie bilatérale de coloration se perd fréquemment parmi les animaux domestiqués, elle domine presque universellement à l'état de nature ; car si les deux côtés d'un animal n'étaient pas pareils, et si la diversité de coloration des animaux domestiques se produisait à l'état de nature, les formes les plus proches ou alliées ne se reconnaîtraient plus [1].

1. Le professeur W. H. Brewer, de Yale College, a fait remarquer que les marques ou taches des animaux domestiqués sont rarement symétriques, mais ont une tendance à se produire plus fréquemment sur le côté gauche. C'est le cas chez les chevaux, le bétail, les chiens et les cochons. Chez les animaux sauvages, la mouffette varie considérablement, dans le blanc des taches de son corps, et on a remarqué que c'était le côté gauche qui en avait le plus. Un examen attentif de nombreuses espèces rayées ou tachetées, comme le tigre, le léopard, le jaguar, le zèbre etc, montre que la symétrie bilatérale n'est pas exacte, quoique l'effet général des deux côtés soit le même. C'est précisément ce à quoi nous pouvions nous attendre, si la symétrie ne résulte pas d'une loi générale de l'organisation, mais si elle a été produite et conservée dans le but utile de permettre à l'animal de reconnaître ses semblables de la même espèce, et surtout les sexes différents et les jeunes.

Voyez *Proc. of the Am. Ass. for Advancement of Science*, vol. XXX, p. 246.

L'étonnante diversité de couleur et de taches qui règne
surtout parmi les oiseaux et les insectes, peut être due
au fait qu'un des premiers besoins d'une nouvelle espèce
serait de se maintenir séparée de ses plus proches alliés,
et ce desideratum s'accomplirait plus promptement s'il
existait quelque signe extérieur différentiel aisé à reconnaître. Quelques exemples serviront à montrer comment ce principe agit dans la nature.

Mon attention fut éveillée, pour la première fois, sur
ce sujet, par une observation de Darwin. « Bien que le
lièvre dans son gîte soit un exemple familier de l'utilité
de la couleur pour se cacher, le principe ne se soutient
pas, dans une espèce étroitement alliée, le lapin ; car en
courant à son terrier il devient très visible pour le chas-
seur, et sans doute aussi pour les bêtes de proie, par sa
queue blanche redressée[1]. » Mais une étude attentive des
habitudes de l'animal nous convaincra que la queue
blanche redressée est d'une grande valeur, et est en
réalité, comme l'a caractérisée un écrivain du *Field*,
« un pavillon signalant le danger ». Car le lapin est
d'ordinaire un animal crépusculaire qui va se nourrir immédiatement après le coucher du soleil ou par les nuits de
clair de lune. Quand il est dérangé ou effrayé, il se dirige
vers son terrier, et les queues blanches redressées de ceux
qui sont en avant servent de guides et de signaux à ceux
qui sont plus éloignés de leur terrier, aux jeunes et aux
faibles ; et de la sorte, chacun suivant celui qui le précède, tous sont assez vite en état de gagner un lieu de
sûreté relative. Le danger apparent, par conséquent,
devient un moyen très important de sécurité.

Le même principe général nous mettra à même de
comprendre les marques singulières, souvent très voyantes, de tant d'animaux herbivores sociables qui sont
pourtant, après tout, colorés d'une façon protectrice. Le

1. *Descendance de l'Homme*, trad. Barbier, p. 549.

daim américain a une tache blanche par derrière, et
un museau noir. L'antilope de Tartarie, l'*Ovis poli* de
la haute Asie, le bœuf sauvage de Java, plusieurs espèces de daims, et un grand nombre d'antilopes ont une
pareille tache blanche très marquée par derrière, qui,
par contraste avec le corps de couleur sombre, doit per-

Fig. 18. — Gazelle de Sœmmering.

mettre à leurs compagnons de les voir, et de les suivre à
distance. Là où se trouvent beaucoup d'espèces presque
de la même taille habitant la même région — comme
pour les antilopes d'Afrique — nous remarquons beaucoup de marques distinctes du même genre. Les gazelles
ont la face diversement rayée ou bordée, outre les taches
blanches du derrière ou des flancs, comme l'indique la
figure ci-dessous. Le *spring-bok* a une tache blanche sur
la face, et une sur les côtés, avec une bande blanche distinctive fort curieuse au dessus de la queue, qui se trouve

17.

presque cachée, quand l'animal est au repos, par un pli
de la peau, mais qui reparaît dès qu'il est en mouvement,
non sans quelque analogie avec la queue blanche redressée du lapin. Chez le pallah, la marque blanche du
train postérieur est bordée de noir, et il se distingue
d'ailleurs, quand on l'aperçoit de face, par la forme particulière de ses cornes. L'antilope noire, le *gems-bok*,
l'oryx, le *bonte-bok* et l'*addax* ont chacun des marques
blanches particulières ; et ces animaux sont, en outre,
caractérisés par des cornes qui diffèrent d'une façon si
remarquable dans chaque espèce, et qui sont si apparentes, qu'il semble probable que leurs particularités
de longueur, de torsion, et de courbure ont été différenciées exprès pour les aider à se reconnaître, plutôt
que pour quelque particularité de défense chez des espèces dont les habitudes générales sont si semblables.

Il est intéressant de noter que ces marques de reconnaissance sont très légèrement développées chez les
antilopes des bois et des marécages. Ainsi le *grys-bok*
est presque d'une couleur unie, sauf les longues oreilles
aux extrémités noires, et il fréquente les montagnes
boisées. Le *duyker-bok* et le *rhoode-bok* sont de prudents habitants des taillis, et n'ont d'autres marques que
la petite tache blanche par derrière. Les *bosch-bok*, qui
fréquentent les forêts, vont deux par deux, et n'ont pas
de marques distinctives sur leur pelage marron foncé ;
mais le mâle seul a des cornes. Le grand et beau *koodoo*
fréquente les broussailles, et ses rayures blanches verticales le protègent, sans nul doute, tandis que ses magnifiques bois en spirale le font aisément reconnaître.
L'élan, habitant les plaines ouvertes, est coloré d'une
façon uniforme, et il est suffisamment reconnaissable
par sa grande taille et sa forme qui le distinguent ;
mais l'élan de Derby est un animal forestier, et porte un
pelage rayé protecteur. De même, la belle antilope de

Speke, qui habite entièrement les roseaux des marécages, a des raies verticales d'une couleur claire sur les flancs, (pour la protéger) et des marques blanches sur la face et la poitrine pour la faire reconnaître. Un coup d'œil jeté sur les planches d'antilopes et d'autres animaux dans la *Natural History* de Wood, ou dans tout autre ouvrage illustré de ce genre, donnera des particularités et des marques de reconnaissance une meilleure idée que ne le pourraient faire toutes les descriptions.

D'autres exemples de cette coloration protectrice se trouvent dans les teintes sombres du mouton musqué et du renne, pour lesquels il est plus important de se reconnaître à distance, à travers les plaines neigeuses, que de se dérober au peu d'ennemis qu'ils ont. Les raies et bandes voyantes du zèbre et du couagga sont probablement dues à la même cause, de même que les singulières crêtes et marques faciales de plusieurs singes et lémuriens [1].

Chez les oiseaux, ces marques de reconnaissance sont

1. On pourrait croire que des marques aussi éclatantes que celles du zèbre seraient dangereuses pour lui dans un pays où abondent les lions, les léopards, et les autres bêtes de proie ; mais il n'en est point ainsi. Les zèbres vont généralement par bandes, et ils sont si légers à la course, et prudents de caractère, qu'ils courent peu de risques durant le jour. C'est le soir, ou pendant les nuits de clair de lune, lorsqu'ils vont boire, qu'ils sont exposés à être attaqués. M. Francis Galton, qui a étudié ces animaux dans leur habitat, m'assure qu'à la lueur du crépuscule, ils ne se font pas autant remarquer qu'on pourrait le croire, parce que les raies de blanc et de noir se confondent en une teinte grise qui les rend très difficiles à voir, même à peu de distance. Nous avons donc là un admirable exemple de la manière dont un genre très voyant de marques destinées à faciliter la reconnaissance réciproque des individus peut être combiné de façon à devenir un moyen de protection à l'heure où celle-ci devient nécessaire. Nous pouvons aussi en tirer une leçon, et conclure qu'il est impossible pour nous de décider de l'inutilité d'une sorte de coloration quelconque avant d'avoir étudié, avec soin, les habitudes d'une espèce, dans son pays natal.

C. tricollaris.

Charadrius bifrontatus.

C. Forbesi.

Fig. 19. — Marques de reconnaissance chez les Pluviers africains.

ig. 20. — *Œdicnemus vermiulatus*, en haut. — *Œ. senegalensis*, en bas

très nombreuses, et donnent beaucoup à réfléchir. Les espèces habitant des territoires ouverts sont généralement protégées par leur couleur; mais elles possèdent aussi quelques marques distinctives qui les font reconnaître des leurs, soit au repos, soit pendant le vol. De ce nombre sont les bandes ou plastrons, de couleur blanche, sur la poitrine et le ventre de plusieurs oiseaux, mais plus spécialement les marques du cou et de la tête, en forme de capuchons blancs ou noirs, de colliers, d'œillères ou de bandes frontales, dont trois exemples, appartenant à trois espèces de pluviers africains, sont représentés dans la figure 19.

Les marques de reconnaissance pendant le vol sont d'une importance majeure pour tous les oiseaux qui se rassemblent en bandes, ou qui émigrent ensemble; et il est essentiel que, tout en étant aussi évidentes que possible, les marques ne nuisent pas aux teintes protectrices générales de l'espèce quand elle est au repos. Il suit de là que ces marques consistent d'ordinaire en dessins bien définis sur les ailes et la queue, qui sont cachés au repos, mais deviennent très visibles quand l'oiseau prend son vol. Cette sorte de marques se voit bien sur les quatre espèces anglaises de pies-grièches, dont chacune a des marques blanches différentes sur ses ailes déployées et sur les plumes de la queue; et il en est de même pour nos trois espèces de *Saxicola* qui sont ainsi aisément reconnaissables par leurs ailes, surtout vus d'en haut, comme ils le seraient par des traînards à la recherche de leurs compagnons.

Les dessins de la figure 20, représentant les ailes de deux espèces africaines de courlis qu'on trouve quelquefois dans les mêmes districts, donnent un bon exemple de ces marques spécifiques de reconnaissance. Bien que ne différant pas beaucoup entre eux à nos yeux, ils doivent apparaître très différents à l'œil exercé des oiseaux eux-mêmes.

Outre les marques blanches que l'on peut voir indiquées ci-contre sur les plumes primaires des ailes, il est des cas où les plumes secondaires sont colorées de façon à présenter, pendant le vol, des marques très distinctives. La figure 21 présente deux tectrices centrales secondaires de deux *Cursorius* africains.

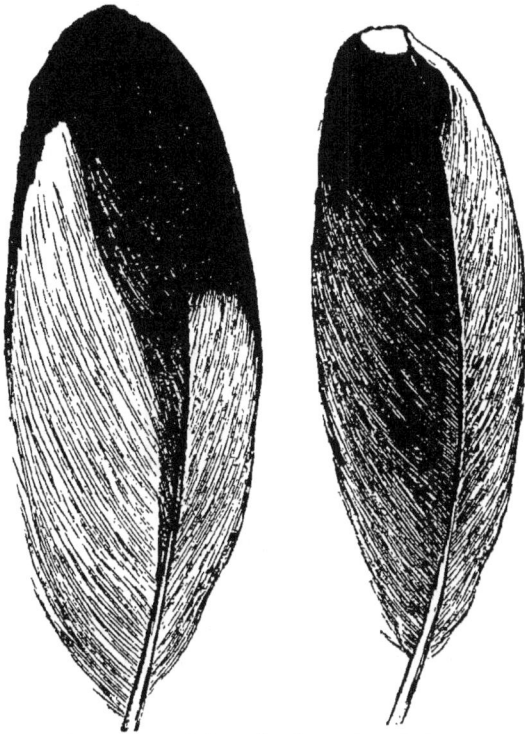

Fig. 21. — Tectrices secondaires de *Cursorius chalcopterus*. à gauche, et de *C. gallicus*, à droite.

Cependant, ce sont encore les marques variées des plumes extérieures de la queue qui sont les plus caractéristiques de toutes ; leur but est bien indiqué, en ce qu'elles sont presque toujours couvertes, au repos, par les deux plumes du milieu qui sont unies, et ont une teinte protectrice semblable au reste de la surface supérieure du corps. On trouvera figure 22, la représentation de cette différence dans le dessin des queues étalées de deux sortes.

de bécassines de l'Asie orientale dont les aires de distribution empiètent l'un sur l'autre ; la différence est souvent plus grande, et modifiée de manières innombrables.

Nombre d'espèces de pigeons, de faucons, de pinsons, de canards et beaucoup d'autres oiseaux, possèdent cette espèce de marques ; et le caractère général de ces marques correspond si exactement au caractère de celles que nous avons décrites en parlant des mammifères, que nous ne pouvons douter qu'elles ne servent à un but semblable [1].

Les oiseaux qui habitent les tropiques, et qui ont, par là, besoin de marques de reconnaissance qui restent visibles en tout temps, sous l'épaisse frondaison de leurs forêts, et non seulement ou surtout pendant qu'ils volent, ont d'ordinaire des taches de couleur, petites mais brillantes, sur la tête ou sur le cou, qui, souvent, ne nuisent aucunement au caractère généralement protecteur de leur plumage. Telles sont les plaques éclatantes, bleues, rouges ou jaunes, par lesquelles se distinguent les *barbets* orientaux ; et des plaques de couleur brillante semblables caractérisent l'espèce séparée des petites colombes vertes frugivores.

C'est à cette nécessité de spécialisation par la couleur, pour permettre à chaque oiseau de reconnaître aisément son semblable, que nous devons, probablement, la merveilleuse variété dans la beauté particulière de quelques groupes d'oiseaux. Le duc d'Argyll, en parlant des oi-

---

1. Le principe de la coloration destinée à faciliter la reconnaissance a été, je crois, établi pour la première fois dans mon article sur les *Couleurs des animaux et des plantes* dans le *Macmillan's Magazine*, et plus complètement dans mon volume de *Tropical Nature*. Plus tard Mme Barber en donna quelques exemples sous le titre de *Indicative or Banner Colours*, mais elle l'appliquait aux couleurs distinctives des mâles des oiseaux, que j'explique d'après un autre principe, bien que celui-ci n'y nuise pas.

Fig. 22, — *Scolopax megala*, en haut, et *S. stenura*, en bas.

seaux-mouche, a fait cette objection : « Une crête de to-
paze ne vaut pas davantage, dans la lutte pour l'existence, qu'une crête de saphir. Une ruche s'achevant avec
les paillettes de l'émeraude ne vaut pas davantage, dans
la bataille de la vie, qu'une ruche se terminant par les
paillettes du rubis. Une queue ne sera pas mieux appropriée au but du vol parce que ses plumes marginales ou
centrales seront ornées de blanc. » Et là-dessus, il insiste sur l'idée que la beauté et la variété, en elles-mêmes,
sont seules causes de ces différences. Mais, d'après les
principes que nous avons proposés ici, la divergence
elle-même est utile, et doit s'être produite *pari passu* avec
les différences de structure desquelles dépend la différenciation des espèces ; et nous avons ainsi expliqué comment des différences de couleur marquées distinguaient
des espèces d'ailleurs très étroitement alliées entre elles.

Chez les insectes, le principe de la coloration distinctive destinée à faciliter la reconnaissance a dû contribuer
à produire l'étonnante diversité de couleurs et de taches
que nous trouvons partout chez eux, et plus particulièrement chez les papillons et les phalènes ; ici, sa fonction
principale peut avoir été d'assurer l'union d'individus de
même espèce. Ce but a été atteint chez quelques papillons nocturnes, par une odeur particulière qui, même à
distance, attire le mâle auprès de la femelle ; il n'est pas
prouvé que ce fait soit universel, ni même général, et
parmi les papillons, en particulier, c'est probablement
leur couleur et leurs marques caractéristiques, aidées des
dimensions et de la forme, qui leur servent à se reconnaître entre eux. Cela paraît indiqué par ce fait que « le
papillon blanc commun vole souvent sur un morceau
de papier tombé à terre, le prenant sans doute pour un
individu de son espèce », tandis que, d'après M. Colling-
wood, dans l'archipel Malais « un papillon mort fixé
par une épingle sur une branche en évidence arrêtera

souvent un insecte de la même espèce dans la course la plus étourdie, et le mettra à portée facile du filet, surtout s'ils sont de sexes différents [1] ».

Chez un grand nombre d'insectes, nul doute que la forme, les mouvements, les sons stridents ou les odeurs particulières ne servent à distinguer les espèces alliées les unes des autres, et ce doit être surtout le cas pour les insectes nocturnes, ou pour ceux dont les couleurs sont presque uniformes et déterminées par le besoin de protection ; mais la plupart des insectes diurnes et actifs présentent des variétés de couleur et de marques qui es distinguent très clairement des espèces alliées, et qui selon toute probabilité, ont été acquises au cours de la marche de la différenciation, dans le but d'entraver le croisement de formes alliées de très près [2].

Il est permis de douter que ce principe s'applique aux animaux d'une organisation inférieure, bien que peut-être, il puisse avoir quelque influence chez les mollusques supérieurs.

Mais, chez les animaux marins, il paraît probable que es couleurs, si brillantes, si belles, si variées qu'elles puissent être, souvent, sont, dans la plupart des cas, protectrices, en assimilant ceux-ci aux algues marines, ont quelques variétés ont de si éclatantes colorations, u même à quelque autre animal qu'ils auraient un vantage quelconque à imiter [3].

1. Cité par Darwin, *Descendance*, trad. Barbier p. 349.
2. Dans l'*American Naturalist* de mars 1888, M. J. E. Todd a iblié un article sur la *Coloration directrice chez les animaux* i il reconnaît l'authenticité de beaucoup des cas que nous avons tés ici, et en suggère quelques autres, mais il me paraît qu'il comprend beaucoup de formes de coloration — comme « la leur du ventre et du côté interne des cuisses » — qui n'appartiennent aucunement à cette classe.
3. Voyez, pour de nombreux exemples de cette coloration protectrice des animaux marins, le *Voyage of the Challenger* de Mo·

RÉSUMÉ DES FAITS QUI PRÉCÈDENT

Avant de passer à la discussion des phénomènes les plus abstraits de la coloration des animaux, nous ferons bien de jeter un coup d'œil sur le terrain que nous avons déjà parcouru.

La coloration protectrice, dans quelques-unes de ses formes variées, a vraisemblement modifié l'apparence de la moitié des animaux existant sur le globe. C'est une innombrable armée que celle qui, sous les régions arctiques revêt un uniforme blanc, tandis que les habitants du désert en ont un jaunâtre, que les espèces crépusculaires et nocturnes s'habillent de teintes sombres, et que les habitants de l'océan sont transparents et bleuâtres comme leur habitat. Mais il en est une autre, également nombreuse, dont les teintes s'adaptent à celles du feuillage tropical, de l'écorce des arbres, ou du sol et les feuilles mortes qui le couvrent, et où se passe leur existence. Puis nous avons les innombrables adaptations spéciales aux teintes et aux formes des feuilles, ou des tiges, ou des fleurs, de l'écorce et de la mousse, des rochers et des cailloux, au moyen desquelles un si grand nombre de tribus d'insectes se protègent ; et nous avons constaté que ces formes variées de coloration se présentent également dans les eaux des mers et des océans, et s'étendent ainsi sur tout le domaine de la vie sur la terre. On pourra ranger aussi au nombre des êtres protectivement colorés, la catégorie relativement restreinte des espèces possédant une coloration « terrifiante » ou « attirante ».

Mais dans un autre groupe, celui où se rangent les animaux pourvus de couleurs de reconnaissance, nous avons une catégorie entièrement distincte, en quelque

seley, et le docteur E. S. Morse, dans *Proc. of Bost. Soc. of Nat. Hist.* vol. XIV, 1871.

sorte opposée ou complémentaire, par rapport à la précédente, puisque son principe essentiel est d'être voyante au lieu d'être protectrice et dissimulante. Je pense, pourtant, qu'on a réussi à prouver que ce mode de coloration est presque également important, puisque, non seulement il aide à la conservation des espèces existantes et à la perpétuation des races pures, mais aussi parce que, dans les premières étapes, il a dû être un facteur important dans leur développement. Nous lui devons la plus grande partie de la variété et de la beauté du coloris des animaux ; il a amené, d'un seul coup, la symétrie bilatérale et la permanence générale du type, et son action ne s'est peut-être pas étendue sur un moindre domaine que celui de la coloration dissimulante.

INFLUENCE DE LA LOCALITÉ OU DU CLIMAT SUR LA COULEUR

On a depuis longtemps remarqué certains rapports entre la localité et la coloration. M. Gould a remarqué que les oiseaux de l'intérieur, ou du continent, sont colorés d'une façon plus brillante que ceux qui habitent le bord de la mer ou le rivage des îles, et il a supposé que la pureté plus grande de l'atmosphère de l'intérieur des terres explique ce phénomène [1].

Beaucoup de naturalistes américains ont observé des faits analogues, et ils affirment que l'intensité des couleurs des oiseaux et des mammifères augmente du nord au sud, et aussi avec l'augmentation d'humidité. Ce changement est attribué par M. J. A. Allen à l'action directe de l'entourage. Il dit : « A l'égard de la corrélation de intensité de la couleur des animaux avec le degré d'humidité, il serait peut-être plus en accord avec la cause et effet d'exprimer la loi de corrélation comme une *diminution* de l'intensité de la couleur accompagnant la *diminution* d'humidité, la pâleur résultant évidemment du

1. Voyez *Origine des Espèces*, trad. Barbier, p. 145.

fait d'être exposé, et de l'effet blanchissant d'une lumière
solaire intense, et d'une atmosphère sèche, souvent sur-
chauffée. Avec la décroissance de la précipitation aqueuse,
la croissance de la forêt et la protection que procure la
végétation arborescente diminuent aussi, graduellement,
ainsi que le fait, naturellement, la protection que donnent les nuages, tandis que les régions sèches sont relativement ensoleillées [1]. » Des changements presque identiques se produisent chez les oiseaux, et sont attribués par
M. Allen à des causes semblables.

On voit que M. Gould et M. Allen attribuent des
effets opposés à la même cause, l'éclat ou l'intensité de
la couleur étant dus à une atmosphère brillante, suivant
le premier, tandis qu'une couleur pâle, suivant le second,
devrait être attribuée à un soleil brillant.

D'accord avec les principes que nous avons établis
quand nous avons examiné, respectivement, les animaux
arctiques, ceux du désert, et ceux de la forêt, nous devrons
conclure qu'il n'y a pas eu, dans ce cas, d'action directe,
mais que les effets observés sont dus au plus ou moins
grand besoin de protection. La couleur pâle qui domine
dans les régions arides est en harmonie avec les teintes
générales de la surface ; tandis que les teintes plus éclatantes ou la coloration plus intense, à la fois au sud et
dans les régions humides, sont suffisamment expliquées
par l'abri plus complet fourni par une luxuriante végétation et un hiver plus court. Les avocats de la théorie
de l'action directe qu'exerce l'intensité de la lumière
sur les couleurs des organismes sont entraînés à de perpétuelles contradictions. Tantôt les couleurs brillantes des
oiseaux et des insectes tropicaux sont attribuées à l'intensité d'un soleil tropical, tantôt cette même intensité

1. *Geographical Variation of North American Squirrels. Proc*
Bost. Soc. of Nat. Hist. 1874, p. 284, et *Mammals and Winte*
Birds of Florida, p. 233-241.

de lumière solaire est accusée de faire pâlir les couleurs.
On croyait autrefois que les nuances sobres, et relativement ternes, de notre faune septentrionale étaient le
résultat de notre ciel nuageux, maintenant on nous apprend que le ciel nuageux et une atmosphère humide
intensifient la couleur.

Dans mon livre de *Tropical Nature* (pp. 257-264), j'ai
appelé l'attention sur ce qui est peut-être la relation la
plus curieuse et la plus marquée entre la couleur et la
localité qu'on ait jamais observée, c'est-à-dire la prédo-
minance des marques blanches chez les papillons et les
oiseaux habitant des îles. Il en été cité un si grand nombre de cas, de tant d'îles différentes des deux hémisphères, qu'il est impossible de mettre en doute l'existence
d'une cause commune, et il me semble maintenant,
après un examen plus approfondi de toute la matière,
que nous trouvons là un des résultats innombrables du
principe de la coloration protectrice. Le blanc, en règle
générale, est une couleur rare chez les animaux, mais
probablement par l'unique raison qu'il est trop facile à
voir. Il apparaît bien vite, cependant, lorsqu'il devient
teinte protectrice, ainsi que nous l'avons vu chez les
animaux arctiques et les oiseaux aquatiques ; nous savons aussi qu'il se produit, parfois, chez beaucoup
d'espèces à l'état sauvage, et que parmi les espèces domestiquées, des races blanches ou demi-blanches se produisent librement. Dans toutes les îles où l'on a observé
des oiseaux et papillons marqués de blanc, nous trouvons deux traits qui tendraient à rendre moins nuisibles les marques blanches voyantes : une végétation tropicale exubérante, et une rareté positive de mammifères ou d'oiseaux de proie. Dans ce cas, par conséquent,
le blanc ne serait point éliminé par la sélection naturelle ; mais des variations dans cette direction joue-
raient leur rôle en produisant des marques de recon-

naissance qui sont essentielles partout, et qui, dans ces
îles, n'auraient pas besoin d'être aussi petites, ou moins
visibles, qu'ailleurs.

CONCLUSIONS

Après avoir passé en revue toute la question, nous
arrivons à la conclusion que rien ne prouve que les
couleurs individuelles ou dominantes des organismes
soient déterminées directement par la quantité de lumière, ou de chaleur, ou d'humidité à laquelle ils sont
exposés ; tandis que, d'autre part, les deux grands principes de la nécessité de se dérober aux ennemis, ou de se
dissimuler à la proie, et de se faire reconnaître des
semblables, ont une application si étendue qu'au premier abord, ils paraissent expliquer toute la coloration
du monde animal. Mais, bien qu'ils soient d'une généralité étonnante, et n'aient été encore qu'imparfaitement étudiés, nous connaissons d'autres modes de coloration qui ont une origine différente. Ce sont ceux de
la classe singulière des couleurs prémonitrices d'où
dérivent les phénomènes encore plus extraordinaires
du mimétisme ; ils ouvrent un champ de recherches si
curieux, et présentent tant de problèmes intéressants
qu'il nous faut leur consacrer un chapitre. Un autre chapitre encore sera consacré à la question de la différenciation sexuelle des couleurs et des ornements, quant à
l'origine et au sens de laquelle je suis arrivé à des conclusions qui diffèrent de celles de Darwin. Quand ces
formes variées de coloration auront été discutées et mises en lumière, nous serons à même d'essayer d'esquisser brièvement les lois fondamentales qui ont déterminé
la coloration générale du monde animal.

CHAPITRE IX

LA COLORATION PRÉMONITRICE ET LE MIMÉTISME

La mouffette comme exemple de coloration prémonitrice. — Couleurs prémonitrices chez les insectes. — Papillons. — Chenilles. — Mimétisme. — Comment le mimétisme s'est produit. — Héliconides. — La perfection de l'imitation. — Autres cas de mimétisme chez les Lépidoptères. — Le mimétisme chez les groupes protégés. — Son application. — Extension de son principe. — Le mimétisme chez d'autres ordres d'insectes. — Le mimétisme chez les vertébrés. — Les serpents. — Le serpent à sonnettes et le cobra. — Le mimétisme chez les oiseaux. — Objections à la théorie du mimétisme. — Conclusions au sujet des couleurs prémonitrices et du mimétisme.

Nous avons maintenant affaire à une classe de couleurs diamétralement opposées à celles que nous avons examinées jusqu'ici, puisque, au lieu de servir à cacher les animaux qui les possèdent, ou à les faire se reconnaître entre eux, elles sont développées dans le but explicite de mettre l'espèce en évidence. La raison en est que les animaux en question sont possesseurs de quelque arme meurtrière, comme des dards ou crochets venimeux, ou qu'ils sont non-comestibles, et, sont de la sorte, si désagréables aux ennemis ordinaires de leur race qu'ils ne sont jamais attaqués quand leurs facultés ou propriétés particulières sont connues. Il est, par conséquent, important qu'on ne les prenne pas pour des espèces inoffensives ou comestibles de la même classe

ou du même ordre, puisque, dans ce cas, ils seraient
blessés ou tués avant que leurs ennemis n'eussent découvert le danger ou l'inutilité de leur attaque. Il leur
faut une sorte de pavillon signalant le danger, qui serve
d'avertissement aux ennemis probables qui voudraient
les attaquer, et ce pavillon s'est présenté sous la forme
d'une coloration très brillante, très évidente, bien distincte des teintes protectrices des animaux inoffensifs
qui leur sont alliés.

LA MOUFFETTE COMME EXEMPLE DE COLORATION
PRÉMONITRICE

Étant en juillet 1887 en séjour au *Summit Hotel* du
chemin de fer du Central Pacifique, j'allai flâner un
soir, après dîner, sur la route, à moins de cinquante mè·
tres de la maison. J'aperçus un petit animal blanc et
noir, à queue touffue, qui s'avançait vers moi. Comme
il approchait lentement et sans aucune crainte, bien
qu'il m'eût vu, je pensai d'abord que c'était une bête ap-
privoisée, quand, tout d'un coup, je m'avisai que c'était
une **mouffette**. Elle vint à moi, passant à une distance
de 4 où 5 mètres, puis grimpa tranquillement sur un
petit mur bas et disparut sous une sorte de hangar, à
la recherche de poulets, ainsi que me l'apprit par la
suite le maître de l'hôtel. On sait que cet animal possède
une sécrétion des plus répugnantes qu'il a la faculté
de lancer sur ses ennemis, et qui le protège efficacement
contre toute attaque. L'odeur de cette substance est si pé-
nétrante, qu'elle corrompt et empeste tout ce qu'elle touche, ou tout ce qui l'approche. Les provisions, dans le voisinage de la mouffette, prennent un goût insupportable,
et les vêtements qui en sont saturés en gardent l'odeur
pendant plusieurs semaines, même si on les lave et les
sèche à plusieurs reprises. Une goutte de ce liquide dans

les yeux cause la cécité, et il paraîtrait que les Indiens en
font fréquemment l'expérience. Grâce à ce moyen de
défense redoutable la mouffette est rarement attaquée
par d'autres animaux, et sa fourrure blanche et noire,
et sa queue touffue qu'elle tient dressée quand on la dérange, sont les signes de danger par lesquels on la distingue aisément, dans le crépuscule et au clair de lune,
d'autres animaux sans protection. La conscience qu'elle
semble avoir que sa vue seule inspire le désir de l'éviter lui donne cette lenteur de mouvements et cet aspect
de sécurité, qui sont, ainsi que nous le verrons, caractéristiques de la plupart des créatures ainsi protégées.

COULEURS PRÉMONITRICES CHEZ LES INSECTES

C'est chez les insectes que les couleurs prémonitrices
abondent le plus, et sont le mieux développées. Nous
avons tous combien les couleurs et les formes des guêpes et des abeilles sont caractéristiques et évidentes :
aucune espèce, dans aucune partie du monde, n'est colorée d'une façon protectrice comme la plupart des
insectes inoffensifs. La grande majorité de la tribu des
Malacodermes, chez les Coléoptères, répugne au goût
des animaux insectivores. Jenner Weir a observé que
les *Telephoridæ* rouges et noirs sont évités par les petits
oiseaux. Les Téléphorides, et les Lampyrides leurs alliés,
(es lampyres et les vers luisants) étaient généralement
évités au Nicaragua, par le singe apprivoisé et par les
volailles de M. Belt, bien que ces bêtes fussent très avides
de la plupart des autres insectes. Les *Coccinellidæ*, ou
bêtes à bon Dieu, constituent un autre groupe non comestible, et leur corps de couleur voyante et singuliè-
rement tacheté sert à les faire distinguer, du premier
coup d'œil, de tous les autres coléoptères.

Ces insectes non comestibles sont probablement plus

nombreux qu'on ne le suppose, bien que nous en connaissions déjà un nombre immense qui est protégé de la sorte. Les plus remarquables sont les trois familles de papillons : les Héliconides, les Danaïdes, et les Acræides, comprenant plus de mille espèces, et caractérisant, respectivement, les trois grandes régions tropicales — le sud de l'Amérique, le sud de l'Asie, et l'Afrique. Tous ces papillons ont des particularités qui servent à les distinguer de tout autre groupe de leurs régions respectives. Ils ont tous des ailes grandes, mais faibles, et volent lentement ; ils sont toujours très abondants ; et ils ont tous des marques ou des couleurs très évidentes, si distinctes de celles d'autres familles que, jointes à leur silhouette particulière et à leur façon de voler, elles font qu'ils sont, habituellement, reconnus au premier coup d'œil. Leurs autres traits distinctifs sont que leurs couleurs sont presque toujours les mêmes sur les deux surfaces des ailes : ils n'essaient jamais de se cacher, mais se posent sur la face supérieure des feuilles ou des fleurs ; et, finalement, ils contiennent des humeurs exhalant une odeur forte, telle que lorsqu'on les tue en pressant leur corps, le liquide qu'on fait exsuder tache les doigts en jaune, laissant une senteur que des lavages répétés suffisent à peine à enlever.

Maintenant, des témoignages directs et très nombreux nous prouvent que cette odeur, qui nous répugne un peu, est encore plus répugnante pour la plupart des insectivores. M. Bates remarqua que, lorsqu'il mettait sécher au grand air des exemplaires d'Héliconides, ils étaient moins sujets que d'autres aux attaques des parasites ; tandis que nous avons tous deux remarqué qu'ils n'étaient pas attaqués non plus par les oiseaux insectivores ou les libellules, et que nous ne retrouvions pas, dans les sentiers de la forêt, leurs ailes, parmi les nombreuses ailes de papillons dont les corps avaient été dévorés. M. Belt observa une fois un couple d'oiseaux qui prenaient des insectes pour leurs petits, et bien que les Héliconides fussent répandus dans le voisinage et eussent pu, en raison de leur vol lent, être aisément capturés, aucun d'eux ne fut poursuivi, tandis que les autres papillons n'échappaient point au carnage. Le singe apprivoisé de M. Belt, qui croquait avidement les autres papillons, ne voulut, non plus, jamais goûter aux Héliconides. Il les flairait parfois, mais invariablement les jetait à terre après les avoir roulés dans ses mains.

Nous avons aussi un témoignage analogue du peu d'estime dans lequel sont tenues les *Danaides* de l'Orient. L'honorable juge Newton, qui collectionnait assidûment, en notant leurs particularités, les Lépidoptères de Bombay, apprit à M. Butler du *British Museum* que le grand papillon à vol rapide, le *Charaxes psaphon*, est continuellement persécuté par le *bulbul*, de telle façon que M. Butler attrapait rarement un exemplaire de cette espèce qui n'eût un morceau arraché de ses ailes postérieures. Il en offrit une à un *bulbul* en cage, et celui-ci la dévora avidement, tandis qu'il fallut une persécution prolongée pour persuader l'oiseau de toucher à un *Danaïs* [1].

Outre ces trois familles de papillons, il y a certains groupes du grand genre *Papilio* qui possèdent tous les traits caractéristiques d'insectes non-comestibles. Ils ont une coloration spéciale, habituellement rouge et noire (au moins chez la femelle), ils volent lentement, ils sont très abondants, et possèdent une odeur *sui generis* quelque

Nature, vol. III, p. 165. Le professeur Meldola a observé que les exemplaires de *Danaïs* et d'*Euplaea*, dans les collections, sont moins sujets aux attaques des mites *(Proc. Ent. Soc.* 1877, p. XII), et ceci est confirmé par M. Jenner Weir, *Entomologist*, 1882, vol. XV, p. 160.

18.

peu semblable à celle des Héliconides. Un de ces groupes
st commun d ans l'Amérique tropicale, un autre dans
l'Asie tropicale, et il est curieux que, bien que n'étan
pas très étroitement alliés, ils aient tous les mêmes
couleurs, rouge et noire, et soient très distincts de tous
les autres papillons de leurs habitats respectifs. Nous
avons des raisons de croire aussi que beaucoup des phalènes diurnes, à vol faible, si brillamment colorées,
comme les beaux *Agaristidæ* des tropiques, et les *Anthrocera* sont pareillement protégés, et que leurs couleurs
sont un brevet de non-comestibilité. *L'Anthrocera filipendula* et l'*Euchelia jacobeæ* ont été reconnues répugnants aux insectivores.

Mais c'est encore chez les chenilles que nous trouvons
l'exemple le plus intéressant et le plus concluant de coloration prémonitrice, parce que, dans ce cas, les faits
ont été soigneusement établis par des expériences con-
duites par des observateurs compétents. En 1866, pendant que Darwin recueillait les témoignages relativement à l'effet supposé par lequel la sélection sexuelle
aurait amené la coloration brillante des animaux supérieurs, il demeura frappé du fait que beaucoup de chenilles ont des couleurs brillantes, qui les mettent
en évidence, et dans la production desquelles la sélection naturelle ne pouvait entrer pour rien. Nous avons
un grand nombre de chenilles semblables en Europe,
et elles ont pour traits caractéristiques non seulement
leurs couleurs éclatantes, mais l'habitude de ne point se
cacher. Telles sont les chenilles de la molène et de
la groseille à maquereau, les larves du Smérinthe de
l'euphorbe, et beaucoup d'autres. Quelques-unes de
ces chenilles sont remarquablement voyantes, comme
celle que M. Bates a remarquée dans l'Amérique du
sud, qui était longue de quatre pouces, avec une bande
transversale noire et jaune, et les yeux, les pattes et

la queue rouges. Elle attirait les yeux de tout passant, même à quelques mètres de distance.

Darwin me demanda d'essayer de lui fournir quelque explication de cette coloration ; et comme je m'étais tout récemment occupé de la question de la coloration prémonitrice des papillons, je suggérai que c'était probablement là un cas du même genre ; que ces chenilles si voyantes étaient répugnantes aux oiseaux et aux autres insectivores, et que leur couleur éclatante, non protectrice, et leur habitude de se mettre en vue, permettait à leurs ennemis de les distinguer, d'un seul coup d'œil, des espèces comestibles, et d'apprendre ainsi à ne pas les toucher ; car il ne faut pas oublier que le corps des chenilles, pendant leur croissance, est si délicat que la blessure que leur infligerait le bec d'oiseau leur serait peut-être aussi fatale que d'être dévorées [1]. On n'avait, à cette époque, fait aucune expérience ou observation sur ce sujet, mais quand j'eus soumis la question à la Société Entomologique, deux amateurs d'oiseaux et autres animaux apprivoisés entreprirent de faire des expériences sur une grande variété de chenilles.

M. Jenner Weir, le premier, expérimenta sur dix espèces de petits oiseaux de sa volière, et il constata qu'aucun d'eux ne voulut manger les chenilles suivantes à peau lisse, et couleurs éclatantes : *Abraxas grossulariata, Diloba cæruleocephala, Anthrocera filipendula,* et *Cuculla verbasci.* Ils remarqua aussi qu'ils ne voulaient toucher aucune larve ayant des poils ou des épines, et s'assura que ce n'était pas à cause de celles-ci, mais à cause de leur mauvaise saveur qu'ils les rejetaient, parce que, en d'autres cas, une jeune larve lisse d'une espèce velue, et la pupe d'une larve à piquants furent également refusées. D'autre part, toutes les chenilles vertes ou brunes, aussi

---

1. Voyez *Descendance* de Darwin, trad. Barbier, p. 359.

bien que celles qui simulent des branchages, étaient dévorées avec avidité [1].

M. A. G. Butler fit aussi des expériences sur quelques
lézards verts (*Lacerta viridis*) qui mangeaient avidement
toute sorte de nourriture, y compris des mouches de plusieurs espèces, des araignées, des abeilles, des papillons et
des chenilles vertes; mais ils ne voulurent pas toucher à
l'*Abraxas grossulariata* ni à l'*Anthrocera filipendula*. Il en
ut de même avec les grenouilles. Quand on leur donna,
d'abord, ces *Abraxas*, « elles sautèrent dessus, les gobant
avec avidité ; mais elles n'avaient pas plutôt fini de ce
faire qu'elles parurent s'apercevoir de la bévue qu'elles
avaient commise, et elles demeurèrent la bouche ouverte,
roulant leur langue jusqu'à ce qu'elles eussent réussi à
se débarrasser du mets répugnant, qui paraissait intact,
après quoi elles partirent aussi alertes qu'avant». Les
araignées paraissaient les aimer tout aussi peu. Cette
même chenille et une autre très voyante (*Halia wavaria*)
furent rejetées par deux espèces, l'*Epeira diadema* et
une araignée chasseuse [2].

Le professeur Weismann fit d'autres expériences encore avec les lézards, confirmant entièrement les observations précédentes ; et en 1886, M. E. B. Poulton, d'Oxford entreprit une longue série d'expériences avec beaucoup d'autres espèces de larves et de nouvelles sortes de
lézards et de grenouilles. M. Poulton passa ensuite en
revue tout ce sujet, réunissant tous les faits constatés
aussi bien que quelques observations faites par M. Jenner
Weir en 1886. On a, à cette heure, soumis plus de cent
espèces de larves ou d'insectes parfaits d'ordres variés
à l'expérience, et les résultats confirment entièrement ce
que j'avais suggéré à l'origine. Dans presque tous les cas,

1. *Transactions of the Entomological Society of London*, 1869,
p. 21.

2. *Trans. of the Entomological Society of London*, 1869, p. 27.

les larves à coloration protectrice ont été dévorées avidement par toutes sortes d'animaux insectivores, tandis que, dans la plupart des cas, les larves à couleurs voyantes ou velues ont été rejetées, soit par quelques-uns d'entre eux, soit par tous. Parfois, l'insecte parfait était comestible comme sa larve, mais ce ne fut pas toujours le cas. Dans le premier cas, l'insecte parfait a des couleurs éclatantes, comme l'*Abraxas* et l'*Anthuria* ; mais dans le cas du *buff-tip* (*Euchloe*), l'animal ressemble à un morceau de bois pourri ; pourtant il est en partie non-comestible, étant refusé par les lézards. Il est, d'ailleurs, très douteux que ceux-ci soient ses principaux ennemis, et sa forme et sa couleur protectrices peuvent être nécessaires pour éluder des oiseaux ou des mammifères insectivores.

M. Samuel H. Scudder, qui a élevé en grand les papillons de l'Amérique du nord, a trouvé une telle quantité de leurs œufs et de leurs larves détruits par les parasites hyménoptères et diptères, qu'il pense que les neuf dixièmes, ou même davantage, de leur nombre total n'arrive jamais à maturité. Cependant, il n'a jamais trouvé de preuve que de semblables parasites attaquent soit l'œuf, soit la larve du *Danaïs archippus*, non comestible, de façon que, dans ce cas, cet animal est répugnant à ses ennemis les plus dangereux à toutes les périodes de son existence, fait qui explique sa grande abondance et son extension dans presque tout le monde [1].

On a noté un cas de larve protégée par sa couleur — c'en est une qui dans toutes ses habitudes montre qu'elle compte sur la retraite pour échapper à ses ennemis — qui était pourtant toujours rejetée par les lézards, après qu'ils l'avaient saisie, évidemment sur la présomption, grâce à sa couleur, qu'elle était comestible. C'est la chenille de la très commune *Mania typica* ; M. Poulton pense que,

1. *Nature*, Vol. III, p. 147.

dans ce cas particulier, le goût désagréable est un résultat incidentel de quelque travail physiologique dans l'organisme, et en lui-même un caractère purement inutile. Il est évident que l'insecte ne se cacherait pas avec tant de soin s'il n'avait pas d'ennemis ; ceux-ci doivent être, selon toute probabilité, des oiseaux ou de petits mammifères, puisque ses plantes nourricières sont le Rumex et l'Épilobe à épi qui ne suggèrent point à l'esprit l'habitat des lézards ; et on a découvert, par l'expérience, que les lézards et les oiseaux n'ont pas toujours les mêmes antipathies ou les mêmes sympathies. Le cas est intéressant parce qu'il prouve que les fluides nauséabonds peuvent se produire sporadiquement, et être ainsi intensifiés par la sélection naturelle quand c'est utile à la protection.

Un autre cas exceptionnel est celui de la chenille voyante de la *Deilephila euphorbiæ*, qui fut immédiatement dévorée par un lézard, bien que, puisqu'elle s'exposait sur sa plante nourricière durant le jour et était très abondante dans quelques localités, elle dut être antipathique aux oiseaux et autres animaux qui l'eussent, sans cela, dévorée. Quand on la dérange pendant ses repas, on assure qu'elle se retourne, furieuse, et lance une quantité de liquide verdâtre, d'une odeur aigre et désagréable, semblable au latex de l'euphorbe, mais pire encore [1].

Ces faits, et le témoignage fourni par M. Poulton du fait que quelques larves rejetées d'abord par les lézards sont enfin mangées quand les lézards ont trop faim, montrent qu'il y a des degrés dans l'antipathie, et font qu'il est probable que, dans le cas ou toute autre nourriture manquerait, beaucoup de ces insectes à couleur

---

1. *Manual of Butterflies and Moths*, de Stainton, vol. I, p. 93 ; et *Proceedings of the Zool. Soc. of London*, E. B. Poulton, 1887, pp. 191-274.

royante seraient mangés. C'est l'abondance des espèces
comestibles qui donne sa valeur à la non-comestibilité du
plus petit nombre ; et c'est probablement pour cette raison que tant d'insectes comptent sur leur couleur protectrice plutôt que sur l'acquisition d'une arme défensive
quelconque. A la longue, les facultés d'attaque et de défense doivent s'équilibrer. Nous en pouvons conclure que
même les dards puissants des guêpes et des abeilles ne
les protègent que contre quelques ennemis, puisqu'une
tribu d'oiseaux, les Apivores, s'est developpée, et s'en
nourrit, et que les grenouilles et les lézards ne les dédai-
nent pas toujours.

L'esquisse précédente suffira à expliquer les traits caractéristiques de la « coloration prémonitrice » et le but
auquel elle sert dans la nature. Il en existe beaucoup
d'autres singulières modifications, mais ces dernières
seront mieux appréciées quand nous aurons discuté le
remarquable phénomène du mimétisme, qui se relie à
la coloration prémonitrice et en dépend entièrement, et,
dans quelques cas, est l'indication principale que nous
avons de la possession d'une arme offensive en état d'assurer le salut de l'espèce imitée.

MIMÉTISME

Ce terme est appliqué à une forme de la ressemblance
protectrice par laquelle une espèce ressemble assez à une
autre, par la forme extérieure et la coloration, pour qu'on
puisse s'y tromper, quoique les deux espèces ne soient
pas alliées et appartiennent même, souvent, à des familles ou à des ordres distincts. Un des animaux semble
se déguisé de façon à être pris pour l'autre, d'où le
mots de mimétisme et de mimique, qui n'impliquent aucune action volontaire de la part de celui qui en est le
sujet. Il y a longtemps que ces sortes de ressemblance

sont connues, comme par exemple, les phalènes des familles des *Sesiidæ* et des *Ægeriidæ*, dont beaucoup ressemblent à des abeilles, à des guêpes, à des ichneumons, ou à des tenthrédines, et ont reçu des noms qui expriment cette ressemblance, et les mouches parasites (*Volucella* qui ressemblent extrêmement aux abeilles, sur les larves desquelles se nourrissent les larves de ces mouches.

Pourtant, on n'avait point encore remarqué la grande masse de ces cas, et le sujet était considéré comme un des caprices inexplicables de la nature, quand M. Bate étudia ce phénomène chez les papillons de l'Amazone et, à son retour, en donna la première explication rationnelle [1].

Voici, en deux mots, les faits. Partout, dans cette région fertile pour l'entomologiste, abondent les Héliconides aux brillantes couleurs, avec tous les caractères auxquels j'ai fait allusion quand je les ai cités comme exemples de « coloration prémonitrice ». Mais en même temps qu'eux, on capturait d'autres papillons qui, bien que souvent confondus avec eux à cause de leur ressemblance étroite de forme, de couleur, et de vol, furent après examen, reconnus comme appartenant à une famille très distincte, celle des Piérides. M. Bates compte quinze espèces distinctes de Piérides, appartenant aux genres *Leptalis* et *Euterpe*, chacune desquelles imite de très près une des espèces des Héliconides, habite la même région et fréquente les mêmes localités. Il ne faut pas oublier que les deux familles diffèrent entièrement de structure. Les larves des Héliconides sont tuberculées ou spinifères, les pupes se suspendent la tête en bas, et l'Imago a des pattes imparfaites chez le mâle ; tandis que les larves des Piérides sont lisses, leurs pupes suspendues avec une sorte de bretelle pour maintenir leur tête droite, et les

1. Voyez *Transactions of the Linnean Society*, vol. XXIII, p. 4 à 566. Planches coloriées.

pattes de devant sont entièrement développées chez les
deux sexes. Ces différences sont aussi grandes et aussi importantes que celles qui séparent les cochons des moutons,
ou les hirondelles des moineaux ; les entomologistes

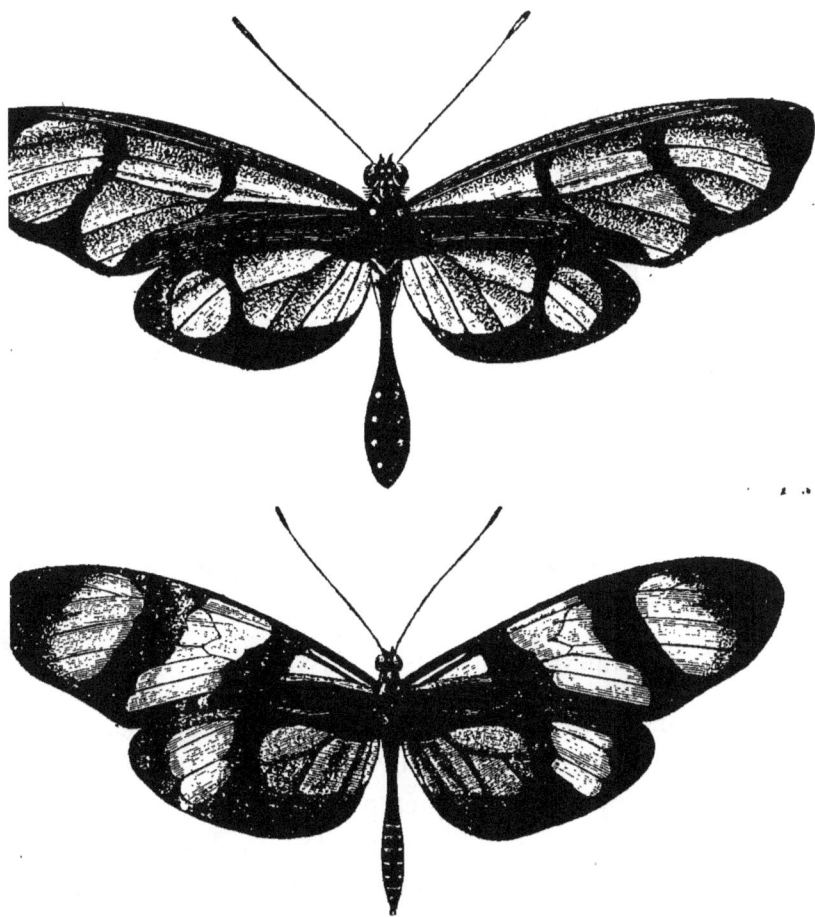

Fig. 23. — *Methona psidii* (Héliconides) et *Leptalis orise* (Piérides).

français comprendront mieux le cas en se représentant
une espèce de *Pieris* d'Angleterre ayant les couleurs et la
forme d'une *Vanessa urticæ*, tandis qu'une autre espèce,
sur le continent, ressemblerait également à une *V. An-
tiopa*, la ressemblance étant telle, dans les deux cas, qu'on
pourrait s'y tromper pendant le vol, et qu'un examen at-

tentif seul ferait découvrir la différence. Dans la figure 23,
on voit un exemple de cette ressemblance, dans un couple dont les couleurs sont simples, étant l'olive, le jaune,
et le noir, et où l'on peut voir aisément les différences
marquées dans la nervation des ailes, et dans la forme
de la tête et du corps.

Outre ces Piérides, M. Bates trouva quatre véritables
Papilio, sept *Erycinidæ*, trois *Castnia*, et quatorze espèces de Bombycides diurnes, imitant tous quelqu'une des
espèces d'Héliconides qui habitent le même territoire ; et
il faut noter qu'aucun de ces insectes n'est aussi abondant
que les Héliconides auxquels ils ressemblent, et en
beaucoup de cas sont bien moins communs, au point
que M. Bates estime que la proportion, en quelques cas,
ne dépassait pas un pour mille. Avant de citer les nombreux cas remarquables de mimétisme dans d'autres
parties du monde, et chez des groupes variés d'insectes
et d'animaux supérieurs, il sera bon d'expliquer brièvement l'utilité et la portée de ce phénomène, et aussi le
mode par lequel il s'est produit.

COMMENT LE MIMÉTISME S'EST PRODUIT

On a constaté le fait que les Héliconides ont une odeur
et un goût répugnants, qui leur confèrent le privilège de
n'être presque jamais attaqués par des animaux insectivores ; ils ont une forme et un mode de vol particuliers,
et ne cherchent point à se cacher, tandis que leurs couleurs — quoique variées, allant du bleu-noir foncé, avec
des bandes et des taches blanches, jaunes ou rouge vif,
jusqu'aux plus délicates demi-transparences rehaussées
de marques bleu pâle ou jaunes — sont toujours très
distinctives, et différentes de celles de toutes les autres
amilles de papillons dans le même pays. Il est, par conséquent, évident que si d'autres papillons de la même
région, mais qui sont comestibles et sont fort pourchas-

és par des insectivores, arrivaient à ressembler assez à
eux de l'espèce non comestible pour que leurs ennemis
l'y trompassent, ils obtiendraient par là une précieuse
protection contre la persécution. Voilà la raison évidente
et suffisante de l'utilité de l'imitation, et voilà pourquoi
elle se produit dans la nature. Il nous faut maintenant expliquer comment elle a été amenée, et aussi pourquoi un
nombre encore plus considérable de groupes persécutés
ne s'est pas servi de ce moyen si simple de protection.

Il résulte de la grande abondance de ces papillons dans
toute l'Amérique tropicale, et du nombre considérable
de leurs genres et de leurs espèces, et des distinctions
marquées qui les séparent des autres, que les Héliconides [1] constituent un groupe d'une haute antiquité, qui
s'est spécialisé de plus en plus, au cours des siècles, et qui,
grâce à ses avantages particuliers, est devenu maintenant
une race dominatrice et aggressive. Mais, lorsqu'ils sorti-
rent d'abord de quelque espèce ou groupe d'ancêtres
qui, à cause de la nourriture des larves, ou pour une
autre cause, possédaient des sucs désagréables qui les
faisaient détester par les ennemis ordinaires de leur espèce, ils ne différaient probablement pas beaucoup, soit
en forme, soit en couleur, de beaucoup d'autres papillons. Ils devaient alors être sujets à des attaques répétées
d'insectivores, et même, lorsqu'ils en étaient rejetés, recevoir une blessure fatale. De là, suit la nécessité de
quelque marque distinctive par laquelle les mangeurs
de papillons en général pussent apprendre que ces papillons particuliers n'étaient pas comestibles, et chaque
variation menant à une telle marque distinctive de couleur, de forme ou de vol, fut conservée et accumulée par

1. Ces papillons sont divisés en deux sous-familles, dont une
est placée avec les *Danaidæ*; mais pour éviter toute confusion,
je parlerai toujours des genres américains sous le vieux terme
d'Héliconides.

la sélection naturelle, jusqu'à ce que les Héliconides primitifs fussent bien distincts des papillons comestibles, et par suite comparativement affranchis de persécution. Alors, ils en prirent à leur aise. Ils contractèrent des habitudes de paresse, et commencèrent à voler lentement. Ils multiplièrent rapidement, envahissant tout le pays ; leurs larves se nourrissaient de beaucoup de plantes, et prenaient des habitudes différentes. L'insecte parfait lui-même varia beaucoup, et sa couleur lui étant devenue plus utile que nuisible, elle divergea dans les formes multicolores et magnifiquement variées que nous contemplons.

Mais durant les premières étapes de ce processus, quelques-uns des Piérides, habitant le même district, se trouvèrent ressembler assez à quelques Héliconides pour être, quelquefois, pris pour eux. Ils survécurent, naturellement, pendant que leurs compagnons étaient dévorés. Ceux de leur race qui ressemblaient encore plus aux Héliconides survécurent encore, et, à la fin, l'imitation approcha de la perfection. Dans la suite, comme les groupes protégés divergeaient en espèces distinctes de nombreuses couleurs différentes, le groupe mimétique les suivait par des variations semblables, processus qui se poursuit maintenant, car M. Bates nous apprend que dans chaque nouvelle région qu'il visitait il trouvait des espèces types ou variétés étroitement alliées aux Héliconides, et parmi celles-ci des espèces de *Leptalis* (Piérides) qui avaient varié en même temps de façon à être encore d'exactes imitations. Mais ce procédé d'imitation était sujet à être contrecarré par la finesse croissante des oiseaux et autres animaux qui, aussitôt que les Leptalis comestibles devenaient nombreux, ne manquaient pas de les découvrir, et attaquaient probablement alors, à la fois, et ceux-ci et leurs amis les Héliconides pour dévorer les bons et rejeter les mauvais. Cependant, les Piérides devaient habituellement être moins nombreux, parce que leurs larves sont souvent colorées d'une façon protectrice, et sont par suite comestibles, tandis que les larves des Héliconides sont ornées de couleurs prémonitrices, d'épines, ou de tubercules, et ne sont pas comestibles. Il semble probable que les larves et les pupes des Héliconides acquirent d'abord le goût répugnant, à la fois parce que, dans cet état, elles sont sans défense et plus sujettes à de graves lésions, et aussi parce que l'on a observé des cas où les larves répugnantes n'empêchent pas les insectes parfaits d'être comestibles, tandis qu'à ma connaissance l'inverse n'est pas exact. Les larves des Piérides commencent maintenant à être pourvues de sucs nauséeux, mais pas encore des couleurs voyantes correspondantes, tandis que les insectes parfaits restent comestibles, excepté peut-être dans quelques groupes orientaux, où le côté inférieur des ailes est brillamment coloré, bien que ce soit la partie exposée pendant le repos.

Il est évident que si la plupart des larves de Lépidoptères, aussi bien que les insectes parfaits, acquéraient ces propriétés répugnantes, de telle façon que la provision de nourriture des oiseaux insectivores en fut sérieusement diminuée, ces derniers se trouveraient forcés par la nécessité d'acquérir des goûts correspondants, et de manger avec plaisir ce qu'ils ne mangent maintenant que sous la pression de la faim ; la variation et la sélection naturelle amèneraient vite ce changement.

Beaucoup d'écrivains ont dit qu'il est impossible que des ressemblances aussi merveilleuses aient pu être produites par l'accumulation de variations fortuites ; mais si le lecteur se rappelle le grand degré de variabilité dont on a constaté l'existence dans tous les organismes, le pouvoir exceptionnel de multiplication rapide que

possèdent les insectes, et la formidable lutte pour l'existence qui se poursuit sans cesse, cette difficulté s'éva-
nouira, surtout quand nous nous rappelons que la nature
a le même champ d'action primitif pour s'exercer dans
les deux groupes, c'est-à-dire la ressemblance générale
de forme, des ailes de même contour et de même tissu,
et probablement quelque similitude originelle de couleur et de dessin. Cependant, il reste évidemment une
difficulté considérable dans ce processus, sans quoi,
avec ces grandes ressources sous la main, la nature
aurait produit beaucoup plus de ces formes simulatrices qu'elle ne l'a fait.

Il est probable qu'une des raisons de cette pénurie
réside dans le fait que les imitateurs étant toujours
moins nombreux, n'ont pas pu suivre l'allure des variations de la forme imitée bien plus nombreuse ; il peut y
avoir une seconde raison dans la perspicacité toujours
croissante de leurs ennemis, qui ont, à plusieurs reprises, découvert l'imposture, et détruit la faible race
avant qu'elle n'eut eu le temps d'être ultérieurement
modifiée. Le résultat de cette perspicacité croissante des
ennemis a été que les simulateurs qui survivent présentent, maintenant, comme M. Bates le fait si bien remarquer, « une ressemblance palpablement voulue, qui est
absolument déconcertante », et aussi « que les traits du
portrait que la nature semble avoir le plus soignés sont
ceux qui produisent l'illusion la plus décevante quand les
insectes sont vus dans leur cadre naturel. » Il est certain
que nul ne peut comprendre la perfection de l'imitation à moins d'avoir vu ces espèces dans leurs solitudes
natales. Elle est si complète dans l'effet général que
dans presque toutes les boîtes de papillons rapportées
de l'Amérique tropicale par des amateurs, se trouvent
quelques espèces des Piérides et d'Erycinides simulateurs
placées à côté des Héliconides simulés, et tenues pour

être de même espèce. Chose bien plus extraordinaire, les insectes eux-mêmes y sont parfois trompés. M. Trimen affirme que le *Danais chrysippus* mâle commet parfois l'erreur de faire des avances à la femelle du *Diadema bolina* qui simule cette espèce. Le docteur Fritz Müller, dit, en écrivant du Brésil au professeur Meldola : « Un des plus intéressants de nos papillons simulateurs est le *Leptalis melite*. La femelle seule de cette espèce imite un de nos Piérides blancs communs, et ceci, avec une telle perfection que son propre mâle s'y trompe ; car j'ai souvent vu le mâle poursuivre l'espèce simulée jusqu'au moment où, en approchant de plus près, il s'aperçoit de son erreur, et se retire précipitamment [1]. »

Il est évident que ce n'est point là un exemple de véritable mimétisme, puisque l'espèce simulée n'est pas protégée ; mais il se peut que les *Leptalis* moins nombreux soient ainsi en état de se mêler aux femelles des Piérides, et évitent ainsi, en partie, d'être attaqués. M. Kirby, de la division entomologique du *British Museum*, m'assure qu'il y a plusieurs espèces de Piérides de l'Amérique du sud auxquelles le *Leptalis melite* femelle ressemble beaucoup. Le cas est intéressant, parce qu'il montre que les papillons eux-mêmes sont trompés par une ressemblance qui n'est pas aussi grande que celle de quelques espèces simulatrices.

AUTRES EXEMPLES DE MIMÉTISME CHEZ LES LÉPIDOPTÈRES

Dans l'Asie tropicale, et, en allant à l'est, vers les îles du Pacifique, les *Danaidæ* prennent la place des Héliconides d'Amérique, par leur abondance, leur apparence voyante, leur vol lent, et par le fait d'être imités. Ils existent sous trois formes ou genres. Le genre *Euplœa* est celui qui abonde le plus, comme espèces et comme

1. R. Meldola, *Ann. and Mag. of Nat. Hist.* Fév. 1878, p. 158.

individus, et ses papillons ont de belles et grandes ailes
d'un bleu foncé, presque métallique, ornées de taches
d'un blanc pur, ou d'un bleu éclatant, ou sombres, qui
sont placées au bord des ailes. Le genre *Danais* a, en
général, des ailes plus allongées, d'une couleur verdâtre
semi-transparente, ou d'un brun à tons riches, avec des
taches pâles radiales ou marginales. Les beaux *Hestia*
sont fort grands, d'une couleur blanche demi-transpa-
rente ressemblant à celle du papier, avec des taches et
des marques sombres ou noires. Chacun de ces groupes
est simulé par diverses espèces du genre *Papilio*, et habituellement avec une telle exactitude qu'il est impossible
de les distinguer au vol [1]. Plusieurs espèces de *Diadema*,
genre de papillons voisin de nos Vanesses, simulent
aussi des espèces de *Danais* ; mais, dans ce cas, les femelles seules ont cette propriété, et ce sujet sera discuté
dans un autre chapitre.

Les beaux phalènes diurnes formant la famille des
Agaristidæ constituent un autre groupe protégé dans
les tropiques d'Orient. Ils sont d'ordinaire embellis des
couleurs les plus éclatantes et des marques les plus apparentes ; ils volent lentement dans les forêts, parmi
les papillons et les autres insectes diurnes, et leur grande
abondance est une indication suffisante de quelque saveur répulsive qui les met à l'abri des attaques. Dans ces
conditions nous devons nous attendre à rencontrer d'autres phalènes qui les imitent sans être aussi bien protégés,
et tel est le cas. Une des espèces communes les plus répandues (*Opthalmis lincea*) que l'on trouve dans les îles, depuis
Amboine jusqu'à la Nouvelle-Irlande, est imitée d'une
façon merveilleuse par un des *Liparidæ*. C'est une nouvelle espèce recueillie à Amboine pendant le voyage

---

1. Voyez *Trans. Linn. Soc.* vol. XXV. Wallace ; *Variation of Ma-
layan Papilionidæ* ; et Wallace : *Sélection Naturelle*, trad. de Candolle, ch. III et IV, où des détails complets sont donnés.

lu *Challenger*, et on l'a nommée *Artaxa simulans*. Les
leux insectes sont noirs, avec le sommet des ailes anté-
ieures couleur d'ocre, et la moitié externe des ailes pos-
érieures d'un orangé vif. Les figures suivantes (que je
lois à l'obligeance de M. John Murray du *Challenger*)
nontrent bien la ressemblance frappante qui existe
ntre eux.

En Afrique, on retrouve des phénomènes semblables ;

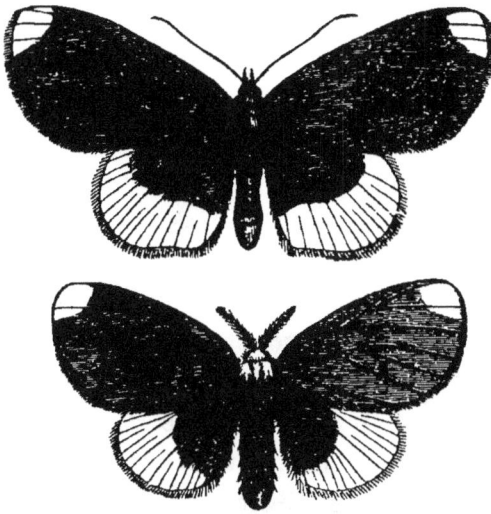

'ig. 24. — *Opthalmis lincea (Agaristidae)*. — *Artaxa simulans (Liparidae)*.

n voit des espèces de *Papilio* et de *Diadema* simulant les
Danaidæ ou les *Acræidæ* avec la plus étrange exactitude.
M. Trimen, qui a étudié ce sujet dans l'Afrique du Sud, a
nregistré huit espèces ou variétés de *Diadema*, et huit de
Papilio qui simulent toutes quelque espèce de *Danais*,
andis que huit espèces ou variétés de *Panopæa* (autre
genre de *Nymphalidæ*) trois de *Melanitis* (*Eurytelidæ*) et
leux de *Papilio*, ressemblent aussi fidèlement à quelques
espèces d'*Acræa* [1]. Il a aussi étudié, d'une façon spé-

1. Voyez *Trans. Linn. Soc.*, vol XXVI, avec deux planches co-
oriées montrant des cas de mimétisme.

19.

ciale, les faits principaux sur lesquels repose l'explica
tion du phénomène — l'odeur nauséabonde des *Danai*
et des *Acræa*, s'étendant aussi à leurs larves et à leur
pupes, leur grande abondance, leur vol lent, et leur ap
parente indifférence pour la retraite, — et il constate qu
tandis que les lézards, les mantes et les libellules chas
sent tous les papillons, dont on retrouve abondammen
les débris d'ailes autour des lieux où ils se nourrissent
on ne trouve jamais de restes appartenant aux deux gen
res *Danais* et *Acræa*.

Les deux groupes du grand genre *Papilio* qu'on a déj
cités comme possédant les traits caractéristiques d'insec
tes non comestibles, ont aussi des imitateurs dans d'au
tres groupes; et la croyance en leur non-comestibilité
laquelle on conclut surtout du genre de leur couleu
prémonitrice et de leurs habitudes particulières est ains
confirmée. Dans l'Amérique du sud, quelques espè
ces du groupe des *Æneas* sont simulées par les *Pierid*
et les phalènes diurnes des genres *Castnia* et *Pericopis*
Dans l'Orient, le *Papilio hector*, le *P. diphilus* et le *P*
liris, appartenant tous au groupe non-comestible, son
simulés par les femelles d'autres espèces de *Papilio* ap
partenant à des groupes très distincts.

Dans le nord de l'Inde et de la Chine beaucoup de
beaux phalènes diurnes (*Epicopeia*) ont acquis les formes étranges et les couleurs particulières de quelques-
uns des grands *Papilio* non-comestibles des mêmes régions.

Dans l'Amérique du nord, le grand et beau *Danais archippus* aux ailes d'un rouge-brun, est fort commun; il
est simulé de très près par le *Limenitis misippus*, papillon allié à notre *L. Sibylla*, mais qui a acquis une couleur tout à fait distincte de celle de la grande masse de
ses alliés. Il y a, dans le même pays, un cas plus intéressant encore. Le beau papillon vert bronze foncé, le *Pa-*

pilio philenor, non comestible, soit comme larve, soit à l'état parfait, est simulé par le *Limenitis ursula* de couleur également foncée. Il y a aussi, dans les États-Unis du sud et de l'ouest, une femelle, de couleur foncée, du *Papilio turnus* jaune, qui, selon toute probabilité, est protégée par sa ressemblance générale avec le *Papilio philenor*. De nombreuses expériences ont prouvé à M. W. H. Edwards que les femelles, soit jaunes, soit foncées, reproduisent leur propre forme, à très peu d'exceptions près, et il croit que la forme à couleur foncée a l'avantage dans les régions découvertes et les prairies, où abondent les oiseaux insectivores. Cependant, dans le pays ouvert, la forme foncée se verrait aussi bien, si ce n'est plus, que la forme jaune ; de façon que la ressemblance avec une espèce non comestible serait encore plus nécessaire [1].

Le seul cas de mimétisme probable dans nos pays est celui du *Diaphora mendica*, dont la femelle seule est blanche, tandis que la larve a des couleurs protectrices, et est, par conséquent, à peu près sûrement comestible. Un phalène bien plus abondant, à peu près de la même taille, et apparaissant à la même époque, est le *Spilosoma menthrasti* ; il est blanc aussi, mais il a été prouvé que ni l'imago ni la larve ne sont comestibles. La couleur blanche du *Diaphora* femelle, bien que très apparente surtout de nuit, peut avoir été acquise dans le but de rappeler le *Spilosoma* non comestible, et de conférer par ce moyen la protection [2].

1. *Butterflies of North America*, d'Edwards. Seconde série, VIe partie.

2. Le professeur Meldola m'apprend qu'il a constaté un autre cas de mimétisme chez les phalènes d'Angleterre, dans lequel l'*Acidalia subsericata* imite l'*Asthena candidata*. Voir *Ent. M. Mag.* vol. IV, p. 163.

LE MIMÉTISME CHEZ LES GENRES PROTÉGÉS (NON-COMESTIBLES)

Avant d'en venir aux nombreux autres cas de couleur
prémonitrices et de mimétisme qui se produisent dans
le règne animal, il sera bon de noter un phénomène curieux qui, après avoir longtemps embarrassé les entomologistes, vient enfin de recevoir une explication suffisante.

Nous avons, jusqu'ici, considéré le mimétisme comme
ne se produisant que lorsqu'une espèce, relativement
rare, et très pourchassée, en tire une protection par sa
réssemblance extérieure étroite avec une espèce beaucoup plus abondante, non-comestible, habitant le même
territoire. Telle est, sans doute, la règle dans la grande
majorité des espèces simulatrices dans le monde entier.
Mais M. Bates a trouvé aussi un grand nombre d'espèces
de genres différents d'Héliconides, qui se ressemblent
entre elles de tout aussi près que les autres espèces simulatrices qu'il a décrites. Tous ces insectes paraissant
être également protégés par leur non-comestibilité, et
également peu molestés, il n'était pas facile de comprendre l'existence de cette curieuse ressemblance, ni le mode
par lequel elle a été produite. On savait qu'elle ne provient pas d'une parenté rapprochée, puisqu'elle se produit le plus souvent entre les deux sous-familles distinctes qui (ainsi que M. Bates l'a fait observer le premier)
se partagent d'une façon naturelle les Héliconides, par
suite de leurs différences très importantes de structure.
Une de ces sous-familles (les vraies *Heliconidæ*) n'a que
deux genres, *Heliconius* et *Eueides* ; l'autre (les *Danaidæ*) n'en a pas moins de seize, et dans le cas de
mimétisme dont il s'agit, une des deux ou trois espèces qui se ressemblent est, d'ordinaire, une espèce du
grand et beau genre *Heliconius*, les autres étant des espèces des genres *Mechanitis*, *Melinaea* ou *Tithorea*, bien

que plusieurs espèces d'autres genres des *Danaidae* se simulent aussi réciproquement. La liste suivante donnera une idée du nombre de ces curieuses formes simulatrices, et de leur présence dans chaque partie de la région néotropicale. Les espèces réunies par une accolade sont celles dont la ressemblance est telle qu'on ne peut les distinguer l'une de l'autre au vol.

On trouve dans la région de l'Amazone-Inférieure :

> { *Heliconius sylvana.*
> { *Melinæa egina.*
>
> { *Heliconius numata.*
> { *Melinæa mneme.*
> { *Tithorea harmonia.*
>
> { *Methona psidii.*
> { *Thyridia ino.*
>
> { *Ceratina ninonia.*
> { *Melinæa mnasias.*

On trouve au Centre-Amérique :

Nicaragua
> { *Heliconius zuleika.*
> { *Melinæa hezia.*
> { *Mechanitis* sp.

Guatemala
> { *Heliconius formosus.*
> { *Tithorea penthias.*
> { *Heliconius telchina.*
> { *Melinæa imitata.*

Dans la région de l'Amazone supérieure :

> { *Heliconius pardalinus.*
> { *Melinæa pardalis.*
>
> { *Heliconius aurora.*
> { *Melinæa lucifer.*

Dans la Nouvelle-Grenade :

> { *Heliconius ismenius.*
> { *Melinæa messatis.*

$\Big\{$ *Heliconius messene.*
$\Big\{$ *Melinæa mesenina.*
$\Big($ *Mechanitis* sp.

$\Big\{$ *Heliconius hecalesia.*
$\Big\{$ *Tithorea hecalesina.*

$\Big\{$ *Heliconius hecuba.*
$\Big\{$ *Tithorea bonplandi.*

Dans le Pérou oriental et la Bolivie :

$\Big($ *Heliconius aristona.*
$\Big\}$ *Melinæa cydippe.*
$\Big($ *Mechanitis mothone* (?)

A Pernambuco :

$\Big\{$ *Heliconius ethra.*
$\Big\{$ *Mechanitis nesæa.*

A Rio-Janeiro :

$\Big\{$ *Heliconius eucrate.*
$\Big\{$ *Mechanitis lysimnia.*

Dans le sud du Brésil :

$\Big\{$ *Thyridia megisto.*
$\Big\{$ *Ituna ilione.*

$\Big\{$ *Acræa thalia.*
$\Big\{$ *Eueides pavana.*

En dehors de celle-ci, nombre d'espèces d'*Ithomia* de *Napeogenes*, et de *Napeogenes* et de *Mechanitis* se ressemblent avec une telle exactitude qu'on peut les prendre l'une pour l'autre au vol, et on n'a certainement pas encore observé tous les cas remarquables de ce genre.

La figure 25, représentant les ailes antérieures et postérieures de l'*Ituna ilione* et du *Thyridia megisto*, empruntée à l'article du docteur Fritz Müller dans *Kosmos*, servira à donner une idée de la grande différence que présente le caractère important de la nervation des ailes entre ces papillons qui appartiennent, en réalité, à des genres très distincts et nullement rapprochés. D'autres

caractères importants sont : 1° L'existence d'une petite
cellule constituant la base des ailes postérieures de
l'*Ituna*, qui manque dans le *Thyridia* ; 2° la division de
la cellule entre les veines 1 *b* et 2 des ailes postérieures du
premier genre, cellule qui demeure entière dans le dernier ; et, 3° l'existence chez le *Thyridia* de petites touffes de
poils odorants sur le bord supérieur de l'aile postérieure,
tandis qu'elles manquent chez l'*Ituna*, où elles sont

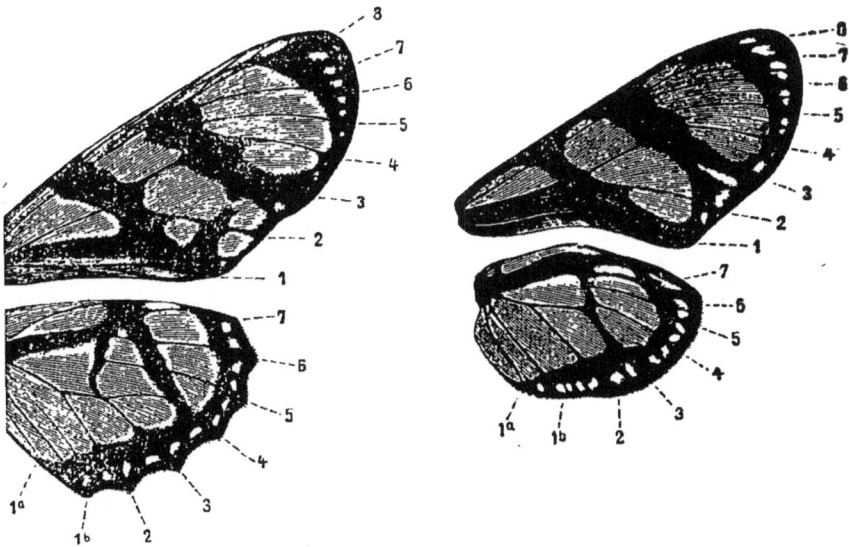

Fig. 25. — Ailes d'*Ituna Ilione*. ☿   Ailes de *Thyridia megisto*, ☿

remplacées par des appendices extensibles à l'extrémité de l'abdomen, qui émettent aussi une forte odeur.
Ces différences caractérisent deux subdivisions marquées
des Danaides, dont chacune contient plusieurs genres
distincts ; ces subdivisions se distinguent, en outre, par
des formes larvaires très différentes, celle à laquelle appartient l'*Ituna* ayant de deux à quatre longs tentacules
filiformes sur le dos, qui manquent toujours aux larves
de *Thyridia*. Les premières se nourrissent d'Asclépiadées,
les dernières de Solanées ou de Scrofulariées. Les deux
espèces représentées, bien qu'appartenant à des genres

si distincts et même si éloignés, ont acquis des teintes et des marques qui sont si près d'être identiques qu'elles se ressemblent assez pour tromper le spectateur. La surface des ailes, chez toutes deux, est d'un jaune transparent, avec des bandes noires transversales et des taches blanches marginales, tandis que toutes deux ont pareillement le corps marqué de blanc et de noir, et de longues antennes jaunes. F. Müller affirme qu'elles montrent toutes deux une préférence pour les mêmes fleurs fleurissant à la lisière des sentiers des forêts [1].

Nous allons, maintenant, donner l'explication de ces curieuses ressemblances qui sont restées à l'état d'énigmes pendant vingt ans. M. Bates, quand il les décrivit le premier, suggéra qu'elles pourraient bien être dues à quelque forme de variation parallèle dépendant d'influences climatériques ; et j'ai, moi-même, cité d'autres cas de modifications locales coïncidentes de couleur, qui ne semblaient explicables par aucune forme de mimétisme [2].

Mais nous n'avons, ni l'un ni l'autre, trouvé la solution simple donnée par le docteur Fritz Müller, en 1879.

Sa théorie est fondée sur le fait supposé, mais probable, que l'expérience seule apprend aux oiseaux insectivores à distinguer le papillon comestible de ceux qui ne le sont pas, et que par là ils sacrifient nécessairement un certain nombre de ces derniers. Il y a une énorme quantité d'oiseaux insectivores dans l'Amérique tropicale, et le nombre de jeunes oiseaux à qui, chaque année, la science vient par l'expérience en ce qui concerne les espèces de papillons qu'il faut rechercher ou éviter, est si grand que le sacrifice de la vie, chez les espèces non comestibles, doit être considérable, et pour les es-

1. Voyez la traduction, par le professeur Meldola, de l'article de F. Müller, dans les *Proc. Ent. Soc. Lond.*, 1879, p XX.

2. *Island Life*, p. 255.

pèces faibles ou rares, d'une importance vitale. L'importance du nombre d'individus immolés sera fixé par la quantité des jeunes oiseaux, et le nombre d'expériences qu'il leur faudra faire pour renoncer, à l'avenir, à l'espèce non-comestible, et non par le nombre d'individus formant chaque espèce. De là suit que si deux espèces se ressemblent assez pour être prises l'une pour l'autre, le nombre fixe que sacrifient annuellement les oiseaux inexpérimentés sera divisé entre elles, et il y aura profit pour toutes deux. Mais si les deux espèces sont en nombre très inégal, l'avantage sera relativement léger pour l'espèce la plus abondante, mais très grand pour la plus rare. Pour cette dernière, il peut constituer toute la différence qu'il y a entre le salut et la destruction. Pour donner un exemple en chiffres ronds, supposons que dans une région donnée il y ait deux sortes d'Héliconides, l'une comptant 1000 et l'autre 100.000 individus, et que la quantité annuellement requise pour l'instruction des jeunes insectivores soit 500. Pour l'espèce la plus nombreuse, cette perte sera à peine sentie ; pour la plus petite, se sera un fléau terrible aboutissant à la perte de la moitié de la population totale. Mais, que les deux espèces deviennent superficiellement semblables, de telle sorte que les oiseaux ne voient aucune différence, alors le chiffre de 500 sera soustrait d'une population totale de 101.000 papillons, et si les deux espèces souffrent proportionnellement, l'espèce faible n'aura perdu que cinq individus au lieu de 500 dans l'autre cas. Nous savons que les différentes espèces d'Héliconides ne sont pas également abondantes, quelques unes étant même tout à fait rares ; de la sorte, le bénéfice qui en dériverait dans ce dernier cas serait très important. Une légère infériorité de rapidité de vol ou de faculté de résistance à l'attaque pourrait être aussi une cause de danger pour une espèce non comestible

de nombre limité, et dans ce cas aussi, se trouver absor
bée dans une espèce beaucoup plus abondante par une
similitude d'apparence extérieure, serait un avantage.

Il reste la question de fait. Les jeunes oiseaux pour-
suivent-ils et capturent-ils ces papillons nauséabonds
jusqu'à ce qu'ils aient appris, par une expérience amère,
quelles espèces ils doivent éviter ? Le docteur Müller a
heureusement pu obtenir des preuves directes, en cap-
turant plusieurs *Acræa* et Héliconides qui avaient évidemment été saisis par des oiseaux auxquels ils avaient
ensuite échappé avec des lambeaux d'ailes arrachés,
parfois symétriquement déchirés aux deux ailes, montrant par là que l'insecte avait été saisi au repos, avec ses
deux paires d'ailes se touchant. Il y a une croyance généralement répandue, selon laquelle cette connaissance
serait héréditaire, et n'aurait pas besoin d'être apprise
par les jeunes oiseaux ; à l'appui de cette idée, M. Jenner Weir dit que ses oiseaux dédaignaient toujours les
chenilles non comestibles. Quand, quelques jours après,
il jetait dans sa volière des larves variées, toutes celles qui
étaient comestibles étaient immédiatement dévorées, pendant que celles qui ne sont pas comestibles n'étaient pas
plus remarquées que si l'on eut jeté aux oiseaux des cailloux. On ne peut toutefois considérer ces cas comme strictement comparables. Les oiseaux n'étaient pas des jeunes
de la première année ; et, ce qui importe encore plus, les
larves comestibles ont une coloration relativement simple, presque toujours brune ou verte, et elles sont très
lisses. Les larves non comestibles, d'autre part, comprennent toutes celles qui ont des couleurs voyantes, et
sont velues ou épineuses. Mais entre les papillons, les
contrastes ne sont pas aussi simples. Les papillons comestibles ne comprennent pas seulement des espèces
brunes ou blanches, mais des centaines de *Nymphalidæ,*
Papilionidæ, Lycaenidæ, etc., qui sont de couleur bril-

ante, et de dessins très variés. Les couleurs et les dessins des espèces non comestibles sont aussi très variés,
et souvent tout aussi brillants ; et il est tout à fait impossible de supposer qu'aucun degré d'instinct ou d'habitude héréditaire (si telle chose existe) pût permettre à
un jeune oiseau insectivore de distinguer toutes les espèces d'une des deux catégories. Il y a aussi des preuves
montrant que les animaux apprennent par l'expérience
ce qu'ils doivent manger, et ce qu'ils doivent éviter.

Le Révérend G. J. Bursch assura à M. Poulton que
les poussins becquetent des insectes qu'ils évitent par la
suite. Les lézards, aussi, avalent souvent des larves
qu'ils rejettent plus tard.

Bien que les Héliconides présentent, après tout, beaucoup de variété dans la couleur et le dessin, cependant,
eu égard au nombre d'espèces distinctes dans chaque
région, les types de coloration y sont en petit nombre,
et bien marqués, et par là, il devient plus facile aux
oiseaux, ou à tout autre animal, d'apprendre que tous
les individus de ce type sont non-comestibles. Ce doit
être un avantage positif pour cette famille, parce que,
non seulement il n'est pas besoin de sacrifier autant
d'individus pour convaincre leurs ennemis de leur
non-comestibilité, mais ils sont plus aisément reconnus
à distance, et échappent même à la poursuite. Il y a
donc ici une sorte de mimétisme entre des espèces étroitement alliées aussi bien qu'entre des espèces de genres
différents, qui tend également à la même fin avantageuse. On peut le constater dans les quatre où cinq espèces distinctes du genre *Heliconius* qui ont toutes le
même type particulier de coloration, une bande jaune à
travers les ailes supérieures, et des raies rouges rayon-
nantes sur les ailes inférieures, et se trouvent toutes dans
les mêmes forêts de l'Amazone Inférieure ; dans les
nombreuses espèces très semblables d'*Ithomia* aux ailes

transparentes, qui se trouvent dans toutes les localités
de cette même région ; et dans les très nombreuses espèces de *Papilio* du groupe *Æneas*, ayant toutes le
même genre de marques, et la ressemblance étant surtout frappante chez les femelles. Le type très uniforme
de coloration des *Euplæa* noir bleu, et des *Acraeas* fauves est du même caractère [1]. Dans tous ces cas, la similitude des espèces alliées est si grande, que lorsqu'elles
sont au vol à quelque distance, il est difficile de distinguer une espèce de l'autre. Mais cette ressemblance extérieure étroite n'est pas toujours un signe d'affinité très
rapprochée ; car un examen attentif révèle des différences dans la forme ou les dentelures des ailes, dans les
marques du corps, et dans celles de la face inférieure
des ailes, qui ne caractérisent pas d'ordinaire leurs alliés
les plus rapprochés. Il faut noter, de plus, que la présence de groupes d'espèces très similaires du même
genre, dans la même localité, n'est pas un phénomène
commun chez les groupes non protégés. D'ordinaire
les espèces d'un genre appartenant à une localité donnée
sont toutes bien marquées, et appartiennent à des types
quelque peu distincts, tandis que les formes étroitemen
alliées — celles qu'un examen attentif seul sépare en espèces distinctes, — se trouvent, en général, dans des ré
gions distinctes, et sont ce qu'on a appelé des forme
représentatives.

L'extension que nous venons de donner à la théorie
du mimétisme est importante, en se sens qu'elle nou
permet d'expliquer beaucoup plus de phénomènes de
coloration qu'il n'en avait d'abord été attribué au mi
métisme. C'est dans la région du monde le plus riche e

---

1. Cette extension de la théorie du mimétisme a été indiqué
par le professeur Meldola, dans l'article déjà cité; et il a, avec un
grande force, répondu aux objections faites à la théorie de F. Mül
ler, dans les *Annals and Mag. of Nat. Hist.* 1882 p. 417.

apillons — la vallée de l'Amazone, — que nous trou-
ons les preuves les plus abondantes des trois séries de
iits qui dépendent toutes du même principe général.
a forme de mimétisme que M. Bates a mise en lumière
: premier, était caractérisée par la présence dans chaque
icalité de certains papillons, ou autres insectes, comes-
bles eux-mêmes, et appartenant à des groupes comes-
bles, qui obtenaient d'une ressemblance décevante
vec quelqu'un des papillons non-comestibles des mêmes
icalités, la protection contre les attaques des oiseaux
isectivores, habitués à respecter ces espèces non-comes-
bles. Ensuite, F. Müller étendit ce principe au cas des
ipèces de genres différents des papillons non-comesti-
les se ressemblant tout autant que dans le cas précé-
int, et comme eux toujours placés dans le même habi-
.t. Ces espèces trouvent un avantage à donner l'illusion
une seule espèce sur laquelle un impôt annuel est pré-
vé pour que les jeunes oiseaux apprennent qu'elles sont
in-comestibles. Même lorsque ces espèces sont approxi-
ativement égales en nombre, elles bénéficient beau-
iup de cette réunion de leurs forces ; mais si l'une
elle est rare et près de s'éteindre, le bénéfice devient
imense, puisque par le fait, il supplée exactement aux
isoins de cette espèce.

La troisième extension du même principe explique le
ioupement d'espèces alliées des mêmes genres de pa-
llons non-comestibles en séries, ayant chacune un
pe distinct de coloration, et consistant chacune en
imbre d'espèces qu'on peut à peine distinguer les unes
is autres. L'utilité de cet arrangement doit être pareille
celle du second cas, puisqu'elle partage entre nombre
espèces l'inévitable impôt payé aux oiseaux ou autres
iimaux insectivores. Il explique aussi pourquoi l'on
marque une similitude si grande entre beaucoup d'es-
ices d'insectes non-comestibles dans la même localité,

similitude qui ne se trouve à aucun degré comparabl
chez les espèces comestibles. Il nous semble avoir main
tenant expliqué, d'une façon assez complète, les diffé
rents phénomènes de ressemblance et de mimétisme qu
présentent les papillons de saveur déplaisante.

LE MIMÉTISME CHEZ LES AUTRES ORDRES D'INSECTES

Nous ne donnerons ici qu'une esquisse de ces phéno
mènes, dans le but de montrer que le même princip
règne dans toute la nature, et que, partout où un group
d'une certaine importance se trouve protégé, soit par l
répugnance qu'il inspire, soit par des armes offensives, i
y a généralement quelques espèces de groupes comesti
bles et inoffensifs qui se trouvent protégés en les imitant
Il a déjà été dit que les Téléphorides, les Lampyrides, e
d'autres familles de coléoptères à ailes tendres, ont u
goût désagréable ; et comme ils abondent dans toute
les parties du monde, et surtout sous les tropiques, i
n'est pas surprenant que des insectes de beaucoup d'au
tres groupes les aient imités. C'est particulièrement l
cas des coléoptères longicornes qui sont exrémement re
cherchés par les insectivores ; aussi en trouve-t'on par
tout dans les régions tropicales qui sont déguisés à te
point qu'on les prend pour les espèces des groupes pro
tégés. M. Bates et moi, nous avons déjà noté plusieurs d
ces simulations, mais je veux en citer ici quelques au
tres.

Dans les volumes dernièrement publiés sur les Longi
cornes et Malacodermes du centre Amérique [1] se trouven
nombre de figures magnifiquement coloriées des espèce
nouvelles ; en les regardant, nous sommes frappés de l
singulière ressemblance de quelques-unes des espèces de

---

1. Godman et Salvin, *Biologia Centrali-Americana ; Insecta
Coleoptera,* vol. III. part. II, et vol. V.

ongicornes avec celles du groupe des Malacodermes.

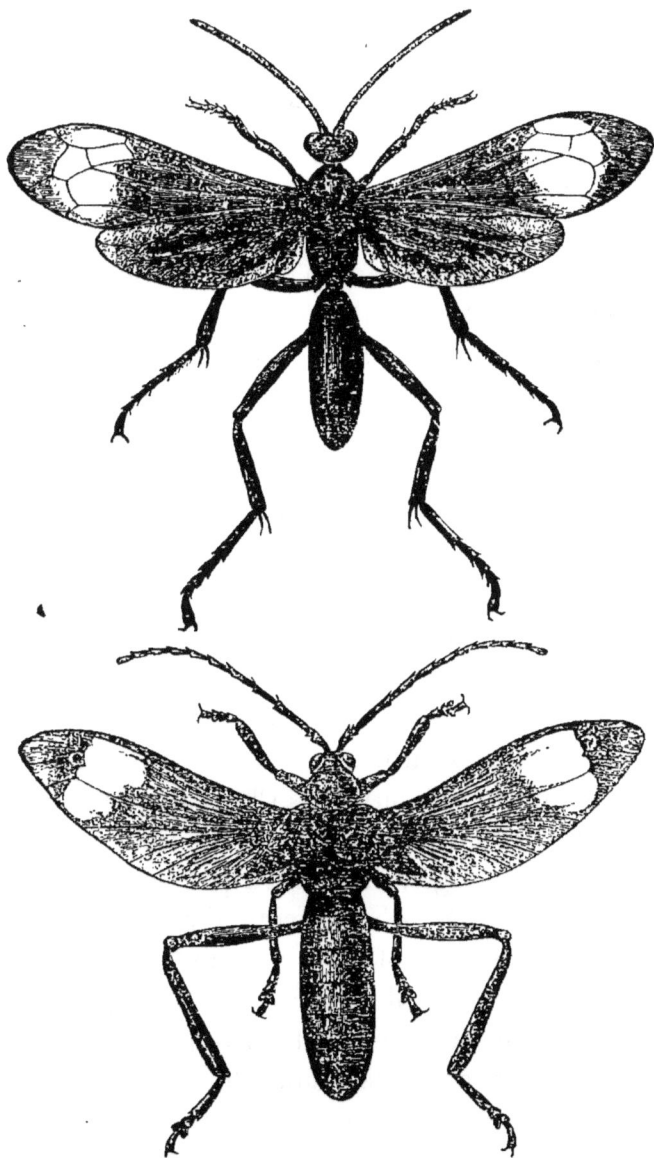

Fig. 26 — *Mygnimia aviculus* (guêpe) et *Coloborhombus fasciatipennis* (coléoptère.)

us voyons des cas parfaits de mimétisme, et en lisant descriptions nous trouvons toujours que l'habitat de

ces espèces similaires est le même. Ainsi, l'*Ostheostethu*
melanurus (*Prionidæ*) imite un Malacoderme, la *Luci*
dota discolor, par la forme, la couleur, et les dimensions
et toutes deux se trouvent à Chontales dans le Nicaragua
l'espèce simulée ayant, cependant, comme cela arriv
d'ordinaire, une distribution plus étendue. La curieus
et très rare petite *Tethlimmena aliena*, très différente d
ses alliés européens les plus proches, est une copi
exacte, bien que réduite, d'un malacoderme, le *Lygis*
topterus amabilis, et tous deux se trouvent à Chontales
Le joli longicorne *Callia albicornis* ressemble beaucou
à deux espèces de malacodermes (*Silis chalybeipenni*
et *Colyphus signaticollis*) : ce sont de petits coléoptère
à tête et thorax rouge, et à élytres d'un bleu brillant
et tous les trois ont Panama pour habitat. Beaucou
d'autres espèces de *Callia* ressemblent à d'autre mala
codermes, et le genre *Lycidola* a été ainsi nommé :
cause de sa ressemblance avec diverses espèces des *Ly*
cidæ ; une des espèces représentées étant le *Lycidol*
Belti qui simule bien le *Calopteron corrugatum* et plu
sieurs autres espèces alliées, toutes à peu près de l:
même grandeur, et se trouvant à Chontales. Dans ces ca
et dans la plupart des autres, les coléoptères longicorne
ont perdu la forme générale et l'aspect de leurs allié
pour prendre l'aspect d'une tribu distincte. Quelque
autres groupes de coléoptères, comme les *Elateridæ* e
les *Eucnemidæ*, ressemblent aussi à des malacodermes
　　Les guêpes et les abeilles sont souvent imitées par de
insectes d'autres ordres. Beaucoup de coléoptères longi
cornes des tropiques imitent exactement les guêpes, le
abeilles ou les fourmis. A Bornéo une grande guêpe noir
dont les ailes présentent une grande tache blanche prè
du sommet (*Mygnimia aviculus*) est simulée de très prè
par un coléoptère hétéromère (*Coloborhombus fasciati*
pennis) qui, au rebours de ce que font d'ordinaire le

oléoptères, garde ses ailes ouvertes pour montrer la
ache blanche à leur sommet, des élytres étant réduites
de petites écailles ovales, ainsi que le montre la fig. 26.
'est un exemple de mimétisme des plus remarquables,

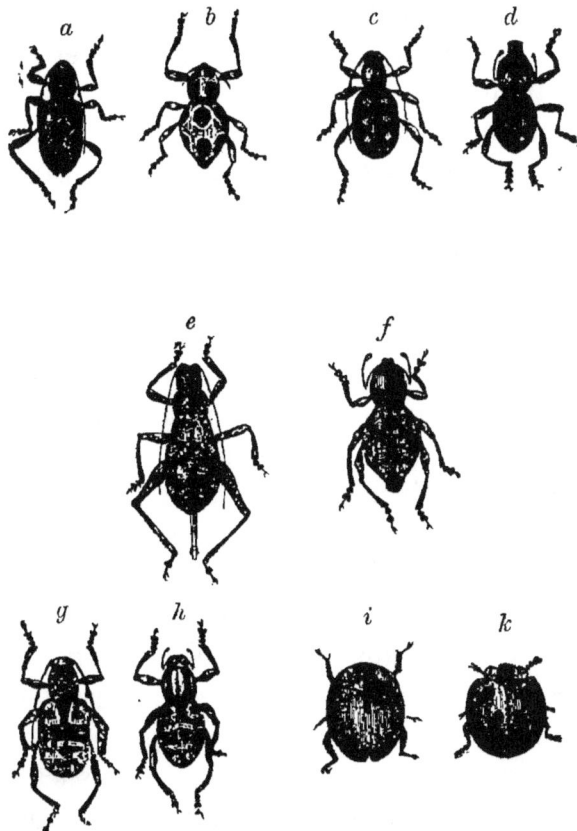

. 27. — *a. Doliops* imitant *(b) Pachyrhynchus orbifae. c. Doliops cur-
tlionoides imitant *(d.) Pachynrhynchus (sp?). e. Scepastus pachyrhyn-
noides* imitant *(f.) Apocyrtus (sp?). g. Doliops (sp?)* imitant un pa-
yrhynque *(h.) i. Phoraspis* imitant une *(k)* Coccinelle.
ous ces insectes sont des Philippines. La correspondance exacte des
uleurs des insectes rend le mimétisme beaucoup plus complet à
tat de nature qu'il ne le paraît dans cette figure.

ce que ce coléoptère a dû acquérir une foule de ca-
tères inconnus parmi ses alliés (sauf dans une autre
èce à Java), les ailes déployées, la bande blanche

qui règne sur elles, et les élytres ovales en forme d'é
cailles [1]. Un autre cas remarquable a été cité par M. Ne
ville Goodman, en Egypte : un frêlon commun (*Vesp*
orientalis) est exactement copié pour la couleur, la gran
deur, la forme, l'attitude au repos, et le mode de vol
par un coléoptère du genre *Laphria* [2].

Les Cicindèles sont aussi l'objet du mimétisme d'in
sectes plus inoffensifs. Dans les Iles de la Malaisie je trou
vai un coléoptère hétéromère qui ressemblait à ur
Therates; tous les deux furent observés courant sur l
tronc des arbres. Un longicorne, (*Collyrodes Lacordairei*
simule le *Collyris*, autre genre de la même famille ; au
Iles Philippines le *Condylodeira tricondyloïdes* ressem
ble tellement à un coléoptère du genre *Tricondyla* qu'u
entomologiste expérimenté, le professeur Westwood
le plaça d'abord, dans sa collection, à côté de ce genre

Un des caractères qui protègent le mieux quelque
coléoptères est la dureté excessive de leurs élytres, e
de leurs téguments. Quelques genres de charançor
(Curculionides) sont ainsi protégés contre leurs enne
mis, et par suite simulés par des espèces plus tendres e
plus comestibles. Dans l'Amérique du sud, le gen
Heilipus est un de ces groupes à élytres dures, et M. B
tes et M. Roelofs, un entomologiste belge, ont remarqu
tous deux que des espèces d'autres genres les mime
exactement. De même, aux Philippines, il y a un grou
de Curculionides formant le genre *Pachyrhynchus*, da
lequel toutes les espèces sont ornées de couleurs méta
liques les plus brillantes, séparées en bandes et en t
ches de la façon la plus curieuse, et sont très lisses
dures. D'autres genres de Curculionides (*Desmidophoru*
Alcides) qui sont, d'ordinaire, colorées d'une façon tr
différente, ont, aux Philippines, des espèces qui mime

1. *Trans. Ent. Soc.* 1885 p. 369.
2. *Proc. Cambridge Phil. Soc.* vol. III. part II. 1877.

es *Pachyrhynchi*; et il y a plusieurs coléoptères longi-
ornes (*Aprophata*, *Doliops*, *Acronia* et *Agnia*) qui les
opient aussi. Outre ceux-ci, il y a quelques Longicornes
t Cétoines qui reproduisent les mêmes couleurs et les
aêmes dessins, et même le *Scepastus pachyrhynchoides*
i pris la forme et la couleur particulières de ces coléop-
ères pour échapper à des ennemis qui l'évitent alors, le
royant non comestible [1]. La figure montre plusieurs
utres exemples de ces insectes mimétiques.

D'innombrables autres cas de mimétisme se présentent
hez les insectes tropicaux; mais il nous faut maintenant
ous occuper des exemples très remarquables, mais
eaucoup plus rares, que nous en trouvons chez les ani-
iaux supérieurs.

MIMÉTISME CHEZ LES VERTÉBRÉS.

Un des cas les plus remarquables est peut-être celui
e certains serpents inoffensifs qui miment les espèces
enimeuses. Le genre *Elaps*, de l'Amérique tropicale,
e compose de serpents venimeux n'appartenant pas à la
imille des vipères (où se trouvent inclus les serpents
sonnette et la plupart des espèces venimeuses) et ne
ossédant pas la large tête triangulaire qui caractérise
es dernières. Ils ont un genre particulier de coloration
ii consiste en anneaux alternés de rouge et de noir, ou
uge, noir et jaune, de largeurs différentes et groupés
e façons variées dans les espèces différentes ; et cette
iloration ne se retrouve dans aucun autre groupe de
rpents dans le monde. Mais, dans les mêmes régions
trouvent trois genres de serpents inoffensifs, apparte-
nt à d'autres familles, dont quelques espèces simulent
complètement l'*Elaps* venimeux qu'il est parfois diffi-

1. *Comple rendus de la Société Entomologique de Belgique*, série II,
   59, 1878.

cile de distinguer l'un de l'autre. Ainsi l'*Elaps fulvius* du Guatemala est mimé par l'innocent *Pliocerus equalis*, l'*Elaps corallinus* du Mexique par l'inoffensif *Homalocranium semicinctum*; l'*Elaps lemniscatus* du Brésil est copié par l'*Oxyrhopus trigeminus*, tandis que, dans d'autres parties de l'Amérique du sud de semblables cas de mimétisme se produisent, deux espèces inoffensives simulant parfois le même serpent venimeux.

Ce groupe présente encore quelques cas de mimétisme. Dans l'Afrique du sud il y a un serpent ovivore, (*Dasypeltis scaber*) qui n'a ni crochets ni dents, mais ressemble beaucoup au *Clothos atropos*, et lorsqu'il a peur il lui ressemble plus encore par la façon dont il aplatit sa tête et s'élance en sifflant comme pour frapper un ennemi [1]. Le docteur A. B. Meyer a découvert aussi que tandis que certaines espèces du genre *Callophis* (appartenant à la même famille que l'*Elaps* américain) ont de grands crochets venimeux, d'autres espèces du même genre n'en ont pas ; et qu'une de ces dernières (*Callophis gracilis*) ressemble si exactement à une espèce venimeuse (*C. intestinalis*) que la comparaison la plus minutieuse permet seule de découvrir la différence de couleur et de dessin. On dit qu'une ressemblance analogue existe entre un autre serpent inoffensif, le *Megaerophis flaviceps*, et l'espèce venimeuse *Callophis bivirgatus ;* et dans ces deux cas, l'inoffensif est moins abondant que le venimeux, ainsi que cela se passe dans tous les cas de véritable mimétisme [2].

Dans le genre *Elaps*, dont nous venons de nous occuper, la couleur et les marques particulières sont évidemment prémonitrices, et ont pour but d'indiquer aux oiseaux et mammifères mangeurs de serpents que ces espèces sont venimeuses, et ceci jette un jour nouveau

1. *Nature*, vol. XXXIV. p. 547.

2. *Proceedings of the Zool. Soc. of London*, 1870, p. 369.

ur la question longtemps discutée des sonnettes du ser-
jent à sonnettes. Ce reptile est, en réalité, apathique et
imide à la fois, et ceux qui connaissent ses habitudes
jeuvent très aisément s'en emparer. Quand on lui donne
juelques petites tapes douces sur la tête, avec un bâton,
l se roule sur lui-même et reste tranquille, levant seu-
ement la queue, et faisant sonner ses sonnettes. On peut
e prendre à ce moment. Ceci prouve que ses sonnettes
ervent d'avertissement à ses ennemis pour les empêcher
e se livrer à des voies de fait ; cet animal a probablement
cquis cette particularité et cette habitude en fréquentant
es régions exposées ou rocheuses où une couleur pro-
ectrice est nécessaire pour que les buses et autres man-
éurs de serpents ne viennent pas fondre sur lui. C'est
ne fonction analogue qu'exerce le capuchon étalé du
obra indien, serpent venimeux qui appartient aussi aux
lapidæ. C'est sans doute un avertissement à ses enne-
iis, mais non un essai d'intimidation de sa proie, et le
apuchon a dû être acquis, comme dans le cas du ser-
ent à sonnette, parce que, la coloration protectrice
tant utile avant tout, il fallait quelque marque spéciale
our distinguer le cobra d'autres serpents colorés d'une
içon protectrice, mais inoffensifs. Ces deux espèces se
ourrissent d'animaux actifs capables d'échapper à leur
anemi quand ils le voient à quelque distance.

LE MIMÉTISME CHEZ LES OISEAUX

Les formes et les habitudes variées des oiseaux ne fa-
orisent pas chez eux la production de phénomènes de
)loration prémonitrice ou de mimétisme ; l'extrême dé-
eloppement de leurs instincts et de leurs facultés de
tisonnement, aussi bien que leur activité et leur puis-
ince de vol, leur donne d'ordinaire d'autres moyens
'éviter leurs ennemis. Il y a, chez eux, cependant, quel-

ques cas de mimélisme imparfait, et deux cas très-complets de mimétisme véritable. Les exemples imparfaits sont ceux que présentent quelques espèces de coucous, groupe d'oiseaux extrêmement faibles et mal pourvus d'armes de défense. Notre coucou, par la couleur et les dessins, ressemble beaucoup à l'épervier. En Orient, plusieurs des petits coucous noirs ressemblent de très près aux agressifs *Lanius* du même pays, et les petis coucous métalliques ressemblent à certains étourneaux ; tandis qu'un grand coucou terrestre de Bornéo (*Carpococcyx radiatus*) ressemble à un des beaux faisans *(Euplocamus)* du même pays, par sa forme, et par ses couleurs métalliques brillantes.

Il y a des cas de mimétisme plus parfait entre quelques-uns des loriots de couleur foncée de l'Archipel Malais, et un genre de *Tropidorhynchi*. Ces derniers sont des oiseaux puissants et bruyants qui vont par petites bandes. Ils ont le bec long, recourbé et pointu, et les serres puissantes : ils sont très bien en état de se défendre, chassant souvent les corbeaux et les faucons qui s'aventurent à trop grande proximité. Les loriots, d'autre part, sont des oiseaux faibles et timides, qui comptent surtout pour échapper à la persécution, sur la retraite et la dissimulation. Dans chacune des grandes îles de la région Australo-Malaise il y a une espèce distincte de *Tropidorhynchus*, et toujours, à côté, se place une espèce simulatrice de loriot. Tous les *Tropidorhynchus* ont une plaque de peau noire nue autour des yeux, et une ruche de curieuses plumes retroussées sur la nuque, d'où vient leur nom d'*oiseaux moines*, puisqu'on compare cette ruche à la cagoule des moines. Ces particularités sont simulées chez les loriots par des plaques de plumes de couleurs correspondantes, tandis que les différentes teintes des deux espèces sont exactement pareilles. Ainsi, dans l'île de Bouru, les deux sont d'un brun terreux ; à Céram, elles sont comme lavées dans l'ocre jaune ; à Timor, la surface inférieure est claire, et la gorge presque blanche, et M. H. O. Forbes en a récemment découvert une autre paire dans l'île de Timor Laut. La ressemblance de ces diverses espèces d'oiseaux de familles si différentes peut se comparer absolument avec celles des insectes que nous avons déjà cités. Elle est si remarquable que les exemplaires empaillés ont même trompé des naturalistes ; car dans le grand ouvrage français, le *Voyage de l'Astrolabe*, le oriot de Bouru est décrit et dépeint comme étant un *Melliphage* et M. Forbes nous dit que, lorsque ces oiseaux furent soumis à l'examen du docteur Sclater pour qu'il en fît la description, on les avait, avant l'examen, considérés comme étant de même espèce.

OBJECTIONS A LA THÉORIE DU MIMÉTISME

Il faudrait un gros volume, et de nombreuses figures, pour exposer, d'une façon adéquate, les faits variés et étonnants du mimétisme, et un naturaliste ayant accès à nos grandes collections et pouvant consacrer le temps nécessaire à rechercher les exemples du mimétisme qui existent cachés, dans nos musées, ne saurait choisir un sujet plus intéressant. La courte esquisse que nous avons pu en donner ici, servira cependant à en indiquer la nature, et à montrer la faiblesse des objections qui lui ont été opposées, au début. Il fut objecté, en premier lieu, que l'action des « conditions semblables » avec les « ressemblances accidentelles » et le « retour aux types ancestraux » donneraient une application suffisante des faits. Si, pourtant, nous examinons les phénomènes comme ils ont été exposés, et les conditions très constantes sous lesquelles ils se produisent, nous verrons combien ces causes, soit isolées, soit combinées, sont insuffisantes.

Ces conditions constantes sont :

I. L'espèce mimante se présente dans la même région, et occupe les mêmes stations que l'espèce mimée.

II. L'espèce mimante est toujours la plus pauvre en moyens de défense.

III. L'espèce mimante compte moins d'individus.

IV. Elle diffère de l'ensemble de ses alliés.

V. La simulation, si détaillée qu'elle soit, est *extérieure* et *visible* seulement, ne s'étendant jamais aux caractères internes, ou à ceux qui ne changent pas l'apparence extérieure.

Ces cinq traits caractéristiques du mimétisme nous prouvent qu'il est, en réalité, une forme exceptionnelle de ressemblance protectrice. Des espèces différentes dans le même groupe d'organismes peuvent être protégées de différentes manières ; quelques-unes par une ressemblance générale avec leur milieu ; d'autres en simulant plus exactement les objets qui les entourent, écorce, feuille ou fleur ; tandis que d'autres se font protéger en ressemblant à quelque autre espèce qui, par une cause quelconque, est presque aussi exempte d'ennuis que le serait une feuille ou une fleur. Cette immunité peut venir de ce qu'elle est non comestible ou dangereuse, ou seulement forte ; et c'est cette ressemblance à de tels animaux, dans le but de partager leur sécurité, qui constitue le mimétisme.

CONCLUSIONS A L'ÉGARD DE LA COLORATION PRÉMONITRICE ET DU MIMÉTISME

Les couleurs qui ont été acquises dans le but de signaler la non-comestibilité ou la possession d'armes offensives dangereuses, sont probablement plus nombreuses qu'on ne l'a supposé jusqu'ici ; et dans ce cas, nous pouvons expliquer une quantité considérable de cou-

urs, dans la nature, au sujet desquelles on n'avait, jus-
u'ici, rien pu conjecturer de certain. Sous ce chef vien-
ront probablement se ranger les couleurs variées des
némones de mer et de beaucoup de coralliaires dont
ous savons que plusieurs ont le pouvoir de lancer des
ématocystes de diverses parties de leurs corps, et, par
aite, d'être tout à fait non-comestibles pour la plupart
es animaux. M. Gosse raconte comment, ayant mis une
nthea dans un réservoir contenant un jeune *Cottus buba-*
s qui n'avait rien mangé depuis quelque temps, le pois-
on ouvrit la bouche et avala l'anémone, mais la rejeta
nmédiatement. Cependant, il la saisit une seconde fois,
ais après l'avoir roulée quelque temps dans sa bouche
la cracha de nouveau, et courut se cacher dans un
ou. Il existe pourtant quelques poissons des tropiques,
lles que les genres *Tetrodon, Pseudoscarus, Astracion,*
ui semblent avoir acquis la faculté de se nourrir de co-
alliaires et de méduses ; les belles bandes et taches et
s couleurs brillantes dont ils sont fréquemment ornés
euvent être soit une protection pendant qu'ils se nour-
ssent dans les bosquets sous-marins, soit, dans d'au-
es cas, un avertissement qui les dénonce comme véné-
eux et non comestibles.

La grenouille qu'on peut appeller maintenant « la gre-
ouille de Belt » est un exemple remarquable de l'exten-
on très grande des couleurs prémonitrices et de leur but
éfinitif dans la nature. Dans tous les pays du monde, les
renouilles sont, d'ordinaire, protégées par des couleurs
ertes ou brunes, les petites grenouilles des arbres sont
u bien vertes, comme les feuilles sur lesquelles elles repo-
nt, ou bien curieusement piquetées de façon à imiter
écorce des arbres ou les feuilles mortes. Mais il y a un
ertain nombre de grenouilles aux couleurs brillantes,
; celles-là ne se cachent point comme le font les autr s.
el était le petit crapaud trouvé par Darwin à Bahia

Blanca, qui était noir et rouge vermillon, et se trainai
au soleil sur les monticules de sable et les plaines arides

Au Nicaragua, M. Belt, lui, trouva une petite grenouille
splendidement vêtue d'une livrée rouge et bleue, qui n
songeait nullement à se cacher, et abondait dans le pays
cette combinaison de caractères le convainquit immédiatement de la non-comestibilité de l'animal. Il en prit
par conséquent, quelques exemplaires, et les donna, er
rentrant chez lui, à ses poules et à ses canards ; mai
aucun d'eux n'y voulut toucher. Enfin, en jetant er
même temps quelques morceaux de viande, que la volaille se disputait avidemment, il réussit à tenter ur
jeune caneton qui saisit une de ces petites grenouilles
Mais, au lieu de l'avaler, le caneton se hâta de la rejeter, s'en allant ensuite en secouant la tête comme s'i
eût voulu se débarrasser d'un goût désagréable [1].

On a toujours considéré que le signe décisif de la vérité d'une théorie est la faculté de prédire ce qui advien-
dra en un cas donné ; dans ce cas, on peut considérer
comme pleinement justifiée la théorie des couleurs prémonitrices, et celle du mimétisme. Parmi les animaux don
les couleurs signalent la non-comestibilité sont les mollusques nudibranches brillamment colorés [2], ces curieuse
annélides, les *Nereis* et les *Aphrodites*, et beaucoup d'autre
animaux marins. Les teintes éclatantes des peignes (*Pecten*
et de quelques autres coquillages bivalves sont peut-être
destinées à indiquer qu'ils sont durs et non-comestibles
comme nous l'avons vu pour les coléoptères durs ; et il se
pourrait que quelques-uns des poissons phosphorescents
et d'autres organismes marins eussent, comme le ver
luisant, leur lueur en guise de phare pour écarter les er

---

1. *The Naturalist in Nicaragua*, p. 321.
2. Voir le résumé que j'ai donné des expériences récentes de
M. Herdmann sur ce point, dans la *Revue Scientifique* du 13 septembre 1890, p. 345 (H. de V.)

emis [1]. Il y a, dans le Queensland, une araignée exces-
vement venimeuse, dont la morsure peut tuer un chien,
: cause une maladie sérieuse et des douleurs cuisantes
l'homme. Elle est noire, avec une tache couleur ver-
iillon brillant sur le milieu du corps ; elle est si bien
ɔnnue par cette coloration voyante que les guêpes ara-
éivores elles-mêmes l'évitent [2].

Les criquets et les sauterelles ont généralement des
intes vertes protectrices, mais plusieurs espèces tropi-
ales sont habillées de rouge, de bleu et de noir. Nous
ourrions en conclure à leur non-comestibilité avec au-
int de certitude que M. Belt concluait en faveur de celle
e sa grenouille ; mais nous avons heureusement une
reuve à l'appui ; M. Charles Horne affirme que les sau-
erelles indiennes aux brillantes couleurs étaient inva-
iablement rejetées par les oiseaux et les lézards aux-
uels il les offrait [3].

Les exemples cités nous amènent donc à conclure que
es couleurs acquises pour servir de signal de danger
our les ennemis sont très répandues dans la nature, et
u'avec les couleurs correspondantes chez les espèces
ui les simulent, elles nous fournissent l'explication ra-
onnelle d'une portion considérable des colorations ani-
iales en dehors des couleurs acquises dans le but de se
rotéger ou de se reconnaître. Il reste, pourtant, une
utre série de couleurs, principalement parmi les ani-
iaux supérieurs, qui, se trouvant en rapport avec les
uestions les plus intéressantes et les plus discutées de
histoire naturelle, mérite d'être traitée dans un cha-
itre à part.

1. M. Belt suggéra le premier cet usage de la lumière des
ampyres (lucioles et vers luisants) dans son *Naturalist in Nica-
igua*, p. 320. M. Verrill et le professeur Meldola émirent la
ième idée dans le cas des méduses et autres organismes ma-
ns phosphorescents. *Nature*, vol. XXX, p. 281 et 289.
2. W. E. Armit. *Nature*, Vol. XVIII, p. 642.
3. *Proc. Ent. Soc.* 1869, p. XIII.

CHAPITRE X

COULEURS ET ORNEMENTS SEXUELS

Dans les chapitres précédents nous avons eu affaire, principalement, à la coloration des animaux comme signe distinctif des diverses espèces ; nous avons vu que, dans un nombre énorme de cas, les couleurs ont un but défini, et sont utiles pour cacher ou protéger l'animal, pour avertir ses ennemis, ou pour le faire reconnaître de ses semblables. Nous avons maintenant à examiner un phénomène d'ordre subordonné mais extrêmement répandu : les différences de couleur ou d'appendices décoratifs chez les deux sexes. Ces différences se trouvent avoir des rapports spéciaux avec les

ois classes de coloration citées ci-dessus ; elles confir-
ient, en beaucoup de cas, les explications déjà données
e leur signification et de leur utilité, et nous aideront
uissamment à formuler une théorie générale de la co-
ration animale.

Quand nous comparons les couleurs des deux sexes,
ous y trouvons une gradation parfaite, depuis l'iden-
té de couleur jusqu'à une différence si extrême qu'il
it difficile de croire que les deux formes appartiennent
la même espèce. Cette diversité dans les couleurs des
eux sexes n'a pas un rapport constant avec l'affinité
u la position systématique. Chez les insectes et les
iseaux à la fois, nous trouvons des exemples d'iden-
té complète et d'extrême diversité des sexes ; ces dif-
rences se présentent souvent dans la même tribu ou
imille, et presque dans le même genre.

C'est seulement chez les animaux supérieurs et les
lus actifs que les différences sexuelles de couleur de-
iennent très marquées. Chez les mollusques, les deux
exes, quand ils sont séparés, sont toujours de couleur
areille, et ne présentent que très rarement de légères
ifférences dans la forme de leur coquille. Dans la
lasse étendue des crustacés, les deux sexes, en général,
ont identiques en couleur, bien qu'il y ait souvent des
ifférences dans les organes préhensiles ; mais, dans
ès peu de cas, il y a aussi des différences de couleur.
insi chez une espèce de crabe du littoral brésilien
Gelasimus), la femelle est d'un gris brun, tandis que
hez le mâle la partie postérieure du céphalo-thorax est
'un blanc pur, et la partie antérieure d'un beau vert.
ette couleur ne vient au mâle qu'à l'état adulte, et
st sujette à passer, rapidement, en quelques minutes, à
es teintes foncées [1].

1. Darwin, *Descendance*, traduction Barbier, p. 299.

Dans quelques espèces de puces aquatiques (*Daph nies*) le mâle est orné de taches rouges et bleues, tan dis que chez d'autres les deux sexes ont les mêmes cou leurs. Chez les araignées, de même, quoiqu'en règl générale les deux sexes soient pareillement colorés, i y a quelques exceptions, les mâles étant ornés, sur l'ab domen, de couleurs brillantes, tandis que la femelle une coloration terne [1].

LA COLORATION SEXUELLE CHEZ LES INSECTES

C'est en arrivant aux insectes ailés que nous trouvon beaucoup de singularités dans la coloration sexuelle; e même ici, elle ne se développe que dans certains ordres Les Diptères, les Hémiptères, les Homoptères et les Orthop tères présentent de rares et de très peu importante différences sexuelles dans la couleur; mais les deu derniers groupes ont des organes musicaux particulier très développés chez les mâles de quelques unes des espè ces, et sans doute ces organes aident les sexes à se dé couvrir et se reconnaître. Dans quelques cas, cependant, lorsque la femelle a une couleur protectrice, comme chez le *Kallima* déjà cité, le mâle est plus petit et beau coup moins protégé par sa forme et sa couleur. Chez les abeilles et les guêpes (Hymenoptères) il est aussi de règle que les sexes sont pareils de couleur, bien qu'il y ait divers cas, chez les abeilles solitaires, où ils diffèrent: la femelle étant noire et le mâle brun, chez l'*Antophora retusa*, tandis que chez l'*Andraena fulva* la femelle est plus brillamment colorée que le mâle. On en peut dire autant du grand ordre des Coléoptères. Bien que souvent

1. Voir sur ce point le travail de M. et Mme G. Peckham, intitulé : *Observations of Sexual Selection in Spiders of the Family
Attidæ*, et l'admirable *American Spiders and their Spinningwork*
de H. Mc'Cook (H. de V.)

riches et variés de couleur, les sexes sont en général pareils, et Darwin n'a guère trouvé qu'une douzaine de cas, environ, dans lesquels on puisse remarquer une différence évidente entre les sexes [1]. Ils présentent, cependant, de nombreux caractères sexuels, dans la longueur des antennes, et dans les cornes, pattes ou mandibules remarquablement accrues ou curieusement modifiées chez les mâles.

C'est dans la famille des Libellules (Nevroptères) que nous rencontrons pour la première fois de nombreux cas de coloration sexuelle distinctive. Chez quelques Agrionides, les mâles ont le corps d'un bleu vif et les ailes noires, tandis que les femelles ont le corps vert et des ailes transparentes. Dans l'Amérique du nord, les mâles seuls du genre *Hetærina* ont une tache carmin, à la base de chaque aile ; mais, dans quelques autres genres, les sexes diffèrent à peine.

Le grand ordre des Lépidoptères, comprenant les papillons et les phalènes, nous offre les exemples les plus nombreux et les plus frappants de la diversité de la coloration sexuelle. Chez les phalènes, la différence est habituellement légère, se manifestant dans une plus grande intensité de la couleur chez le mâle dont les ailes ont plus petites. Mais, dans quelques cas, la différence est marquée, comme dans le *Hepialus humuli*, où le mâle est blanc pur, tandis que la femelle est jaune avec des marques plus foncées. C'est peut-être là une couleur de reconnaissance, mettant la femelle mieux à même de retrouver son compagnon ; et cette idée semble confirmée par le fait qu'aux îles Shetland le mâle est presque aussi jaune que la femelle, puisque l'on a fait remarquer qu'au milieu de l'été, époque où ce phalène fait son apparition, il y a sous cette latitude assez de crépus-

1. Darwin, *Descendance*, p. 348, et la note au bas de la page.

cule toute la nuit durant pour qu'aucune coloration spéciale ne soit nécessaire [1].

Les papillons nous offrent une étonnante somme de différence sexuelle dans la coloration, et celle-ci est si remarquable dans quelques cas que les deux sexes de la même espèce sont restés pendant plusieurs années classés sous des noms différents, et considérés comme deux espèces distinctes [2]. Nous trouvons, cependant, tous les degrés, de l'identité parfaite à la diversité complète, et, dans quelques cas, nous pouvons découvrir la raison de cette différence. Commençant par les cas les plus extraordinaires de diversité — comme celui du *Diadema misippus*, où le mâle est noir, orné d'une grande tache blanche sur chaque aile qui est frangée d'un beau bleu changeant, tandis que la femelle est brun orange avec des taches et des raies noires, — nous en trouvons l'explication dans ce fait que la femelle simule une *Danais* non comestible, et se protège ainsi tandis qu'elle pond ses œufs sur des plantes basses, côte à côte avec cet insecte. Dans l'espèce alliée, *Diadema bolina*, les femelles aussi diffèrent beaucoup des mâles, mais sont de teinte brun foncé, évidemment protectrice et très variable, quelques exemplaires ayant une ressemblance générale avec les *Euplœa* non comestibles ; nous voyons donc ici une des premières étapes des deux formes de protection. On explique pareillement les remarquables différences des Piérides du sud Amérique. Les mâles de *Pieris pyrrha*, de *Pieris lorena*, et de plusieurs autres espèces, sont blancs avec quelques bandes noires, et des taches marginales, comme beaucoup de leurs

1. *Nature,* 1871, p. 489.
2. Entre autres récents travaux, je signalerai particulièrement le *Butterflies of New-England,* son auteur, M. S. H. Scudder, ayant prêté une attention particulière à des différences sexuelles. (H. de V.)

illiés, tandis que les femelles sont brillamment colorées
en jaune et en brun, et ressemblent exactement à quelques espèces des *Heliconidæ* non comestibles de la même
région. De même, dans l'archipel Malais, la femelle du
Diadema anomala est d'un bleu métallique luisant,
tandis que le mâle est brun ; la raison du renversement
de la règle ordinaire étant que la femelle simule exactement le coloris brillant de l'*Euplæa midamus* commun, non comestible, et s'assure ainsi une protection.
Chez les beaux *Adolias dirtea*, le mâle est noir avec
quelques mouchetures jaune d'ocre et une grande bande
marginale d'un bleu verdâtre luisant à éclat métallique, tandis que la femelle est d'un brun noirâtre entièrement couvert de rangées de points jaune d'ocre. Cette
dernière coloration ne semble pas protectrice lorsque
l'insecte est vu dans un cabinet d'histoire naturelle,
mais elle l'est, en réalité. J'ai étudié la femelle de ce
papillon, à Sumatra, où elle se pose à terre, dans la forêt, et ses points jaunes s'harmonisent tellement avec
les vacillements des rayons du soleil sur les feuilles
mortes qu'on ne peut la distinguer qu'avec la plus
grande difficulté.

On pourrait citer une centaine d'autres cas où la femelle est colorée d'une façon plus obscure que le mâle,
ou s'assure une protection en simulant quelque espèce
non comestible ; et quiconque aura observé ces femelles volant lentement à la recherche de plantes pour
y déposer leurs œufs, comprendra de quelle importance
il est, pour elles, de ne pas attirer l'attention d'oiseaux
insectivores par des couleurs trop voyantes. Le nombre
des oiseaux qui attrapent les insectes au vol est bien plus
grand dans les régions tropicales qu'en Europe ; et c'est
peut-être pourquoi beaucoup de nos espèces éclatantes
sont presque pareilles, ou tout à fait pareilles, dans les
deux sexes, étant protégées par la couleur de leur face

inférieure qui est celle que l'on voit quand ils se posent.
Tels sont nos papillons paon, la vanesse de l'ortie et la
vanesse atalante, tandis que sous les tropiques nous
trouvons plus communément les femelles moins éclatantes par leur face supérieure, même quand la coloration de la face inférieure est protectrice.

Nous pouvons faire remarquer ici que les cas déjà cités prouvent clairement que le mâle ou la femelle peuvent être modifiés, en couleur, sans que le sexe opposé
change de coloration. Chez la *Pieris pyrrha* et ses alliées,
le mâle conserve le type ordinaire de coloration du genre
entier, tandis que la femelle acquiert un mode distinct
et particulier de coloration Chez l'*Adolias dirtea*, d'autre part, la femelle semble conserver quelque chose
comme la couleur et les marques primitives des deux
sexes, modifiées peut être en vue d'une protection plus
efficace ; tandis que le mâle a acquis des couleurs de
plus en plus vives et brillantes, ne montrant plus ses
marques originelles que par les quelques taches jaunes
qui persistent près de la base des ailes. Chez les Piérides, plus splendidement colorées, dont notre *Euchloe
cardamines* peut être pris comme type, nous retrouvons
chez la femelle les couleurs simples des ancêtres du
groupe, tandis que le mâle a acquis le bord orangé brillant des ailes, probablement comme marque de reconnaissance.

Dans les espèces où la face inférieure est colorée d'une
façon protectrice, nous trouvons souvent la face supérieure pareille chez les deux sexes, la teinte étant d'habitude plus vive chez le mâle. Mais, dans quelques cas,
ceci met la femelle plus en évidence, comme chez quelques Lycænes, où la femelle est bleu vif, tandis que le
mâle est souvent d'un bleu plus profond mais parfois
atténué par des teintes sombres, à tel point qu'il est de
beaucoup le moins brillant des deux.

CAUSES PROBABLES DE CES COULEURS

Il y a, probablement, plusieurs causes à l'œuvre dans la production de ces résultats. On dirait qu'il y a une tendance constante chez le mâle de la plupart des animaux — mais plus spécialement chez les oiseaux et les insectes — à développer une intensité de plus en plus grande de couleur qui atteint souvent son apogée dans les bleus ou les verts qui brillent d'un éclat métallique, ou dans les teintes irisées les plus splendides ; tandis qu'au même moment la sélection naturelle est constamment à l'œuvre pour empêcher la femelle d'acquérir les mêmes teintes, ou pour modifier ses couleurs dans des directions variées, pour lui assurer une protection en l'assimilant à son entourage, ou en lui faisant mimer quelque forme protégée. En même temps, il faut satisfaire au besoin de se reconnaître, et cela paraît avoir mené à des divergences de couleurs chez les espèces alliées, où parfois la femelle, et parfois le mâle, éprouvent la plus grande modification, selon que l'un ou l'autre peut se modifier plus facilement, et de façon à nuire le moins possible à la prospérité de la race. De là suit que, quelquefois, ce sont les mâles des espèces alliées qui varient le plus, comme dans les différentes espèces *Epicalia* ; et, quelquefois, ce sont les femelles, comme dans la magnifique espèce verte d'*Ornithoptera*, et dans le groupe des *Æneas*, chez les Papilionides.

L'importance des deux principes — le besoin de protection, et celui de la reconnaissance — dans la modification des colorations relatives des sexes chez les papillons, est mise en lumière d'une façon magistrale dans le cas des groupes qui sont protégés par leur saveur désagréable, et dont les femelles, par suite, n'ont pas besoin de la protection que donnent les couleurs ternes.

Dans les grandes familles des Héliconides et des Acræi-

des, nous trouvons les deux sexes presque toujour'
semblables ; et, dans de rares exceptions, la femelle, tou'
en différant du mâle, n'est pas colorée d'une façon
moins brillante ou moins voyante. La même règle prévaut chez les *Danaidæ*, mais les cas ou le mâle présente
une intensité plus vive de coloration que la femelle y
sont peut-être plus nombreux que dans les deux autres
familles. Il existe, cependant, une étrange différence, à
cet égard, entre les groupes oriental et américain des
Papilio à saveur désagréable et à couleur prémonitrice,
qui sont tous deux mimés par d'autres espèces. Dans le
groupe oriental — dont les *Papilio hector* et *Papilio coon*
peuvent être choisis comme types — les deux sexes sont
presque pareils, le mâle étant souvent d'une couleur
plus intense et portant des marques claires plus rares ;
mais, dans le groupe américain, — représenté par *Papilio æneas, sesostris* et d'autres encore — il y a une merveilleuse diversité, les mâles ayant une plaque vert-vif ou
bleuâtre sur les ailes antérieures, tandis que les femelles
ont une bande ou des taches blanc pur, qui ne correspondent pas toujours par leur position avec les taches
vertes des mâles. Il y a, toutefois, des formes de transition, constituant une série continue de la similitude
étroite à la grande diversité de coloration entre les sexes ;
et ce peut n'être, après tout, qu'un exemple extrême de
la coloration plus intense et des marques plus foncées
qui caractérisent très généralement les papillons mâles.

Il y a, en fait, beaucoup d'indications d'une succession
régulière de teintes par lesquelles la couleur s'est développée dans les groupes variés de papillons, depuis la
teinte neutre grisâtre, ou brunâtre, primitive. Ainsi, chez
les *Æneas*, nous avons la plaque des ailes supérieures
jaunâtre, chez le *P. triopas*, olivâtre chez le *P. boli-
var*, bronze-gris avec une tache blanche chez le *P. erla-
ces*, vert et rouille chez le *P. iphidamas*, passant ensuite

au beau bleu chez le *P. brissonius*, et à un vert magnifique chez le *P. sesostris*. De la même façon, on pourrait suivre pas à pas les taches des ailes inférieures qui
dérivent d'une teinte jaune ou rouille, qui est une des
couleurs le plus généralement répandues de tout l'ordre. La plus grande pureté et la plus grande intensité
de couleur semblent être, habituellement, associées
avec des ailes plus pointues, indiquant plus de vigueur et
un vol plus rapide.

LA SÉLECTION SEXUELLE COMME CAUSE SUPPOSÉE DU DÉVELOP-
PEMENT DE LA COLORATION

On sait que Darwin attribuait la plupart des couleurs
brillantes et des dessins variés des ailes des papillons à
la sélection sexuelle, c'est-à-dire, à une préférence
constante des papillons femelles pour les mâles les plus
brillants, les couleurs ainsi produites se transmettant
quelquefois aux mâles seulement, quelquefois aux deux
sexes. Il m'a toujours semblé que cette théorie ne reposait sur aucune preuve, et qu'elle était aussi tout à fait
inadéquate aux faits. Le seul témoignage direct, ainsi que
le dit Darwin avec sa loyauté ordinaire, est en contradiction avec sa théorie. Plusieurs entomologistes lui ont
assuré que, chez les phalènes, les femelles ne font aucune
sélection parmi leurs prétendants, et le docteur Wallace,
de Colchester, qui a élevé en grand le beau *Bombyx cynthia*, a confirmé cette assertion. Chez les papillons, il
arrive que plusieurs mâles poursuivent la même femelle, et Darwin affirme que, si la femelle n'exerçait un
choix, l'accouplement resterait livré au hasard. Mais,
sûrement, il se peut bien que le mâle le plus vigoureux
ou le plus persévérant l'emporte, et non, de toute nécessité, le plus brillant ou celui qui est coloré différemment,
et ce sera là de la vraie « sélection naturelle ». On a remar-

qué que les papillons préfèrent les fleurs d'une certaine
couleur à d'autres, mais cela ne prouve pas, ni même ne
rend probable, que la préférence s'adresse à la couleur
elle-même ; peut-être préfèrent-ils les fleurs de cette
couleur à cause du nectar plus agréable ou plus abondant qu'ils en obtiennent. Le docteur Schulte appela
l'attention de Darwin sur ce fait que chez le *Diadema bolina* la couleur bleue brillante entourant les taches blanches n'est visible que lorsque nous regardons vers la
tête de l'insecte, et cela est vrai de beaucoup des teintes
irisées des papillons, et dépend probablement de la direction des raies sur les écailles. On a suggéré, cependant,
que cet étalage de couleurs est vu par la femelle lorsque
le mâle approche d'elle, et qu'il a été développé par la
sélection sexuelle. Mais, dans la majorité des cas, ce sont
les mâles qui *suivent* les femelles, voltigeant autour
d'elles dans une position telle qu'il serait presque impossible qu'elle vit les couleurs ou dessins particuliers
de la surface supérieure, car pour ce faire, la femelle
devrait monter plus haut que le mâle et voler vers lui, le
rechercher au lieu d'être recherchée par lui, et cela est
contraire à tous les faits observés. Je ne puis, par conséquent, admettre que cette hypothèse ajoute quoi que
ce soit aux preuves en faveur de la sélection sexuelle de
la couleur par les papillons femelles. Je reviendrai,
d'ailleurs, à cette question, quand les phénomènes de
coloration sexuelle chez les vertébrés auront été examinés.

COLORATION SEXUELLE DES OISEAUX

Il est de règle générale, chez les vertébrés, qu'à l'é-
gard de la couleur, les deux sexes sont pareils. Cette loi
règne, à très peu d'exceptions près, chez les poissons,
les reptiles et les mammifères ; mais, chez les oiseaux, la

diversité de la coloration sexuelle se produit très fréquemment, et existe, à un degré plus ou moins grand, probablement dans plus de la moitié des espèces connues. C'est donc cette classe qui nous fournira la meilleure matière pour discuter le problème, et qui nous conduira peut-être à une explication satisfaisante des causes auxquelles est due la coloration sexuelle.

Le trait caractéristique et fondamental des oiseaux, à notre point de vue actuel, est la plus grande intensité de couleur possédée par le mâle. Il en est ainsi chez les éperviers et les faucons, chez beaucoup de grives, de passereaux et de pinsons ; chez les pigeons, les perdrix, les râles, les pluviers et beaucoup d'autres. Quand le plumage est très protecteur, ou de teinte terne uniforme, comme chez beaucoup de grives et de passereaux, les sexes sont de couleur presque identique ; mais si les marques sont éclatantes et les teintes brillantes, on les trouve toujours plus faibles, ou même elles manquent chez la femelle, ainsi que nous le voyons chez la fauvette à tête noire, et le pinson.

C'est dans les régions tropicales où la couleur, par suite de causes diverses, s'est développée à son plus haut degré, que nous trouvons les exemples les plus remarquables de divergence sexuelle de la couleur. Les oiseaux loués des couleurs les plus éclatantes que nous connaissions sont les oiseaux de paradis, les jaseurs, les anagrides, les oiseaux-mouche, et la tribu des faisans, y compris les paons. Chez tous, les femelles sont beaucoup moins brillantes, et dans la majorité des cas, sont les oiseaux d'une couleur exceptionnellement terne et uniforme. Non seulement la femelle n'a point les plumes, les huppes et les gorgerettes remarquables des oiseaux de paradis, mais elle n'a même aucune coloration claire et ne s'élève pas, au point de vue décoratif, au-dessus de nos grives. On peut en dire autant des oiseaux-mouche, bien que les femelles soient souvent vertes, et à reflets légèrement métalliques, mais, par suite de leur petite taille et de leurs teintes uniformes, elles ne se font jamais remarquer. Les splendides bleus et violets, le blanc pur, et le cramoisi vif des jaseurs mâles sont représentés chez les femelles par des verts olive ou des bruns ternes ; il en est de même pour les teintes infiniment variées des Tanagrides. Chez les faisans, la splendeur des plumes qui caractérise le mâle manque absolument chez la femelle, qui tout en étant souvent un oiseau d'ornement, conserve des teintes relativement sobres et protectrices. Les choses se passent de même dans beaucoup d'autres groupes. Les tropiques d'orient ont beaucoup d'oiseaux à plumage éclatant qui appartiennent aux familles des passereaux, des gobe-mouches, des pies-grièches, etc., mais la femelle est toujours beaucoup moins brillante que le mâle, et souvent d'une teinte tout à fait terne.

CAUSE DES TEINTES TERNES DES OISEAUX FEMELLES

Il n'est point difficile de découvrir la raison de ce phénomène ; il suffit de considérer les conditions essentielles de l'existence d'un oiseau, et la fonction la plus importante qu'il a à remplir. Pour que l'espèce se continue, il faut de jeunes oiseaux, et pour cela les oiseaux femelles doivent couver assidûment leurs œufs. Pendant cette opération, elles sont exposées à la vue et à l'attaque de nombreux ennemis mangeurs d'œufs et d'oiseaux; il est donc d'une importance vitale qu'elles soient protégées par la couleur dans toutes les parties de leur corps qui sont en vue pendant l'incubation. C'est pour assurer ce but que toutes les couleurs brillantes et les ornements éclatants qui décorent le mâle n'ont pas été acquis par la femelle, et que celle-ci reste vêtue de nuan-

ces modestes qui étaient, probablement, autrefois, l'a-
panage commun de tout l'ordre auquel ils appartiennent
tous deux. Les différents degrés de coloration qu'ont
acquis les femelles dépendent, sans doute, des particularités des habitudes et de l'entourage, et des facultés de défense ou de dissimulation que l'espèce possédait. Darwin
nous a appris que la sélection naturelle ne peut produire
la perfection absolue, mais seulement la perfection relative ; et une couleur protectrice n'étant qu'un des
nombreux moyens par lesquels les femelles sont mises
à même d'assurer la vie de leurs petits, celles qui auront
été le mieux douées, sous d'autres rapports, auront pu
acquérir plus de couleur que celles pour qui la lutte pour
l'existence a été plus rigoureuse.

RAPPORT ENTRE LA COLORATION SEXUELLE ET LE MODE DE NIDIFICATION

Ce principe est mis en lumière d'une façon frappante
par l'existence d'un nombre considérable d'oiseaux chez
lesquels les deux sexes sont semblablement colorés
d'une façon brillante, dans quelques cas tout autant que
les mâles des groupes cités ci-dessus. Telles sont les familles nombreuses des martins-pêcheurs, des pies, des
toucans, des perroquets, des turacos, les *Icterus*, des
étourneaux, et beaucoup d'autres groupes plus petits
dont toutes les espèces sont colorées d'une façon brillante ou voyante, tandis que chez toutes, les femelles
sont colorées absolument comme les mâles, ou, si leur
couleur est différente, sont tout aussi voyantes. Pendant
que je cherchais quelle pourrait être la cause de cette
singulière exception apparente à la règle de la couleur
protectrice chez la femelle, je rencontrai un fait qui
l'explique d'une manière admirable. Dans tous ces cas,
sans exception, l'espèce niche dans des trous, dans la

terre, ou dans des arbres, où elle se bâtit un nid à
dôme, ou couvert, où l'oiseau qui couve est complètement invisible. Nous trouvons là un cas absolument analogue à celui des papillons protégés par une saveur
désagréable dont les femelles sont aussi voyantes que
les mâles, ou pareilles à ceux-ci. Nous avons peine à
croire qu'un parallélisme aussi exact puisse se produire entre deux classes d'animaux aussi éloignées, s'il
n'y a pas là quelque loi générale; et cette loi, elle existe,
motivée par le besoin de protection des animaux inoffensifs, et, plus spécialement, de la plupart des insectes et
et des oiseaux, et il est prouvé qu'elle a influencé les couleurs d'une proportion considérable du règne animal [1].

Le rapport général qui existe entre le mode de nidification et la coloration des sexes dans les groupes d'oiseaux qui ont besoin d'être protégés contre leurs ennemis peut se formuler ainsi : quand les deux sexes sont
brillants ou attirent l'attention, le nid est placé de façon à cacher l'oiseau qui couve ; mais quand le mâle
est d'un coloris brillant et que la femelle est visible sur
le nid, elle est toujours moins brillante, et généralement
de nuances tout à fait modestes et protectrices.

Il faut bien comprendre que c'est la façon de nicher
qui a déterminé la couleur, et non la couleur qui à déterminé la manière de nicher; ceci, à mon avis, est un fait
général s'il n'est peut-être pas universel. Nous savons
que la couleur varie plus rapidement, et peut être plus
facilement modifiée et fixée par la sélection, que tout
autre caractère ; tandis que les habitudes, surtout lorsqu'elles sont en connexion avec la structure, et qu'elles
règnent dans tout un groupe, sont beaucoup plus per-
sistantes et difficiles à changer, ainsi que le démontre
l'habitude du chien qui tourne deux ou trois fois sur

1. Voir *Sélection Naturelle* de A. R. Wallace, traduction de Candolle, chap. VII, où ces faits ont été exposés pour la première fois.

lui-même avant de se coucher, parce que ses ancêtres
sauvages étaient obligés de fouler ainsi les herbes pour
en faire un lit confortable. Nous voyons aussi que le
mode de nidification caractérise des familles entières qui
diffèrent fort en grandeur, en forme et en couleur. Ainsi,
tous les martins-pêcheurs et leurs alliés, dans toutes les
parties du monde, nichent dans des trous, habituellement sur des talus de terre, mais quelquefois dans les arbres. Les Momots et les Bucconidés construisent leur nid
dans des endroits analogues ; tandis que les toucans, les
barbus, les couroucous, les piverts, et les perroquets
font tous leur nid dans des arbres creux. Cette habitude
qui est en vigueur chez tous les membres de familles
considérables doit, par conséquent, être fort ancienne,
surtout puisqu'elle dépend évidemment, en quelque degré, de la structure des oiseaux, les becs et surtout les
tarses de tous ces groupes étant inaptes à construire des
nids aériens tressés [1]. Mais, dans toutes ces familles, la
couleur varie beaucoup d'espèce à espèce, n'étant constante que par le seul caractère de la similitude des
sexes, ou, en tous cas, en ce que ceux-ci deviennent également voyants même quand ils sont de couleurs différentes.

Quand j'avançai, pour la première fois, cette théorie
du rapport entre le mode de nidification et la couleur
des femelles, je formulai la loi en termes quelque peu
différents, ce qui donne lieu à quelques mal-entendus et
n'attira de nombreuses critiques et objections. On m'al-
légua plusieurs cas où les femelles sont bien moins
brillantes que les mâles, bien que le nid soit couvert.
Cela est ainsi, en effet, chez les superbes *Maluridæ*
l'Australie, où les mâles sont très beaux pendant la
saison des amours, et les femelles tout à fait laides, bien

---

1. Voir sur ce point : *Sélection Naturelle* de Wallace, traduction
de Candolle, chap. V. 1.

que cette espèce bâtisse des nids en forme de dôme. Car
il est certain que le nid couvert est destiné à protéger
contre la pluie ou contre quelque ennemi spécial des
œufs ; tandis que les oiseaux eux-mêmes sont colorés
d'une façon protectrice dans les deux sexes, sauf durant
une courte saison reproductrice où le mâle se revêt de
couleurs brillantes ; et tout cela probablement, est en
connexion avec le fait qu'ils habitent les plaines ouvertes et les landes maigres de l'Australie où des couleurs
protectrices sont d'un avantage aussi général que dans
nos zônes tempérées du nord.

Telle que je viens de la formuler, la loi me paraît être
sans exceptions ; et y a un nombre écrasant de cas
qui lui donnent un ferme appui. On a objecté que les
nids en forme de dôme de beaucoup d'oiseaux sont
aussi bien faits pour attirer l'attention que le seraient
les oiseaux eux-mêmes, et ne seraient, par conséquent,
d'aucune utilité protectrice pour eux et leurs petits.
Mais, c'est un fait positif qu'ils les protègent de toute
attaque, car les éperviers ou les corneilles ne peuvent
mettre en pièces ces nids, car ils s'exposeraient, en ce
faisant, à être attaqués par la colonie entière ; tandis
qu'un épervier ou un faucon pourrait enlever une cou-
veuse ou les petits d'un seul coup, et se soustraire entièrement à l'attaque. En outre, la construction de chaque espèce de nid couvert doit être combinée en regard
des attaques des ennemis les plus dangereux de l'espace;
les nids en forme de bourse, ayant souvent près d'un
mètre de longueur, suspendus à l'extrémité de branches minces, sont utiles contre les attaques des serpents,
qui, s'ils essayaient d'y entrer, perdraient vite prise et
tomberaient à terre. On a aussi cité, comme exceptions,
les oiseaux tels que les geais, les freux, les pics, les faucons et d'autres oiseaux de proie, mais ceux-ci sont tous
des oiseaux agressifs, en état de se protéger, et qui n'ont

)esoin d'aucune protection spéciale pour leurs femelles,
lurant la période d'incubation. Quelques oiseaux qui
lonstruisent des nids couverts sont de couleur relative-
nent terne comme beaucoup des Tisserands; mais, chez
l'autres les couleurs sont plus éclatantes, et sont les
nêmes pour les deux sexes; en sorte qu'aucun de ces cas
l'est en contradiction avec la règle. On a pourtant cité
ès loriots dorés comme une exception positive, parce que
ès femelles sont de couleur éclatante et habitent un nid
)uvert. Mais, même ici, les femelles sont moins belles
[ue les mâles, ayant leur face supérieure verdâtre ou
)livâtre, et elles cachent leur nid avec des soins infinis,
)armi le feuillage épais, tandis que les mâles sont assez
Yigilants et belliqueux pour repousser tout intrus.

  D'autre part, il est digne de remarque que les seuls
)etits oiseaux à coloration brillante de notre pays où
e mâle et la femelle soient pareils — les mésanges et
ès étourneaux, — construisent leur nid soit dans des
rous, soit avec couverture ; tandis que les beaux Icte-
'ides du sud Amérique, qui bâtissent toujours des nids
:ouverts, ou en forme de bourse, sont également écla-
ants de couleur dans les deux sexes ; par contre, les ja-
ieurs et les tanagrides du même pays ont des femelles
noins brillantes que les mâles. Pour faire un compte
'ond, nous estimons au chiffre de 1200 les espèces ap-
)artenant à la classe où mâles et femelles ont des cou-
eurs vives, et font un nid caché, et nous en admet-
.rons autant, par le même procédé approximatif, dans
a classe où les mâles sont brillants et les femelles
ernes, avec des nids ouverts. Cette évaluation placera
a grande masse des oiseaux connus dans les classes
le ceux qui ont, plus ou moins, une coloration pro-
:ectrice des deux sexes, ou de ceux qui, par leur or-
ṣanisation ou leurs habitudes, ne demandent pas de
:oloration spéciale protectrice, tels que les oiseaux de

proie, les grands échassiers, et les oiseaux de l'O-
céan.

Il y a encore quelques cas très curieux dans lesquels
la femelle est réellement plus éclatante que le mâle, et
pourtant couve dans un nid ouvert. Tels sont l'*Eudro-
mias morinellus*, plusieurs espèces de phalarope d'Australie, le *Climacteris erythropus*, et quelques autres ; mais
il faut noter que, dans chacun de ces cas, la relation des
sexes avec la nidification est renversée, le mâle accom-
plissant les devoirs de l'incubation, tandis que la femelle est la plus forte et la plus militante des deux. Ce
cas étrange, par conséquent, concorde entièrement avec
la loi générale de la coloration [1].

COULEURS SEXUELLES D'AUTRES VERTÉBRÉS

Nous pouvons examiner quelques-uns des cas de coloration sexuelle, dans les autres classes de vertébrés que
Darwin a signalés. Chez les poissons, bien que d'ordinaire les sexes soient pareils, il y a plusieurs espèces où
les mâles sont colorés d'une façon plus éclatante, ont
des nageoires, épines ou autres appendices plus longs ;
et, dans quelques cas, les couleurs sont positivement différentes. Les mâles se battent entre eux, et sont plus
vifs et plus excitables que les femelles pendant la saison
reproductrice ; et on peut rattacher à ce fait une intensité plus grande de coloration.

Chez les grenouilles et les crapauds, les couleurs sont
habituellement semblables, ou un peu plus intenses
chez les mâles ; on en peut dire autant des serpents.
C'est chez les lézards que nous rencontrons les premières différences sexuelles considérables, plusieurs des espèces ayant des sacs cervicaux, des ruches, des huppes

1. *History of British Birds*, de Seebohm, vol. II. Introduction,
p. XIII.

orsales, ou des cornes, ou bien spéciales aux mâles, ou
ien plus développées chez eux que chez les femelles ; et
es ornements sont souvent de couleur brillante. Dans la
lupart des cas, cependant, les teintes des lézards sont
rotectrices, le mâle ayant d'ordinaire une couleur un
eu plus intense ; et la différence des cas extrêmes est
ie en partie au besoin de protection pour la femelle,
ıi, lorsqu'elle porte les œufs, doit être beaucoup
oins active et moins en état d'échapper à ses ennemis
ie le mâle, et peut, par conséquent, avoir conservé
us de couleurs protectrices, comme l'ont fait tant
insectes et d'oiseaux [1].

Chez les mammifères, il existe souvent une intensité
: coloration quelque peu plus grande chez le mâle,
ais rarement il y a une différence positive. Pourtant,
femelle du grand Kangourou rouge est d'un gris ten-
·e ; tandis que chez les macaques de Madagascar le
âle est d'un noir de jais, et la femelle brune. Chez
:aucoup de singes, aussi, il y a des différences de cou-
ur, surtout au visage. On connaît du reste les armes
xuelles et les ornements des mammifères mâles, tels
ie les cornes, les crêtes, les crinières, qui sont très
mbreuses et très remarquables. Ayant ainsi passé les
its en revue, nous allons examiner les théories
xquelles ils ont donné naissance.

SÉLECTION SEXUELLE PAR LA CONCURRENCE DES MALES

C'est un fait très général, chez les animaux supé-
urs, que les mâles se battent entre eux pour la pos-
ssion des femelles. Ils s'ensuit, chez les animaux po-
ζames en particulier, que les mâles les plus forts et
mieux armés deviennent les pères de la génération
ivante, laquelle hérite des particularités de ceux-ci. De

. Voyez pour détails *Descendance*, de Darwin, chap. XII.

la sorte, la vigueur et les armes offensives s'accroissent
continuellement chez les mâles ; de là viennent la force
et les cornes du taureau, les défenses du sanglier, les
andouillers du cerf, l'ergot et l'instinct batailleur du
coq de combat. Mais presque tous les mâles se battent
entre eux, sans être spécialement armés ; les lièvres
eux-mêmes, les taupes, les écureuils et les castors se
battent à mort, et sont trouvés souvent gisant blessés,
ou portant des cicatrices. La même règle s'applique à
presque tous les oiseaux mâles ; et on a observé ces
combats entre des groupes aussi différents que les
oiseaux-mouches, les pinsons, les engoulevents, les piverts, les canards et les échassiers. Chez les reptiles, on
a signalé les batailles des mâles, chez le crocodile, le
lézard et la tortue ; chez les poissons, celles des saumons
et des épinoches. Chez les insectes eux-mêmes, la même
loi règne, et les araignées mâles, les coléoptères de divers groupes, les grillons, et les papillons se livrent
aussi des combats.

De ce phénomène si général doit nécessairement résulter une forme de sélection naturelle augmentant la
vigueur et la force militante de l'animal mâle, puisque,
dans chaque cas, le plus faible est tué, ou blessé, ou
évincé. Cette sélection serait plus puissante encore si
les mâles dépassaient toujours en nombre les femelles ;
mais, en dépit de beaucoup de recherches, Darwin ne
put s'assurer s'il en est ainsi. Le même effet, du reste,
est produit quelquefois par la constitution ou les habitudes : ainsi, ce sont les insectes mâles qui émergent les
premiers des pupes, et, dans les migrations des oiseaux,
ce sont les mâles qui arrivent les premiers, soit chez
nous, soit dans l'Amérique du nord. La lutte se trouve
ainsi accentuée, et les mâles les plus vigoureux sont les
premiers à devenir pères. C'est un grand avantage,
selon toutes les probabilités, puisque les premiers à

ouver ont l'avance pour s'assurer de la nourriture, et
ue leurs jeunes sont assez forts pour se protéger eux-
lêmes quand les dernières couvées se produisent.

C'est à cette forme de rivalité des mâles que Darwin
ppliqua d'abord le nom de « sélection sexuelle ». C'est
ridemment une véritable puissance dans la nature, et
ous devons lui imputer le développement exception-
el du mâle, sa force, sa grandeur, son activité, et la
ossession d'armes spéciales, offensives et défensives,
de tous ses autres caractères provenant du dévelopement de ceux-ci, ou en corrélation avec eux. Mais il
étendu ce principe à un champ d'action totalement
fférent, qui n'a rien de la constance et de l'inéluctable
la sélection naturelle ; car il veut expliquer la plus
rande partie des phénomènes qu'il désire rattacher à
ction directe de la sélection sexuelle par l'hypothèse
ie le choix ou la préférence de la femelle en est l'agent
imédiat. Il attribue à cette préférence l'origine de tous
caractères sexuels secondaires autres que les armes
fensives et défensives, c'est-à-dire les huppes décorati-
s et les plumes accessoires des oiseaux, et les sons stri-
nts des insectes, les crêtes et les barbes des singes et
autres mammifères, et les couleurs brillantes, et les
ssins des mâles des oiseaux et des papillons. Il va
ême plus loin, lui attribuant une grande partie de la
loration brillante qui se produit chez les deux sexes,
après le principe que les variations se produisant
ez un sexe sont quelquefois transmises à ce sexe
ulement, et quelquefois aux deux, suivant des parti-
larités des lois d'hérédité. Je ne puis le suivre bien
in dans cette voie, et dans l'extension de la sélection
xuelle qui comprendrait l'action du choix de la femelle,
donnerait à ce choix des effets d'une étendue si vaste ;
je vais exposer les raisons qui me font juger que cette
éorie est erronée.

CARACTÈRES SEXUELS DUS A LA SÉLECTION NATURELLE

A côté de l'acquisition d'armes avec lesquelles le mâle peut combattre d'autres mâles, il y a quelques autres caractères sexuels que la sélection naturelle a produits. Ce sont les sons et les parfums particuliers qui sont propres au mâle, et qui servent d'appel à la femelle ou lui indiquent sa présence. Ils sont évidemment précieux comme moyens de reconnaissance des deux sexes et pour indiquer le moment propice à l'accouplement ; la production, l'intensification et la différenciation de ces sons et de ces odeurs sont évidemment du ressort de la sélection naturelle. On peut appliquer la même observation aux appels particuliers des oiseaux et même au chant des mâles. Ces derniers signes ont dû, à l'origine, servir de moyen de reconnaissance entre les deux sexes d'une espèce, et comme invitation du mâle à la femelle. Lorsque les individus d'une espèce sont dispersés au loin, un appel de ce genre doit avoir une grande importance en les mettant à même de s'unir le plus tôt possible ; et de la sorte la clarté, la sonorité et l'individualité du chant devient un caractère utile, et par conséquent soumis à la sélection naturelle. Tel est surtout le cas pour le coucou, et pour beaucoup d'oiseaux solitaires, et cela peut avoir été d'une égale importance à quelque période du développement de tous les oiseaux. L'action de chanter est évidemment agréable, elle sert probablement de soupape de sûreté à une énergie et une excitation nerveuses qui surabondent, tout comme la danse, le chant, et les jeux physiques le font pour nous.

Il semblerait que l'exercice du chant fût une sorte de compensation au développement des plumes accessoires et des ornements, tous nos oiseaux qui chantent le mieux étant de couleur modeste, et sans étalage de

luppes ni de plumes cervicales ou caudales; tandis que
es oiseaux magnifiquement parés des tropiques n'ont
)as de voix, et que ceux dont l'énergie se déploie dans
e sens du plumage, comme le dindon, les paons, les
)iseaux de paradis, et les oiseaux-mouche n'ont qu'un
léveloppement insignifiant des organes vocaux. Quel-
jues oiseaux ont, dans les ailes ou la queue, des plumes
éveloppées d'une façon particulière, et émettent cer-
ains sons. Chez le mâle de quelques-uns des petits ma-
akins (*Pipra*) du Brésil il y a deux ou trois plumes des
iles curieusement façonnées et raidies de telle sorte que
e mâle peut produire un bruit particulier, une sorte de
raquement ; les plumes de la queue de plusieurs espèes de bécassines sont rétrécies de façon à imiter le son
u tambour, le sifflet, ou le bruit d'un coup de badine,
uand les oiseaux descendent rapidement d'une grande
auteur. Il faut voir dans tout cela des notes d'appel et
e reconnaissance, utiles à chaque espèce relativement
la fonction la plus importante de leur vie, et capables
ar cela même, d'être développées par l'action de la sé-
ction naturelle.

PLUMAGE DÉCORATIF DES OISEAUX, ET SON ÉTALAGE

Darwin, dans sa *Descendance*, a consacré quatre chapi-
es aux couleurs des oiseaux, à leur plumage décoratif,
à l'étalage qu'ils en font à la saison de leurs amours;
c'est sur cette dernière circonstance qu'il base sa théo-
e, que le plumage et les couleurs ont été développés
r la préférence des femelles, les mâles les plus beaux
venant les pères de chaque génération nouvelle.
iconque a lu ces chapitres si intéressants admettra
e le fait de l'étalage est prouvé ; et on peut admettre
ssi comme très probable que ce pavanement plaît à la
nelle et l'excite. Mais il ne s'ensuit nullement que de

légères différences dans la forme, les dessins ou les cou
leurs des plumes d'ornement sont ce qui motive la préfé
rence d'un mâle à un autre par la femelle ; et moin
encore, que toutes les femelles d'une espèce, ou l
grande majorité d'entre elles, sur une étendue considé
rable de pays et pendant des générations successive;
préfèrent exactement la même modification de couleu
ou d'ornement.

Les témoignages à cet égard sont maigres, et, le plu
souvent, ne portent pas sur la question. Quelques paon
nes préféraient un vieux paon bariolé ; des oiseau
albinos, à l'état de nature, n'ont jamais été vus s'accou
plant avec d'autres oiseaux ; une oie du Canada s'accou
plait avec un jars de Bernache ; un chipeau préférait un
canne de pillet à celles de sa propre espèce ; une femell
de canari préférait un verdier mâle aux linottes, char
donnerets, tarins ou pinsons. Ces cas sont évidemment e;
ceptionnels, et sont d'un genre qui ne se présente pa
souvent dans la nature ; ils prouvent seulement que l
femelle exerce quelque choix entre des mâles très diffé
rents, et quelques observations sur les oiseaux à l'éta
de nature confirment le fait ; mais il n'y a pas de preuv
que le choix ait été déterminé par de légères variation
de couleur ou de plumage, ou par leur intensité croi;
sante, ou leur complexité. D'autre part, Darwin nou
fournit des preuves établissant que ce n'est point ain;
que ce choix est déterminé. Il nous dit que MM. Hewit
Tegetmeier et Brent, trois des plus grandes autorités (
des meilleurs observateurs « ne croient pas que les fe
melles préfèrent certains mâles à cause de la beauté d
leur plumage ». M. Hewitt était convaincu « que la fe
melle préfère, presque invariablement, le mâle le plu
vigoureux, le plus querelleur, le plus batailleur », (
M. Tegetmeier dit « qu'un coq de combat si défiguré qu'
fût avec sa collerette déchirée, serait accepté aussi vi

u'un mâle conservant ses ornements naturels [1] ». On
raconte qu'une femelle de pigeon prendra quelquefois
en grippe un mâle donné, sans qu'on puisse en saisir la
cause ; ou, dans d'autres cas, prendra un goût très vif
pour quelque autre oiseau, et désertera pour le suivre
son propre compagnon ; mais on ne dit point que la supériorité ou l'infériorité du plumage ait quelque chose à
voir dans ces caprices. On donne, il est vrai, deux
exemples d'oiseaux qui avaient été repoussés, parce
qu'ils avaient perdu leur plumage ornemental, mais dans
ces deux cas les longues plumes de la queue sont l'indication de la maturité sexuelle. Des cas semblables ne
peuvent appuyer l'opinion que des mâles possédant des
plumes caudales un peu plus longues, et des couleurs un
peu plus brillantes, sont généralement préférés, et que
ceux qui leur sont un peu inférieurs sont généralement
repoussés, — et c'est ce qu'il faudrait absolument prouver pour établir la théorie du développement de ces
plumes par le moyen de la sélection par la femelle.

On verra que les oiseaux femelles ont d'inexplicables
antipathies et sympathies dans le choix de leurs con-
joints, tout comme nous en avons, et ceci peut nous
fournir un exemple. Quand un jeune homme fait sa
cour, il brosse et frise ses cheveux, et tient sa moustache,
sa barbe ou ses favoris dans l'ordre le plus parfait ; et
il doute que sa beauté ne les admire ; mais cela ne
prouve point qu'elle l'épouse à cause de ces ornements,
bien moins encore que cheveux, barbe, favoris et moustaches se soient produits par les préférences continuées du
sexe féminin. Une jeune fille aime à voir son prétendant bien habillé, suivant la mode du jour ; et il s'ha-
bille de son mieux lorsqu'il va la voir. Mais nous
ne pouvons conclure que toute la série des costumes

[1]. *Descendance* de Darwin, trad. Barbier, chap. XIII.

masculins, depuis les pourpoints à couleurs vives, bou
fants et tailladés, et les hauts de chausse du temps de l
reine Élisabeth, les habits magnifiques, les gilets inter
minables et les queues du commencement de l'ère de
Georges, jusqu'à la tenue d'entrepreneur de pompe
funèbres de notre époque, soit le résultat direct des pré
férences féminines. De même, les femelles des oiseau
peuvent être charmées ou excitées par le bel étalage d
plumage des mâles ; mais il n'y a aucune preuve quel
conque établissant que de légères différences dans ce
étalage aient aucun effet sur elles, pour déterminer leu
choix d'un compagnon.

ÉTALAGE DU PLUMAGE DÉCORATIF

La façon extraordinaire dont la plupart des oiseau
à l'époque de leurs amours, font étalage de leur plumage
étant, évidemment, pleinement conscients de sa beauté
constitue un des arguments les plus forts de Darwin
Nul doute que ce phénomène ne soit très intéressant e
très curieux ; et il indique une connexion entre l'exer
cice de certains muscles et le développement de la cou
leur et de l'ornement ; mais, pour les raisons que nou
venons de donner, il ne prouve pas que l'ornement ai
été développé par le choix de la femelle. Sous l'empir
d'une excitation quelconque, et quand l'organisme a un
énergie surabondante, beaucoup d'animaux aiment
exercer leurs divers muscles, souvent selon des mode
fantastiques, comme cela se voit dans les gambades de
petits chats, des agneaux et autres jeunes animaux. Mai
au moment de l'accouplement, les oiseaux mâles ont at
teint leur développement le plus parfait, et possèden
une provision énorme de vitalité ; sous l'excitation de l
passion sexuelle ils exécutent des mouvements bouffons
des vols rapides, autant probablement par une impul

on intérieure vers le mouvement et l'exercice, que par
désir de charmer leurs compagnes. Tels sont les
scentes rapides de la bécassine, l'essor et le chant de
alouette, et les danses du *Tetras phasaniellus*, et de tant
autres oiseaux.

Il est significatif que d'étranges mouvements de ce
nre soient exécutés par beaucoup d'oiseaux dépourvus
tout plumage d'ornement. Les engoulevents, les oies,
s vautours mangeurs de charognes, et beaucoup d'au-
es oiseaux à plumage ordinaire ont été vus dansant,
ployant leurs ailes ou leurs queues, et se livrant à de
otesques démonstrations amoureuses. Voici comment
professeur Moseley décrit le grand albatros, oiseau
forme et de couleurs ternes, à l'époque de ses amours.
Le mâle, se tenant auprès de la femelle sur son nid,
ève ses ailes, déploie et élève sa queue, rejette sa tête
bec en l'air, ou étend son cou en avant, le plus loin
il peut, et pousse un cri étrange [1] ». M. Jenner Weir
sure que « le merle mâle est plein d'activité, déploie ses
les brillantes et sa queue, tourne son bec brillamment
ré vers sa femelle, et glousse de joie » tandis qu'il n'a
mais remarqué de démonstrations pareilles chez le mâle
la grive, moins vivement coloré, à l'égard de la fe-
elle. La linotte dilate sa poitrine rose, et déploie légè-
ment ses ailes brunes et sa queue ; tandis que les va-
tés à couleurs vives des pinsons australiens adoptent
attitudes et les poses qui peuvent le mieux faire valoir
ur plumage coloré d'une façon variée [2].

THÉORIE DE LA COLORATION ANIMALE

On serait en droit de me demander quelle hypothèse
puis offrir pour remplacer la théorie de Darwin, que

1. *Notes of a Naturalist on the Challenger.*
2. *Descendance*, trad. Barbier, p. 441.

j'ai rejetée comme insuffisante pour expliquer les couleurs et marques brillantes des animaux supérieurs, leur
prépondérance chez le mâle, et leur étalage aux périodes
d'activité et d'excitation. J'ai déja indiqué une théorie
de ce genre, dans mon livre de *Tropical Nature*, et je
vais l'exposer maintenant, en peu de mots, en l'appuyant
sur quelques faits et arguments qui sont venus s'ajouter
aux autres, et me paraissent d'un grand poids, faits que
je dois, en grande partie, à un ouvrage posthume très
intéressant et suggestif, de M. Alfred Tylor [1].

Le fond de la couleur des animaux est, ainsi qu'on l'a
montré précédemment, éminemment protecteur, et il
n'est pas impossible que toutes les couleurs primitives
des animaux l'aient été aussi. Au cours très long du développement des animaux, d'autres modes de protection
que celui de l'harmonie de la couleur avec l'entourage
se sont produites, et, dès lors, le développement normal
de la couleur dù aux changements complexes de chimie
et de structure qui se sont succédés incessamment dans
l'organisme, a eu son action complète ; les couleurs ainsi
produites se sont modifiées à plusieurs reprises par la
sélection naturelle dans un but de prémonition, de reconnaissance, de mimétisme ou de protection spéciale,
ainsi qu'il a été expliqué dans les chapitres précédents.

Cependant, M. Tylor a appelé l'attention sur un principe important qui est à la base de toutes les modifications des dessins variés ou marques ornementales des
animaux : les diversités de coloration suivent les grandes
lignes de structure, et se transforment aux points, tels
que les jointures, où la fonction se transforme. « Si nous
prenons, dit-il, des espèces très décoratives — c'est à-dire
des animaux marqués de bandes ou taches alternées,
sombres ou claires, telles que celles du zèbre, de quel-

1. *Coloration in Animals and Plants*, Londres, 1886.

ues cerfs ou des carnivores, nous trouvons d'abord que
i région de la colonne dorsale est marquée par une
hie sombre ; puis, que les appendices ou membres sont
arqués d'une façon différente ; troisièmement, que les
ancs sont rayés ou tachetés, le long des lignes latéra-
s ou entre elles ; quatrièmement, que les régions de
épaule et de la hanche sont marquées par des lignes
urbes ; cinquièmement, que le patron du dessin
ange ainsi que la direction des lignes ou des taches, à
tête, au cou, et à chaque jointure des membres ; et
fin, que le bout des oreilles, du nez, de la queue et des
eds, et l'œil sont accentués en couleur. Chez les ani-
aux tigrés, la plus grande longueur d'une tache est
néralement dans la direction du plus grand dévelopement du squelette. »

Cette décoration structurale est bien visible chez beau-
up d'insectes. Chez les chenilles, des taches et marques
mblables sont répétées à chaque segment, excepté
and quelque forme de protection les a modifiées. Chez
s papillons, les taches et les bandes se rapportent gé-
ralement à la forme des ailes et à l'arrangement des
vures ; beaucoup de témoignages semblent prouver
e les marques primitives ont dû être des taches dans
s cellules, ou entre les nervures, ou à la jonction des
rvures, l'extension et la coalescence de ces taches for-
ant des bordures, des bandes ou des plaques qui ont
é modifiées de façons infiniment variées, pour servir
moyens de protection, de prémonition, et de recon-
aissance. Même chez les oiseaux, la distribution des
uleurs et des marques suit en général la même loi.
e dessus de la tête, la gorge, les plumes qui abritent
s oreilles et les yeux, ont habituellement des teintes
istinctes chez tous les oiseaux de couleur vive ; la ré-
ion de la fourchette présente souvent une plaque colo-
e distincte ; ainsi en arrive-t-il pour les muscles pec-

22.

toraux, l'uropygium ou racine de la queue, et les plumes caudales inférieures [1].

M. Tylor était d'avis que la forme primitive d'ornementation consistait en taches, dont la réunion en certaines directions forma des lignes et des bandes; puis, celles-ci se fondirent quelquefois en plaques ou en teintes plus ou moins uniformes couvrant une grande partie du corps. Les jeunes lions et les jeunes tigres sont tous deux tachetés; et chez le porc de Java (*Sus vittatus*) les animaux très jeunes sont à bandes, mais ont des taches sur les épaules et les cuisses. Ces taches se dessinent en raies à mesure que l'animal grandit; alors les raies se dilatent et, enfin, en se rencontrant, finissent par donner à l'animal adulte une couleur brun-foncé uniforme. Il y a tant d'espèces de cerfs qui sont tachetés quand ils sont petits, que Darwin en conclut que la forme mère d'où dérivent tous les cerfs, doit avoir été tachetée. Les cochons et les lapins, quand ils sont jeunes, ont des bandes ou des taches; un jeune exemplaire de *Tapirus Bairdi*, qu'on avait importé, était couvert de taches blanches en rangées longitudinales, formant ici et là de courtes raies [2]. Le cheval lui-même, que Darwin supposait descendre d'un animal rayé, est souvent tacheté, comme chez le cheval pommelé, et beaucoup de chevaux montrent une tendance à être tachetés, surtout sur les flancs. Les ocelles peuvent aussi avoir été développés hors de taches ou de barres, ainsi que l'a indiqué Darwin. Les taches sont une forme ordinaire de marques dans les maladies, et ces taches se réunissent souvent pour former des plaques. Il paraît probable que les marques de couleur dépendent en quelque manière de la distribution nerveuse. Dans l'herpès du front, il se pro-

---

1. *Coloration of Animals*, Pl. X, p. 90. Pl. II, III et IV, p. 30, 40, 42.

2. Voyez la planche coloriée, *Proc. Zool. Soc.*, 1871, p. 626.

luit une éruption qui correspond exactement à la
listribution de la division ophtalmique de la cin-
uième paire, dessinant toutes ses petites branches jus-
u'à celle qui va au bout du nez. Chez un Hindou at-
eint d'herpès, le pigment fut détruit dans le bras le
ong du trajet du nerf cubital, avec ses branches sur les
eux côtés d'un doigt et la moitié d'un autre. Dans la
imbe les nerfs sciatique et saphène étaient en partie
essinés et donnaient au patient l'apparence d'un dia-
ramme anatomique [1].

Ces faits sont très intéressants parce qu'ils aident à
rpliquer comment les marques dépendent de la struc-
ire anatomique, ainsi que nous l'avons déjà indiqué.
ir, comme les nerfs suivent partout les muscles, et que
ux-ci sont attachés aux divers os, nous voyons com-
ent il se fait que les espaces où paraissent des dévelop-
ments distincts de couleur, sont si souvent marqués
ir les grandes divisions de la structure osseuse chez les
irtébrés, et par les segments chez les Annélides. Il existe
urtant une correspondance encore plus grande et plus
portante. Les couleurs brillantes se produisent habi-
ellement en raison du développement des appendices
gumentaires. Chez les oiseaux, les plus belles couleurs
nt l'apanage de ceux qui ont des ruches développées,
s crêtes, des queues allongées comme les oiseaux-
ouche; d'immenses plumes caudales comme le paon;
normes ailes, de grandes plumes, comme le faisan Ar-
s; ou de magnifiques plumes dans la région coracoï-
enne, comme beaucoup d'oiseaux de paradis. Il faut
marquer aussi que toutes ces plumes accessoires nais-
it de parties du corps qui, dans d'autres espèces, se
tinguent par des plaques colorées; de façon qu'il est

. *Coloration* de A. Tylor, p. 40; voir aussi la photographie
is *Illustrations of Clinical Surgery* de Hutchinson, cité par
lor.

permis d'attribuer le développement de la couleur et celui du plumage accessoire à la même cause fondamentale.

Chez les insectes, la coloration la plus brillante et la plus variée se produit chez les papillons et les phalènes, groupes chez lesquels les membranes des ailes ont atteint leur plus grande expansion, et dont la spécialisation a été portée le plus loin dans la merveilleuse couche d'écailles qui est le siége de la couleur. Ce qui donne à penser, c'est que le seul autre groupe où les ailes fonctionnelles soient très colorées est celui des libellules dont la membrane est excessivement large. De la même façon, les couleurs des coléoptères, bien que fort inférieures à celle des lépidoptères, se présentent dans un groupe où la paire des ailes antérieures a été épaissie et modifiée pour protéger les parties vitales, et dans lequel ces élytres, au cours du développement des différents groupes, ont dû subir de grands changements et être le siége d'une croissance très active.

L'ORIGINE DES PLUMES ACCESSOIRES

Darwin suppose que ces plumes, dans presque tous les cas, ont été développées par la préférence des femelles pour les mâles qui les possédaient en quantité supérieure aux autres ; mais cela n'explique point le fait que ces plumes apparaissent habituellement sur quelques parties définies du corps. Il nous faut une cause expliquant le développement sur une partie plutôt que sur une autre. L'idée que la couleur a paru sur des surfaces où le développement musculaire et nerveux est considérable, et le fait qu'elle apparaît, en particulier, sur les plumes accessoires ou très développées, nous conduit à rechercher si la même cause n'aurait pas primitivement déterminé le développement de ces plumes. L'immense huppe de plu-

age doré, chez les oiseaux de paradis les mieux connus
aradisea apoda et *P. minor*) part d'une très petite zone
r le côté de la poitrine. M. Frank E. Beddard, qui a eu
bonté d'en examiner un exemplaire pour moi, dit que :
Cet espace se trouve sur les muscles pectoraux et près
point où les fibres du muscle convergent vers leur in-
rtion à l'humérus. Les plumes s'élèvent donc près du
uscle le plus puissant du corps, et près du point où
ctivité de ce muscle est au maximum. En outre, la
ace où s'attachent les plumes est juste au-dessus du
int où les artères et les nerfs afférents aux muscles
ctoraux et aux régions voisines sortent de l'intérieur
corps. L'espace où s'attachent les plumes est aussi,
mme vous le dites dans votre lettre, tout juste au-
ssus de la jonction du coracoïde et du sternum. » Des
imes ornementales fort grandes s'élèvent au même
droit dans beaucoup d'autres espèces d'oiseaux de pa-
lis et, parfois, s'étendent latéralement en avant, de
;on à former des boucliers. Elles se voient aussi chez
aucoup d'oiseaux-mouche, et, chez quelques melli-
ages et oiseaux de soleil, et dans tous ces cas, il y a
e quantité étonnante d'activité et de mouvement rale indiquant une exubérance de vitalité qui peut se
inifester dans le développement de ces plumes acces-
res [1].

Chez une série très distincte d'oiseaux, les gallinacés,
us voyons le plumage ornemental se produire habi-
llement dans des parties très différentes, sous la
me de plumes caudales allongées et de ruches autour
cou. Ici, les ailes sont peu employées relativement,
ctivité la plus grande résidant dans les jambes, car
gallinacés sont éminemment des oiseaux marcheurs,
ireurs et gratteurs. La magnifique roue du paon, qui

[1]. Voir pour l'activité et la combativité des oiseaux-mouche
pical Nature, p. 130, 213.

présente le plus majestueux développement de plumes accessoires de cet ordre, part d'un espace ovale ou circulaire, d'environ trois pouces de diamètre, placé juste au-dessus de la base de la queue et, par conséquent, situé sur la partie inférieure de la colonne dorsale, près de l'insertion des muscles puissants qui font mouvoir les membres postérieurs et s'élever la queue. La présence très fréquente de collerettes ou de plastrons chez les mâles d'oiseaux doués de plumes accessoires peut être due en partie à la sélection, parce que ceux-ci doivent les protéger dans leurs combats réciproques, tout comme la crinière protège le lion ou le cheval. Les plumes très allongées de l'oiseau de paradis et du paon ne peuvent toutefois avoir cette utilité, mais être plus gênantes que commodes dans la vie ordinaire de l'oiseau. Le fait de leur développement à un si haut point chez quelques espèces semblerait indiquer une adaptation si parfaite aux conditions de l'existence, un succès si complet dans la lutte pour la vie, qu'il se produit, chez le mâle adulte en tous cas, une surabondance de force, de vitalité, et de croissance qui peut se dépenser ainsi sans inconvénient. C'est ce que donnerait à croire la grande abondance de la plupart des espèces qui possèdent ces splendides superfluités de plumage. Dans la Nouvelle-Guinée, les oiseaux de paradis sont les plus communs ; leurs voix aiguës peuvent s'entendre souvent lorsque eux-mêmes restent invisibles dans les profondeurs de la forêt ; des chasseurs de l'Inde ont décrit les paons comme étant en si grande abondance qu'on en peut voir de douze à quinze cents dans une heure au même point, et ils s'étendent sur tout le pays, de l'Himalaya à Ceylan. Nous ne saurions dire pourquoi le développement des plumes accessoires a pris des formes différentes, dans des espèces alliées, à moins que cela ne soit attribuable à cette variabilité individuelle qui a été le point de départ de

nt de choses qui nous semblent étranges de forme et
nta-tiques de couleur, soit dans le monde animal, soit
ins le monde végétal.

DÉVELOPPEMENT ET ÉTALAGE DES PLUMES ACCESSOIRES

Si nous avons trouvé la *vera causa* de l'origine des
:cessoires ornementaux des oiseaux et d'autres ani-
aux dans un surplus d'énergie vitale produisant une
oissance anormale des parties du tégument où abon-
lient l'action musculaire e¹ l'action nerveuse, le déve-
ppement continu de ces accessoires en sera le résultat
ir l'action ordinaire de la sélection naturelle, en con-
rvant les individus les plus sains et les plus vigoureux,
aussi par l'action sélective de la lutte sexuelle, en don-
int les plus forts et les plus énergiques pour pères à la
nération suivante. Et, comme tout prouve que, dans
mesure ou la femelle choisit, c'est sur le mâle « le plus
goureux, le plus batailleur et le plus guerroyant » que
mbe son choix, cette forme de la sélection sexuelle
ira dans la même direction, elle aidera à porter le dé-
loppement du plumage à son apogée. Cet apogée sera
teint lorsque la longueur ou l'abondance excessive des
umes commencera à être nuisible à celui qui les porte,
c'est peut-être cette barrière imposée à l'allongement
léfini de la queue du paon qui a mené à l'élargisse-
ent des plumes de son extrémité et produit ces magni-
ues taches en forme d'yeux qui complètent si bien cet
nement.
L'étalage des plumes sera le résultat des mêmes cau-
i qui ont amené leur production. A mesure que les
imes elles-mêmes augmentaient en longueur et en
ondance, les muscles de la peau servant à les dresser
développèrent aussi ; et le développement nerveux
ssi bien que l'afflux sanguin en ces points étant à leur

maximum, l'érection des plumes devenait une habitud
à chaque période d'excitation nerveuse ou sexuelle. L'é
talage des plumes, comme leur existence même, devena
la principale indication externe de la maturité et de l
vigueur du mâle, et, par conséquent, attirerait néces
sairement la femelle. Nous n'avons donc aucune raiso
pour attribuer à celle-ci aucune des émotions esthétiqu
qu'excitent chez nous les beautés de la forme, de la co
leur ou du dessin de ces plumes ; ou des goûts esthéti
ques moins vraisemblables encore qui lui feraient chois
son compagnon en raison de différences de détail dan
les formes, les couleurs ou les dessins.

J'ai fait remarquer ailleurs [1], comme pouvant coopé
rer à la production du plumage ornemental accessoire
que les crêtes et autres plumes dressées pouvaient bie
avoir été utiles en donnant à l'oiseau une apparenc
plus formidable, et servant ainsi à effrayer ses ennemis
tandis que des plumes alaires ou caudales longues pou
vaient servir à troubler le point de mire d'un oiseau d
proie. Mais bien que cela pût être utile dans les pre
mières époques de leur développement, l'importance e
était petite comparée avec la vigueur et la pugnacit
dont les plumes sont l'indice, et qui mettent la plupar
de leurs possesseurs à même de se défendre contre le
ennemis qui sont dangereux pour des oiseaux plus fai
bles et plus timides. Les minuscules oiseaux-mouche
eux-mêmes, attaquent, dit-on, les oiseaux de proie qu
approchent leur nid de trop près.

L'EFFET DE LA PRÉFÉRENCE DES FEMELLES SERA NEUTRALIS
PAR LA SÉLECTION NATURELLE

Les divers faits et arguments que nous venons d'expo

1. *Tropical Nature*, p. 209. C'est dans le chapitre V de cet ouvrage
que la théorie exposée ci-dessus fut d'abord avancée, et le lecteu
y trouvera tous les détails désirables.

r brièvement expliquent donc les phénomènes de
)rnementation du mâle comme étant dus aux lois
:nérales de la croissance et du développement, et nous
spensent de recourir à une cause aussi hypothétique
1e celle de l'action accumulée des préférences de la fe
elle. Il reste pourtant un argument général, tiré de
iction même de la sélection naturelle, qui fait qu'il est
'esque inconcevable que la préférence de la femelle ait
1 être efficace de la manière qu'on a suggérée ; tandis
1e ce même argument appuie avec force la théorie que
)us avons exposée. La sélection naturelle, ainsi que
)us l'avons vu dans nos premiers chapitres, agit sans
sse, et sur une échelle énorme, pour détruire les « moins
)tes » à chaque période de l'existence, et ne conserver
1e les individus qui sont, à tous égards, les mieux
)ués. Chaque année, il ne survit qu'une petite propor-
)n de jeunes oiseaux pour prendre la place des vieux
1i meurent ; et les survivants seront ceux qui sauront
 mieux conserver leur existence depuis leur sortie de
:euf, un des facteurs importants étant l'aptitude des
1rents à les nourrir et à les protéger, tandis qu'eux,
leur tour, doivent être également aptes à nourrir et
'otéger leur propre progéniture. Cette action extrê-
ement rigide de la sélection naturelle doit rendre
)solument vaine toute sélection de l'ornement seul,
moins que le plus orné ne soit aussi le « plus apte » à
us autres égards, tandis que, si la coïncidence existe,
ut choix d'ordre ornemental est entièrement superflu.
 les mâles aux couleurs les plus brillantes et aux plu-
ages les plus abondants *ne sont pas* les plus sains et
s plus vigoureux, s'ils *n'ont pas* le meilleur instinct
)ur construire convenablement et cacher le nid, et
)ur le soin et la protection des petits, ils ne sont cer-
inement pas les plus aptes, et ne survivront pas, ni ne
ront pères des survivants. Si, au contraire, il *existe*

généralement cette corrélation, si, comme on l'a so
tenu ici, l'ornementation est le produit naturel et c
rect d'une santé et d'une vigueur surabondantes, alc
il n'est besoin d'aucun autre mode de sélection po
expliquer la présence des ornements. L'action de la s
lection naturelle ne s'oppose pas, à la vérité, à l'existen
de la sélection par la femelle de l'ornementation en se
mais elle la rend entièrement sans effet ; et comme
preuve directe d'une telle sélection par la femelle c
presque *nulle*, tandis que les objections contre elle ont c
poids, il ne peut plus y avoir de raison pour soutenir u:
théorie qui était provisoirement utile en appelant l'é
tention sur une masse de faits curieux et suggestifs, mε
qui ne peut plus se défendre maintenant.

Le terme de « sélection sexuelle » doit, par conséquer.
être restreint, et n'exprimer que les résultats directs c
la lutte et des combats entre mâles. C'est bien une forn
de la sélection naturelle, et c'est un sujet d'observatic
directe ; et il est aussi aisé de déduire ses résultats de l'a
tion de la sélection naturelle que ceux de tout aut
mode par lequel elle agit. Si la restriction du terme e
nécessaire, dans le cas des animaux supérieurs, elle
devient bien davantage quand il s'agit des êtres infe
rieurs. Chez les papillons, l'élimination par la sélectic
naturelle a lieu, dans une proportion énorme, che
l'œuf, la larve et la pupe ; et peut-être n'arrive-t-il pas
un œuf sur cent de produire un insecte parfait en étε
de se multiplier. Ici donc, la sélection de la femelle,
supposer qu'elle existe, serait entièrement impuissante
car, à moins que les mâles colorés de la façon la plu
brillante ne fussent ceux qui produisent les œufs, le
larves et les pupes les mieux protégés, et à moins qu
ces œufs, ces larves, et ces pupes qui parviennent à sur
vivre ne fussent ceux qui produisent les papillons colc
rés de la façon la plus brillante, tout choix que ferai

a femelle devrait être entièrement submergé. Si, d'autre
part, il y a cette corrélation entre le développement de
à couleur et la parfaite adaptation aux conditions à
outes les phases de la vie, alors ce développement pro-
édera nécessairement par l'action de la sélection natu-
elle et des lois générales qui déterminent la production
e la couleur et des appendices ornementaux [1].

1. Le Révérend O. Pickard-Cambridge qui s'est consacré à
étude des araignées, a eu la bonté de m'envoyer l'extrait suivant
une lettre, écrite en 1869, où il expose ses vues sur cette question.
« Je mets, moi-même, en doute l'application de la théorie dar-
inienne qui attribue les particularités de forme, de structure,
; couleur et d'ornement du mâle au goût ou à la prédilection de
femelle. Il me semble hors de doute qu'il y a dans l'organisation
i mâle quelque chose d'une nature spéciale, sexuelle, qui par
force vitale propre, développe les remarquables particularités
l'on voit si communément, et qui ne sont d'aucune utilité possi-
e à l'autre sexe. Dans la mesure où ces particularités dénotent
ie grande puissance vitale, elles nous indiquent les individus
; plus beaux et les plus forts du sexe, et nous montrent quels
nt ceux qui s'approprieraient le plus certainement le plus grand
mbre des meilleures femelles, et par suite, laisseraient derrière
x la progéniture la plus forte et la plus nombreuse. Et c'est
que viendrait se placer le mieux, à ce qu'il me semble, l'ap-
cation qu'il convient de faire de la théorie de la sélection na-
relle de Darwin ; car les possesseurs de la plus grande puissance
ale étant ceux qui se produiraient et reproduiraient le plus
quemment, les signes externes de cette puissance iraient se
veloppant avec une exagération croissante, qui ne serait arrê-
é que là où elle deviendrait préjudiciable, d'une manière quel-
nque, à l'individu. »
Je passage qui donne les idées indépendantes d'un observateur
entif -- observateur, en outre, qui a étudié les espèces d'un
oupe étendu d'animaux à la fois dans les champs et dans le la-
ratoire, — concorde presque avec mes propres conclusions,
nnées ci-dessus ; et, autant que les opinions mûries d'un na-
aliste compétent peuvent avoir de poids, elles lui offrent un
pui important.

LOIS GÉNÉRALES DE LA COLORATION ANIMALE

On a vu par le résumé condensé qui vient d'être donné des phénomènes de la couleur dans le monde animal combien ce sujet est d'une étonnante complexité d'un extrême intérêt. Il nous fournit un admirable exemple de l'importance du grand principe de l'utilité, et l'effet des théories de la sélection naturelle et du développement, en nous donnant un intérêt nouveau pour les faits les plus familiers de la nature. Il reste beaucou à faire, cependant, soit par l'observation de faits noveaux sur les rapports entre la couleur des animaux leurs habitudes ou leur économie, et plus spécialemen par l'élucidation des lois de la croissance qui détermnent les changements de couleur dans les groupes divers ; mais nous en savons déjà assez pour pouvoir, av quelque confiance, formuler les principes généraux qont amené toute la beauté et la variété de couleurs qnous enchantent partout, quand nous contemplons nature animée. Un court énoncé de ces principes ternnera d'une façon appropriée notre exposition du suj

1. La couleur peut être considérée comme un résult nécessaire de la constitution chimique très complexe d tissus et fluides animaux. Le sang, la bile, les os, graisse et les autres tissus ont des couleurs caractéris ques, souvent brillantes, que nous ne pouvons suppos avoir été déterminées par une intention spéciale, en qui concerne la coloration, puisqu'ils sont habituelleme cachés. Les organes externes, avec leurs accessoires téguments variés, donneraient lieu, par les mêmes pri cipes généraux, à une plus grande variété de couleu

2. C'est un fait que la couleur augmente de variété d'intensité à mesure que les organes externes et les a pendices dermiques deviennent plus différenciés et dveloppés. C'est sur les écailles, les poils et surtout s

ls plumes les plus hautement spécialisées que la couleur
st plus belle et plus variée ; tandis que chez les insectes
a couleur se développe plus complétement dans ceux
ui ont les membranes des ailes le plus larges, et, ainsi
ue cela se passe chez les lépidoptères, revêtues d'écailles
ès spécialisées. Ici, aussi, nous trouvons un nouveau
lode de production de la couleur dans les lamelles trans-
arentes ou les fines stries superficielles qui, par les
is de l'interférence, produisent les étonnantes teintes
iétalliques de tant d'oiseaux et d'insectes.

3. On trouve des indices d'une progression dans le
iangement de la couleur, peut-être d'un ordre défini,
ui accompagne le développement des tissus ou des
ppendices. Ainsi des taches s'étendent et se fondent en
andes, et, quand une expansion latérale ou centrifuge
eu lieu — comme dans la terminaison des plumes de
. queue du paon, le bord extérieur des plumes secon-
aires du faisan Argus, ou les larges ailes arrondies de
eaucoup de papillons —, en yeux de nuances et de
ouleurs variées. Le fait que nous trouvons des grada-
ons de couleur dans beaucoup des groupes les plus
endus, des teintes les plus ternes ou les plus simples
ix teintes les plus brillantes et les plus variées, est un
dice qu'il existe quelque loi de développement, due
ut-être à la ségrégation locale progressive, dans les
ssus, de molécules identiques, chimiques ou organi-
ies, et dépendant de lois de croissance qui n'ont pas
icore été approfondies.

4. Les couleurs qui se sont ainsi produites, et sont
jettes à beaucoup de variations individuelles, ont été
odifiées de manières innombrables pour le bénéfice
) chaque espèce. La modification la plus générale
est produite dans la direction de la protection de l'es-
èce, quand elle est au repos dans son entourage ordi-
aire, et elle a été portée, par étapes successives,

jusqu'à l'imitation la plus exacte de quelque obje
inanimé, ou le mimétisme exact de quelque autre ani
mal. Dans d'autres cas, les couleurs vives et les con
trastes frappants ont été conservés, pour avertir qu
l'animal n'est pas comestible ou possède des arme
offensives dangereuses. Plus fréquente encore a été l
spécialisation de chaque forme distincte par quelqu
teinte ou dessin ayant pour but de favoriser la recon
naissance, surtout chez les animaux sociables dont l
sécurité dépend, en grande mesure, de l'association e
de la défense mutuelle.

5. En règle générale, les couleurs des deux sexes son
pareilles ; mais chez les animaux supérieurs apparaît un
tendance à une coloration plus profonde ou plus intens
chez le mâle, attribuable probablement à sa vigueur e
à son excitabilité plus grandes. Dans beaucoup de grou
pes où cette vitalité exubérante atteint son maximum
le développement des appendices dermiques et des cou
leurs brillantes a continué de s'accroître jusqu'à ce qu'i
ait produit une grande diversité entre les sexes ; et dan
la plupart de ces cas, des exemples montrent que la sé
lection naturelle a été cause que la femelle a gardé le
couleurs primitives, plus sobres, du groupe, dans un bu
de protection.

CONCLUSIONS

Les principes généraux du développement de la cou
leur que nous venons d'esquisser nous mettent à mêm
de donner une explication rationnelle de la quantité
merveilleuse de couleurs brillantes qu'on trouve chez
les animaux des tropiques. Si nous considérons la couleur
comme un produit normal de l'organisme, qui a ou
bien été livré à lui-même, ou arrêté et modifié pour
le bénéfice de l'espèce, nous voyons de suite que la vé
gétation luxuriante et vivace des tropiques, en offran

es retraites plus abondantes, a rendu la couleur bril-
nte moins dangereuse que dans les régions tempérées
. plus froides. En outre, cette végétation perpétuelle
urnit une abondance de nourriture végétale et ani-
ale pendant toute l'année, et ainsi se trouvent rendues
ossibles une plus grande variété et une plus grande
oondance de formes vitales, que là où des saisons inter-
ittentes de froid et de disette réduisent au minimum
s possibilités de la vie. La géologie nous fournit une
tre raison dans le fait que, durant toute la période
rtiaire, le climat tropical a prévalu dans une grande
rtie des régions tempérées, de telle sorte que les pos-
bilités du développement de la couleur y étaient plus
randes qu'à l'époque actuelle. Les tropiques, par con-
quent, nous présentent les résultats du développement
nimal dans une région bien plus vaste, et sous des con-
tions bien plus favorables que celles qui règnent
ujourd'hui. Nous y trouvons des exemples des pro-
ctions d'un monde plus jeune et meilleur, au point de
e de l'animal ; et ceci donne probablement une variété
us grande et un étalage plus beau de couleurs qu'il
e s'en serait produit, si les conditions avaient toujours
é ce qu'elles sont maintenant.

Les zônes tempérées, d'autre part, ont récemment
uffert des effets d'une période glaciaire d'une rigueur
xtrême, dont le résultat a été que les seuls oiseaux à
uleurs vives que nous possédions — à peu près, —
nt des visiteurs d'été venant de pays tropicaux ou
b-tropicaux. C'est au processus de développement
interrompu, et presque libre, depuis les époques géo-
giques reculées, qui s'est poursuivi sous les tropiques,
vorisé par la présence d'abris perpétuels et par une
ourriture abondante, que nous devons ces productions
perbes, les ruches, les huppes et les plastrons étince-
lants des oiseaux-mouche, les plumes dorées des

oiseaux du paradis, et la queue resplendissante du paon. Ce dernier nous présente l'apogée de cette merveille et de ce mystère de la coloration animale qu'un poète artiste a si bien exprimé dans les vers suivants Celui qui aime la nature dont il a fait l'objet de ses études y verra toujours une merveille. Quant aux mystères, j'ose espérer que dans les chapitres qui précèdent j'a réussi à en soulever — ne fût-ce que par un de se coins, — le voile, qui a si longtemps servi de linceu cette partie de la nature.

LA PLUME DU PAON

Ce n'est qu'un copeau dans l'atelier de la nature,
De son poème ce n'est qu'un mot,
Ce n'est qu'une teinte sur sa palette
C'est la plume d'un oiseau !
Mets la pourtant sous le regard du soleil,
Déploie la sous sa lumière,
Prends, pour l'étudier, la loupe du graveur,
Compte les fils et les lignes,
Vois comme l'améthyste et le saphir
Et le saphir et l'or
Et l'or se changeant en émeraude
Développent la merveille !
Le ton, la teinte, le fil, le tissu, la texture
En chacun de ses atômes
Se conforment, se développent,
Obéissant à un plan.
Tout cela pour former un dessin
Du vêtement d'un oiseau !
Que doit donc être le poème
Si ceci n'en est que le mot le plus court
Arrête-toi, et médite :
Ton esprit en aura plus de profit
Que d'un traité, que d'un sermon,
Que d'une bibliothèque entière.

CHAPITRE XI

Les couleurs des plantes sont à la fois moins définies
et moins complexes que ne le sont celles des animaux, et leur interprétation par le principe de l'utilité
est, somme toute, plus directe et plus facile. Cependant, même ici, dans notre étude de l'utilité des diverses couleurs des fruits et des fleurs, nous pénétrons
dans quelques-uns des recoins les plus obscurs de l'atelier de la nature, et nous nous trouvons en présence des
problèmes de l'intérêt le plus profond et de la plus
extrême complexité.

23.

On a tant écrit sur ce sujet intéressant depuis qu<
Darwin y a appelé l'attention, et les faits principau<
nous en sont devenus si familiers, grâce aux leçons, au<
articles, et aux livres populaires, qu'il me suffira d'e<
donner ici une esquisse à grands traits qui nous amèner<
à discuter quelques uns des problèmes fondamentau<
que ces faits ont fait naître, et auxquels on n'a pas ac
cordé toute l'attention qu'ils méritent.

LES RELATIONS GÉNÉRALES DE COLORATION CHEZ LES PLANTE<

La couleur verte du feuillage des plantes est due <
l'existence d'une substance nommée chlorophylle, qu<
se développe presque universellement dans les feuilles
sous l'action de la lumière. Elle est sujette à des chan
gements chimiques définis pendant sa croissance e
sa destruction, et c'est grâce à ces changements qu<
nous admirons les teintes délicates du feuillage printanier, et les nuances plus éclatantes, plus variées, et plu
intenses, de l'automne. Mais toutes ces teintes appartiennent à la classe des couleurs intrinsèques ou nor
males, dues à la constitution chimique de l'organisme
en tant que couleurs elles sont non-adaptives, et sem
blent n'avoir pas plus de rapport avec le bien-être de<
plantes elles-mêmes que n'en ont les couleurs des pierre<
précieuses et des minéraux. Nous pouvons classer dan<
la même catégorie les algues et les champignons à couleurs vives, la « neige rouge » des régions arctiques, le<
herbes marines rouges, vertes ou pourpres, les agaric<
brillants à couleur écarlate, jaune, blanche ou noire
et d'autres cryptogames. Toutes ces couleurs sont probablement le résultat direct de composition chimique
ou de structure moléculaire, et étant ainsi des produit<
normaux de l'organisme végétal, n'ont besoin d'aucune
explication pour notre point de vue actuel ; la même

observation s'applique aux teintes variées de l'écorce, des troncs, des branches, et des rameaux, qui sont souvent de diverses nuances de brun et de vert, ou même de rouge vif et de jaune.

Il existe cependant quelques cas dans lesquels le besoin de protection à qui nous avons vu jouer un rôle si important dans la modification des couleurs des animaux, a déterminé aussi les couleurs de quelques-uns des membres les plus petits du règne végétal. Le Dr Burchell a trouvé un *Mesembryanthemum* dans l'Afrique du Sud qui ressemble à un caillou de forme étrange qu'on aurait jeté parmi les pierres où il pousse [1], et M. J. P. Mansel Weale affirme que, dans le même pays, une asclépiadée a des tubercules poussant loin de terre parmi les pierres, auxquelles ils ressemblent, et qu'avant que leurs feuilles n'aient poussé, ils sont par cette raison absolument invisibles [2]. Il est évident que des ressemblances de ce genre doivent être d'une utilité considérable à ces plantes, dont l'habitat aride abonde en mammifères qui, en temps de disette ou de sécheresse, dévorent tout ce qui a forme de feuille ou de tubercule.

Le véritable mimétisme est rare chez les plantes, bien que l'adaptation à de mêmes conditions produise souvent dans le feuillage et les habitudes, une similitude qui peut tromper. Les Euphorbes qui poussent dans le désert ressemblent souvent de près aux cactus. Les plantes du nord de la mer et celles des hautes Alpes, bien que d'ordres différents, sont souvent très semblables ; et on a enregistré d'innombrables ressemblances de cette sorte dans les noms mêmes des plantes, par exemple la *Veronica pacridea* (véronique ressemblant à un *Epacris*), le *Limnanthemum nymphæoides* (*Limnanthemum* ressemblant à un *nymphaea*), les espèces qui se ressemblent, dans cha-

1. *Travels*, de Burchell, vol. I, p. 10.
2. *Nature*, vol. III, p. 507.

que cas, appartenant à des familles très distinctes. Mai
dans ces cas, et dans la plupart des autres qui ont été
observés, les traits essentiels du vrai mimétisme sont ab
sents, en ce que la plante mimante ne peut être supposée
recevoir un avantage quelconque de sa ressemblance
avec celle qu'elle mime, et ce qui complète la certitude
c'est le fait que les deux espèces habitent, d'ordinaire
des localités différentes. Il existe, pourtant, quelques cas
dans lesquels semblent exister l'accord et l'utilité né
cessaires. M. Mansel Weale cite une Labiée, l'*Ajuga
ophrydis*, seule espèce du genre *Ajuga* dans l'Afrique du
sud, qui ressemble d'une manière frappante à une orchidée ; tandis qu'une balsamine (*Impatiens capensis*) qui
est aussi une espèce solitaire du genre, dans ce pays, ressemble également à une orchidée, pousse dans la même
localité, et est visitée par les mêmes insectes, que les
autres orchidées. Comme ces deux genres de plantes
sont spécialisés pour la fécondation par les insectes, et
que les deux plantes en question sont des espèces isolées
de leurs genres respectifs, nous pouvons supposer que
lorsqu'elles arrivèrent dans l'Afrique du sud elles furent
d'abord négligées par les insectes du pays ; mais que,
ressemblant d'un peu loin à des orchidées par la forme
de leurs fleurs, les variétés qui se sont le plus rapprochées
des espèces communes au pays furent visitées et fécondées par les insectes, et qu'ainsi une ressemblance plus
grande fut amenée. Un autre cas de ressemblance générale est celui de notre ortie blanche commune (*Lamium
album)* avec l'ortie brûlante *(Urtica dioica) ;* et Sir John
Lubbock croit qu'il y a là un cas de mimétisme vrai,
l'ortie blanche bénéficiant de l'erreur par laquelle les
animaux qui paissent la prennent pour l'ortie brûlante [1].

1. *Flowers, Fruits, and Leaves,* p. 128 (fig. 79).

COULEURS DES FRUITS

C'est quand nous en venons aux parties essentielles des plantes, celles d'où dépendent leur perpétuation et leur distribution, que nous trouvons la couleur largement utilisée, dans un but évident, chez les fleurs et les fruits. Chez les premières nous trouvons des couleurs attrayantes et des marques indicatrices assurant la fécondation croisée par les insectes ; chez les derniers, une coloration attrayante ou protectrice, la première attirant les oiseaux ou d'autres animaux lorsque les fruits sont comestibles, et la seconde pour les sauver de la destruction lorsque le veut le bien de l'espèce. Nous examinerons d'abord les phénomènes de la couleur des fruits, qui sont, de beaucoup, les plus simples.

La perpétuation, et, par suite, l'existence même de chaque espèce de plante à fleurs demandent que les graines soient préservées de la destruction, et dispersées, d'une façon plus efficace, sur un espace plus considérable. La dispersion s'effectue soit d'une façon mécanique, soit par l'action des animaux. La dispersion mécanique s'opère principalement au moyen de courants d'air, et un grand nombre de semences sont adaptées à ce genre de transport, en étant revêtues de duvet ou d'aigrettes, comme le chardon et la dent de lion que nous connaissons tous ; en ayant des ailes ou autres accessoires, comme chez le sycomore, le bouleau et beaucoup d'autres arbres ; en étant projetées à des distances considérables par l'éclatement du péricarpe, ou beaucoup d'autres curieux expédients [1]. Un grand nombre de graines, cependant, sont si légères et menues qu'elles peuvent être portées à des distances énormes par les ouragans, étant

1. Voir pour un résumé de ces derniers, *Flowers, Fruits, and Leaves*, de Sir J. Lubbock, ou tout autre ouvrage de botanique générale.

donné surtout qu'elles sont généralement plates ou
courbes de façon à présenter une surface considérable
proportionnellement à leur poids. Celles que transportent les animaux ont leur surface, ou celle de leur péricarpe, armée de crochets minuscules, ou d'un revêtement
épineux qui s'attache aux poils des mammifères ou aux
plumes des oiseaux, comme chez la bardane, les grat-
terons, et beaucoup d'autres espèces. D'autres encore
sont gluantes, comme chez le *Plumbago europaea*, le
houx, et beaucoup de plantes exotiques.

Toutes les graines, ou les péricarpes qui sont adaptés
à l'un de ces divers modes de dispersion, sont de teintes
protectrices ternes, de sorte que lorsqu'ils tombent à
terre on ne peut presque plus les distinguer ; en outre
ils sont d'ordinaire petits, durs, et ne sauraient attirer
n'ayant jamais de pulpe tendre, juteuse ; tandis que
les graines comestibles sont si petites par rapport à leurs
enveloppes et à leurs accessoires durs et secs que peu
d'animaux seraient tentés de les manger.

SIGNIFICATION DES FRUITS A ENVELOPPE DURE

Il existe, pourtant, une autre classe de fruits ou de
graines, habituellement appelés noix, dans lesquels se
trouve une quantité assez grande de substance comestible, souvent très agréable au goût, et qui est à la fois
attrayante et nourrissante pour un grand nombre d'animaux. Mais lorsqu'ils sont mangés, la graine est dé-
truite et l'existence de l'espèce mise en danger. Il est
évident, par conséquent, qu'elles ne sont comestibles que
par suite d'une sorte d'accident ; et le soin spécial que
la nature a pris de les cacher et de les protéger indique
bien qu'elle ne les destine pas à être mangés. Toutes nos
noix communes sont vertes, pendant qu'elles sont attachées à l'arbre, de telle façon qu'on ne les distingue pas

facilement des feuilles ; mais à leur maturité, elles deviennent brunes, et sont également peu faciles à distinguer parmi les feuilles mortes et les rameaux, ou sur la
terre brune. De plus, elles sont presque toujours protégées par une enveloppe dure, comme chez les noisettes,
qui sont cachées sous leur involucre de feuilles agrandi,
et dans les grandes noix du Brésil et les noix de coco par
un étui si dur et si résistant qu'elles en sont protégées
contre presque tous les animaux[1]. D'autres ont une
écorce externe, amère, comme la noix proprement dite ;
tandis que chez la châtaigne et la faine deux ou trois
fruits sont renfermés dans un involucre garni de piquants.

En dépit de toutes ces précautions, les noix sont dévorées, en grandes quantités, par les mammifères et les
oiseaux ; mais comme elles sont, en général, le produit
d'arbres ou d'arbrisseaux d'une longévité considérable,
qui les produisent en grande profusion, la perpétuation
de l'espèce n'est point en péril. En beaucoup de cas, les
mateurs de noix contribuent à les disperser, parce que,
de temps en temps, il est probable qu'ils les avalent entières, ou sans être assez broyées pour que leur germination en soit empêchée ; tandis qu'on a souvent vu des
écureuils enterrer des noix, dont beaucoup sont oubliées
et germent en des lieux où elles ne seraient point parve-
nues sans ces circonstances[2]. Les noix, surtout celles
des plus grandes espèces, qui sont si bien protégées par
leurs étuis durs et presque ronds, sont bien favorisées
dans leur dispersion ; elles roulent au bas des collines,
elles flottent sur les rivières et les lacs, et atteignent
ainsi des localités distantes. Pendant les exhaussements,
ce procédé de dispersion serait très efficace, la nouvelle

1. On sait pourtant qu'un crabe, le *Birgus latro*, ouvre fort bien
la noix de coco pour s'en nourrir (H. de V.).
2. *Nature*, vol. XV, p. 17.

terre étant toujours à un niveau inférieur à celui de la terre couverte par la végétation, et par conséquent dans les meilleures conditions pour recevoir de celle-ci sa provision de plantes.

Les autres modes de dispersion des graines sont si clairement adaptés à leurs besoins spéciaux que nous sommes sûrs qu'ils ont dû être acquis par l'action de la variation et de la sélection naturelle. Les graines à crochets ou à épines sont toujours celles de plantes herbacées qui doivent, par leurs dimensions, arriver au contact de la laine des moutons ou du poil du bétail ; tandis que jamais on ne voit de graines de cette sorte aux arbres des forêts, aux plantes aquatiques, ni même à des plantes grimpantes ou rampantes. Les péricarpes ou graines ailés, d'autre part, sont le propre des arbres et des grands arbrisseaux, ou des grandes plantes grimpantes. Nous avons donc là une adaptation très exacte aux conditions, dans ces modes divers de dispersion ; tandis que, quand nous en venons à examiner des cas individuels, nous trouvons d'innombrables autres adaptations dont le lecteur trouvera une description dans le petit ouvrage déjà cité de Sir John Lubbock.

FRUITS COMESTIBLES OU ATTRAYANTS

C'est, cependant, en arrivant aux véritables fruits, dans le sens vulgaire du mot, que nous voyons des couleurs variées servir à attirer les animaux, afin que les fruits en soient mangés, tandis que les graines non digérées traversent leur corps, et se trouvent, par suite, dans la situation la plus favorable à la germination. Ce but a été atteint grâce à tant de procédés divers et avec tant d'adaptations correspondantes que nul doute ne peut rester dans l'esprit quant à la valeur du résultat. Les fruits sont d'ordinaire pulpeux ou juteux, et générale-

ent doux, et constituent la nourriture favorite d'in-
ımbrables oiseaux et de quelques mammifères. Ils sont
ujours colorés de façon à ressortir au milieu de leur
ıillage ou de leur entourage, le rouge étant la plus com-
ıune comme la plus visible de leurs couleurs, mais le
ıne, le violet, le noir ou le blanc n'étant pas rares. La
ırtie comestible des fruits se développe aux dépens des
ſférentes parties des enveloppes florales, ou de l'ovaire,
ez les divers ordres et genres. Quelquefois, c'est le ca-
e qui s'accroît et devient charnu, comme chez les
mmes et poires ; plus souvent les téguments de l'ovaire
-même sont accrus comme chez la prune, la pêche, le
ısin, etc. ; le réceptacle se développe pour former le
ıit de la fraise ; tandis que les mûres, les ananas et la
ue sont des exemples de fruits complexes formés, en
ſférentes manières, d'une masse de fleurs.

Dans tous les cas, les graines elles-mêmes sont proté-
es par divers expédients contre tout dommage. Elles
ıt petites et dures chez la fraise, la framboise, la gro-
lle, etc., et s'avalent aisément avec la pulpe abondante.
ns le raisin, elles sont dures et amères ; dans la rose
norrhodon) désagréablement velues ; dans la tribu
ɔ oranges, très amères ; et toutes ont un extérieur
ɛe, glutineux qui les fait avaler facilement. Lorsque
graines sont plus grandes et comestibles, elles sont
ıfermées dans une enveloppe extrêmement dure e
ıisse, comme dans les espèces variées de fruits « à
yau » (les prunes, les pêches, etc.) ou dans une peau
s coriace, comme chez la pomme. Nous trouvons chez
noix muscade de l'Archipel oriental une curieuse
ıptation à un seul groupe d'oiseaux. Le fruit est jaune,
ɔlque peu comme une pêche oblongue, mais ferme et
ɔine comestible. Ce fruit se fend, et montre la noire
veloppe luisante de la graine, ou noix muscade, sur
ɹuelle s'étend le bel arille rouge vif ou macis, partie

adventice qui n'a d'autre utilité pour la plante que d'at tirer l'attention sur elle. Les grands pigeons frugivore cueillent cette graine, et l'avalent toute entière à caus du macis ; la muscade traverse leur corps et germe ; e c'est ainsi que s'est opérée l'immense distribution de noix muscades sauvages dans toute la Nouvelle-Guiné et les îles qui l'entourent.

Nous voyons les résultats indubitables de la sélectio naturelle dans cette restriction des couleurs brillante aux fruits comestibles qu'il est utile à la plante de voi manger ; et ceci est d'autant plus évident que la couleu n'apparaît jamais avant que le fruit ne soit mûr — c'est à-dire, avant que les graines qu'il contient ne soient en tièrement mûres, et dans l'état le plus favorable à l germination. Quelques fruits colorés d'une façon bril lante sont vénéneux, comme notre douce-amère (*Sola num dulcamara*) l'arum tacheté, ou pied de veau, e le mancenillier des Indes occidentales. Beaucoup d ceux-ci sont mangés, sans inconvénients, par des ani maux ; et l'on a suggéré que, même dans le cas où quel ques animaux en mourraient empoisonnés, la plante e bénéficierait, puisque non seulement la graine est dis persée, mais elle trouve pour germer, dans le corps e décomposition de sa victime, un abondant engrais [1]. Le couleurs particulières des fruits n'ont pas, à notre con naissance, d'autre utilité pour eux que de les faire re marquer ; d'où la tendance à conserver et accumule chez eux une couleur tranchée quelconque, afin que l fruit devienne aisément visible dans son entourage d feuilles ou d'herbes. Sur 134 arbres fruitiers que compt Mongredien, dans son ouvrage *Trees and Shrubs*, e Hooker dans sa *British Flora*, il n'y en a pas moins d 68, c'est-à-dire plus de la moitié, qui ont leurs fruit rouges, quarante-cinq les ont noirs, quatorze jaunes, e

1. *Colour Sense*, par Grant Allen, p. 113.

pt blancs. La grande prépondérance des fruits rouges
t certainement due à ce que l'évidence de cette couleur
a facilité la dispersion, et peut-être aussi, en partie,
ix changements chimiques de la chlorophylle pendant
maturation et la mort, produisant des teintes rouges
mme dans les feuilles qui se fanent. Cependant la ra-
té relative du jaune, chez les fruits, tandis que cette
uleur prédomine dans les feuilles qui vont tomber,
ilite contre cette dernière supposition.

Il y a, cependant, quelques exemples de fruits colorés
ii n'ont pas paru destinés à être mangés ; et la colo-
iinte (*Cucumis colocynthus*), a un magnifique fruit de la
andeur et de la couleur d'une orange, mais celui-ci est
uséabond au delà de toute expression. Ce fruit a une
orce dure, et se disperse peut-être en roulant ; sa cou-
ur est de production adventice ; il se peut bien que,
algré la répugnance qu'il nous inspire, certains ani-
aux s'en repaissent. Quant au fruit d'une autre plante,
Calotropis procera, le doute n'est pas possible, car il
t sec, plein de petites graines à ailes plates, avec des
aments soyeux éminemment adaptés à la dispersion
r le vent ; cependant elle est d'un jaune brillant, aussi
osse qu'une pomme, et, par cela même, attire beaucoup
ttention. Ici, nous avons donc une couleur qui n'est
'un détail secondaire de l'organisme et ne lui est d'au-
ne utilité ; mais de tels cas sont fort rares, et cette ra-
té, comparée à la grande abondance des cas dans
squels la couleur a un but marqué, ajoute du poids
x témoignages en faveur de la théorie suivant laquelle
s fruits comestibles auraient été colorés d'une façon
trayante, afin que les oiseaux et les autres animaux
issent aider à la dispersion des graines. Les deux
antes nommées ci-dessus appartiennent à la Palestine
aux pays arides adjacents [1].

.. *Natural History of the Bible*, du chanoine Tristram, p. 483-484.

LES COULEURS DES FLEURS

Les fleurs ont des couleurs bien plus variées que celle des fruits, de même qu'elles ont une plus grande complexité de forme et de structure ; pourtant, il y a quelque ressemblance entre eux sous ces deux rapports. Les fleurs sont fréquemment adaptées pour attirer les insectes, comme les fruits pour attirer les oiseaux, le but chez les fleurs, étant d'assurer la fécondation, tandis que chez les insectes c'est la dispersion ; car, dans la même mesure où la couleur indique la comestibilité des fruits qui donneront leur pulpe ou leur jus aux oiseaux, la couleur des fleurs indique aux insectes la présence du nectar ou du pollen qu'ils recherchent.

Les faits principaux, et nombre de détails relatifs à la relation des insectes avec les fleurs furent découverts par Sprengel en 1793. Il remarqua la singulière adaptation de la structure de beaucoup de fleurs aux insectes particuliers qui les visitent ; il prouva l'existence de la fécondation croisée par les insectes, et crut que c'était le but visé par les adaptations, la présence du nectar et du pollen garantissant la continuation de leurs visites ; et cependant, il ne pénétra pas le secret de l'utilité de cette fécondation croisée. Plusieurs écrivains, à des époques subséquentes, obtinrent la preuve que la fécondation croisée est avantageuse aux plantes ; mais Darwin fut le premier à démontrer l'immense généralité de ce fait, et ses rapports intimes avec les adaptations nombreuses et curieuses que Sprengel avait découvertes ; depuis, elle a été établie par une masse énorme d'observations, en tête desquelles il faut placer ses propres recherches sur les orchidées, les primulacées et d'autres plantes [1].

1. Voir, pour un récit historique complet de ce sujet, avec des références à tous les ouvrages, l'introduction à l'ouvrage de Hermann Müller, *Fertilisation of Flowers*, traduit par d'Arcy W. Thompson.

Par une série laborieuse d'expériences poursuivies
urant plusieurs années, Darwin a démontré la grande
aleur de la fécondation croisée pour augmenter la ra-
idité de la croissance, la force et la vigueur de la
lante, et pour ajouter à sa fertilité. Cet effet se produit
nmédiatement, et non, comme il s'y attendait, après
lusieurs générations de croisements. Il sema des grai-
es de plantes à fécondation croisée et à fécondation
irecte dans les deux moitiés du même pot exposé à des
onditions exactement similaires, et dans la plupart
es cas·la différence de grosseur et de vigueur fut éton-
ante ; les plantes dues à la fécondation croisée produi-
aient aussi des graines en plus grande quantité et plus
elles. Ces expériences confirmèrent entièrement celles
es éleveurs d'animaux déjà cités (p. 215) et le condui-
irent à énoncer son fameux aphorisme : « la nature
bhorre la fertilisation directe perpétuelle [1]. » Ce prin-
ipe paraît expliquer suffisamment les expédients variés
ar lesquels tant de fleurs assurent leur fécondation
roisée, soit d'une façon constante, soit occasionnelle-
nent. Ces combinaisons sont si nombreuses, si variées,
t souvent d'une complexité si grande et si extraordi-
aire, qu'elles ont fait le sujet de beaucoup de travaux
aborieux, et ont été largement vulgarisées dans les leçons
t les manuels. Il sera donc inutile, ici, de donner des
étails, mais nous résumerons les faits principaux pour
ppeler l'attention sur quelques difficultés de la théo-
ie qui semblent réclamer une élucidation plus com-
lète.

MODES ASSURANT LA FÉCONDATION CROISÉE

En examinant les modes divers par lesquels s'opère

---

1. Pour le détail de ses expériences, voyez *Fécondation croisée
t directe*, 1876.

la fécondation croisée des fleurs, nous nous apercevor
qu'il en est qui sont relativement simples, en eux-mêmes
et dans les adaptations qu'ils exigent, et d'autres sor
d'une grande complexité. Les modes simples se diviser
en quatre classes :

1° Dichogamie. Les anthères et les stigmates mûri
sent, ou sont aptes à la fécondation à des moment
légèrement différents chez la même plante. Il en résult
que, comme les plantes dans des stations différentes
sur des sols différents, ou exposées d'une manière dif
férente fleurissent plus tôt ou plus tard, le pollen mû
d'une plante ne peut fertiliser qu'une plante exposée
des conditions quelque peu différentes, ou de constitu
tion différente, dont les stigmates seront mûrs au mêm
moment ; et Darwin a montré que cette différence es
précisément celle qui assure le plus grand bénéfice d
la fécondation croisée. Cela est ainsi chez le *Geraniur*
pratense, le *Thymus serpyllum*, l'*Arum maculatum*, e
beaucoup d'autres. 2° Stérilité de la fleur, à l'égard d
son propre pollen, comme chez le lin rouge. C'est u
empêchement absolu à la fécondation directe. 3° Posi
tion des étamines et des anthères telle que le pollen n
peut tomber sur les stigmates, tandis qu'il tombe sur u
insecte visiteur qui l'emporte aux stigmates d'une autr
fleur. Cet effet se produit par nombre de modes très
simples, et se trouve souvent aidé par le mouvemen
des étamines qui s'abaissent en s'éloignant des stigmate
avant que le pollen ne soit mûr, comme cela se passe
dans la *Malva sylvestris* (voir fig. 28). 4° Les fleur
mâles et les fleurs femelles sont sur des plant
différents : c'est la Diœcie de Linné. Dans ces ca
le pollen peut être porté aux stigmates soit par le vent
soit par l'intermédiaire des insectes.

Ces quatre procédés paraissent tous très simples :
la variation et la sélection doivent facilement les pro-

.ire. Ils sont applicables à des fleurs de toute forme,
suffit de certaines dimensions et d'une coloration apte
attirer les insectes ; il faut encore du nectar pour assu-
r la répétition des visites de ceux-ci, et ces caractères
nt communs au plus grand nombre des fleurs. Tous
s procédés sont communs, sauf peut-être le second ;
lis il y a beaucoup de fleurs où le pollen d'une autre
ante l'emporte sur le pollen de la même fleur, et
la revient à peu près à la stérilité *per se*, si les fleurs

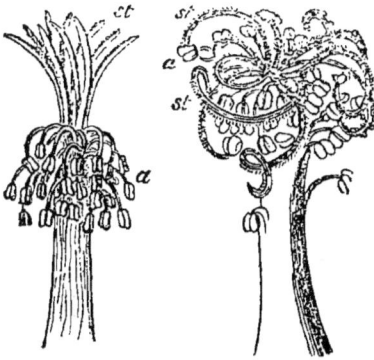

Fig. 28.

Malva sylvestris, adaptée à   *Malva rotundifolia* adaptée
   la fertilisation par les   à la fertilisation directe.
   insectes.

it fréquemment croisées par les insectes. Nous
pouvons nous empêcher de demander, alors, pour-
oi tant d'autres procédés, dont quelques-uns sont si
orieux, ont été nécessaires? Et comment se sont
oduites les dispositions plus compliquées de tant de
irs? Avant d'essayer de répondre à ces questions, et
ir que le lecteur puisse apprécier les difficultés du
oblème et la nature des faits qu'il faut expliquer, il
a nécessaire de résumer les procédés les plus com-
xes destinés à assurer la fécondation croisée.

1) Nous avons d'abord le dimorphisme et l'hétéromor-
sme, dont les phénomènes ont déjà été esquissés dans
re chapitre VII.

Il y a ici une modification mécanique et physiolo
que, les étamines et le pistil étant diversement modif
en longueur et en position, tandis que les différen
étamines sur la même fleur ont des degrés très div
de fertilité quand on les applique au même stigmate
phénomène qui paraîtrait improbable au suprême deg
s'il n'était aussi solidement établi. Le cas le plus rem
quable est celui des trois formes différentes de
salicaire (*Lythrum salicaria*), qui est ici représent
(fig. 29).

(2) Quelques fleurs possèdent des étamines irritabl
qui, lorsqu'un insecte touche leur base, se détend
et le saupoudrent de pollen. Tel est le cas chez no
épine-vinette.

(3) Chez d'autres il y a des sortes de leviers, ou d'a
pendices par lesquels les anthères sont mécaniquemc
inclinées sur la tête ou le dos de l'insecte qui entre da
la fleur, dans une position telle qu'il les porte aux sti
mates de la première fleur qu'il visite ensuite. Cela
voit très bien dans beaucoup d'espèces de *Salvia*
d'*Erica*.

(4) Chez quelques fleurs, il y a une sécrétion gluan
qui, s'attachant à la trompe d'un insecte, lui fait emp
ter le pollen et l'appliquer au stigmate d'une aut
fleur. Cela se produit chez notre herbe à lait vulga
(*Polygala vulgaris*).

(5) Chez les papilionacées il y a des dispositions co
pliquées, amenant l'expulsion du pollen hors d'un r
ceptacle sur l'insecte, comme dans le *Lotus corniculat*
ou bien les anthères sautent et éclatent de façon à sa
poudrer entièrement l'insecte, comme chez la *Medica*
falcata, où ceci se produit après que le stigmate a t
ché l'insecte et pris un peu du pollen de la derni
fleur visitée.

(6) Quelques fleurs ou spathes forment des sortes

pites où les insectes sont pris comme en un piège ;

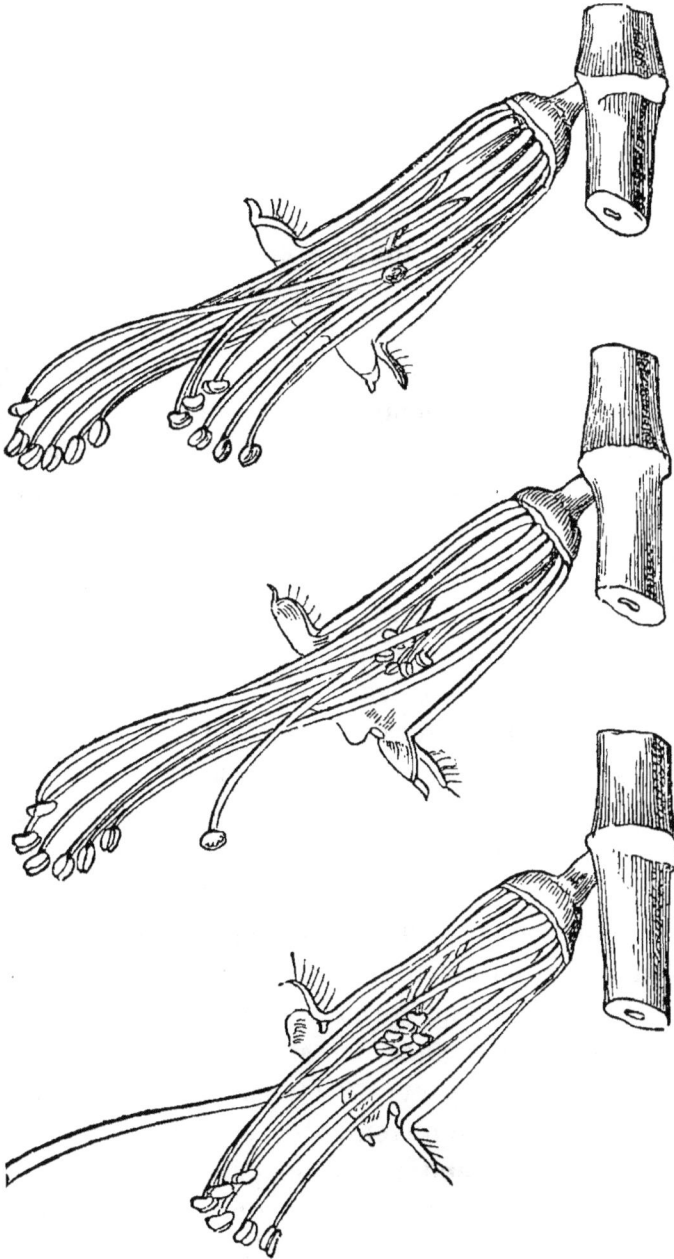

Forme brevi-style.

Forme à style moyen.

Forme à long style.

Fig. 29. — *Lythrum salicaria*.

and ils ont fécondé la fleur, la frange des poils s'é-
te et leur permet de s'échapper. Ceci se présente

chez beaucoup d'espèces d'*Arum* et d'Aristoloch

(7) Plus remarquables encore sont les pièges de
fleur des *Asclepias* qui attrapent les mouches, les pap
lons et les guêpes par leurs pattes, et les arrangemer
étonnamment compliqués des orchidées. Une de c
dernières, notre *Orchis pyramidalis* commune, peut êt
décrite en peu de mots pour montrer la variété et
beauté des dispositifs qui assurent la fécondation cro
sée. La large lèvre trifide de la fleur offre un appui
phalène qu'attire sa suave odeur, et deux ourlets à
base guident d'une façon certaine la trompe jusqu
l'entrée étroite du nectaire. Quand la trompe a attei
l'extrémité de l'éperon, sa partie basilaire abaisse
petit rostellum à gonds qui couvre les glandes gluant
en forme de selle auxquelles sont attachées les mass
polliniques ou pollinies. Quand la trompe se retire, l
deux pollinies se dressent, parallèlement, fermeme
attachées a la trompe. Cependant, dans cette positio
elles seraient inutiles, car elles n'arriveraient poi
au contact de la surface du stigmate de la fleur suivan
visitée par le phalène. Mais dès que la trompe est r
tirée, les deux masses polliniques commencent à d
verger jusqu'à ce qu'elles soient aussi séparées que
sont les stigmates de la fleur, et alors se produit r
second mouvement qui les fait s'abaisser jusqu'à
qu'elles se projettent tout droit devant elles, faisant r
angle droit avec leur première direction, de façon
butter contre la surface des stigmates de la premiè
fleur qui sera visitée et à y laisser une partie de le
pollen. Tous ces mouvements prennent à peine u
demi-minute, et pendant ce temps le phalène se sé
envolé vers une autre plante, et opérera ainsi la pl
bienfaisante fécondation croisée [1]. Cette description

1. Voir *Fécondation des Orchidées*, de Darwin, pour les dispo
tions extraordinaires et compliquées des plantes.

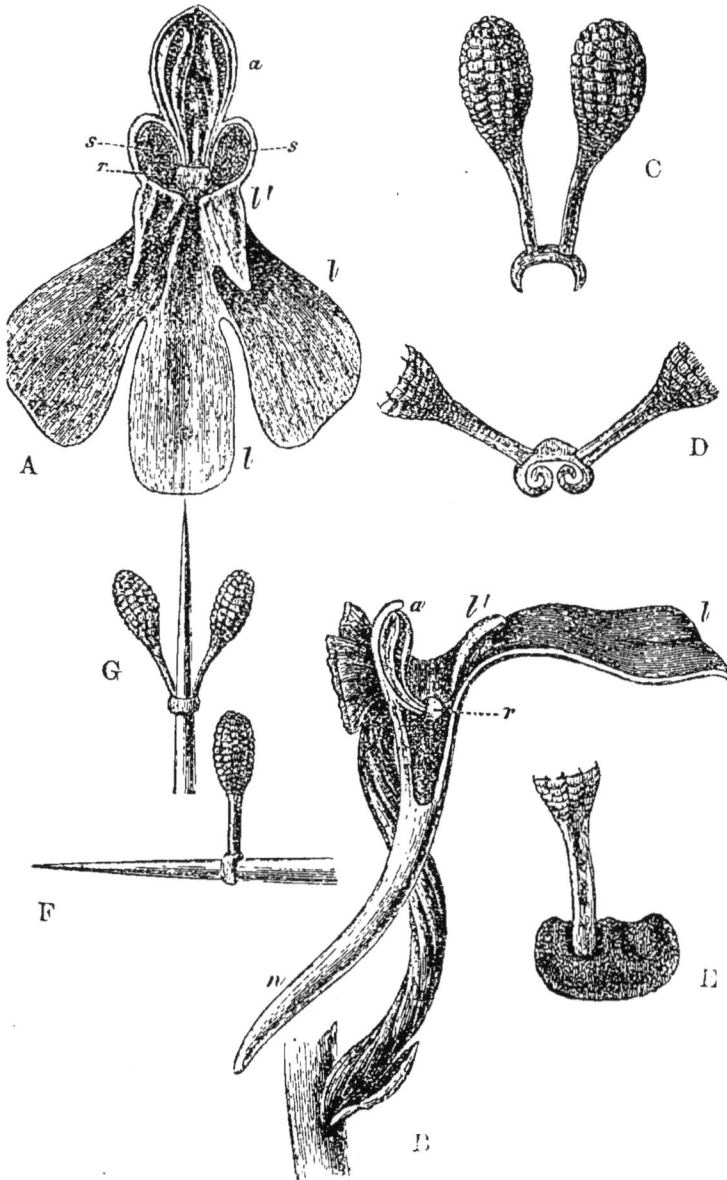

Fig. 30. — *Orchis pyramidalis.*

a. Anthère. *r.* Rostellum. *l.* Rebords directeurs sur la lèvre. *s.s.* Stig-ate. *l.* Labelle ou lèvre. *n.* Nectaire.

a. Vue de face, avec les sépales et pétales enlevés, sauf la labelle.
b. Vue de côte avec tous les sépales et pétales enlevés, et la partie d'en aut de la fleur coupée en deux.
c. Les deux pollinies attachées au disque en forme de selle.
d. Le disque après son premier acte de contraction.
e. Le disque vu d'en haut, avec une pollinie enlevée
f. Les pollinies enlevées par l'insertion d'une aiguille dans le nectaire.
g. Les mêmes pollinies après que l'abaissement a eu lieu.

comprendra mieux en regardant la figure 30, ci-jointe que nous avons empruntée à la *Fécondation des Orchidées*, de Darwin.

INTERPRÉTATION DE CES FAITS

Ayant ainsi indiqué, en peu de mots, le caractère général des adaptations les plus complexes de la fécondation croisée, dont les détails se trouvent dans les ouvrages nombreux qu'on a écrits sur ce sujet[1], nous nous retrouvons en présence d'une question très embarrassante. Pourquoi ces innombrables adaptations d'une si grande complexité se sont-elles produites, quand le même résultat pourrait être obtenu — et est souvent obtenu, — par des moyens extrêmement simples? Supposant, comme nous sommes en droit de le faire, que toutes les fleurs étaient autrefois de formes simples et régulières, comme le bouton d'or ou la rose, comment se peut-il que des fleurs aussi irrégulières et souvent aussi compliquées que les papilionacées, les labiées et les orchidées fantastiques et infiniment variées, se soient jamais développées? On n'a encore suggéré aucune autre cause que la nécessité d'attirer les insectes qui doivent les féconder; pourtant, l'attrait des fleurs régulières de couleurs vives et fournies d'une ample provision de nectar est tout aussi grand, et la fécondation croisée pourrait y être assurée aussi efficacement par l'une quelconque des quatre méthodes simples déjà citées. Avant d'entreprendre de proposer une solution possible de ce difficile problème, nous avons encore à passer en revue une armée considérable de curieuses adaptations se rapportant à la fécondation par les insectes, et nous appellerons d'abord l'at-

1. Le lecteur peut consulter les *British Wild Flowers in Relation to Insects*, de Sir John Lubbock, et le grand ouvrage original de H. Müller: *La Fertilisation des Fleurs*.

ntion sur cette partie des phénomènes qui peut éluci-
r la question des couleurs spéciales des fleurs dans leur
lation avec les diverses espèces d'insectes qui les visi-
nt. Nous devons beaucoup de ces faits aux recherches
actes et longtemps continuées de Hermann Müller.

SUMÉ DES FAITS ADDITIONNELS RELATIFS A LA FÉCONDATION PAR LES INSECTES

1. La grosseur et la couleur d'une fleur sont des fac-
irs importants pour déterminer les visites des insectes;
la est prouvé par le fait que les fleurs voyantes sont
aucoup plus souvent visitées que celles qui ont peu
ipparence. Comme exemples nous citerons le beau
ranium palustre que H. Müller vit visiter par seize
pèces différentes d'insectes, le *Geranium pratense* égan-
nent éclatant en recevant treize espèces, tandis que le
ranium molle, beaucoup plus petit et moins voyant,
n recevait que huit, et le *Geranium pusillum*, un seul.
se peut que dans beaucoup de cas une fleur n'attire
e quelques espèces d'insectes, et H. Müller affirme
e « plus une fleur est de couleur éclatante et plus elle
: souvent visitée par des insectes » : c'est le résultat
beaucoup d'années d'observations attentives.

2. Une odeur agréable vient compléter d'ordinaire
ttrait de la couleur. Ainsi, le parfum manque généra-
nent aux fleurs plus grandes et plus voyantes qui
bitent les endroits découverts, telles que les pavots,
; pivoines, les tournesols, et de beaucoup d'autres;
idis qu'il accompagne souvent des fleurs très peu ap-
rentes, comme le réséda, où celles qui croissent à l'om-
e, comme la violette et la primevère; et surtout celles
i ont des fleurs blanches ou jaunes, comme le jasmin
inc, la clématite, le *Stephanotis*, etc.

3. Les fleurs blanches sont souvent fécondées par
; insectes, et répandent leur parfum durant la nuit

seulement, comme notre *Habenaria chlorantha*; que
quefois même même elles ne s'ouvrent que la nuit, ainsi qu
le font l'herbe aux ânes, et d'autres fleurs. Ces fleur
ont souvent une longue gorge en correspondance ave
la longueur de la trompe des phalènes, comme dans l
genre *Pancratium*, notre *Habenaria*, le jasmin blanc, e
une quantité d'autres.

4. Les fleurs rouge-vif attirent beaucoup les papil
lons, et sont parfois spécialement adaptées à être fécon
dées par eux, ainsi que cela se passe chez les œillet
(*Dianthus deltoides, Dianthus superbus, Dianthus atror
bens*) chez la nielle des blés (*Lychnis githago*) et bear
coup d'autres. Les fleurs bleues ont la spécialité d'att.
rer les abeilles et d'autres hyménoptères; (bien qu
ceux-ci fréquentent des fleurs de toutes couleurs) on n'
pas observé moins de soixante-sept espèces de cet ordr
visitant la commune *Jasione montana*. Les fleurs d
couleur jaune, terne ou brune, dont quelques-unes on
une odeur de charogne, attirent les mouches, comm
l'Arum et l'Aristoloche; tandis que les fleurs viole
terne des scrofulariées attirent tout particulièrement le
guêpes.

5. Quelques fleurs n'ont ni parfum, ni nectar, et, ce
pendant, elles attirent les insectes au moyen de fau
nectares! Chez la *Paris quatrifolia*, l'ovaire scintill
comme s'il était humide, et les mouches s'y posent e
emportent le pollen à une autre fleur; tandis que che
la parnassie (*Parnassia palustris*) il y a nombre de petite
boules jaunes pédonculées près de la base de la fleu
qui ressemblent à de petites gouttes de miel, mais son
en réalité, sèches. Dans ce cas particulier, il y a plus ba
un peu de nectar, mais c'est un faux semblant qui consti
tue l'attrait; et comme, chaque année, il y a de nouvelle
générations d'insectes, il faut un peu de temps pour qu'il
en fassent l'expérience et, par suite, il y en a toujour

ssez de trompés pour effectuer la fécondation croisée[1].

C'est un cas analogue à celui des jeunes oiseaux qui nt à apprendre par l'expérience quels sont les insectes on comestibles, comme nous l'avons relaté page 340.

6. Beaucoup de fleurs changent de couleur dès u'elles ont été fécondées, et cela est avantageux en ce ns que les abeilles ne perdent pas de temps à visiter s fleurs déjà fécondées dont le nectar est épuisé. La ulmonaire commune (*Pulmonaria officinalis*) est d'abord uge, puis devient bleue; et H. Müller a observé des eilles qui visitaient beaucoup les fleurs rouges, mais égligeaient les bleues. Dans le sud du Brésil, il y a une pèce de *Lantana*, dont les fleurs sont jaunes le pre- ier jour, orangées le second et pourpres le troisième; Fritz Müller a remarqué que beaucoup de papillons sitaient les fleurs jaunes seules, quelques-uns les unes et les oranges, à la fois, mais aucun ne visitait s fleurs pourpres.

7. Beaucoup de fleurs ont des marques qui servent guider les insectes; dans quelques cas, c'est un œil ntral comme dans la bourrache et le myosotis; dans autres, ce sont des lignes ou des taches convergeant rs le centre, comme chez les géraniums, les œillets et aucoup d'autres. Cela permet aux insectes d'arriver te et d'une façon directe à l'entrée de la fleur, et ceci alement est important en ce que cela les aide à faire plus amples provisions de nourriture, et à féconder un us grand nombre de fleurs.

8. Des fleurs ont été adaptées spécialement aux es- ces d'insectes qui abondent le plus dans leur habitat. est ainsi que les gentianes des terres basses sont adap- es aux abeilles, tandis que celles des Hautes-Alpes le nt seulement aux papillons; et tandis que la plupart s espèces de *Rhinanthus* (genre auquel appartient notre

1. *Fertilisation of Flowers*, de Müller, p. 248.

commun rhinanthe jaune) sont des fleurs à abeilles
une espèce des hautes Alpes (*Rhinanthus alpinus*) a été
adaptée à la fécondation par les papillons seuls. La raison de ceci est que, dans les hautes Alpes, les papillons
sont infiniment plus abondants que les abeilles, et que
des fleurs adaptées à la fécondation par ces dernières
pourraient souvent perdre leur nectar sans qu'un papillon eût effectué la fécondation croisée. Il était donc important qu'une modification de structure permît aux
papillons de devenir fécondateurs, et, dans beaucoup de
cas, c'est ce qui est arrivé [1].

9. L'économie de temps est très importante à la fois
pour l'insecte et pour la fleur, car les beaux jours où il
est possible de butiner sont relativement assez rares
et si l'on ne perd pas de temps, les abeilles auront plus
de miel et, en le récoltant, féconderont plus de fleurs. Il
a été remarqué par plusieurs observateurs que beaucoup
d'insectes, et les abeilles en particulier, s'en tiennent à
une seule sorte de fleur à la fois, visitant des centaines
d'inflorescences successivement et laissant de côté toute
autre espèce qui peut s'y trouver mêlée. Ils acquièrent
ainsi de la rapidité pour parvenir jusqu'au nectar, et le
changement de couleur de la fleur qui commence à se
flétrir dès qu'elle est fécondée, leur permet d'éviter les
fleurs dont le miel est déjà épuisé. C'est probablement
pour aider les insectes à se consacrer à une seule fleur à
la fois, ce qui est d'importance vitale pour la perpétuation de l'espèce, que les fleurs dont les floraisons sont
contemporaines, sont d'ordinaire très différentes entre
elles de forme et de couleur. Dans les régions sablon-
neuses du Surrey, au début du printemps, les taillis sont
diaprés de trois fleurs : la primevère, l'anémone des bois
et la petite chélidoine, formant un contraste superbe ;
tandis qu'au même moment, les lauriers pourpres et

1. *Alpenblumen*, par H. Müller. Voyez *Nature*, vol. XXIII, p. 333.

ancs abondent sur le bord des haies. Un peu plus tard,
ms ces mêmes taillis, nous avons la jacinthe bleue
uvage (*Scilla nutans*), la cucubale rouge (*Lychnis dioica*),
grand aster blanc pur (*Stellaria holosteum*) et le lau-
·r jaune (*Laurium Galeobdolon*) ayant toutes des fleurs
·s distinctes, et en contraste réciproque. Dans les prés
mides nous avons, en été, le *Lychnis floscuculi*, l'or-
·is tacheté (*Orchis maculata*) et le rhinanthe jaune (*Rhi·
·ithus Crista-Galli*) ; tandis que dans les prés plus secs
·us avons les coucous, la grande marguerite et les
·tons d'or, tous très distincts de forme et de couleur.
· même, dans les champs de blé, nous avons les coque-
·ts rouges, la nielle des blés pourpre, le jaune souci
·champs, et le bleuet bleu ; tandis que sur nos landes,
·bruyère lilas et l'ajonc nain font un contraste res-
·ndissant. Ainsi la différence de couleur qui met l'in-
·e à même de visiter rapidement, avec une certitude
·illible, un grand nombre de fleurs de même espèce
·cessivement sert à orner nos prés, nos talus, nos
·s, et nos landes d'une variété charmante de cou-
·s et de formes florales, à chaque saison de l'année [1].

FÉCONDATION DES FLEURS PAR LES OISEAUX

ans les régions tempérées de l'hémisphère nord, les
·ctes sont les principaux agents de la fécondation
·séc, quand ce n'est pas le vent qui s'en charge ; mais,

Cette particularité de la distribution locale de la couleur
les fleurs peut être rapprochée, en ce qui concerne son but,
·ouleurs de reconnaissance des animaux. Tout comme ces
·ères couleurs aident les sexes à se reconnaître, et à éviter
les unions stériles d'espèces distinctes, de même la forme
couleur distinctives de chaque espèce de fleurs, en compa-
·ıde celles qui croissent à côté d'elle, permettent aux insectes
·dants d'éviter de porter le pollen d'une fleur au stigmate
·fleur d'espèce distincte.

dans les régions plus chaudes, dans l'hémisphère sud,
se trouve beaucoup d'oiseaux qui jouent un rôle consi
dérable dans cette opération, et qui ont, en beaucou
de cas, amené des modifications dans la forme et l
couleur des fleurs. Chaque partie du globe a des groupe
spéciaux d'oiseaux qui fréquentent les fleurs. L'Amér
que a les oiseaux-mouche (*Trochilidæ*) et le petit group
des *Cærebidæ*. Sous les tropiques de l'est, les *Nectar
neidæ* remplacent les oiseaux-mouche, et sont aidé
par un autre petit groupe, celui des *Dicæidæ*. Dans la r
gion australienne, il y a aussi deux groupes d'oiseau
qui se nourrissent de fleurs, les Melliphages et les Tr
choglosses. Les recherches récentes de naturalistes amé
ricains ont fait connaître que beaucoup de fleurs sor
fécondées par les oiseaux-mouche ; telles sont les fleu
de la passion, le bignonia, les fuchsias et les lobélias ;
d'autres, telles que la *Salvia splendens* du Mexique so
adaptées spécialement à leurs visites. Nous pouvons peu
être expliquer ainsi le nombre de très grandes fleurs t
buleuses sous les tropiques, comme les immenses bru
mansias et bignonias ; et dans les Indes et au Chili, c
les oiseaux-mouche abondent particulièrement, no
trouvons un grand nombre de fleurs rouges tubuleuse
souvent de grande taille, et apparemment adaptées
ces petits oiseaux. Telles sont les belles *Lapageria
Philesia*, les magnifiques *Pitcairnea*, et les genres *Fuchsi
Mitraria, Embothrium, Escallonia, Desfontainea, Eccr
mocarpus* et beaucoup de Gesnéracées. Parmi les plus e
traordinaires modifications de l'anatomie florale adapt
à la fécondation par les oiseaux se trouvent les *Mar
gravia*, où les pédicelles et les bractées de la partie te
minale d'une grappe de fleurs pendante ont été tran
formés en petits vases qui sécrètent le nectar et attire
l'insecte, tandis que les oiseaux ou les insectes, en
nourrissant du nectar reçoivent sur leur dos le poll

:coué par les fleurs qui le surj lombent, et emportent
: pollen à d'autres fleurs, opérant ainsi la féconda-
on croisée.

Dans l'Australie et la Nouvelle-Zélande, les beaux
lianthus, le *Sophora*, le *Loranthus*, beaucoup d'Epacri-

Fig. 31. — Oiseau-mouche fécondant le *Macgravia nepenthoïdes.*

:es et de Myrtacées, et les grandes fleurs du lin de la
ouvelle-Zélande (*Phormium tenax*) sont fécondés par
s oiseaux, tandis qu'à Natal le beau *Tecoma capensis*
t fécondé par les *Nectarinea.*

On voit bien, par le cas de la Nouvelle-Zélande, à quel
oint l'intervention des insectes et des oiseaux est néces-
aire aux fleurs. Le pays entier est pauvre en espèces
insectes, surtout en abeilles et en papillons qui sont
s fécondateurs principaux des fleurs ; cependant, sui-
ant les recherches des botanistes locaux, il n'y a pas

moins d'un quart des plantes qui fleurissent qui est in
propre à la fécondation directe, et se trouve par consé
quent entièrement sous la dépendance de l'action des in
sectes ou des oiseaux pour continuer leur espèce.

Les faits de la fécondation croisée des fleurs que nou
venons de résumer très brièvement, rapprochés des ex
périences de Darwin prouvant que la vigueur et la fé
condité sont augmentées par la fécondation croisée
semblent justifier amplement l'aphorisme de ce dernier
« La nature a horreur de la fécondation directe », et so
énoncé plus précis encore : « Aucune plante ne se fécond
directement à perpétuité. » Cette opinion a été soutenu
par Hildebrand, Delpino, et d'autres botanistes [1].

LA FÉCONDATION DIRECTE DES FLEURS

Mais, jusqu'ici, nous n'avons examiné qu'un des côté
de la question, car il existe nombre de faits qui parais
sent impliquer, avec autant de certitude, l'inutilité ab
solue de la fécondation croisée. Occupons-nous, main
tenant, de ces faits, avant d'aller plus loin.

I. Beaucoup de plantes se fécondent habituellemer
elles-mêmes, et leur nombre dépasse probablement d
beaucoup celui des fleurs que fécondent les insectes
Presque toutes les plantes très petites, ou à floraiso
obscure, à fleurs hermaphrodites, sont de cette catégorie
Beaucoup d'entre elles, cependant, peuvent être fécon
dées, à l'occasion, par les insectes, et rentrent, pa
suite, dans la règle qu'aucune espèce n'est perpétuelle
ment propre à la fertilisation directe.

II. Il y a beaucoup de plantes, néanmoins, dans les
quelles des arrangements spéciaux assurent la féconda
tion directe. Parfois c'est la corolle qui se ferme et me
en contact les anthères et le stigmate ; d'autres fois, c

1. Voir *Fertilisation of Flowers*, de H. Müller, p. 18.

nt les anthères qui se pressent autour du stigmate, us deux arrivant ensemble à maturité comme chez les utons d'or, la *Stellaria media*, la *Spargula*, et quelques *oilobium*; ou bien elles forment une arche au dessus du stil, comme chez le *Galium aparine* et l'*Alisma plan- go*. Le style est aussi modifié de façon à le mettre en ntact avec les anthères, comme chez la dent de lion, le neçon et beaucoup d'autres plantes [1]. Toutes celles-ci, pendant, peuvent à l'occasion subir des croisements.

III. Dans d'autres cas, des précautions sont prises ns le but d'empêcher la fécondation croisée ; il en est isi chez les nombreuses fleurs cleistogames ou fermées. s précautions ne se présentent pas chez moins de cin- ante-cinq genres différents, qui appartiennent à vingt- atre ordres naturels, et dans trente-deux de ces genres, i fleurs normales sont irrégulières, et ont dû, par nséquent, être modifiées spécialement pour la fécon- tion par les insectes [2]. Ces fleurs semblent être comme s dégradations des fleurs normales, et sont fermées par verses modifications des pétales ou d'autres parties, de le façon qu'il est impossible que les insectes atteignent intérieur; pourtant elles produisent des graines en abon- nce, et sont souvent les agents principaux de la conti- ation de l'espèce. Ainsi chez notre *Viola canina* com- une, il est rare que les fleurs parfaites portent graines,

. Les exemples ci-dessus sont empruntés à l'article du Révé- id G. Henslow, sur *Self-Fertilisation of Plants* dans les *Trans. n. Soc.* Seconde série (*botanique*), vol. I, p. 317-398, avec plan- :. M. H. O. Forbes a montré que le même fait se produit chez orchidées tropicales, dans son article *On the Contrivances for uring Self-Fertilisation in some Tropical Orchids.* (*Journ. Linn. . XXI, p.* 538).
. Ce sont les chiffres que donne Darwin, mais M. Hemsley as- e que la liste en a été fort allongée depuis, et que des fleurs istogames se présentent, probablement, dans presque tous les res naturels.

tandis que les fleurs rudimentaires cleistogames le for
abondamment. La violette odorante aussi produit des gra
nes abondantes par ses fleurs cleistogames, et les fleuparfaites n'en donnent que peu ; mais en Ligurie, elle n
produit que des fleurs parfaites qui portent d'abondar
tes graines. Il ne semble pas qu'on ait connaissance d
plantes n'ayant que des fleurs cleistogames ; cependan
un petit jonc (*Juncus bufonius*) est dans ce cas, en certa
nes parties de la Russie, tandis que dans d'autres régior
ses fleurs sont parfaites[1]. Notre *Lamium amplexicau*
porte des fleurs cleistogames, comme le font certaine
orchidées. L'avantage qu'y trouve la plante est un
grande économie de substance spécialisée, puisque ave
de très petites fleurs et une très petite dépense de polle
on obtient une abondance de graines.

IV. Un nombre considérable de plantes qui ont ét
évidemment modifiées en vue de la fécondation par le
insectes, sont devenues, par une modification ultérieure
tout à fait fécondes *per se*. C'est le cas pour les petit
pois, et aussi pour notre belle ophrys-abeille, dans la
quelle les masses polliniques tombent constamment sules stigmates, et où la fleur, ainsi fécondée par elle-même
produit abondamment des capsules et des graines. Pour
tant chez beaucoup de ses proches alliées, l'interventior
des insectes est absolument nécessaire ; dans une d'elles,
toutefois, l'orchidée-mouche, il se produit relativemen
peu de graines, et la fécondation directe lui serait
par suite, avantageuse. Quand Darwin opéra la fécon
dation croisée artificielle de nos petits pois, il ne parut
pas que cela réussît, car les graines de ces croisement
produisirent des plantes moins vigoureuses que n'er
produisit la graine de ceux qui s'étaient fécondés direc
tement ; fait en contradiction directe avec ce qui se

1. Pour un résumé plus détaillé des fleurs cleistogames, voir
Formes des Fleurs de Darwin, chapitre VIII.

ɪsse d'ordinaire chez les plantes fécondées par croise-
ent.

V. En opposition avec la théorie qui suppose un besoin
ɔsolu de fécondation croisée, M. Henslow et d'autres
ɪt fait remarquer que beaucoup de plantes fécondées
r se sont d'une vigueur exceptionnelle, comme le Séne-
ɔn, le mouron blanc des oiseaux, le laiteron, le bouton
or et d'autres mauvaises herbes communes ; tandis que
 plupart des plantes à distribution étendue sont fécon-
ɜs *per se* et se sont montrées plus aptes à survivre dans
 combat de la vie. Plus de cinquante espèces de plan-
s anglaises communes sont extrêmement répandues,
 toutes, habituellement, se fécondent elles-mêmes [1]. Le
 ɹand avantage de la fécondation paraît ressortir du
it que ce sont, d'ordinaire, les espèces qui ont les fleurs
s plus petites et les moins apparentes qui se sont beau-
ɔup répandues, tandis que les espèces grandes et à inflo-
scences splendides des mêmes genres ou familles, qui
ɔmandent à être fécondées par des insectes, ont une dis-
ɪbution bien plus limitée.

VI. Quelques botanistes croient maintenant que beau-
ɔup de fleurs peu visibles et imparfaites, y compris
lles que le vent féconde, telles que les plantains, les
ɔties, les carex et les graminées, ne représentent point
ɜs formes primitives ou non développées, mais sont des
ɜgradations de fleurs plus parfaites qui étaient autre-
is adaptées à la fécondation des insectes. Dans presque
us les ordres nous trouvons quelques plantes qui sont
ɜvenues ainsi réduites ou dégradées par le vent ou par
 fécondation directe comme le *Poterium* et la *Sanyui-
rba* chez les Rosacées, et c'est sûrement ici ce qui s'est
ɹoduit chez les fleurs cleistogames. Dans la plupart des
antes citées ci-dessus, il y a des organes rudimentaires

1. *Self-Fertilisation* de Henslow. *Trans. Linn. Soc.*, 2ᵉ série. Bo-
nique, vol. I, p. 391.

distincts des pétales, ou d'autres organes de la fleur, ⟨
l'utilité principale de ces derniers étant d'attirer les in
sectes, on ne voit pas comment ils auraient existé dan
les fleurs primitives [1].

[1]. Le Révérend Georges Henslow, dans son *Origin of Flor⟨
Structures*, dit : « Il paraît certain que toutes les Angiosperm⟨
fécondées par le vent ne sont des dégradations de fleurs fécondé⟨
par les insectes.... Le *Poterium sanguisorba* est anémophil⟨
et le *Sanguisorba officinalis* l'était aussi autrefois, selon tout⟨
les présomptions ; mais il a repris un habitus entomophile ; tou
la tribu des Potériées, étant, dans le fait, un groupe dégrad⟨
qui descend des Potentilles. Les Plantains conservent leur coroll⟨
mais sous une forme dégradée. Les Juncacées sont des Liliacé⟨
dégénérées, tandis que les Cyperacées et les Graminées chez l⟨
Monocotylédones peuvent être rangées avec les Amentacées ch⟨
les Dicotylédones, comme représentant des ordres qui ont rétr⟨
gradé bien loin des formes entomophiles dont elles sont peut-êtr⟨
et probablement, les descendants. » (p. 266.)

« Le genre *Plantago*, comme le *Thalictrum minus*, le *Poterium*
et d'autres, servira d'excellent exemple du changement de l'ét⟨
entomophile à l'état anémophile. Le *P. lanceolata* a des fleurs p⟨
lymorphes, et il est visité par des insectes chercheurs de polle⟨
de telle sorte qu'il peut être fécondé soit par les insectes, s⟨
par le vent. Le *P. media* montre les transitions au point de v⟨
de la structure, les filaments étant roses, les anthères immobile⟨
et les grains de pollen agrégés ; le *Bombus terrestris* le visite régu
lièrement. D'autre part, les filaments ténus, les anthères mobile⟨
le pollen pulvérulent, et le style protogyne allongé sont des trait
d'autres espèces qui indiquent l'anémophilie ; tandis que la pr⟨
sence de la corolle dégénérée nous prouve que ses ancêtres étaie⟨
entomophiles. Le *P. media* est donc un exemple, non d'u⟨
état entomophile primitif, mais d'un retour à cet état ; c'e⟨
exactement le même cas que chez le *Sanguisorba officinalis* et l⟨
Salix caprea ; mais ces derniers ne montrent pas de signes d⟨
la restauration de la corolle, les caractères attrayants devan
être représentés par le calice, qui est violacé chez le *Sanguisorba*
par les filaments roses du *Plantago*, et par les anthères jaunes d⟨
saule (p. 271).

« L'interprétation que je voudrais offrir du fait de l'apparenc⟨
obscure, et de toutes sortes de dégradations, est la contre-parti⟨
exacte de celle des apparences voyantes et des grandes différen⟨

Nous savons, en outre que, lorsque les pétales ne sont lus nécessaires pour attirer les insectes, ils diminuent ʌpidement de grosseur, perdent leur couleur brillante, u disparaissent presque entièrement [1].

DIFFICULTÉS ET CONTRADICTIONS

Le résumé très succinct qui vient d'être donné des ıits concernant la fécondation des fleurs aura servi à ıontrer l'étendue considérable et la complexité de l'en-

ations ; c'est-à-dire que les espèces à fleurs minuscules, qui sont ʁement ou ne sont jamais visitées par les insectes, et se fécon‑ ʒnt elles-mêmes, habituellement, se sont produites, primitive‑ ent, par suite de la négligence des insectes, et ont ainsi acquis ur structure florale actuelle » (p. 282).

Dans une lettre que je reçois à l'instant de M. Henslow je trouve ıelques exemples de plus en faveur de sa théorie, parmi lesquels s suivants me paraissent les plus importants : « Passant aux fleurs complètes, les ordres connus collectivement sous le nom de Cyclospermes « sont parents des Caryophyllées, et, à mon avis, ı sont des dégra lations, et l'une d'elles, l'*Orache*, est anémo‑ ıile. Les Cupulifères ont un ovaire infère et un rudiment de ılice au-dessus. On ne saurait, ce me semble, les interpréter ıtrement que comme des dégradations. Toutes les Monocotylé‑ ınes me semblent (pour des raisons anatomiques surtout) être ʒs dégradations des Dicotylédones, et ceci essentiellement par ur habitat aquatique. Beaucoup d'entre elles, dans la suite, ınt devenues terrestres, mais elles ont gardé longtemps les effets ʒ leur habitat primitif par l'hérédité. Le périanthe trimère des ʁaminées, les parties de la fleur étant verticillées, indiquent ıe dégénérescence d'une condition de sub-liliacée. »

M. Henslow m'assure qu'il a cette opinion depuis longtemps, ، qu'il croit être seul à l'avoir. Cependant, M. Grant Allen ʁança une théorie similaire dans ses *Vignettes from Nature* ١. 15), et d'une façon plus complète dans *The Colours of Flowers* hap. V) où il la développe entièrement et emploie des arguments ؛mblables à ceux de M. Henslow.

[1]. H. Müller en donne d'amples preuves dans sa *Fertilisation of* ɩowers.

quête à laquelle nous nous sommes livrés, et les contr[
dictions et difficultés extraordinaires qu'elle présent[
Nous avons une preuve directe des résultats avantageu[
du croisement dans un grand nombre de cas ; no[
avons une masse écrasante de faits relatifs à la structur[
variée et compliquée des fleurs adaptées d'une faço[
évidente pour assurer le croisement par l'intermédiair[
des insectes ; et pourtant nous voyons beaucoup d[
plantes les plus vigoureuses et les plus répandues su[
notre globe qui sont dépourvues de ces adaptations, et d[
pendent, selon toute évidence, de leur fécondation direct[
pour la continuation de leur existence et leur succè[
dans la lutte pour la vie. Il peut être plus extraordinair[
encore de trouver des cas nombreux où les arrangement[
spéciaux en vue de la fécondation croisée semblent n'a[
voir pas réussi, puisqu'ils ont été remplacés par de[
moyens spéciaux de fécondation directe, ou ont rétro[
gradé vers des formes plus simples chez lesquelles la fé[
condation directe est la règle générale. Il y a aussi un[
difficulté de plus dans les modes très compliqués pa[
lesquels la fécondation est souvent amenée ; car nou[
avons vu qu'il y a plusieurs modes très efficaces et pour[
tant très simples d'assurer le croisement, sans dépasse[
un minimum de changement de forme et de structur[
de la fleur ; et quand nous considérons que le résulta[
obtenu au prix d'une telle dépense de modifications d[
structure n'est pas du tout un bien sans mélange, et es[
beaucoup moins apte à garantir la perpétuation de l'es·
pèce que ne l'est la fécondation directe, on a lieu d'être[
surpris qu'il ait fallu recourir à des méthodes si compli·
quées, et parfois telles qu'il est pris des précautions spéciales pour empêcher que le fécondation directe ai[
jamais lieu. Voyons maintenant s'il est possible de jeter[
quelque jour sur ces diverses anomalies et contradictions.

LE CROISEMENT N'EST PAS NÉCESSAIREMENT AVANTAGEUX

Nul n'était plus profondément pénétré que Darwin
es effets avantageux du croisement pour la vigueur et
l fertilité de l'espèce ou de la race ; cependant, il dit
lairement que le croisement n'est pas toujours et néces-
lirement avantageux. Il dit : « La conclusion la plus
nportante à laquelle je sois arrivé, c'est que le croise-
ient seul, en soi, ne fait aucun bien. Le bien, l'avan-
ige, dépend de ce que les individus qu'on croise diffè-
nt légèrement de constitution, et ceci résulte de ce que
urs parents ont été soumis pendant plusieurs généra-
ons à des conditions légèrement différentes. Cette con-
úsion, ainsi que nous l'allons voir, est intimement liée
rec divers importants problèmes physiologiques, tels
ie l'avantage qui dérive de changements légers dans
s conditions de la vie [1]. » Darwin a réuni aussi beau-
iup de témoignages directs prouvant que de légers
iangements dans les conditions de la vie sont avanta-
iux aux animaux aussi bien qu'aux plantes, en main-
nant ou rétablissant leur vigueur et leur fertilité de la
ême façon qu'un croisement favorable semble le faire [2].
est, je crois, par un examen attentif de ces deux clas-
s de faits que nous trouvons le fil conducteur du laby-
ithe où ce sujet semble nous avoir entraînés.

,UVAIS RÉSULTATS SUPPOSÉS DES UNIONS ENTRE INDIVIDUS ALLIÉS

De même que nous avons reconnu que le croisement
est pas nécessairement bon, nous serons forcés d'ad-
ettre que le croisement entre individus rapprochés
est pas nécessairement mauvais. Nos plus belles races
inimaux domestiques ont été produites ainsi, et dans

. *Fécondation Croisée et Directe,* traduction Heckel p. 28.
. *Variation,* traduction Barbier, chap. XVIII.

une enquête statistique faite avec soin, George Darwin
montré que les mariages constamment répétés et lon
guement continués entre les familles de l'aristocrati
anglaise n'ont produit aucun résultat nuisible. Les la
pins de Porto-Santo sont tous le produit d'une seule fe
melle ; ils vivent dans la même petite île depuis 470 ans
ils y abondent encore et paraissent sains et vigoureux
(Voyez p. 216.)

Nous avons, cependant, d'autre part, des témoignage
accablants prouvant que dans beaucoup de cas, che
nos animaux domestiques et nos plantes cultivées, le
unions consanguines produisent de fâcheux résultats
la contradiction apparente peut s'expliquer, peut-être
par nos principes généraux, et sous les restrictions pa
lesquelles nous avons trouvé nécessaire de formuler la va
leur du croisement. Il paraît donc probable que ce n'es
pas le croisement en soi qui est nuisible, mais le croise
ment sans une sélection sévère ou quelque changemen
des conditions. A l'état de nature, comme pour les la
pins de Porto-Santo, l'augmentation rapide de ces ani
maux aurait entièrement peuplé l'île en peu d'années
et là dessus la sélection naturelle aurait agi avec puis
sance pour ne conserver que les plus sains et les plu
fertiles, et dans ces conditions aucune détérioration n
se serait produite. Dans l'aristocratie, il y a eu une sé
lection constante de la beauté, qui est généralemen
synonyme de santé, tandis que toute infertilité consti
tutionnelle aurait amené l'extinction de la famille
Chez les animaux domestiques, la sélection exercé
habituellement n'est ni assez sévère, ni de la bonn
sorte. Il n'y a pas de lutte naturelle pour l'existence
mais on considère comme essentiels certains points d
forme et de couleur caractérisant la race, et de la sorte
ce ne sont pas toujours les plus vigoureux ou les plu
féconds qui sont choisis pour continuer la lignée. Dan

a nature, aussi, l'espèce s'étend toujours sur un terri-
oire plus grand, et se compose de beaucoup plus d'in-
lividus, et, de la sorte, il se produit bientôt une diffé-
'ence de constitution dans les différentes parties du
erritoire, élément qui manque dans le nombre limité
les animaux purement domestiques. Nous conclurons,
le la considération de ces divers faits, qu'un dérange-
nent fortuit de l'équilibre organique est essentiel pour
ntretenir la vigueur et la fertilité de tout organisme,
t que ce dérangement peut être aussi bien produit par
n croisement entre des individus de constitution quel-
ue peu différente, ou par de légers changements for-
uits dans les conditions de la vie. Les plantes qui ont
ne grande puissance de dispersion jouissent d'un chan-
ement constant de conditions, et peuvent, en consé-
uence, exister d'une façon permanente, ou à tout
vénement, pendant de très longues périodes, sans
roisement ; tandis que celles dont les moyens de
ispersion sont limités, et qui sont bornées à un terri-
oire relativement petit et uniforme, ont besoin d'un
hangement occasionnel pour entretenir leur fertilité et
eur vigueur générales. Nous devons nous attendre, par
onséquent, à ce que ces groupes de plantes qui sont
ptes à la fois à la fécondation directe et à la fécondation
roisée, qui ont des fleurs éclatantes et possèdent de
randes facilités de dispersion des graines, seront les
lus abondantes et les plus généralement répandues ; et
el est en effet le cas, les composées possédant tous ces
aractères au plus haut degré, et formant le groupe de
lantes à fleurs voyantes qui est le plus généralement
bondant dans toutes les parties du monde.

COMMENT AGIT LA LUTTE POUR L'EXISTENCE CHEZ LES FLEURS

Examinons maintenant quelle sera l'action de la lutte

pour l'existence dans les conditions que nous venons de constater.

Partout, et en tout temps, quelques espèces de plantes seront dominantes et maitresses, tandis que d'autres iront diminuant en nombre, réduites à occuper un plus petit territoire, et soutenant en général une lutte pénible pour se maintenir en vie. Toutes les fois qu'une plante à fécondation directe sera ainsi réduite en nombre, elle sera en danger d'extinction, parce que, par suite de la limitation de son territoire, elle souffrira des effets de conditions trop uniformes qui produieront chez elle la faiblesse et l'infertilité. Mais, pendant que ce changement se produit, des croisements quelconques avec des individus de constitution légèrement différente seront avantageux, et toutes les variations favorisant soit la fécondation par les insectes d'une part, soit la dispersion du pollen par le vent de l'autre, contribueront à produire une race quelque peu plus forte et plus fertile. Une augmentation de grosseur, une plus vive coloration de la fleur, un nectar plus abondant, un parfum plus doux, ou des adaptations à une fécondation croisée plus efficace, seraient tous conservés, et formeraient le point de départ de quelque forme spéciale en vue de l'intervention des insectes dans la fécondation croisée; et dans chaque espèce placée dans de telles circonstances le résultat serait différent, parce qu'il dépendrait de beaucoup de variations compliquées de parties de la fleur, et des espèces d'insectes qui abonderaient le plus dans la région.

Pour les espèces ainsi heureusement modifiées commencerait une vie nouvelle de développement, et pendant qu'elles se répandraient sur un territoire un peu plus étendu, elles donneraient naissance à de nouvelles variétés ou espèces qui seraient toutes adaptées, à divers degrés et par des modes différents, à la fécondation

roisée par l'intermédiaire des insectes. Mais, au cours
es siècles, quelque changement de conditions pourrait
evenir contraire. Les insectes nécessaires pourraient
iminuer en nombre, ou être attirés par d'autres fleurs,
u bien un changement de climat pourrait donner
avantage à d'autres plantes plus vigoureuses. Alors, la
icondation directe, avec des moyens plus grands de
ispersion, deviendrait plus avantageuse ; les fleurs
ourraient devenir plus petites et plus nombreuses ; les
raines plus petites et plus légères de façon à être plus
icilement dispersées par le vent, tandis que quelques-
nes des adaptations spéciales à la fécondation par
:s insectes, devenant inutiles, seraient réduites à une
)rme rudimentaire, en l'absence de la sélection, et par
ι loi de l'économie de croissance. Ainsi modifiée, l'es-
èce pourrait étendre son domaine dans des régions
ouvelles, obtenant par suite l'accroissement de vi-
ueur que donne le changement des conditions, ainsi
ue cela paraît s'être passé pour tant de plantes à
etites fleurs à fécondation directe. L'espèce pourrait
ontinuer à exister ainsi pendant une longue suite de
ècles, jusqu'à ce que lors d'autres changements —
éographiques ou biologiques — elle souffrît encore
ar la concurrence, ou par d'autres circonstances con-
aires, et fut enfin confinée dans un territoire limité,
ι réduite à un très petit nombre.
Mais lorsque ce cycle de changements se serait ac-
)mpli, l'espèce se trouverait très différente de son type
imitif. La fleur ayant été modifiée, à un moment,
)ur favoriser les visites des insectes, et assurer la fé-
)ndation croisée par leur intermédiaire, aurait, quand
:tte nécessité aurait disparu, gardé quelques traces de
:s modifications, à un état réduit ou rudimentaire.
ais lorsque l'intervention des insectes aurait repris de
.mportance, une seconde fois, les nouvelles modifica-

tions auraient eu pour point de départ une base diffé
rente ou plus parfaite, et de la sorte il se serait produi
un résultat plus complexe. Par suite de différences d
proportions dans la réduction de ses diverses parties, l
fleur serait devenue en quelque degré irrégulière, e
dans la seconde série de modifications en vue de la fé
condation croisée, cette irrégularité, quand elle aurai
été utile, aurait pu être accrue par la variation et l
sélection.

La rapidité et la certitude comparatives avec lesquel
les les changements que nous supposons ici se produi
sent en réalité sont bien démontrées par les grande
différences de structure florale, en ce qui regarde l
mode de fécondation, dans les genres et espèces alliés
et même, en certains cas, dans les variétés des mêmes es
pèces. Ainsi, chez les Renonculacées, nous trouvons qu
les parties les plus voyantes sont, chez la Renoncule
les pétales, chez l'Hellébore, l'Anémone et d'autres, le
sépales, et chez la plupart des espèces de *Thalictrum*
les étamines. Chez toutes ces dernières, nous avons un
simple fleur régulière, mais dans l'*Aquilegia* elle se com
plique de pétales à éperons, et dans le *Delphinium* e
l'*Aconitum* elle devient tout à fait irrégulière. Dans l
classe la plus simple la fécondation directe s'opère libre
ment, mais elle est empêchée, chez les fleurs plus com
pliquées, par le fait que les étamines mûrissent avant l
pistil. Chez les *Caprifoliacées* nous avons de petite
fleurs régulières, verdâtres, comme chez l'*Adoxa* ; de
fleurs plus apparentes, régulières, ouvertes, sans nec
tar comme chez le *Sambucus* ; des fleurs tubuleuse
augmentant de longueur et d'irrégularité, jusqu'à
quelques espèces telle que notre chèvrefeuille com
mun, qui sont adaptées à être fécondées par les phalène
seulement, qu'attirent leur nectar abondant et leur dé
licieux parfum. Chez les Scrofulariées nous trouvon

des fleurs ouvertes, presque régulières, comme la *Veronica* et le *Verbascum*, fécondées par les mouches et les abeilles, mais aussi susceptibles de fécondation directe ; la *Scrofularia* adaptée par sa forme et sa couleur à être fécondée par les guêpes ; et les fleurs plus complexes et plus irrégulières de *Linaria*, *Rhinanthus*, *Melampyrum*, *Pedicularis*, etc., la plupart adaptées à la fécondation par les abeilles.

Dans les genres *Geranium*, *Polygonum*, *Veronica* et plusieurs autres, il y a une gradation de formes depuis les grandes fleurs éclatantes jusqu'aux fleurs petites et de coloration sombre, et dans chaque cas les premières sont adaptées à la fécondation par les insectes, d'une façon souvent exclusive, tandis que chez les dernières, prévaut constamment la fécondation directe. Chez le petit *Rhinanthus crista-galli*, il existe deux formes (qui ont été nommées *major* et *minor*), la plus grande et plus voyante adaptée à la fécondation par les insectes seulement, la plus petite susceptible de subir la fécondation directe ; et deux formes semblables existent chez l'*Euphrasia officinalis*. Dans ces deux cas, il y a des modifications spéciales dans la longueur et la courbure du style aussi bien que dans la grosseur et la forme de la corolle ; les deux formes sont évidemment en voie d'adaptation à des conditions spéciales, puisque l'une abonde dans quelques régions, et la seconde dans d'autres [1].

Ces exemples nous montrent que le genre de changement suggéré ci-dessus s'effectue à l'heure présente, et qu'il a toujours dû s'effectuer dans la nature pendant les longues époques géologiques durant lesquelles le développement des fleurs s'est continué.

1. *Fertilisation of Flowers*, de Müller, p. 448-455. D'autres cas de récentes dégradations et réadaptations à la fécondation par les insectes sont donnés par le professeur Henslow. Voir la note au bas de la page 436-37.

Les deux grands modes d'acquisition d'une vigueur et d'une fécondité croissantes — le croisement et la dispersion sur des territoires plus étendus — ont été employés, à diverses reprises, sous la pression d'une constante lutte pour l'existence et du besoin d'adaptation à des conditions qui changeaient sans cesse. Au cours des modifications qui suivirent, des parties inutiles furent réduites ou supprimées, par suite de l'absence de sélection, et par le principe de l'économie de croissance, et ainsi, à chaque nouvelle adaptation, quelques rudiments des anciennes parties furent développés à nouveau, mais, parfois, sous une forme différente et dans un but autre.

Les types principaux des plantes à fleurs ont existé durant les millions de siècles de toute la période tertiaire, et pendant cet énorme laps de temps beaucoup d'entre elles peuvent avoir été modifiées pour la fécondation par les insectes, et ensuite pour la fécondation directe, et cela, non pas une ou deux fois, mais peut-être des vingtaines, ou même des centaines de fois; et à chacune de ces modifications, une différence dans le milieu peut avoir conduit vers une ligne distincte de développement. A une époque, il se peut que la plus grande spécialisation de structure dans l'adaptation à une seule espèce ou à un seul groupe d'insectes ait sauvé une plante de l'extinction; tandis qu'à une autre époque, le mode le plus simple de fécondation directe, combiné avec de plus grandes facultés de dispersion, et une constitution capable de supporter diverses conditions physiques, peut avoir amené un résultat semblable.

Chez quelques groupes, la tendance semble avoir été continuellement vers une spécialisation de plus en plus grande, tandis que chez d'autres, une tendance vers la simplification et la dégradation a abouti à des plantes comme les graminées et les carex.

Nous sommes à même d'entrevoir maintenant, d'une
açon confuse, l'explication de cette curieuse anomalie
e l'existence de méthodes très simples et de procédés
rès compliqués pour assurer la fécondation croisée —
ous deux étant également efficaces. — Les méthodes
imples peuvent résulter d'une modification relativement
irecte des types des fleurs les plus primitives, qui étaient,
ortuitement, et pour ainsi dire, accidentellement, visi-
ées et fécondées par les insectes ; tandis que les modes
lus compliqués, existant pour la plupart dans les fleurs
rès irrégulières, peuvent provenir de ces cas où l'adap-
ation à la fécondation par les insectes, et une dégra-
ation partielle ou complète, de la fécondation directe
ú par le vent, se sont produites à plusieurs reprises,
haque reprise produisant une complication de plus,
aissant de l'adaptation des anciens rudiments à des buts
ouveaux, jusqu'à atteindre la structure florale merveil-
euse des papilionacées, des asclépiadées ou des orchi-
ées.

Nous voyons donc que la diversité de couleur et de
ructure existant chez les fleurs est probablement le ré-
ultat ultime de la lutte sans cesse renaissante pour
existence, se combinant avec les rapports toujours
hangeants entre le règne animal et le règne végétal à
avers des siècles sans nombre. La variabilité constante
e chaque partie et de chaque organe, avec la puissance
norme d'accroissement que possèdent les plantes, leur
nt permis de s'accommoder de nouveau, à chaque re-
rise, à chaque changement de condition, aussitôt qu'il
e produisait, ayant pour résultat la variété sans fin, la
erveilleuse complexité, et la coloration exquise qui
xcitent notre admiration dans le royaume des fleurs, et
nt d'elles le charme impérissable et la gloire souve-
aine de la nature.

LES FLEURS SONT LE PRODUIT DE L'INTERVENTION DES INSECTES

Darwin déclara le premier, dans son *Origine de Espèces*, que les fleurs avaient été faites belles et appa rentes dans le but d'attirer les insectes, et il ajoutait « Nous pouvons conclure de là que, si les insectes n'avaien pas paru sur la terre, nos plantes n'auraient pas été pa rées de belles fleurs, mais n'auraient produit que de mai gres inflorescences comme nous en voyons chez nos sa pins, nos chênes, nos noyers et nos frênes, chez le graminées, et les orties, qui sont tous fécondés par l'in termédiaire du vent. » L'argument en faveur de cett opinion est beaucoup plus puissant, maintenant, qu'au moment où Darwin écrivait ; car, non seulement, nou avons des raisons de croire que la plupart de ces fleur fécondées par le vent sont des formes dégradées de fleurs autrefois fécondées par les insectes, mais nou avons d'abondantes preuves en faveur du fait que, toute les fois que l'intervention des insectes devient relative ment inefficace, les couleurs des fleurs deviennent moins brillantes, leur grosseur et leur beauté diminuent, jus qu'à ce qu'elles soient réduites aux petites fleurs ver dâtres, sans apparence, de l'*Herniaria glabra* ou du *Polygonum aviculare*, ou aux fleurs cleistogames de la violette. Il y a tout lieu de croire, par conséquent, que non seulement les fleurs ont été développées de façon à attirer les insectes et à se faire féconder par eux, mais que, si, après que les fleurs avaient été produites, en la profusion la plus abondante, les races d'insectes venaien à s'éteindre, toutes les fleurs (du moins dans les zônes tempérées) dépériraient bientôt, et toute beauté florale disparaîtrait de la terre.

Nous ne pouvons, par conséquent, nier le changement considérable que les insectes ont opéré sur la surface du globe, changement que M. Grant Allen retrace en terles si appropriés et si expressifs : « Tandis que l'homme 'a fait que labourer, cultiver quelques plaines unies, uelques vallées de grands fleuves, quelques péninsules iontagneuses, laissant inculte la grande masse de la rre, l'insecte s'est répandu dans tous les pays sous ille formes, et a rendu tout le monde des fleurs tribu- ire de ses besoins quotidiens. Son bouton d'or, sa dent e lion, et sa reine des prés croissent en abondance ans chaque champ. Son thym revêt le penchant des ôteaux, sa bruyère pourpre, la triste lande grise. ien haut, dans les hauteurs des Alpes, sa gentiane ale ses lacs d'azur ; parmi les neiges des Himalayas, ses hododendrons brillent d'un rouge éclatant. L'étang û bord de la route lui-même lui offre la renoncule lanche et la sagittaire, tandis que les larges éten- ues des cours d'eau du Brésil sont embellies par ses énuphars. L'insecte a ainsi transformé toute la surface e la terre en un jardin fleuri sans bornes, qui lui four- it d'année en année le pollen ou le miel, et la plante, à on tour, obtient la perpétuation de son existence par s appâts dont elle se sert pour attirer l'insecte.[1] »

DERNIÈRES REMARQUES SUR LA COULEUR DANS LA NATURE

Dans les quatre précédents chapitres, j'ai essayé de onner une idée générale et systématique, bien que né- essairement condensée, du rôle que joue la couleur ans le monde organique. Nous avons vu en quelle infi- ité de manières le besoin de la dissimulation avai mené la modification des couleurs des animaux, sous s neiges polaires, ou dans les déserts sablonneux, ans les forêts tropicales comme dans les abîmes de Océan. Nous avons ensuite vu ces adaptations géné- ales céder la place à des types plus spécialisés de colo-

1. *The Colour Sense*, par Grant Allen, p. 95.

ration par lesquels chaque espèce est devenue de plus e[n]
plus en harmonie avec son entourage immédiat, au poin[t]
d'atteindre les ressemblances curieusement minutieuse[s]
avec les objets naturels que présentent certains insectes[,]
ressemblance avec la feuille, le brin de bois, voir[e]
même la fiente des oiseaux, ressemblance telle qu'ell[e]
trompe l'œil le plus exercé. Nous avons vu ensuite qu[e]
ces formes variées de coloration protectrice sont bie[n]
plus nombreuses qu'on ne l'a soupçonné d'ordinaire[,]
parce que des dessins et couleurs, qui paraissent trè[s]
voyants lorsqu'on observe l'animal dans un musée o[u]
dans une ménagerie, ont souvent un caractère très pro[-]
tecteur quand on voit celui-ci dans les conditions natu[-]
reiles de son existence. Il suit de ces diverses classes d[e]
faits, qu'il est vraisemblable que la bonne moitié de[s]
espèces du règne animal possède des couleurs qui on[t]
été plus ou moins adaptées pour les cacher ou les pro[-]
téger.

Plus loin encore, nous trouvons l'explication d'u[n]
type distinct de couleur ou de dessin dans l'impor[-]
tance qu'il y a pour beaucoup d'animaux à reconnaître
leurs compagnons, leurs parents, ou leurs congénères.
Cette nécessité nous a permis d'expliquer des marques
qui semblaient destinées à mettre l'animal en évidence,
pendant que les teintes générales et les habitudes bien
connues de tout le groupe démontraient le besoin qu'il
a de se cacher. Nous avons, de même, pu expliquer la
symétrie constante des taches des animaux sauvages,
aussi bien que les cas nombreux où les couleurs voyantes
sont cachées quand l'animal est au repos, et ne deviennent visibles que pendant le mouvement rapide.

En contraste frappant avec la coloration protectrice
ordinaire, nous avons vu les couleurs prémonitrices
d'ordinaire très apparentes et souvent brillantes ou
voyantes, servir à indiquer que leurs possesseurs sont

angereux ou non-comestibles pour leurs ennemis habi-
1els. Cette sorte de coloration s'étend peut-être sur un
lus grand domaine qu'on ne l'avait supposé jusqu'ici;
arce que, pour une foule d'animaux des tropiques, nous
gnorons entièrement quels sont leurs ennemis particu-
ers et les plus dangereux, et nous sommes aussi hors
'état de décider s'ils sont, ou non, déplaisants à ces en-
emis. Comme une sorte de corollaire aux « couleurs
rémonitrices », nous rencontrons le phénomène extra-
rdinaire du « mimétisme », où des espèces inoffensives
btiennent la protection grâce à l'erreur qui les fait
rendre pour d'autres, qu'une cause quelconque met à
bri des l'attaques. Bien qu'un nombre considérable
'exemples de couleurs prémonitrices et mimétiques
)it maintenant constaté, c'est probablement encore là
n champ de recherches presque vierge, surtout en ce
ui concerne les régions tropicales et les habitants de
)céan.

Les phénomènes des diversités sexuelles de coloration
it ensuite appelé notre attention, et les raisons pour
squelles nous ne pouvons accepter la théorie de la
lection sexuelle de Darwin en ce qui concerne la cou-
ur et l'ornement, ont été exposées assez longuement,
nsi que la théorie de la coloration et de l'ornementa-
)n animale que nous nous proposons de substituer à la
enne. Cette théorie s'harmonise avec les faits généraux
: la coloration animale, tandis qu'elle s'affranchit en-
erement de l'intervention très hypothétique et très ina-
:quate du choix de la femelle comme produisant les
uleurs, dessins et ornements minutieux qui, en tant
: cas, distinguent le sexe masculin.

Si mes arguments sur ce point sont fondés, ils écar-
nt aussi la thèse de M. Grant Allen sur l'action directe
: sens de la couleur sur les téguments des animaux [1].

1. *The Colour Sense,* chap. IX.

Il plaide le fait que les couleurs des insectes et des oiseau:
reproduisent généralement celles des fleurs qu'ils fré
quentent ou des fruits qu'ils mangent, et il cite de nom
breux cas où les insectes floricoles et les oiseaux frugi
vores sont colorés de façon brillante. Il suppose que cel;
est dû au goût pour la couleur développé par la présenc
constante de fleurs et de fruits brillants, goût qui s'appli
quait à la sélection de chaque variation dans le sens de
couleurs éclatantes au moment de la reproduction ; d
la sorte se produisirent, avec le temps, les nuances splen
dides et variées qu'ils possèdent maintenant. M. Allen
soutient que « les insectes sont éclatants là où des fleur
éclatantes sont en nombre, et de couleur terne là où le
fleurs sont rares ou sans apparence », et il maintient qu
« nous pouvons à peine expliquer cette importante coïn
cidence autrement qu'en supposant qu'un goût pour l;
couleur se produit pendant la recherche constante du
nectar parmi des fleurs entomophiles, et que ce goût :
réagi sur ses possesseurs par l'action inconsciente de l;
sélection sexuelle ».

Les exemples d'insectes brillants associés à des fleur:
brillantes semblent très probants, mais ils sont, en réa
lité, décevants et erronés ; et on pourrait citer tout au
tant de cas prouvant le contraire. Par exemple, dans le:
épaisses forêts de l'Équateur, les fleurs sont extrême
ment rares, et il n'y a pas de comparaison à faire, en fai
de couleur florale, entre elles et nos prés, nos bois et no:
coteaux des zônes tempérées. Les forêts des environs d(
Para, dans l'Amazone inférieur, sont typiques sous c(
rapport, et cependant elles abondent en papillons de cou
leurs éclatantes, dont presque tous fréquentent les pro
fondeurs de la forêt, se tenant près de terre, où man
quent le plus les fleurs brillantes. Comme contraste,
choisissons le cap de Bonne-Espérance, la région la plu:
fleurie, selon toute probabilité, qui existe sur le globe —

ù la campagne est un véritable parterre de bruyères,
e pélargoniums, de mésembryanthèmes, de plantes buleuses de toute sorte, et de nombreux arbres et arbus-
ıs à fleurs ; pourtant les papillons du Cap égalent à
eine, soit en nombre, soit en variété, ceux de n'importe
uels pays du sud de l'Europe, et sont absolument insi-
nifiants lorsqu'on les compare à ceux des profondeurs
es forêts sans fleurs de l'Amazone ou de la Nouvelle-
uinée. Il n'y a, non plus, aucune relation entre les
ouleurs des autres insectes et les lieux qu'ils fré-
uentent. Il en est peu de plus splendides que cer-
ıins coléoptères, et cependant ils sont tous carnivores,
ındis que beaucoup des plus brillants buprestides et
ıngicornes à teintes métalliques se trouvent toujours
ır l'écorce d'arbres tombés. Il en est de même pour les
ıseaux-mouche ; leurs teintes métalliques brillantes ne
euvent être comparées qu'aux métaux ou aux pierres
récieuses, et diffèrent totalement des roses tendres, des
.olets, des jaunes et des rouges de la plupart des fleurs.
Les *Meliphagidœ* Australiens ne fréquentent que les
ɛurs, et la Flore australienne est plus riche de couleur
ue celle de la plupart des régions tropicales ; cepen-
ınt, ces oiseaux sont, en règle générale, de couleurs
ırnes, et, en moyenne, ne sont pas plus brillants que nos
ıssereaux granivores. De plus, nous avons la superbe
.mille des faisans, comprenant le faisan doré et le fai-
ın argenté, les faisans ocellés et le paon resplendissant,
ui, tous, se nourrissent à terre de graines ou d'insectes,
, sont pourtant ornés des couleurs les plus magnifiques.
Il n'y a donc aucune base positive sur laquelle cette
ıéorie puisse s'appuyer, même si l'on avait la moindre
ıison de croire que non-seulement les oiseaux, mais les
ıpillons et les coléoptères ont une prédilection pour la
ouleur elle-même, toute question de nourriture dont
le indique la présence étant mise de côté. Tout ce

qu'on a réussi à prouver, tout ce qui paraît être proba
ble, c'est qu'ils sont en état de discerner les différence
de couleur, et d'associer chaque couleur avec les fleur
ou les fruits particuliers qui satisfont le mieux leurs be
soins. La couleur étant diverse de nature, il leur a ét
avantageux d'en distinguer les variétés principales, ains
qu'elles se manifestent en particulier dans le règne vé
gétal, et dans les différentes espèces de leur propr
groupe ; et le fait de la préférence de certaines espèce
d'insectes pour une couleur particulière s'explique parc
qu'ils ont trouvé chez des fleurs de cette couleur une pro
vision plus abondante de nectar ou de pollen. Dans le
cas où les papillons fréquentent des fleurs de leur propr
couleur, l'habitude a bien pu être prise à cause de l
protection qu'ils y trouvaient.

Il me semble que, en attribuant aux insectes et au
oiseaux le même amour pour la couleur, et les même
goûts esthétiques que nous possédons nous-mêmes, nou
pouvons être aussi loin de la vérité que ces écrivain
qui tenaient l'abeille pour bonne mathématicienne, e
croyaient la ruche construite en entier pour la satisfac
tion de ses goûts raffinés de mathématiques; tandis qu'à
présent on admet généralement qu'elle est le résultat du
simple principe de l'économie des matériaux appliqu
à une cellule cylindrique primitive [1].

En étudiant les phénomènes de la couleur dans l
monde organique, nous avons été amenés à reconnaître
la complexité prodigieuse des adaptations qui metten
chaque espèce en rapport harmonieux avec celles qu
l'entourent, et relient ainsi toute la nature dans un ré
seau de relations merveilleusement compliqué. Pourtant
ceci n'est encore, pour ainsi dire, que l'apparence extérieure, le vêtement de la nature derrière lequel se trouve
la structure intime — le squelette, les vaisseaux, les

1. Voyez *Origine des Espèces*, traduction Barbier, p. 295.

llules, les fluides qui circulent, et les processus de la
gestion et de la reproduction, — et plus loin encore,
rrière ceux-ci, sont ces forces mystérieuses, chimi-
les, électriques, vitales, qui constituent ce que nous
pelons la vie. Ces forces paraissent être, fondamenta-
ment, les mêmes chez tous les organismes, de même
le les matériaux dont ils sont construits ; et nous re-
ouvons encore, derrière les diversités extérieures, une
renté plus intime qui relie ensemble les myriades des
rmes de la vie.

Chaque espèce d'animal ou de plante forme ainsi par-
d'un tout harmonieux renfermant dans tous les dé-
ils de sa structure compliquée les annales de la longue
stoire du développement organique, et c'est avec une
tuition véritablement inspirée que notre grand poète
ilosophe apostrophe ainsi l'humble herbe :

> Fleur du mur crevassé
> Je te cueille dans les crevasses.
> Je te tiens, ici, avec ta racine, dans ma main,
> Petite fleur. — Mais *si* je pouvais comprendre,
> Ce que tu es, ta racine, et tout,
> Je saurais ce que sont et Dieu et l'homme.

CHAPITRE XII

LA DISTRIBUTION GÉOGRAPHIQUE DES ORGANISMES

Les faits à expliquer. — Les conditions qui ont déterminé la di
tribution. — La permanence des océans. — Les espaces océa
niques et continentaux. — Madagascar et la Nouvelle-Zéland
— Les enseignements des profondeurs. — La distribution de
marsupiaux. — La distribution des tapirs. — Facultés de di
persion dont les organismes insulaires sont des exemples.
Les oiseaux et les insectes à la mer. — Les insectes à de gran
des altitudes. — La dispersion des plantes. — La dispersio
des graines par le vent. — Matière minérale emportée par
vent. — Réponse aux objections à la théorie de la dispersio
par le vent. — Explication de la présence de plantes de zône
tempérées du nord dans l'hémisphère sud. — Aucune preu
d'une période glaciaire sous les tropiques. — Une températu
plus basse n'est pas nécessaire pour expliquer les faits. — Co
clusions.

La théorie que nous pouvons désormais considére
comme établie — d'après laquelle toutes les forme
existantes de la vie sont dérivées d'autres formes pa
un processus naturel de descendance avec modification
et d'après laquelle le même processus a été en action du
rant les temps géologiques passés — devrait nous mettr
à même d'expliquer d'une façon rationnelle non seule
ment les particularités de forme et de structure que pré
sentent les animaux et les plantes, mais aussi la raiso

leur groupement dans certaines régions, et de leur
stribution générale sur la surface de la terre.

En l'absence d'une connaissance exacte des faits rela-
s à la distribution, celui qui étudierait la théorie de
volution pourrait naturellement prévoir qu'il trouvera
ns la même région tous les groupes d'organismes al-
s, tandis qu'en s'éloignant de plus en plus d'un centre
nné, les formes de la vie différeront de plus en plus
celles qui dominaient à son point de départ, et enfin,
rivé aux régions les plus reculées où il lui fût possible
pénétrer, il trouverait un assemblage entièrement
uveau d'animaux et de plantes, entièrement différents
ceux qui lui étaient familiers. Il s'attendrait aussi à
que les diversités de climat fussent toujours associées
des diversités correspondantes dans les formes de
vie.

Cette attente est justifiée, dans une mesure assez con-
lérable. L'éloignement, sur la surface terrestre, indi-
le habituellement une diversité de faune et de flore,
ndis qu'aux climats très différents correspondent tou-
urs des contrastes considérables dans les formes de la
. Mais cette correspondance n'est nullement exacte
proportionnelle, et les propositions réciproques sont
uvent entièrement fausses. Des régions qui sont rap-
ochées diffèrent souvent, radicalement, dans leurs
oduits animaux ou végétaux ; tandis que des ressem-
nces de climat, unies à une proximité géographique
yenne, sont souvent accompagnées de diversités mar-
ées chez les formes dominantes de la vie. En outre,
ndis que beaucoup de groupes d'animaux — des gen-
s, des familles et quelquefois même des ordres — sont
nfinés dans des régions limitées, la plupart des fa-
lles, beaucoup de genres, et même quelques espèces
nt trouvées dans chaque partie du monde. Une énu-
ration de quelques-unes de ces anomalies jettera un

jour plus vif sur la nature du problème que nous avoi
à résoudre.

Nous pouvons, malgré leur proximité géographiqu
citer, comme exemples d'extrême diversité, Madagasca
et l'Afrique, dont les productions animales et végétal
sont beaucoup moins semblables que celles de la Grand
Bretagne et du Japon, placés aux deux extrémités d
grand continent septentrional ; tandis qu'une différenc
égale, si ce n'est plus grande, existe entre l'Australie
la Nouvelle-Zélande. D'autre part, le nord de l'Afriqu
et le sud de l'Europe, bien que séparés par la Méditerr
née, ont des faunes et des flores qui ne diffèrent pas plu
entre elles que dans les contrées variées de l'Europ
Comme preuve qu'une similitude de climat et d'adapta
bilité générale n'a que peu de part dans la détermina
tion des formes de la vie dans chaque pays, nous avoi
le fait de la multiplication énorme des lapins et des co
chons en Australie et dans la Nouvelle-Zélande, d
chevaux et du bétail dans l'Amérique du sud, et d
moineau commun dans l'Amérique du nord, bien qu'e
aucun de ces cas les animaux ne soient indigènes dar
les contrées où ils prospèrent si bien. Et enfin, comm
exemple du fait que les formes alliées ne se trouver
pas toujours dans des régions adjacentes, nous avoi
les tapirs, qui ne se trouvent qu'aux deux côtés oppos
du globe, dans l'Amérique tropicale, et dans les Iles d
la Malaisie ; les chameaux des déserts asiatiques dor
les alliés les plus rapprochés sont les lamas et les al
pacas des Andes ; et les marsupiaux qui ne se trouver
qu'en Australie, et de l'autre côté du globe, en Amér
que. En outre, bien qu'on puisse croire que les mamm
fères terrestres sont universellement distribués sur l
terre, puisqu'on les trouve en abondance sur tous l
continents et sur beaucoup de grandes îles, ils mar
quent, cependant, absolument, dans la Nouvelle-Zé

inde, et dans beaucoup d'autres îles qui sont, néanmoins, parfaitement en état de les nourrir quand on is y introduit [1].

La plupart de ces difficultés peuvent être résolues au moyen de faits géographiques et géologiques bien connus. Lorsque les productions de pays éloignés se ressemblent, il y a presque toujours continuité des terres et similitude de climat. Lorsque des pays adjacents diffèren 'andement dans leurs productions, nous les trouvons séparés par une mer ou un détroit dont la grande profondeur indique l'antiquité ou la permanence. Lorsqu'un groupe d'animaux habite deux contrées ou régions séparées par de vastes océans, on trouve que, dans le temps géologiques passés, le même groupe avait une distribution beaucoup plus étendue, et a pu atteindre les pays qu'il habite en venant d'une région intermédiaire où maintenant il est éteint. Nous savons aussi que des pays, maintenant unis par la terre, étaient séparés par des bras de mer à une époque qui n'est pas très reculée ; tandis qu'il y a tout lieu de croire que d'autres, maintenant isolés dans une vaste étendue de mer, étaient autrefois unis et ne formaient qu'une seule surface. Il y a aussi un autre facteur important qu'il ne faut pas perdre de vue quand nous examinons comment les animaux les plantes ont acquis leurs particularités actuelles de distribution : — les changements de climat. Nous savons que, tout récemment, une période glaciaire s'est étendue sur beaucoup de ce qui forme maintenant les régions tempérées de l'hémisphère nord, et que, conséquemment, organismes habitant ces parties doivent être, comparativement parlant, des immigrants récents de pays plus

[1]. Nous ne tenons pas compte ici des chauve-souris qui, grâce leurs aptitudes au vol, peuvent être rapprochés des oiseaux tôt que des mammifères, dans la discussion de la question la distribution géographique.

méridionaux. Mais un fait plus important encore, c'e[s]
que, jusqu'au milieu du Tertiaire en tous cas, un clim[a]
tempéré égal, et une exubérante végétation s'étendaie[n]
jusqu'à une certaine distance dans le cercle arctique, su[r]
ce qui maintenant n'est qu'un désert stérile couvert d[i]
mois de l'année par la neige et la glace. La zône arct[i]
que, par conséquent, a été autrefois à même de nourr[i]
presque toutes les formes de nos régions tempérées ; [e]
nous ne devons pas oublier de tenir compte de cette co[n]
dition, toutes les fois que nous avons à nous occup[e]
des migrations possibles des organismes entre le vieu[x]
continent et le nouveau.

LES CONDITIONS QUI ONT DÉTERMINÉ LA DISTRIBU[T]ION

Au moment d'essayer d'expliquer en détail les faits d[e]
la distribution actuelle des êtres organisés, nous no[us]
trouvons en présence de plusieurs questions prélimina[i]
res, de la solution desquelles dépendra notre manière d'e[n]
visager les phènomènes que nous rencontrerons. Dar[s]
la théorie de la descendance que nous avons adopté[e]
toutes les espèces différentes d'un genre, aussi bien qu[e]
les genres composant une famille ou un groupe sup[é]
rieur, sont descendues de quelque ancêtre commun, [e]
doivent, par conséquent, avoir occupé, autrefois, [le]
même territoire, duquel territoire leurs descendants [s]
sont répandus dans les régions qu'ils habitent aujou[r]
d'hui. Dans les cas nombreux où le même groupe occup[e]
maintenant des pays séparés par les océans et les mer[s]
pa[r] de hautes chaînes de montagnes, par de vastes d[é]
serts, par des climats inhospitaliers, nous avons à exa[mi]
miner comment s'est effectuée la migration qui do[it]
certainement avoir eu lieu. Il est possible que, penda[nt]
une partie du temps qui s'est écoulé depuis l'origine d[u]
groupe, les barrières qui s'interposent actuelleme[nt]

existaient point ; ou, d'autre part, que les organismes
ırticuliers dont nous nous occupons aient eu le pouvoir
? franchir ces barrières et d'atteindre ainsi leurs de-
eures actuelles éloignées de l'habitat primitif. Comme
est là la vraie question fondamentale de la distribution
où dépend la solution de ses problèmes les plus diffi-
les, nous devons nous enquérir d'abord de la nature
des limites des changements de la surface terrestre,
.rtout pendant la période Tertiaire, et la fin de la pé-
ode Secondaire, puisque c'est durant ces périodes que
plupart des types actuels d'animaux supérieurs et de
antes ont pris naissance ; puis, nous rechercherons
ıelles sont les limites extrêmes des puissances de dis-
ırsion que possèdent les groupes principaux d'animaux
de plantes. Commençons par examiner les barrières,
en particulier celles que forment les mers et les océans.

LA PERMANENCE DES OCÉANS

C'était, autrefois, une croyance fort répandue, même
ırmi les géologues, que les grands traits de la surface
rrestre, non moins que les plus petits, étaient sujets à
: perpétuelles mutations, et que, au cours des temps
ologiques, les continents et les océans avaient changé
. place entre eux, à différentes reprises. Sir Charles
ıell, dans la dernière édition de ses *Principles of Geo-
ʒy* (1852) disait : « Les continents, par conséquent,
en que permanents durant des époques géologiques
.tières, changent complètement de position dans le
urs des siècles », et on peut dire qu'il exprimait
ıpinion orthodoxe jusqu'au moment où, tout récem-
ent, à la suite de sondages à de grandes profondeurs,
nature du fond de la mer a été mieux connue. C'est
vétéran des géologues américains, le professeur Dana,
ıi paraît avoir été le premier à jeter un doute sur cette

26.

théorie. En 1849, dans le compte rendu de l'expédition
d'exploration de Wilke, il conclut, de l'absence de tou
quadrupède indigène, qu'il ne pouvait y avoir eu d'ancien
continent dans le Pacifique, à l'époque Tertiaire. En 1856
dans des articles de l'*American Journal*, il discuta l'évo
lution du continent américain, et se déclara en faveu
de l'idée de sa permanence générale ; dans son *Manua
of Geology* en 1863, et dans les éditions plus récentes
il soutint la même théorie et, en dernier lieu, l'appliqua
aux autres continents. Darwin, dans son *Voyage d'u
Naturaliste*, publié en 1845, éveilla l'attention sur le fai
que toutes les petites îles éloignées de la terre dans le
océans Altantique, Indien, et Pacifique, sont de formation madréporique ou volcanique. Il en excepta cependant Rodriguez et les rochers de Saint-Paul ; mais on
a vu depuis que la première ne fait point exception
car elle consiste surtout en roches madréporiques ;
et bien que Darwin lui-même ait passé quelques heures
sur les rochers de Saint Paul, pendant son voyage
sur le *Beagle*, et ait cru avoir découvert que certaines
roches étaient « cornéennes » et d'autres « feldspathi-
ques », il a été prouvé que c'était aussi une erreur,
et un examen attentif des rochers par l'abbé Renard
prouve clairement qu'ils sont d'origine volcanique [1].
Nous n'avons donc, aujourd'hui, aucune exception quelconque au fait que toutes les îles océaniques du globe
sont formées de volcans ou de madrépores ; il y a de
fortes raisons de croire, en outre, que ces derniers, en
tous cas, reposent sur une base volcanique.

Dans son *Origine des Espèces*, Darwin montre de plus
qu'aucune véritable île océanique ne possédait, quand
elle fut découverte, de mammifères ni de batraciens, ce
fait constituant la pierre de touche pour classer les îles ;

1. Voir A. Agassiz, *Three Cruises of the Blake* (Cambridge, Mass.
1888) vol. 1 p. 127, note au bas de la page.

'où il concluait qu'aucune d'elles n'avait jamais été re-
ée aux continents, mais qu'elles avaient surgi au milieu
e l'océan. Ces considérations seules suffiraient à ren-
re certain le fait que les espaces occupés maintenant
ar les grands océans n'ont jamais été, pendant les
mps géologiques, occupés par des continents, puis-
u'il serait d'une extrême invraisemblance que tout
estige de ces continents eût disparu et qu'ils eussent
é remplacés par des îles volcaniques s'élevant du sein
abîmes océaniques profonds ; mais les recherches ré-
ntes sur la profondeur des mers et la nature des dé-
ôts qui se sont formés sur leur fond parlent haute-
ent dans le même sens, et font qu'il est à peu près
rtain que ce sont là des traits fort anciens, si ce n'est
imitifs, de la surface terrestre. Résumons rapidement
s témoignages.

Les recherches de l'expédition du *Challenger*, au sujet
la nature du fond de la mer, montrent que tous les
bris terrestres emportés par les fleuves à l'Océan (à
xception de la pierre ponce et autres substances qui
rnagent) sont déposés relativement près des rives,
que la finesse des matériaux est un indice de la
stance à laquelle où ils ont été emportés. Tout ce qui
de la nature du gravier et du sable est déposé à
elques milles de terre. Les sédiments boueux les plus
s sont seuls transportés à 20 ou 50 milles, et les
s légers dépassent rarement 150, ou tout au plus
0 milles de distance dans l'océan [1]. Au-delà de ces
tances, et couvrant le fond entier de l'océan, il y a
s dépôts variés formés entièrement de débris d'orga-
mes marins ; tandis qu'entremêlés à ces derniers se

. La boue excessivement fine du Mississippi, elle-même, ne
trouve nulle part à plus de 100 milles de l'embouchure de la
ère dans le golfe du Mexique, (A. Agassiz, *Thrée Cruises of
Blake*, vol. I, p. 128.)

trouvent divers produits volcaniques qui ont été ou em
portés par le vent, ou flottés à la surface, et enfin un(
quantité parfaitement reconnaissable, bien que petite, d(
matière météorique. Des rochers d'origine glaciaire s(
trouvent aussi semés abondamment sur le fond d(
l'océan à une certaine distance des cercles arctique e
antarctique, marquant ainsi, clairement, la limite de
banquises aux époques géologiques récentes.

Toute la série des roches marines stratifiées, depui;
les couches paléozoïques les plus anciennes jusqu'au;
couches tertiaires les plus récentes, se composent d(
matériaux correspondant de près aux débris terrestre;
qui se trouvent maintenant déposés comme une étroit(
ceinture autour des plages de tous les continents, tandi
qu'on n'a trouvé aucune roche qui puisse être identifié(
avec les divers dépôts qui se forment maintenant dans le
abîmes profonds de la mer. Il suit de là, par conséquent
que toutes les formations géologiques se sont produite;
dans de l'eau relativement peu profonde, et toujours er
contiguité avec la terre continentale, de la période. L(
grande épaisseur de quelques-unes des formations n'in
dique point une mer profonde, mais seulement ur
lent affaissement pendant le temps où s'opérait le dé
pôt. Cette vue est maintenant adoptée par beaucoup d(
nos géologues les plus experts, en particulier par Archi
bald Geikie, directeur du *Geological Survey* de la Grand(
Bretagne, qui, dans une conférence sur « l'Evolutio;
géographique », a dit : « Nous pouvons tirer de tous ce;
témoignages la légitime conclusion que le sol actuel d(
globe, bien que consistant dans une grande mesure er
formations marines, n'a jamais été sous la mer pro
fonde, mais a toujours été situé près de la terre. Se;
épais calcaires marins eux-mêmes sont des dépôts d'eau
relativement peu profonde » [1].

1. J'ai donné un résumé complet des preuves de la perma

Mais, outre ces considérations géologiques et physi-
ues, il existe une difficulté mécanique s'opposant à ces
hangements répétés des océans et des continents qui
'a pas encore reçu toute l'attention qu'elle mérite.
uivant la récente évaluation minutieuse de M. John
lurray, la surface des terres du globe est à la surface
es eaux, comme 28 est à 72. La hauteur moyenne de
ι terre au dessus du niveau de la mer est de 2250 pieds,
ιndis que la profondeur moyenne de l'océan est de
4.640 pieds. D'où il suit que la masse de la terre ferme
st de 23.450.000 milles cubes, et celle des eaux de
océan de 323.800.000 milles cubes ; et il s'ensuit que si
ιute la matière solide de la terre était réduite au même
iveau, elle serait partout couverte d'un océan d'envi-
ιn deux milles de profondeur. Le diagramme suivant
ιrvira à mieux faire comprendre ces chiffres. La lon-
ueur des sections de la terre et de l'océan est propor-
onnelle à leurs surfaces différentes, tandis que la hau-
ιur moyenne de la terre et la profondeur moyenne de
océan sont représentées sur une échelle verticale fort
ȝrandie. Si nous considérions les continents et leurs
ιéans adjacents séparément, ils différeraient un peu,
ιais cependant pas d'une façon très essentielle, de ce
iagramme ; en quelques cas, la proportion de la terre
l'océan serait un peu plus grande, dans d'autres un
ɛu plus petite.

Si, maintenant, nous essayons d'imaginer des exhaus-
ιments et affaissements par lesquels la mer et la terre
ιangeraient entièrement de place, nous rencontrerons
es difficultés insurmontables. Il nous faudra, en pre-
ιier lieu, supposer une égalité générale entre l'exhaus-
ιment et l'affaissement pendant une période donnée,
ιrce que si l'exhaussement d'une surface continentale

ιnce des surfaces océaniques continentales dans *Island Life*,
ιap. VI.

étendue n'était pas compensée par un affaissement d
même valeur approximativement, il resterait dans l
croûte terrestre un creux que rien ne soutiendrait. Sup
posons qu'une région continentale s'enfonce et que l
région océanique adjacente s'élève, on verra que la plu
grande partie de la terre disparaîtra longtemps avan
que la nouvelle terre n'apparaisse à la surface d
l'océan. Cette difficulté ne sera pas écartée par la sup
position qu'une partie du continent s'affaissera, et que l

Diagram of proportionate mean height of Land and depth of Ocean:

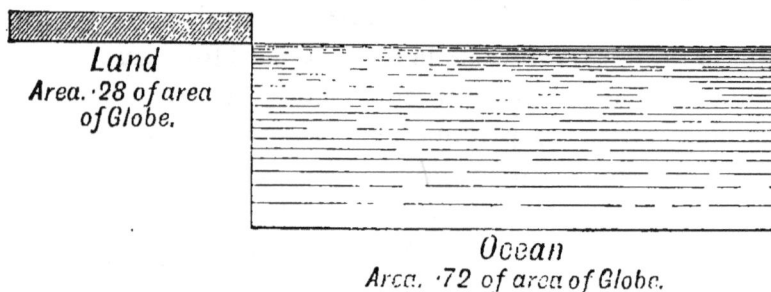

Land
Area. ·28 *of area*
of Globe.

Ocean
Area. ·72 *of area of Globe.*

Fig. 3². — Diagramme de la hauteur des terres et de la profondeur de
mers (proportions moyennes). A gauche la terre, à droite les mers
ayant respectivement 28 et 72 0/0 de la superficie totale du globe.

partie immédiatement contigue de l'océan de l'autr
côté du continent émergera, parce qu'en presque tou
les cas nous trouvons qu'à une distance relativemen
petite de tous les continents existants, le fond de
l'océan tombe rapidement à une profondeur de 2000 ou
3000 brasses *fathoms* de 1 m. 80), et se maintient à cette
profondeur, généralement parlant, sur une grande partie
des espaces océaniques. Pour arriver, par conséquent, à
faire émerger des grands océans une région continentale
quelconque, il faudrait un affaissement d'une surface terrestre cinq ou six fois plus grande, à moins qu'on ne réus-
sisse à prouver qu'un exhaussement étendu du fond de
l'océan jusqu'à la surface, et au-dessus de la surface,

ourrait se produire sans une dépression équivalente en
a autre point. Le fait que les eaux de l'océan suffi-
ient à couvrir tout le globe d'une couche de deux
illes de profondeur, suffit à lui seul à indiquer que
s grands bassins de l'océan sont des traits permanents
l la surface terrestre, puisque tout jeu de bascule entre
ux-ci et les surfaces terrestres aurait eu pour résultat,
chaque reprise, de faire disparaître de grandes por-
ons, si ce n'est la totalité de la terre ferme du globe.
ais la continuité de la vie terrestre depuis les périodes
évonienne et Carbonifère, et l'existence de formes très
milaires dans les dépôts correspondants de chaque
ntinent — aussi bien que la production de roches
dimentaires, indiquant la proximité de la terre au
oment de leur dépôt sur une grande partie de la sur-
ce de tous les continents, et à chaque période géologi-
.e — nous assurent qu'aucune disparition de ce genre
s'est jamais produite.

LES SURFACES OCÉANIQUES ET CONTINENTALES

En parlant de la permanence des surfaces océaniques
continentales comme d'un des faits qu'ont établi les
cherches modernes, nous ne voulons pas dire que les
ntinents et les océans existants ont toujours eu la
me superficie et les contours qui les distinguent
intenant, mais seulement que si tous ont subi de
cle en siècle des modifications de ce genre, ils ont
endant gardé, en somme, les mêmes positions, et
nt jamais pris la place les uns des autres. Il y a,
illeurs, certains faits physiques et biologiques qui
us mettent à même de délimiter ces surfaces avec
elque certitude.

Nous avons vu qu'il y a un grand nombre d'îles qu'on
t dire océaniques, parce qu'elles n'ont jamais fait

partie de continents, mais sont nées au milieu (
l'océan, et ont reçu leurs formes de vie par migratio
à travers la mer. Leurs particularités sont très marqué
en comparaison avec les îles que l'on a des raisons (
croire être de véritables fragments de surfaces terrestr
plus étendues, et qu'on a, pour cette raison, appelé
« continentales ». Ces îles continentales se composen
dans tous les cas, de diverses roches stratifiées de pl
sieurs âges, correspondant ainsi de près avec la structu
habituelle des continents, bien que beaucoup de c
îles soient petites, comme Jersey, ou les îles Shetlan
ou la Nouvelle-Zélande.

Elles contiennent toutes des mammifères ou batracie
indigènes, et généralement ont une beaucoup pl
grande variété d'oiseaux, de reptiles, d'insectes et (
plantes que n'en possèdent les îles océaniques. Nous co
cluons de ces divers traits caractéristiques qu'elles o
toutes, autrefois, fait partie de continents, ou, en to
cas, de très grandes superficies solides, et ont été isolée
soit par l'affaissement de la terre intermédiaire, soit pa
les effets d'une dénudation marine longtemps continué

Si, maintenant, nous traçons la ligne correspondai
à la profondeur de mille brasses autour de nos continen
actuels nous trouvons, sauf deux exceptions, que tout
celles qui peuvent être classées comme « continentales
entrent dans cette ligne, tandis que toutes celles qui so
en dehors ont les traits caractéristiques incontestables d
îles « océaniques ». Nous concluons, par conséquent, qu
la ligne des mille brasses désigne, approximativemen
la surface continentale, c'est-à-dire les limites dans le
quelles le développement continental, avec ses chang
ments à travers tous les temps géologiques, s'est pou
suivi. Il se peut, naturellement, qu'il y ait eu quelqu
extensions de la terre ferme, au delà de cette limite, ta
dis que certains territoires qui y sont compris peuve

voir toujours été des océans ; mais, en tant que nous vons des preuves directes, cette ligne peut être prise omme désignant, approximativement, la frontière la lus probable entre la surface « continentale » qui a tou- urs consisté en terre et en mer peu profonde dans des roportions qui variaient, et les grands bassins océani- ues, dans les limites desquels l'activité volcanique a été nstruisant de nombreuses îles, mais dont les profonds bîmes ont, apparemment, subi peu de changements.

MADAGASCAR ET LA NOUVELLE-ZÉLANDE

Les deux exceptions auxquelles nous avons fait allu- on, sont Madagascar et la Nouvelle-Zélande, et tous s témoignages qui les concernent tendent à prouver ue, dans ces deux cas, l'union de la terre avec la surface ntinentale la plus rapprochée a cessé dès une époque ès reculée. L'extraordinaire isolement des productions Madagascar — d'où sont absentes presque toutes les rmes caractéristiques des mammifères, des oiseaux et s reptiles de l'Afrique — fait qu'il est certain que cette a dû être séparée de ce continent de très bonne heure ans l'époque tertiaire, si ce n'est même dès la seconde rtie de la période secondaire ; et cette antiquité ex- ême est indiquée par une profondeur considérable- ent supérieure à mille brasses dans le canal de Mozam- que, bien que cette partie profonde ait moins de cent illes de largeur, entre les îles Comores et la terre ferme[1]. adagascar est la seule île du globe possédant une une mammifère assez riche, qui soit séparée d'un con- nent par une profondeur de plus de mille brasses, et cune autre île ne présente autant de particularités ans sa faune, ou n'a conservé autant de formes infé-

1. Pour une description complète des particularités de la faune Madagascar, voyez *Island Life*, chap. XIX.

rieures ou archaïques. Le caractère exceptionnel de ses productions correspond exactement à son isolement exceptionnel au moyen d'un bras de mer profond.

La Nouvelle-Zélande ne possède aucun mammifère terrestre connu, et renferme une seule espèce de batracien ; mais sa structure géologique est parfaitement continentale. Il y a beaucoup de témoignages qui lui accordent un mammifère unique, mais on n'en a pas encore obtenu un exemplaire [1]. Ses reptiles et ses oiseaux sont très singuliers et plus nombreux qu'en aucune autre île véritablement océanique. La mer qui sépare la Nouvelle-Zélande de l'Australie a plus de 2000 brasses de profondeur, mais dans la direction du nord-ouest, il y a un banc étendu à moins de mille brasses, qui s'étend jusqu'à l'île de Lord Howe et la comprend, tandis qu'au nord, règnent d'autres bancs de même profondeur, s'approchant d'un bras sous-marin du Queesland, d'une part et de la Nouvelle-Calédonie de l'autre, et qui semblent indiquer qu'il y avait continuité de terre avec l'Australie, à quelque époque extrêmement reculée. Il est de fait que les rapports particuliers de la faune et de la flore de la Nouvelle-Zélande avec celles de l'Australie et des îles tropicales du Pacifique vers le nord, indiquant une connexion, qui a dû exister probablement pendant la période Crétacée ; et nous trouvons ici de nouveau la profondeur exceptionnelle de la mer qui les sépare, et la forme du fond de l'océan, qui s'accorde bien avec l'isolement de la Nouvelle-Zélande, isolement que quelques naturalistes ont jugé comme étant assez grand pour donner à la Nouvelle-Zélande le rang d'une des régions zoologiques primaires.

1. Voir *Island Life*, p. 446, et les chapitres XXI et XXII. Des sondages plus récents ont montré que la carte de la p. 443, aussi bien que celle du groupe de Madagascar, p. 387, sont erronées, l'océan autour de l'île Norfolk et dans le détroit de Mozambique

ENSEIGNEMENTS DE LA LIGNE DES MILLE BRASSES

Si nous considérons une carte des profondeurs océani-
ues indiquant approximativement de combien nos con-
nents ont pu dépasser leurs limites actuelles pendant
ne portion quelconque des périodes secondaire et ter-
aire [1], nous obtenons une base d'une valeur inestimable
our nos recherches au sujet de ces migrations d'ani-
ɩaux et de plantes au cours des siècles passés, qui ont
ɩ pour résultat leurs particularités actuelles de distri-
ɩtion. Nous voyons, par exemple, que les continents
ɛ l'Afrique et de l'Amérique du sud ont toujours été sé-
ɩrés par un océan à peu près aussi large que main-
nant, et que, quelles que soient les ressemblances qui
ɩistent dans leurs productions, celles-ci doivent être at-
ibuées à ce que les formes similaires sont dérivées d'une
ɩigine commune dans l'un des grands continents du
ɩrd. La différence radicale entre les formes supérieures
la vie des deux continents s'accorde parfaitement avec
ɩr séparation permanente. S'il y avait eu quelque rap-
rt direct entre eux pendant les temps Tertiaires, nous
rions difficilement pu trouver les différences profondes
istant entre les quadrumanes des deux régions — au-
ne famille même n'étant commune aux deux, ni les
ɩectivores singuliers d'un des continents, ni les édentés
alement singuliers de l'autre. Les familles très nom-
ɛuses d'oiseaux appartenant en propre à l'un ou l'au-
ɩ de ces continents, plusieurs desquelles, par leur
lement structural et le développement varié des
ɩmes génériques et spécifiques, indiquent une haute
tiquité, suggèrent toutes également qu'il n'y a eu

nt plus de mille brasses de profondeur. Ceci, toutefois, n'in-
ɩe en rien l'argument.
. Voir par exemple la carte 5 de l'*Atlas* de *Géographie Moderne*
ɩlié par MM. Prudent, Anthoine et Schrader. (H. de V.)

rien d'approchant à une connexion des terres pendan
cette même époque.

En considérant les deux grands continents du nord
nous voyons des indices d'une connexion possible entr
eux dans l'océan Atlantique du nord et dans l'océan Pa
cifique du nord ; et, quand nous nous rappelons que, de
puis le milieu de l'époque Tertiaire et au-delà, — et mêm
autant que nous pouvons le savoir, jusqu'à la premièr
époque paléozoïque — un climat tempéré et égal, ave
une végétation forestière abondante, a régné jusqu'a
cercle arctique et dans ce cercle même, nous voyon
qu'il a pu exister des facilités pour la migration d'u
continent à l'autre, parfois entre l'Amérique et l'Europe
parfois entre l'Amérique et l'Asie. Si l'on admet ces re
lations, qui sont d'une grande vraisemblance, il n'y au
rait aucune nécessité d'admettre une sorte de por
sur l'Atlantique dans des latitudes plus méridionale
(ce dont il n'y a pas la moindre preuve) pour expliqu
les migrations réciproques qui se sont produites entr
les deux continents. Si, d'autre part, nous avons présent
à l'esprit la longueur de la route, et la diversité qui do
toujours avoir existé entre les conditions des parties sep
tentrionales des continents Américain et Euro-asiat
que et les parties méridionales, nous ne serons plu
étonnés de voir que beaucoup de formes très répandue
sur l'un ou l'autre de ces continents ne sont pas parve
nues jusqu'à l'autre ; et que, pendant que les mouffett
(*Mephitis*), les rats à poche (*Saccomyidæ*) et les dindon
(*Meleagris*) sont confinés à l'Amérique, les cochons et le
hérissons, les vrais gobe-mouches et les faisans ne s
trouvent que sur le continent Euro-asiatique. Mais, c
même qu'il a dû s'écouler des périodes facilitant le
migrations réciproques entre l'Amérique et l'ancie
monde, il a dû certainement s'en présenter d'autre
peut-être de longue durée, même géologiquement, per

lant lesquelles ces continents ont été séparés par des
ners aussi vastes, si ce n'est plus encore, que celles de
lotre temps; ainsi pourraient s'expliquer des anomalies
lussi curieuses que le fait de l'origine de la tribu des cha-
neaux en Amérique, et de leur arrivée en Asie, dans
les temps relativement récents de l'époque tertiaire, tan-
is que l'introduction des bœufs et des ours du continent
:uro-asiatique en Amérique paraît avoir été également
écente [1].

L'examen nous montrera que cette théorie de la perma-
.ence générale des surfaces océaniques et continentales,
ccompagnée de fluctuations secondaires de la terre et de
eau sur toute l'étendue du globe, nous met à même de
omprendre et d'expliquer d'une façon rationnelle, la
lupart des problèmes les plus difficiles de la distribu-
on géographique, et ceci, nous le ferons d'autant
lus facilement que nous connaîtrons mieux la distri-
ution des formes fossiles de la vie pendant la pé-
ode Tertiaire. Nous devons, aussi, prendre note de
lusieurs autres faits presque également importants
our la juste appréciation des problèmes à résoudre, les
lus essentiels étant les puissances variées de dispersion
u'ont possédées les différents groupes d'animaux et de
lantes, l'antiquité géologique des espèces et des genres,
: la largeur et la profondeur des mers qui séparent les
ays qu'ils habitent. Quelques exemples vont montrer
e quelle manière ces branches de connaissances nous
ermettront de traiter les difficultés et les anomalies
ui se présentent.

LA DISTRIBUTION DES MARSUPIAUX

Ce type singulier et d'organisation inférieure des mam-

---

1. Pour les détails de ces migrations, voir *Geographical Distri-
ttion of Animals* de l'auteur, vol. I, p. 140, et aussi *Geographical
ıd Geological Distribution of Animals*, de Heilprin.

mifères constitue presque le seul représentant de cett
classe en Australie et dans la Nouvelle-Guinée, tandi
qu'il est entièrement inconnu en Asie, en Afrique et e
Europe. Il reparaît en Amérique, où se trouvent quel
ques espèces de Didelphes; et on a cru longtemps devoi
supposer une connexion méridionale directe avec ce
contrées éloignées, afin d'expliquer ce curieux fait d
distribution. Si, cependant, nous considérons ce qu'oi
sait de l'histoire des Marsupiaux, cette difficulté s'éva
nouit. Dans les dépôts de l'Eocène supérieur de l'Eu
rope occidentale, on a trouvé les restes de plusieurs ani
maux alliés de près aux Didelphes; et comme, à cett
époque, un climat très doux régnait bien avant dans le
régions arctiques, il n'y a aucune difficulté à suppose
que les ancêtres du groupe pénétrèrent en Amérique pa:
l'Europe, ou par l'Asie septentrionale pendant les pre
mières époques du Tertiaire.

Mais il nous faut remonter bien plus loin pour trou
ver l'origine des Marsupiaux australiens. Tous les type
principaux des mammifères supérieurs existaient dès l
période Eocène, si ce n'est même dans la période Créta
cée qui la précède, et puisque nous n'en trouvons aucur
en Australie, il est clair que ce pays a dû être définitive
ment séparé du continent Asiatique pendant la période
Secondaire ou mésozoïque. Pendant cette période, on a
trouvé dans l'Oolite supérieure et inférieure et dans le
Trias plus ancien encore, les mâchoires de nombreux
petits mammifères, formant huit genres distincts, que
l'on croit avoir été des marsupiaux ou des formes inférieures alliées. On a découvert aussi, dans l'Amérique
du nord, dans des couches Jurassiques et Triasiques,
les restes de nombreuses espèces de ces petits mammifères; et après avoir examiné plus de soixante exemplaires, appartenant au moins à six genres différents, le
professeur Marsh est d'avis qu'ils représentent un type

généralisé, hors duquel les marsupiaux plus spécialisés, et les insectivores auraient été développés.

Du fait que des mammifères très similaires se présentent à la fois en Europe et en Amérique à des périodes correspondantes et dans des couches représentant une longue succession de temps géologiques, et que, pendant tout ce temps, aucun vestige de formes supérieures n'a été découvert, il paraît découler que les deux continents septentrionaux (ou la plus grande partie de leur surface) n'étaient alors habités par aucun autre mammifère que ceux-là, avec peut-être d'autres types également inférieurs. Ce n'est probablement pas postérieurement au Jurassique que ces primitifs marsupiaux ont pénétré en Australie, où, depuis, ils sont restés presque complètement isolés, et se trouvant là sans concurrence avec des formes supérieures, ils se sont développés en la grande variété de types que nous y voyons maintenant. Ces types occupent la place d'ordres distincts des mammifères supérieurs, dont ils ont en quelque sorte acquis la forme et la structure — les rongeurs, les insectivores et les carnivores — tout en conservant les caractéristiques essentielles et l'organisation inférieure des marsupiaux. Une période beaucoup plus récente — la fin du Tertiaire, probablement, — les ancêtres des diverses espèces de rats et de souris qui abondent maintenant en Australie et qui, avec les chauve-souris aériennes, constituent les seules formes de mammifères placentaires, vinrent dans le pays, arrivant de quelques-unes des îles adjacentes. Une relation terrestre n'était pas nécessaire pour but, car ces petites créatures pouvaient aisément être transportées parmi les branches ou dans les crevasses d'arbres déracinés par les inondations et emportés à la mer où ils auraient flotté jusqu'à des rives fort éloignées. Le fait qu'il n'y a eu aucune connexion terrestre, ni de proximité, avec une île asiatique dans les époques ré-

centes, est bien prouvé par l'absence, dans le continen
australien, d'écureuils, de cochons, de civettes ou autre:
mammifères généralement répandus dans l'hémisphère
oriental.

LA DISTRIBUTION DES TAPIRS

Ces curieux animaux sont une des énigmes de la dis
tribution géographique, étant maintenant confinés à
deux régions très éloignées du globe : la péninsule
Malaise avec les îles adjacentes de Sumatra et de Bornéo
qu'habite une de leurs espèces, et l'Amérique tropicale
où trois ou quatre espèces se trouvent du Brésil à l'Équa
teur et au Guatemala. Si nous ne considérions que ce
formes vivantes seules, nous serions obligés de suppose
d'énormes changements dans les terres et dans les mer
pour que ces animaux des tropiques eussent pu passe
d'un pays à l'autre. Mais les découvertes géologiques on
rendu inutiles tous ces changements hypothétiques. Le
tapirs ont abondé dans toute l'Europe et toute l'Asie au
époques Miocène et Pliocène, et leurs restes ont été trou
vés dans les dépôts tertiaires de la France, de l'Inde, d
la Birmanie et de la Chine. Dans les deux Amériques le
restes fossiles des tapirs ne se trouvent que dans de
cavernes et des dépôts post-pliocènes, montrant ains
que leur immigration dans ce continent est relativemen
récente. Ils sont peut-être venus par le Kamchatka e
l'Alaska où le climat, à cette heure encore, beaucou
plus doux et plus égal que celui du nord-est de l'Amé
rique aurait pu être assez chaud dans les derniers temp
Pliocènes pour permettre la migration de ces animau
En Asie, ils furent chassés vers le sud par la concur
rence de nombreuses formes supérieures plus forte:
mais ils ont trouvé un dernier lieu de repos dans le
forêts marécageuses de la région malaise.

CE QUE PROUVENT CES FAITS

Ces deux cas des marsupiaux et des tapirs sont instructifs au plus haut point parce qu'ils nous montrent que, sans qu'il soit besoin de supposer une connexion quelconque à travers des océans profonds, et grâce aux seuls changements de terre et de mer qu'indique l'étendue de mer relativement peu profonde entourant et reliant les continents qui existent, nous sommes à même d'expliquer cette anomalie de formes alliées ne se présentant que dans des territoires éloignés et séparés par de grands espaces. Ces exemples sont de vrais critériums, parce que, de toutes les classes des animaux celle des mammifères est la moins capable de surmonter des obstacles physiques. Ils sont évidemment incapables de traverser de grands bras de mer, tandis que la nécessité constante d'aliments et d'eau leur ferme également les déserts de sable ou les plaines couvertes de neige. Ensuite, les sortes particulières de nourriture dont quelques-uns d'entre eux se nourrissent exclusivement, et les attaques auxquelles ils sont exposés de la part d'autres animaux, sont un obstacle de plus à leurs migrations. Sous ce rapport, tous les autres organismes ont l'avantage sur les mammifères. Les oiseaux peuvent parcourir, au vol, de longues distances, et traverser ainsi des bras de mer, des déserts ou des chaînes de montagnes ; les insectes non seulement volent, mais sont transportés souvent à de grandes distances par les vents, ainsi que le montre leur arrivée sur des navires qui sont à des centaines de milles de la terre. Les reptiles, bien que leurs mouvements soient lents, ont l'avantage d'une grande endurance à l'égard de la faim ou de la soif, ils peuvent résister au froid ou à la sécheresse dans un état de torpeur ; ils ont aussi des facilités de migration à travers la mer, au moyen de leurs œufs, qui peuvent être transportés dans des fentes de bois, ou dans des masses de matière végétale flottante. Chez le règne végétal, nous trouvons les moyens de transport à leur maximum, beaucoup de graines possédant des adaptations spéciales pour être portées par des mammifères ou des oiseaux, et pour flotter sur l'eau ou dans l'air, tandis que beaucoup d'entre elles sont si petites et si légères qu'il n'y a presque pas de limite aux distances où les tempêtes ou les ouragans peuvent les transporter.

Nous pouvons donc être pleinement assurés que les moyens de distribution qui ont permis aux plus grands mammifères d'atteindre, en partant d'un point de départ commun, les régions les plus éloignées, seront aussi efficaces, s'ils ne le sont même plus, pour tous les autres animaux de la terre, et pour les plantes ; et si, dans chaque cas, la distribution qui existe dans sa classe peut être expliquée par la théorie de la permanence des océans et des continents, avec les changements restreints de mer et de terre déjà mentionnés, aucune objection d'une vraie valeur ne pourra être élevée contre la théorie en se fondant sur les anomalies de distribution des autres ordres. Pourtant rien n'est plus commun que d'entendre affirmer par ceux qui étudient l'un ou l'autre de ces groupes que la théorie de la permanence océanique est tout à fait incompatible avec la distribution de ses diverses espèces et genres. Parce qu'on a trouvé quelques genres Indiens et des espèces d'oiseaux étroitement alliées à Madagascar, on a supposé qu'une terre qu'on a nommée *Lémurie* aurait uni les deux pays pendant une époque géologique relativement récente; et la similitude des plantes et reptiles fossiles des formations Permienne et Miocène de l'Inde et du sud de l'Afrique, a été alléguée comme preuve additionnelle de cette connexion. Mais il y a aussi des genres de serpents, d'insectes et de plantes, communs à Madagascar et au sud Amérique seulement, qui ont été considérés comme nécessitant une connexion terrestre directe entre ces pays. Ces théories se réfutent évidemment elles-mêmes, parce que toute connexion de terre pareille, si elle eût existé, aurait dû amener dans les productions des pays en question, une similitude bien plus grande qu'il n'en existe réellement, et rendrait, d'ailleurs, entièrement inexplicables l'absence, de Madagascar, de tous les types principaux des mammifères Africains et Indiens, et la merveilleuse individualité de cette île dans tous les départements du monde organique [1].

PUISSANCES DE DISPERSION DONT LES ORGANISMES INSULAIRES SONT DES EXEMPLES

Etant parvenus à la conclusion que nos océans actuels n'ont pas subi de changements réels au cours des périodes Tertiaire et Secondaire, et que la distribution des mammifères est telle que pouvaient la faire leurs puissances connues de dispersion, et les changements de terre et de mer probables ou même certains, nous sommes, naturellement, obligés d'attribuer aux mêmes causes la distribution beaucoup plus étendue, et souvent plus excentrique des autres classes d'animaux et de plantes. En ce faisant, nous avons à nous appuyer sur les preuves directes de la dispersion que nous offrent les organismes terrestres qui ont été observés en pleine mer, ou qui se sont réfugiés sur des navires, aussi bien que les visiteurs périodiques d'îles éloignées ; mais surtout, nous recueillerons de nombreux témoignages indirects, que nous fournit la présence fréquente de certains groupes dans des îles océaniques éloignées, présence qui prouve que des formes mères ont dû y parvenir, venant de pays éloignés à travers l'océan.

1. Pour une discussion approfondie de la question, voir *Island ife*, p. 390-420.

LES OISEAUX

Il existe une grande diversité dans la puissance du vol, chez les oiseaux, et dans leur faculté de traverser de vastes mers et de grands océans. Beaucoup d'oiseaux palmipèdes ou échassiers peuvent voler longtemps et vite, et possèdent, en outre, la faculté de se reposer, en toute sécurité, à la surface de l'eau. Ces oiseaux-là ne se trouveraient arrêtés par la largeur d'aucun océan, si ce n'était la nécessité de se nourrir ; mais beaucoup d'entre eux, tels que les goélands, les pétrels et les plongeons, trouvent une nourriture abondante à la surface même de la mer. Ces groupes ont une vaste distribution *à travers* les océans ; tandis que les échassiers en particulier, les pluviers, les maubèches, les bécassines et les hérons — sont également cosmopolites, voyageant *le long* des côtes de tous les continents, et traversant les mers étroites qui les séparent. Beaucoup de ces oiseaux ne paraissent pas sensibles à la diversité de climat, et comme les organismes dont ils se nourrissent abondent également sur les plages arctiques, tempérées et tropicales, il n'y a, pour ainsi dire, aucune limite à la répartition de quelques-unes de leurs espèces.

Les oiseaux terrestres ont un domaine beaucoup plus restreint, à cause de leur puissance de vol plus limitée d'ordinaire, leur inaptitude à se reposer à la surface de l'eau ou à y trouver leur nourriture, et leur spécialisation plus grande qui les rend aptes à se maintenir dans les pays nouveaux qu'ils peuvent atteindre accidentellement. Il en est beaucoup qui ne sont adaptés qu'à la vie des forêts, ou à celle des marécages, ou à celle des déserts ; ils ont besoin d'une nourriture spéciale, ou d'un degré particulier de température ; et ils ne sont adaptés à lutter qu'avec les ennemis ou les concurrents au milieu desquels ils se sont développés. De tels oiseaux peuvent bien passer et repasser dans un pays nouveau, mais ils ne parviennent jamais à s'y établir ; et c'est cette sorte de barrière que l'on appelle barrière organique, plutôt qu'aucun obstacle physique, qui détermine, en nombre de cas, la présence d'une espèce dans une région, et son absence dans une autre. Nous devons nous rappeler toujours, cependant, que si la présence d'une espèce dans une île océanique éloignée prouve clairement que ses ancêtres ont dû, à une époque quelconque, pénétrer dans celle-ci, l'absence d'une espèce ne prouve nullement le fait contraire, puisque cette dernière peut aussi avoir atteint l'île, mais avoir été incapable de s'y maintenir, par suite de conditions inorganiques ou organiques qui ne lui convenaient pas. Ce principe général s'applique à toutes les classes d'organismes, et est mis en lumière par beaucoup d'exemples frappants. Aux Açores, il y a dix-huit espèces d'oiseaux terrestres qui sont des résidents permanents, mais il en existe plusieurs autres qui arrivent, presque chaque année, après de grands ouragans, mais n'ont jamais réussi à s'y établir. Aux Bermudes, le fait est encore plus remarquable puisque les oiseaux résidents ne sont qu'au nombre de dix espèces tandis que vingt espèces d'oiseaux terrestres et plus de cent espèces d'oiseaux aquatiques et échassiers les fréquentent, souvent en grand nombre, mais sans jamais parvenir à s'y fixer. Ce même principe nous servira pour expliquer comment se fait qu'en Angleterre, où tant d'insectes et d'oiseaux du continent ont été lâchés en liberté, ou ont échappé à la captivité, il s'en soit si peu trouvé en état de se maintenir ; et le phénomène se reproduit d'une façon encore plus frappante chez les plantes. Parmi les milliers de plantes vigoureuses qui prospèrent dans nos jardins, il en est fort peu qui se multiplient à l'état sauvage, et si l'on essaie de les faire se multiplier ainsi, l'expérience échoue invariablement. M. de Candolle nous apprend que plusieurs botanistes de Paris, de Genève et en particulier de Montpellier, ont semé des graines de beaucoup de centaines d'espèces de plantes exotiques vigoureuses, dans des conditions qui paraissaient les plus favorables, mais que, à très peu d'exceptions près, elles ne se sont pas naturalisées [1]. Donc, encore plus chez les plantes que chez les animaux, l'absence d'une espèce ne prouve pas qu'elle n'a jamais pénétré dans une localité, mais prouve uniquement qu'elle n'a pas pu s'y maintenir en concurrence avec les productions indigènes. Dans d'autres cas, ainsi que nous l'avons vu, des faits d'une nature exactement opposée se produisent. Le rat, le cochon, et le lapin, le cresson de fontaine, le trèfle et beaucoup d'autres plantes, introduits à la Nouvelle-Zélande, y ont prospéré parfaitement et même exterminé leurs concurrents indigènes ; de façon que, dans ces cas-là, nous pouvons être sûrs que les espèces en question n'existaient pas à la Nouvelle-Zélande par la simple raison qu'elles n'avaient pas réussi à atteindre ce pays par leurs moyens naturels de dispersion. Je veux citer maintenant quelques exemples qui s'ajoutent à ceux que j'ai déjà relatés dans mes ouvrages précédents, et qui concernent des oiseaux et des insectes observés en mer, loin de toute terre.

LES OISEAUX ET LES INSECTES A LA MER

Le capitaine D. Fullarton, du navire *Timaru*, enregistra dans son livre de bord la rencontre d'un grand nombre de petits oiseaux terrestres autour de son navire, le 15 mars 1886, par 48° 31 de latitude nord, et 8°16 de

1. *Géographie Botanique*, p. 798.

longitude ouest. Il écrit : « Beaucoup de petits oiseaux
de terre autour de nous ; j'en ai mis soixante, qui étaient
brisés de fatigue, dans une cage à poules. » Deux jours
plus tard, le 17 mars, il ajoute : « Plus de cinquante
les oiseaux de la cage sont morts, bien qu'on les ait
nourris. Ce sont des moineaux, des pinsons, des hoche-
queue aquatiques, deux petits oiseaux de nom inconnu,
une sorte de linotte, et un gros oiseau ressemblant à un
étourneau. Nous avons eu, en tout, soixante-dix oiseaux
à bord, sans compter ceux qui ont voltigé au-dessus de
nous pendant quelque temps, et sont ensuite tombés
épuisés, dans la mer. » Il régnait des vents d'est, et le
temps étant mauvais à ce moment [1]. C'est à environ
60 milles plein ouest de Brest que ce remarquable passage d'oiseaux fut rencontré, et c'est la moindre des
distances à laquelle ils ont dû être portés. Il est intéressant de noter que la position du navire était presque
dans la ligne des côtes anglaise et française aux Açores,
où, après les grands coups de vent, tant d'oiseaux isolés
arrivent annuellement. Ces oiseaux ont probablement
été poussés au large pendant leur migration de printemps le long de la côte sud de l'Angleterre vers le pays
de Galles et l'Irlande. Pendant la migration d'automne,
pendant, on a vu, chaque année, de grandes troupes
oiseaux, — surtout des étourneaux, des grives et des
ornes — qui volent sur la mer, partant de la côte
est de l'Irlande, et dont la presque totalité doit pé-
. Au phare de Nash, dans le canal de Bristol, sur la
te du Glamorganshire, un nombre énorme de petits
seaux fût observé le 3 septembre : c'étaient des engou-
vents, bruants, fauvettes babillardes, coucous, moi-
aux francs, rouges-gorges, traquets et merles. Ils ve-
ient probablement du comté de Somerset, et si un

. *Nature,* 1er avril 1886.

orage les avait surpris, le plus grand nombre eût été
poussé au large [1].

Ces faits nous permettent d'expliquer d'une manière
suffisante l'existence des oiseaux des îles océaniques
dont on voit que le nombre et la variété sont en proportion directe avec les facilités qu'ont eues les oiseaux pour
atteindre les îles et s'y maintenir. Ainsi, bien que le nom
bre des oiseaux atteignant les Bermudes soit plus grand
que le nombre des oiseaux arrivant aux Açores, le nom
bre de résidents de ces dernières îles est bien plus grand
à cause de la plus grande étendue des îles, de leur nom
bre, et de leur surface plus variée. Aux îles Galapagos
les oiseaux de terre sont encore plus nombreux, en
partie à cause de la superficie plus grande et de la plu
grande proximité du continent, mais surtout à caus
de l'absence d'orages ; de sorte que les oiseaux parvenu
primitivement aux îles sont restés longtemps isolés e
se sont développés en beaucoup d'espèces alliées adap
tées aux conditions spéciales. Toutes les espèces des Ga
lapagos, moins une, sont propres aux îles, tandis qu
les Açores ne possèdent qu'une espèce en propre, e
aux Bermudes il n'en est pas une, fait qui est claire
ment dû à l'immigration continue d'individus nouveau
conservant la pureté de la race par le croisement. Au
îles Hawaii qui sont extrêmement isolées, à plus d
2000 milles de tout continent ou de toute grande île
nous trouvons un état de choses semblable à celui qu
règne aux Galapagos, les oiseaux terrestres, au nombr
de dix-huit espèces étant tous spéciaux, et appartenant
sauf un, à des genres particuliers. Ces oiseaux sont pro
bablement tous descendus de trois ou quatre type
originels parvenus à ces îles à quelque période reculée
probablement à l'aide de petites îles intermédiaires qu

1. Rapport du *Brit. Assoc. Comittee on Migration of Bir*
pour 1886.

nt disparu depuis. A Sainte-Hélène, nous trouvons un
legré d'isolement qui a empêché tout oiseau terrestre
l'atteindre l'île ; car bien que sa distance du continent
1100 milles) ne soit pas aussi considérable que celle des
les Hawaï, elle est située dans un océan presque
ntièrement dépourvu de petites îles, tandis que sa po-
ition sous les tropiques la met à l'abri d'orages violents.
l n'existe pas là, non plus, sur la partie voisine de la
ôte africaine, la bande perpétuelle d'oiseaux migra-
eurs qui fournit chaque année aux Bermudes et aux
ιçores leurs innombrables immigrants.

LES INSECTES

Les insectes ailés ont été principalement dispersés de la
nême façon que les oiseaux, par leur puissance de vol,
econdée par des vents violents ou de longue durée. Leur
etitesse et leur gravité spécifique inférieure leur per-
nettent d'être transportés à des distances encore plus
randes ; et aucune île, si éloignée qu'elle soit, n'en est
ntièrement dépourvue. Les œufs des insectes, souvent
éposés dans des trous ou des fentes de bois, peuvent
voir être transportés fort loin par des arbres flottants,
e même que les larves des espèces qui se nourrissent
e bois. On a publié plusieurs récits d'insectes arrivant
bord de navires à de grandes distances de terre ; Dar-
/in raconte qu'il a attrapé une sauterelle, alors que le
avire était à 370 milles de la côte d'Afrique, d'où l'in-
ecte venait, selon toute probabilité.

Dans l'*Entomologist's Monthly Magazine*, du mois de juin
885, M. Mac Lachlan a rapporté la présence d'un vol de
halénes dans l'océan Atlantique, d'après le livre de bord
u navire *Pleione*. Le navire revenait de la Nouvelle-
élande en Angleterre, quand par 6°47 de latitude nord
t 32° 50, de longitude ouest, des centaines de phalènes

firent leur apparition, se posant en grand nombre su
les mâts et les agrès. Depuis quatre jours le vent avai
soufflé, très faiblement, du nord, du nord-ouest ou d
nord-est, et quelquefois il y avait eu calme complet. L
vent alizé du nord-est s'étend parfois jusqu'à la régio
où se trouvait le navire, à cette saison de l'année
Le capitaine ajoute que, « fréquemment dans cett
partie de l'océan, il y a eu à bord des phalènes et de
papillons. » Le point dont il s'agit est à 960 milles a
sud-ouest des îles du Cap-Vert, et à 440 milles enviro
au nord-est de la côte de l'Amérique du sud. L'exem
plaire conservé est une *Deiopeia pulchella*, espèce trè
commune dans les localités arides des tropiques de l'est
et qu'on trouve rarement en Angleterre ; M. Mac La
chlan pense qu'elle n'existe pas dans l'Amérique du sud
Ces papillons seraient donc venus des îles du Cap-Vert
ou de quelque partie de la côte africaine, et ont dû tra
verser environ un millier de milles de l'océan, aidés
sans doute, par un fort vent alizé du nord-est, pendan
une grande partie de la distance. Dans les collections d
British Museum, se trouve un exemplaire du même in
secte attrapé en mer pendant le voyage du *Rattlesnak*
par 6° de latitude nord et 22 1/2 de longitude ouest, c'est
à-dire en un point situé entre le précédent et Sierr
Leone, ce qui fait qu'il est probable que les phalène
venaient de cette partie de la côte d'Afrique, auquel ca
l'essaim rencontré par la *Pleione* avait dû parcourir plus
de 1200 milles.

M. F. A. Lucas cite un cas pareil dans le journal amé
ricain *Science*, du 8 avril 1887. Il affirme avoir, en 1870
rencontré de nombreux phalènes de beaucoup d'espèce
dans l'Atlantique sud (par 25° de latitude sud, et 24° de
longitude ouest), à environ 1000 milles de la côte du Bré
sil. Comme cette région est précisément en dehors de
alizés sud-est, les insectes ont pu y être apportés de

erre par une tempête de l'ouest. Dans le *Zoologist*
jour 1864, on raconte qu'un petit coléoptère longi-
orne vola sur le pont d'un navire à 500 milles de la côte
uest de l'Afrique. De nombreux autres cas sont cités
'insectes trouvés à de moindres distances de la terre, et
n les ajoutant à ceux qui ont été déjà donnés, ils suf-
sent pour montrer qu'il y en a beaucoup qui sont con-
nuellement transportés, en mer, et qu'à l'occasion ils
ont en état d'atteindre des distances énormes. Mais les
icultés reproductrices des insectes sont si grandes qu'il
ous suffira, pour peupler une île éloignée, que quelques
xemplaires y parviennent, ne fût-ce qu'une fois dans
n siècle, ou une fois en mille années.

LES INSECTES A DE GRANDES HAUTEURS

Egalement importante est la preuve que nous possédons
ie les insectes sont souvent transportés à de grandes
titudes par des courants d'air ascensionnels. Humboldt
a remarqué à 15.000 et 18.000 pieds de hauteur dans
Amérique du sud, et M. Albert Müller a recueilli plu-
urs cas intéressants du même genre en Europe [1]. Un
ialène (*Plusia gamma*) a été trouvé sur le sommet du
ont-Blanc ; de petits hyménoptères et des phalènes ont
é vus dans les Pyrénées à la hauteur de 11.000 pieds,
ndis que nombre de mouches et de coléoptères, dont
elques-uns de grosseur considérable, ont été pris sur
glaciers et les champs de neige de diverses parties des
pes. Les courants ascendants d'air, les tourbillons et
tornados se retrouvent dans tous les pays du monde,
de nombreux insectes se trouvent ainsi enlevés dans
couches supérieures de l'atmosphère où ils sont ex-
sés à être pris par des vents puissants et transportés
isi à des distances énormes au dessus des mers et des

. *Trans. Ent. Soc.*, 1871, p. 184.

continents. Avec des moyens si puissants de dispersion, la distribution des insectes sur le globe entier, et leur présence dans les îles Océaniques les plus éloignées, n'offre plus de difficulté.

LA DISPERSION DES PLANTES

La dispersion des graines s'effectue avec une bien plus grande variété de modes qu'on n'en trouve pour n'importe quels animaux. Quelques fruits ou péricarpes, et quelques graines peuvent flotter, pendant plusieurs semaines, et après cette immersion prolongée dans l'eau salée, les semences germent souvent [1]. Nous citerons comme cas extrêmes, la noix de coco double des Seychelles, qu'on a trouvée sur la côte de Sumatra, à 3000 milles environ de distance ; les fruits du *Sapindus saponaria* que le Gulf-Stream a apporté des Indes Occidentales aux Bermudes, et qui ont poussé après un voyage en mer de 1500 milles ; et la fève des Indes Occidentales, *Entada scandens*, qui atteignit les Açores, venant des Indes Occidentales, à la distance de 3000 milles, et qui germa ensuite à Kew. C'est de cette façon que nous pouvons expliquer la similitude de la flore des rivages de l'Archipel Malais avec celle de la plupart des îles du Pacifique et de l'examen des fruits et des graines ramassés parmi les débris flottants au cours du voyage du *Challenger* M. Hemsley a tiré une liste de 121 espèces qui se sont probablement dispersées au loin de cette façon.

Un nombre encore plus élevé d'espèces doivent leur dispersion aux oiseaux, de plusieurs façons distinctes. Les oiseaux dévorent un nombre immense de fruits, dan

1. Voir sur ce point le résumé que j'ai donné de l'excellente étude de M. H. B. Guppy sur la dispersion par les courants océaniques, dans la *Revue Scientifique* (février 1891). M. H. B. Gupp m'annonce une publication prochaine sur le même sujet, basé sur des expériences encore en cours. (II. de V.)

)utes les parties du monde, et les fruits n'ont eu les
elles couleurs qui les rendent attrayants (ainsi que nous
avons déjà vu) que pour être dévorés ainsi, parce que
s graines traversent le corps des oiseaux et germent
ù elles tombent. Nous avons vu que les oiseaux sont
)uvent forcés, par les tempêtes, à traverser de larges
;endues de mer, et les graines ont pu être ainsi trans-
ortées. Un fait qui donne beaucoup à réfléchir, c'est
ue tous les arbres et arbustes des Açores portent des
·uits charnus ou de petits fruits que mangent les oiseaux,
indis que tous ceux qui portent de plus gros fruits, ou
)nt principalement mangés par les mammifères —
)mme les chênes, les hêtres, les noisetiers, les pommiers
iuvages — manquent absolument. Les oiseaux chas-
:urs et les échassiers ont souvent des fragments de
)ue attachés à leurs pattes, et Darwin a prouvé, par ses
cpériences, que cette boue contient fréquemment des
·aines. Une seule perdrix avait assez de boue à sa patte
)ur renfermer un nombre de graines qui suffit à pro-
iire quatre vingt-deux plantes ; on peut en conclure
i'une très faible quantité de boue peut servir au
·ansport de graines, et un tel fait, se répétant, même
de longs intervalles, peut contribuer grandement à
:upler les îles éloignées. Beaucoup de graines, aussi,
lhèrent aux plumes des oiseaux, et par suite, peuvent
nsi être emportées aussi loin que les oiseaux eux-
êmes. Le docteur Guppy a trouvé une petite semence
ire dans le gésier d'un pétrel du Cap, qui fut recueilli
550 milles environ à l'est de Tristan d'Acunha.

DISPERSION DES GRAINES PAR LE VENT

Nous avons, dans les cas précédents, eu la preuve di-
:cte du transport des graines ; mais bien que nous sa-
iions que beaucoup de graines sont spécialement adap-

tées à la dispersion par le vent, nous ne pouvons avoir la preuve positive qu'elles franchissent des centaines ou des milliers de milles à travers l'océan, à cause de la difficulté de découvrir des objets isolés qui sont si petits et si peu apparents. Il est probable, cependant, que le vent, comme agent de dispersion, est en réalité plus efficace qu'aucun des autres modes que nous avons examinés, parce que beaucoup de plantes ont des graines très petites et très légères, possédant souvent une forme qui facilite les voyages aériens aux distances les plus grandes. Il est évident que des graines de ce genre sont particulièrement sujettes à être enlevées par des vents violents, parce qu'elles mûrissent en automne, au moment où règnent le plus les tempêtes, et qu'elles reposent sur la surface du sol, ou disposées dans des capsules sèches sur la plante, prêtes à être enlevées. Si des parcelles inorganiques de poids, de taille et de forme comparables à celles de ces graines, sont portées à de grandes distances, nous pouvons être sûrs que les graines aussi seront à l'occasion enlevées de la même manière. Il nous faut donc donner quelques exemples du transport par le vent, de menus objets.

Le 27 juillet 1875 une averse remarquable de petits brins de foin se produisit à Monkstown, près de Dublin. Ils apparurent, tombant lentement à terre, d'une grande hauteur, comme s'ils fussent tombés d'un nuage sombre suspendu au-dessus des têtes. Les morceaux qu'on ramassa étaient mouillés et consistaient ici en de simples brins d'herbe, là en des touffes pesant une ou deux onces. Une averse pareille avait eu lieu quelques jours auparavant dans le Comté de Denbigh, et on remarqua que cette pluie voyageait dans une direction contraire à celle du vent dans la couche inférieure de l'atmosphère[1].

On ne sait rien de la distance de laquelle le foin était

1. *Nature*, 1875, vol. XII, p. 279, 298.

pporté, mais comme il avait été enlevé à une grande
uteur, il était en position d'être transporté par un
nt violent, s'il s'en était alors présenté, à n'importe
elle distance.

MATIÈRE MINÉRALE TRANSPORTÉE PAR LE VENT

Les cas nombreux du transport de poussières sablon-
uses ou volcaniques à d'énormes distances à travers
tmosphère prouvent suffisamment l'importance du
it comme véhicule de matière solide, mais, par mal-
ir, la matière recueillie n'a pas été jusqu'ici examinée
as le but de déterminer la grosseur et le poids maxi-
m des parcelles. Quelques faits, pourtant, m'ont
obligeamment fournis par le Professeur Judd, mem-
: de la Société Royale. Il tomba, le 15 octobre 1885,
lênes, une poussière qu'on jugea provenir du désert
icain, consistant en quartz, hornblende et d'autres
iéraux, et qui contenait des parcelles du diamètre
n cinq centième de pouce, pesant chacun $1/200,000^e$
grain [1]. Cette poussière avait vraisemblablement par-
.ru plus de 600 milles. Dans la poussière de Kraka-
, qui tomba à Batavia, à environ 100 milles de dis-
cc, pendant la grande éruption, il y avait beaucoup
parcelles solides plus grandes encore que celles qui
t ci-dessous mentionnées. Je reçus un peu de cette
issière du professeur Judd, et j'y trouvai plusieurs
elles solides beaucoup plus grandes encore, ayant
cinquantième de pouce de long, et un soixante-
ième de large et de haut. La poussière de cette même
ption, qui tomba à bord du navire *Arabella*, à 970
les du volcan, contenait aussi des parcelles solides
1 500ᵉ de pouce de diamètre. M. John Murray, de
pédition du *Challenger*, m'écrit qu'il a trouvé dans

Le pouce renferme 25 millimètres, et il y a 24 grains dans
:. 0015.

les dépôts de mer profonde à 500 ou même **700 mil**
à l'ouest de la côte d'Afrique, des parcelles arrondies
quartz, du diamètre d'un 250° de pouce, et des parc
les similaires se trouvent à des distances égalem
grandes des côtes sud-ouest de l'Australie ; et il cr
que c'est une poussière atmosphérique poussée à ce
distance par le vent. En mettant le poids spécifique
quartz à 2,6, ces fragments pèseraient environ 1/2£,0
de grain. On ne peut, cependant, accepter ces faits
téressants comme indiquant l'extrême limite de la pu
sance du vent dans le transport des parcelles solid
Pendant l'éruption du Krakatoa aucune tempête ne
produisit, et cette région est relativement calme d'o
naire. Les grains de quartz trouvés par M. Murray in
quent plus exactement la limite, mais les très pet:
portions de matières amenées par la drague, compar
aux immenses étendues du fond de la mer, sur le
cette poussière atmosphérique a été disséminée
qu'il est improbable au plus haut degré qu'on ait en
atteint la limite maximum, soit de la grosseur des
celles, soit de la distance franchie.

Supposons, cependant, que les grains de quartz, t:
vés par M. Murray dans les dépôts de mer profon
300 milles de toute terre, nous donnent l'extrême limite
la puissance de l'atmosphère pour le transport de par
les solides, et comparons ces dernières au poids de qu
ques graines. La table suivante a été formée au mo
d'une petite collection de graines de trente espèces
plantes herbacées qui me furent envoyées de Kew ; e
ont été choisies, et pesées par petits lots de huit, très
gneusement, dans une balance de précision[1]. En compt
ces lots, j'ai pu évaluer le nombre de graines néces

1. Je dois des remerciements au professeur R. Meldol
'Institut technique de Finsbury, et au révérend T. D. Titi
de Charterhouse, qui m'ont fourni les poids nécessaires.

ur faire le poids d'un grain. Les poids des trois es-
:es très petites, dont les chiffres sont accompagnés
n astérisque ont été calculés par la comparaison de
.r grosseur avec celle des plus petites graines pesées.

ESPÈCES	NOMBRE approximatif de graines dans un grain.	DIMENSIONS approximatives en pouces.	OBSERVATIONS
Draba verna.........	1,800	$\frac{1}{60} \times \frac{1}{90} \times \frac{1}{150}$	Ovale, p'ate.
Hypericum perforatum...	520	$\frac{1}{30} \times \frac{1}{80}$	Cylindrique.
Astilbe rivularis	4.300	$\frac{1}{50} \times \frac{1}{100}$	Allongée, plate, caudée, ondulée.
Saxifraga coriophylla.	750	$\frac{1}{40} \times \frac{1}{75}$	Surface rude, adhérente aux capsules sèches.
Œnothera rosea......	640	$\frac{1}{40} \times \frac{1}{80}$	Ovale.
Hypericum hirsutum.	700	$\frac{1}{30} \times \frac{1}{100}$	Cylindrique, rude.
Mimulus luteus......	2,900	$\frac{1}{60} \times \frac{1}{100}$	Ovale, menue.
Penthorum sedoides.	8,000*	$\frac{1}{70} \times \frac{1}{150}$	Aplatie, très menue.
Sagina procumbens..	12,000*	$\frac{1}{120}$	Sub - triangu - laire, plate.
Orchis maculata.....	15,000*	....	Marginée, plate très menue.
Gentiana purpurea..	35	$\frac{1}{25}$	Ondulée, rude, avec des bords coriaces.
Silene alpina.......	... .	$\frac{1}{30}$	Plate, avec des bords fran- gés.
Adenophora communis	....	$\frac{1}{20} \times \frac{1}{40}$	Très mince, on- dulée, légère.
Grains de Quartz....	25,000	$\frac{1}{250}$	Mer profonde, 700 milles.
idem.	200,000	$\frac{1}{500}$	Gênes, 600 milles.

Si nous comparons maintenant les graines avec
grains de quartz, nous trouverons que plusieurs d'en
elles ont de deux à trois fois le poids des fragments tro
vés par M. Murray, et que d'autres sont cinq, huit
quinze fois aussi lourdes; mais, elles sont beaucoup pl
grandes, en proportion, et étant d'ordinaire de form
irrégulières, ou comprimées, elles présentent à l'air u
surface beaucoup plus grande. Cette surface est souve
rude, et plusieurs ont des bords étalés ou des access
res caudés, qui augmentent la friction et rendent la r
pidité de leur chûte à travers l'air tranquille infinime
plus faible que celle des grains lisses, ronds et solides
quartz. Etant donnés ces avantages, on peut estimer,
bas mot, que des graines ayant dix fois le poids d
grains du quartz pourraient être portées tout aussi lo
par l'air en mouvement durant une tempête violente
sous les conditions les plus favorables. Ces limites co
prendront cinq des graines qu'on vient de citer, au
bien que des centaines d'autres de poids moindre, et no
pouvons ajouter à celles-ci quelques graines plus gross
ayant d'autres caractères avantageux, comme c'est le c
chez les numéros 11-13, qui, tout en étant beaucoup pl
grosses que les autres, sont formées de telle sorte qu'ell
sont selon toutes les probabilités, emportées plus facil
ment encore à de grandes distances par un coup de ver
Il paraît donc absolument certain que chaque tempê
d'automne, capable de transporter des parcelles minér
les solides à de grandes distances, doit encore emport
tout aussi loin nombre de petites graines ; et si cela e
ainsi, le vent à lui seul constitue un des agents les pl
efficaces de la dipersion des plantes.

Les botanistes ont, jusqu'à ce jour, rejeté l'idée de
mode de transport des graines à grande distance, à tr
vers les mers, et cela, pour deux raisons. La premièr
c'est qu'ils disent ne trouver aucune preuve positive d'u

insport pareil ; et la seconde, c'est que les plantes
rticulières des îles océaniques éloignées ne paraissent
s avoir de graines adaptées spécialement en transport
r l'air. Je vais examiner, en peu de mots, chacune
ces objections.

ECTION A LA THÉORIE DE LA DISPERSION PAR LE VENT

Il est extrêmement difficile d'obtenir une preuve posi-
e du transport d'objets aussi menus et aussi fragiles,
i n'existent pas en grandes quantités, et ne sont, pro-
olement, portés aux plus grandes distances que rare-
nt et par unités. On peut voir un oiseau ou insecte
. arrive à bord d'un navire, mais qui découvrirait
iais les graines du Mimulus ou d'un Orchis, même
elles tombaient par vingtaines sur le pont d'un na-
e ? Et cependant, si seulement une seule graine pa-
ile, par siècle, était transportée dans une île océani-
:, cette île pourrait être rapidement envahie par la
nte, si les conditions étaient favorables à la croissance
t la reproduction de celle-ci. Autre objection : on a
rché ces graines, et on ne les a pas trouvées. Le pro-
ieur Kerner, d'Innsbruck, a examiné la neige de la
face des glaciers ; il recueillit avec soin toutes les
ines qu'il put trouver, et vit qu'elles appartenaient à
   plantes croissant dans les montagnes adjacentes
   dans la région voisine. De même les plantes
issant dans les moraines furent reconnues sembla-
s à celles des montagnes, des plateaux, et des plai-
avoisinant les glaciers. D'où il conclut que l'opi-
1 généralement répandue, que les graines peuvent
: transportées à travers l'air, à de grandes distances,
est pas appuyée par des faits » [1]. L'opinion n'est certai-

Voir *Nature*, vol. VI, p. 164, pour un résumé de l'article de
ier.

nement pas confirmée par les faits cités par Kerner, m[...]
ils ne lui sont pas non plus contraires. Il est évide[...]
que les premières graines que le vent porterait aux m[...]
raines ou à la surface des glaciers, seraient, d'abord[...]
en plus grand nombre, celles de la région immédia[...]
ment adjacente ; puis, beaucoup plus rarement, cel[...]
des montagnes plus éloignées, et enfin, avec une extrê[...]
rareté, celles de pays éloignés ou de chaînes de montag[...]
entièrement distinctes. Supposons d'abord les premiè[...]
si abondantes qu'on en trouverait une par mètre ca[...]
de la surface du glacier ; les secondes si rares qu'on n[...]
trouverait une que par 100 mètres carrés, et enfin p[...]
en trouver une de la troisième classe, il serait nécessa[...]
d'explorer à fond un mille carré de surface. Nous [...]
tendrions nous à trouver cette *une*, et le fait qu'on [...]
la trouverait pas nous prouverait-il qu'il n'y en a p[...]
En outre, un glacier est assez mal placé pour recevoir [...]
vagabonds venant de si loin, puisqu'il est, en général, [...]
touré de hautes montagnes, formant souvent des ch[...]
nes successives, qui intercepteraient le peu de grai[...]
transportées par le vent qui auraient pu arriver de qu[...]
que pays éloigné. Les conditions d'une île océaniq[...]
d'autre part, sont tout ce qu'il y a de plus favorab[...]
puisque la terre, surtout si elle est haute, intercepte[...]
mieux les objets portés par le vent, et fera tomber pl[...]
de matière solide sur elle qu'il n'en tombera sur un [...]
pace égal d'océan. Nous savons qu'en mer, les ve[...]
soufflent souvent avec violence pendant plusieurs jou[...]
de suite, et la rapidité du mouvement est indiquée p[...]
le fait que l'on constate, à l'observatoire de Ben-Nev[...]
comme moyenne de vélocité du vent, 72 milles à l'heu[...]
— moyenne de 12 heures, — et parfois cette vitesse s[...]
lève jusqu'à 120 milles. Donc, une tempête durant dou[...]
heures pourrait emporter des graines légères à mi[...]
milles aussi facilement et avec autant de certitu[...]

u'elle porterait des grains de quartz de poids spécifique
,en plus grand, bien plus ronds et bien plus lisses, à
)0 milles ou même à 100 milles ; et il est même difficile
imaginer une raison pour qu'elles ne fussent pas
ansportées ainsi — peut-être très rarement et sous des
)nditions exceptionnellement favorables — mais voilà
ut ce qui est nécessaire.

.En ce qui concerne la seconde objection, il a été re-
arqué que les orchidées, qui ont souvent des graines
;cessivement petites et légères, manquent d'une ma-
ère frappante aux îles océaniques. Ceci, pourtant,
)urrait être attribué à leur spécialisation extrême et
la dépendance où elles se trouvent, pour leur fécon-
ition, à l'égard des insectes ; tandis que le fait qu'elles
istent dans des îles aussi éloignées que les Açores,
ıhiti et les îles Hawaii, prouve qu'elles ont dû d'abord
gner ces localités par l'intermédiaire des oiseaux ou
.r le transport aérien ; et les faits que j'ai mentionnés
·dessus rendent ce dernier mode au moins aussi pro-
.ble que le premier.

Sir Joseph Hooker a fait remarquer que la *Cotula
umosa* de l'île Kerguelen se trouve aussi sur les îles
   Lord Auckland et Mac-Quarrie, et pourtant elle n'a
int d'aigrette, tandis que les autres espèces du genre
.sont pourvues. C'est certainement un fait remarquable,
qui prouve que la plante doit avoir, ou a eu autrefois,
.elque autre mode de dispersion à travers les océans [1].

.. Il est aussi très possible que l'absence d'aigrette soit une
;ente adaptation, amenée par des causes semblables à celles
i ont réduit ou fait avorter les ailes des insectes dans des îles océa-
]ues. Car lorsqu'une plante a fini par atteindre une des îles
layées par les tempêtes de l'océan du sud, l'aigrette devient un
nger par la même raison que les ailes des insectes, puisqu'elle
ait voler et se perdre en mer les semences. Les graines les plus
ırdes et sans aigrette auraient plus de chance de tomber à terre et

Une des espèces les plus abondamment répandues da[ns]
le monde entier (*Sonchus oleraceus*) possède une a[i-]
grette ainsi que quatre sur cinq des espèces qui so[nt]
communes à l'Europe et à la Nouvelle-Zélande, et q[ui]
ont toutes une distribution très étendue. Le mêm[e]
auteur fait remarquer combien est limité le territoi[re]
occupé par la plupart des espèces des Composées, malg[ré]
leurs facilités·de dispersion au moyen de leurs grain[es]
ailées, mais comme cela a déjà été vu, les limites [de]
leurs territoires sont presque toujours dues à la concu[r-]
rence de formes alliées, les facilités de dispersion n'é[-]
tant qu'un des nombreux facteurs déterminant l'étend[ue]
de la distribution des espèces. Elles sont pourtant u[n]
facteur important dans le cas des habitants d'îles océa[-]
niques éloignées, puisque ces espèces, qu'elles soient o[u]
non des espèces particulières, doivent avoir, elles, o[u]
leurs ancêtres éloignés, à un moment quelconque, a[t-]
teint leur habitat actuel par des moyens naturels.

J'ai déjà montré, ailleurs, que la flore des Açor[es]
confirme d'une manière frappante la théorie que l[es]
espèces y auraient été introduites par le seul transpo[rt]
aérien, c'est-à-dire par l'intermédiaire des oiseau[x]
et le vent, parce que toutes les plantes qui n'auraie[nt]
pu être transportées par ces moyens font défaut. Nou[s]
pouvons, de la même manière, expliquer l'extrême ra[-]
reté des Légumineuses dans les îles océaniques[.]
M. Hemsley, dans son rapport sur les flores insulaires, d[it]
qu'elles « manquent dans un grand nombre d'île[s]
océaniques, où il n'y a pas de flore littorale réelle [,]
telles que Sainte-Hélène, Juan Fernandez, et toutes le[s]
îles de l'océan Atlantique du sud, et de l'océan Indien d[u]
sud. Même dans les îles tropicales, telles que Mauric[e]
et Bourbon, il n'y a pas d'espèces endémiques, et il e[n]

d'y germer, et ce processus de sélection aurait amené très vit[e]
[l]e disparition totale de l'aigrette.

iste très peu aux îles Galapagos, et dans les îles, plus
oignées, de l'océan Pacifique. Tous ces faits sont tout
fait en harmonie avec l'absence de facilités pour la
ansmission aérienne, soit par l'intermédiaire des oi-
aux, soit par le vent, à cause de la grosseur et du
ids relativement plus grand des graines ; et nous en
ouvons une preuve de plus dans l'extrême rareté des
s où les graines réussissent à flotter à de grandes
stances en mer [1].

PLICATION DE LA PRÉSENCE DES PLANTES DES RÉGIONS TEMPÉRÉES DU NORD DANS L'HÉMISPHÈRE SUD

Si maintenant nous admettons que beaucoup de grai-
s qui sont ou très petites, ou très minces ou de forme
dulée, ou frangées et bordées de façon à donner
se à l'air, sont à même d'être emportées à la distance
plusieurs centaines de milles par des tempêtes excep-
nnellement violentes et prolongées, nous pourrons
n seulement mieux expliquer la flore de quelques-
es des îles océaniques les plus lointaines, mais nous
uverons aussi dans ce fait une explication suffisante
la dispersion générale de beaucoup de genres, et
me d'espèces de plantes des zônes arctique et tem-
ée du nord dans l'hémisphère sud, ou sur les som-

Voir *Island Life*, p. 251.
M. Hemsley suggère que ce n'est pas tant la difficulté du
sport par la flottaison, que les mauvaises conditions aux-
les les graines sont soumises, en arrivant à terre, qui les
êchent de germer. Beaucoup, même si elles germent, se
vent détruites par les vagues, comme Burchell l'a remarqué
inte-Hélène ; tandis que même une plage plate et abritée ne
iendrait point à beaucoup de plantes de l'intérieur des terres.
graines portées par l'air, d'autre part, peuvent pénétrer loin
les terres, et être disséminées de façon à ce que quelques-
atteignent des stations convenables.

mets de montagnes tropicales. Près de cinquante d
plantes de la Terre de Feu se retrouvent dans l'Amériq
du nord, ou en Europe, mais on ne les voit en aucun aut
pays intermédiaire ; tandis que cinquante-huit espèc
sont communes à la Nouvelle-Zélande et au nord
l'Europe ; trente huit à l'Australie, le nord de l'E
rope et l'Asie ; et il n'est pas moins de soixant
dix-sept espèces qui sont communes à la Nouvelle-Z
lande, l'Australie et le sud Amérique [1]. Sur de haut
montagnes fort éloignées les unes des autres, des pla
tes identiques ou étroitement alliées se retrouvent so
vent. Ainsi la belle *Primula imperialis* qui habite un se
pic des montagnes de Java a été retrouvée (elle, ou u
espèce prochement alliée) dans l'Himalaya, et beauco
d'autres plantes de hautes montagnes de Java, Ceyl
et l'Inde du nord sont identiques ou très étroiteme
alliées. De même, quelques espèces trouvées en Afriqu
sur les sommets des Cameroons et à Fernando Po da
l'ouest de l'Afrique, sont parentes rapprochées d'esp
ces des plateaux Abyssiniens et de l'Europe tempéré
tandis que d'autres espèces Abyssiniennes ou des Cam
roons ont été retrouvées dernièrement sur les mont
gnes de Madagascar. Quelques formes australienn
particulières ont été vues sur le sommet de Kini-Bal
Bornéo. De plus, sur le sommet des Organ, au Brés
il y a des espèces alliées à celles des Andes, mais qui
se trouvent nulle part dans les plaines intermédiair

IL N'Y A AUCUNE PREUVE D'UN ABAISSEMENT RÉCENT DE TEMPÉRATURE SOUS LES TROPIQUES

Darwin supposait que ces faits, et beaucoup d'aut

[1]. Pour plus de détails, voir *Introduction to Floras of New Zeala and Australia* de Sir J. Hooker, et un résumé dans mon *Isl Life*, chap. XXII, XXIII.

ı même ordre, étaient la conséquence d'un abaisse-
ent de température qui se serait produit pendant les
ıoques glaciaires, et aurait permis à ces formes de cli-
at tempéré d'émigrer à travers les plaines intermédiais-
s des tropiques. Mais un changement pareil, postérieur
l'origine des espèces actuelles, est presque impossible
concevoir. En premier lieu, il nécessiterait l'extinction
une grande partie de la flore tropicale (et des in-
ctes qui en vivent) parce que sans une destruction
ıreille les plantes herbacées des Alpes ne pourraient
mais s'étendre dans les plaines des forêts tropicales ;
, en second lieu, il n'y a pas la moindre preuve qu'un
l abaissement de température dans les plaines inter-
ɔpicales se soit jamais produit. Les seuls témoignages
cet égard ont été apportés par feu le professeur
ɡassiz et M. Hartt ; mais j'apprends, par mon ami
C. Branner (maintenant géologue de l'Etat d'Arkansas,
ats-Unis) qui a succédé à M. Hartt, et a passé plusieurs
nées à achever l'étude géologique du Brésil, que ce
'on supposait être des moraines et des roches glaciai-
ɜ granitiques près de Rio-Janeiro et ailleurs, aussi
ɛn que le prétendu *boulder-clay* de la même région,
uvent parfaitement s'expliquer comme résultats d'une
nudation et d'une érosion sous-aérienne, et qu'il
ɪxiste aucune preuve quelconque d'une période gla-
ıire en aucune partie du Brésil.

E TEMPÉRATURE PLUS BASSE N'EST PAS NÉCESSAIRE POUR EXPLIQUER LES FAITS

Mais il est réellement superflu d'appeler en cause
nmense changement physique que suggérait Darwin,
ıngement impliquant de si formidables conséquences
ur la faune et la flore des tropiques, dans le monde
lier ; car les faits que nous essayons d'expliquer

sont, essentiellement, de même nature que ceux qu'c
présentés les îles océaniques lointaines, entre lesquel
et les continents les plus rapprochés il n'est post·
aucune connexion de pays tempéré. En proporti
avec leur territoire restreint et leur extrême isoleme·
les Açores, Sainte-Hélène, les Galapagos, et les î
Hawaii, possèdent chacune une assez riche — les d·
nières une très riche — flore indigène, et les moyens c
ont suffi à les peupler d'une si grande variété de pla
tes suffiraient probablement à en transmettre d'aut·
d'une cime de montagne à une autre cime, en divers
parties du globe. Dans le cas des Açores, nous avo·
un grand nombre d'espèces identiques à celles de l'E
rope, et d'autres qui leur sont étroitement alliées, fo
mant ainsi un cas exactement parallèle à celui d
espèces trouvées sur les divers sommets de montagn·
auxquels on a fait allusion. Les distances de Madagasc
aux montagnes du sud de l'Afrique et au Kilimandjar·
et de ce dernier à l'Abyssinie, ne sont pas plus grand·
que celles de l'Espagne aux Açores, tandis que d'autr·
montagnes équatoriales forment, pour ainsi dire, des j
lons également espacés, vers les Cameroons. Entre Java·
l'Himalaya nous avons les hautes montagnes de Sum·
tra et de la Birmanie du nord-ouest, formant des rela·
séparés par des distances à peu près égales; tandis qu·
entre Kini-Balu et les alpes Australiennes nous avo·
les montagnes neigeuses encore inexplorées de la Nou·
velle-Guinée, les monts Bellenden Ker du Queensland·
les montagnes *New-England* et les montagnes Bleu·
de la Nouvelle-Galles du sud. Entre le Brésil et la Bol·
vie, les distances ne sont pas plus grandes; tandis qu·
la ligne ininterrompue des montagnes de l'Amériq·
arctique jusqu'à la terre de Feu offre les plus grand·
facilités pour le transport, la brèche partielle entre·
pic élevé de Chiriqui et les hautes Andes de la Nouvell·

renade étant bien moins grande que celle qui existe
ntre l'Espagne et les Açores. Ainsi, quels que soient
s moyens qui ont suffi à peupler les îles océaniques,
s moyens ont dû, dans une certaine mesure, servir à
nsmettre des formes septentrionales d'une montagne
'autre, à travers l'équateur, et jusque dans l'hémis-
ère méridional ; pour cette dernière forme de dis-
rsion il y a des facilités spéciales dans l'abondance
régions inoccupées, qui se produisent sans cesse dans
régions montagneuses, grâce aux avalanches, tor-
nts, glissements de montagnes, et éboulis de roches,
i procurent ainsi des stations où les graines portées
: les vents peuvent germer et s'abriter temporaire-
nt jusqu'à ce que la végétation indigène envahissante
en chasse. Ces stations provisoires peuvent être à des
titudes bien inférieures à celle de l'habitat ordinaire
espèces, si d'autres conditions sont favorables.

es plantes alpines descendent souvent dans les vallées
les moraines glaciaires, tandis que quelques espèces
tiques sont également prospères sur les sommets des
ntagnes et au bord de la mer. Les distances que nous
ns rapportées entre les montagnes les plus élevées
vent être grandement réduites par la production de
ditions favorables à des altitudes inférieures, et les
lités de transport par les courants aériens se trou-
t ainsi proportionnellement augmentées [1].

ITS EXPLIQUÉS PAR LE TRANSPORT AÉRIEN DES GRAINES

ais si nous rejetons entièrement le transport aérien
graines pour les grandes distances, sauf par l'inter-
iaire des oiseaux, il sera difficile, sinon impossible,
pliquer la présence de tant d'espèces de plantes

Pour une discussion plus approfondie, voir *Island Life*,
, XXIII.

identiques sur des sommets de montagnes éloignées,
l'existence de ce « courant continu de végétation » qi
Sir Joseph Hooker décrit comme ayant, apparemmen
longtemps existé de l'hémisphère nord à l'hémisphè
sud. On peut admettre que nous pouvons arriver à exp
quer la plus grande partie des flores des îles océaniqu
éloignées par la seule intervention des oiseaux ; par
que, quand des oiseaux terrestres sont poussés au large,
faut qu'ils atteignent quelque île ou qu'ils périssent,
tous ceux qui arrivent en vue d'une île lutteront po
l'atteindre comme leur dernier refuge. Mais, avec d
cîmes de montagnes, c'est une autre affaire, parce qu
étant environné de terre au lieu d'eau, aucun oise
n'aurait à voler, ou à être porté par le vent pendant d
centaines de milles en une fois, mais trouverait un r
fuge sur le plateau ou dans les crêtes, les vallées,
les plaines qui avoisineraient la montagne. En règle g
nérale, les oiseaux qui fréquentent les cîmes de haut
montagnes sont d'espèces particulières alliées à celles
la région environnante, et il n'y a aucune indication qu
conque de passages d'oiseaux d'une montagne éloignée
une autre qui puissent être comparés avec les band
d'oiseaux qu'on voit arriver annuellement aux Açor
ni même avec les quelques émigrants réguliers d'Au
tralie en Nouvelle-Zélande. Il est presque impossible
concevoir que les graines de la *Primula* Himalayen
aient été ainsi transportées à Java ; mais, au moyen
tempêtes de vent, et de stations intermédiaires situé
à des distances variant entre cinquante milles et qu
ques centaines de milles, où les graines pourraient
géter un an ou deux et produire des semences nouvel
qui seraient, à leur tour, transportées de même, le tra
port pourrait, après plusieurs insuccès, finir par s'opér

Il est très important de noter combien doit être p
répandu le transport aérien, en regard du transport

s oiseaux. Il ne peut y avoir qu'un petit nombre d'oi-
aux qui emportent des graines attachées à leur plu-
es ou à leurs pattes. Une très petite proportion d'en-
: eux porterait les graines de plantes alpines, et une
rtion infinitésimale réussirait à transporter en sécu-
é les quelques graines attachées à leur corps jusqu'à
e île océanique ou une montagne éloignée. Mais les
nts, sous forme d'ouragans, ou de cyclones, de tem-
tes ou de tourbillons, sont perpétuellement à l'œuvre
r d'immenses espaces de terre et de mer. Les insectes
les parcelles légères de matière sont souvent enlevés
qu'au sommet de hautes montagnes ; la nature et
rigine des vents font de ceux-ci des sortes de courants
endants ou descendants, les premiers, capables de te-
: en suspension des objets menus et légers, comme les
aines, assez longtemps pour les emporter à d'énormes
tances. Pour une seule graine emportée par une patte
des plumes d'oiseau, des millions sans nombre sont
levées par la violence du vent ; et les chances de trans-
rt, à grande distance et dans une direction définie,
ivent être beaucoup plus grandes par la dernière ma-
re que par la première [1].

. Un cas très remarquable de transport abondant de graines
le vent se trouve décrit dans une lettre de M. Thomas Han-
y à son frère, feu Daniel Hanbury, dont M. Hemsley, de Kew, a
l'obligeance de me donner communication. La lettre est en
e de Shanghaï, 1er mai 1856, et voici le passage en question :
Ces trois derniers jours, nous avons eu un temps très chaud
ur cette saison de l'année, même presque aussi chaud qu'au
ieu de l'été ; hier soir, le vent changea subitement, passant au
d, et souffla toute la nuit avec une grande violence et causant
grand changement de température.
e matin, des myriades de petites parcelles blanches flottent
is l'air ; il n'y a pas un nuage, ni aucun brouillard, et pourtant
oleil est tout obscurci par cette substance ; cela ressemble à un
uillard blanc d'Angleterre. Je t'en envoie, ci-inclus, un échan-
on, pensant que cela t'intéressera. C'est évidemment une pro-

Nous avons vu que des parcelles inorganiques d'
poids spécifique bien plus grand que celui des grain
et presque aussi lourdes que les graines les plus petit
sont emportées à de grandes distances au travers
l'air, et nous ne pouvons douter que quelques grain
ne soient portées aussi loin. L'action directe du ver
opérant comme les oiseaux, aidera à expliquer la pr
sence dans les îles océaniques, de plantes croissant
des lieux secs et rocheux où il est peu probable que
graines s'attachent à des oiseaux ; tandis qu'elle par
être le seul agent efficace possible pour la dispersion
ces espèces de plantes alpines ou sous-alpines qu'
trouve sur les sommets de montagnes éloignées, ou
distance plus grande encore, dans les zônes tempér
des hémisphères nord et sud.

CONCLUSIONS

D'après les principes généraux qui viennent d'être p
sés, on ne trouvera plus aucune difficulté à comprend
les faits principaux de la distribution géographique
animaux et des plantes. Il reste, sans doute, bien
cas embarassants et quelques apparentes anomali
mais il est aisé de voir qu'elles ont pour cause not
ignorance de quelques-uns des facteurs essentiels du p
blème. Nous ignorons la distribution du groupe que no
considérons dans les temps géologiques modernes,
nous ignorons encore les procédés particuliers à l'ai

duction végétale ; cela me semble être une espèce de grain
M. Hemsley ajoute que cette substance se trouve être la gra
plumeuse d'un peuplier ou d'un saule. Pour pouvoir produire l'e
décrit — pour obscurcir le soleil comme un brouillard bla
— il fallait que les graines remplissent l'air à une grande haute
et elles ont dû être amenées d'une région où de grand espa
devaient être couverts de l'espèce d'arbre qui les produit.

esquels les organismes traversent les mers. La dernière
e ces difficultés s'applique surtout à la tribu des lézards
u'on trouve dans presque toutes les îles océaniques;
ıais la façon particulière par laquelle ils parviennent à
·averser de grandes étendues de mer, barrières abso-
ıes pour les batraciens, et presque absolues aussi pour
ıs serpents, n'a pas encore été découverte. On a trouvé
es lézards dans toutes les plus grandes îles du Pacifique
ısqu'à Tahiti, tandis que les serpents ne dépassent pas
ıs îles Fiji, et manquent à Maurice et à Bourbon où
bondent des lézards de sept ou huit espèces. Les natu-
ɪlistes qui habitent les îles du Pacifique rendraient de
rands services à la science s'ils étudiaient l'histoire de
ı vie des lézards indigènes, et essayaient de s'assurer
es facilités spéciales qu'ils possèdent pour traverser de
rands espaces d'eau.

CHAPITRE XIII

LES PREUVES GÉOLOGIQUES DE L'ÉVOLUTION

La théorie de l'évolution dans le monde organique implique nécessairement le fait que les formes des animaux et des plantes ont, généralement parlant, progressé, passant d'une organisation plus générale à une organisation plus spécialisée, et de formes plus simples à des formes plus complexes. Nous savons, cependant que cette progression n'a nullement été régulière, mais a été accompagnée de dégradations et de dégénérescences répétées, et que, à plusieurs reprises aussi l'extinction en masse a arrêté tout progrès dans certaines directions et souvent nécessité une nouvelle mise en route, un nouveau départ hors de quelque type relativement inférieur et imparfait, qui a commencé à se développer et à se perfectionner.

L'énorme extension qu'ont prise les recherches géologiques dans nos temps modernes nous a fait connaître
un grand nombre d'organismes éteints maintenant,
nombre si grand que, dans certains groupes — tels que
les mollusques — les fossiles sont plus nombreux que les
espèces vivantes ; tandis que chez les mammifères ils
ne sont pas moins nombreux, la prépondérance des espèces vivantes existant surtout chez les formes plus pe-
tes et chez les formes arboricoles qui n'ont pas été aussi
bien conservées que les membres des plus grands groupes. Dans une telle accumulation de matériaux permettant de reconstituer les étapes successives que les animaux ont traversées, on s'attendra naturellement, à trouver d'abondantes preuves de l'évolution. Nous pouvons
espérer découvrir quels liens ont rattaché quelques formes isolées à leurs plus intimes alliées, et en beaucoup
de cas, comment se sont comblées les lacunes qui séparent maintenant un genre d'un autre genre, une espèce
d'une autre espèce. Dans quelques cas, cette attente
a remplie, mais dans beaucoup d'autres, nous cherchons en vain la sorte de preuves que nous désirons obtenir, et l'absence de ces preuves, au milieu d'une richesse de matériaux si grande, en apparence, semble,
pour beaucoup de personnes, jeter quelque doute sur
la théorie de l'évolution elle-même. On avance, avec
beaucoup d'apparences de raison, que tous les arguments
allégués jusqu'ici ne sont pas démontrés, et que la
preuve décisive serait fournie en montrant par un
grand nombre d'exemples, ces traits d'union dont nous
affirmons l'existence passée. Beaucoup des lacunes qui
demeurent encore sont si grandes qu'il semble incroyable à ces adversaires qu'elles aient jamais pu être comblées par une succession rapprochée d'espèces, puisque
ces dernières ont dû s'étendre à travers tant de siècles,
ont dû exister en si grands nombres, qu'il semble

impossible de s'expliquer leur absence totale de couch
dans lesquelles d'innombrables espèces appartenant
d'autres groupes sont conservées et ont été découverte
Pour apprécier la force, ou la faiblesse de ces objection
il nous faut rechercher quels sont le caractère et la ce
titude des annales de cette vie passée de la terre qu
la géologie nous dévoile, et constater la nature et
somme des témoignages que, dans nos conditions a
tuelles, nous pouvons nous attendre à trouver.

LE NOMBRE D'ESPÈCES CONNUES D'ANIMAUX DISPARUS

Il semble, à première vue, quand nous affirmons q
les mollusques fossiles connus sont beaucoup plus no
breux que ceux qui vivent actuellement sur terre, q
nos connaissances à cet égard soient très complète
mais c'est loin d'être le cas. Les espèces ont chang
continuellement, à travers tous les temps géologiqu
et à chaque période ont dû être aussi nombreus
qu'elles le sont maintenant. Si nous divisons les co
ches fossilifères en douze grandes divisions — Pliocè
Miocène, Eocène, Crétacé, Oolite, Lias, Trias, Permie
Carbonifère, Dévonien, Silurien et Cambrien — no
trouvons que, non seulement chacune d'elles possè
une faune de mollusques très distincte et très caracté
sée, mais que les différentes subdivisions présentent so
vent une série très différente d'espèces ; de façon qu
quoiqu'un certain nombre d'espèces soient communes
deux, ou plus de deux grandes divisions, la totalité c
espèces ayant vécu sur terre doit être beaucoup plus q
douze fois — peut-être même que trente ou quarar
fois — le nombre de celles qui vivent actuellement.
la même manière, quoique les espèces de mammifè
fossiles reconnues maintenant par des restes fossiles p
ou moins fragmentaires puissent ne pas être beauco

1oins nombreuses que les espèces vivantes, cependant
1 durée de l'existence de ces dernières a été relative-
1ent si courte qu'ils ont dû être complètement changés,
eut-être six ou sept fois, au cours de la période ter-
:aire ; et cette période n'est, assurément, qu'un fragment
es temps géologiques pendant lesquels les mammifères
nt existé sur le globe.

Il y a, aussi, lieu de croire que les animaux supérieurs
vaient beaucoup plus d'espèces pendant les époques
éologiques passées que maintenant, par suite de la
lus grande égalité du climat qui rendait les régions
rctiques elles-mêmes aussi habitables que le sont de
os jours les zônes tempérées.

L'identité et l'égalité du climat devaient amener, pro-
ablement, une distribution plus uniforme de l'humidité,
t rendre des régions maintenant désertes capables de
ourrir une abondante vie animale. Cela est indiqué par
ะ nombre et la variété des espèces de grands animaux
u'on a trouvés à l'état fossile dans des territoires très
mités qu'ils ont évidemment habités durant une pé-
iode. M. Albert Gaudry a trouvé, dans les dépôts d'un
rrent de montagne, à Pikermi, en Grèce, une abon-
ance de grands mammifères telle qu'on n'en trouve ja-
1ais, vivant ensemble, à notre époque. Parmi eux, il y
vait deux espèces de mastodontes, deux rhinocéros dif-
;rents, un sanglier gigantesque, un chameau et une
irafe plus grands que ceux de notre temps, plusieurs
nges, des carnivores, depuis la martre et la civette jus-
u'aux lions et aux hyènes de la plus grande taille, de
ombreuses antilopes d'au moins cinq genres distincts, et
n outre, beaucoup de formes entièrement éteintes. Tels
:aient les grands troupeaux d'*Hipparion*, l'ancêtre du
1eval ; le *Helladotherium*, immense animal plus grand
ue la girafe ; l'*Ancylotherium*, un édenté ; l'informe
inotherium ; l'*Aceratherium*, allié aux rhinocéros ; et le

monstrueux *Cholicotherium*, allié aux cochons et rum
nants, mais aussi grand qu'un rhinocéros; et, pour cha
ser et faire sa proie de ceux-là, le grand *Machairodu*
ou tigre à dents en sabre. Et tous ces restes furent tro
vés dans un espace de 300 pas sur 60 de large, beaucou
des espèces existant en quantités énormes.

Les fossiles de Pikermi appartiennent au Miocèr
supérieur, mais un dépôt tout aussi riche, datant de l'É
cène supérieur, a été découvert au sud-ouest de la Franc
dans le Quercy; M. Filhol y a déterminé la présence d
quarante-deux espèces, parmi les bêtes de proie seule
Tout aussi dignes de remarques sont les découverte
variées de mammifères fossiles dans l'Amérique du nor
surtout dans les vieux fonds de lac qui constituer
maintenant ce qu'on appelle les « mauvaises terres » d
Dakota et du Nebraska, appartenant à la période Mic
cène. On trouve là un énorme assemblage de restes
souvent des squelettes parfaits d'herbivores et de carni
vores, aussi variés et aussi intéressants que ceux de
localités déjà citées en Europe; mais entièrement dis
tincts, et dépassant beaucoup, en nombre et en variét
de grandes espèces, toute la faune actuelle de l'Améri
que du nord. Des phénomènes très analogues se son
produits dans l'Amérique du sud et en Australie, et nou
amènent à conclure que la terre est, au temps où nou
vivons, pauvre en grands animaux, et qu'à chaque pé
riode successive du Tertiaire, en tout cas, elle a port
un beaucoup plus grand nombre d'espèces qu'elle n'er
possède maintenant. La richesse et l'abondance même
des restes que nous trouvons dans des régions restreinte
servent à nous convaincre de l'imperfection, et de l'éta
fragmentaire de notre connaissance de la faune terrestr
durant une époque passée quelconque; puisque nous n
pouvons croire que tous, ou presque tous les animaux
habitant une région aient été ensevelis dans un seul

ac, ou submergés par les inondations d'une seule ri-
ière.

Mais les endroits où se trouvent les dépôts si riches
ont extrêmement rares et disséminés, si on les compare
ux vastes régions continentales, et nous avons tout lieu
e croire que, dans les siècles passés, comme mainte-
ant, nombre d'espèces curieuses étaient rares ou loca-
es, les espèces plus communes et plus abondantes donnant
ine idée très imparfaite de la série existante de formes
nimales. Bien plus important encore, pour nous prou-
er l'imperfection de nos connaissances, est le laps
norme de temps qui s'est écoulé entre les différentes
ormations dans lesquelles nous trouvons des débris or-
aniques en quelque abondance, laps si vaste que, dans
eaucoup de cas, nous nous trouvons presque dans un
ouveau monde, toutes les espèces et la plupart des
enres des animaux supérieurs ayant subi une transfor-
ation complète.

CAUSES DE L'IMPERFECTION DES ANNALES GÉOLOGIQUES

Ces faits concordent entièrement avec les conclusions
es géologues, quant à l'imperfection inévitable des
nnales géologiques, puisqu'il faut la coïncidence de
ombreuses conditions favorables pour conserver une
eprésentation adéquate de la vie d'une époque donnée.
n premier lieu, les animaux, pour se conserver, ne doi-
ent pas mourir de leur mort naturelle, de maladie ou
e vieillesse, ou en devenant la proie d'autres ani-
aux, mais doivent être détruits par quelque accident
ui les enfouisse dans le sol. Ils doivent ou être empor-
s par des inondations, ou s'enfoncer dans des maréca-
es ou des sables mouvants, ou être enveloppés par la
oue ou les cendres d'une éruption volcanique ; et
and ils sont ensevelis, ils faut qu'ils demeurent, sans

29.

être dérangés, pendant toutes les transformations future
de la surface terrestre.

Les chances sont énormes contre cette réunion d
conditions, parce que la dénudation se poursuit toujours
et que les roches que nous trouvons aujourd'hui à l
surface ne sont que de petits fragments de celles qu
existaient primitivement. L'alternance des dépôts ma
rins et des couches d'eau douce, et la fréquente discor
dance de stratification des couches nous parlent claire
ment d'exhaussements et d'affaissements répétés, e
d'une dénudation qui s'est produite sur une immens
échelle. Presque chaque chaîne de montagnes, avec se
pics, ses arêtes et ses vallées, n'est que le reste de quel
que vaste plateau rongé par des actions sous-aériennes
chaque ligne de falaises nous conte l'histoire de longue
pentes de terre que les vagues ont détruites; tandis qu
presque toutes les roches les plus anciennes qui formen
maintenant la surface de la terre ont dû autrefois êtr
couvertes de dépôts plus récents qui ont disparu depui
longtemps. Les preuves de cette dénudation ne son
nulle part plus apparentes que dans l'Amérique du nor
et l'Amérique du sud, où des roches granitiques ou
métamorphiques couvrent une superficie à peine infé
rieure à celle de toute l'Europe. Ces mêmes roches son
très développées dans le centre de l'Afrique, et l'est d
l'Asie; et en dehors des parties qui paraissent à la sur
face, des espaces d'une étendue inconnue sont enter
rés sous des couches qui reposent sur eux en stratifi
cation discordante, et ne doivent par conséquent pa
constituer la calotte primitive sous laquelle toutes ce
roches ont été, autrefois, profondément ensevelies
parce que le granit ne peut se former, et le métamor
phisme s'opérer, qu'en certaines profondeurs dans l
croûte terrestre. Quelle idée écrasante ceci ne nou
donne-t-il pas de la destruction d'amas entiers de roches

le plusieurs milles d'épaisseur, et couvrant des espaces grands comme des continents, et quelle perte immense de vie révèlent ces innombrables formes fossiles que ces roches contenaient. En présence d'une telle destruction nous sommes obligés de conclure que nos collections paléontologiques, si riches qu'elles paraissent être, ne sont en réalité que de petits échantillons, pris au hasard, et ne donnant aucune idée adéquate de la puissante armée des organismes qui ont habité la terre [1].

Tout en admettant, cependant, l'extrême imperfection de notre histoire géologique dans son ensemble, on peut avancer que certaines de ses parties sont assez complètes, comme, par exemple l'histoire des divers dépôts Miocènes aux Indes, en Europe et dans l'Amérique du Nord, et que nous pourrions, dans ces derniers, trouver beaucoup d'exemples d'espèces et de genre liés ensemble par des formes intermédiaires. On peut répondre que dans quelques cas, cela se présente ; et si cela n'arrive pas plus souvent, c'est que la théorie de l'évolution exige que les genres distincts soient liés ensemble, non par un passage direct, mais par le fait de descendre tous deux d'un ancêtre commun, qui peut avoir vécu dans une époque beaucoup plus reculée dont l'histoire nous manque ou est très incomplète. Un des exemples donnés par Darwin éclaircira ce sujet pour ceux qui n'en ont pas fait une étude spéciale. Les pigeons paon et les rosse-gorge constituent deux races très distinctes et très dissemblables que nous savons pourtant issues toutes deux du biset commun, ou pigeon de roche. Si nous réunissions maintenant toutes les variétés existantes de pigeons, ou même toutes celles qui ont vécu dans ce siècle, nous ne trouverions aucun type intermédiaire

1. Le lecteur désireux d'étudier ce sujet plus à fond, devra se reporter au chap. X de l'*Origine des Espèces*, et au chap. XIV des *Principles of Geology*, de Sir Charles Leyll.

entre eux, aucun ne réunirait en un degré quelconque les
caractères du pigeon grosse-gorge avec ceux du pigeon
paon. Nous ne trouverions pas davantage cette forme
intermédiaire quand même on eut conservé un exemplaire de chaque race de pigeons à partir du moment où
l'ancêtre, le biset, fut apprivoisé par l'homme, période
comprenant, probablement, plusieurs milliers d'années.
Nous voyons ici que la forme de passage complet d'une
espèce très distincte à une autre ne pourrait être atten-
due, quand même nous aurions un registre complet de
la vie à une période quelconque. Il nous faudrait l'histoire complète de toutes les espèces qui ont existé depuis que les deux formes ont commencé à diverger de
leur ancêtre commun, et l'imperfection de nos renseignements rend à peu près impossible que nous y parve-
nions jamais. Tout ce que nous sommes en droit d'attendre, c'est que, en multipliant les formes fossiles dans un
groupe quelconque, les lacunes autrefois existantes dans
ce groupe deviennent moins profondes, et moins nombreuses ; et aussi que, dans quelques cas, une série probablement directe se retrouve, où les formes les plus
spécialisées de nos jours soient en relation avec des
types primitifs plus généralisés. Nous pourrions aussi
nous attendre à trouver que lorsqu'un pays est actuellement caractérisé par des groupes spéciaux d'animaux,
les formes fossiles qui les ont précédés appartiennent
pour la plupart aux mêmes groupes ; et, en outre,
qu'en comparant les types les plus anciens aux types les
plus modernes, nous trouverons des indices de progression, les premières formes étant, en somme, d'organisation inférieure, et moins spécialisée en structure que
les dernières. Les preuves de ces diverses sortes d'évolution existent, et presque toutes les découvertes nouvelles ajoutent à leur nombre et à leur force. Pour montrer comment le témoignage de la géologie vient à l'ap-

pui de la théorie de la descendance avec modification, nous donnerons quelques-uns des faits les plus frappants.

PREUVES GÉOLOGIQUES DE L'ÉVOLUTION

Dans un article publié dans *Nature* (vol. XIV, p. 275) le professeur Judd appelle l'attention sur de récentes découvertes qu'on a faites, dans les plaines de la Hongrie, de coquilles lacustres fossiles, et sur l'étude approfondie dont elles ont été l'objet de la part du docteur Neumayr et de M. Paul, du service géologique Autrichien. Les couches où ces coquilles se trouvent forment une épaisseur de 2000 pieds, et contiennent partout d'abondants fossiles ; elles peuvent se diviser en huit zônes, dont chacune présente une forme bien marquée et caractéristique. Le professeur Judd indique la portée de cette découverte en ces mots :

« Le groupe de coquilles qui offre la preuve la plus intéressante de l'origine de formes nouvelles par la descendance avec modification est celui du genre *Vivipara* ou *Paludina*, qui se trouve en prodigieuse abondance à travers toute la série des couches d'eau douce. Nous n'essaierons naturellement pas, ici, d'entrer dans des détails en ce qui concerne les quarantes *formes* distinctes de ce genre (le docteur Neumayr hésite, avec beaucoup de raison, à les appeler toutes des *espèces*) qui sont nommées et décrites dans cette monographie, et entre lesquelles, ainsi que le font voir les auteurs, tant de formes de passage qui montrent clairement la dérivation de la forme nouvelle de types plus anciens, ont été découvertes. Ceux qui examinent avec attention les figures admirablement gravées des planches qui accompagnent ce précieux mémoire, ou mieux encore, la très grande série d'exemplaires d'où ont été tirés

les sujets de ces planches, et qui sont au muséum du
Reichsanstalt de Vienne, ceux-là ne douteront guère que
les auteurs aient complètement établi leur thèse, et
démontré, d'une façon incontestable, que les séries qui
ont des ornementations très compliquées sont descendues, respectivement, par des lignes la plupart du temps
parfaitement claires et évidentes, de la simple *Vivipara
achatinoides* non ornée des couches à Congéries (la division la plus basse de la série des couches). Il est intéressant de remarquer qu'une grande portion de ces formes
d'une dérivation indubitable s'éloignent si grandement
du type du genre *Vivipara*, qu'elles ont été séparées sur
la haute autorité de Sandberger, pour former un nouveau genre, sous le nom de *Tulotoma*. Nous sommes
amenés ainsi à conclure que nombre de formes qui
présentent de véritables différences spécifiques, et, suivant quelques naturalistes, des différences de valeur générique, ont toutes des ancêtres communs. »

C'est, ainsi que le fait remarquer le professeur Judd,
grâce aux circonstances exceptionnellement favorables
d'une série longtemps continuée et ininterrompue de dépôts se formant dans des conditions physiques identiques
ou qui se transformaient très lentement, que nous avons
un monument si complet du processus du changement
organique. D'ordinaire quelques éléments perturbateurs
tels qu'un changement subit des conditions physiques, ou
l'immigration de nouvelles séries de formes venant d'autres régions, et la retraite ou l'extinction partielle de la
forme ancienne qui en sont la conséquence, entravent
la continuité du développement organique, et produisent
ces discordances qui nous embarrassent et que nous rencontrons si généralement dans les formations géologiques d'origine marine. Tandis qu'un cas du genre qui
vient d'être décrit prouve d'une façon complète et concluante l'origine des espèces, bien que sur une échelle

nécessairement très restreinte, la rareté même des conditions qu'il a fallu trouver réunies pour cette conclusion complète sert à expliquer pourquoi, dans la plupart des cas, on n'obtient pas la preuve positive de l'évolution.

Un autre exemple de la façon dont se comblent les lacunes entre les groupes existants nous est fourni par les recherches du professeur Huxley sur les crocodiles fossiles. La lacune entre les crocodiles actuels et les lézards est très profonde, mais en remontant dans les temps géologiques nous rencontrons des formes fossiles qui sont, en quelque sorte, intermédiaires et forment une série continue. Les trois genres suivants : *Crocodilus*, *Alligator* et *Gavialis*, se trouvent dans l'Eocène, et des formes alliées d'un autre genre, *Holops*, dans le Crétacé. En remontant du Crétacé au Lias un autre groupe de genres se présente, ayant des traits anatomiques caractéristiques intermédiaires entre les crocodiles vivants et les formes les plus anciennes. Ces dernières forment deux genres, *Belodon* et *Stagonolepis*, et se trouvent dans un terrain encore plus ancien, le Trias. Elles ont des caractères ressemblant à ceux de quelques lézards, en particulier le remarquable *Hatteria* de la Nouvelle Zélande, et ont aussi quelques traits de ressemblance avec les *Dinosauriens*, reptiles qui se rapprochent, à quelques égards, des oiseaux. Si l'on considère combien sont rares les restes de ce groupe d'animaux, on trouve remarquablement claire la preuve qu'ils offrent d'un développement progressif [1].

Chez les animaux supérieurs, le rhinocéros, le cheval, et le cerf offrent de bonnes preuves de progrès dans l'organisation, et des façons par lesquelles se sont comblées les lacunes qui séparent les formes vivantes de leurs

---

1. Voir *Stagonolepis Robertsoni and on the Evolution of the Crocodilia*, dans *Q. J. of Geological Society*, 1875, et un résumé dans *Nature*, vol. XII, p. 38.

alliés les plus rapprochés. Les premiers ancêtres des
rhinocéros se trouvent dans l'Eocène moyen des États-
Unis, et ils étaient, en quelque mesure, intermédiaires
entre le rhinocéros et le tapir, ayant comme ce dernier
quatre doigts aux pieds de devant, et trois à ceux de derrière. Le genre *Amynodon* leur succède, dans l'Eocène
supérieur, et le crâne commence à prendre plus distinctement le type du rhinocéros. A la suite de celui-ci,
nous avons, dans le Miocène inférieur, l'*Aceratherium*,
ressemblant à l'Amynodon par ses pieds, mais devenant
rhinocéros dans sa structure générale plus nettement.
A partir de ce dernier, nous trouvons deux lignes
divergentes, l'une dans l'Ancien monde, et l'autre dans
le Nouveau. Dans l'ancien, vers lequel on suppose que
l'*Aceratherium* dut émigrer dans les premiers temps
du Miocène, où un climat doux et une végétation exubérante régnaient jusque dans le cercle arctique, cette
divergence donna naissance au *Ceratorhinus* et aux divers
rhinocéros à corne des derniers temps du Tertiaire, et
à ceux qui existent maintenant.

En Amérique, nombre de rhinocéros sans corne se
sont produits, — on les trouve dans les couches du Miocène
supérieur, du Pliocène, et du Post-Pliocène, — et puis ils
s'éteignirent. Les vrais rhinocéros ont trois doigts à
chaque pied [1].

LA GÉNÉALOGIE DU CHEVAL

Plus remarquable encore est le témoignage que nous
apportent les formes des ancêtres du cheval, que l'on
a découvertes dans les terrains tertiaires d'Amérique.
La famille des Équidés comprenant le cheval actuel, les

---

1. Tiré d'un travail de MM. Scott et Osborne, *On the Origin
and Development of the Rhinoceros Group*, lu à la *British Association*
en 1883.

ines et les zèbres, diffère grandement de tous les autres
nammifères, par la structure particulière des pieds, qui
e terminent tous par un seul grand doigt, qui forme le
abot. Ils ont quarante dents, les molaires étant formées
le deux matières, dure et tendre, disposées en plis à forme
le croissant qui sont de puissants agents pour broyer les
ierbages coriaces et tout autre nourriture végétale.
es particularités ci-dessus énoncées dépendent de mo-
lifications du squelette, que le professeur Huxley décrit
n ces termes :

« Occupons-nous d'abord du membre antérieur. Chez
a plupart des quadrupèdes, comme chez nous-même
avant-bras contient des os distincts, nommés le radius
t le cubitus. Chez le cheval, il semble au premier abord
ue la région correspondante ne contienne qu'un os. Un
xamen attentif, cependant, nous permet de distinguer
ans cet os, une partie qui répond entièrement à l'extré-
ité supérieure du cubitus. Elle est intimement unie à la
asse principale de l'os, représentant le radius, et se
marque sous forme d'une tige mince, qu'on peut suivre
quelque distance sur le dos du radius, et qui, dans
plupart des cas, s'amincit et disparaît. On a plus de
ine à s'assurer de ce qui est pourtant positivement vrai,
est-à-dire qu'une petite partie de l'extrémité inférieure
l'os de l'avant-bras du cheval, distincte seulement
ez le très jeune poulain, est en réalité l'extrémité
férieure du cubitus.

Ce que nous appelons d'ordinaire le genou d'un
eval, est son poignet. Le canon correspond à l'os mé-
n d'entre les cinq métacarpiens qui soutiennent chez
us la paume de la main. Les trois os qui lui font suite
rrespondent aux phalanges de notre médius, tandis
e le sabot n'est qu'un ongle très accru et épaissi.
iis si ce qui se trouve au dessous du « genou » du
eval correspond ainsi au médius chez nous, que sont

devenus les quatre autres doigts? Nous trouvons à la
place du second et du quatrième deux os minces, qui
ont les deux tiers de la longueur du canon, et vont en
s'effilant jusqu'à leurs extrémités inférieures, sans porter
de jointures de doigts ou de phalanges. Parfois, quelques
petits nodules osseux ou cartilagineux se trouvent à la
base de ces deux métacarpiens rudimentaires, et il est
probable qu'ils représentent les rudiments du premier
et du cinquième doigts. Ainsi, la partie du squelette
du cheval qui correspond à celle de la main humaine
contient un doigt médian démesurément allongé, et au
moins deux doigts imparfaits et latéraux, et ce sont les
homologues du troisième, du second et du quatrième
doigts chez l'homme.

» On a trouvé dans la jambe de derrière des modifications correspondantes. Chez l'homme et chez la plupart
des quadrupèdes, la jambe contient deux os distincts, un
grand, le tibia, et un petit et plus mince, le péroné. Mais
chez le cheval, le péroné semble d'abord être réduit à son
extrémité supérieure, un os court et mince uni au tibia
et finissant en pointe au dessous, et en occupant la place.
Cependant, en examinant chez un jeune poulain le bout
de l'os du tibia au jarret, on trouve une portion distincte
de matière osseuse qui est l'extrémité inférieure du péroné
de telle sorte que l'extrémité inférieure, simple en apparence, est réellement composée des bouts réunis du tibia
et du péroné, exactement comme l'extrémité inférieure
de l'os de l'avant-bras, simple en apparence, est composée du radius et du cubitus réunis.

» Le talon du cheval est ce qu'on connaît sous le nom
de fanon. L'os du canon postérieur correspond à l'os
médian du métatarse du pied humain, et les os suivants
aux phalanges de l'orteil médian ; le sabot de derrière à
l'ongle, comme on l'a vu dans le pied de devant. Et
comme dans le pied de devant, il n'y a que deux sur-os

pour représenter le second et le quatrième doigts. Parfois, on peut reconnaître le rudiment d'un cinquième doigt.

» Les dents du cheval ne sont pas moins singulières que ses membres. La locomotive vivante, tout comme les autres, doit être bien chauffée pour être en état de faire son travail ; le cheval, pour compenser ses dépenses, et pour donner l'énorme quantité de force qui lui est demandée, doit être nourri bien et rapidement. Il lui faut, dans ce but, de bons instruments tranchants, et des broyeurs puissants et durables. En conséquence, les douze incisives du cheval sont placées très près les unes des autres, et concentrées dans l'avant-bouche comme autant de doloires ou de ciseaux. Les molaires ou mâchelières sont grandes, et de structure extrêmement compliquée, se composant de nombre de différentes substances d'une dureté inégale.

» La conséquence de cette inégalité est qu'elles s'usent à des degrés divers ; et par suite la surface de chaque molaire est toujours aussi inégale que celle d'une bonne meule de moulin[1]. »

Nous voyons de la sorte que les équidés diffèrent beaucoup en structure, de la plupart des autres mammifères. En tenant pour vraie la théorie de l'évolution, nous devrions nous attendre à trouver chez les animaux éteints les traces du chemin par lequel s'est effectué cette grande modification ; et nous en trouvons réellement des traces, imparfaites chez les fossiles européens, mais beaucoup plus complètes, chez ceux de l'Amérique.

C'est un fait singulier que, bien qu'aucun cheval n'habitât l'Amérique lorsqu'elle fut découverte par les Européens, on a pourtant trouvé abondance de restes de chevaux disparus dans les deux Amériques, dans des dépôts post-tertiaires et Pliocènes supérieurs ; et que

1. *American Addresses*, p. 73-76.

depuis ceux-ci, une série presque continue de formes modifiées peut se trouver dans la formation Tertiaire, jusqu'à ce que nous atteignions, à la base même de la série,
une forme si primitive, si différente de notre animal perfectionné que, si les traits d'union intermédiaires nous
manquaient, peu d'entre nous pourraient croire que l'un
est l'ancêtre de l'autre. C'est au professeur Marsh, de
Yale College, qui a lui-même découvert trente espèces
d'équidés fossiles, que nous devons la reconstitution de
cette merveilleuse histoire, et nous allons maintenant
lui laisser raconter, dans ses propres expressions, comment le cheval a été développé hors d'un humble ancêtre.

« Le plus ancien représentant du cheval qui nous soit
connu est le minuscule *Eohippus* de l'Eocène inférieur.
Plusieurs espèces en ont été trouvées, ayant toutes environ la taille d'un renard. Comme la plupart des anciens mammifères, ces ongulés avaient quarante-quatre
dents, les molaires étant à couronne courte et tout à
fait distinctes des prémolaires par la forme. Le cubitus et le péroné étaient entiers et distincts, et il y avait
quatre doigts de pied bien développés avec le rudiment
d'un autre, sur les pieds de devant, et trois doigts aux
pieds de derrière. Par la structure de ses pieds et de
ses dents l'*Eohippus* indique infailliblement que les ancêtres directs du cheval moderne se sont déjà séparés des
autres périssodactyles, ou ongulés à doigts impairs.

» Dans la division supérieure suivante de l'Eocène, un
autre genre, l'*Orohippus*, fait son apparition, remplaçant
l'*Eohippus* et ayant une ressemblance plus grande bien
qu'encore vague avec le type cheval. Le premier doigt
rudimentaire du pied de devant a disparu, et la dernière
prémolaire passe dans la série des molaires. L'*Orohippus*
n'était qu'un peu plus grand que l'*Eohippus*, et lui était,
sous presque tous les autres rapports, très semblable.

)n en a trouvé plusieurs espèces, mais jamais postérieu-
·es à l'Eocène supérieur.

» Près de la base du Miocène, nous trouvons un troi-
ième genre étroitement allié, le *Mesohippus*, qui est à
ieu près de la taille d'un mouton, et plus rapproché du
heval. Il a seulement trois doigts et un suros rudimen-
aire aux pieds de devant, et trois doigts à ceux de der-
ière. Deux des prémolaires sont tout à fait semblables
ux molaires. Le cubitus n'est plus distinct, ni le péroné
ntier, et les autres caractères montrent clairement que
ι transition s'accélère.

» Dans le Miocène supérieur on ne trouve plus le *Me-*
hippus, mais une quatrième forme, le *Miohippus*, le
emplace en continuant la lignée. Ce genre est proche
e l'*Anchitherium* d'Europe, mais présente d'importantes
.fférences. Les trois doigts de chaque pied sont plus rap-
·ochés par leurs dimensions, et le rudiment du cinquième
ι métacarpien est conservé. Toutes les espèces connues
; ce genre sont plus grandes que celles du *Mesohippus*,
aucune d'elles n'est postérieure au Miocène.

» Le genre *Protohippus*, du Pliocène inférieur, est
icore plus équin, et quelques-unes de ses espèces attei-
ient la taille de l'âne. Il y a encore trois doigts à cha-
ie pied, mais celui du milieu seul, qui correspond à
nique doigt du cheval, pose à terre. Ce genre ressem-
e de très près à l'*Hipparion* d'Europe.

» Dans le Pliocène, nous avons le dernier relai de la
·ie avant d'arriver au cheval, dans le genre *Pliohippus*
i a perdu les petits sabots, et sous tout autre rapport
, bien cheval. Mais ce n'est que dans le Pliocène supé-
ur qu'apparaît le véritable *Equus*, complétant la gé-
alogie du cheval, qui, dans les temps post-tertiaires
·ait dans tout le nord Amérique et le sud Amérique,
peu après disparut. Cela se passait longtemps avant
découverte de ce continent par les Européens, et on

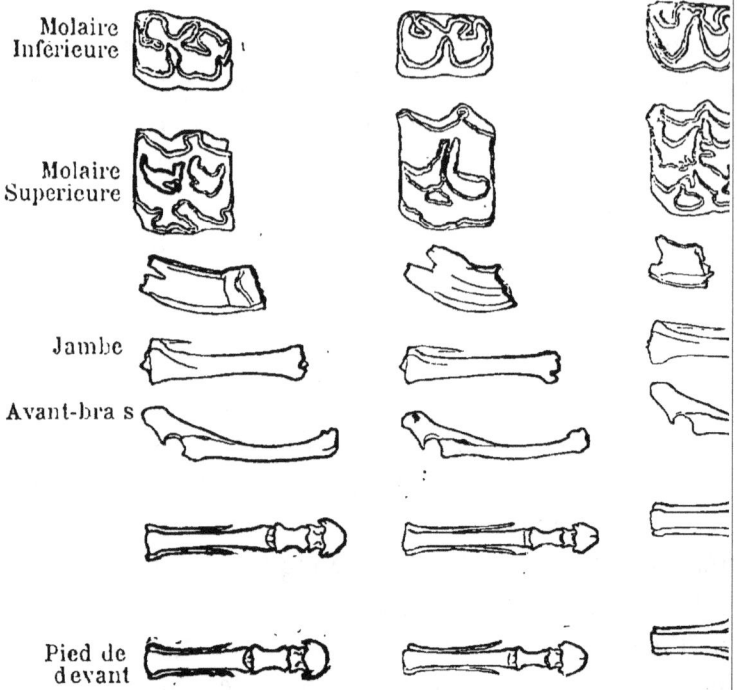

Molaire
Inférieure

Molaire
Supérieure

Jambe

Avant-bras

Pied de
devant

RÉCENT.............
Equus

PLIOCÈNE............
Pliohippus

Protohippus (Hipparic

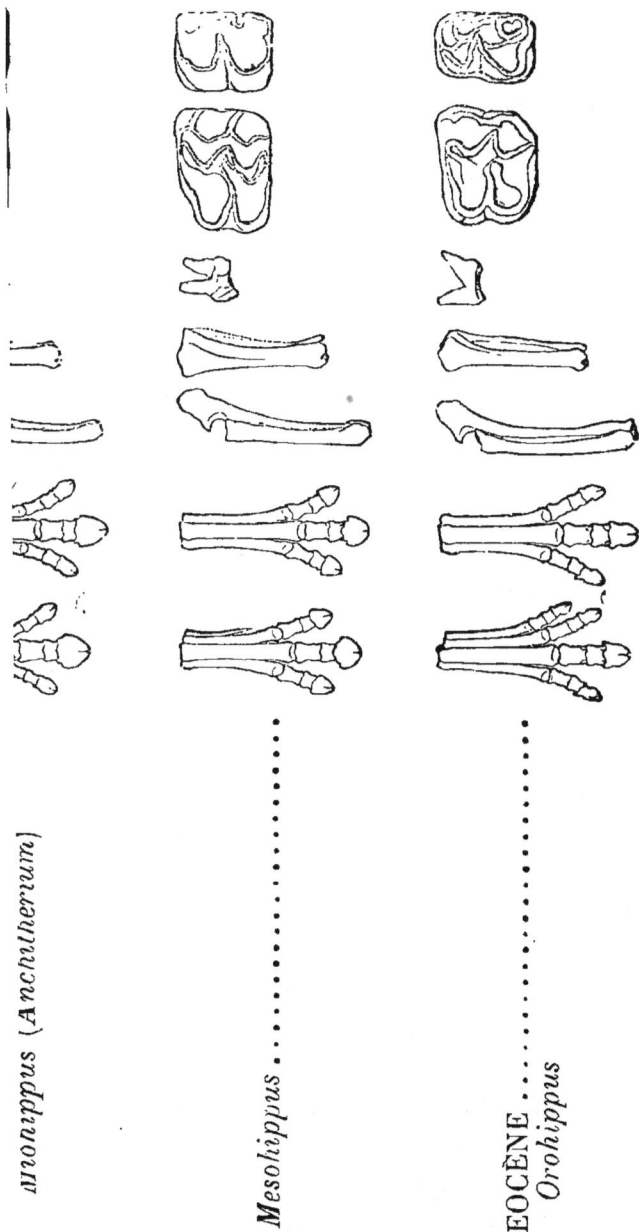

Fig. 33. — Développement géologique de la tribu du cheval (l'*Eohippus* a été découvert depuis).

n'a trouvé encore aucune raison satisfaisante de cett
extinction. Outre les caractères que j'ai mentionnés, i
en existe beaucoup d'autres dans le squelette, le crâne
les dents et le cerveau des quarante et quelques espèce
intermédiaires, qui montrent que la transition de l'*Ec*
hippus Éocène au moderne *Equus* s'est opérée dans l'or
dre indiqué » [1]. (Voir fig. 33.)

Le professeur Huxley peut avec raison dire que cec
est une preuve démonstrative de l'évolution ; la théori
repose sur un fondement aussi solide que le faisait cell
de Copernic à l'égard des mouvements des corps célestes
au moment où elle fut formulée : toutes deux ont 1
même base — la coïncidence des faits observés avec le
exigences de la théorie.

DÉVELOPPEMENT DES BOIS DU CERF

Une autre preuve claire et incontestable d'évolutio
nous est fournie par une des tribus supérieures et les pl
récemment développées des mammifères, celle du cer

Les cerfs diffèrent de tous les autres ruminants en c
qu'ils possèdent des bois solides, caducs, qui sont tou
plus ou moins branchés. Ils apparaissent pour la pre
mière fois dans le milieu du Miocène, et ont persisté ju
qu'à nos jours ; leur développement a été soigneusemel
étudié par le professeur Boyd Dawkins, qui a résum
ses observations en ces termes :

« Dans l'étage moyen du Miocène, les andouillers d
cerf consistent simplement en une couronne fourchu
(comme chez le *Cervus dicroceros*), qui augmente c
grandeur dans le Miocène supérieur, quoiqu'elle res
encore petite, et dressée, comme celle de la biche. Chez
Cervus Matheroni, elle mesure 30 centimètres environ,

---

1. *Lecture on the Introduction and Succession of Vertebrate Li
in America, Nature*, vol. XVI, p. 471.

le pousse que quatre cors, tous petits. Les cerfs qui ha-
bitèrent l'Auvergne durant le Pliocène, nous présentent
une autre phase dans l'histoire du développement des
andouillers. Là, pour la première fois, nous voyons des
andouillers des types *Axis* et *Rusa*, plus grands et plus
longs, et avec plus de branches qu'aucun autre andouil-
ler précédent, et possédant trois cors bien développés ou
plus encore. Les cerfs de cette espèce abondaient dans
l'Europe Pliocène. Ils appartiennent à la division orientale des *Cervidæ*, et leur présence en Europe confirme le
témoignage de la flore, qui, d'après le comte de Saporta,
indique que le climat Pliocène était chaud. Ils ont probablement disparu de l'Europe à la suite de l'abaissement
de la température durant le Pleistocène, tandis que leurs
descendants ont trouvé une patrie hospitalière dans les
régions plus chaudes de l'Asie orientale.

» Dans la dernière phase de l'époque Pliocène — le
Pliocène supérieur du Val-d'Arno — le *Cervus dicranios*
de Nesti nous présente des andouillers bien plus petits
que ceux de l'élan irlandais, mais avec des bois très
compliqués. Cet animal survécut jusqu'à l'époque suivante, et on le trouve dans la couche pré-glaciaire de la
forêt de Norfolk, où Falconer l'a décrit sous le
nom de cerf de Sedgwick. L'élan irlandais, l'élan d'A-
mérique, le cerf commun, le renne, et le daim apparaissent en Europe dans la période Pleistocène, tous avec
des andouillers compliqués chez les adultes, et les premiers possédant les plus grands andouillers encore connus. Parmi ceux-ci, l'élan irlandais disparut à l'époque
é historique, après avoir vécu en troupeaux innombrables en Irlande, tandis que les autres ont vécu jusqu'à
nos jours en Europe et en Asie, et, sauf le dernier, aussi
dans l'Amérique du nord.

» Il ressort de ce coup d'œil que les andouillers du
cerf ont été croissant en dimensions et en complexité

depuis le Miocène moyen jusqu'à la période Pleistocèn
et que leurs changements, successifs sont analogues
ceux qu'on observe dans le développement des andoui
lers du cerf actuel, qui commencent par un simple poin
et croissent en nombre de cors jusqu'à la limite de leu
croissance.

» En d'autres mots, le développement des bois indiqu
dans des pages successives et grandement séparées d
annales géologiques est le même que celui qu'on a ob
servé chez une seule espèce vivante. Il est évident aus
que la diminution progressive de grandeur et de com
plexité des andouillers, en remontant de notre époqu
jusqu'à la première époque Tertiaire, montre que c'e
au milieu de la période Miocène que nous atteignons
minimum de développement des andouillers. Aucun
trace de ruminant porteur de bois n'a été rencont
dans le Miocène inférieur, soit en Europe, soit au
Etats-Unis [1]. »

DÉVELOPPEMENT PROGRESSIF DU CERVEAU

Les trois exemples qu'on vient de donner prouve
suffisamment que, toutes les fois que les annales géol
giques ont un caractère complet, nous y trouvons
preuve du changement progressif des espèces — dar
des directions définies, et en passant de types moins d
veloppés à des types plus développés — ce qui est pr
cisément le changement que nous devons nous attendr
à trouver, si la théorie de l'évolution est exacte. Bea
coup d'autres exemples de changements semblabl
pourraient être donnés, mais les groupes d'animaux c
ils se produisent étant moins connus, les détails en s
raient moins intéressants, et peut-être à peine intellig
bles. Il y a, cependant, une preuve très remarquable c

1. *Nature*, vol. XXV, p. 84.

léveloppement qui doit être notée : c'est celle que fournit l'augmentation régulière des dimensions du cerveau.
Laissons la parole au professeur Marsh :

« Le progrès réel de la vie des mammifères en Amérique, depuis le commencement de l'époque Tertiaire
jusqu'à ce jour, est bien mis en lumière par la croissance
lu cerveau, qui nous donne la clef de beaucoup d'autres
changements. Les mammifères les plus anciennement
connus du Tertiaire avaient tous de très petits cerveaux,
et chez quelques formes cet organe était moindre en
proportion que chez certains reptiles. Il y eut une augmentation graduelle des dimensions du cerveau pendant
cette période, et il est intéressant de voir que cet accroissement fut principalement limité aux hémisphères
cérébraux, aux parties les plus élevées du cerveau. Dans
la plupart des groupes de mammifères le cerveau s'est
plissé de plus en plus, et de la sorte a gagné en qualité aussi bien qu'en quantité. Chez quelques-uns d'entre
eux, d'autre part, le cervelet et les lobes olfactifs, parties inférieures du cerveau, ont même diminué de grosseur. Dans la longue lutte pour l'existence depuis l'époque Tertiaire, les grands cerveaux l'ont emporté, comme
ils le font maintenant ; et la puissance croissante ainsi
acquise rendait inutiles beaucoup de parties héritées
d'ancêtres primitifs, mais qui n'étaient plus adaptées aux
conditions nouvelles. »

Cette preuve remarquable de développement dans l'organe des facultés mentales est le couronnement appro-
prié des témoignages déjà recueillis sur l'évolution pro-
gressive.de la structure générale du corps, ainsi que nous
l'a révélé le squelette. Nous passons maintenant à une
autre classe de faits qui plaident également en faveur de
l'évolution.

LES RELATIONS LOCALES DES ANIMAUX FOSSILES ET VIVANTS

Si tous les animaux qui existent descendent de formes ancestrales, pour la plupart éteintes, par la loi de la variation et de la sélection naturelles, nous devons nous attendre à trouver, dans la plupart des cas, une connexion étroite entre les formes vivantes de chaque pays et celles qui l'habitaient durant l'époque immédiatement antérieure. Mais si les espèces sont nées d'une façon tout à fait différente, par une sorte de création spéciale, ou par des progrès soudains dans l'organisation de la progéniture des types précédents, on ne trouverait pas une parenté aussi étroite ; et les faits de ce genre deviennent par conséquent en quelque mesure une preuve de l'évolution par la sélection naturelle ou quelque autre loi de changement graduel. Il est naturel que la parenté ne soit pas apparente lorsqu'une migration considérable s'est produite, par laquelle les habitants d'une région ont pu s'emparer d'une autre région, et détruire ou chasser tous ses habitants primitifs, ainsi que cela est arrivé quelquefois. Mais de tels cas sont comparativement rares, sauf là où l'on sait que de grands changements de climat ont eu lieu ; et nous trouvons généralement une continuité remarquable entre la faune et la flore existantes d'un pays, et celles de l'époque géologique immédiatement précédente. Nous allons exposer quelques-uns de ces cas les plus remarquables.

La faune mammifère de l'Australie consiste, ainsi qu'on le sait, entièrement en formes inférieures — les Marsupiaux et les Monotrèmes, — si l'on excepte seulement quelques espèces de souris. Cela s'explique par son isolation complète du continent asiatique, pendant toute la période du développement des animaux supérieurs. A une époque plus reculée, les marsupiaux primitifs, qui abondaient à la fois en Europe et dans l'Amérique du

ord au milieu de la période secondaire, pénétrèrent en
.ustralie et y sont restés depuis, affranchis de la concur-
ence avec les formes supérieures, et ont subi un dé-
eloppement spécial en harmonie avec les conditions
articulières d'un territoire restreint. Tandis que dans
es grands continents, des formes supérieures de mam-
iifères ont été développées, qui ont presque ou entière-
nent exterminé les marsupiaux moins parfaits, en Aus-
:alie ces derniers se sont modifiés en formes variées,
elles que les kangourous sauteurs, les phascolomes
iuisseurs, les phalangers arboricoles, les Péramélides
isectivores, et les Dasyures carnivores, atteignant leur
pogée chez le *Thylacinus* ou « loup zébré » de la Tas-
ianie — animaux tous aussi différents les uns des autres
ue nos moutons, nos lapins, nos écureuils et nos chiens ;
iais conservant tous les traits caractéristiques du type
iarsupial.

On a trouvé dans les cavernes et les couches de la fin
u Tertiaire ou du post-Tertiaire d'Australie les restes
e beaucoup de mammifères maintenant disparus, mais
ius sont des marsupiaux. Il y a beaucoup de Kangou-
ous, dont quelques-uns plus grands qu'aucune espèce
ivante, et d'autres plus rapprochés des kangourous ar-
oricoles de la Nouvelle-Guinée ; un grand Wombat
ussi grand qu'un tapir ; le *Diprotodon*, un kangourou
ux membres épais et gros comme un rhinocéros ou un
etit éléphant, et un animal tout à fait différent, le *No-
itherium* presque aussi grand. On trouve aussi à l'état
issil le *Thylacinus* carnivore de Tasmanie, et un grand
halanger, le *Thylacoleo*, de la grosseur d'un lion, et
ue le professeur Owen et le professeur Oscar Schmidt
roient avoir été aussi carnivore et destructeur [1]. En
utre, il y avait beaucoup d'autres espèces qui ressem-
laient davantage aux espèces vivantes, soit par la taille,

1. Voir *The Mammalia in their Relation to Primeval Times*, p. 102.

soit par la structure, et qui pouvaient bien en être le ancêtres directs. On a trouvé aussi deux espèces dispa rues d'Echidné appartenant aux Monotrèmes, très infé rieurs, dans la Nouvelle Galles du sud.

Après l'Australie, c'est l'Amérique du sud qui possède l'assemblage le plus remarquable de mammifères parti culiers, dans ses nombreux Edentés : les paresseux, les fourmiliers et les armadillos ou tatous ; ses rongeurs tels que le cochon d'Inde et le chinchilla ; ses sarigues et ses quadrumanes de la famille des Cébidés. Des restes d'espèces disparues de tous ces groupes ont été trouvés dans les cavernes du Brésil, de l'âge post-pliocène ; tandis que, dans les premiers dépôts pliocènes des pampas, on a trouvé beaucoup de genres distincts de ces groupes, dont quelques-uns de grandeur gigantes-que et de forme extraordinaire. Il y a des tatous de beaucoup de types, dont quelques-uns aussi grands que des éléphants ; des paresseux gigantesques des genres *Megatherium*, *Megalonyx*, *Mylodon*, *Lestodon*, et beau-coup d'autres ; des rongeurs appartenant aux familles américaines des *Cavidæ* et *Chinchillidæ*; et des ongulés alliés au lama, outre une quantité d'autres formes étein-tes de types intermédiaires ou d'affinités douteuses [1].

Les *Moas* disparus de la Nouvelle-Zélande — grands oiseaux sans ailes alliés à l'*Apteryx* vivant — sont un autre exemple du même principe général.

Les exemples que nous venons de citer, outre qu'ils mettent en lumière et corroborent le fait général de l'évolution, jettent aussi quelque jour sur le caractère ordinaire de la modification et de la progression des for-mes animales. Dans les cas où l'histoire géologique est passablement complète, nous trouvons un dévelop-

1. Voir pour une courte énumération et description de ces fos-siles, la *Geographical Distribution of Animals*, par A. R. Wallace, vol. I, p. 146.

ɔement continu d'une sorte quelconque, soit en complexité d'ornementation, comme chez les Paludines
ɔssiles des bassins lacustres hongrois ; en taille et en spé-
ɔialisation des pieds et des dents, comme chez les chevaux fossiles américains; en dimensions et complexité,
ɔomme dans les bois du cerf. Dans chacun de ces cas, la
ɔpécialisation et l'adaptation aux conditions du milieu
ɔaraissent avoir atteint leur limite, et tout changement
ɔans ces conditions, surtout s'il s'opère rapidement et
ɔst accompagné de la concurrence de formes moins dé-
ɔeloppées, mais plus adaptables, est sujet à causer
'extinction des groupes les plus développés. Nous sa-
ɔons qu'il en fut ainsi pour la famille du cheval en Amé-
ɔique, où cet animal a disparu totalement du continent
ɔ une époque si récente que nous ne pouvons être sûrs
ɔue sa disparition n'a pas eu l'homme pour témoin et,
ɔeut-être même, pour cause; tandis que, même dans
'hémisphère oriental, ce sont les plus petites espèces —
es ânes et les zèbres — qui ont persisté, tandis que les
ɔrais chevaux, plus grands et plus développés, ont pres-
ɔue, si ce n'est entièrement, disparu à l'état de nature.
ɔous trouvons donc que, en Australie comme dans
'Amérique du sud, à une période tout à fait récente,
ɔeaucoup des formes les plus grandes et les plus spécia-
isées se sont éteintes, tandis que les types les plus petits
ɔnt survécu jusqu'à nos jours ; et un fait semblable est
ɔ observer dans plusieurs des époques géologiques recu-
ées, où l'on voit un groupe progresser et atteindre un
ɔaximum de grandeur et de complexité, et puis s'étein-
ɔre, ou laisser tout au plus quelques représentants ché-
ifs.

CAUSE DE L'EXTINCTION DES GRANDS ANIMAUX

Il y a plusieurs raisons pour l'extinction répétée de

grands animaux plutôt que de petits. En premier lieu,
les animaux d'un grand volume demandent une quantité proportionnelle de nourriture, et tout changement
désavantageux dans les conditions de milieu pèserait
sur eux plus lourdement que sur de plus petits animaux.
En second lieu, la spécialisation extrême de quelques-
uns de ces grands animaux rendrait plus difficile leur
modification dans une direction quelconque accommodée
au changement de conditions. Plus important encore est
le fait que les très grands animaux se multiplient toujours lentement en comparaison des petits, — l'éléphant
produisant un seul petit tous les trois ans, tandis qu'un
lapin peut avoir, deux ou trois fois par an, une portée
de sept ou huit petits. La probabilité des variations favorables sera en rapport direct avec la population de l'espèce, et comme les plus petits animaux, non-seulement seront plusieurs centaines de fois plus nombreux
que les plus grands, mais augmenteront peut-être cent
fois plus vite, ils seront à même d'être rapidement modifiés par la variation et la sélection naturelle en harmonie avec les changements de conditions ; tandis que les
espèces grandes et volumineuses, hors d'état de varier assez vite, seront obligées de succomber dans la lutte pour
l'existence. Le professeur Marsh dit avec raison : « Dans
chaque type primitif vigoureux qui était destiné à survivre à beaucoup de changements géologiques, il semble qu'il y ait eu une tendance à produire des branches
latérales, qui devinrent très spécialisées et s'éteignirent
vite, parce qu'elles étaient hors d'état de s'adapter aux
conditions nouvelles. » Et, plus loin, il montre comment l'étroit sentier du type persistant des Suidés, à
travers toutes les séries du Tertiaire américain, est par-
semé des restes de rejetons ambitieux de ce genre, dont
plusieurs ont atteint la grandeur d'un rhinocéros ; « tandis que le cochon type, avec une obstination que rien

'altère, a survécu, en dépit des catastrophes et de évolution, et vit encore de nos jours en Amérique ».

DICES DE PROGRESSION GÉNÉRALE CHEZ LES PLANTES ET LES ANIMAUX

Un des arguments les plus puissants que l'on ait autre-
.is avancés contre l'évolution était que la géologie
offrait aucune preuve du développement graduel des
rmes organiques, mais que des tribus et des classes
itières apparaissaient soudain à des époques définies,
souvent avec une grande variété, et présentant une
'ganisation très parfaite. On crut, par exemple, pen-
int longtemps que les mammifères avaient fait leur
'emière apparition dans les temps tertiaires, où ils se
ouvent représentés dans quelques-uns des plus anciens
pôts par toutes les grandes divisions complètement
veloppées de la classe — carnivores, rongeurs, insec-
/ores, marsupiaux, et même les divisions des périsso-
ctyles et artiodactyles parmi les ongulés — aussi clai-
ment définies qu'aujourd'hui. La découverte, en 1818,
ine mâchoire inférieure isolée dans l'ardoise de Sto-
sfield (comté d'Oxford) jetta à peine un léger doute
r cette généralisation, car on nia qu'elle appartint à
mammifère, et on prétendit que la position géologi-
e des couches où elle avait été trouvée était déter-
née d'une façon erronée. Mais, depuis lors, à des
.ervalles de plusieurs années, on a découvert d'autres
ites de mammifères dans les couches Secondaires,
puis l'Oolite supérieure jusqu'au Trias supérieur en
rope et aux États-Unis, et même les restes d'un
itylodon dans le Trias de l'Afrique du sud. Tous ces
imaux sont ou marsupiaux, ou d'un type encore infé-
ur; mais ils appartiennent à des formes distinctes
.ssées en vingt genres environ. Néanmoins, il existe

encore une lacune considérable entre ces mammifère
et ceux des couches Tertiaires, puisque aucun mammi
fère n'a été trouvé en aucune partie du Crétacé, bien
que, dans plusieurs des subdivisions de ce système, on ai
découvert en abondance des plantes terrestres, des co
quillages d'eau douce, et des reptiles à respiration
aérienne. De même pour les poissons. Dans le siècl
dernier, on n'en a trouvé aucun dans les couches plu
anciennes que le Houiller; trente ans plus tard, on le
trouva en abondance dans les roches Dévoniennes, e
plus tard encore, on en a découvert dans les couches Si
luriennes du Ludlow supérieur et du Ludlow inférieur

Nous voyons donc que ces prétendues apparition
soudaines sont décevantes, qu'en fait elles sont tout à
fait en harmonie avec ce que nous donne lieu d'attendr
l'imperfection des annales géologiques. Les condition
favorables à la fossilisation d'un groupe quelconque d'a
nimaux se produisent avec une rareté relative, et seule
ment dans des territoires très restreints ; tandis que le
conditions essentielles pour leur conservation perma
nente dans les roches, au milieu de la destruction causé
par la dénudation et le métamorphisme, sont encor
plus exceptionnelles. Et quand ils sont ainsi conservé
jusqu'à notre époque, les parties des roches où il
sont cachés peuvent être non superficielles, mais enter
rées profondément sous d'autres couches, et ainsi, sau
le cas de dépôts minéralisés, être entièrement hors de
notre portée. Et puis, quelle immense proportion de la
superficie terrestre consiste en régions sauvages ou non
civilisées dans lesquelles n'a eu lieu aucune fouille géologique ; la probabilité de trouver les restes fossiles d'un
groupe quelconque d'animaux ayant vécu pendant une
période limitée de l'histoire terrestre, dépend par suite
de la combinaison de cinq chances au moins. Si, maintenant, nous prenons chacune de ces chances séparément,

omme étant favorables dans la proportion de un contre
ix seulement (et dans bien des cas les chances con-
raires sont plus nombreuses encore), alors la probabi-
té véritable de rencontrer les restes fossiles d'un ordre
e mammifères, ou d'une plante terrestre, à un ni-
eau géologique particulier, sera d'environ un sur cent
iille.

On dira peut-être : si les chances contre nous sont si
randes, comment se fait-il que nous trouvions un nombre
énorme d'espèces fossiles, qui excèdent numériquement
ans quelques groupes, toutes celles qui vivent actuel-
ement? Mais c'est précisément ce à quoi nous devons
ous attendre, parce que le nombre des espèces d'orga-
ismes qui ont vécu sur la terre depuis les premiers
emps géologiques sera probablement plusieurs centai-
es de fois plus grand que celui des vivants dont nous
vons quelque connaissance ; et, par suite, il ne faut
oint s'étonner des lacunes, des abîmes que présentent
es annales géologiques des formes éteintes. Cependant,
algré ces lacunes dans nos connaissances, si l'évolu-
ion existe, il doit y avoir eu, tout compte fait, de la
rogression dans tous les types principaux de la vie.
es formes les plus élevées et les plus spécialisées ont
û naître plus tard que celles qui étaient inférieu-
es et plus généralisées : et quelque fragmentaires que
oient les parties que nous possédons de l'arbre entier
e la vie terrestre, elles doivent nous montrer amplement que cette évolution progressive a eu lieu. Nous
vons vu que, dans quelques groupes spéciaux déjà
ités, cette progression est clairement visible; nous
etterons maintenant un coup d'œil rapide sur la série
ntière des formes fossiles, pour nous assurer qu'une
rogression similaire se manifeste chez elle, prise dans
on ensemble.

LE DÉVELOPPEMENT PROGRESSIF DES PLANTES

Depuis qu'on a recueilli et étudié les plantes fossiles un grand fait est devenu apparent; c'est que les plantes primaires — celles du Carbonifère — étaient principalement cryptogames, tandis que dans les dépôts Tertiaires les plantes florifères supérieures dominent Dans l'époque Secondaire intermédiaire, les gymnospermes — Cycadées et Conifères — formaient une partie prépondérante de la végétation, et comme ces derniers ont d'ordinaire été considérés comme une sorte de forme de transition entre les plantes sans fleurs et les plantes à fleurs, la succession géologique a été, généralement parlant, d'accord avec la théorie de l'évolution. Au-delà, cependant, les faits sont très embarrassants. Les cryptogames supérieurs — fougères, lycopodes et équisétacées — apparurent tout d'un coup en profusion immense dans le Carbonifère, et atteignirent à cette époque un développement qu'ils n'ont jamais dépassé depuis, ni même égalé; tandis que les plantes les plus élevées — les angiospermes dicotylédones et monocotylédones — qui forment maintenant la masse de la végétation du monde, et présentent les plus merveilleuses modifications de forme et de structure, étaient presque inconnues jusqu'à l'époque Tertiaire où elles apparurent soudain dans leur développement complet, et, pour la plupart, sous les mêmes formes génériques qui existent maintenant.

Cependant, pendant la dernière moitié de notre siècle, de grandes additions ont été faites à notre connaissance des plantes fossiles; et bien qu'il reste encore des indices de vastes lacunes dans cette connaissance, dues indubitablement aux conditions très exceptionnelles que nécessite la conservation des restes des plantes, nous avons maintenant des preuves d'un développement plus

ntinu des divers types de végétation. Suivant M. Lester
Ward, on décrit ou indique de 8000 à 9000 espèces
plantes fossiles ; et, grâce à l'étude attentive de la
rvation des feuilles, on a pu faire rentrer un grand
mbre de ces espèces dans leurs ordres ou genres res-
ctifs, et par suite nous donner quelque idée — qui,
en qu'imparfaite, est probablement exacte dans ses
andes lignes — du développement progressif de la
gétation sur notre terre [1].

Voici comment M. Ward résume les faits :

« Les formes les plus inférieures de la vie végétale —
s plantes cellulaires, — ont été trouvées dans les dé-
ts du Silurien inférieur sous forme de trois espèces
algues marines ; et dans tout le système silurien on
a reconnu cinquante espèces. Nous ne pouvons, ce-
ndant, supposer que cela indique la première appa-
tion de la vie végétale sur la terre, car, dans ces

1. *Sketch of Palæobotany* dans le *Fifth Annual Report of U. S.
ological Survey*, 1883-1884, p. 363 à 452, avec diagrammes. Sir
William Dawson, dit, en parlant de la valeur des feuilles pour
sser les plantes fossiles. « J'ai trouvé, par mon expérience per-
nnelle, que la détermination par les feuilles des arbres était
nfirmée par la découverte de leurs fruits, ou la structure de
rs tiges. Ainsi, dans les riches lits de plantes de la série de
wegan dans le Crétacé, nous avons des faînes associées dans
même couche avec les feuilles qu'on avait attribuées au *Fagus*.
ns les couches de Laramie j'avais déterminé, il y a bien des
nées, des noix du *Trapa* ou marron d'eau, et depuis, Lesque-
ux a trouvé dans des couches des États-Unis des feuilles qu'il
pporte au même genre. Plus tard, j'ai trouvé dans des collec-
ns faites près de la rivière *Red Deer* au Canada, mes fruits et
feuilles de Lesquereux dans la même roche. On pouvait, de la
ésence de feuilles dans le même système, conclure à l'existence
rbres des genres *Carya* et *Juglans*, et on a, depuis, obtenu
s échantillons de bois silicifié avec la structure microscopi-
e de la noix cendrée de nos jours. Cependant, nous admettons
lontiers que les déterminations par les feuilles seules, sont
uteuses ». *The Geological History of Plants*, p. 196.

mêmes couches siluriennes inférieures, les cryptogame
vasculaires les mieux organisés apparaissent sous l
forme de Rhizocarpées — plantes alliées aux *Marsilea*
Azolla, — et un peu, très peu, plus haut, les fougères, l
lycopodes et même les conifères apparaissent. Nou
avons, pourtant, des indications d'une végétation encor
plus ancienne dans les schistes carbonifères et les cou
ches épaisses de graphite du milieu du Laurentien, pui
qu'on ne connaît pas d'autre agent que la cellule végé
tale pour extraire le carbone de l'atmosphère et l
fixer à l'état solide. Ces grandes couches de graphit
par conséquent, impliquent l'existence d'une abondant
vie végétale précisément au commencement de l'ère
partir de laquelle nous avons des monuments géolog
ques [1]. »

Les fougères, ainsi qu'on l'a dit, apparaissent dans l
Silurien moyen, avec l'*Eopteris Morrieri*. Dans le Dévo
nien nous en avons 79 espèces; dans le Carbonifère 62
et dans le Permien 186; après quoi les fougères fossile
diminuent beaucoup, bien qu'on les trouve dans tou
les systèmes; et le fait que l'on en connaît 3000 espèce
vivantes, tandis que la partie du Tertiaire la plus rich
en plantes fossiles — le Miocène — n'en a produit qu
87, servira à indiquer l'extrême imperfection des anna
les géologiques.

Les Equisétacées (prêles ou queue de cheval) qui appa
raissent aussi dans le Silurien, et atteignent leur maxi
mum de développement dans le Houiller sont, dan
chacun des systèmes suivants, bien moins nombreuse
que les fougères, et on n'en connaît que trente espèce
vivantes. Les Lycopodiacées, bien que plus abondante
encore dans le Houiller, se trouvent très rarement dan
les couches suivantes, bien que les espèces vivantes, don
on a décrit environ 500 types, soient passablement nom

1. *Geological History of Plants*, p. 18, par Sir J. William Dawson

reuses. Comme nous ne pouvons pas supposer qu'elles
ient réellement diminué, puis augmenté de nouveau de
ette façon extraordinaire, nous avons là un autre ince de la nature exceptionnelle, de la conservation des
lantes, et du caractère excessif et erratique de l'imper-
ction des archives géologiques.

Si nous passons maintenant à la division suivante
; plus élevée des plantes — les gymnospermes, —
ous voyons des conifères apparaître dans le Silurien
ipérieur, devenant assez abondantes dans le Dévo-
ien, et atteignant le maximum dans le Carbonifère
'où plus de 300 espèces sont connues, nombre égal à
elles qui vivent de nos jours. Elles se présentent dans
ius les systèmes suivants, abondantes dans l'Oolite, et
xcessivement abondantes dans le Miocène, où 250 espèes ont été décrites. La famille de gymnospermes al-
ée, les Cycadées, apparaissent, mais assez chétivement
présentées pour la première fois dans le Carbonifère,
nt très abondantes dans l'Oolite, où 116 espèces sont
onnues, et puis diminuent d'une façon régulière jus-
u'au Tertiaire, bien que nous ayons soixante-quinze es-
èces vivantes.

Nous voici maintenant arrivés aux véritables plantes
hanérogames, et nous rencontrons les monocotylédones
our la première fois dans les systèmes Carbonifère et
ermien. On a longtemps disputé sur le caractère de ces
ossiles, mais il est maintenant bien établi, et la sous-
lasse continue à se présenter, en petit nombre, à chaque
poque successive, devenant plus nombreuse dans le Cré-
icé supérieur, et très abondante dans l'Eocène et le
iocène. Dans ce dernier système on a découvert 272
spèces ; mais les 116 espèces de l'Eocène forment
ne grande partie de la végétation totale de cette période.

Les vraies Dicotylédones n'apparaissent que beaucoup
lus tard, dans le Crétacé, et seulement dans sa partie

supérieure, si nous exceptons une seule espèce des cou
ches Urgoniennes du Groënland. Ce qu'il y a de remar
quable, c'est que nous trouvons là la sous-classe entière
ment développée, et avec une grande exubérance c
types, les trois divisions — Apétales, Polypétales, Gamo
pétales — étant toutes représentées, et formant en to
770 espèces. Parmi elles, se trouvent nos formes fam
lières, les peuplier, bouleau, hêtre, sycomore et chên
aussi bien que le figuier, le vrai laurier, le Sassafra
l'érable, le noyer, le magnolia, et même le pommier
le prunier. En passant à la période Tertiaire les nombr
augmentent, jusqu'à ce qu'ils atteignent leur maximu
dans le Miocène, où l'on a découvert plus de 2000 esp
ces de dicotylédones, parmi lesquelles la proportio
des gamopétales s'est légèrement accrue, mais est ce
pendant moindre que de nos jours.

CAUSE POSSIBLE DE L'APPARITION SOUDAINE ET TARDIVE DE
EXOGÈNES

L'apparition soudaine des plantes exogènes pleine
ment développées, pendant la période Crétacée est trè
analogue à l'apparition également soudaine des type
principaux des animaux placentaires dans l'Eocène; e
dans les deux cas, nous devons être assurés que cett
soudaineté n'est qu'apparente, et due à des condition
inconnues qui ont empêché leur conservation (ou leu
découverte) dans des couches plus anciennes. Le cas de
plantes dicotylédones est, sous quelques rapports, l
plus extraordinaire, parce que dans les systèmes méso
zoïques plus anciens, nous paraissons avoir une repré
sentation exacte de la flore de l'époque, comprenan
des formes variées comme les fougères, les prêles, le
cycadées, les conifères et les monocotylédones. Un
seule tentative d'explication de cette anomalie a été

urnie par Ball qui suppose que tous ces groupes habi-
lient les plaines, où régnaient non seulement une cha-
ur et une humidité extrêmes, mais aussi une surabon-
ance d'acide carbonique dans l'atmosphère, conditions
us lesquelles ces groupes s'étaient développés, mais
ni étaient nuisibles aux dicotylédones. On a supposé
ue ces dernières avaient pris naissance sur les hauts
lateaux et les chaînes de montagnes, dans une atmos-
hère plus rare et plus sèche, dans laquelle il y avait
ne moindre quantité d'acide carbonique ; et tous les
pôts lacustres effectués à des altitudes élevées, et à cette
)oque reculée ont été détruits par la dénudation, d'où
suit que nous ne savons rien de leur histoire [1].

·Pendant les quelques semaines que je viens de passer
ins les montagnes Rocheuses, j'ai été frappé de la
·ande rareté des monocotylédones et des fougères, en
mparaison des dicotylédones, rareté qui est proba-
ement due à la sècheresse et à la raréfaction de l'at-
osphère qui favorisent les groupes supérieurs. En com-
irant la *Rocky Mountain Botany* de Coulter, avec la
otany of the Northern (East) United States de Gray, nous
us trouvons en présence de deux régions qui diffèrent
sentiellement par leur altitude et l'humidité atmosphé-
que. Malheureusement les espèces ne sont placées en
ries consécutives, ni dans l'un ni dans l'autre de ces
ıvrages, mais en comparant le nombre des pages occu-
ies par les divisions de dicotylédones, et le nombre des
ıges qui concernent les monocotylédones et les fougè-
s, nous réussirons à peu près à juger. Nous trouve-
ıns ainsi que dans la flore des états du nord-est les
onocotylédones et les fougères sont aux dicotylédones
ıns la proportion de 45 à 100 ; dans les Montagnes Ro-
ıeuses, elles ne sont que dans celle de 34 à 100, tandis que si

1. *On the Origin of the Flora of the European Alps. Proc. of
ıy. Geog. Society*, vol. 1·(1879), p. 564-588.

nous prenons une flore exclusivement alpine comme cel
de M. Ball, il n'y a pas vingt monocotylédones pour cent d
cotylédones. Ces faits prouvent que même aujourd'hui l
plateaux élevés et les montagnes sont plus favorabl
aux dicotylédones qu'aux monocotylédones, et nous pou
vons, en conséquence, très bien supposer que c'est dai
les régions élevées que les premières ont pris naissanc
et que pendant de longs siècles elles y ont été confinée
Il est intéressant de noter que c'est dans les régions cei
trales du continent nord-américain qu'on a trouvé l
restes les plus riches, et c'est là que, maintenant, en pr
portion, elles abondent le plus, et que les conditions d'a
titude et de sècheresse de l'atmosphère étaient proba
blement présentes dès une période très reculée.

Le diagramme (fig. 34) légèrement modifié par nou
d'après celui qui a été donné par M. Ward, représent
l'état actuel de nos connaissances sur le développemen
du règne végétal dans les temps géologiques. Les ban
des verticales ombrées représentent les proportions de
formes fossiles découvertes jusqu'à ce jour, tandis qu
les lignes extérieures indiquent ce que nous pouvons sup
poser avoir été les périodes approximatives d'origine, e
l'accroissement progressif du nombre des espèces de
divisions principales du royaume végétal. Celles-ci pa
raissent s'accorder assez bien avec leurs degrés respectif
de développement, et n'offrent ainsi aucun obstacle à l
croyance en leur évolution progressive.

DISTRIBUTION GÉOLOGIQUE DES INSECTES

Le merveilleux développement des insectes en un
variété infinie de formes, leur extrême spécialisation, e
leur adaptation à presque toutes les conditions de l
vie, impliquerait presque nécessairement une haute an
tiquité. Cependant, par suite de leur petite taille, de

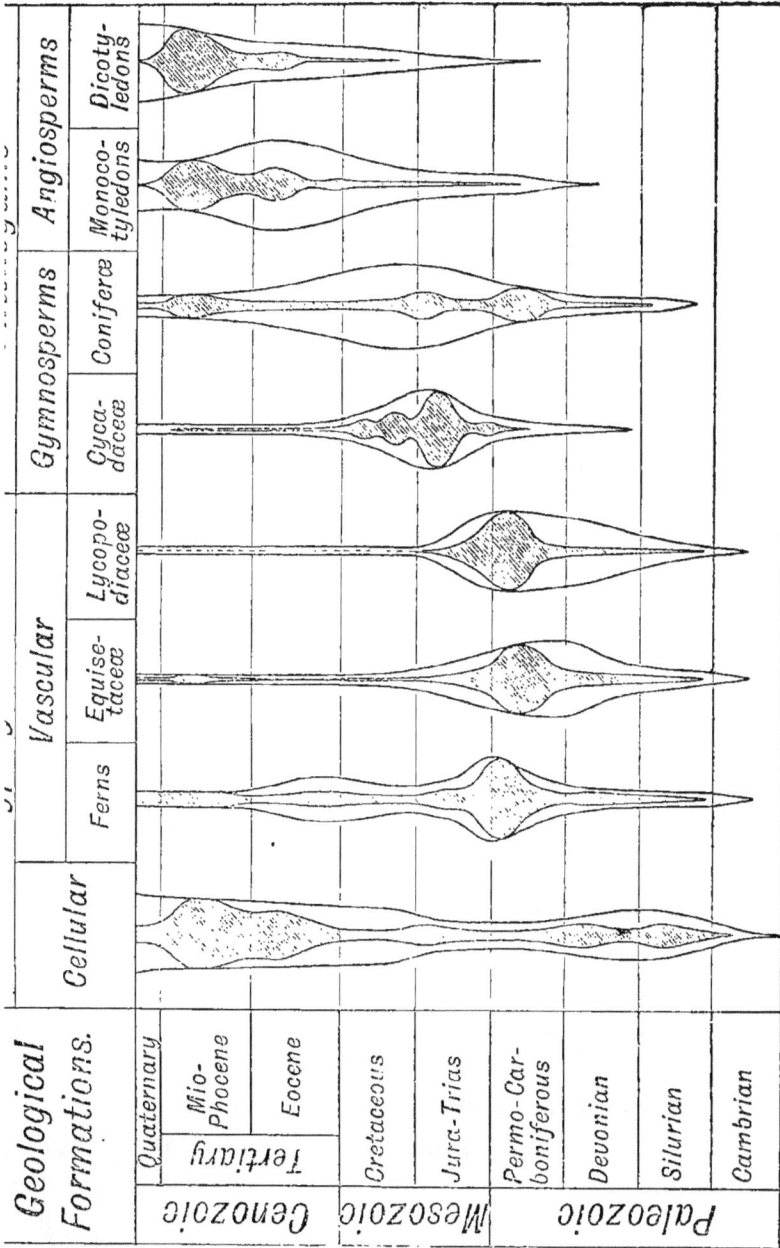

Fig. 4. Diagramme de la distribution géologique des plantes.
Les termes anglais sont intelligibles pour tous. (*Ferns :* Fougères.)

leur légèreté, et de leurs habitudes ordinairement aérien
nes, il n'est pas de classe d'animaux qui ait été plu
maigrement conservée dans les couches géologique
et ce n'est que tout récemment que tous les matériau?
disséminés ayant trait aux insectes fossiles et à leurs al
liés ont été réunis par M. Samuel H. Scudder, de Boston
et nous avons pu apprendre ainsi quel est leur témoi
gnage à l'égard de la théorie de l'évolution [1].

Le fait le plus frappant qui s'offre, à première vue
dans la distribution des insectes fossiles, c'est le carac
tère complet de la représentation de tous les types prin
cipaux, en remontant jusqu'à la période secondaire
époque à laquelle il semble que beaucoup des famille?
existantes ont été parfaitement différenciées. Ainsi nou?
trouvons dans le Lias des libellules « en apparence auss
spécialisées qu'aujourd'hui, et au nombre de quatre tribus ». En fait de coléoptères, nous avons des Curculionides incontestables dans le Lias et le Trias ; des Chry-
somélides dans les mêmes couches ; des Cérambycides
dans l'Oolite ; des Scarabéides dans le Lias ; des Buprestides dans le Trias ; des Elatérides, des Trogositides et
des Nitidulides dans le lias ; des Staphylinides dans le
Purbeck anglais ; tandis que les Hydrophies, les Gyrini-
des et les Carabides se trouvent dans le Lias. Toutes ces
formes sont bien représentées, mais il y a beaucoup
d'autres familles qui sont déterminées, d'une façon plus
douteuse, dans des roches d'une ancienneté égale. Des
Diptères, des familles *Empidæ*, *Asilidæ* et *Tipulidæ*, ont
été trouvés jusque dans le Lias. Chez les Lépidoptères,
on a trouvé des *Sphingidæ* et des *Tineidæ* dans l'Oolite,
tandis que les fourmis, représentant les Hyménoptères

---

1. *Systematic Review of our Present Knowledge of Fossil Insects,
including Myriapods and Arachnids (Bull. of U. S. Geol. Survey,*
31, Washington, 1886.

très spécialisés, se sont trouvées dans le Purbeck et le Lias.

Cette identité remarquable des familles d'insectes très anciens avec celles des insectes actuellement vivants est tout à fait comparable à l'apparition soudaine des genres existants d'arbres dans le Crétacé. Dans les deux cas, nous sommes certains qu'il nous faut remonter beaucoup plus haut pour retrouver les formes primitives d'où ils ont été développés, et qu'à un moment quelconque, une découverte nouvelle peut révolutionner nos idées relatives à l'antiquité de certains groupes. Une découverte de ce genre a été faite, pendant que l'ouvrage de M. Scudder était sous presse. Jusqu'alors il semblait que tous les ordres existants de vrais insectes eussent pris naissance dans le Trias, le prétendu phalène et le coléoptère du système houiller ayant été déterminés d'une façon erronée. Mais, on a maintenant trouvé d'incontestables restes de coléoptères dans le Houiller de Silésie, qui corroborent l'interprétation des trous dans les arbres carbonifères qui auraient été faits par des insectes de cet ordre, et reporte loin, dans les temps Paléozoïques, cette forme hautement spécialisée de la vie des insectes. Une découverte semblable fait comprendre combien est prématurée toute conjecture sur l'origine des vrais insectes, car nous pouvons être sûrs que tous les autres ordres d'insectes, excepté peut-être les Hyménoptères et les Lépidoptères, étaient contemporains des Coléoptères si hautement spécialisés.

Les arthropodes terrestres, d'une spécialisation moindre — les *Arachnides* et les *Myriapodes* — sont, ainsi qu'on pouvait s'y attendre, beaucoup plus anciens. Une araignée fossile a été trouvée dans le Carbonifère, et des scorpions dans les roches du Silurien supérieur d'Écosse, de la Suède, et des États-Unis. Des myriapodes ont été trouvés en abondance dans les dépôts Carbonifères et Dévoniens; mais tous appartiennent à des ordres éteints qui présentent une structure plus généralisée que les formes actuelles.

Bien plus extraordinaire, cependant, est la présence dans les systèmes paléozoïques, de formes primitives de vrais insectes, que M. Scudder appelle *Palæcodictyoptera*. Ce sont des cancrelats de structure simple et des *Orthopteroidæ*, des hannetons anciens, et leurs formes alliées, dont il y a six familles et plus de trente genres (*Neuropteroidæ*), trois genres d'*Hemipteroidea* ressemblant à divers homoptères et hémiptères, la plupart du Carbonifère, quelques-uns du Dévonien, et un cancrelat primitif (*Palæoblattina*) du grès du Silurien moyen de France. Si cette découverte d'un véritable insecte hexapode dans le Silurien moyen est réellement constatée, et si l'on tient compte de l'existence de coléoptères bien définis dans le Carbonifère, l'origine du groupe entier des arthropodes terrestres sera nécessairement rejetée à l'époque Cambrienne, si ce n'est plus loin. Et la chose doit être assez probable, si l'on prend en considération l'existence des plantes terrestres très différenciées — fougères, prêles et lycopodes — dans le Silurien moyen ou inférieur, et même d'un conifère (*Cordaites Robbii*) dans le Silurien supérieur; tandis que les couches de graphite dans le Laurentien ont probablement été formées par des végétaux terrestres.

Tout compte fait, donc, nous pouvons affirmer que malgré l'imperfection exceptionnelle de l'histoire géologique de la vie des insectes terrestres, cette histoire corrobore décidément l'hypothèse de l'évolution. L'ordre le plus spécialisé des Lépidoptères est le plus récent, ne datant que de l'Oolite; les Hyménoptères, les Diptères et les Homoptères remontent jusqu'au Lias; les Orthoptères et les Névroptères au Trias. La découverte de Coléoptères dans le système Carbonifère montre, cependant, que les limites qui précèdent n'ont rien d'absolu, et seront probablement bientôt dépassées. Les formes mères les plus généralisées d'insectes ailés peuvent être suivies jusqu'au Silurien, et avec eux les scorpions moins bien organisés ; faits qui nous servent à montrer l'extrême imperfection de nos connaissances, et nous indiquent les possibilités de l'existence d'un monde animé terrestre dans les temps paléozoïques les plus reculés.

SUCCESSION GÉOLOGIQUE DES VERTÉBRÉS

Les formes les plus inférieures des vertébrés sont les poissons, et ceux-ci apparaissent dès le Silurien supérieur. Le plus ancien poisson connu est un *Pteraspis*, un ganoïde à cuirasse, ou poisson à plaques — type qui n'est pas très inférieur, — allié à l'esturgeon (*Accipenser*) et au Lépidostée, mais presque éteint maintenant comme groupe. Les requins qui, sous diverses formes, abondent encore dans nos mers, sont presque aussi anciens. Nous ne pouvons supposer que ce soient là les plus anciens des poissons, étant donné surtout que les deux ordres les plus inférieurs, représentés maintenant par l'*Amphioxus* et la lamproie, n'ont pas encore été trouvés à l'état fossile. Les ganoïdes étaient fort développés durant le Dévonien, et continuèrent jusqu'au Crétacé, où ils cédèrent la place aux vrais poissons osseux qui avaient fait leur première apparition dans le Jurassique, et ont continué à augmenter jusqu'à aujourd'hui. Cette apparition beaucoup plus tardive des poissons osseux supérieurs est tout à fait en harmonie avec l'évolution, bien que quelques-unes des formes les plus inférieures, le lançon et les lamproies, ainsi que le cératodus primitif, aient survécu jusqu'à notre époque.

Les Amphibiens, représentés par les labyrinthodons éteints, font leur apparition dans le Carbonifère, et ces formes particulières se sont éteintes de bonne heure dans la période Secondaire. Les labyrinthodons étaient toutefois, très spécialisés, et ne représentent aucunement le début de la classe, qui peut être aussi ancienne que les formes inférieures des poissons. C'est à peine si l'on trouve des restes reconnaissables de nos groupes existants, — les grenouilles, les crapauds et les salamandres — avant l'époque Tertiaire, fait qui indique l'extrême imperfection de l'histoire en ce qui concerne cette classe d'animaux.

On n'a pas trouvé de véritables reptiles avant d'atteindre le Permien où se rencontrent le *Prohatteria* et le *Proterosaurus*, le premier proche allié du *Sphenodon* ressemblant au lézard, de la Nouvelle-Zélande, le dernier ayant des alliés dans le même groupe de reptiles, les *Rhyncocephala* dont d'autres formes se trouvent dans le Trias. Dans ce dernier système, les premiers crocodiles — *Phytosaurus (Belodon)* et *Stagonolepis* — se rencontrent, ainsi que les premières tortues — *Chelytherium*, *Proganochelys*, et *Psephoderma* [1]. C'est dans le système Crétacé qu'on a trouvé les premiers serpents fossiles ; mais les conditions de conservation de ces formes ont été évidemment défavorables, et l'histoire en est, par suite, incomplète. Les Plésiosaures et les Ichthyosaures marins, les Ptérodactyles volants, l'Iguanodon terrestre d'Europe, et l'énorme *Atlantosaurus* du Colorado, le plus grand animal terrestre qui ait vécu sur notre globe [2], appartiennent tous aux développements spéciaux du type reptilien qui a prospéré pendant l'époque secondaire, et puis s'est éteint.

1. Je dois à l'obligeance de M. Ch. Lydekker, du département géologique du Musée d'Histoire Naturelle, les faits relatifs à la première apparition des groupes de reptiles nommés ci-dessus.

2. Suivant le professeur Marsh, cet animal avait 50 ou 60 pieds de long, et au moins 30 de haut. Il mangeait les feuilles des arbres des forêts de l'époque Crétacée, dont quelques-unes ont été conservées avec lui.

Les oiseaux sont parmi les fossiles les plus rares, sans doute à cause de leurs habitudes aériennes qui les éloignaient des dangers ordinaires des inondations, des marais ou des glaces qui sont mortels pour les mammifères et les reptiles, et aussi à cause de leur faible poids spécifique qui leur permet de flotter à la surface de l'eau jusqu'à ce qu'ils soient dévorés. Pendant longtemps, on ne trouva leurs restes que dans des couches tertiaires, où l'on a reconnu plusieurs des genres vivants, et quelques formes éteintes. Les seuls oiseaux que l'on connaisse dans les couches anciennes, sont les oiseaux dentés (*Odontornithes*) du Crétacé des États-Unis, qui appartiennent à deux familles distinctes, et à beaucoup de genres; une forme ressemblant au pingouin (*Enaliornis*) les sables verts supérieurs de Cambridge; et l'Archéoptéryx à longue queue, bien connu, de l'Oolite supérieure de Bavière; cette histoire est donc extrêmement imparfaite et fragmentaire; cependant elle nous montre, chez les quelques oiseaux découverts dans les plus anciennes couches, des types plus primitifs et plus généralisés, tandis que les oiseaux Tertiaires sont déjà spécialisés comme ceux de nos jours, et avaient perdu les dents et la longue queue vertébrée qui indiquaient leurs affinités reptiliennes dans les époques précédentes.

Des mammifères ont été trouvés, ainsi qu'on l'a déjà dit, dès le Trias, en Europe, aux États-Unis et dans l'Afrique du sud ; ils étaient tous très petits, et appartenaient soit à l'ordre des Marsupiaux, soit à quelque autre type encore inférieur et plus généralisé d'où se seraient développés les Marsupiaux et les Insectivores. On a trouvé d'autres formes alliées dans l'Oolite supérieure ou inférieure soit en Europe, soit aux États-Unis. Mais, alors, se produit une grande lacune dans tout le Crétacé, d'où l'on n'a obtenu aucun mammifère. bien que dans le Wéaldien et dans la Craie supérieure en

Europe, et dans les dépôts du Crétacé supérieur, aux États-Unis, on ait découvert une flore terrestre abondante et bien conservée. Il est impossible d'expliquer comment il ne se trouve là aucun reste de mammifère. Nous en sommes réduits à supposer que les territoires restreints où les plantes terrestres ont été conservées en si grande abondance, ne présentaient pas les conditions nécessaires pour la fossilisation et la conservation des restes des mammifères.

En arrivant au Tertiaire nous trouvons une abondance de mammifères ; mais un changement merveilleux s'est opéré. Les types primitifs, obscurs, ont disparu, et nous découvrons, à leur place, toute une série de formes appartenant à des ordres existants et même quelquefois à des familles existantes. Ainsi, dans l'Eocène, nous avons des restes de la famille des opossums ; des chauve-souris appartenant évidemment à nos genres vivants ; des rongeurs alliés aux cochons d'Inde américains, aux marmottes et aux écureuils ; des animaux ongulés appartenant aux groupes des Artiodactyles et Périssodactyles ; et les formes mères des chats, des civettes, des chiens, avec nombre de formes plus généralisées de carnivores. En outre, il y a les baleines, les lémurs, et beaucoup de formes primitives étranges de Proboscidiens [1].

La grande diversité de forme et de structure, à une époque si reculée, devrait demander, pour être développée, une quantité de temps, qui, à en juger par les changements qui se sont produits dans d'autres groupes, nous ferait remonter fort loin dans la période mésozoïque. Pour comprendre pourquoi nous n'avons aucun souvenir de ces changements, en aucune partie du monde,

1. Pour des détails plus complets, voir *Geographical Distribution of Animals*, de Wallace, et *Geographical and Geological Distribution of Animals*, de Heilprin.

il nous faut revenir à quelque hypothèse semblable à celle que nous avons faite, pour le cas des plantes dico‑tylédones. Il est possible que les deux cas aient, en réa‑lité, quelque rapport, et que les régions élevées du monde primitif, qui ont vu le développement de notre végétation supérieure, aient aussi été le théâtre du développement graduel des types variés de mammifères qui nous sur‑prennent par leur apparition soudaine dans les époques tertiaires.

Malgré ces irrégularités et ces lacunes de nos annales, le tableau suivant qui résume l'état actuel de nos con‑naissances, en ce qui regarde la distribution géologique des cinq classes des vertébrés, présente une succession régulière des types inférieurs, sauf dans l'histoire orni‑

DISTRIBUTION GÉOLOGIQUE DES VERTÉBRÉS

	SILURIEN	DÉVONIEN	CARBONIFÈRE	PERMIEN	TRIAS	LIAS	OOLITE	CRÉTACÉ	TERTIAIRE
Poissons......									
Amphibiens...									
Reptiles......									
Oiseaux.......									
Mammifères...									

hologique, où la lacune s'explique d'ailleurs facilement. La perfection comparative des types de chacune de ces classes, quand ils se présentent pour la première fois, fait qu'il est certainement nécessaire de chercher l'ori‑gine de chacun d'eux, et de tous ensemble dans une période plus reculée que celles dont il nous reste des vestiges. Les recherches des paléontologistes et des embryologistes indiquent, pour les oiseaux et les mammifères, une origine reptilienne, tandis que les reptiles et les amphibiens seraient peut-être nés, d'une façon indépendante, des poissons.

CONCLUSIONS

Le coup d'œil rapide que nous venons de jeter sur les faits les plus suggestifs que présente la succession géologique des formes organiques suffit à montrer que presque toutes, si ce n'est toutes, les difficultés qu'on supposait qu'elle présentait contre l'évolution sont dues à des imperfections de l'histoire géologique elle-même, ou au caractère très incomplet de nos connaissances à l'égard des documents renfermés dans la croûte terrestre. Nous apprenons cependant que les lacunes se comblent, et les difficultés disparaissent au fur et à mesure des découvertes; tandis que, dans le cas de beaucoup de groupes individuels, nous avons déjà la preuve, que l'on pouvait attendre raisonnablement, du développement progressif. Nous concluons, par conséquent, que la difficulté géologique a maintenant disparu ; et que cette noble science, lorsqu'elle est bien comprise, présente des preuves claires et évidentes de l'évolution.

CHAPITRE XIV

PROBLÈMES FONDAMENTAUX RELATIFS A LA VARIATION ET A
L'HÉRÉDITÉ

Après avoir exposé et développé assez longuement,
les plus importantes applications de l'hypothèse du développement à l'explication des plus considérables et des
plus généralement intéressants des phénomènes du
monde organique, nous nous proposons de discuter les
problèmes et les difficultés, d'un ordre plus fondamental, qui ont récemment été mis en avant par d'éminents
naturalistes. Il est d'autant plus nécessaire de ce faire
qu'il y a maintenant une tendance à réduire au minimum

l'action de la sélection naturelle dans la production des formes organiques, et à admettre à sa place certains principes fondamentaux de variation ou lois de croissance, dont on affirme qu'ils sont les vrais initiateurs des diverses lignes de développement, et de la plupart des formes et structures variées des règnes végétal et animal. Quelques écrivains se sont emparés de ces théories, pour mettre en suspicion et en discrédit toute la théorie de l'évolution, et surtout la manière dont Darwin l'a présentée ; le public effaré ne sait plus que penser, et ne peut décider dans quelle mesure les opinions nouvelles, même si l'on parvient à les bien établir, tendent à renverser la théorie darwinienne, ou si elles n'en sont réellement que des parties auxiliaires, et qui, privées de l'appui de cette théorie, resteraient sans effet.

Les écrivains dont nous nous proposons d'examiner les vues spéciales sont : M. Herbert Spencer qui s'est occupé de la modification des organes naissant de la modification des fonctions, théorie qu'il a énoncée dans ses *Factors of Organic Evolution*, le docteur E. D. Cope, qui soutient des vues semblables, dans son ouvrage intitulé *The Origin of the Fittest*, et qui peut être considéré comme le chef d'une école de naturalistes américains qui réduisent au minimum l'action de la sélection naturelle ; le docteur Karl Semper, qui a spécialement étudié l'influence directe du milieu dans tout le règne animal, et a exposé ses idées dans un volume *The Natural Conditions of Existence as they affect Animal Life* ; M. Patrick Geddes, qui avance que les lois fondamentales de la croissance, et l'antagonisme des forces végétatives et reproductrices expliquent beaucoup de ce qu'on a attribué à l'action de la sélection naturelle.

Nous allons essayer, maintenant, de voir quels sont les faits et les arguments les plus importants qu'ont allégué chacun des écrivains ci-dessus, et de voir en juelle mesure ceux-ci peuvent remplacer l'action de la iélection naturelle; après quoi, nous analyserons, en beu de mots, la théorie de l'hérédité de Weismann, jui, si elle s'établit, portera un coup décisif à la base même des arguments des trois premiers écrivains cités :i-dessus.

LES FACTEURS DE L'ÉVOLUTION ORGANIQUE SELON M. HERBERT SPENCER

Tout en reconnaissant pleinement l'importance et la vaste étendue du principe de la sélection naturelle, M. Spencer pense que l'on n'a pas laissé assez de valeur aux effets de l'usage et de la désuétude comme facteurs le l'évolution, ou à l'action directe du milieu pour déerminer ou modifier les organes. Comme exemples de a première classe d'actions, il invoque les dimensions lécroissantes des mâchoires chez les races humaines ciilisées, l'hérédité des maladies nerveuses produites par e surmenage, le grand développement héréditaire des is de la vache et de la chèvre, et le raccourcissement es jambes, de la mâchoire, et du groin chez le cochon dans es races améliorées — ces deux exemples ont été cités iar Darwin, — et d'autres cas de même nature. Darwin st encore représenté comme admettant qu'en beauoup de cas l'action de conditions similaires semble avoir roduit des changements correspondants dans des espèes différentes; et nous trouvons une discussion très omplète de l'action directe du milieu pour modifier le rotoplasme d'organismes simples, de façon à amener a différenciation entre la surface extérieure et la partie ntérieure qui caractérise les cellules ou autres unités ont les organismes sont formés. Mais bien que l'essai e M. Spencer n'ait guère fait que réunir des faits qui vaient déjà été avancés par Darwin ou M. Spencer lui-même, et appeler l'attention sur leur importance, sa publication dans une revue populaire a été immédiatement relevée et proclamée comme étant « une déclaration avouée et définie contre les idées principales sur lesquelles repose la philosophie mécanique » et comme étant « fatale à l'explication adéquate de l'évolution organique par la philosophie mécanique » [1], — expression d'opinion que répudierait tout Darwinien. Car, même en admettant l'interprétation que M. Spencer donne aux faits qu'il cite, ils se trouvent tous compris dans les causes que Darwin lui-même a reconnues comme ayant amené par leur action l'infinité des formes du monde organique. Dans le dernier chapitre de l'*Origine des Espèces* il a dit : « J'ai maintenant récapitulé les faits et les considérations qui m'ont entièrement convaincu que les espèces ont été modifiées au cours d'une longue série de descendance. Cela s'est effectué, principalement, par la sélection naturelle de nombreuses variations successives, légères, favorables, aidée d'une manière importante par les effets héréditaires de l'usage et de la désuétude des parties, et, d'une façon moins importante — c'est-à-dire en relation avec les structures adaptives soit passées, soit actuelles, — par l'action directe des conditions extérieures, et par des variations qui nous semblent, dans notre ignorance, naître spontanément ».

Ce passage, résumant toute l'enquête de Darwin, et expliquant son point de vue final, montre combien est inexacte la notion populaire, exprimée par le duc d'Argyll, d'additions supposées aux causes de changement des espèces que Darwin avait reconnues.

Mais, ainsi que nous le verrons bientôt, il y a maintenant beaucoup de raisons pour croire que l'hérédité supposée des modifications acquises — c'est-à-dire les

1. Voir la lettre du duc d'Argyll dans *Nature*, vol. XXXIV p. 336.

effets de l'usage et du non-usage, ou de l'influence directe du milieu — n'est pas un fait prouvé ; et, s'il en est ainsi, toute la classe d'objections sur laquelle on insiste tellement aujourd'hui s'écroule. Il devient donc important de rechercher si les faits allégués par Darwin, Spencer et d'autres, nécessitent réellement cette hérédité, ou s'ils ne peuvent être interprétés autrement, et nous allons examiner d'abord les cas de désuétude ou de non-usage sur lesquels M. Spencer insiste le plus [1].

Les cas cités par M. Spencer comme démontrant les effets de la désuétude par la diminution de la grandeur et de la force des organes sont : la diminution de la mâchoire dans les races humaines civilisées, et la diminution des muscles employés à fermer la mâchoire chez les petits chiens d'appartement nourris pendant plusieurs générations avec des aliments mous. Il soutient que la petite réduction de ces muscles à chaque génération ne pouvait être aucunement utile, et par suite, n'était pas sujette à la sélection naturelle ; et contre la théorie de la corrélation de la diminution des dimensions de la mâchoire avec l'accroissement du cerveau chez l'homme, il plaide qu'il y a des cas de grand développement cérébral, accompagné de mâchoires supérieures à la moyenne. Contre la théorie d'économie de nutrition dans le cas des petits chiens, il fait remarquer l'abondante nourriture de ces animaux qui rendrait inutile toute économie de ce genre.

Mais, ni lui, ni Darwin n'ont considéré les effets du retrait de l'action de la sélection naturelle dans la conservation des parties en question dans leurs dimensions complètes, qui, en soi, me semble tout à fait adéquate

1. Voir sur ce point: A. Weismann : *Sélection et Hérédité*, traduction H. de Varigny, Reinwald, 1891 ; et M. P. Ball : *Les effets de l'usage et de la désuétude sont-ils héréditaires ?* dans la *Bibliothèque Evolutioniste* (H. de V.)

à la production des résultats observés. Si nous nous reportons aux preuves, citées au chapitre III, de la variation constante qui s'effectue dans toutes les parties de l'organisme, tandis que la sélection agit constamment sur ces variations en éliminant tous ceux qui restent au-dessous du type le plus apte, et ne conservant que ceux qui sont pleinement à sa hauteur ; nous rappelant, en outre, que de tout le nombre des nouveau-nés annuels il n'y a qu'une petite partie des mieux adaptés qui soit conservée, nous verrons que chaque organe utile sera maintenu à peu près à sa limite la plus élevée de taille et d'efficacité. M. Galton a prouvé, expérimentalement, que lorsqu'une partie quelconque a été augmentée ou diminuée par la sélection, il y a chez la progéniture une forte tendance à revenir à une taille moyenne, ce qui tend à arrêter toute augmentation ultérieure. Et cette moyenne paraît être, non la moyenne des individus existant actuellement, mais une moyenne inférieure, ou celle qu'ils avaient récemment atteinte par la sélection [1]. Il appelle cela le principe du « retour vers la médiocrité », et l'a démontré par des expériences sur les légumes, et par des observations sur l'homme. Ce retour, à chaque génération, a lieu même quand les deux parents ont été choisis à cause de leur grand développement de l'organe en question ; mais quand il n'y a pas de sélection semblable, et que des croisements sont permis entre des individus à tout degré de développement, la détérioration est très rapide ; et, au bout de quelque temps, non seulement la grandeur moyenne de la partie sera grandement réduite, mais les cas de développement complet deviendront très rares. Ainsi ce que Weismann appelle *panmixie*, ou croisement libre, coopèrera avec la loi de Galton du *Retour vers la Médiocrité*, et il en résultera que, aussitôt que la sélection cessera d'agir sur une par-

1. *Journal of the Anthropological Institute*, vol. XV, p. 246-260.

ic ou un organe qu'elle avait jusque-là maintenu à un
maximum de vie et d'activité, l'organe ou la partie en
question décroîtra rapidement jusqu'à une valeur
moyenne considérablement inférieure à la moyenne de
a progéniture qui s'était produite habituellement, chaque
nnée, et infiniment au-dessus de la moyenne de la por-
ion qui a survécu annuellement ; et tout cela aura lieu
ar la loi générale de l'hérédité, sans que l'usage ou la
ésuétude de la partie en question ait rien à y voir.
i M. Spencer, ni les autres n'ont prouvé que la quan-
té moyenne de changement qu'on suppose due à
ι *désuétude* est plus grande que celle qui est due à la
ni du retour vers la médiocrité ; et même si elle était
n peu plus grande, nous pourrions peut-être trou-
er plusieurs causes ayant contribué à sa production.
ans le cas de la diminution de la mâchoire chez l'homme
vilisé, il peut bien y avoir quelque corrélation entre
mâchoire et le cerveau, puisqu'une activité mentale
us grande mènerait au retrait du sang et de l'énergie
rveuse des parties adjacentes, et, par suite, amènerait
ie diminution de croissance dans ces parties de l'indi-
du. Et, dans le cas des petits chiens, la sélection d'in-
vidus petits à courte tête impliquerait la sélection in-
nsciente de ceux qui posséderaient des muscles
mporaux moins massifs, et amènerait la réduction
ncomitante de ces muscles. Le degré de réduction que
rwin a observé dans les os des ailes des canards do-
estiques et de la volaille, et dans les pattes postérieu-
s des lapins apprivoisés, est très petit, et certainement
dépasse pas ce que les causes ci-dessus expliquent
en ; tandis qu'un si grand nombre des caractères ex-
nes de tous nos animaux domestiques ont été sujets à
e sélection artificielle longuement continuée, et nous
mmes si ignorants des corrélations possibles des par-
s différentes, que les phénomènes qu'ils présentent

semblent être suffisamment expliqués, sans recourir
l'hypothèse que tout changement chez l'individu, résu
tant du non-usage, est transmis héréditairement à s
progéniture.

EFFETS SUPPOSÉS DE LA DÉSUÉTUDE CHEZ LES ANIMAUX SAUVAGES

On peut avancer, cependant, que chez les animau
sauvages nous rencontrons nombre de résultats inco
testables de la désuétude, beaucoup plus prononcés qu
chez nos espèces domestiques, résultats qu'il est impo
sible d'expliquer par les causes déjà énumérées. Tell
sont : la réduction des dimensions des ailes chez beaucou
d'oiseaux des îles océaniques, l'atrophie des yeux ch
beaucoup d'animaux des cavernes et chez quelques-uns
ceux qui vivent sous terre, et la perte des membres po
térieurs chez les baleines et chez quelques lézards. C
cas diffèrent grandement dans le degré où la réductio
des parties s'est effectuée, et peuvent être dûs à des ca
ses différentes. Il est à remarquer que chez quelques-u
des oiseaux des îles océaniques, la réduction est de p
supérieure — si tant est qu'elle le soit du tout, — à cel
qui se produit chez les oiseaux domestiques, comm
chez la poule d'eau de Tristan d'Acunha. Si la réductio
de l'aile était due aux effets héréditaires de la désuétud
nous serions en droit de nous attendre à un effet bie
plus marqué chez un oiseau habitant une île océaniqu
que chez un oiseau domestique, où la désuétude da
d'une période infiniment plus rapprochée. Dans le c
dans beaucoup d'autres oiseaux, cependant, — comm
quelques-uns des râles de la Nouvelle-Zélande, et le Do
éteint de Maurice — les ailes ont été réduites à une co
dition beaucoup plus rudimentaire, quoiqu'il soit enco
évident qu'elles ont été autrefois des organes de vol ;

ans ces cas nous exigeons certainement quelques autres
auses que celles qui ont réduit les ailes de nos volailles
omestiques. Une de ces causes peut avoir été de même
ature que celle qui a si efficacement réduit les ailes des
nsectes des îles océaniques : la destruction de ceux
ui, pendant qu'ils se servaient accidentellement de
urs ailes, ont été emportés à la mer. Cette forme de
élection naturelle a bien pu agir dans le cas des oi-
aux dont la puissance de vol était déjà quelque peu
éduite et à qui, puisqu'il n'y avait plus d'ennemis à fuir,
usage des ailes n'eût été qu'une source de danger. Peut-
tre pouvons-nous ainsi expliquer le fait que beaucoup
e ces oiseaux gardent de petites ailes inutiles avec les-
uelles ils ne volent jamais ; car, les ailes une fois ré-
uites à cette condition sans remplir de fonction, rien ne
eut les réduire davantage, sauf la corrélation de crois-
ance ou l'économie de nutrition, causes qui n'entrent
ue rarement en jeu.

La perte complète des yeux chez quelques animaux
avicoles peut s'expliquer, peut-être, d'une façon quelque
eu semblable. Toutes les fois que, par suite de l'obscu-
ité complète, les yeux devenaient inutiles, ils deve-
aient aussi nuisibles à cause de la délicatesse de leur
rganisation et du danger qu'ils couraient d'accidents
u de maladies, auquel cas la sélection naturelle a dû
ommencer à agir en vue de les réduire et, finalement,
e les supprimer, et cela explique comment, dans quel-
ues cas, l'œil rudimentaire subsiste, quoique complè-
ement couvert par une peau extérieure protectrice. Les
aleines, de même que les Moas et les casoars, nous font
emonter vers un passé reculé dont les conditions nous
ont trop inconnues pour que nous puissions, avec quel-
ue certitude, nous livrer aux hypothèses. Nous sommes
lans l'ignorance la plus complète des formes mères de
es groupes, et manquons par conséquent des matériaux

nécessaires pour déterminer les degrés par lesquels
changement s'est opéré, ou les causes qui l'ont amené

En passant en revue les divers exemples, donnés p
Darwin et par d'autres, d'organes réduits ou avortés,
semble qu'il y ait trop de diversité dans les résulta

1. L'idée de la non-hérédité des variations acquises a été su
gérée par le résumé de la théorie du professeur Weismann, da
Nature, théorie à laquelle il est fait allusion plus loin. Mais depu
que ce chapitre a été écrit, j'ai lu, grâce à l'obligeance de M. E.-
Poulton, quelques-unes des épreuves de la traduction (anglais
en cours de publication de *Sélection et Hérédité*, de Weisman
où se trouve une explication très semblable à celle que j'ai do
née ici. A propos de la difficile question de la disparition presqu
complète d'organes, comme pour les membres des serpents et
quelques lézards, il invoque « une certaine forme de corrélatio
que Roux appelle la lutte des parties dans l'organisme », comm
jouant un rôle important. L'atrophie qui est la conséquence
la désuétude est presque toujours accompagnée par l'accroiss
ment considérable d'autres organes ; les animaux aveugles po
sèdent des organes de tact, d'audition, et d'odorat plus dév
loppés ; la perte de la puissance des ailes est accompagnée d'u
augmentation de la force des tarses, etc. Comme ces dernie
caractères, étant utiles, seront soumis à la sélection, il est faci
de comprendre qu'un accroissement congénital de ces caractèr
sera accompagné d'une diminution congénitale correspondan
de l'organe en désuétude ; et, dans les cas où les moyens de n
trition manquent, chaque diminution de ces parties inutiles se
un gain pour tout l'organisme et, de la sorte, leur disparitio
complète sera, en quelques cas, amenée directement par la s
lection naturelle. Ceci est en parfait accord avec ce que no
savons de ces organes vestigiaires.

Il faut, cependant, faire remarquer que la non-hérédité d
caractères acquis a été soutenue par M. Francis Galton, il y a plu
de douze ans, d'après des considérations théoriques, presque ide
tiques à celles qu'invoque le professeur Weimsann ; tandis q
'insuffisance de la preuve de leur transmission héréditaire a é
faite, par des arguments semblables à ceux qui ont été employ
ci-dessus, et dans l'ouvrage déjà cité du professeur Weisman
(Voir *A Theory of Heredity*, dans *Journ. Anthrop. Instit.*, vol.
p. 343-345.

ɔur qu'on puisse les attribuer tous à une cause aussi
ɪrecte et aussi uniforme que les effets individuels de la
ǝsuétude accumulés par l'hérédité. Car si c'était la
ule ou la principale cause, et qu'elle fût capable de
·oduire un effet décisif pendant la période relative-
ent courte de l'existence des animaux à l'état domesti-
ɪe, nous devrions nous attendre à trouver que chez les
ɪpèces sauvages, tous les organes ou parties en dé-
ɪétude ont été réduits à leurs plus petits vestiges, ou
ɪt totalement disparu. Au lieu de cela, nous trouvons
vers degrés de réduction, représentant le résultat pro-
ɪble de plusieurs causes distinctes, agissant parfois sé-
ɪrément, parfois ensemble, telles que celles que nous
·ons déjà indiquées.

Et si nous ne trouvons aucune preuve évidente mon-
ant que la désuétude, agissant par son effet direct sur
ndividu, se transmet à la progéniture, encore moins
ouvons-nous cette preuve dans le cas d'*usage* des
ganes. Car ici le fait même de l'*usage*, à l'état sauvage,
ɪplique l'*utilité*, et l'*utilité* est l'objet constant de l'ac-
ɪn de la sélection naturelle ; tandis que chez les ani-
ɪaux domestiques les parties qui servent d'une façon
ceptionnelle sont employées de la sorte au service de
ɪomme, et sont devenues les objets de la sélection arti-
ɪielle. Ainsi, « le grand développement héréditaire du
ɪ des vaches et des chèvres », que Spencer cite d'après
ɪrwin, ne donne réellement pas la preuve de l'hérédité
ɪn accroissement dû à l'usage, parce que, dès les pre-
ɪers temps de la domestication de ces animaux, une
ɔduction abondante de lait a été en haute estime, et a
ɪ l'objectif de la sélection ; tandis qu'il n'y a pas de
ɪ chez les animaux sauvages qui ne puisse être mieux
ɪpliqué par la variation et la sélection naturelle.

DIFFICULTÉ DE LA CO-ADAPTATION DES PARTIES PAR LA VARIA-TION ET LA SÉLECTION NATURELLE

M. Spencer avance de nouveau cette objection qu'i avait déjà formulée, il y a vingt-cinq ans, dans ses *Prin pes de Biologie*, et il soutient que toutes les adaptation des os, des muscles, des vaisseaux sanguins et des nerf qui seraient nécessaires, par exemple, pendant le déve loppement du cou et des jambes de devant de la girafe ne pourraient avoir été produites par « d'heureuses va riations simultanées et spontanées ».

Mais cette objection est écartée par les faits de varia tion simultanée présentés dans notre chapitre III, et a été aussi l'objet d'un examen spécial au chapitre VI, p. 169 La meilleure réponse possible à cette objection peut s trouver, peut-être, dans le fait que c'est précisément c qu'on dit être impossible à la variation et à la sélectioi naturelle que nous voyons, à maintes reprises, effectu par la variation et la sélection artificielle. Pendant l processus qui a formé des races telles que le lévrier et l boule-dogue, le cheval de course et le cheval de char rette, le pigeon-paon, ou le mouton-loutre, beaucou] d'arrangements coordonnés se sont produits; et il n'y ; eu aucune difficulté, que le changement se soit effectu par une seule variation — comme dans le dernier cas cité — ou par degrés lents, comme dans tous les autres. I semble qu'on oublie que la plupart des animaux ont u] tel excédent de vitalité et de force pour toutes les occa sions de la vie qu'une légère supériorité quelconqu d'une partie peut être immédiatement utilisée; tandi que, dès qu'un manque d'équilibre se produit, des va riations dans les parties insuffisamment développées se ront choisies pour rétablir l'harmonie de toute l'organi sation. Le fait que, chez les animaux domestiques, de variations se produisent, les rendant plus rapides ou plu

ɔrts, plus grands ou plus petits, plus gros ou plus min-
es, et que de telles variations peuvent être, séparément,
hoisies et accumulées pour l'utilité de l'homme, suffit à
endre certain le fait que des changements semblables,
u même plus grands, peuvent être effectués par la sé-
ɔction naturelle qui, ainsi que le fait si bien remarquer
ʲarwin « agit sur chaque organe interne, sur chaque
uance de différence constitutionnelle, sur tout le mé-
anisme de la vie ». La difficulté relative à la co-adapta-
on des parties par la variation et la sélection naturelle
ɪe semble, par conséquent, être une difficulté tout ima-
inaire qui ne trouve aucune place dans les opérations
e la nature.

ACTION DIRECTE DU MILIEU

La dernière objection de M. Spencer au vaste champ
ccordé par les Darwiniens à l'action de la sélection
aturelle est que les organismes sont influencés par leur
ʲilieu, lequel produit en eux des changements défi-
ɪs, et que ces changements chez l'individu sont trans-
ɪis héréditairement, et sont ainsi accrus dans les
énérations successives. Il y a de nombreux faits
rouvant que de tels changements se produisent chez
individu, mais il est extrêmement douteux qu'ils
ɔient transmis héréditairement, indépendamment de
ɔute forme de sélection ou de réversion, et Darwin ne dit
ulle part être satisfait des preuves.

Les deux cas les plus sérieux qu'il mentionne sont ceux
es vingt-neuf espèces d'arbres américains qui différaient
ɔus, d'une façon correspondante, d'avec leurs alliés eu-
opéens les plus proches ; et celui du maïs américain qui
ɪt transformé après trois générations en Europe. Mais
ɑns le cas des arbres, les différences invoquées peuvent
tre dues en partie à la corrélation avec des par-

ticularités constitutionnelles dépendant du climat, particulièrement en ce qui regarde la teinte plus sombre
des feuilles mortes, et les plus petites dimensions des
boutons et des graines en Amérique qu'en Europe ;
tandis qu'il est bien possible que les feuilles moins profondément dentelées de l'arbre américain soient, dans
notre ignorance actuellement complète des lois et des
usages des dentelures, tout aussi probablement dues à
une forme d'adaptation qu'à une action directe du climat.
De plus, on ne nous dit point combien des espèces
alliées ne varient point de cette façon particulière, et
c'est certainement là un facteur important dans toute
conclusion que nous puissions formuler sur la question.

Dans le cas du maïs, il semble qu'une des variétés
américaines les plus remarquables et du meilleur choix fut
cultivée en Allemagne, et qu'au bout de trois ans presque toute ressemblance avec le type originel fut perdue ;
et, dans la sixième année, elle ressemblait exactement à
une variété européenne commune, mais avait une croissance quelque peu plus vigoureuse. Dans ce cas, il ne
parait pas qu'aucune sélection se soit exercée, et les
effets peuvent être attribués à ce « retour à la médiocrité » qui se produit invariablement, et est plus particulièrement marqué dans le cas des variétés qui ont été
produites rapidement par la sélection artificielle. On
peut le considérer comme un retour à la race sauvage,
ou non perfectionnée ; et la même chose se serait produite, bien que peut-être avec moins de rapidité en
Amérique même. Comme ce fait a été cité par Darwin
comme étant le plus remarquable exemple à lui connu
« de l'action directe et prompte du climat sur une
plante » nous devons conclure qu'il n'est pas prouvé
que de tels effets directs sont accumulés héréditairement, indépendamment de réversion ou de sélection.

Le reste de l'essai de M. Spencer est consacré à l'exa-

nen de l'action hypothétique du milieu sur les organismes inférieurs qui se composent de simples cellules
ou de masses informes de protoplasme ; et il démontre
laborieusement que les parties externes et internes de
es cellules sont nécessairement soumises à de différentes
onditions ; et que les actions extérieures de l'air et de
'eau contribuent à former les téguments, et quelquefois à
éterminer d'autres modifications définies de la surface,
'où naissent des différences permanentes de structure.
ien que, dans ces cas aussi, il soit très difficile de déterminer la part de ce qui est dû à la modification directe
ar des actions externes transmises et accumulées par
érédité, et celle des variations spontanées accumulées
ar la sélection naturelle, les probabilités sont plutôt
n faveur du premier mode d'action, parce qu'il n'y a
as de différenciation de cellules nutritives et repro-
uctrices dans ces organismes simples ; et il est facile
e voir que tout changement produit dans la géné-
ation existante influera à peu près certainement sur la
uivante [1]. Nous voilà ainsi ramenés, presque, à l'origine
e la vie, et nous ne pouvons que vaguement nous lier à des conjectures sur ce qui s'est passé dans des
nditions que nous connaissons si peu.

L'ÉCOLE AMÉRICAINE D'ÉVOLUTIONISTES

Les idées de M. Spencer que nous venons de discuter
nt été poussées plus loin par plusieurs naturalistes
néricains qui ont essayé de les approfondir, et le doc-
ur E. D. Cope, de Philadelphie, est le meilleur repré-
ntant de cette école [2]. Elle essaie d'expliquer toutes

---

[1] Cette explication est empruntée à la théorie de la continuité
plasma germinatif de Weismann, que j'ai résumée dans *Nature*.
[2] Voir une collection de ses essais sous le titre : *Origin of
Fittest, Essays   Evolution*. D. Appleton et Cie. New-York,
7.

les principales modifications de forme du règne anima
par des lois fondamentales de croissance, et les effet
héréditaires de l'usage et de l'effort ; c'est, en fait, ur
retour vers les enseignements de Lamarck qui sont con
sidérés comme s'ils étaient au moins aussi important
que ceux de Darwin.

L'extrait suivant servira à montrer à quelle hauteu
ces évolutionistes prétendent se poser comme premier
initiateurs, et comme ayant fait des additions importan
tes à la théorie de l'évolution.

« Wallace et Darwin ont avancé comme cause de mo
dification dans la descendance leur loi de la sélectior
naturelle. Cette loi a été formulée par Spencer sous l
nom de « survivance du plus apte ». Cette heureus
expression est sans doute adéquate au fait mais ell
laisse l'origine du plus apte entièrement dans le vague
Darwin suppose « une tendance à la variation » dan
la nature, et il le faut bien pour qu'il y ait des matériau
sur lesquels puisse s'exercer une sélection. La loi d
Darwin et de Wallace est donc seulement ce qui res
treint, ce qui dirige, conserve, ou détruit quelque autre
chose déjà créée. Je me propose donc de recherchei
quelles sont les lois primitives par lesquelles s'est pro
duit ce quelque chose : en d'autres mots, les causes d
l'origine du plus apte [1]. »

M. Cope attache une grande importance à l'existenc
d'une force spéciale de développement appelée « bath
misme » ou force de croissance, qui agit par des moyens
du retard et d'accélération « sans le moindre rapport avec l'aptitude », qui, « au lieu d'être soumise à
l'aptitude, contrôle celle-ci. » Il soutient que « toutes les
caractéristiques des groupes généralisés à partir des
genres (excepté, peut-être, les familles) ont été développés par évolution, sous la loi de l'accélération et du

1. *Origin of the Fittest*, p. 174.

etard » combinée avec quelque intervention de la sé-
ection naturelle ; et que les caractères spécifiques, ou
spèces, ont évolué par la sélection naturelle, avec l'aide
le la loi supérieure. Il fait, par conséquent, de l'espèce
t du genre, deux choses absolument distinctes, le der-
iier ne procédant pas de la première : les caractères
;énériques et les caractères spécifiques sont, dans son
pinion, fondamentalement différents, et ont eu des
rigines différentes, et des groupes entiers d'espèces ont
té modifiés simultanément, de façon à appartenir à
n autre genre ; d'où il juge « très probable que la
iême forme spécifique a existé à travers une succession
e genres, et peut-être dans différentes époques des
emps géologiques ».

Les caractères utiles, dit-il dans ses conclusions, ont
té produits par la localisation spéciale de la force de
roissance par l'usage ; les caractères inutiles ont été
roduits par la localisation de la force de croissance, sous
influence de l'usage ; et « on pense que l'effort s'incor-
ore avec les acquisitions métaphysiques des parents, et
ue les jeunes en héritent avec les autres qualités méta-
hysiques, alors que, pendant leur période de croissance,
s sont beaucoup plus susceptibles à des influences mo-
ificatrices, et sont, en conséquence, plus propres à pré-
enter des changements de structure » [1].

A en juger par ces quelques exemples de leur enseigne-
ient, il est évident que ces évolutionistes américains se sont

1. *Origin of the Fittest*, p. 29. On peut noter ici que Darwin trou-
iit ces théories inintelligibles. Dans une lettre au professeur
. T. Morse en 1877, il écrit : « Il y a un point que je regrette
ie vous n'ayez point éclairci dans votre discours, c'est le sens et
mportance des vues des professeurs Cope et Hyatt sur l'accé-
ration et le retard. J'ai essayé de comprendre, mais j'ai dû, en
ésespoir de cause, renoncer à saisir ce qu'ils ont voulu dire.
ie et Correspondance de C. Darwin, trad. H. de Varigny, t. II,
. 233.

très grandement éloignés des idées de Darwin, et qu'à
la place des causes bien établies et des lois reçues
auxquelles il se réfère, ceux-ci y ont introduit des con
ceptions théoriques qui n'ont pas été encore mises à
l'épreuve de l'expérience ou des faits, ainsi que des con
ceptions métaphysiques impossibles à prouver. Et quand
ils en viennent à appuyer leurs idées par un appel à la
paléontologie ou à la morphologie, nous trouvons que
les principes établis de la variation et de la sélection
naturelle nous offrent une explication beaucoup plus
simple et plus complète des faits. La confiance avec la
quelle ces nouvelles idées sont énoncées, et l'assertion
répétée que sans elles le Darwinisme est impuissant à
expliquer l'origine des formes organiques, font qu'il est
nécessaire de consacrer un peu plus de temps aux expli
cations qu'ils nous donnent de quelques phénomènes
bien connus, phénomènes, assurent-ils, que d'autres
théories sont absolument impuissantes à expliquer.

Comme exemple de la production d'un changement
de structure par l'usage, M. Cope cite les becs courbés
et dentés des faucons et des mésanges à moustaches, et
conclut, du fait que ces oiseaux appartiennent à des
groupes qui diffèrent beaucoup, que la similitude d'u
sage a produit un résultat structural similaire. Mais il
n'essaie aucunement de montrer un rapport causal di
rect entre l'usage du bec pour couper ou déchirer la
chair et le développement d'une dent sur le mandibule.
Une utilité de cette sorte pourrait bien fortifier le bec
ou augmenter sa grandeur, mais non causer un développement dentaire spécial qui ne se trouvait pas chez la
forme ancestrale, et analogue à la grive, d'où descendent
les mésanges à moustaches. D'autre part, il est évident
que toute variation du bec qui tendrait à devenir crochu
ou denté donnerait à son possesseur quelque avantage
pour saisir et déchirer sa proie, et serait ainsi conservée

et augmentée par la sélection naturelle. Ensuite, M. Cope croit que les effets d'une loi supposée « de croissance polaire ou centrifuge » contrebalancent la tendance à une croissance asymétrique là où un côté du corps est plus employé que l'autre. Mais le préjudice incontestable que le manque de symétrie apporterait dans beaucoup d'actions ou fonctions importantes éliminerait rapidement toute tendance pareille. Cependant, lorsque cette tendance est devenue utile, comme dans le cas de la pince volumineuse unique de beaucoup de crustacés, elle a été conservée par la sélection naturelle.

ORIGINE DES PIEDS DES ONGULÉS

Les applications les plus originales et les plus suggestives de la théorie de M. Cope, sur l'usage et l'effort, en tant que modificateurs de la structure, se trouvent peut-être dans ses chapitres « Sur l'origine de la structure du pied chez les Ongulés » et « Sur l'effet des tensions et des efforts sur les pieds des mammifères » ; ils nous serviront aussi à montrer quels sont les mérites respectifs de cette théorie et de celle de la sélection naturelle pour explication d'un cas difficile de modification, étant donné surtout que c'est une explication qu'on a prétendu être nouvelle et originale à l'époque où elle fut énoncée pour la première fois, en 1881. Voyons donc comment M. Cope traite ce problème.

Il essaie d'expliquer le changement progressif remarquable de la transformation de l'ancêtre à quatre ou cinq doigts de pied, en le cheval à doigt unique, et la division des ongulés en artiodactyles et périssodactyles par les effets de la tension et de l'usage chez les animaux qui fréquentaient, respectivement, des terrains durs ou des terrains marécageux. Sur le terrain dur, dit-il, le long doigt

médian serait plus employé et sujet à des efforts plu
grands, et acquerrait par suite à la fois de la force et d
développement. Il serait alors encore plus exclusivemer
employé, et l'excès de nutrition qu'il exigerait sera
tiré des doigts adjacents moins employés : ceux-ci d
minueraient de grandeur, par conséquent, jusqu'à ce que
après une longue série de changements, dont l'histoir
est si bien conservée dans les roches tertiaires d'Améri
que, le vrai cheval à sabot unique fût développé. Dans l
terrain mou ou marécageux, d'autre part, la tendanc
serait d'étaler le pied de façon à ce qu'il eût deux doig
de chaque côté. Les deux doigts du milieu seraient don
plus employés et plus sujets à l'effort, et augmenteraien
par conséquent, aux dépens des doigts latéraux. Il se
rait, sans doute, avantageux que ces deux doigts fon
tionnels fussent de même grandeur, afin d'empêcher l
pied de se tordre pendant la marche ; et les variatior
qui tendraient vers ce résultat seraient avantageuses, (
par conséquent conservées. Ainsi, par une série para
lèle de changements en directions diverses, adaptées
des séries distinctes de conditions, nous arriverions au
sabots symétriquement divisés de nos cerfs et de notr
bétail. Le fait que les moutons et les chèvres sont d
animaux qui aiment les montagnes et les rochers per
s'expliquer par cet autre fait qu'ils sont une modificatic
plus récente, puisque le sabot divisé, une fois qu
est formé, est évidemment bien adapté à assurer
marche sur un terrain raboteux ou inégal, bien qu
ait pu difficilement se développer dans de semblabl
localités. M. Cope conclut ainsi : « Il est certain que
longueur des os du pied chez les ongulés est en rappo
direct avec la sècheresse du pays qu'ils habitent, et
possibilité de course rapide que leurs habitudes leur pe
mettent ou leur imposent nécessairement [1]. »

1. *Origin of the Fittest*, p. 374.

S'il y a la moindre vérité dans l'explication que nous enons de résumer brièvement, il faut que les modifica- ions individuelles ainsi produites soient héréditaires, et n sait que nous attendons encore la preuve de ce fait. n attendant, il est évident que la variation et la sélec- ion naturelle auraient pu amener exactement les mêmes ésultats. Car les doigts de pied, comme tous les autres rganes, varient de grandeur et de proportions, et dans eurs degrés d'union et de séparation ; et si, dans un roupe d'animaux, il était avantageux d'avoir le doigt rédian plus grand et plus long, et dans un autre, d'avoir es deux doigts du milieu de même taille, rien ne peut être lus certain que la conservation continuée de ces modi- ications particulières, et la production de ces mêmes ésultats qui se produisent en fin de compte.

Les objections souvent répétées que la cause des va- iations est inconnue, qu'il doit y avoir quelque chose ui détermine les variations dans la direction voulue, ue « la sélection naturelle ne comprend aucun principe rogressif actif, mais doit attendre le développement de a variation, et alors, après avoir assuré la survivance u plus apte, attendre encore que ceux-ci projettent eurs variations propres pour la sélection, » ont été suffi- amment écartées quand nous avons montré que la va- iation — chez les espèces abondantes ou types — est oujours présente, en ample quantité ; qu'elle existe dans outes les parties, et chez tous les organes ; que ces der- iers varient pour la plupart, d'une façon indépendante, le telle sorte que toute combinaison voulue des varia- ions peut être obtenue ; et, finalement, que toute va- iation est nécessairement, soit en excès, soit en défaut de a condition moyenne, et qu'en conséquence, les varia- ions bonnes ou favorables sont si fréquemment pré- entes que la puissance infaillible de la sélection naturelle ie manque jamais de matériaux sur lesquels s'exercer.

ACTION SUPPOSÉE DE L'INTELLIGENCE ANIMALE

Le passage suivant résume en peu de mots la thèse d
M. Cope : « L'intelligence est un principe conservateur
et dirigera toujours l'effort et l'usage dans les ligne
avantageuses à celui qui la possède. C'est là la vrai
source des plus aptes, c'est-à-dire l'addition de partie
par l'augmentation et la localisation de la force de crois
sance, dirigée par l'influence des diverses sortes de con
trainte chez les animaux inférieurs, et l'option in
telligente chez les animaux supérieurs. Ainsi le choi
intelligent, qui met à profit l'évolution successive de
conditions physiques, peut être regardé comme *la caus
première du plus apte*, tandis que la sélection naturell
est le tribunal auquel sont soumis tous les résultats d
la croissance accélérée. Ils sont ainsi conservés ou dé
truits, et de nouveaux points de départ sont déterminé
pour l'édifice nouveau de la croissance accélérée [1] ».

Cette notion par laquelle l'intelligence — l'intelli
gence de l'animal lui-même — déterminerait sa propr
variation, est si clairement une théorie très incomplète
inapplicable à tout le règne végétal, et à presque toute
les formes inférieures des animaux, chez lesquelles pour
tant se retrouvent la même adaptation et la même co
ordination des parties et des fonctions que chez le
animaux supérieurs, qu'il est étrange qu'on puisse l'a
vancer avec autant d'assurance comme étant nécessair
pour compléter la théorie de Darwin. Si les « diverse
sortes de contraintes » par lesquelles, apparemment,
l'auteur entend désigner les lois de la variation, de la
croissance et de la reproduction, la lutte pour l'exis
tence, et les actions nécessaires à la conservation de la
vie sous les conditions du milieu de l'animal, sont suffi
santes pour le développement des formes variées des

1. *Origin. of the Fittest*, p. 40.

.nimaux et des plantes inférieures, nous ne voyons pas
le raison pour que les mêmes « contraintes » n'aient
)as effectué aussi le développement des animaux supé-
ieurs. L'action de ce « choix intelligent » n'est aucu-
iement prouvée; tandis que l'aveu que la sélection
iaturelle est le tribunal qui conserve ou détruit les
·ariations qui lui sont soumises semble tout à fait in-
·ompatible avec l'affirmation que le choix intelligent
st la « cause première du plus apte » puisque qui-
onque est réellement « le plus apte » ne peut jamais
tre détruit par la sélection naturelle, qui n'est autre
hose, sous un autre forme, que la survivance du plus
.pte. Si « le plus apte » est toujours produit d'une façon
iéfinie par quelque autre puissance, alors la sélection
iaturelle devient inutile. Si, d'autre part, il y a produc-
ion de ceux qui sont aptes et de ceux qui ne le sont pas,
t que la sélection naturelle ait à décider entre eux,
ious revenons au Darwinisme pur, auquel les théories
.e M. Cope n'ont rien ajouté.

L'ACTION DIRECTE DU MILIEU D'APRÈS SEMPER

Un autre naturaliste éminent, le professeur Karl
emper, de Würtzbourg, adopte aussi la théorie de la
)uissance transformatrice directe que possèderait le mi-
:eu, et il a recueilli une masse énorme de faits intéres-
ants montrant l'influence qu'exercent la nourriture, la
umière, la température, le mouvement et le repos,
'atmosphère et ses courants, la gravitation, et d'au-
res organismes, pour la modification des formes et des
.utres traits caractéristiques des animaux [1]. Il croit que
es influences variées produisent un effet direct et impor-
ant, et que cet effet s'accumule par l'hérédité; pourtant

1. *The Natural Conditions of Existence as they affect Animal
i/e*, Londres, 1883.

il avoue que nous n'en avons pas de preuve directe, e
il y a à peine un seul cas cité dans son livre qui ne soi
également bien expliqué par l'adaptation amenée par la

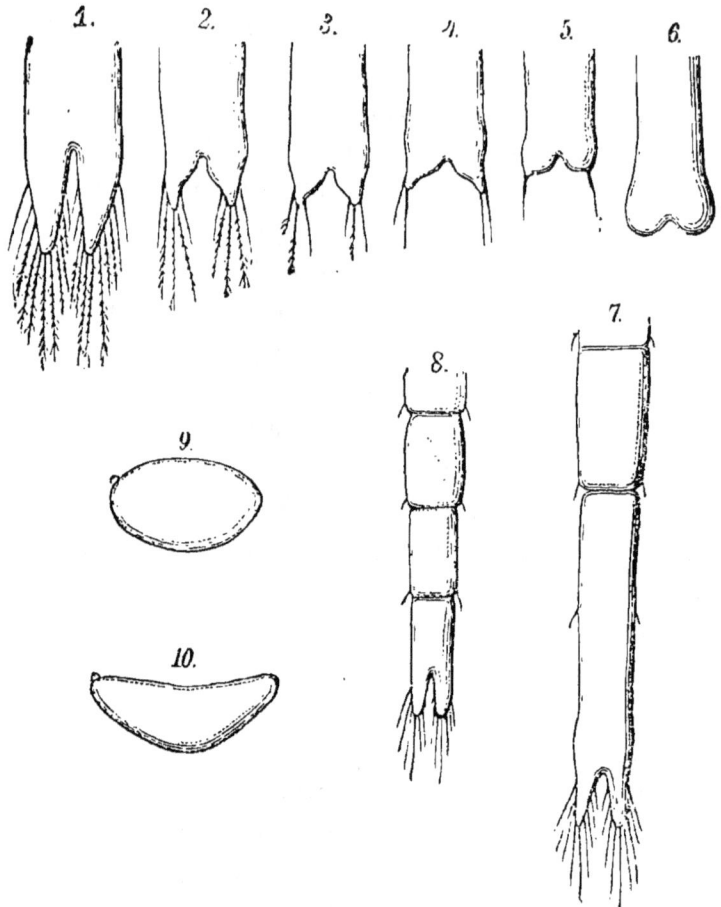

Fig. 35. — Transformation de l'*Artemia salina* en *A. Milhausenii*. 1 Lobe
caudal d'*A. salina* passant par 2. 3, 4, et 5 à 6, qui est celui de l'*A
Milhausenii*. 7. Post-abdomen d'*A. salina*. 8. Post-abdomen d'une
forme élevée en eau saumâtre. 9. Branchie d'*A. Milhausenii*. 10. Branchie d'*A. Salina* (d'après Schmankewitsch).

survivance des variations avantageuses. Le cas le plus
remarquable qu'il ait avancé est peut-être celui de la
transformation d'espèces des crustacés par un changement du degré de la salure de l'eau (voir fig. 35). L'*Ar-*

emia salina habite l'eau saumâtre, tandis que l'*Artemia Milhausenii* vit dans de l'eau beaucoup plus salée. Ces deux formes diffèrent grandement par la forme des lobes de la queue, et par la présence ou l'absence d'épines sur la queue, et on les a toujours considérées comme des espèces parfaitement distinctes. Pourtant, l'une a été transformée en l'autre, au cours de quelques généra- tions, pendant lesquelles la salinité de l'eau a été changée graduellement. De plus, l'*Artemia salina* a été habituée,

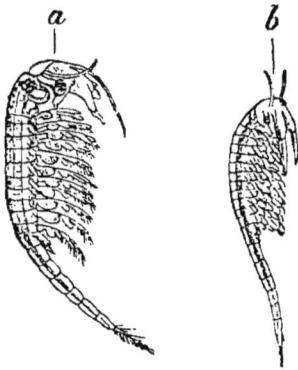

Fig. 36. — *a. Branchipus stagnalis* — *b. Artemia salina.*

par degrés, à de l'eau plus douce, et au cours de quel- ques générations, l'eau étant devenue tout à fait douce, l'espèce s'est changée en *Branchipus stagnalis*, animal qui avait été considéré jusque-là comme appartenant à un genre différent à cause des différences de forme des antennes et des segments postérieurs du corps. (Voir fig. 36.) Ceci paraît certainement être une preuve de la production d'un changement de formes par un change- ment de conditions, d'une façon indépendante de la sé- lection, et aussi une preuve du fait que ce changement, tant que persistent les mêmes conditions, se transmet par voie héréditaire. Il y a pourtant cette particularité dans ce cas qu'il y a un changement chimique dans l'eau, et que cette eau pénètre dans tout le corps et doit être absorbée par les tissus, et doit ainsi influencer les œufs et même les éléments reproducteurs, et peut, de cette façon, modifier profondément toute l'organisation. Nous ne savons pourquoi les effets extérieurs sont limités à des détails spéciaux de la structure ; mais il ne paraît pas qu'on puisse tirer d'un phénomène aussi exceptionnel aucune conclusion d'une portée étendue quant à l'effet cumulatif des conditions extérieures sur les animaux et plantes terrestres supérieurs. Ce phénomène semble plutôt analogue à ces effets des influences extérieures sur les organismes inférieurs où les organes de la végétation et de la reproduction sont à peine différenciés, auquel cas il n'est pas douteux que ces effets ne soient héréditaires [1].

LA THÉORIE DE LA VARIATION DES PLANTES DU PROFESSEUR GEDDES

Dans un article qui a été lu à la Société Botanique d'Edimbourg, en 1886, M. Patrick Geddes posa les grandes lignes d'une théorie fondamentale de la variation des plantes, à laquelle il a fait des additions dans l'arti-

---

1. Dans son *Essai sur l'Hérédité*, déjà cité, le docteur Weismann ne considère pas comme improbable que les changements dans les organismes que produisent des influences de climat puissent être héréditaires, parce que ces changements n'affectant pas seulement les parties extérieures d'un organisme, mais souvent, comme dans le cas de l'humidité ou de la chaleur, pénètrant dans tout l'organisme, peuvent modifier, peut-être, le plasma-germinatif lui-même, et amener ainsi des variations dans la génération suivante. De la sorte, pense-t-il, pourraient peut-être s'expliquer les variétés climatériques de certains papillons et quelques autres modifications qui semblent être effectuées par le changement de climat en quelques générations.

le *Variation and Selection* de l'*Encyclopædia Britannica*, et dans un article lu à la Société Linnéenne, mais non encore publié.

Une théorie de la variation doit, dit-il, expliquer également l'origine des différences spécifiques et les différences plus étendues qui caractérisent les plus grands groupes, et il pense qu'elle doit répondre à des questions telles que celles-ci ; comment un axe se trouve-t-il arrêté de façon à former une fleur ? comment se sont produites les diverses formes d'inflorescences ? comment les fleurs périgynes ou épigynes sont-elles nées de fleurs hypogynes ? et à beaucoup d'autres questions également fondamentales. La sélection naturelle agissant sur de nombreuses variations accidentelles ne suffira pas, affirme-t-il, à expliquer des faits généraux tels que ceux-là, qui doivent dépendre de quelque loi constante de variation. Il croit trouver cette loi dans l'antagonisme bien connu de la puissance de croissance et de la puissance de reproduction qui s'exerce dans tout le cours du développement de la plante ; et il s'en sert pour expliquer beaucoup des traits les plus caractéristiques de la structure des fleurs et des fruits.

Commençant par l'origine de la fleur que tous les botanistes s'accordent à regarder comme une branche raccourcie, il explique ce raccourcissement comme étant un fait physiologique inévitable, puisque le coût du développement des éléments reproducteurs est si grand qu'il arrête nécessairement la croissance végétative. De la même façon se produit le raccourcissement de l'inflorescence qui passe de la grappe à l'épi ou ombelle, et de là à l'épais capitule des composées ; le raccourcissement, en poursuivant plus loin, aboutit au réceptacle aplati en forme de feuille du Dorsténia, et plus loin encore au réceptacle profondément creusé de la figue.

La fleur, elle-même, subit une modification correspondante due à une cause semblable. Elle se forme par une série de feuilles modifiées, arrangées autour d'un axe raccourci. Dans les premières phases, le nombre des feuilles modifiées est indéfini comme chez beaucoup de Renonculacées ; et l'axe lui-même n'est pas très raccourci comme chez le *Myosurus*. Le premier progrès consiste en la production d'un nombre défini de parties et d'un axe raccourci d'une façon permanente dans la disposition nommée hypogyne, où tous les verticilles sont tout à fait distincts les uns des autres. A l'étape suivante, nous trouvons un nouveau raccourcissement de l'axe central laissant la portion extérieure en forme d'anneau sur laquelle les pétales sont insérés, produisant l'arrangement nommé périgyne. Un progrès de plus se fait par la contraction de l'axe, de telle sorte que la partie centrale formant l'ovaire reste entièrement au-dessous de la fleur qu'on appelle alors épigyne.

Ces diverses modifications sont dites parallèles et définies, déterminées par les continuels arrêts que la végétation subit par le fait de la reproduction au cours de ce qui est un véritable sillon de changement progressif. Tel étant le cas, l'importance de la sélection naturelle est grandement diminuée. Au lieu de choisir et d'accumuler des variations spontanées indéfinies sa fonction est de les retarder après que l'étape du maximum d'utilité a été atteinte d'une façon indépendante. La même conception simple, dit-on, doit donner la clef d'innombrables problèmes d'anatomie végétale, petits et grands. Elle explique l'inévitable développement de gymnospermes en angiospermes par l'arrêt de la croissance végétative de la feuille portant les ovules, ou carpelle; tandis que les adaptations secondaires telles que le fruit déhiscent du géranium, ou le stigmate à cupule de la pensée ne peuvent plus être considérées comme des exploits de la sélection naturelle, mais simplement comme des effets de l'arrêt végétatif de leurs types respectifs d'organes foliacés. De plus, un examen minutieux des plantes épineuses exclut pratiquement l'hypothèse de la sélection des mammifères et prouve complètement que les épines naissent, comme expression d'une diminution de force de végétation, c'est-à-dire en réalité, de la vitalité décroissante d'une espèce [1].

OBJECTIONS A CETTE THÉORIE

La théorie que nous venons d'esquisser est séduisante et, à première vue, semble de nature à jeter un jour très vif sur l'histoire du développement des plantes ; mais un examen plus approfondi montre qu'elle manque de caractère défini et qu'elle est entourée, à chaque pas, de difficultés. Prenons d'abord le raccourcissement de la grappe en ombelle et en capitule, qu'on dit être produit par l'arrêt de la croissance végétative, lequel serait dû à l'antagonisme de la force reproductrice. Si c'était là toute l'explication du phénomène, nous devrions nous attendre à voir augmenter la quantité des graines à mesure que cette croissance végétative diminuerait, puisque la graine est le produit de l'énergie reproductrice de la plante, et sa quantité la meilleure mesure de cette énergie. Mais, en est-il ainsi ? La renoncule a relativement peu de graines, et les fleurs n'en sont pas nombreuses ; tandis que, dans le même ordre, le pied d'alouette et l'ancolie ont beaucoup plus de graines, aussi bien que plus de fleurs, mais ne présentent ni raccourcissement

1. Cette courte analyse des théories du professeur Geddes est tirée de l'article *Variation and Selection* de l'*Encyclopædia Britannica*, et d'un article *On the Nature and Causes of Variation in Plants*, dans *Trans. and Proc. of the Edinburgh Botanical Society*, 1886, et j'ai, le plus souvent, employé ses propres expressions. (Pour détails voir *Evolution du Sexe* du même auteur, dans la *Bibliothèque Evolutionniste*. H. de W.).

de la grappe, ni diminution du feuillage, bien que le fleurs soient grandes et complexes. De même, les ca pitules extrêmement raccourcis et comprimés des Com posées produisent relativement peu de graines — une pour chaque fleur, — tandis que la digitale, avec son long épi de fleurs brillantes, en produit un nombre énorme.

En outre, si le raccourcissement de l'axe central dans les phases successives des fleurs hypogynes, périgynes et épigynes était une indication de prépondérance de la reproduction, et de diminution de la végétation, nous trouverions partout des indices évidents de ce fait. Les plantes à fleurs hypogynes devraient, en règle générale, avoir moins de graines et un feuillage plus vigoureux et abondant que celles qui ont des fleurs épigynes. Mais les pavots, les œillets et les millepertuis hypogynes ont beaucoup de graines et un feuillage assez maigre; tandis que les cornouillers et les chèvrefeuilles épigynes ont peu de graines et un feuillage abondant. Si, au lieu du nombre des graines, nous prenons la taille du fruit comme indice de l'énergie reproductrice, nous trouvons le maximum dans la famille des Cucurbitacées, dont, pourtant, la croissance rapide et exubérante ne trahit aucune diminution dans la puissance végétative. De telle sorte que l'affirmation d'après laquelle les modifications des plantes suivraient « un véritable sillon de changements progressifs » est contredite par d'innombrables faits indiquant le progrès et le retour en arrière, l'amélioration et la dégradation, suivant que le milieu, toujours changeant, rend une forme plus avantageuse qu'une autre. Je puis citer, comme exemple, la tribu des Anonacées, qui sont certainement en progrès sur les Renonculacées; et, cependant, dans le genre *Polyalthea*, le fruit se compose d'une série de carpelles séparés, portés chacun sur une longue tige, comme pour faire retour aux primitives feuilles carpellaires pédonculées.

SUR L'ORIGINE DES ÉPINES

Mais l'application la plus extraordinaire de la théorie est peut-être celle qui considère les épines comme un indice de la « diminution de vitalité d'une espèce » et qui exclut entièrement «la sélection des mammifères». Si ceci était exact, les épines se produiraient surtout chez les espèces faibles, rares, et mourantes, tandis que nous avons l'aubépine, un de nos arbustes ou arbres les plus vigoureux, plein de vitalité, et qui s'étend sur toute la région paléarctique, montrant ainsi que c'est une espèce réellement dominante. Dans l'Amérique du nord, les nombreuses espèces épineuses du *Crataegus* sont également vigoureuses, de même que le faux acacia *(Robinia)* et le *Gleditschia*. On n'a point remarqué non plus que les nombreuses espèces d'acacia très épineux fussent plus rares ou moins vigoureuses que celles qui ne sont pas armées de même.

Quant à l'autre fait — d'après lequel les épines ne sont point attribuables à la sélection des mammifères — nous sommes à même d'apporter ce qui peut s'appeler une preuve directe et concluante. Car si les épines, qu'on a admis être produites par des branches, ou des pétioles, ou des pédoncules, avortés, sont dues uniquement ou principalement à une diminution de végétation ou à une vitalité expirante, elles devraient se produire de même dans tous les pays, ou, à tout événement, dans tous ceux où les conditions similaires tendent à arrêter la végétation; tandis que si elles sont uniquement ou principalement développées comme protection contre les attaques des mammifères herbivores, elles devraient être plus abondantes là où ceux-ci abondent, et être rares ou absentes partout où manquent les mammifères indigènes. Les îles océaniques, comparées aux continents, fourniraient ainsi un critérium des deux théories; et M. Hemsley, de Kew, qui a étudié d'une façon particulière les flores insulaires, m'a donné quelques informations précieuses sur ce point. Il dit : « Il n'y a aucune plante à épines ou à piquants dans l'élément indigène de la flore de Sainte-Hélène. La flore relativement riche des îles Hawaii n'est pas absolument dépourvue de plantes à piquants, mais il s'en faut de peu. Tous les genres endémiques sont inermes, comme aussi les espèces endémiques de presque tous les autres genres, et même des genres tels que *Xanthoxylon, Acacia, Xylosoma, Lycium* et *Solanum*, dont il y a beaucoup d'espèces armées dans d'autres pays, sont seulement représentés par leurs espèces inermes. Les deux Rubus endémiques ont leurs piquants réduits à l'état de soies, et les deux palmiers sont inermes.

« La flore des Galapagos comprend nombre de plantes à piquants, parmi lesquelles plusieurs Cactus (ceux-ci n'ont pas été examinés et peuvent être des espèces américaines), mais je ne pense pas qu'une seule des espèces endémiques connues d'aucune famille soit pourvue de piquants ou d'épines.

« Les plantes à épines et à piquants sont rares aussi dans la Nouvelle-Zélande, mais il y a l'espèce formidablement armée de l'*Aciphylla*, une espèce de Rubus, les Epacridées à feuilles piquantes et quelques autres. »

M. J. G. Baker, qui a étudié d'une façon spéciale les flores de Maurice et des îles adjacentes, m'écrit à ce sujet : « Si l'on prend Maurice seul, je ne puis me rappeler une seule espèce endémique d'arbre ou d'arbuste spinifère. Si l'on prend le groupe entier des îles (Maurice, Bourbon, les Seychelles et Rodriguez), il s'en trouvera une douzaine d'espèces, mais neuf d'entres elles sont des palmiers. Si on laisse les palmiers en dehors, les arbres et arbustes de cette partie du monde sont exceptionnellement pauvres en épines. »

Voilà certainement des faits dignes de remarque, et

tout à fait inexplicables par la théorie suivant laquelle
les épines seraient dues uniquement à l'arrêt de la croissance végétative, dû lui-même à une faiblesse de constitution, ou à un sol aride, ou au climat. Car les Galapagos et
beaucoup de parties des îles Hawaii sont très arides, de
même qu'une partie considérable de l'île nord de la Nouvelle-Zélande. Pourtant dans notre climat humide, et avec
notre nombre très limité d'arbres et d'arbustes, nous
avons environ dix-huit espèces à épines ou à piquants,
c'est-à-dire plus que toutes les autres flores endémiques
des îles Hawaii et des Galapagos, quoique ces îles soient
particulièrement riches en espèces d'arbres et d'arbustes.
A la Nouvelle-Zélande, le *Rubus* à piquants est une plante
grimpante sans feuilles, et ses piquants le protègent probablement contre les gros escargots du pays, dont quelques-uns ont des coquilles de deux ou trois pouces de long[1].
Les Acyphilles sont des ombellifères herbacées très épineuses, et peuvent avoir acquis leurs épines dans le but
de les préserver d'être foulées aux pieds et mangées par les
Moas qui, de temps immémorial, ont remplacé les mammifères dans la Nouvelle-Zélande. L'usage et la signification exacte des épines chez le palmier sont plus douteux
bien que, sans aucun doute, elles servent à les protéger
contre certains animaux; mais c'est un fait assurément
extraordinaire que, dans toute la flore de Maurice, qui
est si abondante en arbres et arbustes, il ne se trouve
pas une seule espèce endémique à épines ou à piquants.

Si nous considérons maintenant que chaque flore continentale produit une proportion considérable d'espèces
à épines et à piquants, et que ces dernières s'élèvent au
maximum dans l'Afrique du sud où les mammifères her-

---

1. *Placostylis bovinus* a 3 1/2 pouces de long; *Paryphanta Busbyi*,
3 pouces de diamètre; *P. Hochstetteri*, 2 pouces 3/4 de diamètre. Le
pouce a 25 millimètres.

bivores étaient (avant que le pays ne fut peuplé) peut-être plus abondants et plus variés qu'en aucune autre partie du monde ; tandis qu'une autre région remarquable pour sa végétation épineuse est le Chili, où les vigognes semblables à des chameaux, les lamas et les alpacas, et une abondance de grands rongeurs font une guerre perpétuelle contre la végétation des arbrisseaux, nous comprendrons la pleine signification de l'absence presque totale de plantes à épines ou à piquants dans les principales îles océaniques; et loin « d'exclure entièrement l'hypothèse de la sélection des mammifères » nous trouvons dans cette hypothèse la seule explication satisfaisante des faits.

Nous concluons, de l'examen sommaire qui précède de la théorie du professeur Geddes, que, bien que l'antagonisme entre la croissance végétative et la croissance reproductrice soit une force réelle, et doive entrer en ligne de compte quand nous nous efforçons d'expliquer les faits fondamentaux de la structure et de la forme des plantes, cependant elle est à tel point subjuguée et dirigée, à chaque pas, par la sélection naturelle des variations favorables, que les résultats de son action exclusive et non modifiée ne se retrouvent nulle part dans la nature. On peut lui accorder le rang de ces « lois de croissance » dont on a maintenant indiqué un si grand nombre, et qui ont toujours été reconnues par Darwin comme se trouvant au fond de toute variation ; mais si nous ne gardons présent à l'esprit le fait que son action doit toujours être subordonnée à la sélection naturelle, et qu'elle est continuellement arrêtée, détournée ou même infirmée par la nécessité de l'adaptation au milieu, nous nous exposons à tomber dans des erreurs aussi manifestes que celle qui attribue à une « diminution de vitalité » seule un phénomène aussi généralement répandu que l'existence des épines et des piquants, erreur qui s'accompagne de l'ignorance complète de l'influence du milieu organique dans leur production[1].

L'esquisse que nous venons de tracer des principales tentatives faites pour prouver que l'action directe du milieu, ou certaines lois fondamentales de variation sont des causes indépendantes de modification chez les espèces, nous montre que leurs auteurs n'ont, dans aucun cas, réussi à établir leur thèse. Toute action directe du milieu, ou tout caractère acquis par l'usage ou la désuétude, ne

---

1. Les objections et arguments généraux que je viens d'exposer s'appliqueront avec autant de force à la théorie du professeur G. Henslow sur l'origine des différentes formes et structures de fleurs, qui, selon lui, seraient dues « aux actions responsives du protoplasme aux irritations causées par le poids, la pression, les chocs, les tensions, etc. des insectes qui les visitent. » *(The Origin of Floral Structures through Insect and other Agencies*, p. 340.) Si l'on accorde que des caractères acquis peuvent être héréditaires, des irritations de cette nature peuvent bien avoir quelque chose à faire dans le début des variations, et avec la production de certains détails de structure, mais il est évident qu'elles n'ont pu produire les modifications structurales et fonctionnelles les plus importantes des fleurs. Tels sont les divers arrangements de longueur et de position des étamines destinées à placer le pollen sur l'insecte, et ensuite de l'insecte sur le stigmate ; les mouvements variés des étamines et des styles au temps voulu et dans la direction voulue ; les adaptations physiologiques qui amènent le fécondité ou la stérilité chez les plantes hétérostylées ; les pièges, les ressorts, et les mouvements complexes des orchidées ; et d'innombrables autres phénomènes remarquables.

Pour expliquer ces derniers, nous n'avons pas d'autre ressource que la variation et la sélection, aux effets desquelles, pendant qu'elles agissent alternativement avec la réversion ou la dégradation ainsi qu'on l'a expliqué ci-dessus (p. 441), doit être attribué le développement des structures florales sans nombre que nous contemplons aujourd'hui. Les fleurs primitives elles-mêmes, dont l'origine peut avoir été causée ou rendue possible par l'irritation excitée par les visites des insectes, doivent, dès leur origine, avoir été modifiées, d'accord avec la loi suprême de l'utilité, par le moyen de la variation et de la survivance du plus apte.

saurait avoir d'effet quelconque sur la race, à moins d'être héréditaire ; et il n'a pas été prouvé qu'ils fussent héréditaires, en aucun cas, sauf celui où ils affectent directement les cellules reproductrices. D'autre part, ainsi que nous le montrerons bientôt, il y a beaucoup de raisons pour croire que les caractères acquis, par leur nature, ne sont pas héréditaires.

LA VARIATION ET LA SÉLECTION SURMONTENT LES EFFETS DE L'USAGE ET DE LA DÉSUÉTUDE

Mais il y a, à cette théorie, une autre objection, tirée de la nature même des effets produits. A chaque génération, les effets de l'usage et de la désuétude, ou de l'effort, seront certainement très petits, et il n'est pas sûr que la totalité de ce petit effet soit toujours transmise héréditairement à la génération suivante. Nous n'avons aucun moyen de déterminer la petite quantité de cet effet, sauf dans le cas de désuétude, que Darwin a soigneusement étudié. Il a trouvé que chez douze races de pigeons de fantaisie, qu'on garde souvent dans des volières, ou qui volent peu s'ils sont en liberté, le sternum a été réduit d'environ un septième ou un huitième de sa longueur totale, et l'omoplate d'environ un neuvième. Chez les canards domestiques, il a vu que le poids des os des ailes, en proportion de celui de tout le squelette, diminue d'environ un dixième. Chez les lapins domestiques, les os des membres ont augmenté de poids proportionnellement avec l'augmentation de poids du corps, mais les os des pattes de derrière sont en proportion moins pesants que ceux des pattes de devant chez l'animal à l'état sauvage, différence qu'on peut attribuer à ce que les premières sont moins employées, les courses rapides n'existant plus. Les pigeons présentent, donc, une grande somme de réduction par la désuétude : le septième de la longueur du sternum. Mais le pigeon a été, certai-

ement, apprivoisé depuis quatre ou cinq mille ans, et
i la réduction de ses ailes, par la désuétude, ne s'est ef-
ectuée que depuis les dix siècles derniers, la somme de
éduction, à chaque génération, serait absolument im-
erceptible, et tout à fait dans les limites de la réduc-
ion due à l'absence de sélection, ainsi qu'on l'a déjà
xpliqué. Nous avons vu au chapitre III que la variation
ortuite de chaque partie ou organe s'élève habituelle-
nent à un dixième, et souvent à un sixième de ses di-
nensions moyennes, c'est-à-dire que la variation for-
uite d'une seule génération dans un nombre limité d'in-
lividus d'une espèce est aussi grande que les effets accu-
nulés de la désuétude dans un millier de générations.
ii nous supposons que les effets de l'usage, ou de l'effort
le l'individu sont équivalents aux effets de la désuétude,
u même dix ou cent fois plus grands, ils n'arrivent
nême pas à égaler, à chaque génération, la quantité
es variations fortuites de la même partie. Si l'on dit
jue les effets de l'usage modifieraient tous les individus
l'une espèce, tandis que les variations fortuites, dans la
iroportion indiquée, ne s'appliqueraient qu'à quelques-
ns d'entre eux, on peut répondre que ceux-ci suffiraient
. fournir d'amples matériaux à la sélection, puisque
ouvent leur nombre équivaut à celui des individus des-
inés à survivre chaque année ; tandis que la répétition,
. chaque génération successive, d'une somme semblable
e variation rendrait possible une adaptation assez ra-
iide aux conditions nouvelles pour que les effets de
usage ou de la désuétude ne fussent presque rien, en
omparaison. Il suit de là que, même en admettant les
ffets modificateurs du milieu, et l'hérédité des modifi-
ations, les effets supérieurs de la variation fortuite
ourraient, aidés des résultats cumulatifs et beaucoup
lus rapides de la sélection de ces variations, submerger
ntièrement les premiers effets.

INITIATION SUPPOSÉE DES VARIATIONS PAR L'INFLUENCE DU MILIEU

On a cependant avancé que l'action du milieu consiste à commencer des variations qui, sans elle, ne se produiraient jamais : telle, par exemple, serait l'origine des cornes par suite des pressions et des irritations causées à l'animal quand il donne de la tête, ou s'en sert autrement comme arme offensive ou défensive. En admettant, pour faciliter la discussion, qu'il en soit ainsi, tout ce que nous savons à ce sujet tend à prouver que, dès l'apparition du premier rudiment de cet organe, il a dû varier plus que ne le ferait la somme de croissance produite directement par l'usage ; et ces variations devraient être sujettes à la sélection, et devraient ainsi modifier l'organe par des procédés que l'usage seul n'eut jamais amenés. Nous avons vu que les choses s'étaient passées ainsi pour les andouillers du cerf, qui ont été modifiés par la sélection au point de devenir utiles d'autres façons que comme armes ; et il a dû en être de même pour les bois diversement courbés et tordus des antilopes. De la même manière, chaque rudiment qu'on peut imaginer serait sujet, dès sa première apparition, à la loi de la variation et de la sélection, à laquelle, désormais, l'effet direct du milieu serait entièrement subordonné.

Un raisonnement très semblable s'appliquera tout aussi bien à l'autre partie de la question, à l'inauguration des structures et des organes par l'action des lois fondamentales de la croissance. En admettant que de telles lois aient déterminé quelques-unes des principales divisions des règnes animal et végétal, aient fait naître quelques organes importants, et aient été la cause fondamentale de certaines lignes de développement, cependant, à chaque pas de ce processus, ces lois ont dû agir

n se subordonnant complètement à la loi de la sélection naturelle. Aucune modification ainsi inaugurée n'aurait pu avancer d'un seul pas, à moins qu'elle ne fût, tout
compte fait, une modification utile ; tandis que toute sa
carrière ultérieure serait nécessairement sujette aux lois
de la variation et de la sélection, par lesquelles elle serait
parfois arrêtée, parfois accélérée, parfois détournée vers
un but, parfois vers un autre, suivant que les besoins de
l'organisme, dans les conditions spéciales de son existence,
demanderaient une modification. Nous ne nions pas que
de telles lois et de telles influences aient agi de la façon
qu'on a suggérée, mais ce que nous nions, c'est qu'elles
aient jamais pu échapper aux effets modificateurs toujours présents et tout-puissants de la variation et de la
élection naturelle [1].

THÉORIE DE L'HÉRÉDITÉ DE WEISMANN

Le professeur Auguste Weismann a formulé une
nouvelle théorie de l'hérédité, qui se fonde sur la « con-

1. Dans un essai sur « La durée de la vie » qui fait partie de
élection et Hérédité de A. Weismann, l'auteur étend encore plus
loin la sphère de la sélection naturelle, en montrant que c'est
elle qui détermine la durée moyenne de la vie dans chaque espèce.
Il faut une certaine durée de vie pour que l'espèce produise une
postérité assez abondante pour assurer sa continuité dans les
conditions les plus défavorables; et on prouve que les différences
remarquables de longévité chez les différentes espèces et les différents groupes peuvent être ainsi expliquées. En outre, le fait de
la mort chez les organismes supérieurs, au lieu de la vie éter-
nelle des organismes unicellulaires, quelle que soit leur multiplication par division, peut être ramené à la même grande loi
de l'utilité pour la race et de la survivance du plus apte. Tout cet
essai est d'un intérêt extrême, et le lecteur attentif se trouvera
payé de ses peines. Une idée semblable était venue à l'esprit de
auteur, il y une vingtaine d'années ; il en prit note, à ce moment, mais la perdit de vue depuis.

tinuité du plasma germinatif » et dont une des consé
quences logiques est, que les caractères acquis, de n'im
porte quelle sorte, ne sont point transmis des parents
la progéniture. Comme c'est un point d'une importanc
vitale pour la théorie de la sélection naturelle, et que
s'il a une base solide, il détruit du coup les fondement
de la plupart des théories discutées dans ce chapitre
nous essayerons de donner un court aperçu des idées d
Weismann, bien qu'il soit très difficile de rendre ce
idées intelligibles aux personnes à qui les faits princi
paux de l'embryologie moderne ne sont point fami
liers [1].

Voici en quels termes Weismann pose le problème
« Comment se fait-il que, dans le cas des plantes et ani
maux supérieurs, une seule cellule soit en état de se sépa
rer des millions d'autres cellules, de sortes variées, don
se compose un organisme, et qu'elle arrive à reconstruir
par une division et une différenciation compliquée, un
nouvel individu d'une ressemblance merveilleuse, et qu
ne change point dans beaucoup de cas, même à traver
des époques géologiques entières ? » Darwin essaya de
résoudre le problème par sa théorie de la Pangenèse qu
supposait que chaque cellule individuelle du corps peu
produire des gemmules ou germes capables de se reproduire, et que des portions des gemmules de chacune
de ce nombre presque infini de cellules envahissent tout
le corps et viennent se réunir dans les cellules reproductrices, ce qui les rend aptes à reproduire tout l'organisme.

On a senti que cette théorie est trop lourdement compliquée et difficile pour être généralement admise par
les physiologistes.

1. Cet aperçu est tiré de deux articles parus dans *Nature*,
vol. XXXIII, p. 154 et vol. XXIV, p. 629, dans lesquels les essais de
Weismann ont été résumés et en parties traduits.

Weismann ne croit pas que l'on puisse, en dehors de deux hypothèses seulement qui sont physiologiquement possibles, expliquer comment les cellules *reproduisent* avec une merveilleuse exactitude non seulement les caractères généraux de l'espèce, mais beaucoup des traits caractéristiques individuels des parents ou même des ancêtres éloignés, et comment ce processus se continue de génération en génération. Il faut ou bien que la substance de la cellule-germe mère, après avoir traversé un cycle de changements requis pour la construction d'un nouvel individu, possède l'aptitude à produire à nouveau les cellules-germes identiques à celles d'où l'individu s'est developpé, ou bien encore que *les nouvelles cellules-germes naissent, en tout ce qui concerne leur substance essentielle et caractéristique, non de la totalité du corps de l'individu, mais directement de la cellule-germe mère.* Cette dernière vue est, pour Weismann, celle qu'il faut accepter, et dans cette théorie, l'hérédité dépend du fait qu'une substance d'une composition moléculaire spéciale se transmet d'une génération à l'autre. C'est là le « plasma germinatif », et sa faculté de se développer en un organisme parfait dépend de la complication extraordinaire des moindres détails de sa structure. A chaque nouvelle naissance, une partie de ce plasma spécifique, que la cellule-œuf mère contient, n'est pas employée à produire la progéniture, mais est mise en réserve, sans changement, pour la production des cellules-germes de la génération suivante. Ainsi les cellules-germes, en ce qui concerne leur partie essentielle, le plasma germinatif, ne sont pas le produit du corps lui-même, mais sont en relation les unes avec les autres comme le sont une série de générations d'organismes unicellulaires dérivés l'un de l'autre par une suite continue de divisions simples. Ainsi, la question de l'hérédité se trouve réduite à une question de croissance. Une petite portion de ce même

plasma germinatif hors duquel d'abord la cellule-germ
puis ensuite tout l'organisme du parent s'est développé
devient le point de départ du développement de l'enfant

LA CAUSE DE LA VARIATION

Mais, s'il n'y avait rien de plus, la progéniture repro
duirait exactement les parents, dans chaque détail d
forme et de structure ; et c'est ici que nous voyons l'im
portance du sexe, car chaque nouveau germe naît de
plasmas germinatifs réunis de deux parents, d'où un mé
lange de leurs caractères chez la postérité. Il en est d
même à chaque génération ; d'où il suit que chaque ind
vidu est un résultat complexe reproduisant à des degrés qu
varient constamment les traits caractéristiques divers d
deux parents, de quatre grands-parents, de huit bisaïeuls
et d'autres ancêtres plus éloignés, et il se produit cett
variation individuelle toujours présente qui fournit à l
sélection naturelle les matériaux sur lesquels elle peu
s'exercer. La diversité des sexes devient, par conséquent
d'une importance essentielle *comme cause de variation*
Là où domine la génération asexuelle, les traits caracté
ristiques de l'individu seul sont reproduits, et par suite
les moyens d'opérer les changements de forme ou d
structure qu'exigent les modifications des condition
de l'existence se trouvent manquer. Sous des condition
ainsi changées, un organisme complexe s'éteindrait, s'i
ne se propageait qu'asexuellement. Mais, lorsqu'un or
ganisme complexe se propage sexuellement, il y a un
cause toujours présente de changement, qui, bien qu
légère chez chaque génération isolée, s'accumule, et sou
l'influence de la sélection, suffit à conserver l'harmoni
entre l'organisme et son milieu qui se transforme lente
ment [1].

1. Beaucoup d'indices font penser que c'est là la véritable ex

NON-HÉRÉDITÉ DES CARACTÈRES ACQUIS

Certaines observations sur l'embryologie des animaux
inférieurs semblent donner une preuve directe de cette
théorie de l'hérédité, mais elles sont d'une nature trop
technique pour être intelligibles aux lecteurs ordinaires.
Le résultat logique de la théorie est l'impossibilité de la
transmission des caractères acquis, puisque la structure
moléculaire du plasma germinatif est déjà déterminée chez
l'embryon ; et Weismann soutient qu'il n'y a pas de faits
prouvant réellement que les caractères acquis se transmettent par hérédité, bien que cette hérédité ait été, par
la plupart des écrivains, considérée comme étant à tel
point probable qu'elle n'aurait besoin d'aucune preuve
positive.

Nous avons déjà montré, dans la première partie de
ce chapitre, que beaucoup d'exemples de changements,
attribués à l'hérédité des variations acquises, sont en réalité des cas de sélection ; tandis que le fait même que
l'usage implique l'*utilité* fait qu'il est presque impossible
éliminer l'action de la sélection à l'état de nature. En
ce qui concerne les mutilations, il est généralement admis qu'elles ne sont pas héréditaires, et les preuves

cation de la cause de la variation. M. E. B. Poulton suggère
une autre interprétation, dans le fait que la reproduction parthé-
génétique ne se voit que chez les espèces isolées, et non dans
les groupes d'espèces alliées ; ce qui montre que la parthéno-
nèse ne peut mener à l'évolution de formes nouvelles. De
plus, chez les femelles parthénogénétiques, l'appareil complet de
fécondation n'est pas réduit ; mais si elles variaient, comme
font les animaux produits sexuellement, ces organes, étant sans
utilité, deviendraient rudimentaires.
Plus importante encore est la signification des « globules pores » telle que l'explique Weismann dans un de ses Essais ;
puisque, si la manière dont il les interprète est juste, la variabilité serait une conséquence nécessaire de la génération sexuelle.

abondent sur ce point. Quand il était de mode de coup
court la queue des cheveux, on n'a point remarqué qu
cela les fit naître avec la queue courte ; les femmes ch
noises ne naissent point avec des pieds difformes ; aucur
des formes des mutilations de race chez l'homme, do
quelques-unes ont été continuées pendant des centain
de générations, n'est héréditaire. Néanmoins, on a r
cueilli [1] quelques exemples d'hérédité apparente d
mutilations, et s'ils sont dignes de foi, ce sont des obst
cles à notre théorie. L'hérédité de la maladie, que n
ne met en doute, est à peine une difficulté, parce que
prédisposition à la maladie est un caractère congénita
et non acquis, et à ce titre il est soumis à l'hérédité. I
cas, souvent cité, d'une maladie due à l'hérédité d'ur
mutilation (les cochons d'Inde épileptiques de Brow:
Séquard), a été discuté et prouvé non-concluant par
professeur Weismann. La mutilation elle-même —
section de certains nerfs — n'était jamais héréditair
mais l'épilepsie qui en résultait, ou un état général
faiblesse, la difformité, ou des plaies, étaient quelquefo
transmis par l'hérédité. Il est cependant possible qu
la simple blessure eut introduit et encouragé la croi
sance de certains microbes, qui, se répandant à trave
l'organisme, atteignaient quelquefois les cellules-germ
et transmettaient ainsi une condition morbide à la pr
géniture. On croit qu'un transfert de microbes de
genre s'opère dans la syphilis et la tuberculose, et c
est assuré qu'il a lieu dans la muscardine des vers
soie [2].

1. *Variation*, de Darwin, vol. II.
2. Dans son essai sur l'hérédité, A. Weismann discute bea
coup d'autres cas d'hérédité supposée des caractères acquis,
fait voir qu'on peut les expliquer d'autres manières. La myo]
chez les nations civilisées, par exemple, est due, en partie à l'a
sence de sélection et à une régression vers une moyenne, qui

LA THÉORIE DE L'INSTINCT

On ne peut dire que la théorie que nous venons d'examiner brièvement soit prouvée, mais elle se recom-
mande à beaucoup de physiologistes comme ayant une
probabilité inhérente, et comme fournissant une bonne
hypothèse de fonds jusqu'à ce qu'elle soit remplacée par
quelque chose de mieux. Nous ne pouvons, par conséquent, accepter aucun argument contre l'action de la sélection naturelle qui se baserait sur la théorie opposée
; non démontrée d'après laquelle les caractères acquis
sont héréditaires ; et comme ceci s'applique à toute l'é-
cole qu'on peut appeler Néo-Lamarckienne, les spécula-
tions de celle-ci cessent d'avoir le moindre poids.

La même remarque s'applique à la théorie populaire
suivant laquelle l'instinct serait une habitude héréditaire,
bien que Darwin ne s'y soit guère appesanti, mais qu'il
ait fait dériver presque tous les instincts de variations
spontanées, utiles, qui, comme toutes les autres variations
spontanées, sont naturellement héréditaires. A première
vue, il semblerait que les habitudes acquises de nos chiens
dressés —, chiens d'arrêt, etc., — sont certainement
héréditaires ; mais cela n'est pas forcément le cas, parce
qu'il doit y avoir quelques particularités structurales
ou psychiques, telles que des modifications dans l'insertion des muscles, une délicatesse plus grande de l'odorat
ou de la vue, ou des sympathies et des antipathies particulières qui sont héréditaires ; et des habitudes particulières en découlent comme une conséquence naturelle,
et sont aisément acquises. Comme la sélection a été
constamment en jeu pour améliorer tous nos animaux
domestiques, nous en avons inconsciemment modifié la
structure, tout en ne conservant que les animaux qui

_____

t la conséquence, et aussi à ce que la lecture constante tend à
produire individuellement.

servaient le mieux à notre but, par leurs facultés, leu[rs] instincts, ou leurs habitudes propres.

Une grande partie du mystère de l'instinct provie[nt] de ce qu'on se refuse, avec persistance, à reconnaît[re] l'imitation, la mémoire, l'observation, et la raison comm[e] en formant souvent partie. Cependant il est ampleme[nt] prouvé que ces facteurs doivent entrer en ligne [de] compte. Wilson et Leroy affirment tous deux que les je[u]nes oiseaux construisent leurs nids moins bien que ne [le] font les vieux, et le dernier de ces auteurs fait remarqu[er] que les meilleurs nids sont ceux des oiseaux dont l[es] petits sont le plus longtemps nidicoles. De même, on [a] assuré, maintenant, que c'est par la vue que s'effectue[nt] les migrations, les longs exodes étant opérés penda[nt] les nuits de clair de lune où les oiseaux volent très hau[t] tandis que par les nuits nuageuses ils volent bas, et so[u]vent s'égarent. Chaque année, il y en a des milliers q[ui] s'envolent et périssent, au large, montrant ainsi qu[e] leur instinct migrateur est imparfait, et remplace m[al] la raison et l'observation.

En outre, une grande partie de la perfection de l'ins[tinct est due à l'extrême rigueur de la sélection penda[nt] son développement, puisque chaque insuccès impliqu[e] la destruction. Le poussin qui ne peut percer la coquill[e] de l'œuf, la chenille qui ne se suspend pas d'une faço[n] convenable pour filer son cocon en toute sécurité, l[es] abeilles qui s'égarent ou qui n'auraient pas accumulé d[e] miel, périssent inévitablement. Il en est de même pour l[es] oiseaux qui ne savent pas nourrir et protéger leurs petit[s] ou les papillons qui ne déposent pas leurs œufs sur l[a] plante nourricière ; ils ne laissent pas de postérité, et l[a] race aux instincts imparfaits est condamnée à périr. Cett[e] sélection rigoureuse, à chaque phase de progrès, abouti à la conservation de tout détail de structur[e] toute faculté, ou toute habitude qui ont été nécessair[es]

la conservation de la race, et de la sorte se sont pro-
uits les instincts variés qui nous semblent si merveilleux,
iais qui dans beaucoup de cas, sont encore imparfaits.
:i, comme partout ailleurs dans la nature, nous trou-
ons une perfection relative, et non une perfection ab-
olue, avec tous les degrés depuis ce qui est évidemment
û à l'imitation ou à la raison jusqu'à ce qui nous paraît
tre l'instinct parfait, c'est-à-dire ce qui fait accomplir
ne action complexe sans aucune instruction ou expé-
ience préalables [1].

1. Weismann explique l'instinct d'une façon similaire, et en
onne plusieurs exemples intéressants. Il maintient que « tout
istinct est entièrement dû à l'action de la sélection naturelle
t ses fondements reposent non sur des expériences héréditaires,
iais sur des variations du germe ». Darwin dans son chapi-
e VIII de l'*Origine des Espèces*, a discuté plusieurs cas d'instinct
itéressants et difficiles, et on fera bien de se reporter à ce
hapitre à ce sujet.

Depuis que ce chapitre a été écrit, mon attention a été appelée
ar la *Theory of Heredity* de M. Françis Galton (à laquelle j'ai
iit allusion p. 566), publiée, il y a treize ans, comme contre-partie
e la théorie de la Pangenèse de Darwin.

Bien que la théorie de M. Galton n'ait pas attiré beaucoup d'at-
ntion, elle me semble, en substance, être la même que celle du
rofesseur Weismann. Le « *stirp* » (race) de Galton est le « *germe-
lasma* » de Weismann. Galton suppose que les éléments sexuels
e la progéniture sont formés directement du résidu du *stirp* qui
'a pas été employé au développement du corps des parents : c'est
i continuité de plasma-germinatif de Weismann. Galton et Weis-
iann tirent aussi beaucoup de conclusions analogues de leurs
iéories. Galton soutient que les caractères acquis par l'individu
omme résultat d'influences externes ne peuvent pas être héré-
itaires, à moins que ces influences n'agissent directement sur
s éléments reproducteurs — par exemple l'hérédité possible de
alcoolisme, parce que l'acool pénètre dans les tissus et peut at-
indre les éléments sexuels. Il discute l'hérédité supposée des
flets produits par l'usage ou la désuétude, et les explique tout à
iit dans le même esprit que Weismann. Galton est anthropolo-
ste, et applique la théorie, principalement, à l'explication des
articularités de la transmission héréditaire chez l'homme, par-

CONCLUSIONS

Ayant maintenant passé en revue les plus importante
des objections et des critiques qu'on a récemment faites
théorie de la sélection naturelle, nous sommes arrivés à l
conclure que dans aucun cas, les adversaires n'ont réuss
à diminuer d'une façon appréciable, son importance
ou à faire voir qu'une seule des lois ou des forces auxquel
les ils en appellent puisse agir autrement qu'en strict
subordination à la sélection naturelle. L'action direct
du milieu, telle que l'exposent Herbert Spencer, Cope
et Karl Semper, même si nous admettons que ses effet
sur l'individu se transmettent par hérédité, est si petit
en comparaison de la somme de variation spontanée d
chaque partie de l'organisme, qu'elle doit être absolu
ment rejetée dans l'ombre par cette dernière. Et si un
action directe du milieu peut, en quelque cas, avoir été
l'initiatrice de certains organes ou de certains dévelop
pements, ceux-ci ont dû, dès leurs premiers débuts, être
assujettis à la variation et à la sélection naturelle, e
leur développement ultérieur a dû se produire presque
entièrement par l'action de ces causes puissantes, tou
jours présentes. La même remarque s'applique aux vues
du professeur Geddes sur les lois de croissance qui ont

ticularités dont quelques-unes sont discutées et éclaircies par
lui. Weismann est biologiste, et se préoccupe surtout d'appliquer
sa théorie à l'explication de la variation et de l'instinct, et au
développement ultérieur de la théorie de l'évolution. Il l'a développée à fond, et a cité des témoignages embryologiques à l'appui; mais les vues des deux écrivains sont, en substance, identiques, et ils sont arrivés, d'une façon indépendante, aux mêmes
convictions. On devrait donc associer les noms de Galton et de
Weismann dans la découverte de ce qu'on peut considérer (quand
la chose sera définitivement établie) comme la plus importante
de toutes les contributions à la théorie de l'évolution depuis l'apparition de l'*Origine des Espèces*.

léterminé certains traits essentiels de l'anatomie des
plantes et des animaux. La tentative de substitution de
es lois à celles de la variation et de la sélection a
échoué dans tous les cas où nous avons pu mettre
es premières à l'épreuve, comme dans le cas de l'origine
les épines sur les arbres et les arbustes ; tandis que l'ex-
rême diversité de structure végétale et de forme dans
es plantes du même pays et du même ordre, est, en soi,
ine preuve de l'influence prépondérante de la variation
et de la sélection naturelle qui maintiennent les formes
liverses si nombreuses en harmonie avec leur milieu
très compliqué et très changeant.

Enfin, nous avons vu que la théorie de Weismann, de la
continuité du plasma germinatif et de la non-hérédité des
caractères acquis qui en est la conséquence, tandis qu'elle
est en accord parfait avec tous les faits bien constatés
l'hérédité et de développement, ajoute grandement à
l'importance de la sélection naturelle comme le facteur
nvariable et toujours présent de toute transformation
organique, et le seul capable de produire la stabilité
emporaire combinée avec les modifications séculaires
les espèces. Tout en admettant, de même que Darwin
l'a toujours fait, la coopération des lois fondamentales
le croissance et de variation, de corrélation et d'héré-
lité, pour déterminer la direction des lignes de variation
ou l'initiation d'organes particuliers, nous trouvons que
a variation et la sélection naturelle sont des forces toujours présentes, qui prennent possession, pour ainsi
lire, de chaque changement minuscule né de ces causes
fondamentales, entravent ou favorisent leur développe-
nent ultérieur, ou les modifient de manières innombrables et variées suivant que varient les besoins de l'organisme. Quelles que soient les causes à l'œuvre, la sélection
naturelle règne en souveraine dans une mesure que Darwin lui-même hésitait à revendiquer pour elle. Plus

34.

nous l'étudions et plus nous demeurons convaincus de son importance écrasante, et plus nous voyons en elle selon les paroles mêmes de Darwin « le plus important, mais non le seul, des moyens de modification ».

CHAPITRE XV

LE DARWINISME APPLIQUÉ A L'HOMME

Identité générale de la structure de l'homme et de la structure
des animaux. — Rudiments et variations montrant la relation
de l'homme avec les autres mammifères. — Développement em-
bryonnaire de l'homme et des autres mammifères. — Maladies
communes à l'homme et aux animaux inférieurs. — Les animaux alliés de plus près à l'homme. — Cerveau de l'homme
et du singe. — Différences externes entre l'homme et le singe.
— Résumé des caractères animaux de l'homme. — L'antiquité
géologique de l'homme — Le berceau probable de l'homme. —
L'origine de la nature morale et intellectuelle de l'homme. —
L'argument de la continuité. — L'origine de la faculté mathématique. — L'origine des facultés musicale et artistique. —
Preuves indépendantes que ces facultés n'ont pas été développées par la sélection naturelle. — L'interprétation des faits. —
Conclusions.

Notre revue du Darwinisme moderne eut pu se termi-
miner, sans inconvénient, avec le chapitre précédent ;
mais l'immense intérêt qui s'attache à l'origine de la
race humaine, et les malentendus nombreux qui sont
répandus relativement aux enseignements essentiels de
la théorie de Darwin sur cette question, aussi bien que
mes vues personnelles sur ce sujet, m'engagent à consacrer un chapitre final à la discussion de ce sujet.

Pour quiconque considère la structure du corps de
l'homme, même de la manière la plus superficielle, il
doit être évident que c'est le corps d'un animal, différant

beaucoup, à la vérité, du corps de tous les autres animaux, mais s'accordant avec eux dans les traits essentiels. La structure osseuse de l'homme le classe parmi les vertébrés ; le mode d'allaitement de ses petits, chez les mammifères ; son sang, ses muscles et ses nerfs, la structure de son cœur avec ses veines et ses artères, ses poumons et tout son appareil respiratoire et circulatoire correspondent tous étroitement avec ceux des autres mammifères, et sont souvent presque identiques avec les leurs. Il possède le nombre de membres se terminant par le nombre de doigts qui appartiennent, fondamentalement, à la classe des mammifères. Ses sens sont identiques aux leurs, les organes en sont pareils en nombre, et occupent les mêmes positions relatives. Chaque détail de structure qui est commun à la classe des mammifères se retrouve chez l'homme, tandis qu'il ne diffère d'eux que dans les modes et les degrés où les espèces variées ou les groupes de mammifères diffèrent les uns des autres. Si donc, nous avons lieu de croire que chaque groupe de mammifères existant est descendu de quelque ancêtre commun — ainsi que nous l'avons vu si complètement démontré dans le cas du cheval, — et que chaque famille, chaque ordre, et même toute la classe doit être descendue, de même, de quelque type beaucoup plus ancien et plus généralisé, il serait improbable au plus haut degré — si improbable que cela serait presque inconcevable — que l'homme, dont la structure dans chacun de ses détails s'accorde de si près avec la leur, eût eu un mode d'origine tout à fait différent. Cherchons les autres témoignages relatifs à la question, et voyons s'ils suffisent à convertir en certitude pratique la probabilité de son origine animale.

LES ORGANES RUDIMENTAIRES ET LES VARIATIONS INDIQUANT UNE RELATION ENTRE L'HOMME ET D'AUTRES MAMMIFÈRES

Tous les animaux supérieurs présentent des rudiments d'organes, qui, bien que leur étant inutiles, sont utiles à quelque groupe allié, et ces rudiments sont considérés comme provenant d'un ancêtre commun chez qui ils étaient utiles. Ainsi, chez quelques ruminants, il y a des rudiments d'incisives qui, chez quelques espèces, ne percent jamais ; beaucoup de lézards ont des pattes externes rudimentaires ; tandis que beaucoup d'oiseaux, tels que l'*Apteryx*, ont des ailes tout à fait rudimentaires. L'homme possède des rudiments semblables, quelquefois présents d'une façon constante, quelquefois intermittents, qui servent à relier sa structure corporelle à celle des animaux inférieurs. Beaucoup d'animaux, par exemple, ont un muscle spécial pour mouvoir leur peau. Chez l'homme, il en reste quelques vestiges dans certaines parties du corps, surtout au front, qui nous permettent de hausser les sourcils ; mais quelques personnes en ont aussi ailleurs. Il en est qui ont la faculté de mouvoir tout le cuir chevelu de façon à jeter par terre un objet placé sur leur tête, et on a prouvé, dans certains cas, que cette faculté est héréditaire. Dans le repli extérieur de l'oreille, il y a quelquefois une saillie proéminente, qui correspond à la position de la pointe de l'oreille chez beaucoup d'animaux, et qu'on croit en être le rudiment. Dans le canal alimentaire, il existe un rudiment — l'appendice vermiforme du cœcum — qui n'est pas seulement inutile, mais est souvent une cause de maladie et de mort chez l'homme ; et pourtant chez beaucoup d'animaux qui se nourrissent de végétaux il est très long, et même chez l'orang-outang il a une longueur considérable, et des replis. L'homme possède aussi les os rudimentaires d'une queue cachés sous la peau, et, dans quelques cas rares, ces os forment une queue extérieure minuscule.

La variabilité de toutes les parties de la structure de l'homme est très grande, et beaucoup de ces variations tendent à le rapprocher de la structure des autres animaux. Le cours des artères est éminemment variable, et cela à un degré tel qu'au point de vue chirurgical il a été nécessaire de déterminer la proportion probable de chaque variation. Les muscles varient tellement que dans cinquante cas les muscles du pied ne furent pas trouvés deux fois strictement semblables, et que dans les autres muscles, les variations étaient considérables ; dans trente-six sujets, M. J. Wood n'observa pas moins de 558 variations musculaires. Le même auteur affirme que, dans un seul sujet mâle, il n'y eut pas moins de sept variations musculaires, lesquelles représentaient toutes des muscles propres à des espèces variées de singes. Les muscles des mains et des bras — parties si éminemment caractéristiques de l'homme — sont extrêmement sujets à varier, de façon à ressembler aux muscles correspondants des animaux inférieurs. Darwin pense qu'il est très probable que ces variations sont dues à un retour vers un état d'existence antérieur, et il ajoute : « Il est tout à fait incroyable qu'un homme puisse, par un simple accident, ressembler d'une façon anormale à certains singes par sept de ses muscles, s'il n'y a aucune connexion d'origine entre eux. D'autre part, si l'homme est descendu de quelque animal ressemblant au singe, aucune raison valable ne peut être assignée pour que certains muscles ne reparaissent pas soudain, après un intervalle de plusieurs milliers de générations, de la même manière que, chez les chevaux, les ânes, les mulets, des rayures de couleur foncée reparaissent soudain sur les jambes ou les épaules, après un intervalle de centaines, ou plus probablement, de milliers de générations [1]. »

1. *Descendance*, trad. Barbier p. 41-42, et aussi p. 13-15.

LE DÉVELOPPEMENT EMBRYOLOGIQUE DE L'HOMME ET DES
AUTRES MAMMIFÈRES

Le développement progressif de tout vertébré, depuis
l'œuf, nous présente un des chapitres les plus merveilleux de l'Histoire Naturelle. Nous voyons le contenu de
l'œuf subir de nombreux changements définis, son intérieur se divisant et se subdivisant jusqu'à ce qu'il consiste en une masse de cellules ; puis, un sillon se produit,
qui marque la ligne médiane ou colonne vertébrale de
l'animal à naître, après quoi se développent les divers
organes essentiels du corps. Après avoir décrit, en détail, ce qui se passe dans le cas de l'œuf du chien,
Huxley continue en ces termes : « L'histoire du développement de tout autre animal vertébré, lézard, serpent,
grenouille ou poisson, raconte les mêmes faits. Il y a
toujours, pour commencer, un œuf qui a la même structure essentielle que celle du chien ; le jaune de cet œuf
subit la division ou segmentation, les produits ultimes de
cette segmentation constituent les matériaux dont est
construit le corps de l'animal, et cette construction a lieu
autour d'un sillon primitif, dans le fond duquel se
développe une notocorde. De plus, il y a un moment où
les jaunes de tous ces animaux se ressemblent non seulement par la forme extérieure, mais dans toutes les parties essentielles de leur structure, et de si près que les
différences entre eux sont peu considérables, alors que,
dans la suite de leur évolution, ils divergent de plus en
plus les uns des autres. Et c'est une loi générale que plus
la ressemblance est étroite entre les animaux dans leur
structure adulte, et plus la ressemblance est profonde et
intime entre leurs embyrons, de façon, par exemple, que
les embryons d'un serpent et d'un lézard se ressemblent
plus longtemps que ceux d'un serpent et d'un oiseau, et
que les embryons d'un chat et d'un chien restent res-
semblants l'un à l'autre pendant une période plus longue

que ne feraient ceux d'un chien et d'un oiseau, ou même ceux d'un chien et d'un singe [1]. »

Nous voyons donc que l'étude du développement nous offre un criterium des affinités d'animaux qui sont extérieurement très dissemblables les uns des autres, et nous nous demandons, naturellement, quelle est la portée de ce fait pour l'homme. Se développe-t-il d'une façon différente de celle des autres mammifères, ainsi que nous nous y attendrions s'il avait une origine distincte et tout à fait différente? « La réponse, dit Huxley, n'est pas douteuse un seul instant. Sans aucun doute, le mode d'origine et les premières phases du développement de l'homme sont identiques avec ceux des animaux qui viennent immédiatement après lui dans l'échelle. » Et plus loin, encore, il ajoute : « Il faut très longtemps pour qu'on puisse distinguer le corps d'un jeune être humain de celui d'un petit chien; mais il vient bientôt une époque où les deux se distinguent par les formes différentes de leurs appendices, l'amnios et l'allantoïde; » puis, après avoir décrit ces différences, il continue: « Mais c'est précisément par les points où l'homme en cours de développement diffère du chien qu'il ressemble au singe..... De sorte que ce n'est que dans les dernières phases du développement que le jeune être humain présente des différences marquées d'avec le jeune singe, tandis que ce dernier s'éloigne autant du chien, dans son développement, que le fait l'homme. Si saisissante que cette dernière assertion puisse paraître, elle est exacte et se peut démontrer, et à elle seule me paraît suffire à placer hors de tout doute, l'unité structurale de l'homme avec le reste du monde animal, et plus particulièrement, et de plus près, avec les singes [2]. »

1. *Man's Place in Nature*, p. 64.
2. *Man's Place in Nature*, p. 65. Voir les figures d'embryons de l'homme et du chien dans la *Descendance* de Darwin, p. 6.

On peut citer quelques-uns des curieux détails relatifs aux phases communes à l'homme et aux animaux inférieurs. A un moment, le coccyx se projette comme une véritable queue, s'étendant considérablement au-delà des jambes rudimentaires. Au septième mois, les circonvolutions du cerveau ressemblent à celles d'un babouin adulte. Le grand orteil, si caractéristique, de l'homme, et qui forme le levier qui l'aide le plus à se tenir debout est, à une période peu avancée de l'embryon, beaucoup plus court que les autres doigts, et, au lieu de leur être parallèle, se détache du côté du pied en faisant avec lui un angle en correspondance avec sa condition permanente chez les quadrumanes. De nombreux exemples pourraient être cités à l'appui de la même loi générale.

MALADIES COMMUNES A L'HOMME ET AUX ANIMAUX INFÉRIEURS

Bien que le fait soit si connu, il est certainement profondément significatif que beaucoup des maladies des animaux peuvent se communiquer à l'homme, puisque le fait établit la similitude, si ce n'est l'identité de structure des tissus, du sang, des nerfs et du cerveau. Des maladies telles que la rage, la variole, la morve, le choléra, l'herpès, etc., peuvent se transmettre des animaux à l'homme, ou de l'homme aux animaux ; tandis que les singes sont sujets à beaucoup des mêmes maladies, noncontagieuses, que nous. Rengger, qui a beaucoup étudié le *Cebus Azaræ* au Paraguay, le trouva sujet au catarrhe, avec les symptômes ordinaires, se terminant quelquefois par la phtisie. Les singes avaient aussi l'apoplexie, l'inflammation d'entrailles, la cataracte. Les médecines produisaient sur eux le même effet que sur nous. Beaucoup de races de singes ont un goût décidé pour le thé, le café, les alcool et même le tabac. Ces faits prouvent la similitude des nerfs du goût

chez les singes et chez nous-même et montrent que leu
système nerveux tout entier est affecté d'une façon pa
reille. Même les parasites, soit externes, soit internes
qui s'attaquent à l'homme, ne lui sont pas entièremen
propres, mais appartiennent aux mêmes familles et au:
mêmes genres que ceux qui infestent les animaux, et
dans un cas, — la gale — ils sont même de la même es
pêce [1]. Ces faits curieux semblent tout à fait incompa
tibles avec l'idée que la structure corporelle et la natur(
de l'homme sont entièrement distinctes de celles de:
animaux, et ont eu une origine différente, et les fait:
sont exactement ce que nous devrions nous attendre à
les trouver si l'homme descend, avec modifications, d(
quelque ancêtre commun à l'espèce humaine et à l'a
nimal.

LES ANIMAUX LES PLUS VOISINS DE L'HOMME

De l'avis de tous, le singe est la caricature de l'huma·
nité. Son visage, ses mains, ses mouvements et ses
expressions présentent des ressemblances burlesque:
avec les nôtres. Mais chez un groupe de cette grand(
tribu la ressemblance atteint son plus haut degré, d'oi
le nom d'anthropoïdes, ou singes ressemblant à l'homme
Ils sont peu nombreux et n'habitent que les régions équa·
toriales de l'Afrique et de l'Asie, pays où le climat est l(
plus uniforme, les forêts les plus épaisses, et l'approvi·
sionnement en fruits abondant pendant toute l'année.
Ces animaux sont, maintenant, relativement bien con·
nus; ils comprennent les orangs-outangs de Bornéo et
de Sumatra, les chimpanzés et gorilles de l'Afrique occi·
dentale et le groupe des gibbons ou singes à longs bras,
qui comprend plusieurs espèces, et habite le sud-est de
l'Asie et les iles Malaisiennes principales. Ces derniers

(1) *Descendance*, trad. Barbier, p. 3 et 4.

ressemblent beaucoup moins à l'homme que les trois autres. Ces derniers, tour à tour, ont été considérés comme les singes les plus voisins de l'homme et nos parents les plus proches dans le règne animal. La question du degré de la ressemblance de ces animaux avec l'homme est d'un grand intérêt, en raison des conclusions importantes sur notre origine et notre antiquité géologique auxquelles elle aboutit. Nous allons, par conséquent, l'examiner rapidement.

Si nous comparons le squelette de l'orang-outang ou du chimpanzé avec celui de l'homme, nous trouvons qu'ils en sont une sorte de copie défigurée, chacun de leurs os correspondant aux nôtres (à peu d'exceptions près), mais quelque peu modifié pour la taille, les proportions et la position. Cette ressemblance est si grande qu'elle a fait dire au professeur Owen : « Je ne puis fermer les yeux à la signification de cette similitude de structure qui envahit tout, chaque dent, chaque os étant strictement homologue, et qui rend très difficile pour l'anatomiste, la détermination des différences entre l'*Homo* et le *Pithecus*. »

Les différences réelles entre les squelettes de ces singes et celui de l'homme — c'est-à-dire les différences qui dépendent de la présence ou de l'absence de certains os, et non de leur forme ou de leur position — ont été énumérées par M. Mivart comme il suit : (1) Par son sternum consistant en deux os, l'homme rappelle le gibbon : le chimpanzé et le gorille ont cet os composé de sept os en une seule série ; tandis que chez l'orang-outang, il y a une double série de dix os. (2) Le nombre normal des côtes chez l'orang et chez quelques gibbons est de douze paires, comme chez l'homme, tandis que les chimpanzés et les gorilles en ont treize paires. (3) Les orangs et les gibbons ont, comme l'homme, cinq vertèbres lombaires, tandis que le gorille et le chimpanzé n'en ont que quatre et même, quelquefois, seulement trois. (4) Le gorille et le chimpanzé ont, comme l'homme, huit petits os au poignet, tandis que l'orang et les gibbons, aussi bien que tous les autres singes, en ont neuf[1].

Les différences de forme, de taille, de rapports, des différents os, des muscles, et d'autres organes, entre les singes et l'homme sont très nombreuses et extrêmement complexes. C'est tantôt une espèce, et tantôt l'autre qui ressemble le plus à l'homme, d'où un réseau compliqué d'affinités qu'il est très difficile de débrouiller. A ne considérer que les squelettes, le chimpanzé et le gorille semblent plus se rapprocher de l'homme que l'orang, ce dernier étant aussi leur inférieur en ce qu'il présente quelques aberrations musculaires. Dans la forme de l'oreille, le gorille est plus humain qu'aucun autre singe, tandis que la langue de l'orang se rapproche davantage de celle de l'homme. Les gibbons, par l'estomac et le foie, sont les plus rapprochés de l'homme, et l'orang et le chimpanzé viennent après eux, tandis que le gorille a un foie dégradé qui le rapproche des singes inférieurs et des babouins.

LE CERVEAU DE L'HOMME ET CELUI DES SINGES

Nous arrivons maintenant à cette partie de son organisme par où l'homme est si supérieur à tous les autres animaux, le cerveau ; et ici, M. Mivart nous apprend que c'est l'orang qui tient la tête. La hauteur antérieure du cerveau chez l'orang est supérieure, en proportion, à celle du chimpanzé ou à celle du gorille. « En

---

(1) *Man and Apes*, par Saint-George Mivart, membre de la Société Royale, 1873. C'est un fait intéressant (que je dois à M. E.-B. Poulton) que l'embryon humain possède la côte supplémentaire et l'os de poignet en surplus cités ci-dessus (2 et 4) comme se trouvant chez quelques singes.

comparant le cerveau de l'homme avec ceux de l'orang, du chimpanzé et du babouin, nous trouvons une croissance successive du lobe frontal, et une augmentation progressive très grande dans les dimensions relatives du lobe occipital. En concomitance avec cet accroissement et cette décroissance, certains plis de la substance du cerveau, que l'on nomme circonvolutions de passage et qui, chez l'homme, s'interposent d'une manière visible entre les lobes pariétaux et occipitaux, semblent disparaître aussi complètement chez le chimpanzé que chez le babouin. Chez l'orang, toutefois, on les distingue encore, bien qu'elles soient fort réduites... La masse réelle, absolue du cerveau, est toutefois légèrement plus grande chez le chimpanzé que chez l'orang, de même que l'étendue verticale relative de la partie médiane du cerveau, bien que, ainsi qu'on l'a déjà dit, la partie frontale soit plus haute chez l'orang, tandis que, d'après M. Gratiolet, le gorille est, comme développement cérébral, inférieur à l'orang, et aussi à son congénère africain plus petit, le chimpanzé [1]. »

Tout compte fait, donc, nous voyons qu'aucun des grands singes ne peut être classé positivement comme étant le plus rapproché de l'homme en structure. Chacun d'eux en approche par certains traits caractéristiques, tandis qu'il s'en éloigne par d'autres, donnant l'idée si conforme à la théorie évolutionniste telle que l'a développée Darwin, que tous dérivent d'un ancêtre commun dont les singes anthropoïdes actuels aussi bien que l'homme sont les produits divergents. Si nous laissons les détails anatomiques pour examiner les particularités des formes extérieures et des mouvements, nous trouvons que, par nombre de caractères, tous ces singes se ressemblent entre eux et diffèrent de l'homme, de telle façon qu'on peut dire, avec justesse que, tandis qu'ils ont divergé

1. *Man and Apes*, p. 138, 144.

quelque peu les uns des autres, ils ont beaucoup plus encore divergé par rapport à l'homme. Enumérons en peu de mots quelques-unes de ces différences.

DIFFÉRENCES EXTÉRIEURES DE L'HOMME ET DES SINGES

Tous les singes ont de grandes dents canines, tandis que chez l'homme elles ne sont pas plus longues que les incisives ou prémolaires adjacentes, le tout formant une série parfaitement unie. Chez les singes, les bras sont plus longs, proportionnellement, que chez l'homme, tandis que les cuisses sont bien plus courtes. Aucun singe ne se tient réellement debout dans l'attitude qui est naturelle à l'homme. Le pouce est, proportionnellement, plus grand chez l'homme, et plus parfaitement opposable que ne l'est celui d'aucun singe. Le pied de l'homme diffère beaucoup de celui de tous les singes, par la plante horizontale, le talon en saillie, les doigts de pied courts, et le gros orteil puissant, ferme, attaché parallèlement aux autres doigts, le tout parfaitement adapté à la station verticale, et à la locomotion libre sans aucun secours de la part des bras ou des mains. Chez les singes, le pied est formé presque exactement comme notre main, avec un grand orteil en manière de pouce, tout à fait libre des autres doigts, et articulé de façon à leur être opposable, formant avec les longs doigts une main parfaitement adaptée à saisir les objets. La plante ne peut se placer horizontalement sur le sol; mais quand l'animal se trouve sur une surface plane il repose sur le bord externe du pied, avec l'orteil et les autres doigts en partie fermés, tandis que les mains sont placées sur terre, reposant sur les articulations métacarpo-phalangiennes. La figure 37 montre assez bien les particularités des mains et des pieds du chimpanzé, et leurs différences marquées, comme forme et comme usage, d'avec ceux de l'homme.

Les quatre membres, avec leurs pieds et leurs mains de formes particulières, sont ceux d'animaux arboricoles qui ne se meuvent que rarement et gauchement sur le terrain uni. Les bras aident à la locomotion autant que les pieds, et les mains ne sont adaptées à des usages sem-

Fig. 37. — Le Chimpanzé *(Troglodytes niger)*.

blables à ceux de nos mains que lorsque l'animal est au repos, et encore ne s'en sert-il que maladroitement. Enfin, les singes sont tous des animaux velus, comme la plupart des autres mammifères, l'homme seul ayant une peau lisse et presque nue. Ces différences nombreuses et frappantes, encore plus que celles du squelette et de l'anatomie interne, indiquent qu'elle est assurément reculée l'époque où la race qui devait avoir l'homme pour développement ultérieur divergea de cette autre souche qui

continua le type animal, et a produit, en définitive, les
variétés existantes de singes anthropoïdes.

RÉSUMÉ DES TRAITS ANIMAUX CARACTÉRISTIQUES DE L'HOMME

Les faits que nous venons de résumer brièvement tendent à démontrer que l'homme, dans sa structure corporelle, dérive des animaux inférieurs dont il est le développement culminant. Dans le fait qu'il possède à l'état
rudimentaire des organes qui sont fonctionnels chez
quelques mammifères, dans les nombreuses variations
de ses muscles et d'autres organes concordant avec des
caractères qui sont constants chez quelques singes; dans
son développement embryologique absolument identique
avec celui de mammifères en général, et ressemblant
de près, dans tous ses détails, à celui des quadrumanes
supérieurs; dans les maladies qu'il a en commun avec
d'autres mammifères, et dans le rapprochement de sa
charpente osseuse avec celle de l'un ou l'autre des
singes anthropoïdes, nous trouvons une quantité de témoignages concordants qu'il nous semble impossible de
récuser.. Et ce témoignage apparaîtra encore plus con-
vaincant si nous considérons un moment les conséquences qu'impliquerait son rejet. Car la seule alterna-
tive qui nous reste sera de supposer que l'homme a été
l'objet d'une création spéciale, c'est-à-dire qu'il a été
produit d'une manière tout-à-fait différente des autres
animaux, et entièrement indépendante d'eux. Mais dans
ce cas, les organes rudimentaires, les variations semblables à celles de l'animal, le cours identique du développement, et tous les autres traits caractéristiques d'ani-
malité qu'il possède, sont trompeurs, et nous conduisent
inévitablement, comme êtres pensants, faisant usage de
la raison qui est le plus noble de nos traits distinctifs, à
l'erreur la plus grossière.

Nous ne pouvons croire, toutefois, qu'une étude scrupuleuse des faits naturels aboutisse à des conclusions directement opposées à la vérité ; et, comme nous cherchons vainement, dans notre structure physique, et au cours de son développement, une indication d'une origine indépendante de celle du reste du monde animal, nous sommes forcés de rejeter l'idée d'une « création spéciale » pour l'homme comme ne reposant sur aucun fait, et étant au plus haut degré improbable.

L'ANTIQUITÉ GÉOLOGIQUE DE L'HOMME

La preuve que nous possédons maintenant de la nature exacte de la ressemblance de l'homme avec les espèces variées des singes anthropoïdes, nous montre qu'il a peu d'affinités spéciales avec l'une ou avec l'autre de ces espèces, tandis qu'il diffère de toutes, à la fois, en plusieurs caractères où elles s'accordent toutes entre elles. La conclusion qu'il faut tirer de ces faits, c'est que les points d'affinité le mettent en relation avec tout le groupe, tandis que ses particularités spéciales le séparent également de tout le groupe, et qu'il doit, par conséquent, avoir divergé de la forme de l'ancêtre commun avant que les types actuels de singes anthropoïdes n'eussent divergé les uns des autres. Il est à peu près certain que cette divergence a eu lieu vers la période miocène, parce qu'on a trouvé dans les dépôts du Miocène supérieur de l'Europe occidentale des restes de deux espèces de singes alliés aux gibbons, dont l'un, le *Dryopithecus*, est presque aussi grand qu'un homme, et s'en rapproche plus par sa dentition qu'aucun singe existant, à ce que pense M. Lartet. Il semble donc que nous n'ayons pas encore atteint, dans le Miocène supérieur, l'époque de l'ancêtre commun de l'homme et des anthropoïdes.

Les preuves de l'antiquité de l'homme lui-même sont aussi fort peu abondantes, et ne nous laissent pas remonter très loin dans le passé. Nous avons des preuves évidentes de son existence, en Europe, dans les dernières phases de l'époque glaciaire, avec beaucoup d'indications de sa présence dans les époques inter-glaciaire ou même pré-glaciaire ; tandis que les restes et les monuments humains trouvés dans les sables aurifères de la Californie, profondément ensevelis sous les coulées de lave de l'époque Pliocène, montrent qu'il a existé dans le nouveau monde aussi tôt que dans l'ancien [1]. Ces premiers restes de l'homme ont été accueillis avec doute, et même on a tourné en ridicule leur découverte comme si elle eût été d'une extrême improbabilité. Mais il est de fait qu'il faut plutôt s'étonner qu'on n'ait pas trouvé plus souvent des restes humains dans les dépôts pré-glaciaires. Faisant allusion aux plus anciens restes fossiles trouvés en Europe — les crânes d'Engis et du Neanderthal — Huxley fait la remarque importante qui suit : « Je puis dire, en terminant, que les restes fossiles de l'homme que nous avons découverts jusqu'ici ne me semblent pas de nature à nous rapprocher, d'une façon appréciable, de cette forme inférieure pithécoïde par la modification de laquelle, il est, probablement, devenu ce qu'il est. »

Les restes et les objets d'art de Californie qu'on a cités ci-dessus, ne fournissent aucun indice d'une forme humaine particulièrement inférieure ; et rien n'explique l'absence de traces de cette longue ligne d'ancêtres de l'homme, en remontant jusqu'à la période reculée où il a commencé à diverger du type pithécoïde ; rien n'a été découvert à ce sujet.

Quelques écrivains, — M. Boyd Dawkins notamment — ont soulevé l'objection que l'homme n'existait proba-

---

1. Voir, pour une esquisse des preuves de l'antiquité de l'homme en Amérique, le *Nineteenth Century* de Novembre 1887.

blement pas dans les temps pliocènes, parce que presque tous les mammifères connus de cette époque sont des espèces distinctes de celles qui vivent maintenant sur terre, et que les mêmes changements de milieu qui amenaient des modifications chez les autres espèces des mammifères auraient amené aussi un changement chez l'homme. Mais cet argument méconnaît le fait que l'homme diffère essentiellement de tous les autres mammifères en ceci que, tandis que chez eux une adaptation importante quelconque ne peut s'effectuer que par un changement de structure du corps, l'homme est capable de s'adapter à de beaucoup plus grands changements de conditions par un développement mental qui lui fait inventer l'usage du feu, les outils, les vêtements, de meilleures demeures, les filets, les pièges, et l'agriculture. A l'aide de tout cela, sans aucun changement dans sa structure corporelle, il a été à même de se répandre sur toute la terre et de l'occuper en entier ; d'occuper en sécurité la forêt, la plaine ou la montagne, d'habiter également le désert brûlant ou les solitudes arctiques ; de lutter contre toutes les bêtes fauves, et de se pourvoir de nourriture là où, s'il n'eût été qu'un animal se confiant aux productions non sollicitées de la nature, il serait mort de faim [1].

Il suit de là, par conséquent, que du jour où l'ancêtre de l'homme, se dressant, marcha en station verticale avec ses mains affranchies de tout rôle actif dans la locomotion, et quand la puissance de son cerveau suffit à lui faire employer ses mains à confectionner des armes et des outils, des maisons et des vêtements, à se servir de feu pour sa cuisine, et à planter des graines ou des racines pour s'approvisionner de nourriture, la puissance de la

---

1. Ce sujet a été discuté pour la première fois dans l'*Anthropological Review*, Mai 1864 ; j'ai republié cet article dans ma *Selection Naturelle* (trad. de Candolle, essais 9 et 10).

sélection naturelle cessa de produire des modifications
dans son corps, mais continua à faire progresser son intelligence par le développement de l'organe de celle-ci,
le cerveau. Donc, l'homme a pu devenir réellement
homme — l'espèce *Homo sapiens* — même dans la période
miocène ; et tandis que tous les autres mammifères se
modifiaient de siècle en siècle sous l'influence de modifications incessantes des conditions physiques et biologiques, il progressait principalement en intelligence, mais
peut-être aussi en stature, et par ce progrès seul, il était
en état de se maintenir comme maître de tous les autres
animaux et de conserver son extension sur la terre entière. C'est en parfaite concordance avec cette vue que
nous trouvons la distinction la plus prononcée entre
l'homme et les singes anthropoïdes, dans les dimensions
et la complexité du cerveau. M. Huxley nous dit, à ce
sujet, qu'il est douteux qu'un cerveau humain adulte en
bonne santé ait jamais pesé moins de 31 ou 32 onces ;
ou que le cerveau le plus lourd de gorille ait dépassé le
poids de 20 onces, » bien qu'un gorille adulte soit près de
deux fois plus lourd qu'un Bosjeman, ou que plus d'une
femme européenne [1] ». Le cerveau humain, en moyenne,
cependant, pèse 48 ou 49 onces, et si nous attribuons au
cerveau du singe la moyenne de 18 onces, c'est-à-dire
deux onces de moins que le cerveau du plus grand des
gorilles, nous voyons quelle énorme augmentation
s'est produite dans le cerveau de l'homme depuis qu'il a
divergé des singes ; et cette augmentation sera encore
plus grande si nous nous rappelons que les cerveaux des
singes, comme ceux de tous les autres mammifères, ont
aussi augmenté des temps géologiques à la période relativement plus récente.

En tenant compte de toutes ces considérations, nous
devons conclure que les traits essentiels de la structure

1. *Man's Place in Nature*, p. 102.

de l'homme comparée avec celle du singe — son attitude verticale et ses mains libres — ont été acquis à une période relativement reculée, et que ce furent ces traits caractéristiques qui lui donnèrent la supériorité sur les autres mammifères, et furent son point de départ dans la ligne de développement qui a abouti à lui donner le monde. Mais, au cours de ce lent et régulier développement du cerveau et de l'intelligence, l'humanité a constamment augmenté en nombre et en extension, et doit avoir formé ce que Darwin appelle « une race dominante ». Car si les hommes avaient été en petit nombre, et confinés dans un territoire limité, ils n'auraient pu lutter avec succès contre les nombreux carnivores féroces de cette période, ni contre ces influences contraires qui amenèrent l'extinction de tant d'animaux puissants. Il faut aussi une grande population répandue sur une superficie étendue pour fournir un nombre adéquat de variations cérébrales pour le développement progressif de l'homme. Mais cette grande population et ce développement prolongé selon une ligne unique de progrès rendent plus difficile l'explication de l'absence complète de restes humains ou pré-humains dans tous les dépôts qui ont fourni, en si grande abondance, les restes d'autres animaux terrestres. Il est vrai que les restes des singes sont aussi très rares, et il nous est facile de supposer que l'intelligence supérieure de l'homme lui permet d'éviter cette destruction en masse par l'inondation, ou dans les marécages, qui semble avoir si souvent écrasé d'autres animaux. Cependant, si nous considérons que, même de nos jours, les hommes sont assez fréquemment surpris par des éruptions volcaniques, comme à Java et au Japon, ou enlevés en nombre considérable par des inondations, comme au Bengale et en Chine, il semble impossible qu'il n'y ait pas, dans le Miocène et le Pliocène, de nombreux restes humains ensevelis sous les

couches plus récentes de la croûte terrestre, que des recherches plus étendues, ou quelque heureuse découverte,
améneront à la lumière du jour, dans un avenir que
nous ne pouvons fixer.

LE BERCEAU PROBABLE DE L'HOMME

On a habituellement supposé que la forme-mère de
l'homme est née sous les tropiques, où la végétation est
la plus abondante, et le climat le plus égal. Mais il y a
d'importantes objections à cette opinion. Les singes
anthropoïdes, aussi bien que la plupart des singes, sont
essentiellement arboricoles dans leur structure, tandis
que le grand caractère distinctif de l'homme est son
adaptation spéciale à la locomotion terrestre. Nous
avons peine à supposer, donc, qu'il ait pris naissance
dans une région boisée où les fruits, qu'il fallait obtenir en grimpant aux arbres, constituaient sa principale
nourriture végétale. Il est plus probable qu'il commença
son existence dans les plaines ouvertes, ou sur les hauts
plateaux de la zone tempérée, ou sub-tropicale, où les
graines des céréales indigènes, et de nombreux herbivores, rongeurs, oiseaux de chasse, avec les poissons et
les mollusques des lacs, des rivières et des mers, lui
fournissaient une nourriture abondante et variée. Dans
une région semblable pouvaient se développer chez lui
l'adresse à chasser, à tendre des pièges, à pêcher, et plus
tard la tendance à devenir pasteur et cultivateur, succession dont nous trouvons les traces chez les races pa-
léolithiques et néolithiques d'Europe.

En cherchant à déterminer les territoires particuliers
où ses premières traces peuvent se trouver, nous sommes
limités à quelque portion de l'hémisphère oriental, où
seuls les singes anthropoïdes existent, ou même, selon
toute apparence, ont toujours existé.

Il y a de bonnes raisons pour croire que l'Afrique doit être exclue, parce qu'on sait qu'elle a été séparée du continent septentrional dès les premiers temps du Tertiaire, et qu'elle a acquis sa faune actuelle de mammifères supérieurs par une union plus récente avec ce continent après que Madagascar se fut séparée d'elle; cette île nous a conservé, pour ainsi dire, un échantillon de la faune mammifère africaine primitive, où manquent non seulement les singes anthropoïdes, mais tous les quadrumanes supérieurs [1].

Il reste donc le grand continent Euro-asiatique, et ses énormes plateaux, s'étendant de la Perse à travers le Thibet et la Sibérie jusqu'à la Mandchourie, offrent un territoire, dont une partie quelconque présentait probablement des conditions favorables, dans les derniers temps du Miocène ou au début du Pliocène, pour le développement de l'homme primitif.

C'est dans ce territoire que nous trouvons encore le type d'humanité — le Mongol — qui conserve une couleur de peau intermédiaire entre le noir ou le brun noir du nègre, et le blanc olivâtre du Caucase, couleur qui prévaut encore dans tout le nord de l'Asie, sur les continents Américains et dans beaucoup d'îles de la Polynésie. C'est de cette teinte primitive que naquirent, sous l'influence de conditions diverses, et probablement en corrélation avec des changements constitutionnels adaptés aux climats particuliers, les teintes variées qui existent encore dans l'humanité. Si le raisonnement par lequel nous arrivons à cette conclusion est juste, et si toutes les premières phases du développement de l'homme hors de sa forme animale se sont produites dans la région que nous venons d'indiquer, nous comprendrons mieux comment il se fait que nous

1. Pour une discussion complète de cette question, voir *Geographical Distribution of Animals*, de Wallace vol. 1, p. 285.

n'ayons encore rencontré aucun des anneaux qui manquent à la chaîne, parce qu'aucune partie du monde n'a été aussi complètement délaissée par le géologue que celle-là. La région en question est suffisamment étendue et variée pour qu'on admette que l'homme primitif y ait atteint une population considérable, et développé ses caractéristiques humaines en toute liberté, soit au physique, soit au moral, avant qu'il y ait eu nécessité pour lui d'émigrer au delà de ses limites. Une de ses premières migrations importantes a dû être probablement vers l'Afrique, où, s'étendant vers l'ouest, il a été modifié dans son teint et ses cheveux en corrélation avec des changements physiologiques l'adaptant au climat des terres basses de l'Équateur, puis il a gagné au nord-ouest, vers l'Europe, et le climat humide et frais a amené une modification d'un caractère opposé, et ainsi peuvent s'être produit les trois grands types humains qui existent encore. Quelque peu plus tard, probablement, il a pu s'étendre vers l'est, dans l'Amérique du nord-ouest, et se disperser bientôt sur tout le continent; et tout cela peut très bien s'être passé au début ou au milieu du Pliocène. Par la suite, à de très longs intervalles, des vagues successives de migration l'ont porté dans chaque partie du monde habitable, et par la conquête et le mélange s'est produite finalement cette gradation énigmatique de types que l'ethnologiste cherche vainement à déchiffrer.

L'ORIGINE DE LA NATURE MORALE ET INTELLECTUELLE DE L'HOMME

On aura vu, par la discussion qui précède, que j'accepte pleinement la conclusion de Darwin quant à l'identité essentielle de la structure du corps de l'homme avec celle des mammifères supérieurs, et sa descendance d'une forme-mère commune à l'homme et aux singes anthropoïdes. La preuve de cette descendance me paraît accablante et concluante. Quant à la cause et au processus de cette descendance et de cette modification, nous pouvons admettre, à tout événement et provisoirement, que les lois de la variation et de la sélection, agissant par la lutte pour l'existence et le besoin continuel d'adaptation plus parfaite aux milieux physique et biologique, peuvent avoir amené d'abord cette perfection de structure corporelle par laquelle il est tellement au-dessus de tous les autres animaux, et, en coordination avec celle-ci, l'accroissement et le développement du cerveau, au moyen duquel il a pu utiliser cet organe en réduisant de plus en plus sous son servage le règne animal et le règne végétal.

Mais ce n'est là que le commencement de l'œuvre de Darwin, puisqu'il continue en discutant la nature morale et les facultés mentales de l'homme, et les fait dériver aussi, par des modifications et un développement graduels, des animaux inférieurs. Bien que, peut-être, ce ne soit nulle part formulé distinctement, tout son raisonnement tend vers la conclusion que toute la nature de l'homme, et toutes ses facultés, qu'elles soient morales, intellectuelles ou spirituelles, dérivent de leurs rudiments chez les animaux inférieurs, de la même manière et par l'action des mêmes lois générales que sa structure physique. Comme cette conclusion ne me paraît pas appuyée par des preuves adéquates, et qu'elle est en opposition directe avec beaucoup de faits dûment constatés, je me propose de consacrer quelques instants à la discuter.

L'ARGUMENT DE LA CONTINUITÉ

Le raisonnement de Darwin consiste à démontrer que l'on peut découvrir chez les animaux les rudiments de presque toutes, si ce n'est toutes, les facultés mentales et morales de l'homme. Il invoque les manifestations intellectuelles s'élevant dans quelques cas à la hauteur d'actes distincts de raisonnement chez beaucoup d'animaux, comme présentant, à un degré beaucoup moindre, l'intelligence et la raison de l'homme. Il donne des exemples de curiosité, d'imitation, d'attention, d'étonnement et de mémoire ; tandis que d'autres exemples qu'il cite peuvent être interprétés comme des preuves montrant que les animaux sont bons envers leurs compagnons, ou qu'ils éprouvent de l'orgueil, du mépris et de la honte. Quelques-uns d'entre eux auraient les rudiments du langage, parce qu'ils émettent différents sons, dont chacun a une signification définie pour leurs semblables ou leurs petits ; d'autres posséderaient les rudiments de l'arithmétique, parce qu'ils paraissent compter ou se rappeler jusqu'à trois, quatre, ou même cinq. Le sens de la beauté leur est attribué à cause de leurs propres couleurs brillantes, ou de l'emploi qu'ils font d'objets colorés dans leurs nids, tandis qu'on suppose de l'imagination aux chiens, aux chats et aux chevaux parce qu'ils semblent être troublés par des rêves. On a même voulu trouver quelque chose d'approchant à des rudiments de religion dans l'affection profonde et la soumission complète du chien envers son maître [1].

Si nous passons des animaux à l'homme, on nous montre que chez les sauvages inférieurs beaucoup de ces facultés ne sont pas beaucoup plus avancées qu'elles ne paraissent l'être chez les animaux supérieurs, tandis que d'autres, bien que se montrant suffisamment, sont pourtant très inférieures au degré de développement

1. Pour une discussion complète de ces points, voir *Descendance*, chap. III. (Voyez aussi l'*Intelligence des Animaux*, et l'*Évolution mentale chez les Animaux*, par G. J. Romanes, trad. par H. de Varigny.)

qu'ont atteint les races civilisées. En particulier, il est dit que le sens moral s'est développé par suite des instincts de sociabilité des sauvages, et provient uniquement du malaise permanent causé par une action qui soulèverait la désapprobation de la tribu entière. Ainsi, chaque acte d'un individu que l'on croit contraire aux intérêts de tous, excite la désapprobation, et est tenu pour immoral, tandis que chaque acte qui, règlementairement, est avantageux à la tribu, est chaudement et constamment approuvé, et considéré comme juste et moral. De la lutte mentale qui a lieu lorsqu'un acte avantageux à l'homme nuirait à la tribu, naît la conscience ; et les instincts sociaux ont ainsi fondé le sens moral, et les grands principes de la moralité [1].

La question de l'origine et de la nature du sens moral et de la conscience est trop vaste et trop complexe pour qu'on puisse la discuter ici, et je n'en parle que pour compléter l'esquisse de la théorie de Darwin sur la continuité et le développement graduel de toutes les facultés humaines, des animaux inférieurs jusqu'aux sauvages, et du sauvage jusqu'à l'homme civilisé. Le point sur lequel je désire particulièrement appeler l'attention c'est que, prouver la continuité et le développement progressif des facultés intellectuelles et morales des animaux à l'homme, n'équivaut nullement à prouver que ces facultés ont été développées par la sélection naturelle [2] ; et c'est cette dernière preuve que Darwin n'a fait qu'effleurer, bien qu'il fût absolument essentiel de l'établir pour soutenir sa théorie. Il ne suit suit pas nécessairement de ce que la structure physique de l'homme a été développée, par la sélection naturelle,

---

1. *Descendance*, chap. IV.

2. Sur la dérivation des facultés humaines hors des facultés des animaux, voir J. G. Romanes, *Evolution mentale chez l'Homme*, trad. par H de Varigny

hors d'une forme animale, que sa nature mentale, même en se développant *pari passu* avec sa nature physique, n'ait été développée que par les mêmes causes.

Une analogie physique nous servira d'exemple. On a longtemps cru que les soulèvements et les affaissements de la terre, combinés avec la dénudation sous-aérienne causée par le vent, la gelée, la pluie et les rivières, et la dénudation marine sur les lignes de côtes, pouvaient expliquer tout le relief de la surface terrestre qui n'était pas dû à l'action volcanique ; et dans les premières éditions des *Principles of Geology* de Lyell, il n'est pas fait appel à d'autres causes que celle-là. Mais quand on eût étudié l'action des glaciers, et que le fait récent d'une époque glaciaire fût prouvé, beaucoup de phénomènes — tels que les moraines et autres dépôts de graviers et d'argile, les blocs erratiques, les roches moutonnées et arrondies, et les bassins lacustres alpins — furent rapportés à cette cause entièrement distincte. Il n'y eut pas de lacune de continuité, pas de cataclysme subit ; la période froide vint et passa de la façon la plus graduelle, et ses effets se confondirent, souvent, d'une façon insensible avec ceux de la dénudation ou du soulèvement ; pourtant, il n'en est pas moins vrai qu'une nouvelle action avait paru à un moment défini, et que de nouveaux effets s'étaient produits, lesquels, bien qu'en continuité avec les effets précédents, n'étaient cependant pas attribuables aux mêmes causes.

On ne peut donc, par conséquent, prétendre sans preuve, ou contre un témoignage indépendant, que les dernières phases d'un développement continu en apparence, soient nécessairement dues uniquement aux mêmes causes que celles des premières phases. Je me propose d'appliquer ce raisonnement au cas de la nature intellectuelle et morale de l'homme, et de faire voir que certaines portions définies de ce développement ne peu

vent être le produit de la variation et de la sélection naturelle seules, et que, par conséquent, il faut quelque autre
influence, ou quelque autre loi, ou quelque autre action
pour les expliquer. Si ce fait peut être clairement prouvé
pour une ou plusieurs des facultés spéciales de l'homme
intellectuel, nous serons autorisés à prétendre que la
même cause inconnue a pu avoir une influence beaucoup plus étendue, et influer profondément sur tout le
cours de son développement.

L'ORIGINE DE LA FACULTÉ MATHÉMATIQUE

Nous avons d'amples témoignages montrant que, chez
les races humaines inférieures, ce qu'on peut appeler la
faculté mathématique est absente, ou, si présente, complètement inexercée. On assure que les Bushmen et les
Indiens des forêts du Brésil ne peuvent compter au-delà
de deux. Beaucoup de tribus Australiennes n'ont de mots
que pour un et deux qu'ils combinent de façon à compter
trois, quatre, cinq ou six ; après quoi, ils ne comptent
plus. Les Damaras de l'Afrique du sud ne comptent que
jusqu'à trois ; M. Galton donne une amusante description de l'embarras sans issue où se trouve l'un d'eux qui
avait vendu deux moutons à raison de deux bâtons de
tabac pièce, et qui reçut en paiement ses quatre bâtons.
Il ne put être convaincu qu'il avait son compte qu'en
prenant deux bâtons et livrant un mouton, puis recevant les deux autres en livrant le second mouton. Même
les Zoulous, relativement intelligents,, ne peuvent compter que jusqu'à dix, en s'aidant de leurs mains et de
leurs doigts. Les Ahts du nord-est de l'Amérique ont la
même façon de compter, et la plupart des tribus du sud
de l'Amérique ne sont pas plus avancées [1]. Les Cafres

1. *Origin. of Civilisation*, de Lubbock, 4º édition, p. 434-440 ;
Primitive Culture de Tylor, chap. VII.

ont de grands troupeaux de bétail, et lorsqu'ils en perdent une tête, s'en aperçoivent immédiatement, mais ce n'est point qu'ils sachent compter, mais parce qu'il leur manque une bête qu'ils connaissent; tout comme dans une grande famille ou dans une école, on s'aperçoit de l'absence d'un élève sans qu'il soit besoin de faire des calculs. Des races quelque peu supérieures, telles que les Esquimaux, peuvent compter jusqu'à vingt à l'aide de leurs mains et de leurs pieds; et quelques races vont même plus loin, en disant « un homme » pour vingt; « deux hommes » pour quarante, et ainsi de suite, d'une façon qui équivaut à notre mode rural de compter par vingtaines. Sir John Lubbock, d'après le fait qu'un si grand nombre des races sauvages existantes ne peut compter au-delà de cinq, pense qu'il est très improbable que nos ancêtres les plus primitifs aient pu compter jusqu'à dix [1].

Si nous nous tournons du côté des races plus civilisées, nous verrons que l'usage des nombres et l'art de compter se sont grandement étendus. Les Tongas des îles de la mer du sud, eux-mêmes, sont capables, dit-on, de compter jusqu'à 100,000. Mais l'action de compter, en soi, ne peut être réellement appelée la faculté mathématique, dont l'exercice, dans un sens un peu large, n'est devenue possible que par l'introduction de la numération déci-

---

1. On a récemment affirmé que quelques-uns de ces faits sont erronés, et que quelques Australiens peuvent compter assez exactement jusqu'à 100, ou plus, quand cela est nécessaire. Mais cela ne change pas le fait général que beaucoup de races inférieures, y compris les Australiens, n'ont pas de mots pour les chiffres élevés, et n'ont jamais besoin de s'en servir. Si, maintenant, avec un peu d'exercice, ils sont en état de compter au-delà, cela indique la possession d'une faculté qui n'aurait pu se développer uniquement sous la loi de l'utilité, puisque l'absence de mots indiquant les chiffres élevés montrent que ceux-ci étaient ni employés, ni même nécessaires.

male écrite. Les Grecs, les Romains, les Égyptiens, les Juifs et les Chinois avaient tous des systèmes si embarrassants que rien de ce qui ressemble à la science de l'arithmétique, sauf de très simples opérations, n'était possible; et le système romain, d'après lequel 1888 s'écrit M DCCC LXXXVIII, a été en usage général en Europe jusqu'aux XIVe et XVe siècles, et même plus tard en quelques pays. L'algèbre, inventée par les Hindous, de qui nous tenons aussi la numération décimale écrite, ne fut introduite en Europe qu'au XIIIe siècle, bien que les Grecs en eussent eu quelque notion, et elle n'atteignit l'Europe occidentale, par l'Italie, qu'au XVIe siècle [1]. Ce fut, sans doute, grâce à l'absence d'un système pratique de numération que le talent mathématique des Grecs fut dirigé surtout vers la géométrie, science dans laquelle Euclide, Archimède et d'autres ont fait de si brillantes découvertes. Ce n'est, cependant, que pendant les trois derniers siècles que le monde civilisé semble s'être aperçu qu'il possédait une merveilleuse faculté, laquelle, lorsqu'elle se trouva munie des outils nécessaires, grâce à la numération décimale, aux éléments de l'algèbre et de la géométrie, au pouvoir de communiquer rapidement, par l'imprimerie, les découvertes et les idées, s'est développée jusqu'à une hauteur dont toute l'élévation ne peut être appréciée que par ceux qui ont consacré quelque temps à son étude (même lorsqu'ils n'y ont point réussi).

Les faits que nous venons d'exposer sur l'absence presque totale de la faculté mathématique chez les sauvages, et son développement merveilleux dans les temps les plus rapprochés de nous, sont extrêmement suggestifs, et nous avons à choisir, à leur égard, entre deux théories possibles. Ou l'homme préhistorique et sauvage ne possédait pas du tout cette faculté (ou seulement ses

1. Article *Arithmétique,* dans *Eng. Cyc. of Arts and Sciences.*

plus simples rudiments), ou bien il la possédait, mais
n'avait ni le moyen, ni les motifs de l'exercer. Dans le
premier cas, nous avons à demander par quels moyens
cette faculté s'est développée si rapidement chez les
races civilisées, dont beaucoup, il y a quelques siècles,
étaient, à cet égard, presque encore sauvages elles-mêmes; tandis que, dans le second cas, la difficulté sera
plus grande encore, puisque nous aurons à supposer
l'existence d'une faculté qui n'avait jamais été exercée,
soit par ses possesseurs présumés, soit par leurs ancêtres.

Prenons donc la moins embarrassante de ces deux hypothèses, celle d'après laquelle les sauvages ne possédaient
que les rudiments de la faculté, pouvant par exemple
compter jusqu'à dix, mais sans pouvoir exécuter les
plus simples opérations de l'arithmétique ou de la géométrie, et recherchons comment cette faculté rudimentaire a pu aboutir rapidement à celle d'un Newton, d'un
Laplace, d'un Gauss ou d'un Cayley. Nous admettrons
qu'il y a tous les degrés possibles entre ces extrêmes, et
qu'il y a eu une continuité parfaite dans le développement de la faculté ; mais nous demandons quelle puissance motrice a causé son développement.

Il ne faut pas oublier qu'ici nous n'avons d'autre but
que de constater l'aptitude de la théorie Darwinienne
à expliquer l'origine de *l'esprit* de l'homme aussi bien
qu'elle a expliqué l'origine de son *corps* ; et nous devons, par conséquent, rappeler les traits essentiels de
cette théorie. Ces traits sont : la conservation des variations utiles dans la lutte pour l'existence ; aucune créature ne peut être perfectionnée au-delà de ses nécessités
actuelles ; la loi agit par la mort et par la vie, et par la
survivance du plus apte. Nous avons donc à rechercher
quelle relation avaient les phases successives de perfectionnement de la faculté mathématique avec la vie ou

la mort de ses possesseurs ; avec les luttes de tribu à
tribu, de nation à nation ; ou avec la survivance ultime
d'une race et l'extinction d'une autre. S'il n'est pas possible que ce développement ait eu de tels effets, il ne
peut avoir été produit par la sélection naturelle.

Il est évident que cette faculté ne peut avoir eu
aucune influence sur les luttes de l'homme sauvage
contre les éléments et les bêtes fauves, ni sur les luttes
de tribu à tribu. Elle n'a rien eu à faire avec les premières migrations de l'homme, ni avec la conquête et
l'extermination des peuples les plus faibles par les plus
puissants. Les Grecs résistèrent victoricusement à leurs
envahisseurs, les Perses, non à l'aide de leurs quelques
mathématiciens, mais par la discipline militaire, le pa-
triotisme et le sacrifice personnel. Les conquérants
barbares de l'Orient, Tamerlan et Gengis Khan, ne du-
rent leurs succès à aucune supériorité d'intelligence ou
de faculté mathématique chez eux ou chez leurs sujets.
Les grandes conquêtes des Romains mêmes étaient dues,
en grande partie, à leur organisation militaire systématique et à leur habileté à tracer des routes et former
des camps, qui peut-être exercèrent quelque peu la faculté mathématique, ce qui n'empêcha point qu'ils
furent à leur tour vaincus par des barbares, chez qui
cette faculté était presque entièrement absente. Et si
nous prenons les peuples les plus civilisés de l'ancien
monde — les Hindous, les Arabes, les Grecs et les Romains qui avaient tous, à quelque degré, quelque talent mathématique, nous trouvons que ce ne sont pas
ceux-là, mais bien les descendants des barbares de
ces temps, — les Celtes, les Teutons et les Slaves — qui se
sont montrés les plus aptes à survivre dans la grande
lutte des races, bien que nous ne puissions attribuer leurs
succès régulièrement progressifs pendant les siècles passés
à la possession ou à l'exercice d'une faculté mathématique

exceptionnelle. Ils se sont en effet, à cette heure, montrés merveilleusement doués à cet égard ; mais leur succès, chez eux ou à l'étranger, comme colons ou conquérants, comme individus ou comme nations, ne peut aucunement être rapporté à cette faculté, puisqu'ils ont été presque les derniers à se vouer à l'exercice de cette faculté. Nous concluons donc que le développement gigantesque de la faculté mathématique dont nous sommes témoins, reste entièrement inexplicable par la théorie de la sélection naturelle, et doit être dû à quelque cause entièrement distincte.

L'ORIGINE DES FACULTÉS MUSICALE ET ARTISTIQUE

Ces facultés, si distinctives de l'homme, suivent de très près la ligne de la faculté mathématique dans leur développement progressif, et servent à consolider le même raisonnement. Chez les sauvages les plus inférieurs, la musique, telle que nous la comprenons, existe à peine, bien qu'ils prennent plaisir à des sons musicaux grossiers, comme ceux des tambours, tam-tams, ou gongs ; et ils chantent aussi des cantilènes monotones. Presque exactement dans la mesure où ils progressent comme intelligence générale et dans les actes de la vie sociale, on voit s'élever leur sens musical ; et nous trouvons alors chez eux de grossiers instruments à cordes et des sifflets, jusqu'à ce que nous trouvions, à Java, des troupes régulières d'exécutants exercés, probablement successeurs des musiciens hindous de l'ère précédant la conquête musulmane. On croit que les Egyptiens ont été les premiers musiciens, et c'est d'eux, sans doute, que les Juifs et les Grecs ont reçu leur connaissance de cet art ; mais il semble admis que ni ces derniers, ni les Romains n'ont connu quoi que ce soit de l'harmonie ou des traits essentiels de la musique moderne [1]. Jusqu'au quinzième siècle, il ne paraît pas qu'on ait fait beaucoup de progrès, dans la théorie ou la pratique de la musique ; mais depuis cette époque la musique a progressé avec une rapidité merveilleuse, en correspondance curieuse avec le progrès des mathématiques, en ce sens que de grands génies musicaux apparurent, soudain, chez différentes nations possédant cette faculté spéciale d'une façon qui n'a guère été dépassée depuis.

Pour la faculté musicale de même que pour la faculté mathématique, il est impossible de découvrir une connexion quelconque entre sa possession et la survivance dans la lutte pour l'existence. Elle semble être née comme *résultat* et non comme *cause* d'un perfectionnement social et intellectuel ; il y a quelques preuves qu'elle existe à l'état latent, chez quelques races inférieures, puisque par l'éducation européenne des troupes de musiciens indigènes se sont formées en beaucoup de parties du monde, qui ont prouvé leurs capacités en exécutant d'une façon suffisante la meilleure musique moderne.

La faculté artistique a suivi une carrière un peu différente, bien qu'ayant des analogies avec celle des facultés dont nous venons de parler. La plupart des sauvages en montrent quelques rudiments, en dessinant ou sculptant des figures d'hommes ou d'animaux ; mais, presque sans exception, ces figures sont grossières et telles qu'en exécuterait un enfant ordinaire, dépourvu de sens artistique. Il est de fait que les sauvages modernes égalent à peine, sous ce rapport, les hommes préhistoriques qui représentaient le mammouth et le renne sur des morceaux de corne ou d'os. A côté de chaque progrès des arts de la vie sociale, nous voyons

1. Voir *History of Music*, dans *Eng. Cyc.* (Division des Arts et Sciences).

un progrès correspondant d'adresse et de goût, qui s'élève très haut dans les arts du Japon et de l'Inde, mais qui atteint son apogée dans la sculpture merveilleuse de la meilleure période de l'histoire grecque. Au moyen âge, l'art se manifeste principalement par l'architecture ecclésiastique et l'enluminure des manuscrits, mais du treizième au quinzième siècle l'art de la peinture reprend vie en Italie et y atteint un degré de perfection qui n'a jamais été dépassé. Cette renaissance est suivie de près par les écoles de l'Allemagne, des Pays-Bas, de l'Espagne, de la France, et de l'Angleterre, montrant ainsi que la véritable faculté artistique n'est pas l'apanage exclusif d'une nation, mais est équitablement distribuée parmi les diverses races européennes.

Ces développements variés de la faculté artistique, qu'ils se manifestent dans la sculpture, la peinture ou l'architecture, sont évidemment des développements de l'intellect humain qui n'ont aucune influence immédiate sur la survivance des individus ou des tribus, ou sur le succès des nations, dans leurs luttes pour la suprématie ou pour l'existence. L'art glorieux de la Grèce n'empêcha point cette nation de tomber sous la domination du Romain moins avancé ; tandis que les Anglais, chez qui l'art est né le plus tard, ont pris la tête de la colonisation du monde, montrant ainsi que leur race mixte est une des plus aptes à survivre.

PREUVE INDÉPENDANTE QUE LES FACULTÉS MATHÉMATIQUE, MUSICALE ET ARTISTIQUE NE SE SONT PAS DÉVELOPPÉES PAR LA LOI DE LA SÉLECTION NATURELLE.

La loi de la sélection naturelle ou de la survivance du plus apte est, ainsi que l'implique son nom, une loi sévère dont l'action se marque par la vie ou la mort des individus soumis à son action. Il est de sa nature même de n'agir que sur des caractères avantageux ou nuisibles, en éliminant ces derniers, et en maintenant les premiers à un niveau assez général d'efficacité. Il suit nécessairement de là que les caractères développés par son moyen seront présents dans tous les individus d'une espèce, et, tout en variant, ne s'écarteront pas beaucoup d'un type commun. Nous avons vu, dans notre troisième chapitre, que la somme de variation peut s'estimer au cinquième ou au sixième de la valeur moyenne, c'est-à-dire que si la valeur moyenne est de 100, les variations atteindraient de 80 à 120, ou un peu plus, si l'on comparait des nombres très grands. Suivant cette loi, nous trouvons que tous les caractères, chez l'homme, qui lui ont été essentiels pendant ses premières phases de développement, existent chez les sauvages avec une égalité approximative. Dans la rapidité de la course, la force corporelle, l'adresse à se servir des armes, l'acuité de la vision, la faculté de suivre une piste, ils sont tous passés maîtres, et les différences de qualité ne dépassent pas probablement les limites de variation chez les animaux que nous avons citées plus haut. Donc, dans l'instinct animal ou l'intelligence, nous trouvons le même niveau général de développement. Chaque roitelet fait un nid aussi passable que celui de ses congénères, chaque renard a le degré moyen de sagacité de sa race ; tandis que tous les oiseaux et mammifères supérieurs ont les affections et les instincts requis pour la protection et l'éducation de leur progéniture.

Mais c'est un cas très différent que celui des facultés spécialement développées de l'homme civilisé que nous venons de considérer. Elles n'existent que dans une petite proportion d'individus, tandis que la différence de capacité entre ces individus favorisés et la moyenne de l'humanité est énorme. Si nous prenons d'abord la faculté mathématique, ils s'en trouvera probablement moins d'un sur cent qui la possède réellement, la grande masse de la population n'ayant aucune disposition naturelle pour cette étude, ou n'éprouvant pour elle aucun intérêt [1]. Et si nous essayons de mesurer le degré de variation dans la faculté elle-même, entre un mathématicien de premier ordre et le commun des hommes qui trouvent que toute espèce de calcul les trouble et manque d'intérêt, il est probable que ces derniers ne pourraient être estimés à moins de cent pour un des premiers, et peut-être même le chiffre de mille pour un exprimerait-il plus exactement la proportion.

La faculté artistique paraît se produire dans la même proportion de fréquence que la faculté mathématique.

Il y a certainement peu de garçons ou de filles qui s'élèvent au-dessus du niveau des dessins, de pure convention, des enfants qui dessinent ce qu'ils *voient* être, et non pas ce qu'ils *savent* être la forme des choses ; qui dessinent naturellement la perspective parce qu'ils voient ainsi les objets ; qui voient et représentent, dans leurs esquisses, la lumière et l'ombre aussi bien que les seuls contours des objets, et qui puissent esquisser des portraits reconnaissables de tous ceux qu'ils connaissent. Ils sont certainement très peu nombreux, comparés à ceux qui sont absolument incapables de rien faire de semblable. D'après l'enquête à laquelle je me suis livré dans les écoles, et d'après mes propres obser-

1. C'est l'évaluation que m'ont fourni deux professeurs de mathématiques, dans une de nos grandes écoles, de la proportion des élèves n'ayant ni goût, ni capacité pour les études mathématiques. On peut, naturellement, en dresser beaucoup plus à la connaissance suffisante des mathématiques élémentaires, mais cette petite proportion possède seule la faculté naturelle leur rendant possible de s'élever à un bon rang comme mathématiciens, d'y prendre plaisir, ou de faire un ouvrage original de mathématiques.

vations, je crois que ceux qui sont doués de ce talent artistique naturel ne dépassent pas, si toutefois ils l'atteignent, un pour cent de toute la population.

Les variations de la quantité de faculté artistique sont certainement très grandes, même en ne prenant pas les extrèmes. Les degrés entre l'homme ou la femme ordinaire « qui ne dessine pas » et dont les essais, pour représenter un objet animé ou inanimé quelconque, seraient grotesques, et le bon artiste moyen, qui, avec quelques coups hardis, peut produire une esquisse reconnaissable d'un paysage, une vue, ou un animal, sont très nombreux ; et il nous est difficile d'attribuer à l'écart une proportion inférieure à celle de 1 à 50, ou même de 1 à 100.

La faculté musicale est, sans doute, dans ses formes inférieures, moins rare que la précédente ; mais elle diffère encore essentiellement des facultés nécessaires ou utiles en ce qu'elle manque entièrement chez la moitié des hommes civilisés eux-mêmes. Pour chaque personne qui dessine, pour ainsi dire d'instinct, il y en a probablement de cinq à dix qui chantent ou jouent sans l'avoir appris, et par suite seulement d'un amour et d'une perception innés de la mélodie et de l'harmonie [1]. D'autre part, il y en a probablement autant qui semblent être absolument incapables de percevoir la musique, qui n'y prennent aucun plaisir, ne s'aperçoivent pas des discordances, ne se rappellent aucun air et ne pourraient, par aucune somme d'étude, parvenir à chanter ou jouer. Les degrés, ici, sont tout aussi grands que dans les mathématiques ou la peinture, et la faculté spéciale du grand compositeur doit être comptée plusieurs centaines

1. J'apprends, cependant, d'un maître de musique d'une grande école, qu'il ne compte qu'un sur cent de ses élèves ayant un vrai talent musical, ce qui correspond d'une façon curieuse avec l'évaluation des mathématiciens.

de fois, ou peut-être des milliers de fois plus grande que celle de la personne ordinaire « non musicienne » dont il vient d'être parlé.

Il paraît donc que, à cause du nombre limité des personnes douées de facultés mathématique, artistique ou musicale, aussi bien que des variations énormes de leur développement, ces puissances mentales diffèrent grandement de celles qui sont essentielles à l'homme, et qui lui sont, pour la plupart, communes avec les animaux inférieurs ; et il n'est pas possible, par conséquent, qu'elles aient été développées en lui au moyen de la loi de la sélection naturelle.

Nous venons de montrer, par deux lignes distinctes d'argumentation, que des facultés se développent chez l'homme civilisé qui, par leur mode d'origine, leur fonction, et leurs variations, sont entièrement distinctes de ces autres caractères et facultés qui sont essentiels à son existence, et qui ont été amenés à leur état actuel d'activité par les nécessités de son existence. Et, outre les trois facultés dont il vient d'être parlé, il en est d'autres qui appartiennent évidemment à la même classe. Telle est la faculté métaphysique qui nous permet de former des conceptions abstraites de la catégorie la plus éloignée de toute application pratique, de discuter sur les causes dernières des choses, sur la nature et les qualités de la matière, sur le mouvement, la force, l'espace, le temps, la cause et de l'effet, la volonté et la conscience. Raisonner sur ces questions abstraites et difficiles est impossible aux sauvages, qui semblent n'avoir aucune faculté qui leur permette de saisir les idées essentielles ou conceptions ; cependant, dès qu'une race arrive à la civilisation et comprend une masse d'hommes qui, — comme prêtres ou comme philosophes, — soit affranchie de la nécessité de travailler, ou de prendre une part active dans la guerre ou le gouvernement, la faculté métaphysique paraît surgir soudain, bien que, comme les autres facultés déjà citées, elle soit toujours confinée à une proportion très limitée de la population.

Dans la même classe peut être placée la faculté particulière de l'esprit et de l'*humour*, don absolument naturel, dont le développement semble être parallèle à celui des autres facultés exceptionnelles. Comme elles, ce don est presque inconnu chez les sauvages, mais se montre plus ou moins fréquemment à mesure que la civilisation avance, et que les intérêts de la vie deviennent plus nombreux et plus complexes. Comme elles aussi, il est sans utilité dans la lutte pour la vie, et apparaît sporadiquement chez une très petite proportion de la population ; la majorité étant, ainsi qu'on le sait, tout à fait incapable de dire un bon mot ou de faire un calembourg, même pour sauver leur vie [1].

1. Dans la dernière partie de son *Essai sur l'Hérédité*, A. Weismann fait allusion à cette question de l'origine des « talents » chez l'homme, et il conclut, comme moi, qu'ils n'ont pas pu être développés par la loi de la sélection naturelle. Il dit : « On peut faire l'objection que, chez l'homme, ajoutées aux instincts inhérents à chaque individu, il se trouve aussi des prédispositions individuelles spéciales, d'une nature telle qu'il est impossible qu'elles soient nées de variations individuelles du plasma germinatif. D'autre part, ces prédispositions, — que nous appelons talents, — ne peuvent être nées par la sélection naturelle, parce que la vie ne dépend point de leur présence, et il semble qu'on ne puisse expliquer leur origine autrement qu'en supposant l'accumulation de l'habileté acquise par l'exercice durant tout le cours de chaque vie. Dans ce cas, cependant, il semble à première vue, que nous soyons forcés d'accepter la transmission des caractères acquis. » Weismann continue en faisant voir que les faits ne corroborent point cette théorie ; que les facultés mathématique, musicale, et artistique apparaissent parfois, soudain, dans une famille dont les autres membres ou les ancêtres ne se distinguaient en aucune manière ; et que, même lorsqu'il est héréditaire dans les familles, le talent apparaît souvent au maximum au commencement ou au milieu de la série, et non en augmen-

L'INTERPRÉTATION DES FAITS

Les faits qu'on vient d'exposer prouvent l'existence
de nombre de facultés mentales qui, chez les sauvages,
n'existent pas du tout, ou n'existent qu'à l'état le plus
rudimentaire, mais qui se montrent presque soudaine-
ment et parfaitement développés chez les races supérieures civilisées. Ces mêmes facultés se distinguent, en
outre, par leur caractère sporadique, ne se développant
bien que chez une très petite partie du tout ; et par
l'énorme degré de variation de leur dévelopement, dont
les plus hautes manifestations sont plusieurs fois, — peut-
être cent ou même mille fois, — plus fortes que les plus
basses. Chacun de ces traits caractéristiques est totalement incompatible avec toute action de la loi de la sélection naturelle pour la production des facultés déjà
nommées ; et les faits, pris dans leur ensemble, nous
forcent à reconnaître pour elles une origine absolument
distincte de celle qui nous a servi pour expliquer les

tant jusqu'à la fin, comme cela se passerait s'il dépendait entièrement de la transmission de l'habileté acquise. Gauss n'était
pas fils d'un mathématicien, ni Haendel d'un musicien, ni le
Titien d'un peintre, et il n'y a aucune preuve d'un talent spécial
chez les ancêtres de ces hommes de génie, qui présentèrent, du
premier coup, la plus merveilleuse supériorité dans leurs talents
respectifs. Et après avoir montré que ces grands hommes ne paraissent qu'à certaines phases du développement humain, et que
deux ou plusieurs talents spéciaux ne sont pas rarement réunis
chez le même individu, il conclut en ces termes :

« A ce sujet, je ne veux ajouter que ceci : c'est que, dans mon
opinion, les talents ne semblent pas dépendre de l'amélioration
d'aucune qualité mentale spéciale par un exercice continu, mais
qu'ils sont l'expression, et jusqu'à un certain point, le produit
accessoire de l'esprit humain qui s'est si richement développé
dans toutes les directions. »

On admettra, je pense, que cette théorie explique à peine l'existence des facultés humaines en question, qui sont si hautement
développées.

traits caractéristiques, soit de l'esprit, soit du corps de l'homme.

Les facultés spéciales que nous venons de discuter indiquent clairement l'existence, chez l'homme, de quelque chose qu'il ne tient point de ses ancêtres animaux, quelque chose que nous pouvons mieux décrire comme étant d'une essence ou d'une nature spirituelle, capable de développement progressif sous des conditions favorables. Avec l'hypothèse de cette nature spirituelle surajoutée à la nature animale de l'homme, nous sommes à même de comprendre beaucoup de ce qui est autrement mystérieux, ou inintelligible en ce qui le concerne, et l'énorme influence des idées, des principes, des croyances, sur toute sa vie et toutes ses actions. C'est seulement ainsi que nous pouvons comprendre la constance du martyre, l'abnégation du philanthrope, le dévouement du patriote, l'enthousiasme de l'artiste, et la recherche résolûment persévérante du savant sondant les secrets de la nature. C'est ainsi que nous percevons que l'amour de la vérité, la joie que donne la beauté, la passion pour la justice, et le frémissement de triomphe que nous éprouvons au récit de quelque acte de courageuse immolation de soi-même. sont chez nous le travail intérieur d'une nature supérieure qui ne s'est pas développée au moyen de la lutte pour l'existence matérielle.

On dira, sans doute, que la continuité, qui a été admise, du progrès par lequel l'homme s'est élevé hors de la brute, ne permet pas d'admettre de nouvelles causes, et que nous n'avons aucune preuve du soudain changement de nature que cette introduction amènerait. On a déjà montré la fausseté de l'idée que de nouvelles causes amèneraient une solution de continuité, ou quelque changement soudain ou abrupt dans les effets; mais nous allons, en outre, indiquer qu'il y a au moins trois étapes dans le développement du monde organique où quelque cause ou puissance nouvelle doit nécessairement entrer en scène.

La première, c'est le changement de l'état inorganique à l'état organique, quand la première cellule végétale, ou le protoplasme vivant dont elle sortit, apparut pour la première fois. Ceci est souvent attribué à une simple augmentation de complexité des composés chimiques ; mais l'augmentation de complexité, avec l'instabilité qui en est la conséquence, même si nous admettons qu'elle puisse avoir produit le protoplasme comme composé chimique, n'aurait certainement pas pu produire un protoplasme *vivant*, protoplasme ayant la puissance de croissance et de reproduction, et présentant le processus continu de développement qui a eu pour résultat la merveilleuse variété et l'organisation complexe de tout le règne végétal. Il y a dans tout ceci quelque chose qui va au-delà et en dehors des changements chimiques, si complexes qu'ils puissent être ; et on a fort bien dit que la première cellule végétale était une chose nouvelle en ce monde, qui possédait des pouvoirs entièrement nouveaux, celui d'extraire et de fixer le carbone de l'acide carbonique de l'atmosphère, celui de la reproduction indéfinie ; et, chose plus merveilleuse encore, celui de varier et de reproduire les variations jusqu'à ce que des complications sans fin de structure et de variété de forme en aient été le résultat. Nous avons donc ici les indices d'une nouvelle force à l'œuvre, et nous pouvons l'appeler *vitalité*, puisqu'elle donne à certaines formes de la matière tous les caractères et les propriétés qui constituent la vie.

La seconde étape est encore plus merveilleuse, encore plus complètement inexplicable par la matière, ses lois et ses forces. C'est l'introduction de la sensation ou conscience, qui constitue la distinction fondamentale entre le règne animal et le règne végétal. Ici toute idée qu'une

simple complication de structure produise le résultat,
est absolument hors de question. Nous sentons qu'il
serait absolument absurde de supposer qu'à une certaine phase de complexité, un *ego* surgirait dans l'existence, une chose qui *sent*, qui *a conscience* de sa propre
existence. Ici nous avons la certitude que quelque chose
de nouveau est né, un être dont la conscience naissante
va croissant en puissance et en caractère déterminé
jusqu'à ce qu'il ait atteint son apogée chez les animaux
supérieurs. Aucune explication verbale ou tentative
d'explication — telle que l'affirmation que la vie est le
résultat des forces moléculaires du protoplasme, ou que
tout l'univers organique existant, depuis l'amibe jusqu'à
l'homme existait à l'état latent, dans la nébuleuse
d'où le système solaire a été développé — ne peut satisfaire l'esprit, ni nous aider en aucune façon à résoudre le mystère.

La troisième étape, nous l'avons vu, c'est l'existence,
chez l'homme, de plusieurs de ses facultés les plus caractéristiques et les plus nobles, celles qui l'élèvent le
plus au dessus des brutes, et lui ouvrent des possibilités
de progrès presque indéfini. Ces facultés n'auraient
jamais pu se développer au moyen des lois qui ont
déterminé le développement progressif du monde organique en général, et de l'organisme physique de
l'homme [1].

Ces trois étapes distinctes du progrès, du monde organique de la matière et du mouvement jusqu'à l'homme,
désignent clairement un univers invisible, un monde
de l'esprit, auquel le monde de la matière est entièrement subordonné. C'est à ce monde spirituel que nous
pouvons rattacher les forces merveilleusement com-

---

1. Voir pour la discussion du sujet, avec de plus amples
applications, la *Sélection Naturelle* par A. R. Wallace, trad. de
Candolle, chap. X.

plexes que nous appelons gravitation, cohésion, for
chimique, force de radiation, et l'électricité, sans le
quelles l'univers matériel ne pourrait exister un se
moment sous sa forme actuelle, et même peut-être so
aucune forme, puisque, sans ces formes et peut-êti
d'autres qu'on peut nommer atomiques, il est doute
que la matière elle-même pût exister. Et encore pl
sûrement, pouvons-nous y rattacher les manifestatio
progressives de la vie chez les végétaux, les animaux
l'homme — que nous pouvons classer comme vies ir
consciente, consciente, et intellectuelle — et qui pr
bablement dépendent de différents degrés d'influ
spirituel. J'ai déjà montré que ceci n'implique aucun
infraction à la loi de continuité de l'évolution physiqu
ou mentale ; d'où il suit que toute difficulté quelconqu
que nous pouvons avoir à distinguer l'organique d
l'inorganique, ou les animaux supérieurs des types infé
rieurs de l'homme, ne porte aucunement sur la ques
tion. Elle doit être décidée en montrant qu'un change
ment dans la nature essentielle (dû probablement i
des causes d'un ordre supérieur à celles de l'univers
matériel) a dû se produire à chaque étape du progrès
que j'ai indiqué ; changement qui peut n'être pas moins
réel pour être absolument imperceptible à son point
d'origine, comme le changement qui a lieu dans la
courbe que décrit un corps quand l'application de quelque nouvelle force change légèrement sa direction.

CONCLUSIONS

Ceux qui admettent mon interprétation du témoignage qui a été apporté — témoignage strictement
scientifique dans son appel aux faits qui sont clairement ce qu'ils ne devraient *pas* être pour la théorie
matérialiste, — pourront accepter la nature spirituelle

,de l'homme, et ne la trouveront aucunement incompatible avec la théorie de l'évolution, mais l'accepteront
comme dépendant de ces lois et causes fondamentales
qui fournissent les matériaux mêmes sur lesquels
s'exerce l'évolution. Ils seront aussi soulagés du far-
deau écrasant pour l'esprit, imposé à ceux qui,— soutenant que nous,avec le reste de la nature, ne sommes que
les produits des aveugles forces éternelles de l'univers,
et croyant aussi que le temps viendra où le soleil per-
dra sa chaleur, et où toute vie cessera nécessairement
sur la terre,— ont à contempler un avenir, qui n'est pas
éloigné, dans lequel cette terre splendide, – qui pendant
des millions innommés d'années a développé lentement
des formes de vie et de beauté dont l'homme a été le
couronnement final,— sera comme si elle n'avait jamais
existé ; qui sont forcés de croire que tous les lents progrès de notre race luttant pour s'élever à une vie supérieure, toute l'agonie des martyrs, tous les gémissements des victimes, tout le mal et la misère et la
souffrance imméritée des siècles, toutes les luttes pour
la liberté, tous les efforts vers la justice, toutes les aspi-
rations à la vertu et au bien de l'humanité, s'évanoui-
ront absolument, et « comme l'édifice sans bases d'un
rêve, ne laisseront pas même un débris ».

En opposition avec cette croyance désespérée et mor-
telle pour l'âme, nous qui acceptons l'existence d'un
monde spirituel, nous pouvons regarder l'univers comme
un magnifique ensemble, harmonieux, adapté dans chacune de ses parties au développement d'êtres spirituels
capables d'une vie et d'une perfectibilité indéfinies.
Pour nous, le but entier, la seule *raison d'être* du monde
avec toutes ses complexités de structure physique, avec
son superbe progrès géologique, la lente évolution du
règne végétal et du règne animal, et l'apparition ultime
de l'homme, a été le développement de l'esprit hu-

main associé avec le corps. Du fait que l'esprit d
l'homme — l'homme lui-même — est ainsi développe
nous pouvons bien conclure que c'est là le seul, ou d
moins le meilleur mode par lequel il a pu se dévelop
per ; et nous pouvons même voir dans ce qu'on appelle
d'ordinaire, « le mal » sur la terre, un des moyens le
plus efficaces de ses progrès. Car nous savons que le
plus nobles facultés de l'homme sont fortifiées et per
fectionnées par la lutte et par l'effort ; c'est par un com
bat incessant contre les maux physiques, et au milie
des difficultés que l'énergie, le courage, la confiance e
soi-même, et l'activité sont devenues les qualités com
munes des races du nord ; c'est par le combat contre l
mal moral sous ses formes multiples, que les qualité
encore plus nobles de la justice, de la miséricorde, d
l'humanité et de l'abnégation, se sont multipliées cons
tamment dans le monde. Des êtres ainsi formés et fortifié
par leur entourage, et possédant des facultés latentes ca
pables d'être si noblement développées, doivent assuré
ment être destinés à une existence supérieure et perma
nente, et nous pouvons croire, avec notre plus grand
poète vivant que :

> Cette vie n'est point comme un métal inactif,
> C'est du fer tiré des ténèbres des profondeurs,
> Chauffé à blanc par des terreurs brûlantes,
> Plongé dans les bains de pleurs qui sifflent,
> Et battu par les chocs de la destinée
> En une forme et pour un usage.

Nous trouvons ainsi que la théorie darwinienne,
même lorsqu'elle est portée jusqu'à sa conclusion logique
extrême, non seulement ne s'oppose pas à une croyance
en la nature spirituelle de l'homme, mais qu'elle lui
prête un appui décisif. Elle nous montre comment le corps
de l'homme peut dériver d'une forme animale inférieure

par la loi de la sélection naturelle; mais elle nous apprend aussi que nous possédons des facultés intellectuelles et morales qui n'auraient pas pu se développer ainsi, mais doivent avoir eu une autre origine, et, à cette origine, nous ne pouvons trouver de cause adéquate que dans l'univers invisible de l'esprit.

FIN

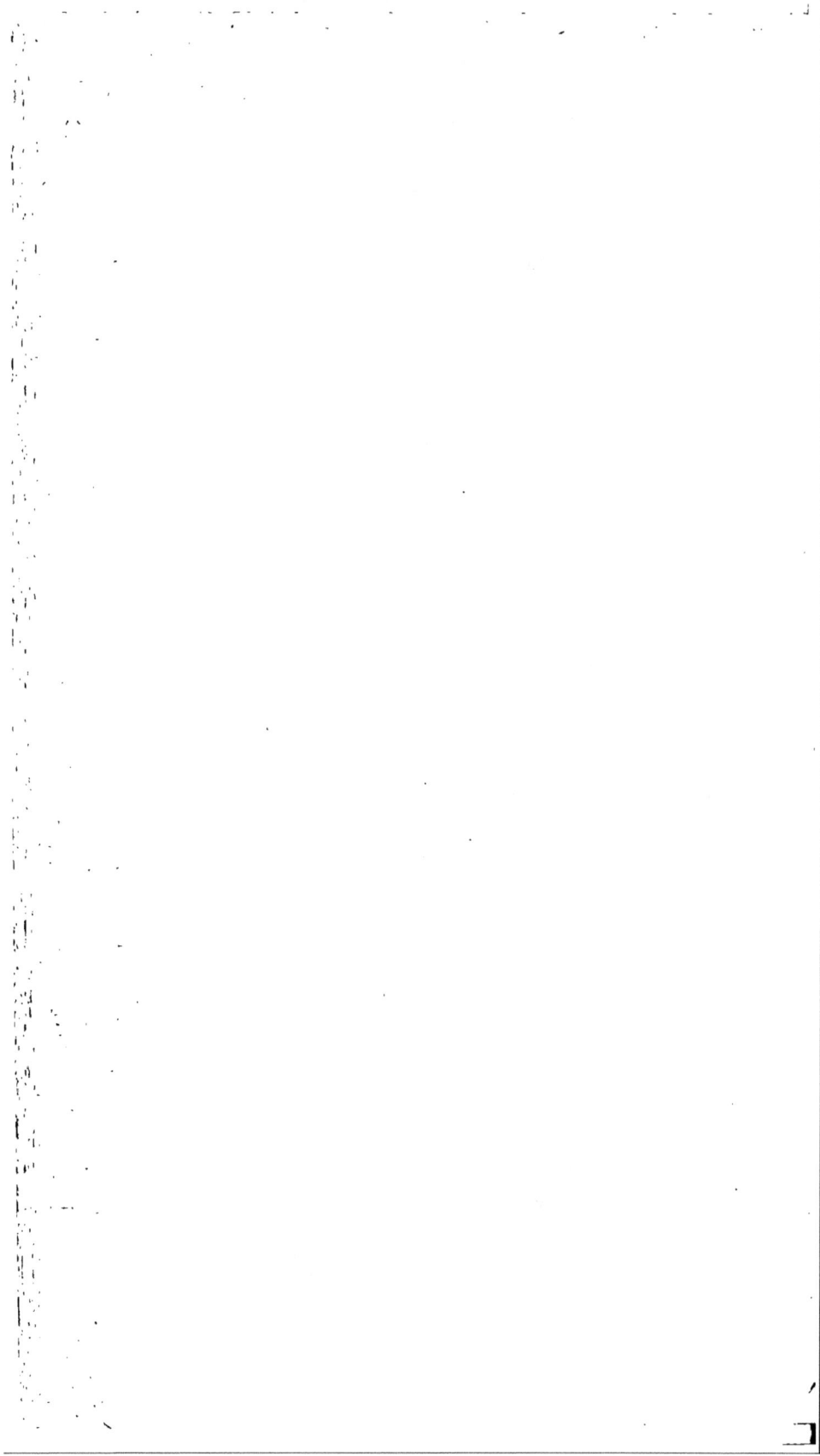

TABLE ALPHABÉTIQUE DES MATIÈRES

37.

Châteauroux. — Imprimerie A. MAJESTÉ

TABLE DES CHAPITRES

CHAPITRE VII

L'INFERTILITÉ DES CROISEMENTS ENTRE ESPÈCES DISTINCTES ET LA STÉRILITÉ HABITUELLE DE LEUR PROGÉNITURE HYBRIDE

CHAPITRE VIII

L'ORIGINE DE L'UTILITÉ DE LA COULEUR CHEZ LES ANIMAUX

CHAPITRE XII

LA DISTRIBUTION GÉOGRAPHIQUE DES ORGANISMES

CHAPITRE XIII

LES PREUVES GÉOLOGIQUES DE L'ÉVOLUTION

CHAPITRE XIV

PROBLÈMES FONDAMENTAUX RELATIFS A LA VARIATION ET A L'HÉRÉDITÉ

CHAPITRE XV

LE DARWINISME APPLIQUÉ A L'HOMME

TABLE DES FIGURES

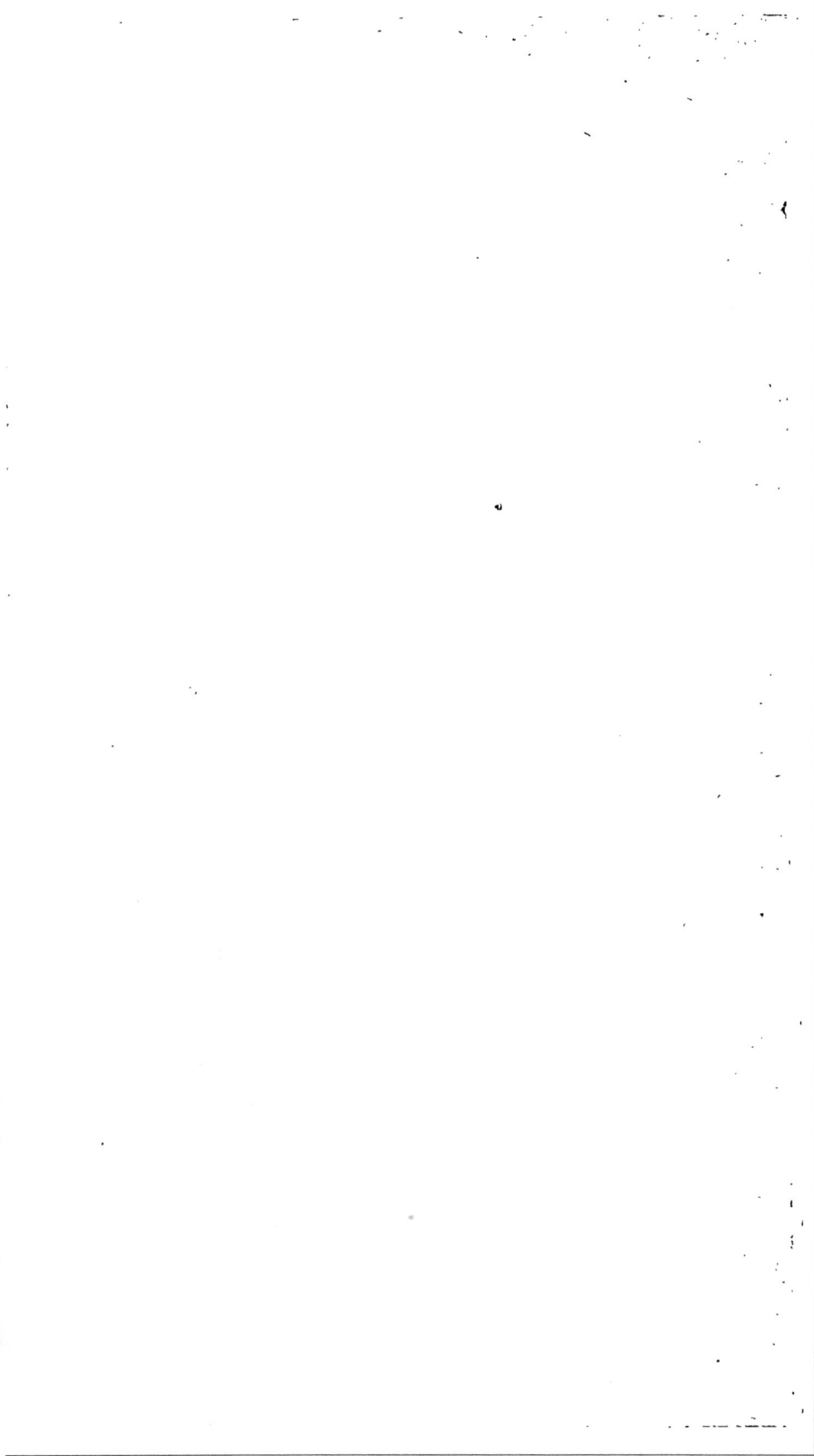

www.ingramcontent.com/pod-product-compliance
Lightning Source LLC
Chambersburg PA
CBHW031440210326
41599CB00016B/2067

* 9 7 8 2 0 1 4 4 8 9 9 8 9 *